U0197599

"十二五"国家重点图书出版规划项目

岩爆孕育过程的机制、预警
与动态调控

Mechanism, Warning and Dynamic Control
of Rockburst Development Processes

冯夏庭　陈炳瑞　张传庆　李邵军　吴世勇 等　著

科学出版社

北　京

内 容 简 介

本书被列为"十二五"国家重点图书出版规划项目中国科学技术研究领域高端学术成果出版工程,是岩爆孕育过程研究的首部专著,强调了岩爆孕育过程的研究方法和不同类型岩爆孕育过程的机制、规律和特征研究,系统介绍了岩爆孕育过程的微震实时监测方法、小波-神经网络滤波方法和震源定位的分层-PSO方法,不同类型(即时型、时滞型)岩爆孕育过程中微震信息演化特征和规律及其差异性,TBM与钻爆法诱发隧道岩爆的规律和差异性,岩爆孕育过程机制分析的矩张量方法和P波发育度方法,不同类型(即时应变型、即时应变-结构面滑移型、时滞型等)岩爆孕育过程的机制及其差异性,即时型岩爆孕育过程中微震活动性时间、空间和能量分形计算方法及其特征和规律,基于宏观特征和微震能量的两种岩爆等级划分方法,岩爆爆坑深度估计的RVI新指标、岩爆断面位置及其危险性估计的基于局部能量释放率的数值方法、基于实例学习的岩爆等级和爆坑深度估计神经网络方法、基于微震信息演化的岩爆等级及其概率预警方法和基于微震信息演化的岩爆等级与爆坑深度预警神经网络方法,岩爆孕育过程的动态调控方法:减少开挖引起的能量聚集水平-预释放或转移能量-吸能的"三步"策略与优化设计方法、支护系统的设计方法、岩爆开挖与支护设计指南等,以及这些方法和技术在锦屏二级水电站深埋引水隧洞的应用。

书中关于岩体破坏-灾害孕育-发生-动态调控过程研究的学术思想可为岩石力学与工程安全研究提供启示和借鉴,书中介绍的成果可为从事水利水电、土木、交通、采矿、国防等高应力和深埋工程研究的科研人员、工程技术人员和研究生参考。

图书在版编目(CIP)数据

岩爆孕育过程的机制、预警与动态调控＝Mechanism，Warning and Dynamic Control of Rockburst Development Processes/冯夏庭等著. —北京:科学出版社,2013

("十二五"国家重点图书出版规划项目)
ISBN 978-7-03-036465-4

Ⅰ.①岩… Ⅱ.①冯… Ⅲ.①岩爆-研究 Ⅳ.①P642

中国版本图书馆 CIP 数据核字(2013)第 009516 号

责任编辑:刘宝莉 陈 婕 / 责任校对:赵桂芬
责任印制:吴兆东 / 封面设计:陈 敬

科 学 出 版 社 出版
北京东黄城根北街 16 号
邮政编码:100717
http://www.sciencep.com

北京捷退佳彩印刷有限公司 印刷
科学出版社发行 各地新华书店经销

*

2013 年 1 月第 一 版 开本:B5(720×1000)
2021 年 9 月第二次印刷 印张:37 3/4 彩插:12
字数:745 000
定价:268.00 元
(如有印装质量问题,我社负责调换)

序

　　岩爆研究一直是岩石力学的研究热点和难点,我们试图通过多种途径,例如召开中国科协"新观点、新学说"学术沙龙等,旨在加强和鼓励这方面的研究。我很高兴地看到,在国家 973 项目等的资助下,作者就岩爆孕育过程的特征、规律、机制、预警与动态调控理论和技术,开展了系统深入的研究,取得了一些创新性成果。

　　(1) 提出了深埋隧道微震实时监测原则、小波-神经网络滤波方法和震源定位的分层-PSO 方法,提高了微震实时监测的可靠性,提出了深埋隧洞开挖诱发岩体裂化过程的现场原位综合观测方法,为岩爆孕育过程规律和机制的研究提供了重要手段。

　　(2) 研究从岩爆的孕育过程入手,通过现场原位多手段、系统的综合观测试验,提出了岩石破裂类型识别的改进型矩张量和 P 波发育度判别方法,初步揭示了不同类型(即时应变型、即时应变-结构面滑移型、时滞型等)岩爆孕育过程的特征、规律和机制及其差异性,以及地质、开挖方法、速率、支护等的作用和影响。

　　(3) 针对 TBM 和钻爆法开挖诱发的隧洞即时型岩爆,提出了其微震活动性的时间、空间和能量分形方法,一定程度上揭示了其孕育过程的时间、空间和能量分形特征和自相似规律;基于此自相似规律,建立了基于微震活动性的岩爆区域、等级及其概率和爆坑深度的动态预警方法。

　　(4) 提出了综合考虑应力控制、岩石物性、岩体刚度和地质构造因素的岩爆风险估计 RVI 指标、基于工程实例类比的岩爆风险估计神经网络模型和以局部能量释放率为指标的数值评估方法。这些岩爆风险估计与预警方法在一定程度上能给出岩爆区域、等级、爆坑深度与断面位置,并能根据地质、岩体性态和施工信息的动态更新进行岩爆风险的动态评估和动态预警,也为前兆信息不明显时或微震活动性规律不明显时的岩爆预警提供了有效方法。

　　(5) 针对不同类型岩爆孕育过程,提出了减少开挖引起的减少能量聚集水平⇒预释放、转移能量⇒吸能的动态调控"三步"策略和"裂化-抑制"法、基于 RVI 和破坏接近度的锚杆长度设计方法以及开挖与支护设计策略。

　　(6) 从声响特征、围岩破坏特征、岩体破坏程度、支护破坏程度、微震能量等方面,给出岩爆发生的等级判别方法,避免了部分信息缺失时难以合理确定岩爆等级的问题。

　　(7) 在大量工程实践的基础上,总结出了岩爆孕育过程的动态监测预警预报与动态调控设计指南。

　　上述理论方法和技术成果在锦屏二级水电站引水隧洞的成功实践,冲击了岩石力学学术界和工程界的部分专家认为岩爆不可监测预报的固有观点,为世界范围内水电乃至其他岩土工程行业今后开展类似工程的岩爆监测、分析和预警提供了良好的范例。

　　该书能被列为"十二五"国家重点图书出版规划项目中国科学技术研究领域高端学术成果出版工程,也说明了所介绍成果的创新性。该书的出版必将为岩爆和深部工程安全性研究者提供极大的助益,为深部工程安全设计与施工提供重要的科学依据,为岩石力学学科的发展以及岩石力学理论与岩石工程实践紧密结合做出重要贡献。

中国工程院院士

钱七虎

2012 年 10 月 8 日

前　　言

　　水利水电、交通、深部金属矿山开采、核废物地质处置、深部物理地下实验室等工程建设过程中经常发生岩爆,造成了大量的经济损失、人员伤亡、工期延误等。其关键问题是不同类型岩爆的孕育过程中的特征、机制与规律如何? 用何有效的理论进行岩爆灾害等级、发生位置等的预测预警? 如何及时有效地对岩爆灾害的孕育过程进行动态调控,改变岩体破坏时空演化规律和特征,以避免灾害的发生?

　　就上述关键科学问题,在 1996 年,本书第一作者与南非金山大学(University of Witwatersrand)采矿系和南非科学工业研究院采矿所(CSIR Miningtek)合作开发了南非深部金矿 VCR 采场、碳化采场和隧道的岩爆风险估计专家系统和神经网络模型。随后,本书第一作者又开发了深埋交通和水电隧道岩爆风险估计神经网络模型,并提出了数据挖掘的方法,丰富了岩爆专家系统知识库。最近,本书第一作者主持了国家 973 项目"深部重大工程灾害的孕育演化机制与动态调控理论"(2010CB732000)、国家自然科学基金雅砻江水电开发联合研究基金重点项目"深埋长大引水隧洞和洞室群的安全与预测研究"(50539090)、"十一五"国家科技支撑计划课题"深埋长隧洞 TBM 施工的安全性评价"(2006BAB04A06)、中国科学院-国家外专局创新团队国际合作伙伴计划"深部岩体力学与工程安全研究"、中国科学院重点部署项目课题"深部工程成灾机制与防控"以及锦屏二级水电站工程科研专项等项目研究。在这些科研项目的资助下,开展了不同类型岩爆孕育过程的特征、规律、机制、预测预警方法与动态调控方法的研究,并结合锦屏二级水电站引水隧洞施工期的岩爆与微震监测等工程科研项目,进行了引水隧洞和排水洞的岩爆预测预警与动态调控实践。本著作就是系统总结近年来关于岩爆孕育过程与调控研究成果写出的。

　　参与本著作相关研究与撰写的还有:邱士利(4.2.1 节、4.3 节)、肖亚勋(2.3.3 节、2.4 节、3.4 节)、丰光亮(4.6 节)、赵周能(3.2 节)、陈东方(2.4.2 节的神经网络、4.4 节、4.7 节)、于洋(3.6.3～3.6.5 节)。他们还参加了第 1 章相关内容的撰写。

　　国家科技部、国家自然科学基金委员会、中国科学院、二滩水电开发有限责任公司、中国水电工程顾问集团华东勘测设计研究院、中国科学院武汉岩土力学研究所岩土力学与工程国家重点实验室对相关成果的研究提供了资助和支持。钱七虎院士、郑颖人院士、葛修润院士、王梦恕院士、白以龙院士、吴中如院士、梁文灏院士、叶朝辉院士、林宗坚教授等对上述研究给予了指导,周辉研究员参与了与本成果相关的科研项目研讨和管理工作,李元辉教授和杨成祥教授对本著作的相关项目研究给予了大力支持,江权副研究员、潘鹏志副研究员、晏飞副研究员以及 973 项目组其他成员等参加了本著作相关科研工作的研讨,张春生教授级高工、王继敏教授级高工、曾雄辉总工、侯靖教授级高工、陈祥荣教授级高工、揭秉辉主任等参与了锦屏二级水电站相关研究工作并对现场科研工作给予了大力支持,锦屏二级水电站微震监测与岩爆预测预警研究还得到了二滩国际、中铁十三局、中铁十八局、北京振冲、中铁二局等相关单位的大力支持与协助。研究生李占海、吴文平、刘建坡、李清鹏等参与了部分研究工作。现场工作与施工人员提供了部分工程照片和岩爆实例。科学出版社刘宝莉编辑、鲁燕儿博士等为本书的编辑出版付出了辛勤劳动。在此对上述做出贡献的专家表示衷心的感谢!

本书的主要内容曾在亚洲岩石力学大会等 10 多个国际国内学术会议上作为特邀报告进行介绍。

本书的成果主要是以深埋隧道为依托而获得的,其他类型的工程由于开挖开采而诱发的岩爆孕育过程还有待进一步研究和验证。由于岩爆问题是世界性难题,上述研究工作带有探索和尝试的特点,加上作者学术水平的限制,书中难免存在不足之处。作者恳切希望读者批评指正,愿共同探讨。

作　者

2012 年 8 月 18 日于武汉

目　　录

1　绪　　论

1.1　研　究　意　义

岩爆是深部工程开挖或开采过程中常见的一种地质灾害,直接威胁施工人员和设备的安全,影响工程进度,甚至摧毁整个工程和诱发地震,造成地表建筑物损坏。随着埋深的增加或应力水平的增高,我国地下工程的岩爆呈频发趋势。

自 1738 年英国锡矿岩爆被首次报道以来,世界范围内已有联邦德国、南非、中国、前苏联、波兰、捷克斯洛伐克、匈牙利、保加利亚、奥地利、意大利、瑞典、挪威、新西兰、美国、法国、加拿大、日本、印度、比利时、安哥拉、瑞士等众多国家和地区记录有岩爆问题。最初,岩爆主要见于深埋的采矿巷道或竖井内,如埋深在几千米以下的南非金矿和印度的 Kolar 金矿等。后来,在埋深较浅的交通隧道、排污管道、引水隧洞甚至是输油管道等的施工中也频繁出现岩爆,如挪威 Heggura 公路隧道、挪威某排污管道、瑞典 Vietas 水电站引水隧洞等。

南非的金矿开采深度达 2000~4500m,是目前世界上开采深度最大的地下工程,而岩爆风险随着深度的增加也越来越高,其危害性很大。据有关资料显示,1987~1995 年,因岩爆和岩崩引起的受伤率和死亡率分别占南非采矿工业的 1/4 和 1/2 以上;印度的 Kolar 金矿发生岩爆,在距岩爆震中 2~3km 处的地面建筑物被毁,有的岩爆事件所释放的能量达到里氏 4.5~5.0 级。据 1993 年不完全统计,单从煤炭部门来说,我国已有 65 个矿井发生过冲击地压(岩爆),其中 35 个矿井累积发生过 2000 余次具有破坏性的诱发地震,造成数以百计的人员伤亡(郭然等,2003)。

我国金属矿山,如红透山铜矿、冬瓜山铜矿、玲珑金矿、杨家杖子稀有金属矿区、青城子金属矿区、大厂锡矿区等均纷纷出现岩爆灾害。例如,抚顺红透山铜矿采深超过 1250m,1995~2004 年,累计发生岩爆 49 次,其中发生两次规模较大的岩爆,第一次发生在 1999 年 5 月 18 日早晨 7:00 左右交接班时,第二次发生在 1999 年 6 月 20 日。这两次岩爆地点均在−467m 9 号采场附近,岩爆后采场斜坡道和二、三平巷的几十米长洞段遭到了破坏,巷道边墙呈薄片状弹射出来,最大片落厚度达 1m。交接班工人在＋253 主平硐口听到巨大响声。根据经验判断其响声相当于 500~600kg 炸药爆破的声音。我国年产量超过 1.5 万 t 的冬瓜山铜矿采深超过 1000m,自 1996 年 12 月 5 日第一次发生岩爆以来,已经记录到岩爆现象超过 10 余次,岩爆多次影响到开采进度。河南省灵宝崟鑫金矿自埋深超过 360m 后,井壁出现不同程度的岩爆,随着深度的增加,岩爆烈度不断增大,该矿 2004 年 11 月 15 日至 2005 年 1 月 16 日,采深在 1200m 左右的 2♯竖井连续发生 6 起岩爆事件。

我国深埋隧洞,如成昆铁路关村坝隧道、二滩水电站、天生桥、渔子溪和锦屏二级水电站引水隧洞等都发生了不同等级的岩爆事件。表 1.1 总结了我国已建的部分深部隧洞(道)工程岩爆灾害情况,分析了不同等级岩爆的比例关系。据有关资料记载,1966 年竣工的成昆铁路关村坝隧道全长 6187m,最大埋深 1650m,昆明段开挖时曾发生岩爆,岩爆具有明显弹射现象,射距 2~3m。1993 年开挖完工的二滩水电站左岸导流洞,最大埋深 200m,8.1% 的洞段发生轻微岩爆。同年竣工的太平驿引水隧洞全长 10.5km,发生岩爆 400 余次,4 次砸断台车钻臂,2 次砸坏卡车,重伤 3 人,轻伤 4 人,累计停工 32 天。1996 年贯通的南盘江天生桥二级水电站三条引水洞平均埋深 400~500m,最大埋深 800m,平均长度 9.5km,在石灰岩、白云岩洞段发生烈度不同规模不一的岩爆 30 次,其中掘进机开挖洞段 24 次,而钻爆法洞段仅有 6 次,轻微岩爆占 70%,中等岩爆占 29.5%,强烈岩爆占 0.5%。1998 年 3 月竣工的秦岭铁路隧道在开挖的过程中,最大埋深 1600m,有 43 段(累计长度约 1894m)发生了岩爆,其中轻微岩爆 28 段(总长为 1124m),占岩爆段总长度的 59.3%;中等岩爆 11 段(总长为 650m),占岩爆段总长度的 34.3%;强烈以上岩爆 4 段(总长为 120m),占岩爆段总长度的 6.4%。2001 年竣工的川藏公路二郎山隧道全长 4176m,最大埋深 760m,施工中先后共发生 200 多次岩爆,连续发生岩爆的洞段共有 8 段,每段长 60~355m 不等,岩爆洞段长度占总长度的 1/3,多为轻微岩爆,少量中等岩爆。2002 年竣工的重庆通渝隧道最大埋深 1015m,岩爆总长度 655m,其中轻微岩爆占 91%,中等岩爆占 7.8%,而强烈以上岩爆占 1.2%。2004 年贯通的重庆陆家岭隧道,全长 6.4km,最大埋深 600m,有近 93m 洞段发生不同等级岩爆,其中,轻微岩爆占 55.8%,中等岩爆占 39.7%,强烈以上岩爆占 4.5%。2007 年建成通车的秦岭终南山特长公路隧道在施工区段内有 2664m 产生不同程度的岩爆,其中轻微岩爆 6 段,占总岩爆长度的 61.7%;中等岩爆 7 段,占总岩爆长度的 25.6%;强烈岩爆 7 段,占总岩爆长度的 12.7%。据不完全统计,截至 2012 年 2 月锦屏二级水电站引水隧洞发生岩爆 750 多次,其中轻微岩爆占 44.9%,中等岩爆占 46.3%,强烈~极强岩爆占 8.8%,其中 2009 年 11 月 28 日排水洞的一次极强岩爆导致一台 TBM 机械报废,造成严重经济损失。江边水电站引水隧洞工程共发生岩爆 300 余次,其中轻微岩爆占 46.4%,中等岩爆占 50.4%,强烈岩爆占 3.2%。

表 1.1 我国发生岩爆的隧洞(道)工程不完全统计

工程名称	竣工年份	最大埋深/m	岩爆等级及比例/%			岩爆次数/次	岩爆段长度/m	备 注
			轻微	中等	强烈及极强			
成昆铁路关村坝隧道	1966	1650	为主	少量	无	—	—	零星岩爆
二滩水电站左岸导流洞	1993	200	为主	少量	无	—	315	工程区位于深切河谷卸荷集中区域,最大主应力为 26MPa,方位角 N34°E,倾角 23°,因而以水平应力为主
岷江太平驿水电站引水隧洞	1993	600	为主	少量	少量	>400	—	
天生桥二级水电站引水隧洞	1996	800	70	29.5	0.5	30	—	比例依据岩爆次数统计
秦岭铁路隧道	1998	1615	59.3	34.3	6.4	—	1894	比例依据岩爆段长度统计
川藏公路二郎山隧道	2001	760	为主	少量	无	>200	1252	
重庆通渝隧道	2002	1050	91	7.8	1.2	—	655	比例依据岩爆段长度统计
重庆陆家岭隧道	2004	600	55.8	39.7	4.5	93	—	比例依据岩爆次数统计
瀑布沟水电站进厂交通洞	2005	420				183	—	工程区位于深切河谷卸荷高应力集中区内,地应力方向沿着河谷边坡向与隧洞呈大角度相交
秦岭终南山特长公路隧道	2007	1600	61.7	25.6	12.7	—	2664	比例依据岩爆段长度统计
锦屏二级水电站引水隧洞、辅助洞和排水洞	2011	2525	44.9	46.3	8.8	>750	—	比例依据岩爆次数统计出现数次极强岩爆
江边电站引水隧洞	2012	1678	46.4	50.4	3.2	>300	—	比例依据岩爆次数统计

因此,开展岩爆的孕育演化机制与动态调控理论研究,有效遏制高强度岩爆灾害的发生,避免因岩爆灾害造成的人员伤亡、设备损失、工期延误和矿石不能正常回采,已成为我国水利水电、交通、国防、深部基础物理实验等工程安全建设与金属矿山安全高效开采亟待解决的重大课题。

1.2　锦屏二级水电站深埋引水隧洞和排水洞

1.2.1　工程总体布置[①]

　　锦屏二级水电站位于中国四川省境内,上距锦屏一级坝址 7.5km,电站装机容量为 4800MW,单机容量 600MW,多年平均发电量 242.3 亿 kW·h,保证出力 1972MW,年利用小时 5048h。该电站利用雅砻江锦屏 150km 长大河湾的 310m 天然落差,截弯取直,引水发电,额定水头 288m,为雅砻江上水头最高、装机规模最大的水电站,属于雅砻江流域梯级开发电站中的重点电站。工程枢纽主要由首部低闸、引水系统、尾部地下厂房三大部分组成,为一低闸、长隧洞、大容量引水式电站。

　　取水口集中布置在闸址上游的景峰桥右岸,地下发电厂房位于雅砻江锦屏大河弯东端的大水沟。引水洞线自景峰桥至大水沟,采用"4 洞 8 机"布置,引水隧洞共四条,洞线平均长度约 16.67km,开挖洞径 13m,衬砌后洞径 11.8m,上覆岩体一般埋深 1500~2000m,最大埋深约为 2525m,具有埋深大、洞线长、洞径大的特点,为超深埋长隧洞特大型地下水电工程。隧洞洞群位置如图 1.1 所示。

图 1.1　锦屏二级水电站整体布置图(中国水电工程顾问集团华东勘测设计研究院,2005)

　　辅助洞 A 和 B、排水洞与引水隧洞的整体布置方案如图 1.2 所示,其中,1♯ 和 3♯ 引水隧洞 TBM 开挖洞段为圆形断面,开挖直径 12.4m,1♯ 和 3♯ 引水隧洞钻

---

① 1.2.1 节主要摘自中国水电工程顾问集团华东勘测设计研究院,2005。

爆法开挖洞段以及 2♯ 和 4♯ 引水隧洞为四心马蹄形断面,开挖直径 13m,四条引水隧洞之间的中心线间距为 60m。沿线除了四条引水隧洞外,还开挖了两条辅助洞 A 和 B 用于交通和勘探,辅助洞和引水隧洞之间为一条施工排水洞,用于排出四条引水隧洞开挖过程中揭露出的突涌水。辅助洞与施工排水洞中心线间距 35m,施工排水洞与 4♯ 引水隧洞的中心线间距 45m。

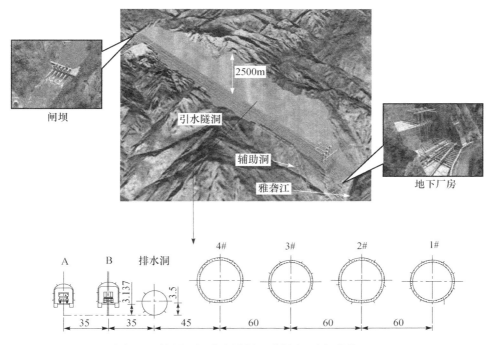

图 1.2　锦屏二级水电站深埋隧洞布置图(单位:m)
(中国水电工程顾问集团华东勘测设计研究院,2005)

1.2.2　地质条件[①]

1. 地形地貌

除东、西雅砻江两岸及局部沟谷外,整个隧洞沿线地形起伏,高程均在 3000m 以上,最高山峰达 4113m,由白山组大理岩组成地形主分水岭。进水口侧岸坡坡度为 40°～60°,局部陡峻,达 75°以上;出水口侧岸坡坡度 35°～45°,局部达 60°以上,如图 1.3 所示。

----

① 1.2.2 节主要摘自中国水电工程顾问集团华东勘测设计研究院,2005。

图1.3　锦屏二级水电站深切河谷照片

2. 地层岩性

引水隧洞沿线所穿越的地层均为三叠系地层，即为 T_1、T_{2y}、T_{2b}、T_{2z}、T_3；地层总体走向以 NNE 向为主。引水系统纵剖面见图 1.4。现就各地层的岩性分述如下：

1）三叠系下统（T_1）

该地层主要位于工程区的西部，岩性复杂，由黑云母绿泥石片岩、变质中细砂岩夹薄层状大理岩、角砾状或条带状大理岩等组成。

2）盐塘组（T_{2y}）

主要分布在东雅砻江沿岸地带，引水隧洞主要穿越以下三个岩组：

（1）T_{2y}^4：由灰白色、灰绿色条带状云母大理岩组成，局部夹厚 $0.3\sim1.5\mathrm{m}$ 灰白色白云质大理岩；该层在大水沟长探洞内共揭露二次，视厚度小于 $304.7\mathrm{m}$。

（2）T_{2y}^5：下段为灰～灰黑色大理岩、灰～褐色条带状或角砾状中厚层大理岩，局部见有黑色含泥质灰岩；中段为粉红色大理岩，厚层状，大多为中粗粒结构；上段为灰白～白色粗晶大理岩，厚层块状，微具臭味；层厚约 $1000\mathrm{m}$。据大水沟长探洞揭露表明，本层岩相变化较大，岩性为灰黑～黑色大理岩夹灰白色大理岩和泥质灰岩、灰白～白色中厚层大理岩及白色臭大理岩夹灰黑色或条带状大理岩、角砾状夹条带状或黑色大理岩（白色角砾大多具有臭味）。各种岩性之间变化呈渐变过渡状态。

（3）T_{2y}^6：灰～灰黑色泥质灰岩夹深灰色大理岩，泥质灰岩呈极薄层～中厚层状，常见泥质条带与灰岩互层出现。该层在大水沟长探洞共揭露二次，视厚度为 $25.7\sim717.8\mathrm{m}$；泥质灰岩中见较多的片状云母条带及针片状矿物，黄铁矿晶体呈星点状分布其中；沿顺层挤压结构面常见石英脉或方解石脉充填，且岩体的完整性较差，局部呈弱～强风化状。

盐塘组大理岩的单轴抗压强度为 $70\sim110\mathrm{MPa}$，弹性模量为 $20\sim35\mathrm{GPa}$，密度为 $2670\sim2730\mathrm{kg/m^3}$。

3）白山组（T_{2b}）

主要分布在工程区的中部，结构致密、质纯。底部为杂色大理岩与结晶灰岩互层；中部为粉红色厚层状大理岩；上部为灰～灰白色致密厚层块状臭大理岩。本层厚 $750\sim2270\mathrm{m}$。

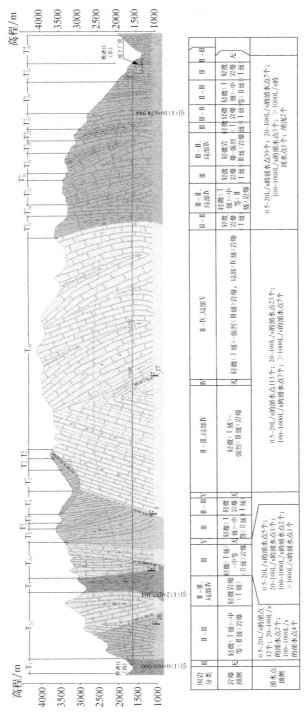

图1.4 锦屏二级水电站引水隧洞地质剖面图（中国水电工程顾问集团华东勘测设计研究院，2005）

白山组大理岩的单轴抗压强度为110～160MPa,弹性模量为30～40GPa,密度为2780kg/m³。

4）杂谷脑组（T_{2z}）

主要分布在工程区的西部,碳酸盐岩以岩粒变化多、岩性杂为特征,有白～灰白色纯大理岩偶夹绿片岩透镜体、薄层砂岩、云母片岩等。本层厚150～700m。

杂谷脑组大理岩的单轴抗压强度为75～110MPa,弹性模量为20～38GPa,密度为2730kg/m³。

5）三叠系上统（T_3）

主要分布在主分水岭一带。岩性为砂岩和板岩,自下而上分为:①T_3^1:青灰色中～厚层中细砂岩,以中层为主,夹薄层砂质板岩,厚70～200m。②T_3^2:黑色板岩夹少量深灰色细砂岩或粉砂岩、砂质板岩;层理清晰,厚115～175m。③T_3^3:青灰色厚层中粗粒砂岩含泥炭质碎片,偶夹板岩,层理发育,厚50～275m。

砂板岩的单轴抗压强度为90～130MPa,弹性模量为18～25GPa,密度为2720kg/m³。

3. 地质构造

锦屏工程区构造如图1.5所示。

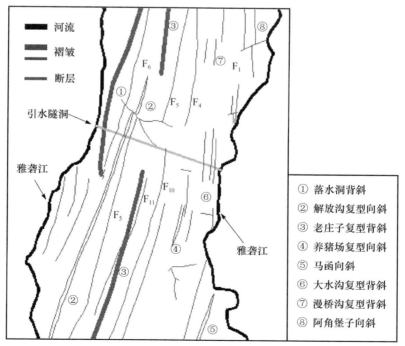

图1.5　锦屏工程区构造纲要图（中国水电工程顾问集团华东勘测设计研究院,2005）

1) 褶皱

西雅砻江至 F_6 断层(锦屏山断层)间:共发育两个背斜和两个向斜构造,靠近西雅砻江的背斜为陆房沟背斜的北延部分,向斜为解放沟复型向斜的北延,其间发育小规模层间褶皱。轴面直立,向西倒转,两翼陡倾; F_6 断层与白山组地层之间:以三叠系上统砂岩、板岩为核部的复型向斜,次一级褶皱极为发育,由于断层影响,两翼地层不对称,东翼被 F_5 断层所切。 F_5 断层以东的复式背斜两翼由白山组地层组成,其中层间褶皱较发育,地层较陡。东部盐塘组地层内共发育 6 个小规模褶皱及一系列的紧密褶曲。

2) 断层

引水隧洞沿线所穿越的主要断层有:

(1) F_6 断层(锦屏山断层): $N20°\sim50°E$, NW 或 $SE\angle60°\sim87°$ 。断层带宽 $1\sim4.2m$,破碎带宽 $6\sim37m$,发育泥化带、角砾岩带及劈理带。

(2) F_{28} 断层:产状 $N20°E$, $SE\angle70°$,挤压破碎带宽 $1\sim2m$,岩石挤压呈片状。

(3) F_5 断层:产状为 $N10\sim30°E$, $NW\angle70°$,主带内见有一定宽度的角砾岩,影响带宽 $5\sim10m$,且岩石呈片理化和千枚岩化。

(4) F_{27} 断层:走向 $N30°\sim40°W$,倾向 NE ,位于干海子中部,分布在白山组 T_{2b} 岩层中,挤压破碎,干海子地区唯一的一股小泉也分布在该断层部位。

5km 长探洞揭露断层 187 条,辅助洞东、西两端各至 4.3km、5.5km 左右共揭露断层 137 条。辅助洞除揭露 F_5 、 F_6 两条Ⅰ级结构面外,Ⅱ级结构面发育 14 条,Ⅲ-1 及Ⅲ-2 级结构面各发育有 22 条、76 条,Ⅳ级结构面发育 23 条,按其走向可划分为:近南北向组、NE 向组、NW 向组和 NWW~NEE 向组;在 T_{2y}^1 地层中多见沿白云质大理岩带发育的顺层挤压带。

3) 裂隙

地面裂隙调查及长探洞辅助洞内的裂隙统计结果表明,区内主要发育有以下几组裂隙:

(1) $N5°\sim30°W$, SW 或 $NE\angle30°\sim75°$,节理密集,面光滑,常与构造线平行。

(2) $N60°\sim80°W$, $SW\angle10°\sim25°$ 或 $\angle70°\sim85°$,陡缓两组,缓倾角组大都张开,面呈波状,延伸长,为长引水隧洞的主要导水结构面。

(3) $N0°\sim30°E$, SE 或 $NW\angle70°\sim90°$,顺层裂隙,大都闭合,局部张开,为引水隧洞的导水结构面。

(4) $N30°\sim60°E$, $SE\angle10°\sim35°$,缓倾角,多张开,面起伏弯曲,延伸较长。

(5) $N40°\sim50°E$, SE 或 $NW\angle45°\sim80°$ 。

(6) $N65°\sim80°E$, NW 或 $SE\angle55°\sim80°$,为长引水隧洞的主要导水结构面。

4．地应力

锦屏工程区长期以来地壳急剧抬升，雅砻江急剧下切，山高、谷深，坡陡。地貌上属地形急剧变化地带。原储存于深处的大量能量，在地壳迅速抬升后，虽经剥蚀作用部分释放，但残余部分很难释放殆尽。因此，本区是地应力相对集中地区，有较充沛的弹性能储备。从区域上说，工程区位于川藏交界处，临近主要的构造带，构造应力强度较高，引水隧洞的埋深之大，仅自重应力已相当可观，再加上构造作用和强烈的高地应力作用，可研阶段初步地应力反演结果表明：隧洞轴线上的最大主应力约为－63MPa，中间主应力约为－34MPa，最小主应力约为－26MPa。

1.2.3　施工情况

四条引水隧洞中除 1♯、3♯ 引水隧洞东端部分洞段采用 TBM 法开挖外，其余均采用钻爆法施工，全长采用全断面钢筋混凝土衬砌结构。TBM 法开挖隧洞为圆形断面，开挖洞径 12.4m，衬砌后考虑到施工因素调整为四心圆断面，衬后隧洞跨度 10.8m。西端和中部潜在岩爆段钻爆法开挖均采用四心圆马蹄形断面，东端盐塘组大理岩洞段钻爆法开挖采用平底马蹄形断面，开挖洞径13.0～14.3m，衬后除西端仍采用四心圆马蹄形过流断面外，中部潜在岩爆段和东端均采用平底马蹄形过流断面，衬后洞径 11.2～11.8m。TBM 法开挖为全断面掘进，而钻爆法开挖隧洞分为上下台阶施工，如图 1.6 所示，上台阶高度为 8.5～9.0m。

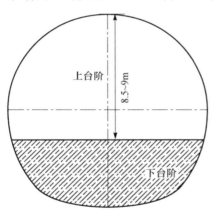

图 1.6　引水隧洞的钻爆法开挖方案

原设计四条引水隧洞都是从东西两端向中间开挖，每条隧洞两个掌子面，但是到施工中期，考虑到有些滞后的施工进度和原规划的发电时间，开始利用辅助洞向引水隧洞打横通洞（辅引 1♯ 洞和 2♯ 洞），增加了16 个掌子面。另外，还利用开挖进度较快的引水隧洞和施工排水洞向施工速度较慢的引水隧洞打横通洞，以进一步增加掌子面。因此，到引水隧洞开挖工程中后期，施工情况非常复杂。

1.2.4　主要工程问题

在前期的地质勘查过程中，曾在东端开挖了两条 4km 长的地质探洞，开挖过程中遭遇了较多的片帮、剥落及岩爆问题，如图 1.7 所示。辅助洞 A 和 B 开挖过程中遭遇到了 270 多次岩爆事件，并多次造成人员伤亡和设备损毁。统计表明，辅助洞 A 岩爆段的累计长度为 3259.5m,占隧洞总长度的 18.48%,强烈以上岩爆段累计长度为 301.5m,占隧洞总长的 1.73%;辅助洞 B 岩爆段的累计长度为 2957.2m,占隧洞总长度的 16.29%,强烈以上岩爆段累计长度为 241m,占隧洞总长度的 1.39%。图 1.8 为发生在辅助洞 B 最大埋深处的极强岩爆,将由锚杆、喷层、挂网和格栅拱架在内的所有支护系统摧毁,并将破碎的岩块抛掷到对面边墙。而图 1.9 所示的施工排水洞 11.28 极强岩爆则是一个灾难性破坏,顶拱最大深度 8m 范围内的岩体强烈弹射而出,将 TBM 主梁砸断,TBM 损毁。在此之后的四条引水隧洞开挖断面更大,且有两个更大直径(ϕ12.4m)的 TBM 开挖,若遭遇类似的岩爆灾害,损失是不可估量的,这些突出的高应力破坏问题给引水隧洞施工带来了非常大的压力。

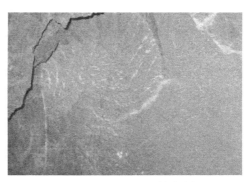

（a）PD2：K0+664下游壁剥落现象　　　　　（b）PD2：K0+664下游壁岩爆

图 1.7　高应力下探洞围岩的剥落、岩爆现象

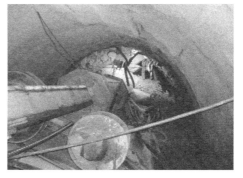

图 1.8　辅助洞 B 最大埋深处的　　　图 1.9　施工排水洞 2009 年 11 月 28 日
　　　极强岩爆（见彩图）　　　　　　　　　极强岩爆（见彩图）

1.2.5　需要研究解决的问题

（1）预可研和招标设计阶段:锦屏二级水电站引水隧洞开挖之前,辅助洞先期

开挖,在其施工期揭露出了大量的围岩破坏问题,并且遭遇多次极强岩爆,破坏规模巨大。而将来开挖的 4 条引水隧洞设计直径比辅助洞跨度大近 1.9 倍,就单条隧洞来讲,破坏规模可能远超辅助洞。在引水隧洞开挖之前,如何根据埋深不同、地质条件的差异给出各洞段岩爆的倾向性估计,以便提前制定预防对策,也是本阶段的关键问题之一。

(2) 开挖设计阶段:4 条引水隧洞和排水洞大理岩最大埋深洞段的岩爆实时监测、预测预警与动态防控措施设计。岩爆的预测、预警和防治调控则是工程建设各方最为关心的问题。如果缺乏科学的岩爆预测和预警工作和相应的运行机制,岩爆的发生是很难预知的,会使施工人员承受巨大的精神压力,并在发生后造成很大损失。若岩爆防治调控缺乏系统的策略和措施,会造成无岩爆时不支护冒进施工,有岩爆发生后各种支护措施一拥而上,不仅耽误时间、造成浪费,而且实际的防治效果也会不理想。岩爆防治调控是一个与实际紧密结合的系统性问题,不仅涉及措施本身的选择、组合和配合、施工时机等问题,而且需要与岩爆孕育和破坏机制相适应,后者是非常关键的。否则,调控措施将带有很大的盲目性、无的放矢。因此,只有建立一套适用于深埋隧洞工程的岩爆实时监测、预测预警与动态调控措施设计方法才能科学可靠地应对岩爆问题。

1.3　岩爆研究主要进展

国内外许多专家学者在这些方面做了大量的研究工作。但是,由于岩爆的极端复杂性,加之各种地质条件和工程条件的多样性,迄今尚未攻克这一难题。特别是随着岩石工程向深部的转移,岩爆风险还将有增加的趋势,正如 Hoek 博士指出:"岩爆这种渐进破坏过程还不很清楚,它是岩石力学研究工作者所面临的一个挑战性的课题"。本节将详细阐述岩爆机制、预警和防控方面的国内外研究现状及存在的主要难题。

1.3.1　微震实时监测与数据分析方法

微震是监测岩爆孕育过程中岩体微破裂发生的一种有效方法。微震监测在南非深部金矿、加拿大和澳大利亚等深部矿山已有 30 多年的历史。我国近 10 年已有越来越多的金属矿山、煤矿开展微震监测。我国的边坡和深埋隧道近几年也开展了微震监测工作。通过这些实践,在微震传感器布置、定位算法、滤波算法、系统研制与软件开发等方面取得了重要进展。

1. 微震系统传感器优化布置方法

传感器布置不仅影响微震信号的监测,而且对不同的微震定位算法的定位速度、精度及定位结果的唯一性也有不同程度的影响。合理的传感器布置方案不仅能够更大范围地监测到更多有效微震信号，而且能使定位算法快速准确的确定震源位置和发震时间。传感器布置起初是基于经验的，后来为了满足大规模监测的需要，出现了一些优化布置方法。例如，Kijko(1977)和 Mendecki(1997)分别基于 D-optimality 和 C-optimality 最优设计理论建立了台网优化布置方案优劣的评价目标函数，用于评价人工设计方案。唐礼忠等(2006)则结合大规模深井开采的工程条件设计了 15 种台网传感器空间布置方案，并基于 D-optimality 优化准则进行了震源定位精度和系统灵敏度计算。Rabinowitz 和 Steinberg(1990)和巩思园等(2012)分别建立了适合于大规模台网组合规划问题的 DETMAX 算法和遗传算法求解模型，以期寻找矿山最优台网布置方案。显而易见，这些研究主要针对的是固定的采场，传感器可以包围岩体微破裂，形成传感器位于微破裂源阵列之内的微震监测方法。然而，很多情况下，很难形成传感器位于岩体微破裂源阵列之内的有利的传感器布置方式，多数传感器不得不布置在岩体微破裂源的阵列之外。例如，深埋长隧道(洞)开挖过程中岩爆的发生主要是在其掌子面附近，而因安全原因传感器很难紧靠掌子面布置，而距离掌子面一定距离布置，且需要随掌子面移动而移动。这样，就需要进一步研究传感器布置优化方法，使得传感器尽可能获取更多有效的微破裂源信号。

2. 岩石微破裂信号识别理论与方法研究

岩石微破裂信号识别是微震监测数据分析与岩爆预测预警最基本也是最重要的环节之一，是能否正确判断岩爆发生与否的决定因素之一。从微震监测诞生起，关于岩石破裂信号识别方法与理论的研究就从未间断过。

岩石破裂信号识别方法可分为信号采集前硬识别方法和信号采集后软识别方法两大类。硬识别方法最常用的分析方法有：①根据监测的对象和目的选择不同频率段的传感器，设置不同的采样频率、信号采集范围及信号的峰值定义时间、持续时间、锁定时间等；②根据工程环境噪声特征，通过观测与试验，设置信号采集的门槛值，该方法操作简单效果明显，已得到广泛应用。目前，世界上著名的微震/声发射设备生产厂家如波兰 SOS、北京声华、加拿大 ESG、南非 ISS 和美国 PAC 基本上都是采用这种识别方法。该方法的关键是如何准确设置槛值。如果槛值设置不当，容易丢失岩体破裂微弱的有效信号，难以处理多信号源相干的问题。软识别方法是在微震信号采集后进行二次处理，是正确获取有效微震信号的关键方法，一直是国内外学者研究的热点，尤其在地球物理学领域，种类层出不穷。但岩石工程微震监测分析与自然地震不同：①监测对象和目标不同；②监测对象所处的环境不同，产生的环境噪声也不同；③研究的对象尺度和频段不同(见图 1.10)；④信号源与噪声源产生的过程与机制等也不尽相同，导致在地震学领域有效信号识别效果较好,而在岩石工程领域并不能取得理想结果。因此,岩石工程领域的专家与学者对小尺度(相对地震源)岩石破裂信号识别方法进行了深入研究。例如,陆菜平等(2005)和曹安业等(2007)基于波形的时域与频域特征区分了冲击矿压与顶板爆破信号;唐礼忠等(2006)认为矿山微震系统检测到的信号可分为人工信号和岩体活动信号,通过研究人工信号波形形态及频谱特征,采用排除法来识别有效微震信号。杨志国等(2008)则通过分析各类型微震信号的时域特征,将检测到的深井微震事件分为 3 类:掘进和生产爆破、岩体活动、机械震动和噪声事件;Zhang 等(2003)则利用小波-AIC 准则来识别信号类型,如果在不同尺度上 AIC 拾取的初至时间相差不大,则可判断微震信号包含 P 波初至信息,该方法能较好地识别平稳型噪声,但对与微震信号相似的突发型噪声却效果甚微。这些研究要么是对典型波形作特征分析然后通过示波窗进行人工波形识别,信号类型识别正确与否取决于技术人员的主观感受和经验及波形的复杂程度,处理效率有待进一步提高,有时很难满足大规模实时监测分析需要,在岩石真实波形特征不明显时很难凭经验获取岩石的有效波形;要么是通过单指标进行波形识别,处理效率高且通常对某种特定特征的信号识别较好,但适用性较差,识别精度难以保障。

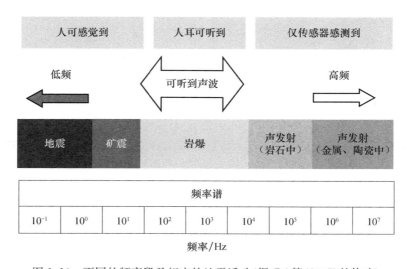

图 1.10　不同的频率段及相应的地震活动(据 Cai 等(2007)的修改)

因此,基于典型波形的特征分析,提炼适宜的特征参数,形成一个系统的典型微震信号特征参数数据库,建立一个复杂环境下岩石破裂微震信号实时自动分析与识别的系统方法,为岩爆等灾害的预测与防治提供稳健监测结果是非常必要的。

3. 微震定位算法

很多学者就微震源定位方法开展了大量研究。根据参与求解参数的不同,微震源定位方法一般可分为两类:一类是已知速度模型,求解发震时间和微震源位置的经典定位方法(Geiger,1912;Lienert et al.,1986;Nelson and Vidale,1990;赵仲和,1983;Prugger and Gendzwill,1988);另一类是微震源位置、发震时间和速度模型一起求解的联合法定位方法(Crosson,1976;Aki and Lee,1976;Pavlis and Booker,1980;赵仲和,1983;刘福田,1984;郭贵安等,1992;马宏生等,2008)。前者,在地震领域、采矿工程中应用最为广泛,速度模型给不准是该方法的最大不足。虽然已有学者对速度模型做了许多研究,但由于岩石材料是复杂的,非均质的,含有大量裂隙、节理和不连续面,且事先很难确定这些结构面的位置、尺寸及走向,也很难事先合理给定波速模型,这在很大程度上影响了定位算法的稳定性和定位精度。后者较好地解决了速度模型给不准的问题,较大程度上提高了微震源定位精度,但微震源位置、发震时间和介质速度这些参数的相互关联,又带来了定位结果不稳定的问题。另外,这些定位算法主要采用最小二乘法进行求解,其最大缺点是求解过程中易发散。为了提高解的稳定性,众多学者提出了多种改进方法,如奇异矩阵分解法、阻尼最小二乘法等。但是,这些方法还都属于线性定位的范畴,难以解决定位算法对系数阵的依赖性。对于隧道(洞)的微震监测来说,很多情况下传感器往往不得不布置于破裂源的阵列之外。对于传感器位于破裂源阵列之外的情况,缺乏有效的定位算法。

因此,有必要探索新的定位算法和求解方法,从理论上解决震源定位算法对传感器阵列的依赖性,使其既能进行传感器阵列内高精度微震源定位,又可进行传感器阵列范围外微震源定位,解决传感器阵列外微震源定位精度不高、解不稳定的难题,为岩爆预测预报提供更为准确、更为可靠的岩体破裂位置数据。

1.3.2 岩爆孕育过程的特征、规律与机制研究

1. 岩爆机理研究

岩爆机理探索一直是一个重要的课题。2011年钱七虎院士主持召开了中国科学技术协会"新观点、新学说"学术沙龙,就岩爆机理探索进行了研讨。国际和国内,就岩爆和矿震召开了多次国际、国内学术研讨会。钱七虎院士、何满潮教授还主持了国家自然科学基金重大项目,就深部岩体力学与岩爆机理等开展了卓有成效的研究。钱七虎院士及其领导的团队还从深部岩体微裂隙、非协调变形破坏、自平衡封闭应力等方面研究了深部岩体分区破裂化与岩爆的关系等。

根据岩爆孕育机制的不同,对岩爆进行了分类。例如,将岩爆分为应变型岩爆、岩柱型岩爆和断层(裂)滑移型岩爆等,也有学者将岩爆划分为自发型岩爆和远

源触发型岩爆,Hoek 根据原有裂隙面的滑移以及完整岩体的裂隙化将岩爆分为应变型和断裂型,本书作者根据岩爆发生的机理与发生的时间将岩爆划分为即时型岩爆和时滞型岩爆,按孕育机制将岩爆分为应变型岩爆、应变-结构面滑移型岩爆、断裂滑移型岩爆等。

　　关于岩爆机理的室内试验研究,也取得了重要进展。例如,谭以安(1989)通过对南盘江天生桥水电站引水隧洞岩爆灾害进行现场调查、对岩爆破坏断面进行分析、对岩爆破坏岩石断口形貌特征进行电镜扫描分析,得到岩爆爆裂面整体呈阶梯状 V 形断面,其中一组裂面与原开挖洞壁大致平行,另一组与洞壁斜交。其中与最大初始应力平行的一组裂面表现为张性,斜交面表现为剪切性质。并根据岩爆破坏的几何形态特征、一般力学与动力学特征,在岩爆破坏分析的基础上,提出岩爆渐进破坏过程的三个阶段:劈裂成板、剪断成块和块片弹射。但是,岩体的结构特征对岩爆的影响机制、岩爆除了张剪破坏特性外是否还有其他类型的破坏特性等,有待于进一步研究。刘小明和侯发亮(1996)将拉西瓦花岗岩在室内各种受力情况下的岩石试件破坏断口薄片、现场岩芯饼化薄片和洞室岩爆薄片分为 8 组进行研究,指出岩石破坏断口表面粗糙度曲线具有自相似分形特征,并且认为岩石断口粗糙度曲线的分数维大小和岩石断裂机制之间存在着一种内在对应关系,并用此理论判明了拉西瓦地下洞室岩爆为拉破裂机制。李广平(1997)建立了考虑裂纹闭合效应和裂纹相互作用的岩体压剪细观损伤力学模型。使用该模型发现,岩爆是在洞室开挖过程中(或开挖完毕后)围岩发生应力调整(切向应力增加、径向应力减少)而诱发岩体中的预存裂纹发生摩擦滑移、界面扩展、裂纹扭折以至裂纹相互连接而导致围岩发生宏观脆性断裂的产物。徐林生和王兰生(1999)结合洞壁围岩二次应力场测试与围岩变形破裂状况对比分析的结果,将不同烈度级别的岩爆与三向应力条件下变形破坏全过程相对照,从力学机制角度,将岩爆归纳为压致拉裂、压致剪切拉裂、弯曲鼓折(溃屈)等三种基本方式。这三种基本方式是从岩石破坏过程的三个阶段出发,同时与大量地下工程岩爆资料综合分析得到,有其工程价值。许东俊等(2000)通过对地下洞室围岩的应力状态分析和真三轴压缩试验的分析研究得到,片状劈裂岩爆是在双轴压缩应力状态作用下在洞壁面产生;剪切错动型岩爆是在真三轴应力状态下在围岩内部产生。其研究思想表明,在不同的地应力场情况下,岩爆破坏模式有片状劈裂和剪切错动两种。谷明成等(2002)为了进一步分析岩爆的形成发生过程,从 Cook(1965)提出的刚度理论角度出发,把洞壁发生岩爆的岩体单元看作实验室受压的岩石试件,把岩体单元周围的稳定围岩看成一台加载的试验机,构成了"围岩-岩体单元"系统。这个系统中的加载是通过施工掌子面的推进,由应力状态的改变来施加的。据此分析岩爆的形成、发展过程,并将其分为张性劈裂、破裂成块和岩块弹射三个变形破坏阶段。许迎年等(2002)选取最具岩爆倾向的材料制作含孔试件进行了含洞室岩体的岩爆模拟试验,试验中考察了加载条件、开孔方式、几何特性等诸因素的影响,得到的岩爆破坏模式分为先期破坏和后期破坏,也称为孔边局部破坏和试件总体破坏。杨健和王连俊(2005)通过研究不同岩性岩石分别在单轴压缩和三向应力状态下的声发射特性,并根据声发射特性划分为 4 种不同的类型:群发型、集发型、突发型和散发型。何满潮等(2007)利用自行设计的实验系统,进行了高应力条件下花岗岩破裂过程的真三轴加卸载实验,并通过岩爆后的破坏形式与能量释放率的关系将岩爆破坏形式分为 3 类:低能量释放率条件下的颗粒弹射破坏、中等能量释放率条件下的片状劈裂破坏和高能量释放率下的块状崩落破坏。侯哲生等(2011)在对锦屏二级水电站引水隧洞与施工排水洞现场调查的基础上,就深埋完整大理岩的岩爆归纳为拉张型板裂化岩爆和剪切型岩爆。徐士良和朱合华(2011)通过颗粒流模拟展现了应变型岩爆发生的物理过程,表明岩爆的发生是一个渐进破坏过程,岩爆孕育的细观机制为平行于开挖面的微裂纹萌生,到微裂纹扩展、聚合,最后宏观裂纹形成的过程。岩爆的宏观动力破坏过程为小岩块或岩片弹射,然后岩体板裂,最终剥落破坏。颗粒流模拟很好地再现了应变型岩爆岩石破裂的过程,但是其没有对其他类型岩爆进行研究,也没有将其与岩爆的预测联系起来。上述关于岩爆机理研究主要是基于室内试样的试验所获得的。实际上,岩爆是高应力压缩的储能岩体开挖过程中的能量突然释放而引发的一种动力现象。因此,迫切需要开展现场受高应力压缩的岩体开挖过程的综合观测试验,以揭示不同类型岩爆孕育过程的机制、特征和规律。

可见,当前关于岩爆特征、规律与机制的研究主要是从工程现象、室内实验、理论分析和数值模拟几个角度展开的,对岩爆的特征与规律有了一定的认识与理解。由于岩爆是一种复杂的动力灾害,发生的因素与条件非常复杂,发生时具有很强的突发性、随机性与破坏性。因此,确切地认清岩爆发生的机理,合理掌握岩爆孕育规律,准确预测预报岩爆的发生,仍是挑战性的研究工作。例如,即时型岩爆与时滞型岩爆的孕育过程中微震、微裂纹演化规律和特征有何差异性? 即时性应变型岩爆、即时性应变-结构面滑移型岩爆与时滞型岩爆孕育的机制有何差异性? 不同类型岩爆孕育过程岩体如何破坏,是何种类型的破坏,破坏类型如何演化,如何转化等? 这一系列问题都需系统的研究,以便对岩爆进行合理的预警预报与调控。这些问题可以通过系统的现场原位综合观测实验(包括岩爆孕育过程中微震实时监测、数字钻孔摄像对裂纹萌生、张开、扩展和闭合过程的观测等)得到很好的回答。

2. 岩体破裂类型的判别方法研究

与地震学中使用矩张量研究震源机制不同(地震学中的震源机制研究主要是假设为剪切破坏情况下剪切断层面在空间的方位特征研究),岩石工程中破裂源机制所涉及的岩石破裂类型为张拉、剪切、混合型。国外已有部分学者将矩张量方法用于研究岩石破裂的类型和破裂面几何性质。例如，Feignier 和 Young（1992）为了解释加拿大地下实验室（URL）在机械凿岩法掘进过程中拱肩形成的张拉裂隙，引入了矩张量方法来分析震源破裂类型，并将矩张量分解为各向同性部分（ISO）和偏矩部分（DEV），根据各向同性部分（ISO）占矩张量的比重来量化震源破裂类型。但是，将各向同性矩张量部分解释为张拉/压缩破裂是否可应用于深埋隧道还有待进一步研究。Ohtsu（1991）在对水压致裂声发射监测实验数据分析的基础上，根据 Aki 和 Richard（2002）提出的剪切破裂和张拉破裂的矩张量本征值表达式，考虑岩石破裂过程中主矩方向和大小一定的条件，认为剪切破裂和张拉破裂的矩张量形式具有相同的主轴方向，使用 M^{DC} 表示矩张量剪切破裂部分的大小；将矩张量的张拉破裂部分分解为 M^{CLVD} 和 M^{ISO} 两部分，而其在进行岩石破裂类型判别标准计算的时候仅考虑了 M^{DC}、M^{CLVD} 和 M^{ISO} 都是正值的情况，但是在隧洞工程中，岩石破裂过程中的力学状态并不是完全的受拉，矩张量分解各分量的主轴方向的正负性是不定的，因此该方法在隧洞工程中的使用具有一定的局限性。Hazzard 和 Young（2002，2004）通过 PFC 和 PFC^{3D} 模拟了岩石断裂失效过程并计算了矩张量，使用 Feignier 和 Young（1992）介绍的破裂类型判别标准来描述微震事件的破裂源机制。Ouyang 等（1992）使用运动方向和破裂面的夹角来进行岩石破裂类型的判断，其采用了固定的破裂类型判别指标，而不同的岩石在不同应力条件下发生剪切破坏的抗剪强度是不同的。因此，采用固定的阈值来进行破裂类型的判断，这一点值得商榷。Ohtsu（1991）在使用声发射理论研究岩石破裂的时候，介绍了矩张量三个特征值矢量与运动方向矢量和破裂面法向矢量的定性关系，但是其未给出定量结果。曹安业（2009）介绍了矩张量在判断岩石破裂类型中的应用，并根据基于相同最大主轴方向的矩张量分解方法的结果，通过人工合成的两种采动煤岩破裂模型，理论模拟并探讨了矩张量在矿山采动煤岩破裂类型分析中的可靠性和适用性。但是，深埋隧洞钻爆法和 TBM 开挖诱发的岩爆孕育过程的岩体破裂机制、类型和方位角演化特征，有待深入系统研究。

3. 岩爆分形规律研究

分形理论也是研究岩爆特征、孕育规律与机制的重要理论与方法。分形是美籍数学家曼德布罗特（Mandelbort）首先提出的，他创造性地引入分形方法对裂隙岩体进行非连续变形、强度和断裂破坏的研究，形成了裂隙岩体非连续行为分形研究的新方向，分形理论既是非线性科学的前沿和重要分支，又是一门新兴的学科，许多学者也针对分形进行了研究，并且取得了显著成果：Gutenberg-Richter 理论指出从小的岩体微裂隙到大范围的地震，其频率、能量、震级以及表面的有效裂隙的尺寸都是具有自相似性的；通过对相关积分的运用，Kagan 和 Knopoff（1981）论证了在引起地震的微震时间序列是具有分形特征的,如果地震被认为是一次大型的事件,那么发生余震的概率与 $t-1$ 成比例关系,其中 t 在时间上取决于主震的起始时间;Sadovskiy 等(1984)证明不论是全世界范围还是局部范围的地震其微震事件都是具有分形特征的;谢和平(1996)对矿山开挖过程中获得的微震事件进行空间分形,结果表明,岩爆发生之前微震事件空间分形维度值不断减小,并且空间分形维度值越小,发生岩爆的概率越大;Feng 和 Seto(1997)在实验室对不同条件下(时间、压力环境、浸泡条件等)的 29 块花岗岩岩样进行了双扭力试验,并将其 AE 事件进行时间分形,结果发现当时间分形维度较大时试样的稳定性也相对较高,而当试样接近破坏时其 AE 事件时间分形维度会迅速降低。但未见深埋隧道(洞)钻爆法和 TBM 开挖诱发岩爆孕育过程中微震活动性的时间分形、空间分形与能量分形规律和特征研究。

1.3.3 岩爆等级划分与判别方法

关于岩爆灾害等级的划分国内外众多学者进行了深入而广泛的研究,先后提出了多种岩爆等级划分方法。代表性的划分方法,如 Russnes(1974)根据岩爆时的声响、岩体破裂及变形形态将岩爆分为无岩爆、轻微岩爆、中等岩爆和严重岩爆4 个等级;布霍依诺(1985)按照岩爆对矿山工程损害程度划分为三级;谭以安(1992)深入研究了前人的研究成果及岩爆发生时的力学特征、破坏方式、不同岩爆对围岩和构造物的破坏程度,提出了考虑岩体破坏形态、力学特征、声学特征、破坏过程和破坏程度的岩爆等级划分方法,将岩爆划分为 4 个等级;《中国水力发电工程地质勘察规范》(GB 50287-2006)对国内外岩爆等级划分方法进行了综合,提出了根据岩爆发生时的声响、发生后的破坏形态、破坏深度、破坏范围、块体大小、持续时间的岩爆等级划分方法,将岩爆等级划分为轻微岩爆、中等岩爆、强烈岩爆和极强岩爆 4 个等级。目前,这些方法已较全面地考虑了评定岩爆等级的指标,现场使用时,其中一些指标的值不能有效获取时,可以利用其他指标进行评价,操作简单、适用性较强。但是,这些划分方法大多是根据岩爆发生时的表观现象对岩爆发生的等级进行定性分析与评价,且对于多因素评价指标,有时评价指标之间互相矛盾,比如对于某次岩爆:根据岩爆几何形态将岩爆定性地评价为强烈岩爆,而根据岩爆力学特征应该划分为中等岩爆等,难以定量的准确划分岩爆发生的等级,从而影响岩爆的预测与防治。

这里以锦屏二级水电站引水隧洞施工过程中发生的岩爆及其评定为例,说明岩爆等级划分方法有待于进一步改进。

图 1.11 岩爆等级是现场工程师根据《中国水力发电工程地质勘察规范》(GB 50287-2006)中岩爆等级划分依据统计的(简称水电规范方法),对应的岩爆发生时的能量是通过微震系统监测到的,可以看出强烈岩爆、中等岩爆及轻微岩爆发生

时释放的能量差别不明显,其能量常用对数的范围分别为[−0.49J,7.61J],[−0.92J,7.01J],[−0.10J,6.38J],平均值分别为 3.52J、3.48J、2.78J,可以看出强烈岩爆发生时的平均能量比中等岩爆的还要小一点,部分强烈岩爆发生时的能量远低于某些中等岩爆和轻微岩爆,这显然是不合理的,也有悖于岩爆这一工程灾害的定义与本质。为什么会出现这一匪夷所思的结论? 以图 1.11 所示的强烈岩爆Ⅰ与中等岩爆Ⅱ为例,分析岩爆等级划分与评价方法需要改进的空间,2 次岩爆的描述与评价见表 1.2。

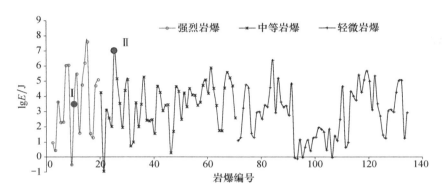

图 1.11　岩爆等级与基于南非 ISS 微震系统岩爆发生时微震监测的能量

（注:岩爆等级依据施工单位周报,划分标准依据水电规范方法）

表 1.2　图 1.11 所示的 2 次典型岩爆的描述与评述

岩爆等级	岩爆描述	地质条件描述	现场支护描述	lgE/J	岩爆评述
强烈岩爆Ⅰ	2011 年 4 月 5 日约 22:30,在 3-3-W 洞段桩号 K6＋152∼6＋160 范围内的左侧边墙至拱肩发生岩爆,岩爆发生时掌子面桩号 K6＋152。此次岩爆的爆坑沿洞轴线方向约 8m,高约 3m,最大深度约 2m,爆出的岩体以小碎块为主,主要散落在拱脚附近,爆坑形态较为复杂,以近水平向和竖直向多条结构面切割形成,如图 1.12 所示	该区岩体主要为白山组大理岩,从散落到底板的岩体及爆坑形态可以看出,该区岩体节理、裂隙比较发育,有多条结构面,如图 1.12 所示	该区已喷射钢纤维混凝土,进行了系统支护,锚杆为胀壳式中空预应力砂浆锚杆,锚杆长度 6m,直径 φ32mm,锚杆间距 1.0m	3.49	该区节理、裂隙比较发育,锚杆端部水泥砂浆与围岩体锚固效果不是很好。岩爆爆出块体以小碎块为主,主要散落在拱脚附近,微震监测表明该岩爆发生时能量的常用对数值为 lgE=3.49J,可见能量不高。综合考虑,认为这次岩爆应属于掌子面开挖扰动下的中等或轻微岩爆比较合适,但由于这次岩爆的深度超过 2m,根据水电规范方法应属于强烈岩爆的范围,现场工程师将其划归为强烈岩爆

岩爆等级	岩爆描述	地质条件描述	现场支护描述	lg$E$/J	岩爆评述
中等岩爆 Ⅱ	2011 年 2 月 23 日凌晨 0:40 左右,在 1-2-E 洞段桩号 K8+820～8+830 范围,发生中等岩爆,距当前掌子面 110～120m,滞后该区域开挖时间约 62d。岩爆发生在南侧边墙,爆坑长约 10m,高约 5m,深度约 0.60m。爆坑深度不深,但爆出岩体量较大且弹出距离较远,最大岩块尺寸 0.8m×3.5m×0.5m,最远的块体飞离边墙约 6m,致使途经的出渣车被损坏,且岩爆发生时现场施工人员感到有明显的震动	该区岩性为白山组大理岩,从爆出的岩体及爆坑形态可以将该区分为两个子区,第Ⅰ区存在一条与隧洞侧墙近视平行的大型结构面,结构面铁锰质渲染明显;第二子区岩体破坏面新鲜,破坏面呈浅台阶状,靠近拱肩处,破坏面折断现象明显,如图 1.13 所示	该区已喷射钢纤维混凝土,并进行临时支护,锚杆为水胀式锚杆,系统支护锚杆孔已完成,尚未来得及进行安装,如图 1.13 所示	7.61	该次岩爆发生时虽已距掌子面较远,但其能量常用对数值达到了 lg$E$=7.61J,损坏了途经的出渣车,现场施工人员有明显震动感。而现场人员根据表观现象——爆坑的破坏深度约 0.6m,将其划归为中等岩爆,两者存在明显差别

从表 1.2 中可以看出,定性方法评价岩爆的等级简单、方便。但是,若岩爆等级划分者没有全程见证岩爆的发生,他就很难根据岩爆发生时的声响、弹射现象等特征综合确定岩爆发生的等级,只能根据岩爆发生后的表观现象(如爆坑深度、爆块的散落距离等)评价岩爆发生的等级,给出图 1.11 与表 1.2 的评定结果。另外,采用这些评价方法评价岩爆的等级时,评价的尺度很难准确的统一把握,从而导致由于岩爆知识储备的差异性、岩爆发生前后观察到的现象及评价指标的不同,同一岩爆不同人员可能会给出不同的岩爆等级,这不利于岩爆灾害的评定与防治。

图 1.12　2011 年 4 月 5 日 23:20,3#引水隧洞引(3)6+160～6+152 发生的岩爆

图 1.13　2011 年 2 月 23 日凌晨,2#引水隧洞引(2)8＋820～8＋830 发生的岩爆

因此,有必要对岩爆的等级划分进行进一步的研究,探究考虑岩爆造成的工程危害程度或实测微震能量的岩爆等级划分的方法,建立评价岩爆等级的定量指标,为高岩爆风险区工程设计与施工提供科学依据。

1.3.4　岩爆风险估计方法研究

国内外学者一直致力于岩爆灾害风险估计与预警方法研究。岩爆灾害包含震动和冲击破坏两个重要特征。因而岩爆风险评估和预测预警方法研究也包含两个方面:①研究岩爆的震动特征,评估岩爆风险;②研究岩爆的冲击破坏特征,评估岩爆破坏倾向性和破坏程度。基于岩爆震动特征的研究,学者们研发和提出了各种岩爆实时监测和检测方法,如微震/声发射监测技术、红外线遥感、光学测试等,获取了岩爆灾害的声、光、电等信息,用以描述岩爆能量特征和岩爆孕育演化规律,进而提出了多种预测预警方法和指标。基于岩爆冲击破坏特征的研究,学者们分析了岩爆的发生条件和岩爆冲击能力及破坏等级的内在联系,量化岩爆的控制因素后提出了多种指标来评估岩爆倾向性和预测岩爆风险。基于岩爆冲击破坏特征研究的岩爆风险估计和预测经验评估方法又可细分为单指标或多指标判据方法和数值评估方法两大类,前者基于岩爆信息的统计学理论建立定量或半定量评价系统和分类判据,而后者以力学分析和计算为基础,通过评估岩爆的能量特征和应力或变形条件从而建立评判岩爆风险的预测指标。以下分别介绍岩爆风险评估的经验指标方法:数值指标方法和监测检测方法所取得的研究进展。

1. 岩爆风险评估经验指标方法

对国内外文献进行总结分析后发现,国内外学者们在强度、刚度、断裂损伤、突变、分形和能量等诸多方面提出了众多岩爆风险和倾向性估计指标(判据),如岩爆变量公式预测、经验判据评判、人工神经网络预测、支持向量机分类、模糊数学综合评判、模糊概率风险预测、可拓物元评判、距离判别分析方法等,这些方法选用的岩爆评价参数大致相同,如最大主应力或最大切向应力、单轴抗拉、压强度和弹性能指数等,有些学者将单个指标的经验判据综合形成多指标评价或分类模型。因此,经验指标方法可概括性地划分为单指标经验判据和多因素经验评价指标或系统两大类。

1) 单指标经验判据方法

单指标经验判据方法多以强度、能量和刚度等理论为基础,表1.3汇总了国内外常用岩爆倾向性经验判据。根据岩爆风险和倾向性评估的单指标能否反映洞室开挖过程影响和初始应力场的偏应力特征,如开挖尺寸和洞型,可分为两类:一是能反映上述两因素;二是不能反映上述两因素。反映开挖过程影响实质是指标中的某一因素,在求取过程中考虑了洞形尺寸的影响,如以洞周最大切向应力为主要因素的 Hoek 判据、Russenes 判据、Turchaninov 判据和二郎山隧洞判据,在确定判据量值时需要评估洞周最大切向应力量值。一般来说,该计算过程需要数值模拟且多采用弹性模型,故在计算过程中可考虑开挖洞型尺寸的影响,如城门洞形和圆形开挖断面洞周应力集中程度会存在差异。此外,采用数值计算确定洞周最大切向应力时,初始应力场的偏应力特征也直接影响应力集中程度。可见,表1.3中 Hoek 判据、Russenes 判据、Turchaninov 判据和二郎山隧洞判据等单指标能够同时反映洞室开挖过程影响和初始应力场的偏应力特征。而 Barton 判据、陶振宇判据和国标 GB 50218—94 判据则仅以原岩应力场的最大主应力为特征参量。该指标无法反映洞室开挖过程影响和初始应力场的偏应力特征。而弹性变形能指数 W_{et}、冲击性指数和脆性判据以岩石的力学性质为评判标准,无法反映洞室开挖过程影响和初始应力场的大小和偏应力特征。

表 1.3 部分岩爆判据及其分类方法

类别	判据名称	判别式	判别阈值	岩爆级别	备 注
能够反映洞室开挖过程影响和初始应力场的偏应力特征	Hoek 判据 (Hoek, et al. 1990;2010)	$\dfrac{\sigma_{max}}{\sigma_c}$	>0.7	严重岩爆	σ_{max} 为围岩的最大切向应力; σ_v 为隧洞垂向作用应力; σ_c 为岩石单轴抗压强度
			=0.42~0.56	中等破坏	
			=0.34~0.42	严重片帮	
			<0.34	少量片帮	
		$\dfrac{\sigma_v}{\sigma_c}$	>0.5	可能岩爆破坏	
			=0.2~0.5	剥落和片帮破坏	
			<0.2	无或支护后稳定	
	Russenes 判据 (Jager and Cook,1996)	$\dfrac{I_s(50)}{\sigma_c}$	<0.083	严重岩爆	$I_s(50)$ 为岩石修正的点荷载强度; σ_θ 为洞室围岩的最大切向应力
			=0.083~0.15	中等岩爆	
			=0.15~0.20	低等岩爆	
			>0.20	无岩爆活动	

类别	判据名称	判别式	判别阈值	岩爆级别	备　注
能够反映洞室开挖过程影响和初始应力场的偏应力特征	Turchaninov判据（Jager and Cook，1996）	$\dfrac{\sigma_\theta+\sigma_L}{\sigma_c}$	<0.3	无岩爆活动	σ_θ为洞室切向应力；σ_L为洞室轴向应力；σ_c为岩石单轴抗压强度
			$=0.3\sim0.5$	有岩爆可能	
			$=0.5\sim0.8$	一定会发生岩爆	
			>0.8	有严重岩爆	
	二郎山隧洞判据（徐林生和王兰生，1999）	$\dfrac{\sigma_\theta}{\sigma_c}$	<0.3	无岩爆	σ_θ为洞室切向应力；σ_c为岩石单轴抗压强度
			$=0.5\sim0.7$	一定会发生岩爆	
			>0.7	有严重岩爆	
不反映洞室开挖过程影响和初始应力场的偏应力特征	Barton判据（Barton et al.，1974）	$\dfrac{\sigma_c}{\sigma_1}$	$=5\sim2.5$	中等岩爆活动	σ_1为围岩的最大主应力；σ_c为岩石单轴抗压强度
			<2.5	有严重岩爆	
	陶振宇判据（《岩土工程手册》编写组，1994）	$\dfrac{\sigma_c}{\sigma_1}$	>14.5	无岩爆发生	σ_1为围岩的最大主应力；σ_c为岩石单轴抗压强度
			$=14.5\sim5.5$	低岩爆活动，有轻微声发射现象	
			$=5.5\sim2.5$	中等岩爆活动，有较强声发射现象	
			<2.5	高岩爆，有很强爆裂声	
	国标GB 50218—94	$\dfrac{\sigma_c}{\sigma_1}$	<4.0	有岩爆发生，岩块弹出	σ_1为围岩的最大主应力；σ_c为岩石单轴抗压强度
			$=4.0\sim7.0$	可能出现岩爆，岩体有剥落和掉块现象	
	脆性判据（徐林生和王兰生，1999）	$\dfrac{\sigma_c}{\sigma_t}$	<10	无岩爆	σ_c为岩石单轴抗压强度；σ_t为岩石单轴抗拉强度
			$=10\sim14$	弱岩爆	
			$=14\sim18$	中等岩爆	
			>18	强烈岩爆	
	脆性指数	$\dfrac{U}{U_1}$	<2.0	无岩爆	U为岩石峰值强度前的总变形；U_1为岩石峰值强度前的永久变形
			$=2.0\sim6.0$	弱岩爆	
			$=6.0\sim9.0$	中等岩爆	
			>9.0	强烈岩爆	
	弹性变形能指数W_{et}（谷明成等，2002）	$\dfrac{W_{sp}}{W_{st}}$	<2.0	无岩爆	W_{sp}为岩石试件加载到$(0.7\sim0.8)\sigma_c$后卸载到$0.05\sigma_c$，岩石释放的弹性应变能；W_{st}为岩石产生塑性变形和内部产生微裂隙而消耗的能量
			$=2.0\sim3.5$	弱岩爆	
			$=3.5\sim5.0$	中等岩爆	
			>5.0	强烈岩爆	
	冲击性指数（谷明成等，2002）	$\dfrac{K_m}{\lvert K_s\rvert}$	<1.0	有岩爆可能	K_m为应力-应变全过程曲线上加载过程的刚度；$\lvert K_s\rvert$为应力-应变全过程曲线上达到峰值后的刚度

Hoek 和 Brown(1990)在专著 *Underground Excavations in Rock* 中编录和总结了发生在南非石英岩中长方形开挖隧洞边墙脆性破坏(包括岩爆、片帮和剥落)的案例,通过远场最大主应力与岩石短期单轴抗压强度之比作为脆性破坏评价指标进行了脆性岩体破坏模型分类。Hoek 和 Brown 应力分类法的重要意义在于其将硬岩脆性破坏特征与远场最大应力的相对量值(σ_v/σ_c)建立了联系,肯定了 σ_v/σ_c 对硬岩脆性破坏的控制作用。

基于应力强度比或强度应力比理论,Barton 等(1974)在挪威工程实践中建立的 Q 系统分类中包含了应力折减系数值 SRF,考虑岩石强度与地应力 σ_1 的比值作为一个评价脆性破坏的指标。Russenes(1974)认为岩爆活动是隧洞中最大切向应力与岩石点荷载强度(I_s)的函数,并据此将岩爆分为三类。实际上,Russenes 判据与 Barton 判据存在继承性关系,原因在于点荷载强度与岩石的抗压强度有直接的联系,有统计结果表明 $\sigma_c = 22I_s(50)$,这里 $I_s(50)$ 为等效岩芯直径为 50mm 的点荷载强度指标,并且最大切向应力 σ_θ 与洞形和原岩应力水平有关。国内外工程实践经验显示应力集中系数一般为 2~3,即 $\sigma_\theta = (2~3)\sigma_1$。根据对科拉半岛希宾地块的矿井建设的经验,前苏联学者认为岩爆活动由切向应力 σ_θ 和洞室轴向应力 σ_L 的和与单轴抗压强度的比值来表征。实际上,该判据与 Barton 和 Russenes 判据具有相同的理论联系,当对切向应力 σ_θ 和洞室轴向应力 σ_L 粗略估计时,如取 $\sigma_\theta = 2.5\sigma_L$,Turchaninov 判据分级阈值与 Barton 判据非常接近。陶振宇(1987)在 Barton 和 Russenes 研究基础上,考虑工程实际中 σ_c/σ_1 在很高水平时仍有岩爆发生,对 Barton 判据进行了适当修改。

波兰采矿科学院的学者 Kidybinski(1981)以岩石应力-应变试验曲线为基础,用岩样中储存的弹性变形能与由于永久变形和碎裂造成的耗损应变能之间的比值 W_{et} 来确定岩爆的倾向性。该指标的最大意义在于考虑了岩石变形破坏过程的能量过程。冲击性指数以刚度理论为基础,用岩石破坏前后刚度差异来衡量岩爆的倾向性。同理,脆性指数则通过岩石的拉压强度比差异来反映。这三种单指标仅反映了岩石的岩爆倾向性,未和岩体应力条件相联系,故不能区分不同原岩应力条件下岩爆的风险。

上述指标简单,在地下工程的初步设计阶段,可以给出岩爆的倾向性。但是,这些指标,尚未充分考虑地质构造、工程开挖卸荷速率、多个开挖面等的影响。

利用表 1.3 中 9 种岩爆判据,对锦屏二级水电站引水隧洞岩爆倾向性进行了评估,其结果与施工单位给出的岩爆等级的对比如表 1.4 所示。具体来说:

(1)可确定引水隧洞开挖断面上最大切向应力与单轴抗压强度之比(σ_θ/σ_c)为 0.86~2.21,据 Hoek 判据、Russenes 判据和二郎山隧洞判据可知,岩爆倾向性为强岩爆和严重岩爆。

(2)可确定引水隧洞开挖断面上单轴抗压强度与最大远场应力之比(σ_c/σ_1)为

$1.62\sim3.24$，据 Barton 判据、陶振宇判据和国标 GB 50218—94 判据可知，岩爆倾向性为中等～强烈岩爆。

（3）可确定引水隧洞开挖断面上 $(\sigma_\theta+\sigma_L)/\sigma_c$ 的范围为 $1.15\sim2.36$，据 Turchaninov 判据可知，有发生严重岩爆的可能。

（4）可确定弹性变形能指数 W_{et} 为 $2.52\sim3.52$，意味着有中等岩爆的可能性。

（5）可确定脆性判据 σ_c/σ_t 为 $16.29\sim40.24$，具有中等～强烈岩爆的可能性。

表 1.4　锦屏大理岩岩爆倾向性判定结果

判据名称	σ_θ/σ_c		σ_c/σ_1		$(\sigma_\theta+\sigma_L)/\sigma_c$		σ_c/σ_t		W_{et}		岩爆倾向性判定结果
	最大值	最小值	最大值	最小值	最大值	最小值	最大值	最小值	最大值	最小值	
Hoek 判据	2.21	0.86	—	—	—	—	—	—	—	—	严重岩爆
Turchaninov 判据	—	—	—	—	2.63	1.15	—	—	—	—	有严重岩爆
Russenes 判据	2.21	0.86	—	—	—	—	—	—	—	—	强岩爆
二郎山隧洞判据	2.21	0.86	—	—	—	—	—	—	—	—	严重岩爆
陶振宇判据	—	—	3.24	1.62	—	—	—	—	—	—	中等岩爆～高岩爆活动
Barton 判据	—	—	3.24	1.62	—	—	—	—	—	—	中等岩爆～严重岩爆活动
国标 GB 50128—94 判据	—	—	3.24	1.62	—	—	—	—	—	—	有岩爆发生，有岩块弹出
脆性判据	—	—	—	—	—	—	40.24	16.29	—	—	中等～强烈岩爆
弹性变形能指数 W_{et}	—	—	—	—	—	—	—	—	2.52	3.52	中等岩爆

综合 9 种判据的分析结果可知，锦屏二级水电站引水隧洞岩爆的倾向性为中等～强烈岩爆。

还应用表 1.3 中的方法对锦屏二级水电站引水隧洞岩爆等级进行了评估。采用了锦屏二级引水隧洞 106 个岩爆案例，在确定洞周最大切向应力和最大主应力时采用引水隧洞各埋深洞段反演的地应力场作为弹性模型的应力边界条件，最终获得 106 个岩爆案例实际等级与预测等级的对比结果，如表 1.5 和图 1.14 所示。有以下结论：

（1）表 1.3 中 9 种岩爆判据在评估岩爆等级时的最高正确率为 65.71%。

（2）除国标 GB 50218—94 判据以外，考虑洞室开挖过程影响和初始应力场的偏应力特征的一类判据的正确率明显高于不考虑此两种因素的岩爆判据。

（3）考虑洞室开挖影响和初始应力场偏应力特征类判据有高估岩爆等级的倾向。

（4）Barton 判据的结果显示其误判结果中以高估岩爆等级为主，占误判结果的 81.7%，因而 Barton 判据在评估引水隧洞岩爆等级时偏于保守。

（5）弹性变形能指数判据和陶振宇判据有低估岩爆等级的倾向，其中弹性变形能指数判据的低估比重占误判结果的 100%，即采用该判据可能会明显低估岩爆等级。

（6）单指标判据在评估具体岩爆案例等级时其正确率较低，高估和低估现象的根源在于未能全面反映岩爆控制因素对岩爆等级的影响，如地质条件因素、支护因素和开挖活动等。

表 1.5 利用表 1.3 中方法锦屏二级水电站引水隧洞岩爆等级判定结果（据 106 个岩爆案例分析）

类 别	岩爆判据	低估率/%	高估率/%	正确率/%	误判率/%
能够反映洞室开挖过程影响和初始应力场的偏应力特征	Hoek 判据	5.71	28.57	65.71	34.29
	Turchaninov 判据	5.71	28.57	65.71	34.29
	Russenes 判据	5.71	28.57	65.71	34.29
	二郎山隧洞判据	5.71	28.57	65.71	34.29
不能够反映洞室开挖过程影响和初始应力场的偏应力特征	陶振宇判据	20.95	21.90	57.14	42.86
	Barton 判据	16.19	72.38	11.43	88.57
	国标 GB 50218—94 判据	5.71	28.57	65.71	34.29
	脆性判据	9.52	27.62	62.86	37.14
	弹性变形能指数 W_{et}	71.43	0.00	28.57	71.43

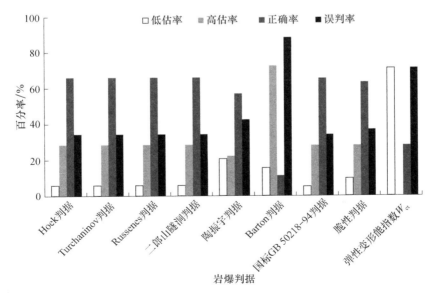

图 1.14 锦屏二级引水隧洞岩爆倾向性判定结果

上述单指标或判据方法是从不同角度对岩爆现象进行分析的基础上提出的，最突出的优点在于其形式简单便于工程应用，但评价指标过于单一，未能全面考虑岩爆影响因素，如地质结构、工程活动等控制因素的影响。例如，对于深埋隧洞工程岩爆而言，岩爆的控制因素具有多样性，包含了内因和外因等诸多方面，单一指标不能很好地反映岩爆的发生规律，再加上未知地质条件复杂性，利用表 1.3 中单一指标或判据很难达到理想的预测准确性，上述锦屏二级水电站引水隧洞岩爆实例分析已经验证了这一点。

2）多因素经验评价指标或系统方法

多因素经验评价指标或系统方法则以岩爆实例为基础，以岩爆重要控制因素作为岩爆倾向性评估控制因子，进而建立合适的经验数学模型或评价系统。目前已提出了多种经验指标方法或评价系统。

在岩爆控制因子选取方法方面，均根据特定工程需要和现有数据信息类型而制定。如 Kaiser 等（1992）利用加拿大岩爆案例探讨了岩爆预测经验分析过程，指出在岩爆破坏估计时需要考虑四个因素，分别是岩体质量、破坏可能性或应力条件、岩体局部刚度和支护作用。Gill 等（1993）提出了一个地下开挖结构岩爆可能性评估方法，该方法由四个分析步骤构成，包括划分分区（zoning）、敏感性岩体结构识别（identification of vulnerable rock structures）、稳定性分析（stability analysis）和刚度比较（stiffness comparison）四个分析步骤构成。Gill 所提出的方法将岩爆分成两大类：一类为由于断层滑移形成的岩爆，另一类为岩体自身破裂形成的岩爆，如应变型岩爆和矿柱型岩爆。评估方法中不但考虑了敏感性岩体结构在形成两类岩爆时的条件和作用，而且重点分析了岩爆剧烈程度的刚度条件。该方法实质上给出了一套系统的岩爆可能性评估的流程。Durrheim 等（1997）建立了适合于南非采矿布局条件的岩爆预测经验分析步骤。Essrich（1997）提出 SHA（Seismic Hazard Assessment）用于金矿震动风险评估，主要引入了 6 个参数：平均震动指数（ASI）、累计震动视体积（CAV）、能量释放率（ERR）、工作面布局比（FCR）、地质因素和矿体产出量，对每个参数分别确定等级评分，根据 6 个参数的等级评分之和划分震动风险等级。Heal 等（2006）通过澳大利亚和加拿大的 80 个岩爆案例中 250 个岩爆事件的统计分析提出了开挖倾向性指标 EVP，引入 4 个参数：应力条件（E_1）、支护系统能力（E_2）、开挖跨度（E_3）和地质结构（E_4），构成两个控制因子：破坏形成因子（E_1/E_2）和破坏深度因子（E_3/E_4），实例统计分析得到 EVP 与岩爆等级呈指数关系。冯涛等（2000）在对岩石脆性进行分析的基础上，提出了利用岩石的单轴抗拉强度 σ_t、抗压强度 σ_c、峰前应变值 ε_f、峰后应变值 ε_p 来计算岩石的脆性系数 B，建立了一种新的岩爆倾向性判别条件：$B = \alpha\sigma_c\varepsilon_f/\sigma_t\varepsilon_p$，当 $B \leqslant 3$ 时，无岩爆倾向；当 $3 < B < 55$ 时，轻度岩爆倾向；当 $B \geqslant 55$ 时，严重岩爆倾向。Bukowska（2006）针对 Upper Silesian 煤矿区岩爆问题建立了岩爆发生可能性评

价系统,考虑了控制煤层岩爆发生的诸多因素,包括煤层深度、煤层厚度、岩体结构、岩体力学属性、岩石的能量特征、潜在震源岩层与煤层间距、煤层的最大震动能量。

在构建多指标评价系统的理论方法方面,新方法层出不穷。例如,王元汉等(1998)采用模糊数学综合评判方法,选取影响岩爆的主要因素,对岩爆的发生与否及烈度大小进行了预测。杨莹春和诸静(2001)应用物元概念和关联函数,即可拓学的综合评判方法,建立了岩爆分级预报的物元模型,通过计算其关联度,给出定量的数值评定。姜彤等(2004)在灰色关联分析和模糊模式识别原理的基础上,应用最小二乘法构造目标函数,建立了灰色系统最优归类岩爆预测模型,提出了动态权重计算方法和综合评判指数的概念,其预测结果优于用有限元法计算所得的结果。

冯夏庭(1994)最早应用人工智能方法进行岩爆风险估计,建立了地下洞室岩爆风险估计的自适应模式识别方法,以强度应力比(σ_c/σ_θ)、拉压强度比(σ_c/σ_t)和冲击能指数(W_{et})为控制因子进行岩爆风险估计。在 1996 年,冯夏庭建立了南非深部金矿岩爆风险估计专家系统,根据采矿推进方法、开采程度、地质构造作用、与主要地质构造的距离、局部支护效果、区域支护效果、盘沟支护效果、采矿布局、能量释放率、超剪切应力等估计岩爆风险等级。同时,还分别建立了南非深部金矿 VCR 采场、碳化采场和隧道岩爆风险估计神经网络模型,根据各自的采深、地质构造类型、采矿方法、支护结构、区域支护、采矿宽度、走向跨度、临时支护等估计岩爆风险等级。还指导研究生提出了岩爆实例的数据挖掘方法,丰富了专家系统知识库(马平波等,2000)。冯夏庭等(2002)通过对影响岩爆因素的分析,建立了岩爆风险等级估计的支持向量机模型。

随后,一些国内外学者都开展了这方面的研究。例如,郭立等(2004)从工程地质因素、复杂环境因素和人为开挖因素 3 个方面分析了岩爆启动的主要影响因素,提出了一种基于 RES 理论(岩石工程系统理论)的岩爆智能预测模型。杨涛和沈培良(2004)建立了岩爆预测的三层 BP 神经网络模型,以围岩最大切向应力与岩石抗压强度的比值、抗压强度与抗拉强度的比值以及岩石弹性能指数作为神经网络的输入,通过对国内外 20 个岩爆实例的学习,对秦岭大埋深隧道中部混合片麻岩地段施工过程中的岩爆等级进行预测,为工程应用提供了重要技术支持。白明洲等(2002)采用岩石抗压强度、岩石抗拉强度和岩石弹性能指数,作为评判指标对西秦岭隧道两个岩爆实录进行了岩爆危险性预测检验,结果与实际基本一致。陈海军等(2002)选取岩石抗压强度、抗拉强度、弹性能指数和洞壁最大切向应力作为岩爆预测的评判指标,建立了岩爆预测的神经网络模型,用多个地下工程岩爆的发生及其烈度实例进行了检验,取得了较好结果。Yu 等(2009)引入了粗糙集和遗传算法建立了岩爆可能性决策方法,其中考虑了采矿深度、矿床角度、结构面类型(断层、岩脉)、采矿方法、永久支护类型、临时支护类型、区域支护技术和采场宽度、跨度等 9 个决策因子。该方法无法进行岩爆等级的预测。

可见,基于多指标的岩爆风险估计与预测方法研究,越来越受到人们的重视。但是,从现有的研究来看,这些方法具有以下特点:

(1) 根据具体工程类型,如矿山采场、巷道、隧道等的不同,考虑不同的因素指标进行岩爆风险等级的评估。

(2) 主要是进行岩爆风险等级的估计,尚未涉及岩爆爆坑的深度和岩爆可能发生的断面位置。

如何根据具体工程类型,合理确定主要相互独立的因素指标,给出岩爆爆坑的深度和岩爆可能发生的断面位置和时间,是尚未解决的难题。

2. 岩爆风险评估数值指标方法

通过真实模拟现场地质条件和施工过程,可以仿真模拟开挖支护过程中岩体的力学响应,采用合适的评价变量,即可分析评价围岩的稳定性情况。在现有的岩爆预警方法中数值模拟方法绝大部分属于静力学方法的范畴。依据数值分析结果可对岩爆倾向性做出宏观判断,同时为其他评价方法提供基本的信息或依据(如应力集中程度、围岩破坏时能量释放大小、围岩破坏程度和位置等)。在岩爆倾向性评估研究中,已提出了多种数值指标,根据指标的理论基础可概括地分为两大类:以强度理论为基础的数值指标和以能量理论为基础的数值指标。

对于前一类,已被学术和工程界广泛接受的指标有超剪应力 ESS(Ryder,1988),Ryder 认为在隧洞开挖过程中,开挖面周围会诱发剪应力集中,三维应力条件下,该应力集中区呈倾斜椭球状。在地质结构(断层或断裂面、岩脉或岩性界面等)发育条件下,当剪应力在地质结构位置集中时可能会使原来处于静态平衡的结构面发生剪切破坏而发生滑动,破坏后结构面强度会从静摩擦平衡条件跌落到动摩擦平衡条件,而产生应力跌落,从而释放能量产生震动事件,进而可能在开挖面处形成岩爆破坏。

岩爆是岩体弹性应变能快速释放的结果。因而,研究者们尝试通过分析岩体开挖过程中能量释放,来评估岩爆倾向性。然而,岩体能量很难通过实际测量手段获得,因而数值分析方法成为分析岩体释放能量的重要技术手段。Cook 等(1966)研究了南非金矿采矿过程中岩爆问题后指出矿体开采过程中释放能量是诱发岩爆的重要原因,并提出了能量释放率(ERR)的概念,全面分析了能量释放率、采矿活动(如采矿深度)和岩爆频次关系,发现南非金矿长壁式采场内岩爆频次与能量释放率之间存在递增关系,并指出能量释放率能够作为不同采矿布局和开挖顺序下降低岩爆风险设计和分析的有效工具。Crouch 和 Fairhurst(1973)研究发现冲击地压与能量释放也存在类似的关系,认为边界元分析方法可用于研究能量释放过程。许多学者系统分析了采矿过程中能量源、能量平衡关系和各分量求取过程以及各开挖步能量释放量值,研究成果说明能量释放率(ERR)完全可以通过数值分析程序来求取。但这些都未能给出岩爆可能发生的工程断面上位置和可能的爆坑深度、爆坑形态。如何合理给出岩爆可能发生的工程断面上位置和可能的爆坑深度与形态,是个亟待解决的问题。

3. 岩爆风险监测检测方法

岩爆预测在实际工程中的应用有很多方法,主要有钻屑法、微重力法、电阻法、流变法、气体测定法、地震法、声发射法、电磁辐射法、振动法、光弹法等手段,通过对开挖面前方的围岩特性、地质状况,是否存在断层或断层破碎带以及水文地质情况,获取影响岩爆、预测岩爆的影响因子的监测数据,再通过以上提出的理论模型或判据进行归纳分析和判断预测岩爆发生的可能性。主要手段如下:

1)基于岩体变形和力学性质评估岩爆风险

通过观察开挖面及其附近的地理环境和生物异常预报,分析岩石的动态特性,主要包括岩体内部发出的各种声响和局部岩体表面的剥落等,采用工程类比法进行宏观预报。例如:

(1)发生岩爆之前,岩体的体积发生变形使岩体的密度发生变化。根据其密度的变化,重力强度的变化及密度分布的变化,采用微重力法预测岩爆倾向的地带。

(2)由于应力松弛速度取决于岩石的力学性质、地质条件、应力集中和埋深等因素,当应力松弛速度低,破坏程度高时,有可能发生岩爆,利用流变法根据岩体的松弛速度和破坏程度来预测岩爆。

(3)当有岩爆发生时,岩石的电阻、光学特性都有明显变化,可以通过测试岩石的电阻变化及在偏振光作用下的干涉条纹来预测岩爆。

(4)施工过程中,向岩体中打小直径钻孔,经验表明:当有岩爆发生时,钻孔过程中单孔孔深排粉量的变化异常,一般排粉量达到正常值的2倍,最大值可以达到正常值的10倍。这就是预测岩爆的钻屑法。

(5)由于开挖过程中常伴随着一些气体的释放,如瓦斯、氡气,这些气体的扩散与围岩的受载有关。可以通过气体测定,进行岩爆预测。

(6)在每一次开挖循环结束后,取得岩块进行单轴抗压强度检测。开挖后及时充填采空区,降低采空区顶板和侧帮应力集中,以及通过岩石单轴抗压强度与推算地应力的比值判断岩爆发生的基本条件及岩爆的级别,也是常见的方法。

2)基于实时监测的岩体动态信息评估岩爆风险

(1)地质雷达方法。通过地质雷达探测围岩结构的发育情况,判断岩体是否完整、是否含有地下水等结构条件,根据岩体主要结构面与主应力的夹角初判岩爆发生的可能性。钻速测试、地震仪和工程检测仪也可用于岩爆预测,当测定岩体的弹性波速超过预定值时,来确定巷道周围的应力变化来预警岩爆。

(2) 声发射或微震方法。由于岩体在变形破坏过程中会产生应力波和声波,即声发射或微震,它是由岩石受力时的裂纹扩展行为所引起的,可反映岩石在加载过程中裂隙发展情况和岩石性质及受力状态对岩石破坏特征的影响。岩体岩性、结构不同,其声发射或微震特征不同,岩石临近破坏之际,声发射或微震活动的显著变化,均超前于位移的显著变化,噪声读数迅速增加,利用声发射或微震技术通过探测岩石破裂时发出的亚声频噪声(微震),地音探测器能将那些人耳听不到的声波转化成电信号,根据地音探测器探测到微细破裂,当地音探测器探测到的声发射数或微震事件数大于预定值,就意味着可能有岩爆发生。微震监测技术越来越多地在非洲、澳大利亚、美国、加拿大、南美洲、中国等的矿山(Mendecki,1997;Urbanic and Trifu,2000;Milev et al.,2001;Ge,2005;李庶林等,2005;唐礼忠等,2006;杨志国等,2008)、热干岩电站(Tezuka and Niitsuma,2000)、地下实验室(Martin,1997;Young and Collins,2001;陈炳瑞等,2009)、隧洞(Hirata et al.,2007;陈炳瑞等,2011,2012;Tang et al.,2011;肖亚勋等,2011;冯夏庭等,2012)等工程中推广应用,取得了一系列卓有成效的研究成果。但是,微震活动性与不同类型、不同等级岩爆孕育过程的关系以及基于微震活动性的定量岩爆预警方法还有待进一步建立。

1.3.5　岩爆防治方法研究

在钻爆法施工中,岩爆问题的防治原则是以防为主,防治结合。主动防御时,可躲避,可采取措施降低岩爆发生的可能性;被动治理时,可支护、清渣等,处理方法非常灵活。而 TBM 施工中,设备不能及时撤离,设备自身的防护能力有限,且非常昂贵,设备体积大,洞内很难展开其他机械的运作,一旦发生岩爆,被动治理的代价是非常大的,所以必须确立以防为主的原则。

无论是钻爆法施工还是 TBM 施工,总体来讲,岩爆防治方法主要是围岩支护、弱化岩体的力学性质以及调整围岩应力状态和能量集中水平三方面的有机结合。

另外,可配合改进施工方法或掘进参数、动态监测预警、改善设备对围岩的支护能力和自身的防护能力及建立治理预案等方法以达到更好的防治效果。为此,加拿大、南非建立了岩爆支护手册。

围岩支护是岩爆防治的重要措施。由于在岩爆发生时被动承受冲击作用力,故围岩支护也被称为“被动”措施。20 世纪 80 年代开始,随着采矿工程埋深的增加,岩爆的支护设计开始受到重视。Roberts 和 Brummer(1988)结合南非采场的岩爆治理经验,认为在有岩爆倾向的巷道,支护系统所提供的阻力不能低于

$60kN/m^2$,同时要求支护系统能在屈服状态下工作,能保证岩爆发生时破裂岩体仍能在支护系统的作用下不脱离母岩。Ortlepp(1993)利用现场的记录数据估计岩体弹射速度,从而确定支护参数。现场岩爆对支护系统在吸能方面的要求使得很多学者开始研究支护单元的位移荷载特征曲线,并着手研发新的高吸能的支护单元。Ortlepp(1994)和 Li(2010)分别研究了锥形锚杆和 Dura 锚杆的吸能能力,Kaiser、何满朝分别开发了一种高级能锚杆,对工程设计有较大的指导意义。Stacey 等(1995)在 Ortlepp 的工作基础上,研究了喷射混凝土层和钢筋挂网的吸能能力。在岩爆支护设计方面,Kaiser 等(1996)总结了诸多地下采矿工程中的支护经验和加拿大岩爆研究项目的成果,确定了有岩爆倾向的巷道支护设计理念,并提出了根据岩爆震级和震源距离来确定支护参数的设计方法。

国内对有岩爆倾向的隧洞的支护设计往往是针对具体工程进行的。王兰生等(1999)结合二郎山公路隧道开挖过程中的岩爆现象,将岩爆进行烈度分级,并给出不同烈度岩爆的支护参数。吴勇(2006)总结了福堂水电站引水隧洞岩爆防治的支护措施与支护参数;李春杰和李洪奇(1999)在对秦岭铁路隧道案例分析的基础上,研究了岩爆与地质因素的关系、岩爆的声响运动特征和岩爆发生时空规律,并总结了秦岭铁路隧道的防治措施和支护设计参数;李忠和杨腾峰(2005)总结了福建九华山隧道岩爆的支护设计参数;汪琦等(2006)研究了苍岭隧道岩爆发生的时空规律,并在此基础上给出了相应的岩爆防治措施;张杰和董祥丽(2007)分析终南山公路隧道开挖过程出现的岩爆与岩性、地质构造的关系,也分析了岩爆发生断面与掌子面的距离,给出了相应的具体措施,最后总结了施工治理岩爆的支护参数等。总体上讲,目前国内岩爆的支护设计仍停留在经验阶段,不同的工程所采用的支护措施和支护参数均不相同,目前尚缺乏一种能够广泛适用的岩爆防治支护设计方法。

弱化岩体力学性质和调整围岩应力状态常常是相辅相成的,实施前者时常常可同时达到调整应力状态的目的。当然,还可以通过其他方法来调整围岩应力状态或分布方式。此类方法在开挖前积极主动采取措施,改变现状以期降低岩爆发生的概率和强度,故此方法也被称为"主动"措施。应力释放孔、应力解除爆破、高压注水和局部切槽是弱化岩体力学性质的常用方式。苍岭隧道(吴德兴和杨健,2005)、秦岭隧道(王献,2006)、福堂水电站引水隧洞(吴勇,2006)和大伙房水利枢纽引水隧洞(李忠等,2004)和二郎山隧道(徐林生,2004)等均采用了该类方法。这类方法适用于中等及以上强度的岩爆。

综上所述,各种岩爆防治方法的应用均在很大程度上依赖经验,需要建立理论方法,从根本上揭示并认识岩爆孕育过程中的特征和规律,从而建立针对岩爆孕育过程的动态调控理论方法和技术,通过动态调控来改变岩爆的孕育过程,达到避灾、减灾或延迟灾害发生的目的。

1.4　主要研究内容和思路

　　针对岩爆研究的上述发展现状和深埋隧道(洞)岩爆的主要特点,以不同类型岩爆的孕育过程为核心,以深埋隧洞为依托,从其孕育过程的监测方法、特征、规律、预警方法到动态调控方法开展系统研究,建立岩爆设计指南,并进行典型重大工程的应用研究。总体研究思路如图 1.15 所示。

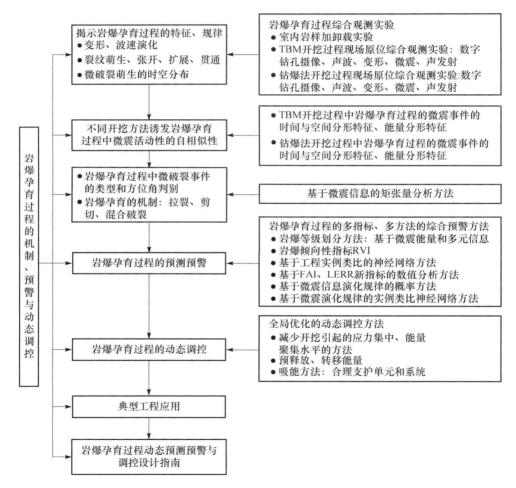

图 1.15　主要研究思路

1. 不同类型岩爆孕育过程的特征、规律和机制研究

(1) 建立室内岩样的加卸载试验观测方法。通过系统的室内试验,包括不同

围压、不同速率的加卸载试验、模拟原岩应力、开挖造成一个方向的卸载和另一方向的可能加载、支护的加载等不同应力路径下的岩石破坏过程试验与声发射监测，揭示高应力加卸荷作用下岩石破坏机制。

（2）建立深埋隧道(洞)开挖过程的现场原位综合观测方法。通过系统的深部工程原位开挖试验，综合观测深部围岩的裂纹萌生、张开、闭合、扩展、贯通全过程，以及声波、位移、应力、微震、声发射信息的演化规律，以及与岩爆的关系，揭示不同类型(即时型、时滞型)岩爆的孕育特征、规律，研究提出基于微震信息的岩体破裂类型判别的 P 波发育度分析方法、改进矩张量分析方法的数据处理方法，并综合能量比方法，揭示不同类型岩爆的孕育机制和破裂面形成过程、特征和规律。

（3）研究岩爆孕育过程中微震事件数时空分布与能量演化规律分形计算方法，揭示钻爆法和 TBM 开挖诱发岩爆的时间、空间和能量分形规律。

2. 岩爆风险估计与预警的多信息多方法研究

在上述不同类型岩爆的孕育特征、规律和机制研究的基础上，开展下列研究工作：

（1）从爆坑深度、声响、弹射距离、能量、岩爆造成的损害等方面，完善岩爆等级划分方法；给出基于微震能量的岩爆等级划分新方法。

（2）从岩爆发生的本质因素出发，综合考虑地质、矿物、结构面、应力控制、岩体开挖刚度等，建立多指标的岩爆倾向性的评价指标 RVI，给出爆坑深度估计方法。

（3）应用神经网络等智能方法，学习大量岩爆实例，建立基于实例的岩爆风险等级和爆坑深度估计方法。

（4）提出能够反映深部岩体能量储存、耗散与释放过程分析评价的数值方法、局部能量释放率 LERR 和破坏接近度 FAI 等新指标，预测深部工程岩爆可能发生的断面位置。

（5）研究岩爆孕育过程中微震信息前兆规律、岩爆孕育过程中微震事件时间和空间上的演化规律、能量演化规律的分形行为(即岩爆孕育过程中微震信息(事件、能量)时空演化的自相似性)，建立基于微震信息的岩爆预警方法，实现开挖过程中岩爆区域和等级及其概率的即时预警。

（6）集成上述多方法，实现深部工程岩爆发生的区域、断面位置、等级和爆坑深度的综合预警。

3. 岩爆孕育过程的动态调控方法研究

（1）提出描述隧道不同部位岩体裂化过程中能量释放大小的局部能量释放率(LERR)新指标。

（2）研究不同开挖速率、断面尺寸等诱发岩体应力集中、能量聚集、耗散与释放及其与岩爆的关系，研究不同应力释放孔降低能量及其与岩爆的关系，研究不同支护吸收能量及其与岩爆的关系。

（3）在此基础上，提出岩爆孕育过程动态调控的"三步走"理念和理论方法。

① 建立深埋硬岩隧道开挖优化设计方法——全局优化方法，基于弹性释放能（ERE）和局部能量释放率（LERR）的评价指标，获得全局优化的开挖方案，如开挖台阶高度、断面尺寸、日进尺等，尽可能减少开挖引起的能量和应力集中水平、岩爆等灾害的等级等。

② 建立能量预释放和转移措施优化设计方法：应力释放孔的位置和间距设计方法、应力集中转移路径和位置设计方法等，以充分利用应力释放孔的作用，降低能量聚集水平；利用岩体的脆延转换特性，开挖后及时封闭围岩，适当增加围压，提高岩体的延性，减少脆性破坏的可能性。

③ 建立深埋硬岩隧道预防岩爆的支护设计"裂化-抑制-吸能法"：在专著《深埋硬岩隧洞动态设计方法》的支护设计"裂化-抑制法"基础上，提出不同支护类型的吸能计算方法、基于 RVI 的防岩爆锚杆长度确定方法；以便针对性地采用吸能支护方法，吸收岩爆发生过程中的能量，避免或延迟岩爆的发生，降低岩爆发生等级。

（4）研究提出根据岩爆孕育过程中微震信息（事件、能量等）演化规律的动态调控方法、基于地质信息和实际岩体性态信息动态更新的岩爆风险评估方法。

4. 典型工程应用研究

应用上述理论方法进行典型工程应用研究，如锦屏二级水电站引水隧洞的岩爆预警与预防，一方面解决实际工程的岩爆预警与预防问题，一方面检验所建立的理论方法的可用性，在实践中发展和完善。

2 微震实时监测与数据快速分析方法

2.1 引　言

寻求有效的岩爆监测手段与分析方法,快速确定潜在的岩爆风险区,是有效调控及规避潜在岩爆风险的前提和基础。岩爆等灾害发生之前往往伴随有围岩的微破裂(微震活动)。通过监测围岩的微震活动,分析其特征与规律,可以揭示岩爆孕育过程的特征、规律、机理与机制。为了实现此目标,需要解决下述关键问题:

(1)监测系统和传感器布置优化方法。在隧道(洞)工程施工中,监测对象往往需要随掌子面的推进而动态移动,传感器阵列不得不置于破裂源之外。对矿山微震监测来说,还存在大断层和多采空区并存等复杂条件。这些情况下,如何进行传感器优化布置,以尽可能多获得围岩的真实破裂信号。

(2)微震连续监测与岩爆孕育全过程数据的有效获取方法。监测区域多个掌子面同时施工/开挖,微震监测过程中突水、电涌浪、施工车辆及设备等对监测系统及信号传输线路造成损坏等,给监测工作的开展带来了很大的困难与挑战,如某深埋隧洞微震监测过程中遭受的设备损坏和线路见表 2.1 和图 2.1。

表 2.1　某深埋隧洞微震监测设备受损情况

受损设备	数量/台	受损原因及情况
数据采集仪(GS)	11	3 台,突水导致损坏无法正常使用; 8 台,电涌浪造成损坏无法正常使用
服务器	1	突水、进水
数据传输设备(DSL)	6	2 台,突水导致部分器件损伤,可工作,但指示灯不亮;4 台,电涌浪造成损坏,无法使用
数据传输设备(DSL-MR4)	2	电涌浪造成损坏,无法使用
稳压及供电设备 iUPS	2	电涌浪及滴水造成严重损坏,无法使用
传感器	13	3 个是爆破砸坏;1 个是风袋鼓动电缆磨损;9 个在施加混凝土喷层时,被喷在里面,无法取出

在施工(开采)过程中,微震监测区往往是岩爆发生的高风险区域,同时也是施工车辆往来频繁、设备操作频率高的区域,这给微震监测工作人员及监测设备安全带来了很大的风险。例如,2010 年 12 月 1 日,某深埋隧洞微震监测工作开展过程中,5 名工作人员在现场安装微震传感器时,在距离工作人员不到 2m 的区域发生

（a）设备及设备防护箱　　　　　　　　　（b）设备箱及设备被撞坏

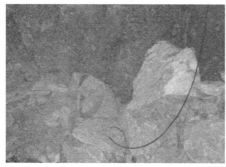

（c）数据线被岩爆砸断

（d）设备箱及设备被撞坏　　　　　　　　（e）设备箱进水设备被撞坏

图 2.1　某深埋隧洞微震监测设备及线路损坏照片（见彩图）

了一次时滞型岩爆，爆出的岩石飞射到越野车上，施工用的人字梯被埋，如图 2.2所示。

（3）微震信号的有效滤噪算法。围岩破裂的微震信号和现场各种噪声（爆破、TBM 机械振动、电气信号、钻井等）交织在一起、P 波和 S 波有时信号重叠在一起，很难区分 P 波和 S 波到时，且与噪声交织在一起，有效信号难以区分，这势必影响到有效微震信号的获取，进而影响岩爆风险预测预报的精度。需要研究合适的滤

（a）越野车位于岩爆区附近

（b）5个技术人员正在A区工作，人字梯被埋

图 2.2　某深埋隧洞 2010 年 12 月 1 日 1-1-E 引(1)8＋940～8＋948 洞段岩爆现场

波算法,对波形特征不明显时能进行岩石破裂真实波形有效识别。

（4）传感器阵列外的微震源高精度定位算法。传感器阵列外微震源精确定位一直是微震监测的难点。隧洞(道)、巷道、开拓竖井等深部线性工程开挖过程中,岩爆往往发生在其掌子面附近,即大多数破裂源位于传感器阵列范围之外,这将影响微震源的时空定位精度,也将影响岩爆预测预警。需要研究不依赖于传感器阵列(传感器阵列位于围岩破裂之内和之外)的高精度微震源定位算法。

（5）复杂地质与应力条件下围岩破裂机制的分析方法。监测区域地质与地应力条件复杂,同一区域不同洞段或同一区域相邻洞段地质与地应力条件也变化较大,同一工段内有的隧洞岩爆比较强烈,有的则地下水比较发育,有的岩石的完整性较好,有的则比较破碎,同一工区相邻工段也经常表现出这种复杂的地质与应力状况,这增加了微震监测与分析的难度。

为此,采用如下研究思路和方法,解决上述科学技术难题:

（1）先根据工程实际施工(开采)条件、地质条件、地应力条件进行数值模拟与分析,确立监测与关注的重点区域,再利用粒子群优化方法和虚拟到时策略,建立整体协调、全局最优的微震监测方案。

（2）优化线路布置，线路及设备铺设在干扰最少的区域；日常巡检，及时发现问题；及时检修，不分时段，力保微震监测数据连续、准确。

（3）对实时监测到的微震数据进行分析，获取微震信号特征参数和信号类型，建立相应的数据库；利用神经网络表征他们之间的特征关系，建立微震信号神经网络识别模型，随着监测数据的不断累积，动态更新微震信号数据库和神经网络识别模型，以提高信号识别的速度和精度。

（4）对识别到的有效微震信号，利用粒子群全局优化方法和分层策略，对极易相关的微震发生时间和速度模型分别识别，以解决解的关联性、微震源定位对传感器阵列的依赖，克服病态矩阵，从而有效提高传感器阵列内和阵列外的微震源定位精度。

下面将详细介绍这些方面的研究进展和成果。

2.2　微震监测基本理论与概念

2.2.1　微震监测原理

岩体在破坏之前，积蓄的能量会以弹性波的形式释放，并且，这种释放会持续一段时间。隧洞掘进活动在岩体中引起弹性变形和非弹性变形，在岩体中积蓄的弹性势能在非弹性变形过程中以震动波的形式沿周围的介质向外逐步或突然释放出去，导致岩体内部产生微震事件。

图2.3为微震监测原理示意图。微震事件发生后，其产生的震动波沿周围的介质向外传播，放置于孔内紧贴岩壁的传感器接收到其原始的微震信号并将其转变为电信号，随后将其发送至信号采集仪，之后通过数据传输线路再将数据信号传送给分析计算机。通过分析处理软件可以对微震数据信号进行多方面处理和分析，实现微震事件的定位、震源参数的获取、趋势跟踪等，并可对定位微震事件在三维空间和时间上进行实体演示，其原始数据和处理文件均可实时显示。

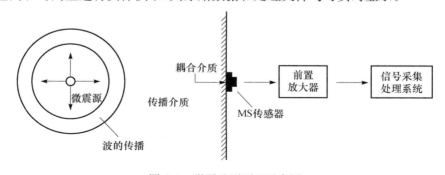

图2.3　微震监测原理示意图

2.2.2 基本概念

1. 微震体变势 P

微震体变势 P 表示震源区内由微震伴生的非弹性变形区岩体体积的改变量，它与形状无关。微震体变势是一个标量，定义为震源非弹性区的体积 V 和体应变增量 $\Delta\varepsilon$ 的乘积：

$$P = \Delta\varepsilon V \tag{2.1}$$

对于一个平面剪切型震源，微震体变势定义为

$$P = \bar{u}A \tag{2.2}$$

式中：A 为震源面积，m^2；$\bar{u}$ 为平均滑移量，m。

在震源位置，微震体变势是震源时间函数对整个震动期的积分。在监测点，微震体变势与经过远场辐射形态修正后的 P 波或 S 波位移脉冲 $u_{corr}(t)$ 的积分成正比。

$$P_{P,S} = 4\pi v_{P,S} R \int_0^{t_s} u_{corr}(t)\mathrm{d}t \tag{2.3}$$

式中：$v_{P,S}$ 为 P 波或 S 波波速；R 为到震源的距离；t_s 为震动时间，$u(0)=0$，$u(t_s)=0$。

微震体变势通常是由记录到的频率域内的低频位移谱的辐值 Ω_0 估计获得

$$P_{P,S} = 4\pi v_{P,S} R \frac{\Omega_{0,P,S}}{\Lambda_{P,S}} \tag{2.4}$$

式中：$\Lambda_{P,S}$ 为远场幅值经震源焦球体上平均处理后的分布形式的平方根值；对 P 波，$\Lambda_P=0.516$；对 S 波，$\Lambda_S=0.632$(Aki and Richard，2002)。

2. 微震能量 E

在开裂或摩擦滑动过程中能量的释放是岩体由弹性变形向非弹性变形转化的结果。这个转化速率可以是很慢的蠕变事件也可能是很快的动力微震事件，其在微震源处的平均变化速度可达每秒数米。相同大小的事件，慢速事件较快速动力事件发展时间要长。因此，慢速事件主要辐射出低频波。由于激发的微震能量是震源函数的时间导数，慢震过程产生较小的微震辐射。根据断裂力学的观点，开裂速度越慢，辐射能量就越少，拟静力开裂过程将不会产生辐射能。

在时间域内，P 波和 S 波的辐射微震能量 $E_{P,S}$ 与经过由远场速度脉冲 $\dot{u}_{corr}(t)$ 的平方值修正后辐射波形在时段 t_s 上的积分成正比。

$$E_{P,S} = \frac{8}{5}\pi\rho v_{P,S} R^2 \int_0^{t_s} \dot{u}_{corr}^2(t)\mathrm{d}t \tag{2.5}$$

式中：ρ 为岩石密度。

在远场监测中，P 波和 S 波对总辐射能量的贡献与 P 波和 S 波速度谱平方的

积分成正比。要想获取主导角频率 f_0 两侧频带范围内合理的信噪比,就需要确定由微震观测网记录的波形的积分。如果要研究微震区的应力分布情况,微震系统应能记录到微震辐射的高频分量。

3. 视体积 V_A

视体积 V_A 表示的是震源非弹性变形区岩体的体积,可以通过记录的波形参数计算得到,是一个较为稳健的震源参数,计算公式为

$$V_A = \frac{\mu P^2}{E} \tag{2.6}$$

式中: μ 为岩石的剪切模量。

4. 能量指数 EI

一个微震事件的能量指数 EI 是该事件所产生的实测微震释放能量 E 与关心区域内具有相同地震矩的所有事件的平均微震能 $\overline{E}(P)$ 之比:

$$EI = \frac{E}{\overline{E}(P)} = \frac{E}{10^{d\log P + c}} = 10^{-c} \frac{E}{P^d} \tag{2.7}$$

式中: d、c 为常数。

由式(2.7)可得

$$\sigma_A = P^{d-1} 10^c EI \tag{2.8}$$

在 $d = 1.0$ 的条件下,视应力和能量指数成正比。因此,可通过视体积与能量指数的变化,获取岩体灾害发生前的信息与规律。

5. 视应力 σ_A

视应力 σ_A 表示震源单位非弹性应变区岩体的辐射微震能(Aki,1966)。将其定义为辐射微震能 E 与微震体变势 P 之比:

$$\sigma_A = \frac{E}{P} \tag{2.9}$$

2.3　整体协同、全局最优的微震实时监测系统与方法

2.3.1　微震监测方案设计基本原则

微震监测不同于常规应力、变形监测,微震监测范围是一个空间的体,微震监测方案设计时应考虑微震信号分析与工程灾害预警所必需的条件。因此,微震监测方案设计时应遵循以下原则:

（1）满足"微震源定位需要有四个传感器监测到有效信号"的必要条件。

（2）考虑微震源定位原理,尽可能避免微震源定位的"盲区"。

（3）考虑微震监测的特殊性及传感器的类型与性能,根据岩体结构特点,在确保监测范围内对岩石破裂事件定位及时、准确的前提下,尽可能扩大监测范围。

（4）尽量避免环境噪声对微震信号的影响。

（5）考虑现场布置的可操作性、设备衔接和走线的方便,确保线路安全,确保监测数据连续、准确。

（6）在条件允许的情况下,尽可能确保监测对象在传感器阵列之内。

（7）各传感器应协同作业原则:充分利用传感器协同工作的特点,提高监测系统自我容错能力,当某区域传感器工作不正常时,其他区域的传感器仍可保障该区域的基本监测。

2.3.2　微震传感器整体协同、全局最优的布置方法

合理的传感器位置将能监测到更多、更好的有用微震信息,对提高震源定位精度,准确预报震源位置和发震时刻是非常重要的。依据传感器布置基本原则,考虑传感器的空间布置、类型和频率段,不同岩性、不同地质条件的洞段应选取不同的传感器方案,才能最佳的发挥微震系统的性能。通过地质信息与岩爆案例分析、数值模拟,掌握被监测洞段的应力场的分布特征,采用虚拟到时技术,模拟微震波到时,利用智能优化方法,结合现场实际施工工艺,确定传感器最优空间分布,包括传感器的布置断面数及其与掌子面的距离、每个断面上的传感器个数、类型和位置等,使之尽可能形成一个良性阵列,既有利于获得有效的微震信号,又有利于分析、定位。传感器粒子群(particle swarm optimization,PSO)优化流程如图 2.4 所示。

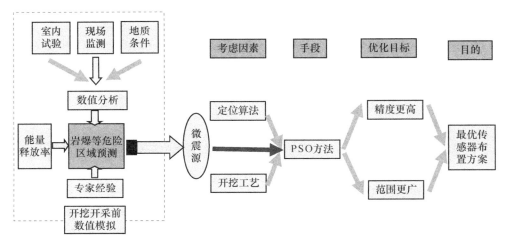

图 2.4　基于数值分析和粒子群(PSO)技术的传感器优化流程图

（1）根据工程实际施工工艺、地质条件（例如水平构造应力为主，岩体裂隙发育），建立数值模拟模型，对工程施工先进行数值分析，整体上把握施工过程中岩爆有可能出现的区域，作为微震监测传感器布置优化的重点区域。

（2）在施工安全生产关心的开挖开采活动范围内，结合数值分析结果，确定 N 个（例如 $N=100$）微震源（三维坐标和发震时间）。

（3）根据施工区不同性质岩体波速试验、采空区波速试验及不同性质岩层的分布，确定微震波传播速度模型及取值范围。

（4）根据工程实际施工工艺，确定传感器布置的范围，并在范围内利用混合同余法随机产生 X 组（例如 $X=16$）传感器位置（三维坐标），每组 M 个（例如 $M=30$）传感器位置。

（5）对每组传感器，判断震源微震信号传播到传感器所经历的断层和采空区，并计算微震信号在其中传播的距离，自动选择合适的速度模型，根据式（2.10）计算得到 $N \times M$ 个（$100 \times 30 = 3000$ 个）传感器监测到时。

$$t_{ij} = T_i + \frac{L_{ij}}{V} \tag{2.10}$$

式中：t_{ij} 为第 j 个检波器接收到第 i 个微震源发出的信号的时间；T_i 为第 i 个微震源发震时刻；V 为波在介质中传播的等效波速；L_{ij} 为第 i 个微震源到第 j 个检波器的距离。

$$L_{ij} = \sqrt{(x_j - x_i)^2 + (y_j - y_i)^2 + (z_j - z_i)^2}$$

式中：(x_i, y_i, z_i) 为第 i 个微震源位置坐标；(x_j, y_j, z_j) 为第 j 个检波器位置坐标。

（6）对计算到时按式（2.11）进行随机扰动，获得 $N \times M$ 个（$100 \times 30 = 3000$ 个）虚拟监测到时。

$$t_v = [1 + 3c(-1)^x a_0] t_c \tag{2.11}$$

式中：t_v 为虚拟监测到时；t_c 为计算监测到时；a_0 为 $0 \sim 0.05$ 之间的数；c 为 $0 \sim 1$ 间的随机数；$x = \mathrm{int}(3c)$，对 3 倍的随机数取整。

（7）在考虑传感器布置成本和光缆走线方便的前提下，以使监测到时和计算到时的累积残差平方和最小为目标函数，利用粒子群智能方法，根据 M 个（$M=30$）传感器监测信号，对 N 个（$N=100$）微震源进行定位。

（8）若定位精度满足要求，且传感器能较好地监测到微震信号，位置合理，结束传感器布置优化；否则，进行下一步。

（9）若没有找到合适的传感器位置，则利用 PSO 操作，在传感器可布置的范围内产生 X 组（$X=16$）新的传感器位置，返回第（4）步，对新一组的传感器位置进行优劣判断。

2.3.3　微震传感器整体协同全局最优布置的典型案例

利用上述传感器优化布置方法,以深埋隧洞为例,针对深埋隧洞微震监测的具体问题与难点,采用紧跟掌子面移动整体协同策略,提出了多类型传感器(地音仪型和加速计型)、多监测台站协同监测,局部根据各洞段的施工进度灵活布置、紧跟掌子面移动的整体协同传感器优化布置的监测方法,对不同工况下传感器布置方案进行优化,设计具体监测方案如下。

1. 隧洞钻爆法施工整体协同全局最优传感器布置方案

1) 单隧洞单掌子面掘进

对于存在潜在岩爆风险的深埋硬岩隧洞钻爆法施工,爆破作业是岩爆和塌方等工程事故的主要诱发因素,越靠近掌子面,岩爆或塌方等工程事故发生的风险也就越高。同时,传感器安装需较长时间。因此,为了保障安装人员的人身安全及避免因爆破冲击而造成的传感器损坏或失效,传感器布置应适当远离掌子面。基于此开展微震监测的钻爆法单掌子面掘进洞段内传感器布置。

(1) 距掌子面约 70m(在条件允许时此距离可小些)处布置第一组共 4 只(编号 D1-1～D1-4)传感器,其中 D1-1、D1-3 及 D1-4 为单向速度型,钻孔深度 2m,钻孔直径不低于 51mm,D1-2 则为三向加速度型,钻孔深度 2m,钻孔直径不小于75mm,走向上布置方式如图 2.5(a)所示,相邻传感器相距 2m,断面上布置方式如图 2.5(b)所示。

(2) 当第一组传感器距离掌子面约 110m 时,安装第二组共 4 只(编号 D2-1～D2-4),其中传感器类型、各传感器走向上布置及断面上布置如图 2.5(a)和(b)所示。

(3) 掌子面继续推进至距第一组传感器约 150m 处时,回收第一组传感器,并于距当前掌子面 70m 处安装第三组传感器,安装方式与第一组相同。

至此重复上述步骤,实现紧跟掌子面移动的实时监测,各个传感器在空间上错开式布置,同时不同类型相互协同工作,能有效提高定位的精度。空间上传感器协同工作示意如图 2.5(c)所示。

2) 单隧洞两掌子面相向掘进

因工期的要求,隧洞施工时通常采取开拓辅助掌子面,形成两头对打,同时掘进的施工方式。单洞段双掌子面相向掘进时,在钻爆法主开挖洞段和新增掌子面洞段内各布置一套微震监测系统,传感器优化布置方案如图 2.6 所示。

(1) 当两掌子面相距较远时,两套微震监测系统独立工作,分别监测钻爆法 2个掌子面附近岩体微震活动情况,监测系统的布置方式如"1)单隧洞单掌子面掘进"部分所述。

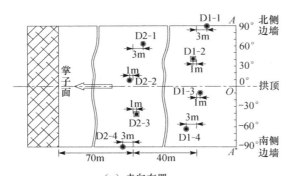

（a）走向布置
● 单向速度型传感器；■ 三向加速度型传感器

（b）断面布置
● 单向速度型传感器；■ 三向加速度型传感器

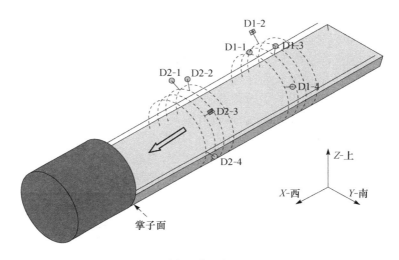

（c）三位示意图
◎ 单向速度型传感器；◈ 三向加速度型传感器

图 2.5　钻爆法单洞段单掌子面掘进紧跟掌子面移动整体协同传感器优化布置

（2）当两掌子面相距较近（如锦屏二级水电站引水隧洞约 70m）时，将面临着高强度岩柱型岩爆发生的风险，通常施工方式将调整为一掌子面停止掘进，而由另一掌子面独头掘进直至贯通。当一掌子面停止继续掘进时，应及时调整传感器布置方式，调整后传感器布置如图 2.6 所示，此后直至贯通，传感器均不再移动。贯通过程中，传感器距掌子面最远距离不超过 200m，两掌子面均处于两套微震系统的有效监测范围内，而两套监测系统的协同工作，尤其是靠近贯通岩体的两组传感器形成的监测阵列将覆盖贯通岩体，如图 2.6(c)和(d)所示，确保捕捉贯通岩体微震活动信息的同时，可极大提高定位的精度，为岩柱型岩爆的预测预报提供准确的微震信息。

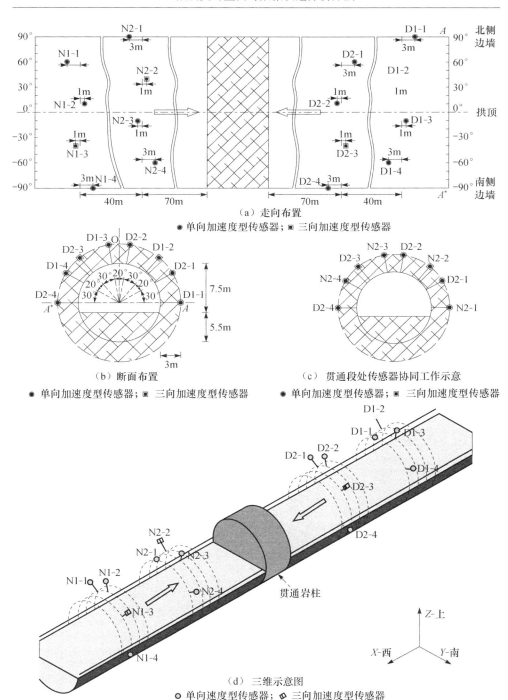

图 2.6 钻爆法单洞段双掌子面掘进紧跟掌子面移动整体协同传感器优化布置

　　3）多隧洞多掌子面同时掘进

　　对单条隧洞，施工方式有上述 1）和 2）两种，而对整个工程区，则通常呈现出多隧洞多掌子面同时掘进的施工方式，如锦屏二级水电站深埋隧洞辅引 1 洞、辅引 2 洞及辅引 3 洞段有 13 个掌子面同时需开展微震监测，如图 2.7 所示。

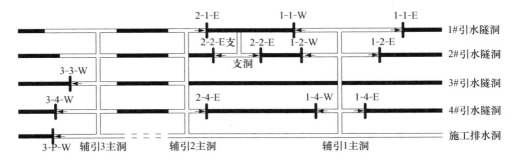

图 2.7　多隧洞多掌子面同时掘进示意图

　　图 2.8 为钻爆法多隧洞多掌子面同时掘进时紧跟掌子面移动整体协同传感器优化布置。该布置方式有如下特点：

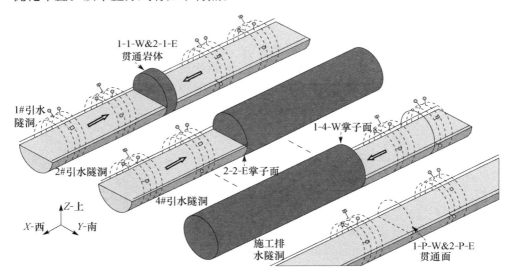

图 2.8　钻爆法多隧洞多掌子面同时掘进时紧跟掌子面移动整体协同传感器优化布置
◦ 单向速度型传感器；◦ 三向加速度型传感器

　　（1）监测区域内传感器整体协同工作，利用不同洞段的爆破作业，反演定位算法所需的速度模型。

　　（2）各掘进掌子面均布置一套监测系统，布置方式见上述"1）单隧洞单掌子面掘进"部分所述。

（3）单隧洞双掌子面相向掘进时，布置方式见上述"2）单隧洞双掌子面掘进"部分所述，可有效预测预报岩柱型岩爆。

（4）不同隧洞掌子面相隔较远时，如图2.8中1-1-W与1-4-W两洞段掌子面，各监测系统独立工作；而相邻隧洞掌子面近似齐头并进时，如图2.8中2-1-E与2-2-E两洞段掌子面，两套系统可协同作业：一方面，一隧洞掌子面的微震信息能被另一隧洞监测系统所捕捉，更多的传感器触发可提供更准确的震源信息；另一方面，当一隧洞的监测系统因设备或线路故障等暂停工作时，另一隧洞的监测系统可兼顾该洞段的监测任务，间接的实现该洞段的实时微震监测。

（5）当洞段贯通后，如图2.8中1-P-W与2-P-E贯通段，应保留靠近贯通处的两组传感器继续工作，预测预报时滞型岩爆发生的风险，确保贯通洞段基本无微震活动，即岩体已稳定后，方可撤出监测仪器，而回收的另两组传感器则可投入需开展微震监测的洞段。

2. 隧洞 TBM 施工整体协同全局最优传感器布置方案

1）TBM 全断面掘进

基于 TBM 本身构造（见图2.9(a)）及其施工特点，TBM 微震监测的传感器布置具有如下特点：

（1）TBM 掘进对靠近掌子面区域无爆破冲击破坏，可于距离掌子面最近的 L1 平台实施传感器布置。

（2）据统计，岩爆大多发生在隧道的顶板、拱腰及拱肩处，且多发生在距掌子面 6～12m 处，同时，L1 平台区域实时进行系统支护，离掌子面 12m 以后区域岩爆风险较小。另外，安装人员利用导杆于 0.5h 内即可快速完成安装任务，于 L1 区布置传感器，安装人员的人身安全可以得到保障。

（3）限于 TBM 的构造，传感器仅能安装于拱顶左右各 70°的范围内，不适合 1 排 4 个传感器的布置；同时可于 L2 区平台与 L1 区平台间可回收传感器，传感器最远可距掌子面约 160m，有足够空间布置 3 排传感器。因此，可采用 3 组共 8 个传感器实施实时连续监测。

（4）L1 区与 L2 区间的喷混平台，应对安装孔进行封口，同时，暴露在 TBM 外的传感器电缆，应穿过塑料管后与传感器连接，确保传感器及其电缆能被回收。

基于上述传感器布置的可行性，同时考虑布置的便捷性及微震信号监测的范围与精度，TBM 全断面施工微震监测采取如下传感器布置方案：

（1）首先在 L1 区布置第一组共 3 只（T1-1～T1-3）传感器，其中传感器均为单向速度型传感器，钻孔深度 2m，钻孔直径不小于 51mm，走向上布置方式如图2.9(b)所示，T1-2 布置于距 L1 平台末端 3m 处的拱顶，T1-1 及 T1-3 则分别安装于 T1-2 前后 2m 处拱肩位置，断面上布置方式则如图2.9(c)所示。

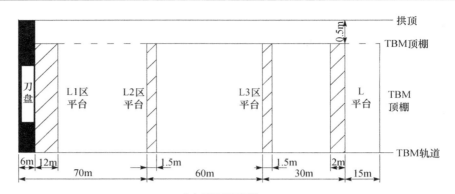

（a）TBM示意图

● 单向加速度型传感器；▣ 三向加速度型传感器

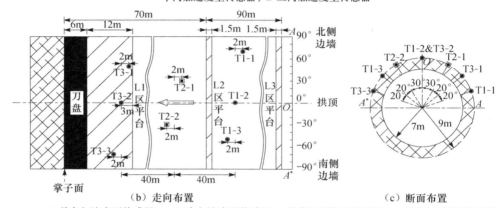

（b）走向布置

● 单向加速度型传感器；▣ 三向加速度型传感器　● 单向加速度型传感器；▣ 三向加速度型传感器

（c）断面布置

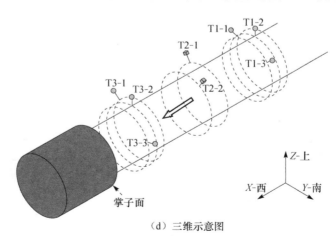

（d）三维示意图

◉ 单向速度型传感器；◐ 三向加速度型传感器

图 2.9　TBM 全断面掘进紧跟掌子面移动整体协同传感器优化布置

（2）TBM 向前推进 40m 后,于 L1 区布置第二组共 2 只(T2-1～T2-2)传感器,其中传感器均为三向加速度型传感器,钻孔深度 2m,钻孔直径则不小于75mm,T2-1 安装于距平台末端 1m 处的北侧拱肩,T2-2 则布置于距 T2-1 前方 4m处的南侧拱肩,断面上布置方式则如图 2.9(c)所示。

（3）TBM 继续向前推进 40m 后,在 L1 区布置第三组共 3 只(T3-1～T3-3)传感器,传感器类型及走向上布置方式与第一组传感器相同,断面上布置方式如图2.9(c)所示。

（4）待 TBM 继续向前推进 40m,即第一组传感器距离掌子面约 135m 时,回收第一组传感器,并于 L1 区安装第四组传感器,安装方式与第一组相同。

至此重复上述步骤,实现紧跟 TBM 移动的实时监测,各个传感器在空间上错开式布置,同时不同类型相互协同工作,能有效提高定位的精度,空间上传感器协同工作示意如图 2.9(d)所示。

2）导洞-TBM 扩挖联合掘进

深埋隧洞 TBM 全断面掘进时,在局部超高应力集中的完整硬脆性岩体洞段将直面极强岩爆的风险,设备和人员的安全将遭受极大的威胁。基于此,锦屏二级水电站 3♯引水隧洞极强岩爆段实施了"先钻爆法导洞＋后 TBM 扩挖"的联合掘进试验。

针对"先钻爆法导洞＋后 TBM 扩挖"的施工方式,在 TBM 扩挖过程中微震监测系统的传感器布置如图 2.10 所示,TBM 主洞内传感器布置方式见上述"1)TBM 全断面掘进"部分所述;限于开挖断面的尺寸,已开挖的导洞内传感器仅能安装于拱顶左右各 60°范围内,适合一排布置 3 只传感器,同时 TBM 扩挖主洞内传感器均靠近掌子面,能较好的保证微震信号被捕捉。因此,导洞内仅需布置两组,每组 3 只传感器即可满足监测要求,具体布置方式如下:

（1）TBM 未掘进至导洞时,于距 TBM 导洞与全断面交界处 110m 处布置第一组共 3 只(B1-1～B1-3)传感器,传感器均为单向速度型,钻孔深度 2m,钻孔直径不小于 51mm,走向上布置方式如图 2.10(a)所示,相邻传感器之间相距 2m,断面上布置方式则如图 2.10(b)所示。

（2）布置第一组传感器的同时,于距 TBM 导洞与全断面交界处 150m 处布置第二组共 3 只(B2-1～B2-3)传感器,传感器类型及布置方式如图 2.10(a)和(b)所示。

（3）TBM 掘进至导洞洞段,当掌子面距第一组传感器 70m,回收第一组传感器,并且距掌子面 150m 处安装第三组传感器,布置方式与第一组相同。

至此重复上述步骤,实现紧跟 TBM 移动的实时监测,并且监测系统内多类型的 14 个传感器在空间上错开式布置可形成的监测阵列。该阵列将覆盖掌子面附近岩体(见图 2.10(c)和(d)),提高了破裂源定位精度,可以有效获得高强度岩爆的前兆信息,有效保障 TBM 设备及施工人员的安全。

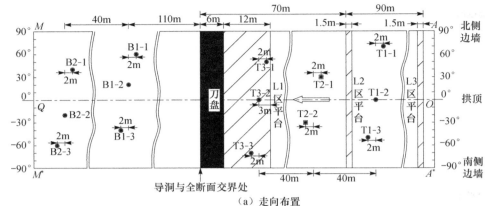

（a）走向布置

● 单向加速度型传感器；■ 三向加速度型传感器

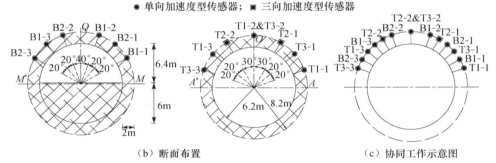

（b）断面布置

● 单向加速度型传感器；■ 三向加速度型传感器　　　● 单向加速度型传感器；■ 三向加速度型传感器

（c）协同工作示意图

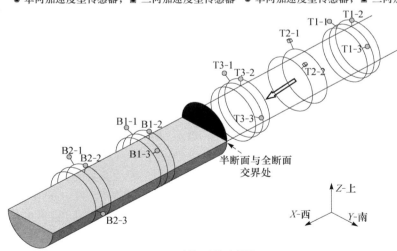

（d）三维示意图

◉ 单向速度型传感器；◈ 三向加速度型传感器

图 2.10　TBM 导洞掘进紧跟掌子面移动整体协同传感器优化布置

3. 钻爆法与 TBM 混合施工整体协同全局最优传感器布置方案

针对引水隧洞可能既有 TBM 施工又有钻爆法施工的特点,设计如图 2.11 所示微震监测传感器优化布置方案,钻爆法洞段和 TBM 施工洞段内各布置一套监测系统,TBM 施工洞段传感器布置方式如上述"TBM 全断面掘进"部分所述,钻爆法施工洞段传感器布置方式则如上述"钻爆法单隧洞单掌子面掘进"部分所述。

随着两掌子面的不断推进,传感器布置方式也应作出相应的调整:

(1)当掌子面相距较远时,两套监测系统独立工作,分别监测钻爆法和 TBM 掌子面附近的微震活动情况。

(2)当掌子面相距较近时,若采用停止钻爆法掌子面掘进,而由 TBM 全断面掘进直至贯通,则应保留钻爆法洞段内监测系统,传感器布置方式如图 2.11 所示,TBM 洞段内布置方式则参见"TBM 全断面掘进"部分所述。

(3)若采用先导洞后 TBM 掘进直至贯通的方式,传感器布置方式参见"导洞-TBM 扩挖联合掘进"部分所述。

(4)若采用由钻爆法洞段掘进直至贯通,则应将 TBM 洞段内传感器布置方式进行调整,参见"导洞-TBM 扩挖联合掘进"部分所述。

4. 微震实时监测系统优化布置方案

针对硬岩岩爆的发生在时间上具有突发性、空间上具有随机性等特点,选择实时性好、敏感性强的微震监测系统作为主要的监测手段,并因地制宜地辅以地质预报及现场施工宏观观察等手段,建立多方位、多手段的岩爆监测预报系统是必要的。基于此,建立微震监测系统,将现场微震监测结果与技术人员实时分析结果传输到相关负责人和专家办公室,以便相关人员及时了解现场微震活动情况,根据监测结果及时对现场情况进行决策、指挥与管理。该系统由两个分析中心组成,一个设立在工程现场,负责微震数据的系统分析、现场地质勘察与岩爆预测预警,另一个设立在中国科学院武汉岩土力学研究所,负责理论研究、数据的进一步分析、数值模拟和岩爆预测预警综合决策。两个分析中心,统筹协作,充分利用各自的专业经验和特色,共同完成微震监测与岩爆预测预警工作。

微震数据分析处理工作包括两部分:

(1)现场监测到的微震信息以及微震仪本身所带算法给出的初步分析结果。

(2)监测数据分析人员利用所提出的噪声滤波算法、破裂源定位算法等对数据进行重新分析,给出更加合理的结果。

在此基础上,建立微震监测信号数据分析结果数据库,分门别类地存储和管理相关数据。

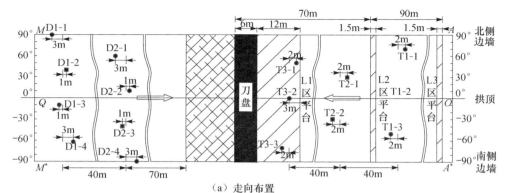

（a）走向布置

● 单向加速度型传感器；▪ 三向加速度型传感器

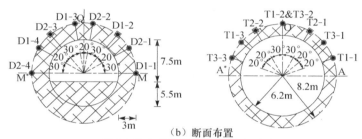

（b）断面布置

● 单向加速度型传感器；▪ 三向加速度型传感器

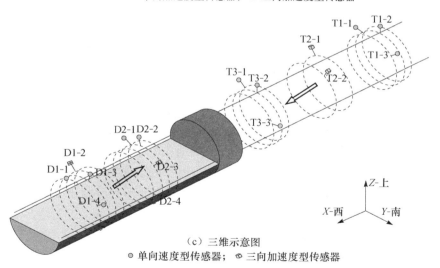

（c）三维示意图

◎ 单向速度型传感器；◍ 三向加速度型传感器

图 2.11　钻爆法与 TBM 掘进紧跟掌子面移动整体协同传感器优化布置

2.4 微震信息快速分析方法

2.4.1 微震监测数据快速分析内容和流程

微震实时监测得到的数据快速分析包括：

（1）通过对实测微震信号进行小波-神经网络滤波分析，提取真实岩石破裂信号。

（2）对真实岩石破裂信号进行基于小波-STA/LTA-AIC 分析，拾取 P 波到时以及基于小波-短窗 FFT 智能拾取 S 波到时。

（3）基于真实岩石破裂的 P 波和 S 波到时，运用 PSO-分层定位算法，进行微震事件发生的时间和空间位置定位。

（4）基于识别所获得的真实岩石破裂波形和微震事件时空定位，获取其相应的微震事件辐射能（即微震能量）、能量指数、视体积、视应力等微震源特征参数。

（5）对所关注区域上各微震事件进行矩张量方法、地质判断和力学的综合分析，确定岩石破裂面的形成机制、类型、产状、长度以及岩爆、脆性破坏孕育过程中破裂面时空演化规律。

（6）基于所关注区域上微震事件、能量、视体积及其各自的日变化率的演化规律，进行岩爆等级及其概率预警。

其主要流程如图 2.12 所示。

2.4.2 微震有效信号小波-神经网络识别与提取方法

由于现场环境的复杂性，微震监测往往含有大量的噪声信号，真实岩石破裂信号的识别工作量大、耗时长，对于实时数据分析是一个很大的挑战。噪声滤除的有效与否，是岩爆能否成功预测的关键因素之一。

现有的滤波方法是首先采用人工方法从实测微震波形中识别似真实岩石破裂信号，然后采用离散小波等滤波方法对该似真实岩石破裂信号进行噪声滤波，提取真实的岩石破裂波形。该方法至少有两点不足：一是对复杂的、多种噪声混合在一起的波形，似真实岩石破裂信号很难凭经验事先识别；二是滤波方法采用统一的阈值对不同频段的波形进行滤波，忽略了不同频段波形的差异性。实际上，不同频段波形的阈值不尽相同。所以该方法很难真正对各不同频段的波形进行有效滤波。

为此，需要提出一种更为有效的滤波理论方法，也就是首先需要对实测波形进行滤波，提取反映该信号最主要特征的波形。大多数情况下，所提取的典型波形就是某一类型微震源（如真实岩石破裂或某种噪声等）的波形。但是，也有一小部分与噪声交织在一起的波形，很难直接识别为真实岩石破裂波形。这就需要从波形

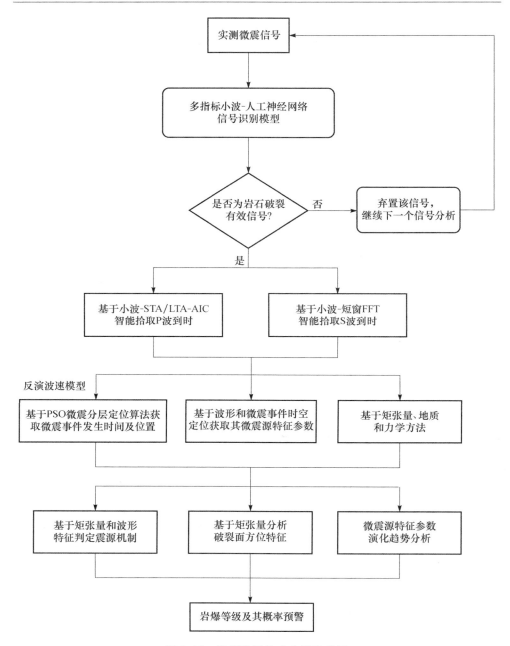

图 2.12　微震数据快速分析流程图

的多个特征参数角度进行进一步的识别,判断是否为真实岩石破裂波形。这也说明以往的单指标方法很难准确进行波形识别。

因此,提出了小波-神经网络滤波方法。该方法首先采用连续小波分析对不同频段特征的波形进行噪声阈值估计;在此基础上,采用离散小波分析分别对不同频段的波形采用相应的阈值进行滤波,提取反映该信号最主要特征的波形。进一步应用神经网络方法,利用建立的波形的多个特征参数和典型微震源(真实岩石破裂、各种噪声等)的非线性关系,可以从波形的多个特征参数角度进一步判断所提取的波形是否为真实岩石破裂波形。

以下是该方法实际应用的主要步骤,其流程图如图 2.13 所示。

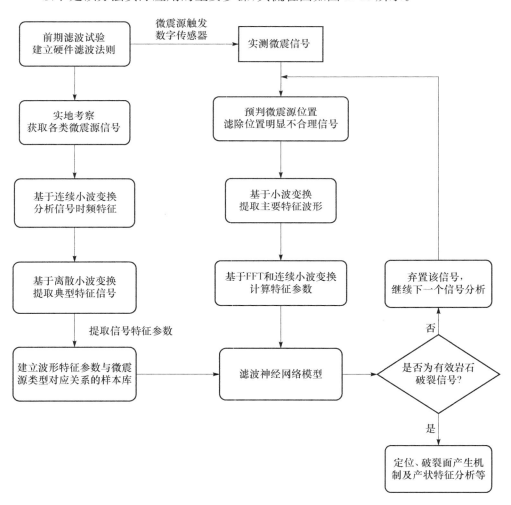

图 2.13　真实岩石破裂信号获得方法流程图

基于前期试验测试结果,建立硬件滤波法则并设置采集仪滤波参数,并开展微震监测试验。通过如下步骤,建立波形的主要特征参数与其波形类型的样本数据库:

（1）现场实地考察分析各类微震源，记录其发生的时间、地点及位置，获取对应信号。

（2）基于连续小波变换，分析信号时频特征。

（3）基于离散小波变换，提取典型特征信号。

（4）提取典型信号的特征参数，建立波形的主要特征参数与其波形类型的样本数据库。

（5）利用波形的主要特征参数与其波形类型的样本数据库，对神经网络进行学习训练，建立用于滤波分析的神经网络模型。

在实际的微震监测过程中，对经过硬件滤波后的采集信号通过以下步骤进行快速的滤波分析：

（1）根据信号到时先后与传感器相对位置预判微震源位置，滤除微震源位置明显不合理的信号。

（2）基于连续小波和离散小波变换，提取反映该信号主要特征的波形。

（3）基于 FFT 和连续小波变换对提取后的信号进行时频特征分析，并计算特征参数。

（4）利用所建立的滤波神经网络模型，输入该波形的特征参数，进行滤波分析，获得波形类型。

（5）若识别的波形不为真实岩石破裂波形，弃置该信号，重复上述（1）～（4）步骤，进行下一个信号的分析。

（6）若识别的波形为真实岩石破裂波形，拾取去噪后信号各波形的 P 波和 S 波到时，采用 PSO 定位算法完成定位分析，采用波形特征和矩张量分析方法等确定岩爆孕育过程中破裂面产生的机制与产状特征分析。

下面叙述几个关键部分。

1. 基于小波变换的特征信号提取

1）基于小波变换的信号提取方法

矿山微震源特别是噪声源通常发生的时间、地点及位置均已知且信号受干扰较小，各类微震源的典型信号获取相对简单，而深埋隧洞因多洞段不间断施工，无法确切知道所接收信号的时空位置，同时噪声源多靠近有效事件，均位于掌子面附近，致使所接收的信号往往为多种类型交织，采集典型信号较为困难。因此，提取典型信号并获得其相关特征，是进行信号滤波分析的首要任务。

信号可分为平稳型及突发型两种，平稳型信号一般对应电气或机械振动等噪声，而突发型信号则对应岩石破裂、机械钻进或爆破等。因此，信号提取方法应侧重于对突发型信号的分离，强调对岩石破裂信号的有效提取。当实测为平稳型与突发型交织的信号，所提取出的信号特征应偏向于突发型特点。

经典的 FFT 方法无法体现局部特性,对突发型信号的提取效果有限,并不适应于深埋隧洞岩石破裂信号的提取。小波是近十几年才发展起来并迅速应用到数字信号和图像分析等众多领域的一种数学工具,其有效克服了 FFT 仅具有频率局部性而没有时域局部性的缺点,满足了工程技术通常要求两者兼备的时-频局部性。

常用的小波方法有连续小波分析方法和离散小波分析方法,前者用于对信号进行时-频分析,可用于预判波形初至,保障 P 波拾取的准确度,同时可大致判断微震源的类型及其时间分布特征,为后续离散小波滤噪提供参考。其表达式为

$$WT_f(a,\tau) \leqslant f(t), \quad \psi_{a,\tau}(t) \geqslant \frac{1}{\sqrt{a}}\int_R f(t)\psi^*\left(\frac{t-\tau}{a}\right)dt \qquad (2.12)$$

式中:$WT_f(a,\tau)$ 为连续小波系数;$f(t)$ 为波形函数;a 为分析尺度;$\psi^*\left(\frac{t-\tau}{a}\right)$ 为小波函数。

而离散小波变换则用于信号的提取,通常称为小波滤噪。常用的小波滤噪方法有如下 3 种:模极大值法、相关性分析法及阈值滤噪法。前两种方法计算速度慢,同时受制于分解尺度及噪声方差的预估计,不适用于数据量大且噪声复杂程度高的深埋隧洞微震信息的快速分析。小波阈值滤噪方法是由 Donoho 和 Johnstone 于 1994 年提出的,它是一种非线性滤噪方法,可在最小均方误差意义下达到近似最优,并可取得较好的视觉效果。因此,该滤噪方法得到了深入的研究和广泛的应用。小波阈值滤噪方法是一种实现最简单、计算量最小的方法。基于上述各滤噪方法的特点,采用小波阈值滤噪算法开展岩石破裂信号的提取研究。

小波阈值滤噪主要是利用有效信号和噪声在小波变换下奇异性截然不同的表现特征来去除噪声保留有效信号。现场实测的监测信号均为离散型,一个含噪声的一维监测信号模型可以表示为

$$s(t) = f(t) + \sigma e(t), \quad t = 0,1,\cdots,N-1 \qquad (2.13)$$

式中:$s(t)$ 为含噪声的监测信号;$f(t)$ 为真实信号;$e(t)$ 为噪声;σ 为噪声强度。

对监测信号 $s(t)$ 做离散小波变换:

$$WT_s(j,k) = \int s(t)\overline{\psi}_{j,k}(t)dt \qquad (2.14)$$

式中:$WT_s(j,k)$ 为监测信号 $s(t)$ 的小波变换系数,简记为 $w_{j,k}$;$\overline{\psi}_{j,k}$ 为离散小波。

由于小波变换是线性变换,所以该信号经过小波变换后得到的小波系数仍由两部分组成:一部分是有效信号 $f(t)$ 对应的小波系数 $WT_f(j,k)$,记为 $u_{j,k}$;另一部分是噪声 $e(t)$ 对应的小波系数 $WT_e(j,k)$,记为 $v_{j,k}$,则有

$$w_{j,k} = u_{j,k} + v_{j,k} \qquad (2.15)$$

小波阈值滤噪法的基本思想是：①当 $w_{j,k}$ 小于某个临界阈值时，认为此时的 $w_{j,k}$ 主要由噪声引起，应予以舍弃；②当 $w_{j,k}$ 大于这个临界阈值时，默认该层小波系数主要是由信号引起，$w_{j,k}$ 将直接保留（硬阈值方法）或按某一个固定量向零收缩（软阈值方法），然后用新的小波系数进行小波重构得到去噪后的信号。

从上述可以看出：临界阈值的选取及小波系数的量化法则是小波阈值滤噪方法的关键。通常临界阈值的选取采用给定阈值处理，该方法未能体现出噪声的复杂性及多样性，或采用强制滤噪处理，即将小波分解结构中的高频系数全部置为0。该方法简单且滤噪后信号较平滑，但容易丢失信号中的有用成分。为了体现微震监测信号本身的特征，采用基于时频特征分析的自适应估计阈值，能较好地体现背景噪声的特征，在滤除噪声的同时，尽量保留有效信息。小波系数的量化法则，也称阈值函数法则，主要有硬阈值函数和软阈值函数。

硬阈值函数是指当小波系数的绝对值小于给定阈值时，令其为 0；而大于阈值时，则令其保持不变，即

$$\widehat{w}_{j,k} = \begin{cases} w_{j,k}, & |w_{j,k}| \geqslant \lambda \\ 0, & |w_{j,k}| < \lambda \end{cases} \tag{2.16}$$

软阈值函数是指当小波系数的绝对值小于给定阈值时，令其为 0；而大于阈值时，则令其减去阈值，即

$$\widehat{w}_{j,k} = \begin{cases} \operatorname{sign}(w_{j,k})(|w_{j,k} - \lambda|), & |w_{j,k}| \geqslant \lambda \\ 0, & |w_{j,k}| < \lambda \end{cases} \tag{2.17}$$

式中：λ 为临界阈值；$\widehat{w}_{j,k}$ 为估计小波系数；$w_{j,k}$ 为小波变换系数。

硬阈值是最简单的方法，但软阈值可以获得比硬阈值更好的结果。因为硬阈值将小波系数的绝对值小于阈值的小波系数都置零，所以经过处理的小波系数在 $-\lambda$ 和 λ 处存在间断点，用此阈值函数重构信号时会产生震荡，而软阈值可克服上述缺陷。因此，有效信号提取中将采用软阈值函数进行阈值量化处理。

基于上述分析，通过以下 5 个步骤实现岩石破裂信号的提取：

(1) 对采集到的含噪信号进行连续小波变换，获得信号的时频特征。

(2) 对实测信号进行离散小波变换，得到一组小波系数 $w_{j,k}$。

(3) 基于波形自身时频特征估计自适应的滤噪临界阈值。

(4) 使用软阈值函数阈值量化处理 $w_{j,k}$，得出估计小波系数 $\widehat{w}_{j,k}$。

(5) 利用 $\widehat{w}_{j,k}$ 进行小波重构，完成噪声滤除，提取出特征信号。

2) 特征信号提取实例分析

图 2.14 所示为微震系统记录信号，通过观察波形时域特征，可大致判断该信号波形为岩石破裂信号，但受噪声干扰严重，致使 P 波与 S 波的识别均很困难，基于低信噪比信号的定位及震源特征分析将无法获得可靠的震源参数。

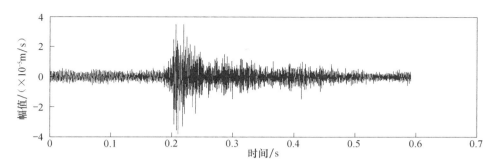

图 2.14 原始记录信号时域波形图

采用连续小波变换对该信号开展时-频分析,时间-频率谱如图 2.15 所示。从图中可以大致判断出:①岩石破裂信号的初至时刻;②整个时域内受频率 250~700Hz 的电气噪声干扰明显,致使无法准确识别岩石破裂信号的初至时刻;③波形的后半段同时还受到集中于 1000~2500Hz 机械振动的干扰,这大大增加了识别 S 波到时的困难。

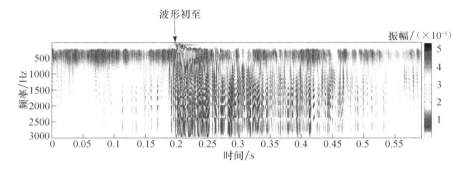

图 2.15 原始记录信号时间-频率谱

对该实测信号采用上述离散小波滤噪方法开展岩石破裂信号的提取,小波基选择"db3",分解层数为 5,各层分解细节如图 2.16(a)所示,利用自适应软阈值对各层进行滤噪处理,滤噪后各层波形如图 2.16(b)所示。对比可以看出:突发型的岩石破裂信号特征得到了很好的保留,而平稳型的电气噪声及机械振动则得到了较好的抑制。

利用离散小波去噪后的图 2.16 所示各层细节进行信号重构,重构结果如图 2.17(a)所示,即为提取出的典型岩石破裂微震信号。滤噪后时间-频率图如图 2.17(b)所示。可以看出,电气噪声基本被完全滤除,岩石破裂信号的初至时刻清晰可见,易于拾取。同时,后半段的机械振动噪声也被很大幅度削弱,大大提升了信号的信噪比。

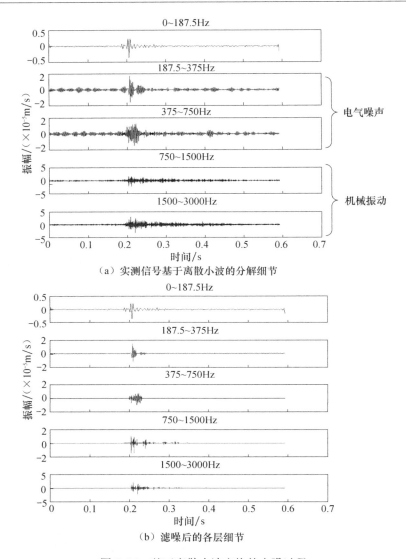

（a）实测信号基于离散小波的分解细节

（b）滤噪后的各层细节

图 2.16　基于离散小波变换的去噪过程

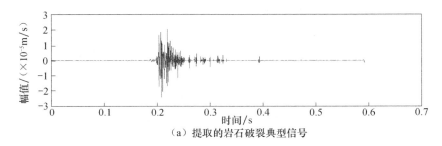

（a）提取的岩石破裂典型信号

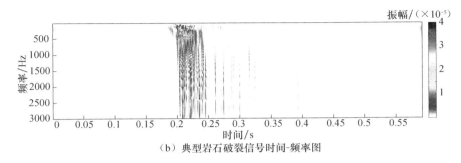

（b）典型岩石破裂信号时间-频率图

图 2.17　图 2.14 中原始记录信号滤噪后获得的岩石破裂信号

同时,可依照上述方法提取掘进爆破、机械钻进、机械振动、电气噪声等典型信号。由该方法提取出的岩石破裂信息信噪比高,为岩爆预测预报提供了可靠的微震信息。该提取方法运算快速且效果显著,适宜于深埋岩石工程微震监测信息的实时分析。

2. 微震源类型识别

基于上述典型信号的提取及特征分析,并通过现场观察,深埋隧洞掘进中微震源主要有:①岩石破裂;②电气噪声;③多臂钻、钻机或手风钻破岩;④机械振动;⑤掘进爆破。利用 FFT 及连续小波变换等技术手段,可快速对不同微震源的典型波形开展时域、频域及时-频特征分析。

1) 岩石破裂

当岩石破裂震源尺寸较大时,数字传感器采集到的波形一般振幅较大,受噪声干扰较小,历时较长,如图 2.18(a)所示。此类波形,通过时域分析即可准确拾取 P 波及 S 波的到时,几乎无需进行提取即可进行定位分析,定位及震源信息均较为精确与可靠;震源辐射波形的频带宽,但主要频率在 0～1000Hz,如图 2.18(b)所示;而通过波形时-频特征图 2.18(c)可以清晰分辨岩石破裂信号的初至时刻,同时其他时刻基本上无其他震源触发的显现。而当岩石破裂震源尺寸较小时,岩石破裂信号受噪声干扰明显,基于小波变换的信号提取后信噪比有了较大提高,此类信号波形历时通常较短,如图 2.19(a)所示。结合频谱图 2.19(b)和时间-频率图 2.19(c)可以看出:信号频段集中于 1000～2000Hz,滤噪后 P 波及 S 波均较易拾取,定位精度及震源参数可靠性得到了很好的保障。

2) 电气噪声

典型电气噪声信号的时-频特征如图 2.20 所示,波形振幅较小(最大振幅的数量级为 10^{-6}),频率带较窄,且集中于 0～250Hz,在整个波形记录里均有显现,对破裂尺寸较小的岩石破裂信号干扰明显。

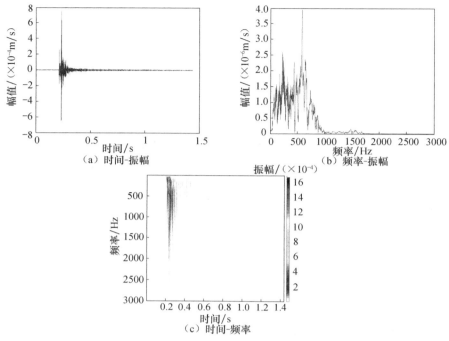

图 2.18　典型大振幅岩石破裂信号的时-频特征

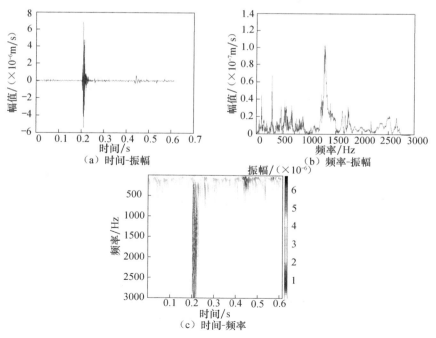

图 2.19　典型小振幅岩石破裂信号的时-频特征

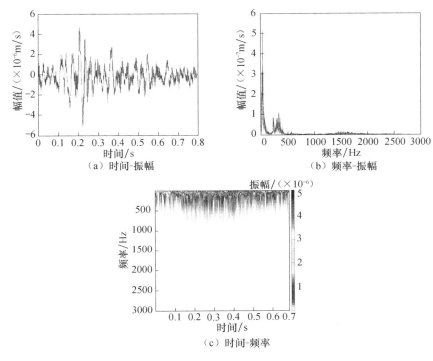

图 2.20 典型电气噪声信号的时-频特征

3）多臂钻、钻机或手风钻破岩

典型多臂钻、钻机或手风钻破岩信号的时-频特征如图 2.21 所示，短间断且多波段是该类型震源辐射波形的明显特征，波形振幅偏小且视破岩设备的钻进强度而变化，最大振幅的数量级为 $10^{-7} \sim 10^{-5}$；波形频率则取决于破岩的频率，在时频分布上也体现出间断性多波段的特点。基于多波段、低振幅且通常在同一时段密集出现的特点，能有效判别出此类震源。

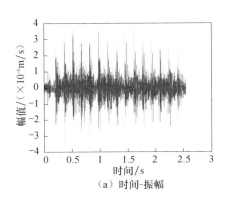

（a）时间-振幅

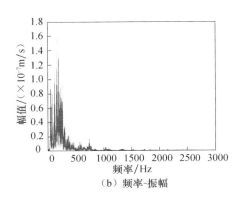

（b）频率-振幅

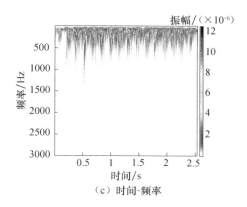

（c）时间-频率

图 2.21　典型多臂钻、钻机或手风钻破岩信号的时-频特征

4）掘进爆破

典型掘进爆破信号的时-频特征如图 2.22 所示，因为掘进爆破时均采用微差爆破方法，在时域及时频分布上爆破信号多表现出长间断、多波段的特点。

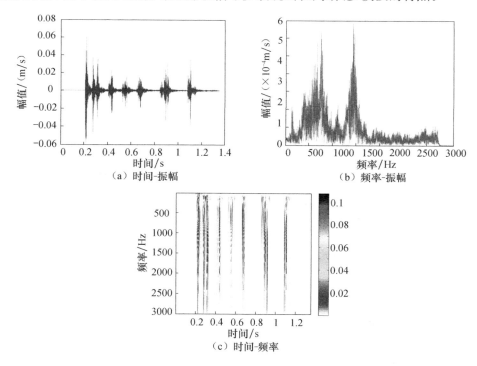

图 2.22　掘进爆破的典型信号时-频特征

5）机械振动

不同的施工环境对应不同的机械振动微震源，TBM 施工环境较为简单，机械

振动微震源为 TBM 掘进时本身的振动,而钻爆法因施工系统复杂,机械振动来源较多,如施工台车,鼓风机等。图 2.23 和图 2.24 分别为典型 TBM 与钻爆法的机械振动信号的时频特征,整体而言,机械振动信号波形在时域上与设备钻进破岩信号相似,均为多波段,但时频上体现出了振动不间断的特点;而振幅可用于大致分辨振动源,TBM 掘进段 TBM 设备振动强度较大,波形振幅最大值数量级通常为 10^{-3},钻爆法掘进段施工设备振动强度较小,波形振幅最大值数量级则多见 10^{-6} 或 10^{-5}。

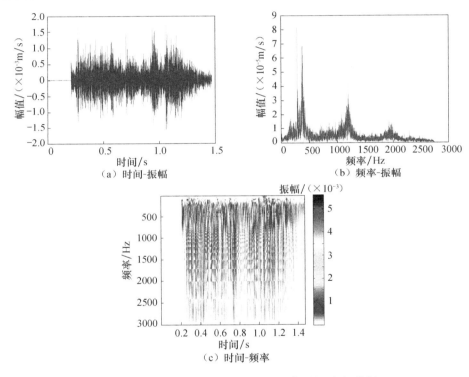

图 2.23 典型 TBM 掘进段机械振动信号的时-频特征

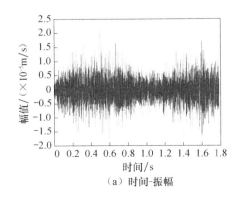
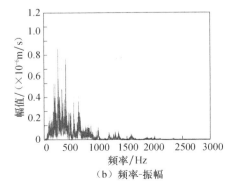

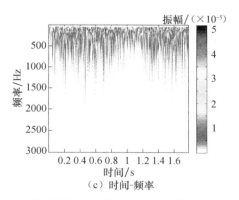

图 2.24　典型钻爆法开挖段机械振动信号的时-频特征

3. 基于小波-神经网络多指标噪声综合滤除方法

滤波的种类很多，最简单的滤波器是线性滤波器。对于线性滤波器，传递函数具有高度的复杂性。因此，实现实时滤波有一定的困难。由于神经网络不需要关注输入信号的先验知识，具有高度的运算能力和非线性的变换特性，可以方便地解决这个问题。为了提取典型波形的特征规律，基于上述小波分析获取的结果，构建了包含岩石破裂波形、掘进爆破波形、破岩信号、机械振动波形、电气噪声的典型波形数据库。从波形数据库中随机选取了各典型波形(均为 500 个)进行了统计分析，确定了神经网络特征参数，构建了神经网络模型，并进行了预测分析，具体过程如下：

1) 学习样本的构建

(1) 输入参数的确定。

不同的发震机制对应的震源所产生的波形，一般具有不同的波动特性。而对于波动特性的描述很难用单一的物理参数来表达。通过时-频分析获取波形的最大振幅、持续时间，频谱分析获取了波形的主频，用这三个参数对波动特性进行了描述；另外，通过 STA/LTA 与 AIC 相结合的方法对各种波形的波形初至进行了对比分析；结合岩石破裂波形本身单波段的波形特征，提出了全局振铃率这一概念。对比分析结果表明，可以获得较为理想的效果。为了避免单一判据对波形的误判，选取了最大振幅、主频、持续时间、波形初至、全局振铃率作为神经网络的输入参数，其各自的统计分析结果如下：

① 最大振幅。

信号波形的最大振幅值常用于波源的类型鉴别、强度及衰减的测量。对于微震事件而言，信号波形的最大振幅值与事件的大小有直接的关系，直接决定事件的可测性，同时反映了波形能量的大小。对选取的波形进行统计分析如图 2.25 所示，其中岩石破裂波形最大振幅分布的范围较广，数量级多为 $10^{-5} \sim 10^{-2}$；电气噪声、破岩信号、机械振动最大振幅相对较小，数量级多为 $10^{-6} \sim 10^{-5}$；掘进爆破的最大振幅相对较大，数量级一般为 $10^{-3} \sim 10^{-2}$。

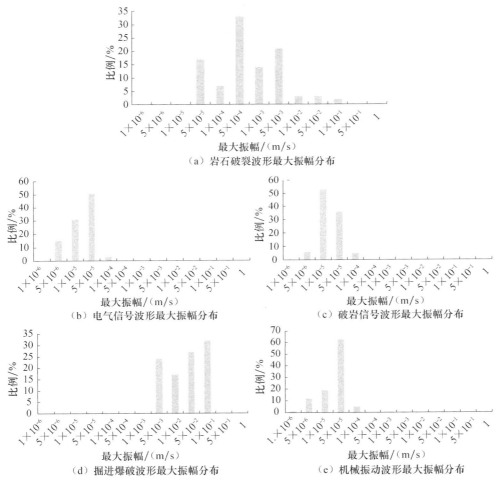

图 2.25　各典型波形最大振幅分布对比
（比例指特征参数处于指定区间的信号数量占该类型信号总数的比例，下同）

② 主频。

主频是指振幅谱曲线极大值对应的频率。对所选取波形进行统计分析如图 2.26 所示，其中岩石破裂、爆破波形的最大频率变化范围较大，一般为 $100 \sim 2000$ 单位；电气噪声波形的最大频率相对较小，一般小于 250Hz；而破岩信号、机械振动波形的最大频率一般为 $100 \sim 800$Hz。

③ 波形初至。

震相自动识别是地震预警研究中一项基本的也是很重要的环节，现今常用的

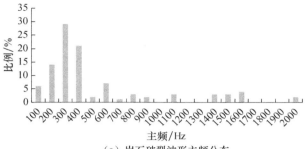

（a）岩石破裂波形主频分布

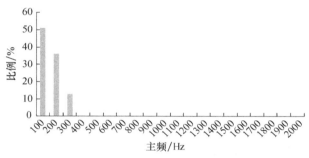

（b）电气信号波形主频分布

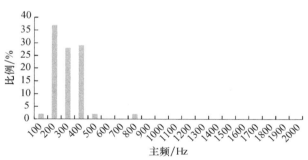

（c）破岩信号波形主频分布

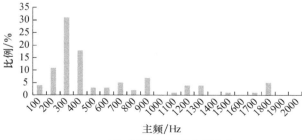

（d）掘进爆破波形主频分布

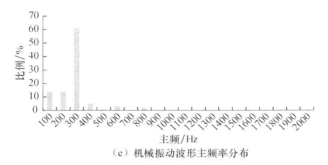

（e）机械振动波形主频率分布

图 2.26 各典型波形主频分布对比

震相自动识别方法有：STA/LTA 方法、粒子极化法、傅式变换法、小波分析法、AR-AIC 方法、瞬时频率方法等。这些方法都能较好的识别地震波的到来，由于 STA/LTA 方法具有算法简单、速度快、便于实时处理等特点，所以被广泛应用于地震波的初动识别，作者将此方法引用至微震预测预报中各典型波形的波形初至的自动识别，并寻求各波形波形初至之间的差别。

（a）STA/LTA 方法原理。

STA/LTA 方法原理是用 STA（信号短时平均值）和 LTA（信号长时平均值）的比值来反映信号水平或能量的变化，当信号到达时，STA 要比 LTA 变化的快，相应的 STA/LTA 值会有一个明显的增加。

假设 X 为地震波信号，X_i 为 i 时刻微震波幅值，则采样点数为 n 的短时平均值 STA 定义为

$$\mathrm{STA}(n) = \frac{1}{N_{\mathrm{sta}}} \sum_{i=n-N_{\mathrm{sta}}}^{n} X_i \tag{2.18}$$

式中：N_{sta} 为该短时窗内所包含的资料点数，若采样时间为 Δt，则该短时窗的时间长度为 $N_{\mathrm{sta}} \Delta t$。

同理，n 时刻 LTA 的定义为

$$\mathrm{LTA}(n) = \frac{1}{N_{\mathrm{lta}}} \sum_{i=n-N_{\mathrm{lta}}}^{n} X_i \tag{2.19}$$

式中：N_{lta} 为该短时窗所包含的采样点数，若采样时间为 Δt，则该短时窗的时间长度为 $N_{\mathrm{lta}} \Delta t$。

（b）特征函数的选取。

在计算 STA/LTA 值时，如果直接利用原始的波形信息进行计算，其值是毫无意义的，所以必须引入一个新的时间序列 $\mathrm{CF}(t)$ 来反映原始信号的变化特征，称之为特征函数，基此再计算 STA/LTA 的值。

特征函数的选取对识别结果的精度至关重要，一般特征函数的选取应遵循如下规则：特征函数应能灵敏的反映信号到达时的频率或幅值等特征的变化，最好能

增强这些变化。特征函数的选取有多种方法,如:Ambuter 和 Solomon(1974)、Anderson(1978)、McEvilly 和 Majer(1982)等曾利用地震记录幅值的绝对值 $|X|$ 作为特征函数;Swindell 和 Snell(1977)利用地震记录幅值的平方 X_k^2 作为特征函数;Earle 和 Shearer(1994)利用 $E(t)=\sqrt{s(t)^2+\bar{s}(t)^2}$ 作为特征函数,其中 $s(t)$ 为地震记录,$\bar{s}(t)$ 为其 Hilbert 变换;Allen(1978)利用 $E(t)=f(t)^2+f'(t)^2+C_2$ 作为特征函数,其中 $f(t)$ 为地震记录,$f'(t)$ 为其一阶微分等,由于这些特征函数有的只能单一地反映幅值变化,有的虽然能同时反映频率和幅值的变化,但其效果并不太好,所以识别效果都不太令人满意。

选取 $CF(n)=x(n)^2-x(n-1)x(n+1)$ 作为特征函数,其推导过程和涵义如下:设数字信号 $x(n)(n=1,2,\cdots,n)$ 为

$$x(n)=A\cos(\omega n\Delta t+\phi) \tag{2.20}$$

式中:A 为信号的幅值;ω 为圆周率;ϕ 为相位角,显然有

$$x(n)=A\cos(\omega n\Delta t+\phi) \tag{2.21}$$

$$x(n-1)=A\cos[\omega(n-1)\Delta t+\phi] \tag{2.22}$$

$$x(n+1)=A\cos[\omega(n+1)\Delta t+\phi] \tag{2.23}$$

利用如下三角函数公式:

$$\cos(\alpha+\beta)\cos(\alpha-\beta)=\frac{1}{2}[\cos(2\alpha)+\cos(2\beta)] \tag{2.24}$$

$$\cos(2\alpha)=2\cos^2\alpha-1=1-2\sin^2\alpha \tag{2.25}$$

将 $x(n)=A\cos(\omega n\Delta t+\phi)$ 代入上式,得

$$A^2\sin^2\omega=x(n)^2-x(n-1)x(n+1) \tag{2.26}$$

可见特征函数 $CF(n)=x(n)^2-x(n-1)x(n+1)$ 能同时反映振幅和频率的变化。

(c) STA/LTA 的计算方法选取。

按计算方式的不同可把 STA 和 LTA 的计算方法分为标准 STA/LTA 和递归 STA/LTA。由于递归 STA/LTA 算法速度快而且结果比较平滑,在实际应用中使用的比较普遍。

STA/LTA 计算方法如下:

标准 STA/LTA 计算公式为

$$S_n=S_{n-1}+\frac{CF(n)-CF(i-N_{sta})}{N_{sta}} \tag{2.27}$$

$$L_n=L_{n-1}+\frac{CF(i-N_{sta}-1)-CF(i-N_{sta}-N_{lta}-1)}{N_{lta}} \tag{2.28}$$

递归 STA/LTA 计算公式为

$$S_n=S_{n-1}+\frac{CF(n)-S_{n-1}}{N_{sta}} \tag{2.29}$$

$$L_n = L_{n-1} + \frac{CF(i - N_{sta} - 1) - L_{n-1}}{N_{lta}} \qquad (2.30)$$

式中：S_n 和 L_n 分别为信号在 t 时刻的短时平均值和长时平均值；$CF(t)$ 为信号在 t 时刻的特征函数的值；N_{sta} 和 N_{lta} 分别为短时平均的时间窗和长时的平均时间窗所包含的记录点数。

STA 和 LTA 时间窗长的选取对计算结果的精度也有很大的关系，其值的选取需结合特征函数的特点和 STA/LTA 计算方法来确定，STA 窗长采样点数取为50，LTA 窗长采样点数取为 500。

（d）典型波形的 STA/LTA 曲线。

图 2.27 为各典型波形的 STA/LTA 曲线图，从图中可以看出 STA/LTA 曲

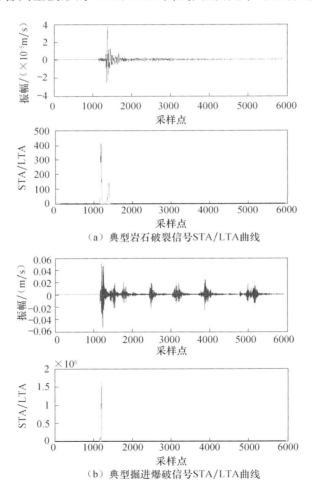

（a）典型岩石破裂信号STA/LTA曲线

（b）典型掘进爆破信号STA/LTA曲线

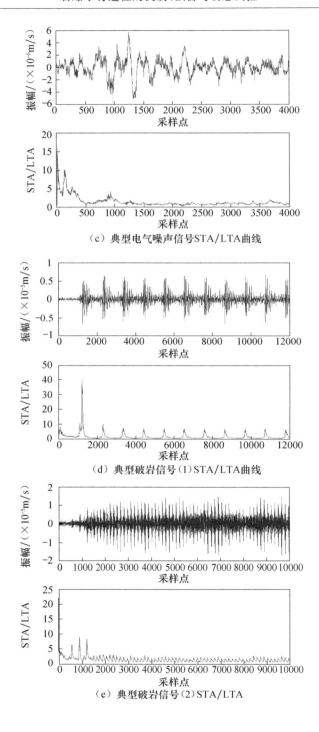

（c）典型电气噪声信号STA/LTA曲线

（d）典型破岩信号（1）STA/LTA曲线

（e）典型破岩信号（2）STA/LTA

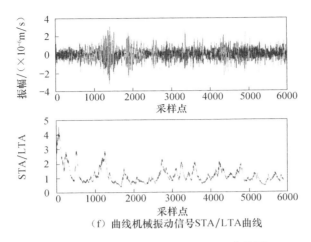

（f）曲线机械振动信号STA/LTA曲线

图2.27 各典型波形的 STA/LTA 曲线图

线的最大值与各典型波形的初至具有很好的对应关系，其中破岩信号的波形初至产生了两种情况，这主要是由于钻孔的初始时刻钻机所采用的旋转或冲击破岩方式不同而造成的。

（e）P 波到时精确拾取。

图 2.28 所示的岩石破裂波形，STA/LTA 的阈值点并非是岩石破裂波形的 P 波到时所对应的采样点，若采用此到时作为地震波到时，将使地震参数的确定产生很大的误差。

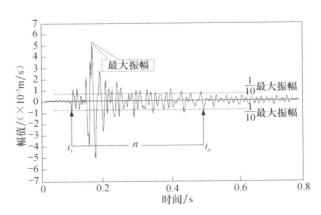

图 2.28 基于 STA/LTA 的 P 波拾取

Akaike(1973)提出一个基本信息量的定阶准则——AIC 准则（Akaike's information criterion, AIC）。王继等（2006）提出可由地震波形数据直接计算 AIC 函数，即对地震记录 $x(i)(i=1,2,\cdots,L)$ 来说，AIC 检测器定义为

$$AIC(k) = k\log\{\mathrm{var}(x[1,K])\} + (L-K-1)\log\{\mathrm{var}(x[k+1,L])\}$$
$$(2.31)$$

式中，k 的范围是窗口所有的采样点。震相到时对应于 AIC 的最小值。先通过 STA/LTA 的最大比值所对应的采样点粗略捡拾 P 波到时。根据式(2.31)，通过 Matlab 对岩石破裂波形进行计算，所得到的 AIC 函数曲线如图 2.29 所示。由图可以看出，P 波到时所对应的采样点并不是 AIC 函数的全局最小点，而是在一定范围内的局部最小点。为了精确拾取 P 波到时，通过 STA/LTA 比值初步确定初动区域，以采样点从 1 到 STA/LTA 最大值所对应的采样点作为 AIC 函数的计算区间，对 P 波到时进行精确提取，其人工识别与自动识别结果如表 2.2 所示。

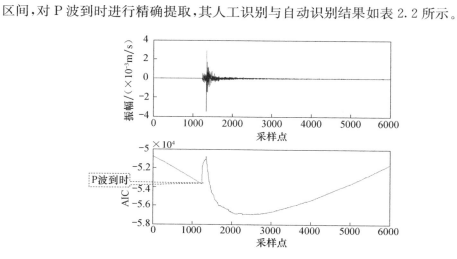

图 2.29 岩石破裂波形 AIC 曲线

表 2.2 P 波到时的人工识别和自动识别结果比较

序 号	事件发生时间		事件记录编号	人工识别/s	自动识别/s	差 值
	年-月-日	时:分:秒				
1	2011-08-28	10:55:41	656	0.207 333	0.206 833	0.000 5
2	2011-08-28	10:55:41	657	0.207	0.208	0.001
3	2011-08-29	08:05:23	644	0.207 833	0.207 833	0
4	2011-08-29	08:05:23	645	0.207 667	0.208 167	0.000 5
5	2011-08-30	18:15:02	644	0.207	0.203 167	0.003 833
6	2011-08-30	18:15:02	620	0.204 5	0.205 5	0.001
7	2011-08-30	18:15:02	621	0.204	0.203 833	0.000 167
8	2011-08-30	18:15:02	619	0.200 833	0.201 677	0.000 83
9	2011-08-30	18:15:02	643	0.197 667	0.203 5	0.005 83

续表

序 号	事件发生时间		事件记录编号	人工识别/s	自动识别/s	差 值
	年-月-日	时:分:秒				
10	2011-08-30	18:15:02	645	0.197 5	0.205 167	0.007 667
11	2011-08-31	07:28:48	652	0.207 5	0.208	0.000 5
12	2011-08-31	07:28:48	653	0.207 833	0.208 167	0.000 333
13	2011-08-31	07:28:48	651	0.207 667	0.207 167	0.000 5
14	2011-08-31	07:28:48	655	0.207 667	0.207	0.000 667
15	2011-08-31	07:28:48	654	0.206 667	0.207 833	0.001 17
16	2011-08-31	07:28:48	649	0.206 5	0.207	0.000 5

通过统计分析,由图 2.30 可以看出典型岩石破裂波形、掘进爆破信号与电气噪声、机械扰动信号的 P 波到时存在显著的差异性,由此可将这两部分区别开来。而破岩信号的 P 波到时在这两部分中都有出现,因此不能被区分出来。

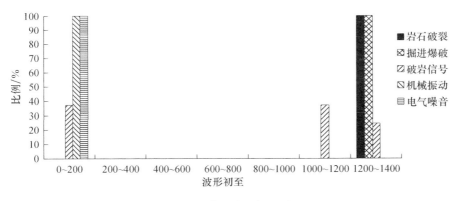

图 2.30　典型波形初至对比

④ 持续时间。

考虑到各种波形的特点,所计算的持续时间是指从波形初至到 JMTS 软件本身所记录的波形终止时刻。有研究表明,信号持续时间长短与震级大小有直接关系,并能反映传感器附近介质的性质,而与震源辐射传播途径基本无关。一般来说,震级越大,信号持续时间越长;反之,震级越小,信号持续时间越短。对所选取的波形进行统计分析,如图 2.31 所示,其中岩石破裂、机械振动波形持续时间分布范围较广,一般为 0.4～4.4s 或 0.4～6.4s;电气噪声波形的持续时间较短,多为 0.8～2s;破岩信号波形的持续时间较长,分布较广,一般为 2～6.4s;掘进爆破波形的持续时间较为固定,持续时间一般为 1.2～1.6s,这主要是由于传感器紧随掌子面布置(传感器距掌子面 100～150m)而取得较为稳定的数据结果。

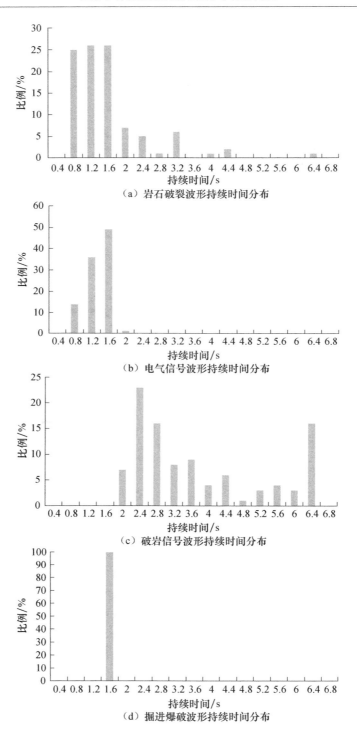

（a）岩石破裂波形持续时间分布

（b）电气信号波形持续时间分布

（c）破岩信号波形持续时间分布

（d）掘进爆破波形持续时间分布

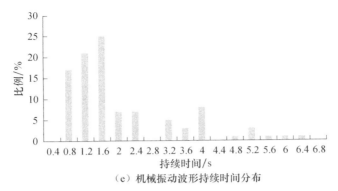

（e）机械振动波形持续时间分布

图 2.31 各典型波形持续时间分布对比

⑤ 全局振铃率。

根据锦屏二级水电站引水隧洞和排水洞微震监测所得到的波形数据，结合岩石破裂波形特征，为了较好对波形进行区分，提出了全局振铃率的算法：设定一阈值，记录超过该阈值的第一个及最后一个采样点 i_1 及 i_n（见图 2.28），其采样点间隔 n 与总采样点数 N 之比即为波形的全局振铃率，如式（2.32）和式（2.33）所示。若阈值取得过大，则容易使图 2.32 所示的爆破波形被误判为岩石破裂波形，而若阈值取得过小，则导致各波形之间的全局振铃率区分度较小。为了尽量减少误判，并能保证有较好的波形区分效果，经过大量的对比分析，选取了十分之一的最大振幅作为该阈值，对所选取的各典型波形的全局振铃率进行比较，取得了较为理想的效果，如图 2.33 所示。同时，经过大量的统计分析，给出了阈值为十分之一最大振幅下适用于锦屏二级水电站微震监测各典型波形的全局振铃率范围，如表 2.3 所示。

$$n = i_n - i_1 + 1 \tag{2.32}$$

$$p = \frac{n}{N} \tag{2.33}$$

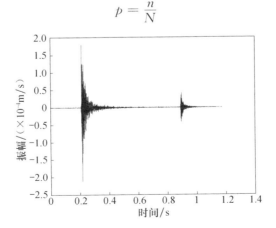

图 2.32 掘进爆破波形特例

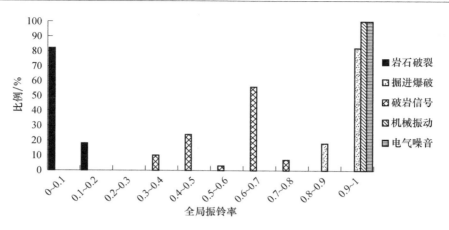

图 2.33　典型波形全局振铃率对比

表 2.3　典型波形全局振铃率经验范围

典型波形	范　围
岩石破裂波形	$0 \leqslant p \leqslant 0.2$
掘进爆破波形	$0.3 \leqslant p \leqslant 0.8$
破岩信号波形	$0.8 \leqslant p \leqslant 0.95$
机械振动波形	$0.95 \leqslant p \leqslant 1$
电气噪声波形	$0.95 \leqslant p \leqslant 1$

（2）输出参数的确定。

由于岩石破裂波形是微震预测预报所要研究的波形，故神经网络模型的输出参数为岩石破裂波形及噪声信号，分别编码为 1，2。其中噪声波形包括上述的电气噪声波形、掘进爆破波形、破岩信号波形或机械振动波形。构建的 BP 神经网络模型如图 2.34 所示。

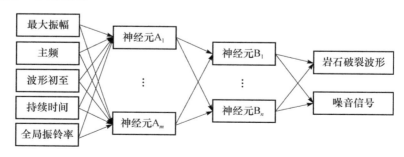

图 2.34　神经网络模型

（3）样本的构建。

收集锦屏二级水电站引水隧洞和排水洞微震监测中产生的岩石破裂波形、电气噪声波形、破岩信号波形、掘进爆破波形及机械振动波形的特征参数,以典型波形的最大振幅、主频、波形初至、持续时间及全局振铃率作为神经网络模型的输入,以岩石破裂波形、噪声信号作为输出。构建的神经网络样本如表 2.4 所示。

表 2.4 神经网络学习样本与测试样本

样本类型	最大振幅/(m/s)	主频/Hz	波形初至/采样点	持续时间/s	全局振铃率	目标输出
学习样本	4.99×10^{-3}	329	1248	1.01	0.0596	1
	3.92×10^{-3}	118	1248	1.05	0.0552	1
	3.77×10^{-3}	814	1248	1.07	0.046	1
	3.50×10^{-3}	191	1242	0.99	0.0483	1
	9.76×10^{-4}	313	1245	1.18	0.0021	1
	2.28×10^{-6}	76	53	0.57	0.9965	2
	2.05×10^{-5}	175	1117	3.12	0.939	2
	1.34×10^{-3}	271	1249	1.46	0.6639	2
	3.68×10^{-5}	139	56	1.08	0.9968	2
	4.54×10^{-5}	290	1207	0.73	0.0432	1
	2.18×10^{-4}	229	1243	0.60	0.0842	1
	8.27×10^{-6}	225	1290	2.78	0.9252	2
	3.86×10^{-5}	257	1203	0.75	0.0962	1
	3.08×10^{-5}	228	1209	0.61	0.1737	1
	6.49×10^{-6}	381	1217	2.42	0.9203	2
	2.54×10^{-3}	395	1243	1.41	0.6831	2
	4.39×10^{-5}	228	1234	0.80	0.088	1
	5.78×10^{-2}	210	1257	1.37	0.6886	2
	1.13×10^{-3}	319	1248	1.15	0.0493	1
	6.88×10^{-6}	99.2	86	1.16	0.9592	2
	9.91×10^{-6}	299	1250	3.48	0.9406	2
	1.81×10^{-5}	254	53	2.84	0.9266	2
	1.82×10^{-3}	373	1248	1.23	0.0665	1
	3.90×10^{-4}	398	1248	1.35	0.0235	1
	3.94×10^{-4}	257	1246	1.26	0.0107	1
	1.09×10^{-4}	646	1243	1.01	0.1289	1
	4.11×10^{-5}	675	1230	0.81	0.1289	1
	2.18×10^{-5}	160	1225	2.87	0.9287	2
	4.70×10^{-4}	328	1248	1.09	0.0787	1
	1.47×10^{-5}	217	9	1.09	0.9995	2
	4.16×10^{-4}	832	1245	1.02	0.1082	1
	2.60×10^{-4}	198	1233	1.13	0.0788	1

样本类型	最大振幅/(m/s)	主频/Hz	波形初至/采样点	持续时间/s	全局振铃率	目标输出
	1.14×10^{-3}	225	1248	1.31	0.0772	1
	9.41×10^{-6}	164	53	2.74	0.9246	2
	1.76×10^{-3}	299	1247	1.37	0.0612	1
	1.34×10^{-5}	264	16	0.99	0.9971	2
	1.17×10^{-3}	288	1244	1.37	0.1082	1
	8.02×10^{-4}	328	1247	1.24	0.0788	1
	6.26×10^{-2}	698	1249	1.32	0.6858	2
	5.95×10^{-4}	319	1245	1.30	0.0727	1
	2.06×10^{-4}	324	1246	1.26	0.0871	1
	9.49×10^{-6}	191	15	1.49	0.9992	2
	2.02×10^{-4}	185	1245	1.22	0.0074	1
	4.11×10^{-6}	53.4	45	1.37	0.9984	2
	2.16×10^{-3}	170	1246	1.31	0.0591	1
	5.57×10^{-2}	207	1256	1.32	0.7045	2
	3.14×10^{-3}	155	1243	1.26	0.127	1
	2.24×10^{-3}	239	1246	1.27	0.1187	1
	6.09×10^{-5}	219	41	0.88	0.9979	2
	1.64×10^{-3}	227	1241	1.27	0.0685	1
学习样本	9.51×10^{-4}	304	1244	1.27	0.0577	1
	2.68×10^{-5}	128	1231	3.04	0.9106	2
	5.03×10^{-5}	318	1225	0.80	0.0193	1
	6.63×10^{-5}	77	1214	0.59	0.0282	1
	5.58×10^{-2}	865	1255	1.36	0.6859	2
	7.37×10^{-4}	329	1246	1.40	0.1525	1
	7.47×10^{-4}	585	1247	1.44	0.0436	1
	1.42×10^{-5}	221	53	1.03	0.9972	2
	7.11×10^{-4}	173	1245	1.56	0.0879	1
	5.87×10^{-4}	287	1246	1.43	0.0827	1
	9.90×10^{-4}	364	1241	1.30	0.1219	1
	2.32×10^{-5}	299	1241	1.19	0.1571	1
	5.30×10^{-5}	174	1232	1.36	0.0299	1
	7.69×10^{-5}	171	1195	1.66	0.8787	2
	1.41×10^{-5}	284	1238	1.27	0.0014	1
	5.85×10^{-5}	326	1224	1.23	0.0583	1
	5.16×10^{-5}	478	1233	1.14	0.133	1
	8.66×10^{-6}	145	53	1.33	0.9993	2
	1.65×10^{-6}	85.5	57	0.71	0.9925	2

续表

样本类型	最大振幅/(m/s)	主频/Hz	波形初至/采样点	持续时间/s	全局振铃率	目标输出
学习样本	3.72×10^{-5}	287	56	1.88	0.8119	2
	1.05×10^{-5}	136	58	1.12	0.9948	2
测试样本	1.32×10^{-2}	173	1249	1.22	0.3798	2
	9.08×10^{-4}	316	1247	1.24	0.0092	1
	2.36×10^{-5}	387	1197	2.83	0.9288	2
	3.95×10^{-5}	289	44	0.93	0.997	2
	1.00×10^{-3}	189	1229	1.23	0.0262	1
	1.57×10^{-2}	289	1249	1.29	0.3619	2

2）输入变量的相关性分析

相关性分析是指对两个或多个具备相关性的变量元素进行分析，从而衡量两个或多个变量因素的相关密切程度。相关系数是描述这些变量之间相关程度的指标。样本相关系数用 r 表示，相关系数的取值范围为 $[-1,1]$，$r>0$ 为正相关，$r<0$ 为负相关，$r=0$ 表示不相关。$|r|$ 值越大，变量之间的线性相关程度越高；$|r|$ 值越接近 0，变量之间的线性相关程度越低。通常 $|r|>0.8$ 时，认为两个变量有很强的线性相关性。r 的计算公式为

$$r = \frac{\sum\limits_{i=1}^{n}(x_i - \bar{x})(y_i - \bar{y})}{\sqrt{\sum\limits_{i=1}^{n}(x_i - \bar{x})^2 \sum\limits_{i=1}^{n}(y_i - \bar{y})^2}} = \frac{n\sum\limits_{i=1}^{n}x_i y_i - \sum\limits_{i=1}^{n}x_i g \sum\limits_{i=1}^{n}y_i}{\sqrt{n\sum\limits_{i=1}^{n}x_i^2 - \left(\sum\limits_{i=1}^{n}x_i\right)^2}\sqrt{n\sum\limits_{i=1}^{n}y_i^2 - \left(\sum\limits_{i=1}^{n}y_i\right)^2}}$$

(2.34)

式中：x_i 为自变量的标志值；$i=1,2,\cdots,n$；$\bar{x}_i$ 为自变量的平均值；y_i 为因变量的标志值；$\bar{y}_i$ 为因变量的平均值；n 为自变量数列的项数。

对神经网络输入数据进行相关性分析，可以进行预分类处理各输入参数间存在较强的相关性，并降低输入数据的维数，以提高影响神经网络的训练速度。对最大振幅、主频、波形初至、持续时间及全局振铃率之间的相关系数进行计算，结果如表 2.5 所示。

表 2.5　输入变量间的相关性

输入变量	最大振幅	主　频	波形初至	持续时间	全局振铃率
最大振幅	1	—	—	—	—
主频	0.295	1	—	—	—
波形初至	0.169	0.345	1	—	—
持续时间	0.03	-0.074	-0.0321	1	—
全局振铃率	0.128	-0.256	-0.720	0.440	1

由表 2.5 可知,最大振幅、主频、波形初至、持续时间及全局振铃率之间的相关系数的绝对值均小于 0.8。因此,对于这 5 个输入无需作进一步的分类、降维处理。

3) 初始权值确定

网络的初始权值一般是在某一区间内随机生成,然后进行训练。随机初始化的网络权值位于误差曲面的什么位置,训练过程中误差在误差曲面上沿什么样的途径下降,都不得而知。所以网络的训练结果是否真陷入了局部最优也无从而知,除非训练中网络没有收敛或者收敛结果与真值相差过大。所以初始权值的优化也是尤为必要的。本节采用遗传算法对初始权值进行了全局寻优,其基本思想是:采用最优学习算法。首先,根据网络结构确定遗传种群规模的大小,即网络权值的数目,在一定范围内(如[0,1])初始化网络权值;其次,以网络最小测试误差为适应值,作为进化的准则,经过多代进化,最后获得一组权值,该组权值是遗传算法所能遍历的权值中网络最小测试误差的,以此作为 BP 网络开始训练的初始权值,则训练结果将是此网络结构下的最优值。

4) 神经网络结构确定

倘若把神经网络看作描述某种映射关系的函数,那么其结构就相当于函数表达式,由于输入层和输出层的神经元数目往往由求解实际问题决定,所以某种程度上神经网络的结构取决于隐含层及其神经元的数目。确定隐含层的基本思路是:在一定范围内(如[1,3])顺序选择一隐含层,对该隐含层在事先给定的隐含层个数内(如[1,50])随机初始化遗传群体的规模,利用网络最佳学习准则,以网络最小测试误差为适应值作为进化的准则,经过多代进化,最后获得该隐含层的最佳单元数;在给定范围内再次顺序选择一隐含层,重复上面过程直到所有隐含层都有了最佳单元数;最后根据最小测试误差选择一最优的隐含层及其单元数。所以由此确定的网络结构具有最强的推广预测功能。

取遗传算法的群体规模为 30,进化代数 30,经改进遗传算法的全局搜索,发现最佳适应值为 0.169 147 时所对应的最佳的隐含层节点数为 5 和 8,如图 2.35 所示,因此确定 BP 神经网络的结构为 5-5-8-1。

5) 遗传神经网络波形识别模型的建立

神经网络的训练也叫网络自学习,目的是建立输入变量与输出变量之间的潜在非线性映射。神经网络能够通过对样本的学习训练,不断改变网络的连接权值以及拓扑结构,以使网络的输出不断地接近期望的输出。

取改进 BP 神经网络的初始学习率 $\eta=0.1$,动量系数 $\alpha=0.4$,最小训练误差为 0.000 001。经运算,获得结构为 5-5-8-1 的神经网络在学习 2741 次时的预测效果最佳,如图 2.36 所示。由此,在设定的参数下,结构为 5-5-8-1 的神经网络学习至 5793 次时所得到的模型即为所建的神经网络波形识别模型。

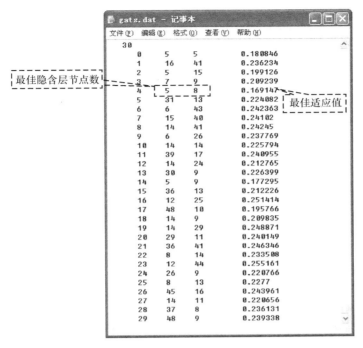

gats.dat - 记事本

文件(F) 编辑(E) 格式(O) 查看(V) 帮助(H)

```
    30
        0       5       5           0.180846
        1      16      41           0.236234
        2       5      15           0.199126
        3       7       9           0.209239
        4       5       8           0.169147
        5      31      13           0.224082
        6       6      43           0.242363
        7      15      40           0.24102
        8      14      41           0.24245
        9       6      26           0.237769
       10      14      14           0.225794
       11      39      17           0.240955
       12      14      24           0.212765
       13      30       9           0.226399
       14       5       9           0.177295
       15      36      13           0.212226
       16      12      25           0.251414
       17      48      10           0.195766
       18      14       9           0.209835
       19      14      29           0.248871
       20      29      11           0.240149
       21      36      41           0.246346
       22       8      14           0.233508
       23      12      44           0.255161
       24      26       9           0.220766
       25       8      13           0.2277
       26      45      16           0.243961
       27      14      11           0.220656
       28      37       8           0.236131
       29      48       9           0.239338
```

最佳隐含层节点数

最佳适应值

图 2.35　隐含层节点数遗传算法搜索结果

iteration1.dat - 记事本

文件(F) 编辑(E) 格式(O) 查看(V) 帮助(H)

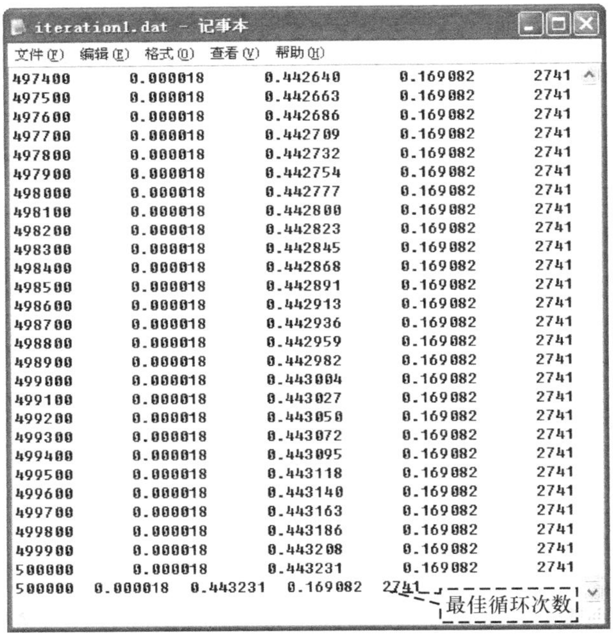

```
497400    0.000018    0.442640    0.169082    2741
497500    0.000018    0.442663    0.169082    2741
497600    0.000018    0.442686    0.169082    2741
497700    0.000018    0.442709    0.169082    2741
497800    0.000018    0.442732    0.169082    2741
497900    0.000018    0.442754    0.169082    2741
498000    0.000018    0.442777    0.169082    2741
498100    0.000018    0.442800    0.169082    2741
498200    0.000018    0.442823    0.169082    2741
498300    0.000018    0.442845    0.169082    2741
498400    0.000018    0.442868    0.169082    2741
498500    0.000018    0.442891    0.169082    2741
498600    0.000018    0.442913    0.169082    2741
498700    0.000018    0.442936    0.169082    2741
498800    0.000018    0.442959    0.169082    2741
498900    0.000018    0.442982    0.169082    2741
499000    0.000018    0.443004    0.169082    2741
499100    0.000018    0.443027    0.169082    2741
499200    0.000018    0.443050    0.169082    2741
499300    0.000018    0.443072    0.169082    2741
499400    0.000018    0.443095    0.169082    2741
499500    0.000018    0.443118    0.169082    2741
499600    0.000018    0.443140    0.169082    2741
499700    0.000018    0.443163    0.169082    2741
499800    0.000018    0.443186    0.169082    2741
499900    0.000018    0.443208    0.169082    2741
500000    0.000018    0.443231    0.169082    2741
500000    0.000018    0.443231    0.169082    2741
```

最佳循环次数

图 2.36　最佳循环次数遗传算法搜索结果

6) 实例分析

为了验证所建神经网络模型的预测效果,按时间先后选取 2011 年 7 月份的 300 个岩石破裂波形及 400 个噪声波形,其中电气噪声、破岩信号、掘进爆破及机械振动波形各 100 个。通过小波分析,获得低信噪比的波形,提取其特征参数构建预测样本,如表 2.6 所示。预测结果如图 2.37 所示,虽然出现个别误差,但整体上岩石破裂波形与噪声信号之间没有产生误判,取得了较为理想的识别效果。

表 2.6 预测样本相关参数

类别	序号	时间-事件记录编号	最大振幅/(m/s)	主频/Hz	波形初至/采样点	持续时间/s	全局振铃率
岩石破裂波形	1	20110701023855-565	4.91×10^{-5}	290	1221	0.78	0.1311
	2	20110701023855-566	5.96×10^{-5}	446	1215	0.64	0.1121
	3	20110701023855-563	8.04×10^{-5}	432	1221	0.82	0.0808
	4	20110701023855-561	3.47×10^{-5}	190	1198	0.66	0.0574
	5	20110701023855-564	2.94×10^{-5}	289	1224	0.65	0.2134
	6	20110701023855-562	2.76×10^{-5}	330	1206	0.61	0.2403
	7	20110701025840-565	3.23×10^{-5}	254	1209	0.63	0.133
	8	20110701025840-566	3.77×10^{-5}	433	1199	0.52	0.1818
	9	20110701025840-563	2.22×10^{-5}	188	1205	0.67	0.0482
	10	20110701025840-561	3.00×10^{-5}	548	1198	0.80	0.102
	11	20110701025840-564	6.60×10^{-5}	312	1224	0.679	0.108
	12	20110701025840-562	6.05×10^{-5}	283	1215	0.887	0.049
	...	...	...	...	...	...	...
	290	20110704072425-555	5.15×10^{-5}	314	1227	1.01	0.0838
	291	20110704072425-559	1.58×10^{-5}	168	1240	1.19	0.0223
	292	20110704072425-557	2.29×10^{-5}	81.5	1236	1.19	0.0088
	293	20110704072425-560	3.70×10^{-5}	164	1239	1.48	0.0374
	294	20110704072425-545	4.98×10^{-5}	326	1232	1.14	0.0778
	295	20110704074655-559	9.47×10^{-5}	167	1238	1.28	0.1289
	296	20110704074655-558	6.38×10^{-5}	158	1242	1.28	0.1296
	297	20110704074655-557	3.92×10^{-4}	288	1248	1.05	0.0772
	298	20110704074655-560	2.39×10^{-4}	561	1248	1.19	0.0612
	299	20110704074655-555	2.87×10^{-3}	219	1247	1.35	0.0787
	300	20110704082515-558	9.60×10^{-4}	185	1248	1.31	0.0727

类别	序号	时间-事件记录编号	最大振幅 /(m/s)	主频/Hz	波形初至/ 采样点	持续时间/s	全局振铃率
电气噪声	301	20110701000300-555	5.23×10^{-6}	32.7	23	0.79	0.988
	302	20110701000300-557	5.77×10^{-6}	17.7	55	0.79	0.9989
	303	20110701230233-558	4.67×10^{-6}	33.4	53	0.81	0.9971
	304	20110704160257-560	7.68×10^{-6}	17.9	57	0.67	0.9756
	305	20110701230233-562	2.28×10^{-6}	76	53	0.57	0.9965
	306	20110701230233-561	5.73×10^{-6}	90.3	53	0.73	0.9149
	307	20110701230233-564	2.88×10^{-6}	77.5	53	0.72	0.9747
	308	20110704124933-557	9.13×10^{-6}	42.1	53	1.12	0.9961
	309	20110704124933-555	7.77×10^{-6}	51.6	53	1.22	0.9903
	310	20110704124933-558	1.07×10^{-6}	221	41	1.30	0.9973
	...	...	...	...	...	...	...
	391	20110709045057-573	2.02×10^{-5}	41	86	1.32	0.9838
	392	20110709045057-577	2.63×10^{-5}	135	53	1.48	0.9968
	393	20110709045057-578	8.19×10^{-5}	79	32	1.29	0.9916
	394	20110709045057-579	2.91×10^{-5}	119	78	1.25	0.9996
	395	20110709052539-576	7.35×10^{-6}	21.1	53	1.56	0.9983
	396	20110709052539-570	6.97×10^{-6}	21.7	53	1.52	0.9951
	397	20110709052539-578	5.77×10^{-6}	30	32	1.63	0.9902
	398	20110709052539-573	7.35×10^{-6}	21.1	53	1.56	0.9983
	399	20110709073020-574	2.71×10^{-6}	62.3	51	1.28	0.9988
	400	20110709073020-575	1.20×10^{-6}	20.3	51	0.98	0.9897
破岩信号	401	20110701133201-561	1.12×10^{-5}	289	56	2.05	0.863
	402	20110701133201-565	1.52×10^{-5}	130	53	2.08	0.8927
	403	20110701133201-563	1.18×10^{-5}	101	53	2.12	0.8964
	404	20110701183000-564	5.43×10^{-6}	225	61	2.06	0.9253
	405	20110701183000-565	8.05×10^{-6}	135	62	2.10	0.9915
	406	20110701183000-566	5.59×10^{-6}	382	108	2.05	0.9041
	407	20110701183000-562	6.32×10^{-6}	373	53	2.05	0.9768
	408	20110701195814-555	8.27×10^{-6}	223	1229	2.76	0.9252
	409	20110701195814-557	6.49×10^{-6}	381	1217	2.42	0.9203
	410	20110701195814-556	9.11×10^{-6}	111	57	2.75	0.9603
	...	...	...	...	...	...	...
	491	20110707062127-578	9.92×10^{-6}	134	53	2.07	0.9064
	492	20110707062127-576	1.13×10^{-5}	213	64	2.73	0.9258
	493	20110707062127-573	1.39×10^{-5}	293	53	3.88	0.9473
	494	20110707082756-575	2.07×10^{-5}	160	1104	3.08	0.9401

类别	序号	时间-事件记录编号	最大振幅/(m/s)	主频/Hz	波形初至/采样点	持续时间/s	全局振铃率
破岩信号	495	20110707082756-576	9.59×10^{-6}	161	53	3.49	0.9226
	496	20110707082756-573	9.91×10^{-6}	299	1117	3.48	0.9406
	497	20110707082756-577	9.30×10^{-6}	136	1074	2.98	0.9378
	498	20110707082814-576	2.48×10^{-5}	139	1156	3.06	0.9354
	499	20110707082814-573	1.46×10^{-5}	221	1180	2.52	0.9181
	500	20110707082814-577	1.89×10^{-5}	157	1134	1.67	0.7688
掘进爆破波形	501	20110703162713-555	5.95×10^{-2}	243	1251	1.37	0.6801
	502	20110703162713-557	4.57×10^{-2}	1740	1251	1.37	0.6869
	503	20110703162713-558	7.67×10^{-2}	12.7	1257	1.34	0.7124
	504	20110703162713-556	5.96×10^{-2}	1190	1257	1.34	0.6784
	505	20110703162713-560	1.44×10^{-2}	319	1248	1.29	0.4213
	506	20110703162713-559	1.08×10^{-2}	173	1246	1.30	0.3463
	507	20110703162721-558	4.80×10^{-4}	12.2	1249	3.85	0.814
	508	20110703162721-559	1.16×10^{-4}	33.9	1220	1.21	0.744
	509	20110703162721-557	7.66×10^{-5}	23.5	1244	1.74	0.805
	510	20110703162721-560	3.84×10^{-4}	2420	1248	1.16	0.201
	...	...	...	...	...	...	...
	591	20110714012444-575	5.23×10^{-4}	107	1248	1.85	0.689
	592	20110714012444-576	5.30×10^{-4}	21.8	1249	2.43	0.730
	593	20110714012444-573	4.80×10^{-4}	12.2	1249	3.85	0.814
	594	20110714012444-577	1.16×10^{-4}	33.9	1220	1.21	0.744
	595	20110714012846-557	5.61×10^{-2}	659	1256	1.27	0.6948
	596	20110714012846-556	6.50×10^{-2}	1130	1251	1.27	0.6783
	597	20110714012846-560	5.57×10^{-2}	275	1255	1.26	0.6883
	598	20110714012846-555	3.59×10^{-2}	302	1249	1.30	0.6503
	599	20110714014353-535	1.12×10^{-2}	300	1248	1.25	0.6496
	600	20110714014353-538	8.66×10^{-3}	267	1248	1.34	0.6075
机械振动波形	601	20110701000513-548	8.66×10^{-6}	1450	53	1.61	0.9993
	602	20110701000513-545	2.83×10^{-5}	375	52	1.96	0.9992
	603	20110701000513-559	2.34×10^{-5}	255	53	1.25	0.9646
	604	20110701000513-560	5.22×10^{-6}	761	46	1.20	0.9323
	605	20110701000850-560	3.57×10^{-6}	474	86	1.22	0.8643
	606	20110701000850-559	7.04×10^{-6}	371	53	1.28	0.9757
	607	20110701000850-558	1.22×10^{-5}	331	21	0.97	0.999
	608	20110701000850-557	1.56×10^{-5}	297	59	1.84	0.9998
	609	20110701000850-555	3.63×10^{-5}	784	56	1.02	0.9944

续表

类别	序号	时间-事件记录编号	最大振幅/(m/s)	主频/Hz	波形初至/采样点	持续时间/s	全局振铃率
机械振动波形	610	20110701000850-556	2.46×10^{-5}	362	51	1.07	0.9863
	...	...	...	...	...	...	...
	691	20110701200210-560	5.19×10^{-5}	218	56	1.35	0.9996
	692	20110701200210-558	3.88×10^{-5}	268	17	1.40	0.9952
	693	20110701200210-557	6.19×10^{-5}	224	53	1.44	0.9986
	694	20110701200210-556	2.13×10^{-5}	255	55	1.79	0.9995
	695	20110701201524-560	2.16×10^{-5}	220	21	1.92	0.9992
	696	20110701201524-558	3.91×10^{-5}	370	23	1.08	0.9965
	697	20110701201524-555	4.53×10^{-6}	421	3	1.20	0.9993
	698	20110701201524-557	1.21×10^{-5}	319	80	1.37	0.9998
	699	20110701201524-556	8.46×10^{-6}	505	25	1.01	0.9995
	700	20110701201524-547	1.36×10^{-5}	238	56	1.61	0.9951

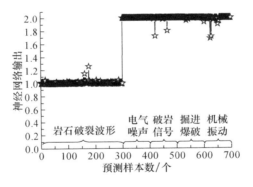

图 2.37　预测结果与实际对比

7) 误差分析

由上述预测结果可以看出,神经网络模型在对于识别岩石破裂波形取得了较理想的效果;虽然总体结果没有产生误判,但是个别情况出现了偏差。出现偏差的主要原因是由于地质条件复杂、施工环境多变,使得在破裂源或振动源产生的波形在各种介质的传播过程中受到了严重干扰,经小波分析重组后的波形与原始波形之间依然存在很大的差异,最终致使预测样本个别指标出现异常。如图 2.38 所示的岩石破裂波形,预测样本为:主频 1250Hz,最大振幅 7.73×10^{-5} m/s,波形初至所对应的采样点为 1228,波形持续时间 0.575s,全局振铃率为 0.38。其中全局振铃率明显异常,并不在岩石破裂波形的统计值范围内,最终神经网络识别结果为1.26。虽然产生了一定的误差,但并没有产生误判,这也从另一个角度体现了神经网络的优势。

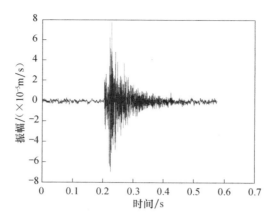

图 2.38　预测误差较大的岩石破裂波形

　　综合利用前述预判震源位置、示波窗时-域特征分析、基于 FFT 和小波变换的时-频分析及小波-神经网络滤噪四种噪声滤除的方法,对深埋隧洞某掘进洞段内监测数据进行滤波处理。图 2.39 为利用监测系统滤噪及基于小波-神经网络滤噪效果对比图,图中引 1♯～引 4♯ 为引水隧洞编号,E 为微震释放能,$\lg E$ 为微震释放能的对数,球体越大则能量越大。由图 2.39 可以看出:和利用监测系统自身滤噪相比,基于小波-神经网络滤噪方法耗时少,同时较好地滤除了锚杆钻机、碎岩、机械震动及电气噪声等环境噪声,且滤噪后事件集中于掌子面区域程度高,更好地反映了围岩的活动情况,大大提高了数据分析的效率与预测预报的准确性。

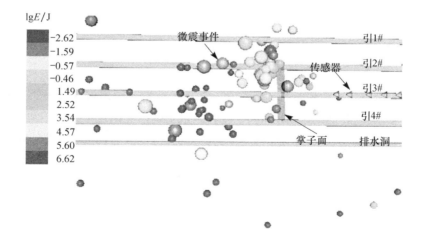

（a）利用监测系统自带软件滤噪后震源定位结果

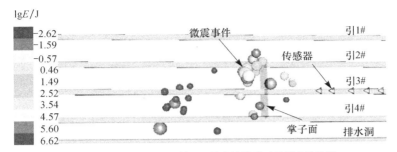

（b）基于小波-神经网络方法滤噪后震源定位结果

图 2.39 监测系统滤噪及基于小波-神经网络滤噪效果对比

综上所述，基于波形的最大振幅、主频、波形初至、持续时间与全局振铃率的小波-神经网络多指标噪声综合滤除方法取得了理想的有效波形识别效果，但是由于地质条件的复杂、施工环境的多变等因素的存在导致波形依旧存在误判的可能。因此，为了提高信号识别的精度，随着监测数据的不断累计，动态更新微震信号数据库和神经网络识别模型是必要的。

2.5 微震源传感器阵列内外 PSO 定位算法

微震源定位精度、算法收敛速度等，对监测信息（微震事件的监测到时、波速等）与待求解参数（震源三维坐标、发震时间等）组成的方程组的系数矩阵依赖程度很大。因此，传统定位算法在传感器布置方案确定时多强调要确保微震源位置位于传感器阵列范围之内，而对于引水隧洞等隧道工程，震源发生位置多在掌子面附近，一般震源多位于传感器阵列范围之外（这也是锦屏二级水电站引水隧洞微震监测的难点）。因此，使用传统的定位算法很难保证微震源的定位精度，对于微震事件也很难确保定位算法的收敛，也就是说很难确保有效微震信号都能定位出微震事件，这在很大程度上限制了岩爆预警的准确性与及时性。为此，提出了微震源分层定位方法，利用智能技术解决传统方法对系数矩阵的依赖，联合反演解决波速难以确定的难题，相互耦合解决隧道工程传感器阵列范围之外微震源定位不准的难题。

1. 微震源分层 PSO 定位方法

1）微震源分层定位原理

设第 k 个传感器计算到时为

$$t_k = t + \frac{\sqrt{(x_k - x)^2 + (y_k - y)^2 + (z_k - z)^2}}{V} \tag{2.35}$$

式中：t 为发震时间；(x_k, y_k, z_k) 为第 k 个传感器位置坐标；(x, y, z) 为微震源位置；

V 为微震信号在介质中传播的等效速率。

相邻两个传感器 $k+1$ 和 k 的到时之差为

$$\Delta t_k = t_{k+1} - t_k = \frac{L_{k+1} - L_k}{V} = \frac{\Delta L_k}{V} \tag{2.36}$$

式中,

$$L_{k+1} = \sqrt{(x_{k+1} - x)^2 + (y_{k+1} - y)^2 + (z_{k+1} - z)^2}$$
$$L_k = \sqrt{(x_k - x)^2 + (y_k - y)^2 + (z_k - z)^2}$$

辨识微震源位置和速度模型的适应值函数可以描述为

$$Q = \sum_{k=1}^{n} \left(\Delta W_k - \frac{\Delta L_k}{V} \right)^2 \tag{2.37}$$

式中:ΔW_k 为第 $k+1$ 和 k 个传感器监测到时之差,$k=n$ 时,$\Delta W_n = W_1 - W_n$,n 为传感器个数。使得 Q 等于或趋于零时,解得的 V、x、y、z,即为最佳速度模型和微震源位置。

根据时差定位原理,评价发震时间 t 的适应度函数为

$$Q = \sum_{k=1}^{n} \left[W_k - t - \frac{\sqrt{(x_k - x)^2 + (y_k - y)^2 + (z_k - z)^2}}{V} \right]^2 \tag{2.38}$$

微震源分层定位方法将震源定位时容易相互关联的速度和发震时间分层求解,即先以式(2.37)为目标函数求解 V 和 x、y、z 值;然后将 V 和 x、y、z 代入式(2.38),求 t 的解,t 的表达式为

$$t = \frac{\sum\limits_{k=1}^{n} \left(w_k - \frac{L_k}{V} \right)}{n} \tag{2.39}$$

2) 微震源分层 PSO 定位方法

基于时差原理的微震源定位是一种多极值非线性问题,最为流行的是1912年Geiger 提出的经典方法及其后的各种改进,这类方法是一种线性范畴内的求解方法,即根据泰勒公式将非线性问题转化为线性问题,然后采用不同的策略求解线性方程组,在很多情况下都会出现诸如二阶以上的项省略不当,初始值选择不合理使解陷入局部极小点等问题。

粒子群算法(particle swarm optimization,PSO)是一种新兴的群智能优化方法,其基本概念源于对鸟群捕食行为的研究。在 PSO 中,鸟被抽象为没有质量和体积的微粒(点),且假定鸟群只知道目前位置与食物(目标)的距离(适应度),不知道目标的具体方位,鸟群在捕食的过程中根据自己的飞行历程和群体之间信息的传递不断调整捕捉食物的方向和速度,PSO 的搜索过程主要是依靠粒子间的相互作用和相互影响完成的。粒子 i 位置与速度的更新公式如下:

$$V_{id} = wV_{id} + c_1 r_1 (P_{id} - X_{id}) + c_2 r_2 (P_{gd} - X_{id}) \tag{2.40}$$

$$X_{id} = X_{id} + V_{id} \qquad (2.41)$$

式中：w 为惯性权重；c_1 和 c_2 为非负常数的学习因子；r_1 和 r_2 为介于 $[0,1]$ 之间的随机数；$d=1,2,\cdots,D$。矢量 $\boldsymbol{P}_i = (P_{i1}, P_{i2}, \cdots, P_{iD})$ 和 $\boldsymbol{P}_g = (P_{g1}, P_{g2}, \cdots, P_{gD})$ 分别为第 i 个粒子迄今为止搜索到的最优震源参数和整个粒子群迄今为止搜索到的最优震源参数。每个粒子在 D 维空间的位置 $\boldsymbol{X}_i$ 就是其在问题空间中的一个潜在解。将其代入目标函数就可计算出其适应值，根据粒子适应值的大小来衡量 $\boldsymbol{X}_i$ 的优劣。PSO 方法操作简单，使用方便，且对于多极值非线性问题易解得全局最优解，但收敛速度与精度有待于进一步提高。因此，改进 PSO 方法被引入解决上述问题。基于改进 PSO 方法的微震源分层定位算法流程如下：

（1）初始化 PSO 算法的惯性权重 w，学习因子 c_1 和 c_2，群体规模 N_{pop}，飞行次数 N_g，精度要求 ε_0；初始化微震源坐标和弹性波速度范围，并在范围内初始化粒子的位置 $X_i(X_i=\{x,y,z,V\}, i=1,2,\cdots,N)$ 和飞行速度 V_i，令群体飞行代数 $n=0$，进行步骤（2）。

（2）将 X_i 代入式（2.38）计算粒子的适应值 Q，根据适应值 Q 确定全局最佳的微震源坐标和波速 $\boldsymbol{X}_g^b$ 和粒子个体飞行中的最好微震源坐标和波速 $\boldsymbol{X}_i^b$，根据实际开挖活动和专家经验判断其合理性，若合理进行步骤（4）；否则，进行步骤（3）。

（3）按式（2.40）和式（2.41）产生新的 X_i 和 V_i，进行步骤（2）。

（4）将 $\boldsymbol{X}_g^b$ 代入式（2.38）计算此代的全局最佳适应值 f_g^b，若 f_g^b 明显优于前一代全局最佳适应值，进行步骤（5）；否则，进行步骤（6）。

（5）若 $f_g^b < \varepsilon_0$ 或者 $n > N_g$，输出微震源坐标和弹性波速度，进行步骤（9）；否则，令 $n=n+1$，按式（2.40）和式（2.41）更新微震源坐标和微震波速度和粒子飞行速度，并确保微震源参数在微震源坐标和波速范围内，进行步骤（2）。

（6）非线性动态的调整惯性权重 w，若 f_g^b 连续 N_s 代没有明显变化，进行步骤（7）；否则，进行步骤（5）。

（7）动态调整粒子飞行速度的极限，并压缩粒子的搜索空间，即压缩微震源参数范围，进行步骤（8）。

（8）把粒子（微震源坐标和弹性波速度）分为两部分，一部分在压缩空间内重新初始化，一部分在原始空间内重新初始化，进行步骤（2）。

（9）将微震源坐标和波速代入式（2.39），直接解得使 Q 最小的 t 的解析解，定位结束。

2. 算法性能分析

假定 8 个传感器位于正方体的 8 个顶点，坐标是 $A(0,0,0)$、$B(1000,0,0)$、$C(1000,1000,0)$、$D(0,1000,0)$、$E(0,0,1000)$、$F(1000,0,1000)$、$G(1000,1000,1000)$、$H(0,1000,1000)$，波在介质中传播的等效波速 $V=5.7\text{m/ms}$，发震时间假

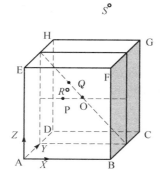

图 2.40 传感器与微震源
位置示意图(长度单位:m)

设为某日 12:00 100ms。假定微震源 $O(500,500,500)$ 到 8 个传感器距离相等,微震源 $P(250,500,500)$ 在传感器 A、B、F、E 和传感器 D、C、G、H 对称面与传感器 A、B、C、D 和传感器 E、F、G、H 对称面的交线上,微震源 $Q(323.2,500,676.8)$ 在面 ABFE 和面 DCGH 的对称面与面 BCHE 的交线上,微震源 $R(300,900,550)$ 和 $S(600,1700,2400)$ 分别为传感器阵列内、外到 8 个传感器距离各不相等的点,位置如示意图 2.40 所示。

微震定位模拟原理:首先根据传感器位置和微震源位置及波速,由式(2.35)计算微震理论走时及监测到时;然后以此作为真值,以式(2.37)或式(2.38)为目标反过来确定微震源位置、发震时间及微震波在介质中传播的速度模型。

1) 算法的收敛性

以 Q、R、S 微震源点为例,将基于 MATLAB 最小二乘法的微震源参数和速度模型联合反演算法进行对比,说明基于改进 PSO 算法的微震源分层定位方法的收敛性。PSO 参数设置:学习因子 $c_1=c_2=2$,群体规模 $N_{pop}=100$,$w_0=1$,结束条件 $\varepsilon_0=1.0\times10^{-10}$;最小二乘法结束条件 $\varepsilon_0=1.0\times10^{-10}$。结果如表 2.7 所示,表中迭代次数为计算过程中调用目标评价函数的次数。

从表 2.7 可以看出,最小二乘法选取不同的初始值,算法收敛所得结果不同,当初始值特别是速度值距离真值较远时,最小二乘法计算虽然也满足了结束条件,但并没有解得微震源的真值,通过反复调整初始值当且仅当初始值接近真值,尤其是速度值接近真值时,算法才收敛于正确结果。对于基于 PSO 算法的分层定位算法,可以较好地收敛于真值,解的唯一性较好,且收敛速度也得到了提高。这主要因为:①分层策略减少了参数的相互关联性;②改进 PSO 算法具有较好的全局寻优能力;③优秀解的专家经验评定。

表 2.7 微震源定位的联合定位法与分层定位法的收敛性能对比

震源点		真值	基于最小二乘法的联合法			基于改进 PSO 法分层法		
			初始	收敛	迭代次数	初始	收敛	迭代次数	范围	收敛	迭代次数
微震源 Q	发震时间/ms	100.0	1.0	100.0	82 428	1.0	100.0	14 910	—	100.0	2 955
	x/m	323.2	1.0	−1 621.3		100.0	323.2		0～2 000	323.2	
	y/m	500.0	1.0	500.0		100.0	500.0		0～2 000	500.0	
	z/m	676.8	1.0	2 621.3		100.0	676.8		0～3 000	676.8	
	波速/(m/ms)	5.7	1.0	19.7		5.0	5.7		0～50	5.7	

续表

震源点		真值	基于最小二乘法的联合法						基于改进 PSO 法分层法		
			初始	收敛	迭代次数	初始	收敛	迭代次数	范围	收敛	迭代次数
微震源 R	发震时间/ms	100.0	1.0	100.0	27 234	1.0	100.0	37 812	—	100.0	7 020
	x/m	300.0	1.0	−240.7		1.0	300.0		0～2 000	300.0	
	y/m	900.0	1.0	1 981.5		1.0	900.0		0～2 000	900.0	
	z/m	500.0	1.0	685.2		1.0	550.0		0～3 000	550.0	
	波速/(m/ms)	5.7	11.0	11.0		1.0	5.7		0～50	5.7	
微震源 S	发震时间/ms	100.0	1.0	100.016 1	163 284	50.0	100.0	45 480	—	100.0	8 785
	x/m	600.0	1.0	514.822 7		300.0	600.0		0～3 000	600.0	
	y/m	1 700.0	1.0	677.873 4		1 500.0	1 700.0		0～3 000	1700.0	
	z/m	2 400.0	1.0	781.633 5		2 000.0	2 400.0		0～4 000	2400.0	
	波速/(m/ms)	5.7	1.0	2.194 6		5.0	5.7		0～50	5.7	

注:"—"表示没有此项,因为发震时间是根据微震源坐标和波速直接求解得到的。

从表 2.7 可以看出,联合法和分层法在适当的条件下都能收敛到较高的精度,这主要是因为它们通过算法能较好地确定速度模型,而由于岩石介质的复杂性,使得弹性波在不同区域、不同方向传播的速度不同,再加上施工工艺的影响,确切地人为给定介质的速度是很困难的,这是经典法定位精度较低的主要原因。在给速度模型一个较小的误差(1%)扰动情况下,即速度取 5.757m/ms,用经典法对 Q、R、S 微震源进行定位分析,结果如表 2.8 所示。从表 2.8 可以看出,在假定速度模型时,即使有较小的误差,也会导致较大的定位误差(最大定位误差在 z 方向相差 111.4m,相对误差最大达 18.1%),而且速度模型对不同区域的震源影响也不一样。一般对传感器阵列内震源影响相对较小(微震源 R、Q),对阵列外震源影响较大(微震源 S),且对距传感器距离之和较大的震源影响较大。因此,传感器的布置要尽量确保微震源在其阵列之内,且尽可能距有可能发生微震的地方近。

表 2.8 基于经典方法的微震定位结果

类 别	微震源 Q				微震源 Q				微震源 S			
	发震时间/ms	x/m	y/m	z/m	发震时间/ms	x/m	y/m	z/m	发震时间/ms	x/m	y/m	z/m
真值	100.0	300.0	900.0	550.0	100.0	323.2	500.0	676.8	100.0	600.0	1700.0	2400.0
收敛值	101.3	297.9	904.6	550.5	101.5	321.4	500	678.6	81.9	606.6	1774.4	2511.4
绝对误差	1.3	2.1	4.6	0.5	1.5	1.8	0	1.8	18.1	6.6	74.4	111.4
相对误差/%	1.3	0.7	0.5	0.08	1.5	0.6	0	0.3	18.1	1.1	4.4	4.6

另外，从表 2.7 可以看出，无论是最小二乘法还是 PSO，微震源位于传感器阵列之外的收敛速率远低于微震源位于传感器阵列内的。因此，传感器布置应尽量确保微震源在其阵列之内。

2）解的关联性

由式（2.37）可知，ΔL_k 和 V 满足关系式

$$\frac{\Delta L_k}{V} = \Delta W_k, \quad k = 1,2,\cdots,n \tag{2.42}$$

时，$Q\equiv0$，因此，微震源坐标 x、y、z 和速度 V 具有一定的关联性。大量数值计算表明并不是任意的 x、y、z 值都有 V 和其对应，使关系式（2.42）满足；而只有少数特殊的微震源点，使用分层法定位时，随速度 V 的变化存在不同的 x、y、z，使得关系式（2.42）成立，即关系式（2.42）是震源坐标和速度相互关联的必要条件。

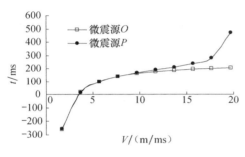

图 2.41　特殊位置速度和时间的关联性

特殊地，当 $\Delta L_k = 0$，$\Delta W_k = 0$，$k = 1,2,\cdots,n$，即微震源到所有传感器的距离相等，且所有传感器监测到时都相同（如图 2.40 中的震源点 O）时，V 取任何非零值，$Q\equiv0$。以震源点 O 为例，PSO 参数设置及算法结束条件同上，速度 V 由 1.7m/ms 起逐步递增 2.0m/ms 至 19.7m/ms，所有计算震源位置都能收敛至真值（500m，500m，500m），式

（2.38）的 Q 都趋于零，而发震时间无法收敛至真值，随速度的变化则表现出图 2.41 的规律。这说明此种条件下的定位结果只有震源位置能收敛到真值，速度 V 以及通过式（2.39）计算的发震时间 t 难以得到真实值，需要结合其他方法进一步确定。

实际上，联合法也无法确定准确的速度模型和发震时间（如速度与时间的变化关系图 2.41），经典法只有在准确确定速度模型的前提下，才能正确收敛到真值。因此，传感器布置时要尽量避免可能发生微震的区域到所有传感器的距离相等。

当微震点分布在传感器对称面与对称面的交线上时，微震点沿交线方向的坐标值和速度 V 具有关联性，如当微震点分布在线 PO 上，微震点的 x 坐标和波速 V 相互关联。以微震点 P 为例，PSO 参数设置和终止条件同上，速度 V 由 1.7m/ms 起逐步递增 2.0m/ms 至 19.7m/ms，式（2.38）的 Q 都趋于零，P 点 y、z 坐标都能收敛至真值，而 P 点 x 坐标随速度的变化表现出图 2.42 所示的规律，也就是说随着速度的变化微震源 P 的定位结果为 PO 线上的不同点。可见速度与 P 点 x 坐标具有关联性，发震时间和震源位置具有不确定性，这一结论同样适用于传感器

其他对称面与对称面的交线上的微震源。因此,传感器布置时应尽量避免可能发生微震的震源在传感器对称面与对称面的交线上。

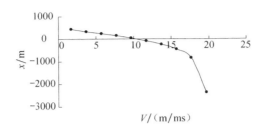

图 2.42 速度和微震源 P 坐标 x 的关联性

因此,对于随 V 的变化存在 ΔL_k 使关系式(2.42)满足的多个坐标点,需要结合现场实际情况、专家经验等其他手段,进一步筛选确定微震源正确位置。

3. 微震源定位现场实验验证

柿竹园多金属矿位于湖南省郴州市以东 20km,区域内矿产资源丰富,矿物品种达 143 种,多金属矿床产于花岗岩接触带的矽卡岩、大理岩中,南北走向长 1000~1200m,东西宽 600~800m,厚 150~300m,最厚达 500m,呈透镜状,自上而下形成 4 个矿带。目前,主要开采Ⅲ矿带 490m 水平以上的 315m×313m 富矿段,设计采用分段凿岩阶段崩矿,嗣后一次充填采矿法开采。矿房现已全部回采完,矿房采空区未充填处理,由留存矿柱支撑顶板,留下的群采空区体积已达 $300×10^4 m^3$,顶板暴露面积达 $4×10^4 m^2$,由于空场暴露时间长,受岩体结构面破碎带与岩性穿插体及大爆破振动的影响,加之在采空区未经充填处理的情况下抽采矿柱,部分矿柱失稳垮塌,最大顶板连续暴露面积达 1 万 m^2,给矿山现行生产和矿床的进一步开采造成了较大的威胁。

为了确保多采空区条件下矿山的安全开采,既达到对留存矿柱和顶板上部富矿体的回收,实现矿山的可持续发展,又达到对采空区安全隐患的处理,矿山安装了 ESG 公司微震监测系统,传感器平面布置如图 2.43 所示,514 和 558 水平各布置 12 个单轴传感器,630 水平布置 6 个单轴传感器,24h 监测回采过程中存留矿柱和顶底板的微震活动。如何根据监测到的微震信号,准确定位微震事件,既是矿山地质灾害预报,也是矿山地质灾害防治的重要研究内容。

本方法就是为了精确进行微震定位而提出的,为了考证分层 PSO 方法微震定位精度,以 2008 年 12 月 11 日 11:33 和 14:40,在 536 中段的Ⅰ(N8687.2m,E6492.0m,D539.9m)和Ⅱ(N8704.1m,E6597.5m,D534.8m)两个位置的人工爆破为定位对象进行验证,人工爆破平面位置如图 2.44 所示。

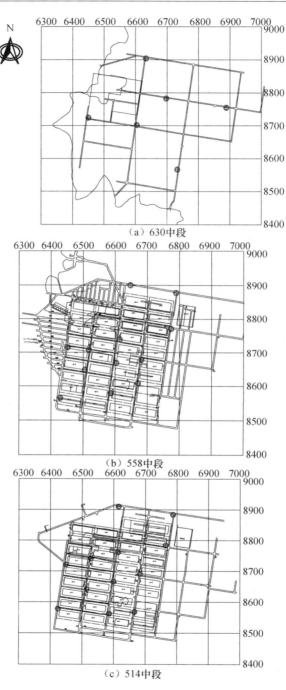

（a）630中段

（b）558中段

（c）514中段

图 2.43　不同中段传感器平面布置图

⊕ 微震传感器位置

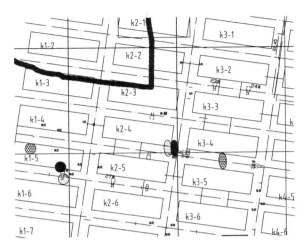

图 2.44 人工爆破位置及消噪前后微震源分层智能定位方法定位结果平面图

■ 爆破;▦ 没消噪;▢ 消噪

试验过程中所有传感器都监测到了震动信号,但部分震动信号,如图 2.45 中第 16 和 20 传感器,很明显是机动车辆、钻孔凿岩等环境噪声引起,必须进行滤噪处理,另外系统自动拾取监测到时有必要进一步修正,消噪处理后监测到有效人工爆破信号的传感器坐标和修正后监测到时如表 2.9 所示。由于人工爆破点距 630 中段采空区面积较大,空区距离较长,630 中段传感器没有监测到有效信号,能监测到有效信号的集中在 514 中段和 558 中段的传感器。

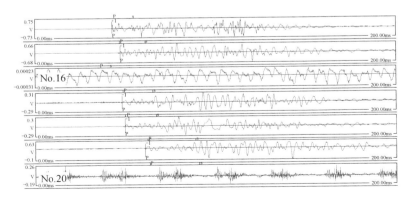

图 2.45 传感器监测信号波谱图

表 2.9　不同中段传感器坐标及监测到时

中段	传感器编号	传感器坐标/m			到时 I /ms	到时 II /ms
514	2	N8721	E6449	D520	41.9	52.9
	3	N8578	E6424	D520	50.8	48.6
	4	N8641	E6515	D520	39.4	35.3
	5	N8666	E6600	D520	49.1	52.7
558	14	N8715	E6452	D565	36.2	42.7
	15	N8567	E6427	D565	50	47.1
	17	N8668	E6599	D565	44.8	48
	18	N8580	E6586	D565	49.8	49.5

注：N、E 和 D 分别表示北向、东向和竖直向；到时 I 和 II 分别表示传感器监测到的爆破 I 和 II 的到时。

　　基于现场直接监测到的微震数据和噪声消除、监测到时修正后微震监测数据，利用提出的微震源分层智能定位方法对两个人工爆破试验位置进行定位分析，结果如图 2.44 所示，可见环境噪声和到时拾取误差对微震定位结果的影响非常大，微震源定位分析前必须要对机动车辆、钻孔凿岩等影响较大的环境噪声的频率进行试验测定，对监测到时进行修正，消除他们对定位结果的影响。

　　依据表 2.9 资料，分别用基于最小二乘法的经典法、联合法和微震源分层智能定位方法，对两个爆破源进行定位分析，定位结果如图 2.46 所示。基于最小二乘法的经典法定位精度相对较差，在传感器阵列范围内平均定位误差为 7.25m，且 P 波波速和震源初始参数需要反复调整；联合法和本书提出的分层法都能较好的确

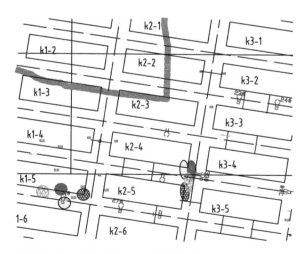

图 2.46　几种定位方法定位结果与试验结果对比

■ 爆破；▦ 经典法；▨ 联合法；□ 本文法

定爆破源的位置,在传感器阵列范围内平均定位误差分别为 3.48m 和 2.78m,但基于最小二乘法的联合法初始值需反复调整,且仅当初始值接近真值,尤其是速度值接近真值时,算法才收敛于正确结果,解不稳定。因此,本书提出的微震源分层智能定位方法精度较高,解的稳定性较好,能够确保传感器阵列范围内微震活动的高精度定位。

4. 速度模型确定讨论

由于岩石材料是复杂的,非均质的,含有大量裂隙、节理和微不连续面的,即使微震信号在同一类性质的岩石中传播,其速度在不同方向、不同区域的传播速度都是不同的。理论上,通过确定 v_{ki} 和 l_{ki},采取式(2.43)确定微震信号在介质中传播的速度模型是比较合理的。

$$V_k = \frac{L_k}{\sum_{i=1}^{n} \frac{l_{ki}}{v_{ki}}} \tag{2.43}$$

式中:V_k 为微震信号沿第 k 个传感器方向传播的等效速度;L_k 为微震源到第 k 个传感器的距离;n 为微震信号沿第 k 个传感器方向传播经过的介质种类数;v_{ki} 和 l_{ki} 分别为在第 i 种介质中传播的平均速度和距离。

事实上,岩石中裂隙、节理和不连续面这些不良体的位置、尺寸及走向很难事先确定,且这些不良体之间的界限也很难划清,采用式(2.43)确定速度模型时,l_{ki} 和 v_{ki} 是不容易准确确定的。因此,实际应用时很少采用这种速度计算公式。

实际应用时,会对速度模型进行简化。常用简化速度模型有异向简化速度模型和整体简化速度模型。异向简化速度模型假定微震信号沿各个方向的传播速度不同,即 $V=\{V_1,V_2,\cdots,V_k,\cdots,V_m\}$,其中,$V_k$ 为微震信号沿第 k 个传感器方向传播的等效速度,m 为传感器的个数;整体简化速度模型假定微震信号在介质中传播速度可以等效为一种整体速度模型 V。下面讨论二者在震源参数和速度模型联合反演定位算法中的优劣。

假设微震信号在同一种各向异性的岩石介质中传播,震源 Q 和 8 个传感器的位置如图 2.43 所示,微震信号由 Q 传向 8 个传感器的速度分别为 $V_A=5.0\text{m/ms}$,$V_B=5.4\text{m/ms}$,$V_C=5.7\text{m/ms}$,$V_D=6.0\text{m/ms}$,$V_E=5.7\text{m/ms}$,$V_F=6.2\text{m/ms}$,$V_G=5.6\text{m/ms}$,$V_H=5.9\text{m/ms}$。

采用异向简化速度模型和整体简化速度模型进行微震源定位时,对于基于 Matlab 最小二乘法的微震分层定位算法,共设计 10 种计算方案,以 $\pm 5\%$、$\pm 10\%$、$\pm 15\%$、$\pm 20\%$、$\pm 25\%$ 的误差对参与反演的参数的真值进行扰动,作为算法的初始值,算法结束条件为相邻两传感器监测到时之差与计算到时之差的残差平方和小于 1.0×10^{-20} 或调用目标函数超过 200 000 次;基于 PSO 微震分层定位算法参数取值范围为真值的 $1\pm25\%$,粒子群体规模为 30,算法结束条件粒子适应值(相邻两传感器监测到时之差与计算到时之差的残差平方和)小于 1.0×10^{-20} 或调用目标函数超过 200 000 次。

采用异向简化速度模型时,基于 Matlab 最小二乘法的微震分层定位算法定位结果表明 10 种方案都能满足精度结束条件,而微震源坐标、发震时间和速度模型却都未能收敛于真值,且总是在距离初始值较近的位置就能搜索到一个参变量组合使得相邻两传感器监测到时之差与计算到时之差的残差平方满足算法结束条件;基于 PSO 微震分层定位算法定位结束时,有 19 个粒子的适应值满足算法精度结束条件,但只有一个粒子在飞行过程中达到了目标点。两种算法的计算结果充分说明参与反演的参数具有很高的相互关联性,选用此类速度模型进行微震源定位,解的稳定性非常差,选取正确的定位结果具有一定困难。

采用整体简化速度模型进行微震源定位时,基于 Matlab 最小二乘法的微震分层定位算法定位结束时 10 种方案都没有达到算法的精度要求,但微震源都能趋于点(400.8,544.4,688.9),基于 PSO 微震分层定位算法定位结束时,30 个粒子也基本上趋于这一结果。虽然微震源定位位置与真实位置有定位误差,但解具有较好的唯一性,定位误差主要由岩石材料各向异性的复杂程度引起,对于各向同性均质材料定位误差可趋于零。因此,选用该速度模型微震定位结果可靠性较高。

2.6　锦屏二级水电站引水隧洞和排水洞微震实时监测与分析

锦屏二级水电站引水隧洞和排水洞微震实时监测概况如下:

(1) 阶段 1:首先在 3# 引水隧洞引(3)11+165～10+049.6(埋深 1700～2200m)开展了 TBM 掘进过程的微震实时监测试验。

(2) 阶段 2:辅引 1 和辅引 2 的 1#、2#、3# 和 4# 引水隧洞和施工排水洞洞段(埋深最大洞段)微震监测、岩爆预警与动态调控,其工作范围如表 2.10 所示,埋深 2150～2525m。

(3) 阶段 3:在辅引 1 和辅引 2 的 1#、2#、3# 和 4# 引水隧洞和施工排水洞的微震监测、岩爆预警取得良好效果后,应施工单位的要求,增加开展了辅引 3 的 3# 和 4# 引水隧洞和施工排水洞的微震监测、岩爆预警和动态调控,其工作范围如表 2.10 所示,埋深 1600～2150m,各工作面的编号如图 2.47 所示。

表 2.10 锦屏二级水电站微震监测与岩爆预警工作范围

阶段	工作面	起止日期	监测时间/d	起止桩号	监测距离/m
1	3#TBM	2010-05-28～2010-09-26	122	引(3)11+165～10+049.6	1115.4
2	2-1-E(上断面)	2010-10-09～2011-03-10	153	引(1)7+538～7+980	442
	2-1-E(落底)	2011-03-10～2011-3-31	22	引(1)7+745～7+850	105
	2-1-E(落底)	2011-04-01～2011-04-07	7	引(1)7+440～7+520	80
	2-2-E	2010-10-09～2011-5-2	206	引(2)7+491～7+965	474
	2-支-3-W	2011-04-11～2011-06-21	72	引(3)7+560～7+352	208
	2-支-4-W	2011-03-24～2011-04-09 2011-04-17～2011-06-21	83	引(4)7+546～7+333	213
	2-2-E(支)	2011-03-26～2011-04-11	17	支0+000～0+120	120
	2-3-E	2011-04-11～2011-11-7	211	引(3)7+580～8+102	522
	2-4-E	2011-4-17～2011-10-23	190	引(4)7+563～7+965	402
	2-P-E	2010-10-09～2011-03-11	154	SK7+111～7+404	293
	1-1-W(上断面)	2010-10-04～2011-02-20	140	引(1)8+472～7+980	492
	1-1-W(落底)	2011-02-20～2011-03-01	10	引(1)8+020～7+980	40
	1-1-W(落底)	2011-03-02～2011-04-07	37	引(1)8+505～8+131	374
	1-1-E(上断面)	2010-10-04～2011-02-20	140	引(1)8+710～9+138	428
	1-1-E(落底)	2011-02-20～2011-06-01	102	引(1)8+630～9+010	380
	1-2-W	2010-10-04～2011-08-04	305	引(2)8+481～7+965	516
	1-2-E	2010-10-04～2011-06-01	241	引(2)8+595～9+201	606
	1-支-3-W	2011-8-5～2011-11-7	95	引(3)8+283～8+102	181
	1-支-3-E	2011-10-6～2011-11-17	43	引(3)8+339～8+400	61
	1-3-E	2011-06-08～2011-11-24	170	引(3)8+546～9+003	457
	1-4-W(上断面)	2011-03-24～2011-10-18	209	引(4)8+510～7+965	545
	1-4-W(落底)	2011-10-18～2011-11-7	21	引(4)8+227～8+178	49
	1-4-W(落底)	2011-11-17～2011-11-21	5	引(4)8+194～8+124	70
	1-4-E	2011-03-24～2011-10-30	221	引(4)8+518.5～9+062	543.5
	1-P-W	2010-10-04～2011-03-11	159	SK7+754～7+404	350
	1-P-E	2010-10-04～2011-03-11	159	SK8+190～8+757	567
3	3-3-W	2011-03-21～2011-10-24	218	引(3)6+200～5+243	957
	3-4-W	2011-03-21～2011-10-24	218	引(4)6+085～5+097	988
	3-P-W	2011-03-21～2011-09-04	168	SK5+596～4+810	786
	4#横向排水洞	2011-07-26～2011-08-21	27	HP40+165～40+127	38
合计			3925		12402.9

注:(1)表中统计数据参考 B 标微震监测日报,统计时间截至 2011 年 11 月 24 日。

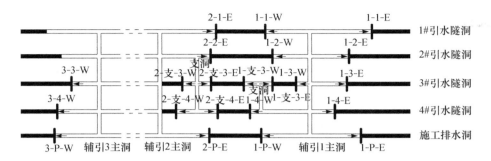

图 2.47　各微震实时监测工作面标号示意图

监测工作面编号方式为：X-XX-XXX。其中 X 表示辅引施工支洞编号；XX 若为 1～4 表示引水隧洞编号，P 则表示施工排水洞；XXX 为掘进方向，W 表示向西掘进，E 表示向东掘进。若 X 与 XX 间添加了"-支-"，则表明在所在隧洞开设了施工支洞。例如 3-4-W 表示辅引 3 洞段的 4#引水隧洞向西掘进的工作面。

以上合计微震监测和岩爆预警的实际隧洞总长约 12.4km（见图 2.48）。

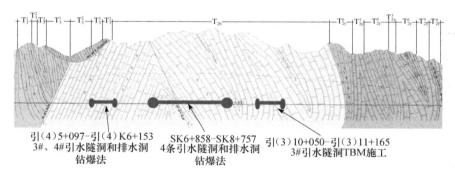

引(4)5+097-引(4)K6+153　　SK6+858-SK8+757　　引(3)10+050-引(3)11+165
3#、4#引水隧洞和排水洞　　4条引水隧洞和排水洞　　3#引水隧洞TBM施工
钻爆法　　　　　　　　　　钻爆法

（a）微震监测区域地质剖面图

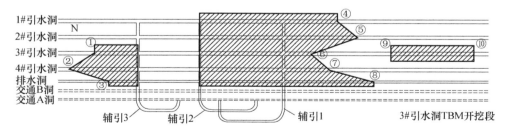

（b）微震监测区域与范围

①引(3)5+243；②引(4)5+097；③SK4+810；④引(1)9+138；⑤引(2)9+201；
⑥引(3)9+003；⑦引(4)9+062；⑧SK8+757；⑨引(3)11+165；⑩引(3)10+049.6

图 2.48　微震监测、岩爆分析、预测预警工作范围
（中国水电工程顾问集团华东勘测设计研究院,2005）

利用本章介绍的传感器优化布置方法进行引水隧洞和排水洞的传感器布置和监测系统布置。为了尽可能获得连续监测数据,加强了设备的现场安装、调试与维护工作。在各工作面施工过程中,根据工程进展,及时调整监测方案,及时安装,并调试微震监测设备,及时(24h 轮流值班,无论白天黑夜、出渣、放炮等)解决现场出现的各种问题,确保设备处于正常运转状态,图 2.49 是现场工作照片。

（a）电缆线云梯渡顶

（b）人梯搭线

（c）现场巡视

（d）凌晨2:00设备检修与调试

图 2.49　现场工作场景(见彩图)

为了监测人员、科研人员和业主等及时看到现场微震实时监测的数据,保证各方的紧密配合,建立了如图 2.50 所示的微震监测系统。

根据实时监测到的微震数据进行分析,利用本章介绍的微震数据分析方法,给出微破裂事件的时空定位分布图、微震能量和视体积等随时间的变化规律,利用岩爆预警方法给出当日岩爆发生的区域、等级及其概率,给出岩爆防治措施的建议,对于上一日的岩爆预警结果写出日报。同时,根据施工单位提供的日志,将岩爆实际发生情况,标记在该日报上,对比分析岩爆预警结果的可靠性。

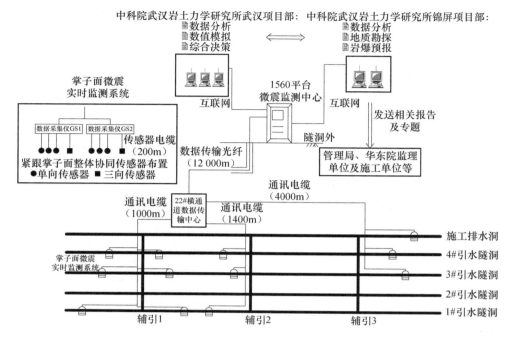

图 2.50　锦屏二级水电站引水隧洞和排水洞微震实时监测与分析预报系统示意图

为了使微震监测和岩爆预警成果落到实处,由锦屏建设管理局牵头,建立了监测、科研、设计、监理、防治、施工等工作组紧密配合的锦屏二级水电站岩爆综合预测预警与防治工作机制。业主定期召开各方参加的例会或不定期的专题会议,讨论岩爆防治与施工安全有关的一些重大问题。

为了提高对岩爆问题的认识,科研、施工、设计等单位也分别召开岩爆问题座谈和经验交流会,共同提高岩爆预警和防治的认识。

2.7　小　　结

针对深埋岩石工程微震实时监测与分析的难点,提出了如下多掌子面同时施工(开采)的微震实时监测与分析方法,解决了深埋岩石工程微震监测面临的困难与挑战:

(1) 采用多类型传感器(地音仪型和加速计型)、多监测台站协同监测,局部根据各工段的实情进度灵活布置、紧跟掌子面移动的整体协同传感器优化布置的监测方法。现场实践表明:该监测方法先进、可行,既可以尽可能地确保监测对象在传感器阵列范围之内,又能最大限度地减少因线路损坏而导致监测数据的不连续性,可以最大限度地确保监测结果可靠性与微震源定位的及时、准确。

（2）针对多噪声源问题，通过观察实验，识别岩爆、岩体破裂、爆破、钻进过程、电气信号和机械振动等典型波形特征，采用综合集成小波包分析、神经网络分析等多手段、多指标滤波方法，对微震信号进行快速滤波分析，提取反映岩体破裂的有效微震信息。

（3）针对不同区段岩体条件的差异性，采用区域各向异性速度模型自动识别技术，适合于传感器阵列外的微震源定位新方法：基于 PSO 算法的微震源分层定位方法，实现了深埋岩石工程岩体破裂源的高精度定位。

（4）以上述方法为基础，综合采用微震事件时空规律分析、能量分析及视体积与能量指数分析，获取更多的、更为可靠的岩体破裂过程、岩爆孕育过程的微震信息演化规律，为岩爆风险预警提供可靠的数据。

（5）上述理论方法和技术在锦屏二级水电站引水隧洞和排水洞累计 12.4km 长的洞段进行了微震实时监测，对所获得的微震数据进行了即时分析处理，获得了有效岩石破裂波形数据、破裂源定位数据，以及不同类型岩爆孕育过程的微震信息演化规律，为岩爆的预测预警与动态调控提供了科学依据。

3 岩爆孕育过程的特征、规律与机制

3.1 引　　言

　　岩爆孕育过程的特征、规律与机制的认知是岩爆的合理预测预警与动态调控的基础。岩爆有多种类型,从孕育机制上分,有应变型、应变-结构面滑移型和断裂滑移型等[①];从孕育时间上分,有即时型和时滞型。不同类型岩爆的孕育过程的机制有何差别?不同类型岩爆的孕育过程中岩体的新生和已有裂纹、微震信息、变形、波速等如何演化?不同开挖方法诱发的岩爆和不同类型岩爆孕育过程中微震信息时间、空间和能量的演化上有无分形行为(自相似性)?岩爆孕育过程中有无前兆规律?什么条件下有前兆规律?岩爆孕育过程机制(岩体破裂类型)的合理分析判别方法是什么?为了回答这些问题,本章将系统地介绍深埋隧洞 TBM 和钻爆法开挖过程中岩爆孕育过程的现场原位综合观测、监测、实验与理论分析成果(如图 3.1 所示)。

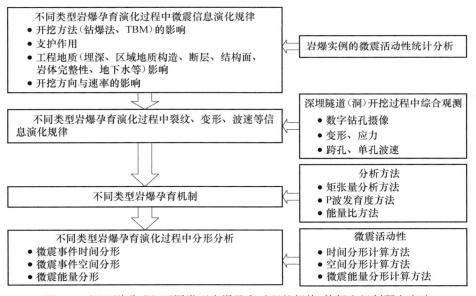

图 3.1　深埋隧道(洞)不同类型岩爆孕育过程的规律、特征和机制研究方法

---

① 岩柱型岩爆:可根据其孕育机制划分为应变型岩爆、应变-结构面滑移型岩爆或断裂滑移型岩爆。

3.2 隧洞岩爆孕育过程微震信息演化特征与规律研究

3.2.1 隧洞岩爆孕育过程微震信息时空演化规律

通过对锦屏二级水电站钻爆法施工典型洞段 1#引水隧洞(引(1)7+374～9+138)、2#引水隧洞(引(2)7+359～9+201)、3#引水隧洞(引(3)5+243～6+200 及引(3)7+344～9+003)、4#引水隧洞(引(4)5+097～6+085 及引(4)7+329～9+062)、排水洞(SK4+810～5+596 及 SK6+859～8+757),以及 3#引水隧洞 TBM 施工段(引(3)10+049.5～11+165)(见图 3.2)发生的岩爆和微震活动性进行统计分析,获得如下认识。

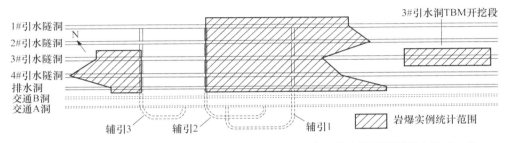

图 3.2 岩爆实例统计范围示意图(中国水电工程顾问集团华东勘测设计研究院,2005)

1. 1#引水隧洞微震信息演化规律及其与岩爆的关系

(1) 引(1)7+538～7+980 洞段:该洞段位于背斜核部和翼部,埋深为 2267.24～2362.06m,变化幅度为 4.18%。其中引(1)7+940 附近发育一条产状为 N30°～40°W,NE∠80°大断层 F_{27},如图 3.3 所示。该洞段岩性为 T_{2b} 灰白色厚层状细晶大理岩,围岩以Ⅲ类为主,其次为Ⅱ类,岩溶及地下水不发育,仅局部结构面存在渗滴水。由图 3.4(a)可见,微震事件随时间呈交替循环变化,12 月 5 日前,事件波动幅度小,岩爆较少且为轻微岩爆;12 月 5 日后,距相向掘进洞段贯通位置 100 余米时事件波动幅度开始出现突增,岩爆频发。这主要是由于贯通段位于大断层 F_{27} 的下盘,存在局部应力集中,临近贯通时应力调整加剧所致。由图 3.4(a)可见,轻微岩爆主要发生于日微震事件数随时间变化曲线的局部极大值处及其下降段,而中等岩爆主要发生于该曲线局部极大值的下降段。这表明,在隧洞开挖引起的应力调整初期,围岩破裂活动频繁,局部小范围先期完成劈裂成板、剪断成块和块片弹射的渐进破坏过程。但其破坏强度小,主要表现为低等级岩爆;随着围岩破裂范围扩大,岩体完整性逐渐降低,岩体破裂活动频次下降,极限储能能力减小,进而导致积聚于岩体中的能量有可能突然释放,发生岩爆。从图 3.4(a)中还可看出,掘进速率是影响微震活动及岩爆的主要因素之一。微震活动总体上随开挖速率增大而加剧,但部分速率较大者导致的微震活动显得平静,其原因可能是现场及时加强了支护,改善了围岩应力状态,提高了岩体抗拉和抗剪强度。如由于12月21日掘进速率过快,达12m/日,导致次日发生中等和轻微岩爆。开挖过程中,引(1)7+538~7+980洞段平均日进尺为5.48m,而贯通期间为3.89m。显然,贯通期间掘进速率明显降低,但随着岩柱尺寸逐渐减小,应力调整加剧,岩爆仍频发。10月22日~11月4日、12月8日~31日事件累积视体积持续增加,而能量指数总体上呈下降趋势,岩爆多发生于此突变时段或稍延后,如图3.4(b)所示。这表明随着时间的推移,事件累积视体积随时间增加,而能量指数下降,反映了岩爆孕育规律。由图3.5可见,微震事件及岩爆主要发生于引(1)7+630~7+680及引(1)7+

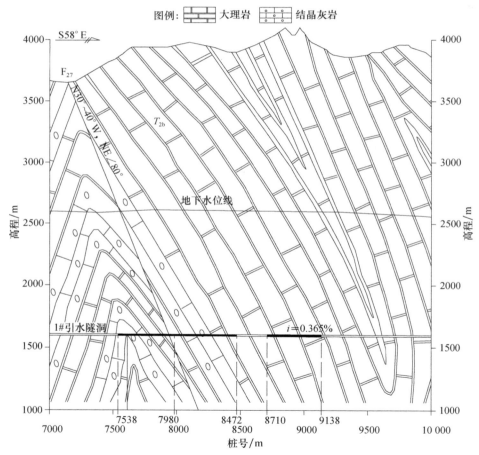

图 3.3　1#引水隧洞钻爆法施工洞段工程地质剖面图

(中国水电工程顾问集团华东勘测设计研究院,2005)

("7538"即为桩号"7+538"(引(1)7+538~7+980 由西(左侧)向东(右侧)掘进,

引(1)7+980~8+472 由东向西掘进,贯通位置为桩号引(1)7+980))

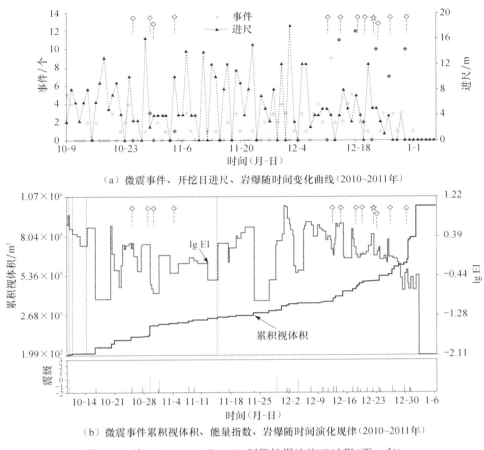

（a）微震事件、开挖日进尺、岩爆随时间变化曲线（2010~2011年）

（b）微震事件累积视体积、能量指数、岩爆随时间演化规律（2010~2011年）

图 3.4　引(1)7＋538~7＋980 洞段钻爆法施工过程（西→东）

（◇ 轻微岩爆；☆ 中等岩爆）

900~7＋980 洞段Ⅲ类围岩中，表明事件及岩爆具有区域集结性特点。

（2）引(1)7＋980~8＋472 洞段：该洞段位于背斜翼部，断层 F_{27} 上盘，埋深为 2310.28~2387.91m，变化幅度 3.36％，如图 3.3 所示。该洞段岩性为 T_{2b} 灰白色厚层状细晶大理岩，岩溶及地下水不甚发育，仅局部结构面存在渗滴水，围岩为Ⅲ类。监测初期，监测系统处于调试过程，数据缺失，未捕获到 10 月 11 日中等岩爆前兆信号。临近洞段贯通时，事件突增且分布集中，微震活跃，事件累积视体积持续增长而能量指数虽有起伏但总体上呈降低趋势，岩爆孕育规律明显，于日微震事件随时间变化曲线的局部极大值处发生岩爆，如图 3.5 和图 3.6 所示，这表明随着岩柱尺寸的减小，相向掘进掌子面开挖扰动相互影响，引起应力调整区重叠，岩体破裂活动加剧，岩爆风险增大。其他时段，事件数较少且分布离散，但岩爆发生前呈现事件累积视体积持续增加而能量指数总体上降低的规律，很好地体现了岩爆孕育过程的总体规律,如图 3.6(b)所示。掌子面暂停开挖后,围岩应力经调整渐趋稳定,围岩中积聚了大量能量。随后,该掌子面采用较大速率开挖,瞬间强卸荷诱发围岩突然破裂,导致能量骤然释放,进而诱发岩爆,如 10 月 12 日发生的中等岩爆及 11 月 15 日发生的轻微岩爆,如图 3.6(a)所示。

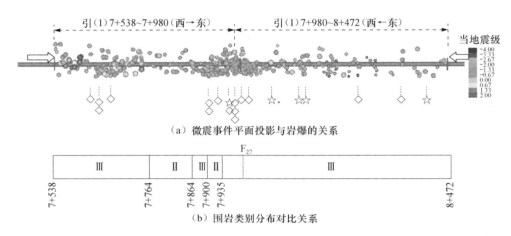

（a）微震事件平面投影与岩爆的关系

（b）围岩类别分布对比关系

图 3.5　引(1)7+538～8+472 洞段钻爆法施工过程

（◇轻微岩爆；☆中等岩爆；＊时滞型；→代表掘进方向；球体大小表示事件的释放微震能大小,
球体越大释放能量越多,下同）

　　(3) 引(1)8+710～9+138 洞段:该洞段位于向斜翼部,距其核部约 450m,埋深为 2348.02～2510.72m,变化幅度 6.93%,如图 3.3 所示。该洞段岩性为 T_{2b} 灰白色厚层状细晶大理岩,岩溶及地下水不甚发育,仅局部结构面存在渗滴水,围岩以 Ⅱ 类为主,其次为 Ⅲ 类。微震事件在时间上具有阶段分布的特点,微震活动按平静、活跃交替循环,直至洞段贯通,如图 3.7(a)所示,这主要是由于该洞段工程地质条件局部差异性所致。掘进过程中,轻微岩爆发生于微震事件累积视体积缓慢增加而能量指数明显下降时段,中等岩爆发生于微震事件累积视体积突增而能量指数突降时段,表明微震事件累积视体积和能量指数随时间变化的不同幅度体现了不同等级岩爆的孕育发生过程,如图 3.7(b)所示。总体来看,微震活跃性受掘进速率的影响较显著。一般地,掘进速率快慢伴随着微震活跃与平静,岩爆一般发生于微震活跃或稍延后时段,如图 3.7(a)所示。贯通期间,虽对掘进速率进行了控制,并于贯通前停止该洞段掘进,由相向洞段单独施工直到贯通,但随着岩柱的逐渐减小,该洞段岩体应力调整受相向洞段开挖扰动影响显著,导致该洞段微震活动仍较活跃,进而诱发两次轻微岩爆。由图 3.8 可见,在空间上,岩爆分布具有明显的区域性特点,轻微岩爆发生于 Ⅱ 类围岩,而中等岩爆多发生于 Ⅲ 类围岩,这表明岩体完整性是岩爆等级的一个重要控制因素。

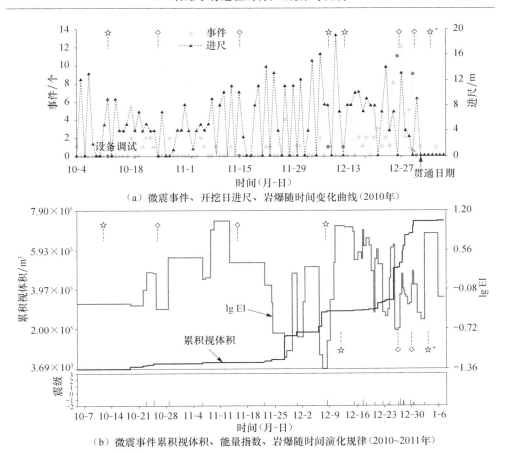

（a）微震事件、开挖日进尺、岩爆随时间变化曲线（2010年）

（b）微震事件累积视体积、能量指数、岩爆随时间演化规律（2010~2011年）

图 3.6　引(1)7+980~8+472 洞段钻爆法施工过程（西←东）

（◇轻微岩爆；☆中等岩爆；＊时滞型）

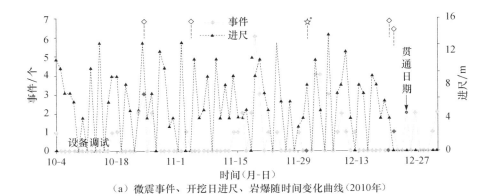

（a）微震事件、开挖日进尺、岩爆随时间变化曲线（2010年）

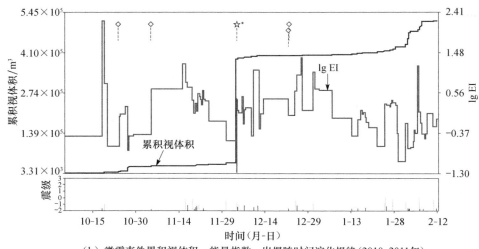

（b）微震事件累积视体积、能量指数、岩爆随时间演化规律（2010~2011年）

图 3.7 引（1）8＋710～9＋138 洞段钻爆法施工过程（西→东）

（◇轻微岩爆；☆中等岩爆；＊时滞型）

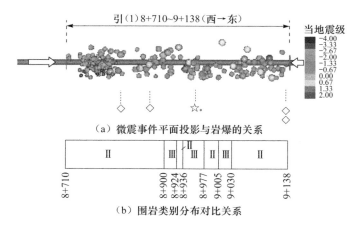

（a）微震事件平面投影与岩爆的关系

（b）围岩类别分布对比关系

图 3.8 引（1）8＋710～9＋138 洞段钻爆法施工过程

（◇轻微岩爆；☆中等岩爆；＊时滞型）

2. 2#引水隧洞微震信息演化规律及其与岩爆的关系

（1）引（2）7＋491～7＋965 洞段：该洞段位于背斜核部和翼部，埋深为 2236.39～2362.16m，变化幅度为 5.62％，其中引（2）7＋997 附近发育一条产状为 N30°～40°W/NE∠80°大断层 F_{27}，如图 3.9 所示。该洞段岩性为 T_{2b} 灰白色厚层状细晶大理岩，围岩较完整，以Ⅲ类围岩为主，其次为Ⅱ类，岩溶及地下水不甚发

育,仅在局部区域沿结构面有渗滴水。大部分岩爆发生当日事件数虽少(小于等于
6个),但一周内的累积事件多,其可能原因是,岩爆孕育过程中,隧洞掘进速率较
慢,甚至停止开挖,如图 3.10(a)所示,诱发较弱的围岩破裂活动,但当破裂累积到
一定程度时,岩体完整性明显降低,承载力下降,导致能量突然释放,诱发岩爆。这
表明微震活动及岩爆与掘进速率密切相关。由图 3.10(b)可以看出,中等岩爆孕
育过程符合事件累积视体积增加而能量指数下降的规律,而轻微岩爆不尽相符。
如图 3.11(a)所示,事件和岩爆主要发生于一定区域,且微震活跃区与岩爆区并非
一一对应。这主要是由于岩爆受诸多因素影响造成的。

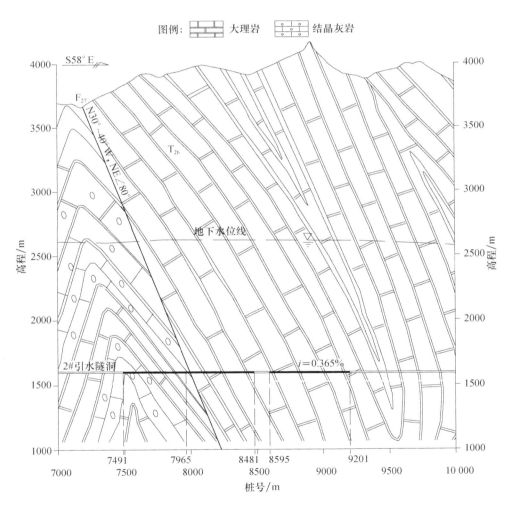

图 3.9 2#引水隧洞钻爆法施工洞段工程地质剖面图
(中国水电工程顾问集团华东勘测设计研究院,2005)

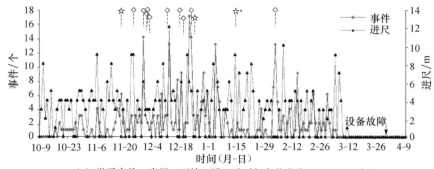

（a）微震事件、岩爆、开挖日进尺随时间变化曲线（2010~2011年）

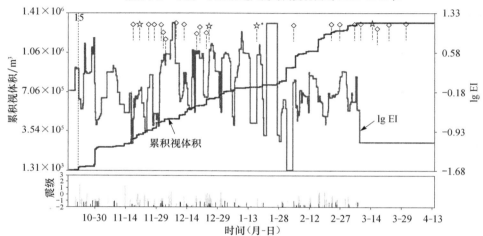

（b）微震事件累积视体积、能量指数、岩爆随时间演化规律（2010~2011年）

图 3.10　引(2)7+491～7+965 洞段钻爆法施工过程（西→东）

（◇轻微岩爆；☆中等岩爆；＊时滞型）

（a）微震事件平面投影与岩爆的关系

（b）围岩类别分布对比关系

图 3.11　引(2)7+491～8+481 洞段钻爆法施工过程

（◇轻微岩爆；☆中等岩爆；＊时滞型）

(2) 引(2)7+965～8+481洞段：该洞段位于向斜翼部,断层F_{27}上盘,埋深为2319.12～2397.38m,变化幅度为3.37%,如图3.9所示。该洞段岩性为T_{2b}灰白色厚层状大理岩,围岩新鲜,局部微风化,岩体较完整,岩溶不甚发育,地下水不丰富,仅局部地段存在滴渗水,围岩为Ⅲ类。总体上,微震活动随时间发生平静、活跃交替循环变化,且平静、活跃时段与其相应的掘进速率快慢基本对应,除少数岩爆发生于微震活跃时段外,大多数岩爆发生时间稍滞后于微震活跃时间,如图3.12(a)所示。图3.12(b)显示,大部分岩爆发生于2010年10月14日～12月2日,该时段事件累积视体积先缓慢增加,至11月24日出现突增,而能量指数虽有起伏波动,但总体上呈下降趋势,很好地反映了岩爆孕育发生过程。该洞段属Ⅲ类围岩,设备正常运行条件下,微震事件空间分布差异性较小,但岩爆却表现出明显的区域性,这与开挖过程、支护强度等存在差异有关。

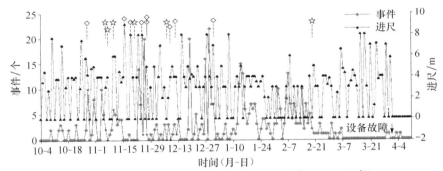

（a）微震事件、岩爆、开挖日进尺随时间变化曲线（2010~2011年）

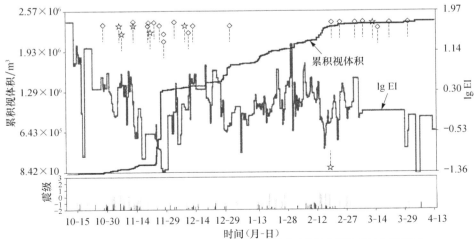

（b）微震事件累积视体积、能量指数、岩爆随时间演化规律（2010~2011年）

图3.12　引(2)7+965～8+481洞段钻爆法施工过程(西←东)

（◇轻微岩爆；☆中等岩爆；＊时滞型）

　　(3) 引(2)8+595~9+201洞段:该洞段位于距核部约252m的向斜翼部,埋深为2323.88~2525m,变化幅度为8.65%,如图3.9所示。岩性为T$_{2b}$灰白色厚层状细晶大理岩,围岩以Ⅲ类为主,其次为Ⅱ类,岩溶不甚发育,地下水不丰富,仅局部地段存在渗水。监测设备正常运行情况下,出现三个微震非常活跃时段,即2010年10月22~30日、2010年12月30日~2011年1月6日以及2011年4月8~10日,日最大事件数达46个;其他时段,微震活动平静或较活跃。总体来看,岩爆主要发生于微震较活跃时段,并出现多次时滞型岩爆,如图3.13(a)所示。通过分析时滞型岩爆区域微震活动,可知,岩爆段开挖时,微震(较)活跃,事件累积视体积持续增加而能量指数总体呈下降趋势,具有明显岩爆前兆;虽然由于控制施工进度或加强支护等遏制了围岩储存能量的释放,进而抑制了岩爆的发生,但在后期施工扰动触发下,储存能量可能会突然释放,导致时滞型岩爆。由图3.13还可以看出,2010年10月18日~11月29日微震活动呈现较活跃—活跃—较活跃变化,且多次发生轻微岩爆,能量虽得到了释放,但后期仍发生一次轻微时滞型岩爆。由此得出,开挖过程微震活跃而能量未得到较好释放的洞段往往具有高时滞型岩爆风险。该洞段临近贯通时,施工进度虽得到了控制,能量释放得到了缓解,但仍发生3次中等岩爆,主要是由于高地应力洞段临近贯通时应力调整极为剧烈所致。由图3.14可见,岩爆主要发生于微震事件分布集中且出现许多较大事件的区域,其在空间上具有区域性分布的特点,由此表明地质条件对微震活动及岩爆具有很好的控制作用。

3.3♯引水隧洞微震信息演化规律及其与岩爆的关系

　　(1) 引(3)5+243~6+200洞段:该洞段埋深为1716.79~2130.18m,变化幅度为24.08%,显然,此埋深差异对岩爆具有较大影响。岩性为T$_{2b}$灰白色厚层状细晶大理岩,其中引(3)5+243~5+755以Ⅱ类围岩为主,而引(3)5+755~6+200以Ⅲ类为主,如图3.15所示,该洞段地下水及岩溶均不发育。监测过程中,因

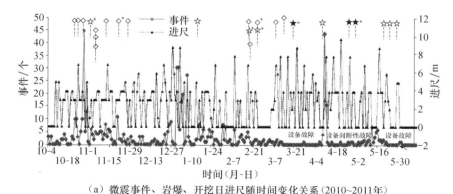

(a) 微震事件、岩爆、开挖日进尺随时间变化关系(2010~2011年)

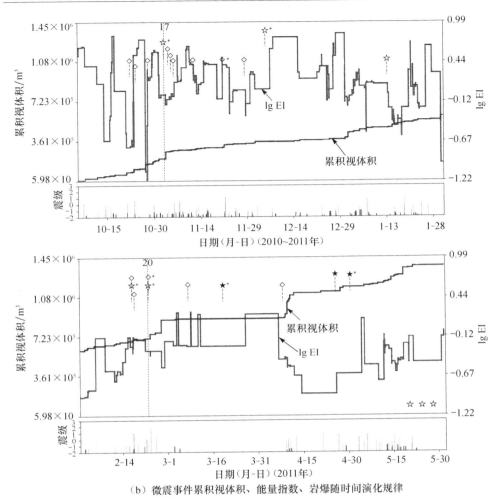

（b）微震事件累积视体积、能量指数、岩爆随时间演化规律

图 3.13 引(2)8＋595～9＋201 洞段钻爆法施工过程（西→东）

（◇轻微岩爆；☆中等岩爆；★强烈岩爆；＊时滞型）

设备及线路故障,导致部分区段数据缺失。就整体而言,由东向西,微震事件呈减少趋势,微震活动逐渐减弱,岩爆频次递减,主要是由于随着埋深减小,地应力降低所致,如图 3.16 及 3.17(a)所示;从局部来看,3 月 31 日～5 月 13 日,对应桩号为引(3)6＋160～5＋993,微震非常活跃,岩爆孕育规律即事件累积视体积递增而能量指数递减非常明显;6 月 12 日～7 月 13 日,对应桩号为引(3)5＋805～5＋690,因监测系统故障而造成部分关键数据缺失,使得微震活动显得较前一时段弱,岩爆孕育规律也不甚明显;但此二时段均多次发生中、强岩爆,并伴有时滞型岩爆发生。分析认为,岩爆及微震在局部区域表现强烈的主要原因是此二时段开挖洞段埋深大、地应力高,且存在多组结构面,造成局部应力高度集中。由此得出,地应力和地

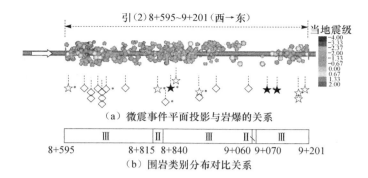

（a）微震事件平面投影与岩爆的关系

Ⅲ		Ⅱ		Ⅲ		Ⅱ	Ⅲ
8+595		8+815	8+840			9+060 9+070	9+201

（b）围岩类别分布对比关系

图 3.14　引(2)8+595～9+201 洞段钻爆法施工过程

（◇轻微岩爆；☆中等岩爆；★强烈岩爆；＊时滞型）

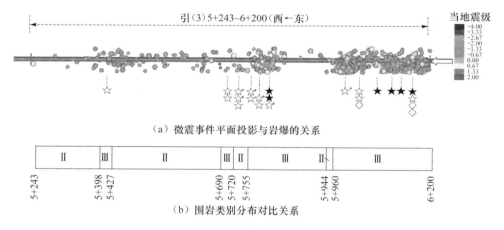

（a）微震事件平面投影与岩爆的关系

Ⅱ	Ⅲ	Ⅱ	Ⅲ Ⅱ	Ⅲ	Ⅱ	Ⅲ
5+243	5+398 5+427		5+690 5+720 5+755		5+944 5+960	6+200

（b）围岩类别分布对比关系

图 3.15　引(3)5+243～6+200 洞段钻爆法施工过程

（◇轻微岩爆；☆中等岩爆；★强烈岩爆；＊时滞型）

质构造是岩爆的两个主控因素。另外,较快的开挖速度导致围岩储存能量快速释放,也是引(3)6+160～5+993 及引(3)5+805～5+690 区段微震活跃、岩爆频发原因之一。

（2）引(3)7+580～8+102 洞段:该洞段位于背斜核部及翼部,埋深为 2259.23～2418.13m,变化幅度为 7.03%,埋深差异对岩爆的影响较小,可忽略不计,其中引(3)8+057 附近发育一条 N30°～40°W,NE∠80°大断层 F_{27}。岩性为 T_{2b} 灰色厚层状大理岩,围岩新鲜,局部微风化,岩体较完整,围岩以Ⅲ类为主,其次为Ⅱ类,Ⅳ类最少,岩溶及地下水均不发育。2010 年 4 月 11 日～6 月 29 日,由于现场施工条件所限,监测线路时断时续,导致数据缺失严重;设备正常工作期间,微震活动强弱交替循环,岩爆发生时段稍滞后微震活跃时段,如图 3.18(a)所示。引(3)7+765 附近发育 3 条交汇结构面,6 月 27 日于引(3)7+777 处暂停掘进以加

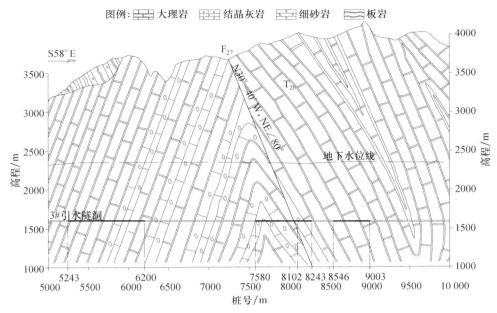

图 3.16 3＃引水隧洞钻爆法施工洞段工程地质剖面图
（中国水电工程顾问集团华东勘测设计研究院，2005）

强支护，此期间微震极为活跃，仅 7 月 4 日就产生 21 个集中分布的微震事件，且事件累积视体积突增而能量指数突降即岩爆孕育过程极为明显，预示着高岩爆风险，如图 3.18 所示。加强喷锚支护后，提高了结构面附近围岩完整程度和整体承载能力，迫使高应力及能量向承载力较弱处引(3)7＋775 附近转移、聚集，当积聚的能量大于围岩极限储能时，能量突然释放，最后于 7 月 7 日发生强烈时滞型岩爆。临近贯通时，随着岩柱尺寸的不断减小，其承受的压力越来越大，最后发生屈服，加之控制了掘进速率，微震活动表现较弱。岩柱虽发生了屈服，但其内部仍储存了较多能量，在施工扰动触发下，能量突然释放，导致岩爆。由图 3.19 可见，地质构造发育段及贯通段微震活跃，并有岩爆发生，表明岩爆既决定于地质条件，又受施工条件的影响。

（3）引(3)8＋102～8＋283 洞段：该洞段位于距核部约 503m 的向斜翼部，埋深为 2364.1～2501.21m，变化幅度为 5.8%，如图 3.16 所示。岩性为 T_{2b} 灰白色巨厚层状中粗晶大理岩，围岩新鲜。围岩以Ⅲ类为主，少许为Ⅳ类，岩溶与地下水均不发育，仅局部区域沿结构面有渗滴水。一般地，微震活跃时段常对应于快速掘进时段或稍延后，平静时段与慢速掘进如停止掘进或断续掘进的时段基本吻合，见图 3.20。由图 3.20 还可以看出，8 月 11～14 日停止掘进，15 日以 9.2m/d 快速推进，发生了轻微岩爆，16、17 日再次停止开挖，18 日又以 4.2m/d 恢复掘进，次日发生轻微岩爆；而 8 月 22～29 日及 9 月 19～25 日虽停止掘进，但 8 月 30 日、9 月

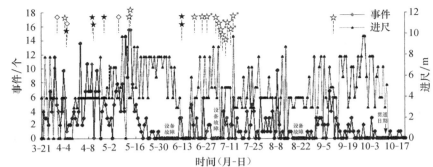

（a）微震事件、开挖日进尺、岩爆随时间变化曲线（2011年）

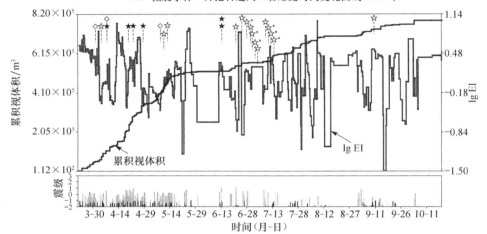

（b）微震事件累积视体积、能量指数、岩爆随时间演化规律（2011年）

图 3.17　引（3）5＋243～6＋200 洞段钻爆法施工过程（西←东）

（◇轻微岩爆；☆中等岩爆；★强烈岩爆；＊时滞型）

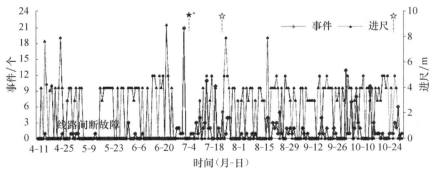

（a）微震事件、开挖日进尺、岩爆随时间变化曲线（2011年）

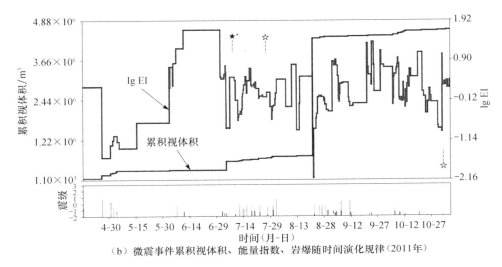

（b）微震事件累积视体积、能量指数、岩爆随时间演化规律（2011年）

图 3.18　引(3)7＋580～8＋102 洞段钻爆法施工过程（西→东）

（☆中等岩爆；★强烈岩爆；＊时滞型）

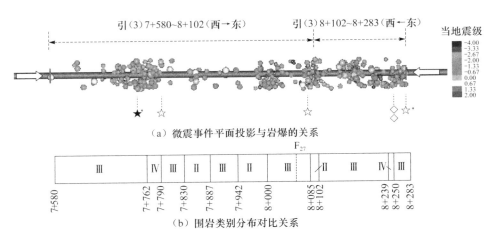

（a）微震事件平面投影与岩爆的关系

（b）围岩类别分布对比关系

图 3.19　引(3)7＋580～8＋283 洞段钻爆法施工过程

（◇轻微岩爆；☆中等岩爆；★强烈岩爆；＊时滞型）

26、27 日分别以 2.4m/d、3.5m/d、2.4m/d 恢复开挖，未发生岩爆。导致该差异的主要原因是，隧洞开挖后，围岩应力重分布，洞壁附近出现应力集中，当其大于围岩抗压强度时，岩体破裂，引起应力松弛，使最大应力向围岩内部转移，直到建立新的应力平衡为止；停止开挖扰动数日后，围岩应力经过自身调整，已基本处于稳定状态，重新开挖时，这一稳定状态势必被打破，围岩内部储存能量被释放，如掘进速率过快，掌子面前方最大应力来不及向围岩深部转移，聚集的能量将发生突然释放，引起剧烈的岩体破坏;再者,掌子面前方围岩稳定状态因大进尺开挖扰动而突然失稳后,势必破坏已开挖区围岩应力平稳状态,并伴随强烈岩体破裂活动,进而诱发岩爆。反之,岩体破裂活动较弱,岩爆风险低。由此得出如下认识,停止数日再恢复掘进时,快速掘进可能诱发岩爆,而慢速开挖诱发岩爆的风险相对较低。从图3.20可以看出,时滞型岩爆当日微震活动虽平静,但岩爆桩号对应开挖时段8月4~10日微震活动活跃,事件累积视体积增加而能量指数下降,具有岩爆孕育特征。这表明时滞型岩爆往往发生于开挖过程微震活动活跃,且能量未得到充分释放的洞段。

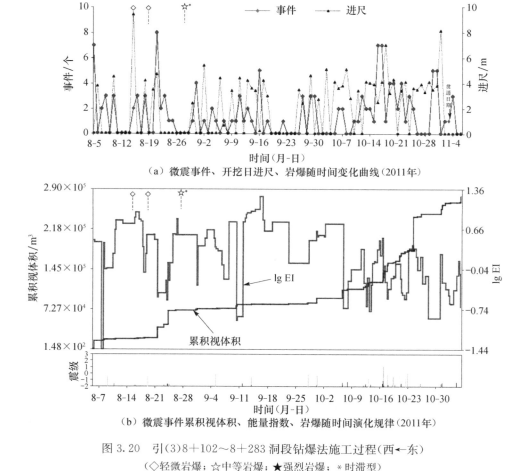

(a) 微震事件、开挖日进尺、岩爆随时间变化曲线(2011年)

(b) 微震事件累积视体积、能量指数、岩爆随时间演化规律(2011年)

图3.20　引(3)8+102~8+283洞段钻爆法施工过程(西←东)

(◇轻微岩爆;☆中等岩爆;★强烈岩爆;＊时滞型)

(4) 引(3)8+546~9+003洞段:该洞段埋深介于2364.1~2501.21m,变化幅度为5.8%。岩性为 T_{2b} 灰白色巨厚层状中粗晶大理岩,围岩新鲜,围岩以Ⅲ类为主,其次为Ⅱ~b~类,岩溶不发育,仅局部区域地下水较发育,存在渗滴(流)水。2011年6月8日~7月15日,由于现场施工条件所限,监测线路时断时续,导致数据缺失严重;设备正常运行期间,出现三个微震活跃时段,即7月16日~8月10日、8月26日~10月15日及11月4~20日,对应桩号分别为引(3)8+654~8+735、引(3)8+775~8+919、引(3)8+952~9+003,这三个时段具有明显岩爆孕育特征,并多次发生岩爆,如图3.21和图3.22所示。微震活跃性呈现分时段分区域的特点,主要是由于工程地质条件存在差异性所致。其中引(3)8+654~8+735、引(3)8+775~8+919、引(3)8+952~9+003洞段岩体较完整,发育多组结构面,且隧洞干燥,无渗滴水,开挖时微震活跃,并有岩爆发生;而引(3)8+735~8+775洞段发育两条破碎带且地下水较发育,多见渗流水,引(3)8+919~8+952洞段亦存在两条破碎带,节理发育,开挖时微震活动平静,未发生岩爆。

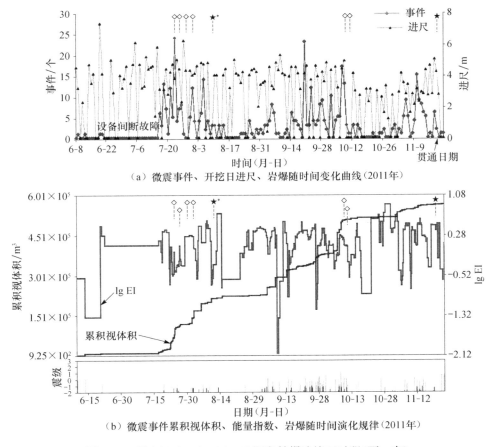

(a) 微震事件、开挖日进尺、岩爆随时间变化曲线(2011年)

(b) 微震事件累积视体积、能量指数、岩爆随时间演化规律(2011年)

图3.21　引(3)8+546~9+003洞段钻爆法施工过程(西→东)

(◇轻微岩爆;★强烈岩爆)

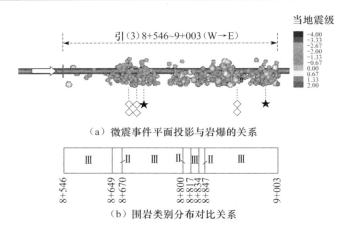

（a）微震事件平面投影与岩爆的关系

（b）围岩类别分布对比关系

图 3.22　引(3)8+546～9+003 洞段钻爆法施工过程
（◇轻微岩爆；★强烈岩爆；W→E 掘进方向）

4. 4#引水隧洞微震信息演化规律及其与岩爆的关系

（1）引(4)5+097～6+085 洞段：埋深为 1598.14～2114.58m，变化幅度为 32.32%，埋深差异对岩爆影响较大，如图 3.23 所示。岩性为 T_{2b} 灰白色厚层状中细晶大理岩，岩石新鲜，围岩属 Ⅱ～Ⅲ 类，完整性较好，岩溶不发育，地下水不丰富，

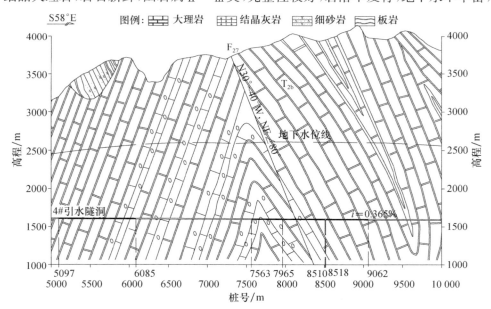

图 3.23　4#引水隧洞钻爆法施工洞段工程地质剖面图
（中国水电工程顾问集团华东勘测设计研究院，2005）

仅局部区域存在渗滴水。总体上,由东向西,微震事件呈减少趋势,微震活动逐渐减弱,岩爆频次递减,主要是由于随着埋深减小地应力降低所致,如图 3.24(a)和图 3.25 所示。引(4)5＋730～6＋085 洞段产生众多微震事件且较大震级事件多,分布集中,微震非常活跃,多次发生中、强岩爆,其主要原因有两点:其一,该范围发育多组结构面,围岩以Ⅲ类为主,隧洞干燥;其二,隧洞埋深大地应力高。引(4)5＋097～5＋336 及引(4)5＋446～5＋730 洞段围岩为Ⅱ类,结构面发育少,以小震级事件为主,空间上具有整体分散局部集中的特点,随着埋深的减小,微震活动呈减弱趋势,现场发生 3 次中等岩爆。引(4)5＋336～5＋446 区段围岩为Ⅲ类,其结构面发育并有渗滴水,产生微震事件少且以小震级居多,微震较弱,岩爆风险低。由图 3.24 和图 3.25 可见,中、强岩爆发生前,微震事件较少,但震级较大,事件累积视体积及能量指数随时间演化曲线显示出明显的岩爆孕育特征。

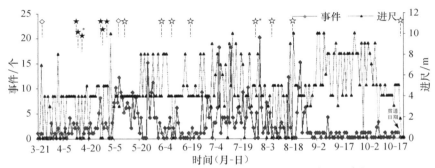

(a) 微震事件、开挖日进尺、岩爆随时间变化曲线(2011年)

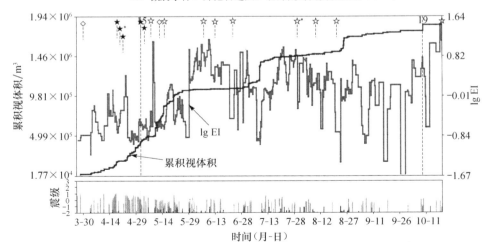

(b) 微震事件累积视体积、能量指数、岩爆随时间演化规律(2011年)

图 3.24　引(4)5＋097～6＋085 洞段钻爆法施工过程(西←东)

(◇轻微岩爆;☆中等岩爆;★强烈岩爆;＊时滞型)

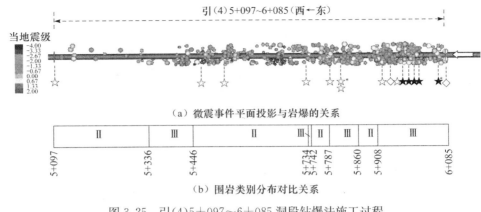

（a）微震事件平面投影与岩爆的关系

（b）围岩类别分布对比关系

图 3.25　引(4)5＋097～6＋085 洞段钻爆法施工过程

（◇轻微岩爆；☆中等岩爆；★强烈岩爆；＊时滞型）

（2）引(4)7＋563～7＋965 洞段：埋深为 2247.38～2371.59m，变化幅度为 5.53％，埋深差异对岩爆影响小，可忽略不计，如图 3.23 所示。该洞段岩性为 T_{2b} 灰白色厚层状细晶大理岩，围岩以Ⅲ类为主，结构面较发育，地下水及岩溶皆不发育。监测初期，因施工条件所限，监测线路出现间断性故障，导致数据缺失；监测系统正常运行期间，引(4)7＋715～7＋775 区域产生许多微震事件且分布集中，微震活跃，事件累积视体积及能量指数随时间演化曲线具有较明显的岩爆孕育特征，并发生两次中等岩爆，见图 3.26 及图 3.27，这是由于该范围发育数条与洞壁呈小夹角结构面所致。其他区域结构面与洞壁夹角大，开挖过程微震较弱，岩爆风险低。

（3）引(4)7＋965～8＋510 洞段：埋深为 2344.63～2442.62m，变化幅度为 4.18％，埋深差异对岩爆影响小，可忽略不计，如图 3.23 所示。该洞段岩性为 T_{2b} 灰白色巨厚层状中粗晶大理岩，围岩新鲜。围岩以Ⅲ类为主，局部区域为Ⅱ类，结构面较发育，其中引(4)8＋130 附近发育一条大断层 F_{27}，地下水及岩溶皆不发育。引(4)7＋965～8＋130 区域开挖过程中，微震事件多，分布集中且出现许多较大震级事件，微震非常活跃，出现数段微震事件和累积视体积增加而能量指数下降的现

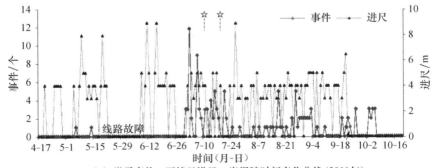

（a）微震事件、开挖日进尺、岩爆随时间变化曲线（2011年）

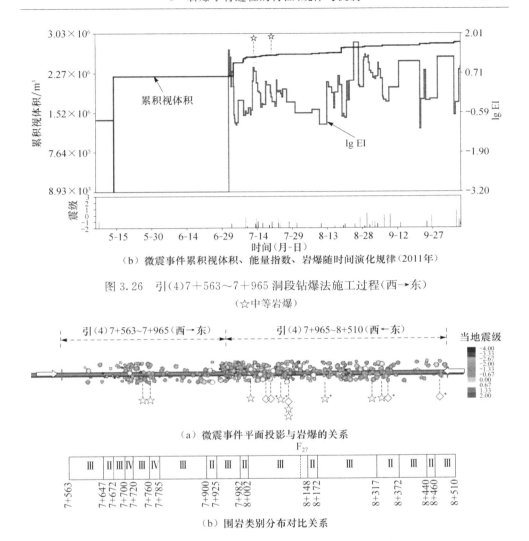

（b）微震事件累积视体积、能量指数、岩爆随时间演化规律（2011年）

图 3.26　引（4）7＋563～7＋965 洞段钻爆法施工过程（西→东）
（☆中等岩爆）

（a）微震事件平面投影与岩爆的关系

（b）围岩类别分布对比关系

图 3.27　引（4）7＋563～8＋510 洞段钻爆法施工过程
（◇轻微岩爆；☆中等岩爆；＊时滞型）

象，岩爆孕育规律明显，现场发生多次轻微、中等岩爆，其主要原因是该区域位于断层 F_{27} 的下盘，且发育数组与洞壁呈小夹角结构面。引（4）8＋130～380 区域位于断层 F_{27} 上盘，发育多组与洞壁呈较大夹角的结构面，开挖时，产生较多微震事件，分布较集中，部分震级较大，微震较活跃，岩爆孕育规律较明显，现场发生一次轻微、三次中等岩爆。引（4）8＋380～8＋510 区域因施工条件所限，监测线路出现间断性故障，导致数据缺失。从图 3.28 可以看出，岩爆往往发生于微震活动由强变弱时段，其原因见本节的第 1 部分叙述。

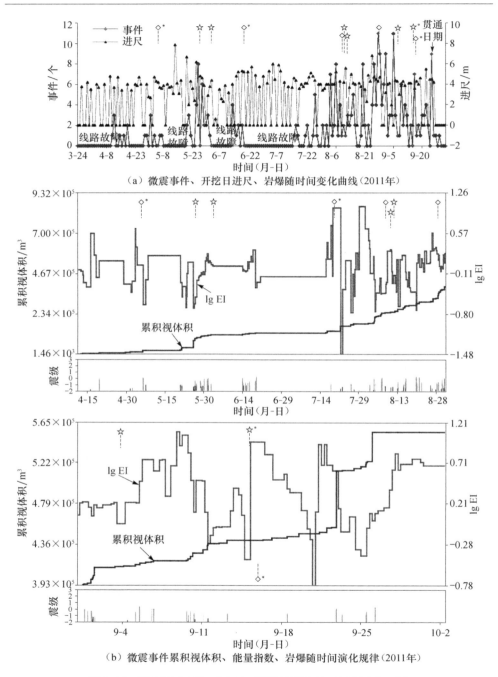

（a）微震事件、开挖日进尺、岩爆随时间变化曲线（2011年）

（b）微震事件累积视体积、能量指数、岩爆随时间演化规律（2011年）

图 3.28　引（4）7＋965～8＋510 洞段钻爆法施工过程（西←东）

（◇轻微岩爆；☆中等岩爆；＊时滞型）

（4）引（4）8＋518～9＋062 洞段：埋深为 2394.25～2525m，变化幅度为 5.46％，埋深差异对岩爆影响小，可忽略不计，如图 3.23 所示。岩性为 T$_{2b}$ 灰白色厚层状细晶大理岩，围岩总体较完整，以Ⅲ类为主，局部区域为Ⅱ类，岩溶及地下水皆不发育，仅局部区段沿结构面有少量渗滴水。引（4）8＋550～8＋565 区域发育 3 组与洞壁近似平行的结构面，该区域开挖时，微震活跃，事件累积视体积和能量指数随时间变化曲线具有岩爆孕育特征，现场发生一次轻微、二次中等岩爆。引（4）8＋767～9＋062 区域于 2011 年 7 月 16 日～10 月 25 日完成开挖，该区域发育多组与洞壁夹角较小的结构面，开挖时，产生许多微震事件且分布集中，较大震级事件多，微震活动活跃，事件累积视体积和能量指数随时间变化曲线在局部时段显示出明显的岩爆孕育特征，现场发生三次中等、一次强烈岩爆，见图 3.29 及图 3.30。总体来看，引（4）8＋518～9＋062 洞段岩爆主要集中发生于一定区域，这主要是由于不同区域地质条件存在差异所致。

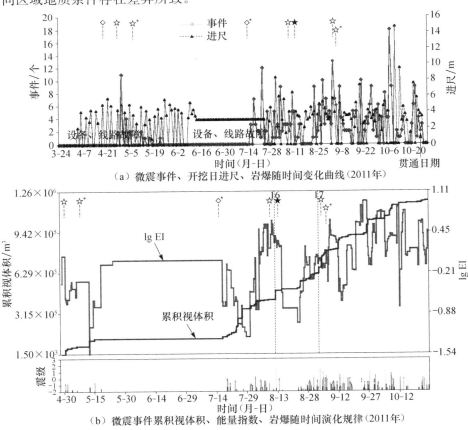

（a）微震事件、开挖日进尺、岩爆随时间变化曲线（2011年）

（b）微震事件累积视体积、能量指数、岩爆随时间演化规律（2011年）

图 3.29　引（4）8＋518～9＋062 洞段钻爆法施工过程（西→东）

（◇轻微岩爆；☆中等岩爆；★强烈岩爆；＊时滞型）

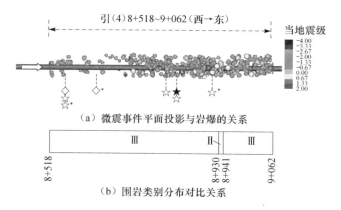

（a）微震事件平面投影与岩爆的关系

（b）围岩类别分布对比关系

图 3.30　引(4)8+518～9+062 洞段钻爆法施工过程

（◇轻微岩爆；☆中等岩爆；★强烈岩爆；＊时滞型）

5. 排水隧洞微震信息演化规律及其与岩爆的关系

（1）SK4＋810～5＋596 洞段：埋深为 1808.86～2099.68m，变化幅度为 16.08%，埋深差异对岩爆具有一定的影响，如图 3.31 所示。岩性为 T_{2b} 灰白色厚层状粗晶大理岩，围岩新鲜，以Ⅲ类为主，其次为Ⅱ类，岩溶不发育，局部区段沿结构面有渗滴(流)水。随着埋深的减小，微震活动逐渐减弱，岩爆等级呈降低趋势。就整体来看，因受到地质条件及支护措施等影响，岩爆主要发生于一定区域。例如，SK5＋490～5＋596 范围发育多组结构面，部分与洞轴呈小夹角，开挖过程事件虽较少，但震级较大且分布集中，事件累积视体积及能量指数随时间变化曲线具有明显的岩爆孕育特征。施工过程中，现场多次发生包括时滞型的中、强岩爆，如图 3.32 和图 3.33 所示。SK5＋268～5＋490 范围属Ⅲ类围岩，开挖过程中，部分结构面存在渗滴水，部分锚杆孔有渗流水，微震较活跃，因该区域开挖过程支护及时，抑制了岩爆的发生。SK5＋085～5＋268 范围以Ⅱ类为主，仅局部区域为Ⅲ类，该区段结构面不甚发育，岩体较完整，洞壁干燥，由于开挖过程支护紧跟掌子面，改善了围岩应力状态，提高了岩体强度，致使微震较弱，遏制了岩爆的发生。SK4＋980～5＋085 范围于 2011 年 6 月 30 日～7 月 25 日完成开挖，该范围围岩以Ⅲ类为主，部分为Ⅱ类，结构面不发育，围岩较完整，洞壁干燥，掘进速率较快，支护滞后掌子面一定距离，导致微震活跃，岩爆孕育规律明显，现场发生数次中等岩爆。SK4＋900～4＋980 范围属Ⅱ类围岩，岩体完整，开挖过程支护及时，微震事件较少，分布较离散，岩爆孕育规律不明显，岩爆风险低。SK4＋810～4＋900 范围属Ⅲ类围岩，其中桩号 SK4＋881～4＋897 范围发育一条小破碎带，宽 0.3～1cm，充填碎裂岩屑，该破碎带附近完整岩体中发生一次轻微、二次中等前兆信息不明显的岩爆；贯通段 SK4＋810～4＋875 范围因地下水较发育，沿结构面多渗水,开挖贯通过程微震活动弱,岩爆风险低。从图3.32和图3.33可见,中、强岩爆发生前事件较少,但震级较大且分布集中,岩爆孕育规律明显,其原因分析见本节中的"1♯引水隧洞微震信息演化规律及其岩爆关系"。

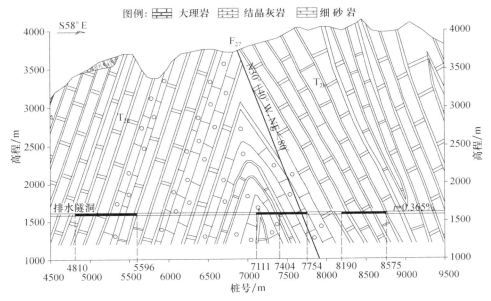

图3.31　排水隧洞钻爆法施工洞段工程地质剖面图
(中国水电工程顾问集团华东勘测设计研究院,2005)

(2) SK7+111～7+404 和 SK7+404～7+754 洞段:埋深为 2229.28～2447.12m,见图3.31,变化幅度为9.77%,埋深差异对岩爆影响较小,其中SK7+111～7+500 范围岩性为 T_{2b} 灰白色灰岩,围岩新鲜,局部微风化,岩体较完整;SK7+500～7+754 范围岩性为 T_{2b} 灰白厚层状细晶大理岩,围岩新鲜,局部微风化,岩体较完整。该洞段结构面较发育,洞壁潮湿,大部分结构面有渗滴水。由图3.34、图3.35 和图3.36 可见,开挖过程中,微震事件少、分布离散,多为小震级事

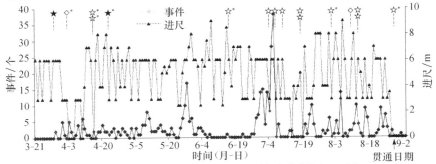

(a) 微震事件、开挖日进尺、岩爆随时间变化曲线(2011年)

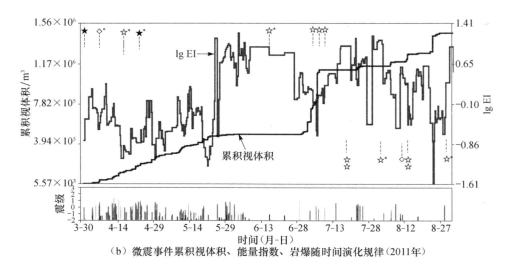

（b）微震事件累积视体积、能量指数、岩爆随时间演化规律（2011年）

图 3.32　SK4＋810～5＋596 洞段钻爆法施工过程（西←东）

（◇轻微岩爆；☆中等岩爆；★强烈岩爆；＊时滞型）

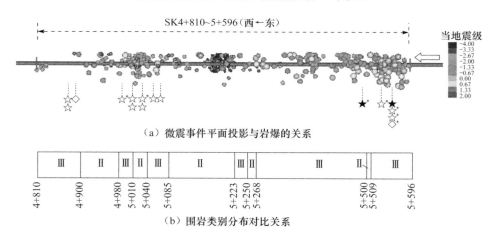

（a）微震事件平面投影与岩爆的关系

（b）围岩类别分布对比关系

图 3.33　SK4＋810～5＋596 洞段钻爆法施工过程

（◇轻微岩爆；☆中等岩爆；★强烈岩爆；＊时滞型）

件，微震活动较弱，事件累积视体积与能量指数随时间变化曲线显示的岩爆孕育特征不明显。该洞段于局部围岩较完整，洞壁干燥区域发生数次轻微岩爆，而结构面较发育，存在渗滴水区域无岩爆发生。

（3）SK8＋190～8＋757 洞段：埋深为 2392.7～2523.22m，变化幅度为 5.45％，如图 3.31 所示。岩性为 T_{2b} 灰白厚层状大理岩，围岩新鲜，局部微风化，岩体较完整，属Ⅲ类围岩。其中 SK8＋190～8＋400 范围结构面较发育，岩体完整较差，并存在渗滴水，该范围微震活动较弱，岩爆风险低。SK8＋400～8＋558 范

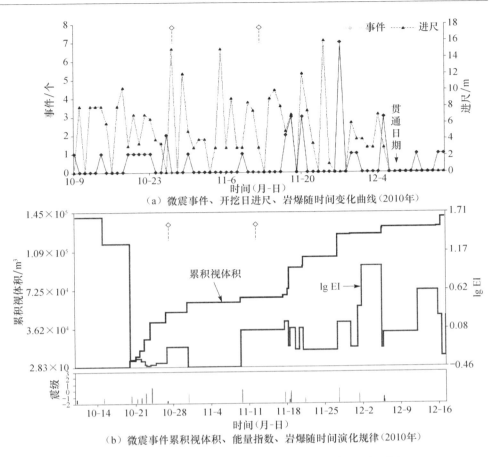

（a）微震事件、开挖日进尺、岩爆随时间变化曲线（2010年）

（b）微震事件累积视体积、能量指数、岩爆随时间演化规律（2010年）

图 3.34 SK7＋111～7＋404 洞段钻爆法施工过程（西→东）

（◇轻微岩爆）

围发育多组结构面，其中部分结构面出现渗滴水，开挖过程中，该范围产生较多分布集中的微震事件，较大震级事件较多，微震活动较强，累积视体积及能量指数随时间变化曲线体现的岩爆孕育规律较明显。因该范围开挖后系统锚杆支护严重滞后，导致数次轻微及一次中等时滞型岩爆。SK8＋558～8＋670 范围发育多组结构面，其中部分结构面出现渗滴水，开挖后，该范围出现分布集中的微震事件，较大震级事件多，微震活动强烈，岩爆孕育规律明显，由于现场及时加强了系统支护，提高了围岩完整程度和整体承载能力，显著增加了围岩强度和抗冲击能力，有效抑制了岩爆的发生。由图 3.37 和图 3.38 可见，SK8＋670～8＋757 范围产生许多微震事件，分布非常集中，较大震级事件多，微震活动非常活跃，岩爆孕育规律明显，发生数次中、强岩爆，其主要原因有两点：其一，该范围发育一条 N30°W，NE∠75°断层，导致局部应力集中，且洞壁干燥，岩体较完整，易于储存能量；其二，贯通期间岩柱及围岩应力调整剧烈。

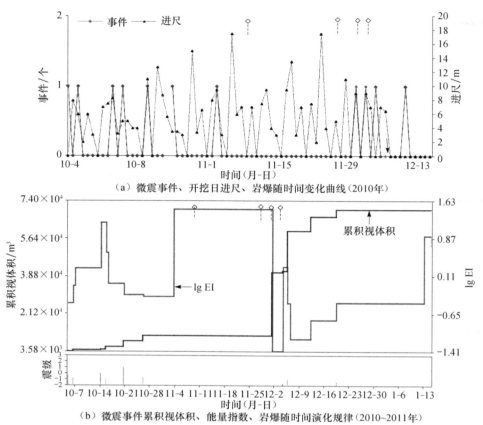

（a）微震事件、开挖日进尺、岩爆随时间变化曲线（2010年）

（b）微震事件累积视体积、能量指数、岩爆随时间演化规律（2010～2011年）

图 3.35　SK7＋404～7＋754 洞段钻爆法施工过程（西←东）

（◇轻微岩爆）

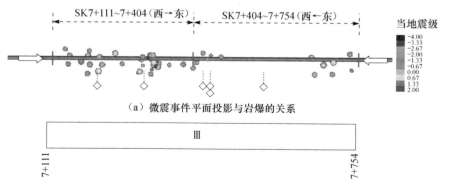

（a）微震事件平面投影与岩爆的关系

（b）围岩类别分布对比关系

图 3.36　SK7＋111～7＋754 洞段钻爆法施工过程

（◇轻微岩爆）

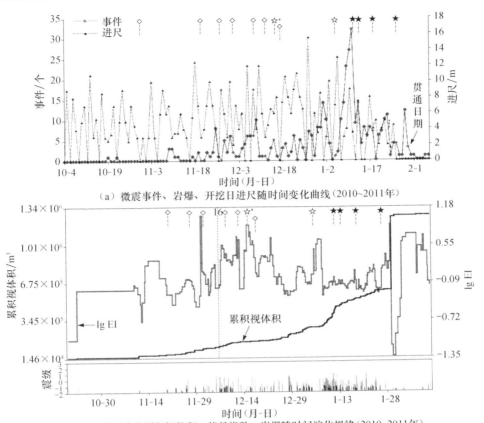

（a）微震事件、岩爆、开挖日进尺随时间变化曲线（2010~2011年）

（b）微震事件累积视体积、能量指数、岩爆随时间演化规律（2010~2011年）

图 3.37　SK8＋190～8＋757 洞段钻爆法施工过程（西→东）

（◇轻微岩爆；☆中等岩爆；★强烈岩爆；＊时滞型）

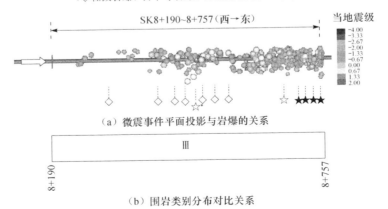

（a）微震事件平面投影与岩爆的关系

（b）围岩类别分布对比关系

图 3.38　SK8＋190～8＋757 洞段钻爆法施工过程

（◇轻微岩爆；☆中等岩爆；★强烈岩爆；＊时滞型）

6. 3#引水隧洞 TBM 施工段微震信息演化规律及其与岩爆的关系

3#引水隧洞 TBM 施工段(引(3)11+165～10+049.6)埋深为 1864～2229.63m(见图 3.39),变化幅度为 19.62%,岩性为 T_{2b} 灰～灰黑色及灰白色厚层状粗晶大理岩。整个开挖过程中,微震事件呈多寡波动变化,且出现 7 处事件数大幅度突变,日事件数最大达 38 个,事件随时间波动变化的上升段常发生轻微岩爆,而下降段不同等级岩爆均有发生,一般地,中、强岩爆发生前事件数常处于下降段低位,如图 3.40(a)所示。对比事件与掘进速率的变化关系可以得出,掘进速率的快慢与事件增降趋势具有一定的对应关系,如图 3.40(a)所示,表明微震活动受掘进速率的影响,岩爆与掘进速率密切相关。分析图 3.40(b)可以看出,中、强岩爆孕育规律往往较轻微岩爆明显,其发生前常出现事件累积视体积递增而能量指数递减的规律。

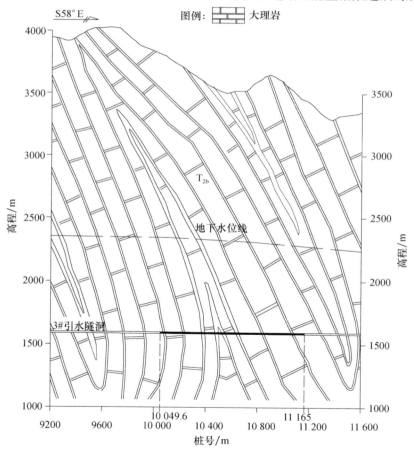

图 3.39　3#引水隧洞 TBM 施工洞段工程地质剖面图
(中国水电工程顾问集团华东勘测设计研究院,2005)

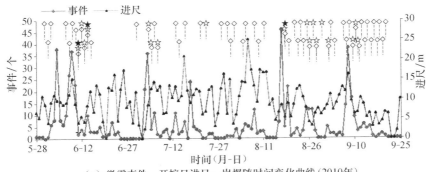

（a）微震事件、开挖日进尺、岩爆随时间变化曲线（2010年）

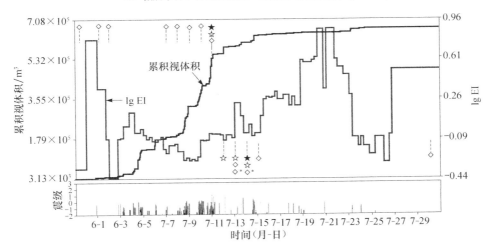

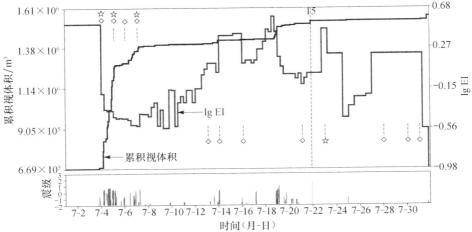

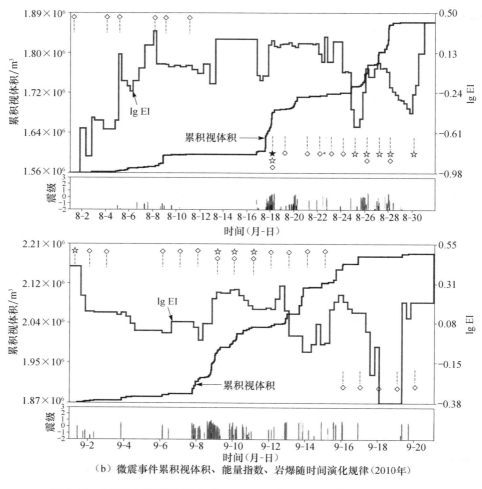

（b）微震事件累积视体积、能量指数、岩爆随时间演化规律（2010年）

图3.40　3#引水隧洞引(3)10＋049.6～11＋165TBM施工过程（西←东）
（◇轻微岩爆；☆中等岩爆；★强烈岩爆；＊时滞型）

　　该洞段Ⅲ类围岩最多，Ⅱ类次之，Ⅳ类最少，如图3.41所示，岩溶不发育、地下水不丰富，仅局部地段存在渗滴水。总体而言，大部分属Ⅲ类围岩的洞段事件分布集中，较大事件多，微震活跃，岩爆频繁；Ⅱ类围岩洞段，微震事件少且较分散，微震相对较弱，以轻微岩爆居多。引(3)10＋880～10＋990洞段由于结构面非常发育，岩体完整性较差，微震活动弱，现场未发生岩爆。自东向西，随着隧洞埋深的逐渐增大，地应力升高，事件分布越集中，微震趋于活跃，岩爆数量及等级呈增加趋势，见图3.41。由图3.41还可看出，同一位置常发生多次轻微岩爆，中等岩爆孕育过程中常伴随轻微岩爆，而强烈岩爆常伴随轻微和中等岩爆，这表明TBM开挖过程引起的围岩损伤波及范围小，围岩承载力较强，其内部储存能量逐次释放。

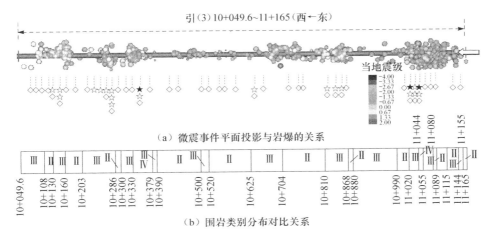

图 3.41　引(3)10+049.6～11+165 洞段 TBM 施工过程

（◇轻微岩爆；☆中等岩爆；★强烈岩爆；因同一位置常多次发生轻微岩爆，
故图中仅标明轻微岩爆位置，并不代表其频次）

3.2.2　钻爆法施工深埋隧洞微震事件及岩爆分布特征

1. 微震事件及岩爆的时间分布特征

对微震监测期间获取的现场数据进行统计分析后认为，基于连续监测的微震事件主要分布于 0:00～4:00、6:00～12:00、18:00～22:00，如图 3.42 所示；岩爆主要发生于 0:00～4:00、8:00～11:00、18:00～20:00、22:00，如图 3.43 所示。对比分析发现，微震活跃时段与岩爆时段基本对应，换言之，微震事件与现场岩爆在24h 内的分布具有较好的一致性。

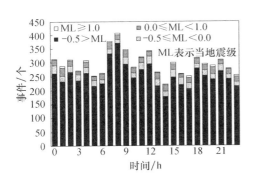

图 3.42　24h 内不同震级微震事件的分布

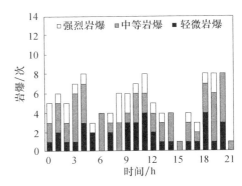

图 3.43　24h 内不同强度岩爆的分布

2. 微震事件及岩爆沿隧洞轴向分布特征

1）1♯～4♯引水隧洞微震监测洞段微震事件及岩爆分布范围

由于引（排）水洞之间的掌子面相差一定距离（30～350m），开挖爆破扰动会引起相邻隧洞围岩产生微破裂，导致掌子面前后方较大范围内均有微震事件分布，但随着与掌子面距离的增加而递减，如图 3.44（a）所示。统计结果表明，83.77％的微震事件分布于掌子面附近，如图 3.44（b）所示。分析得出，掌子面附近微震事件近似服从均值 μ 为 -7.36、标准差 σ 为 22.17 的正态分布，取（$\mu-\sigma,\mu+\sigma$）即（-29.53,14.81）为事件主要分布范围，约为掌子面后方 30m、前方 15m 的区域，分别为引水隧洞等效洞径的 2.7 倍和 1.4 倍。由图 3.45 可见，引水隧洞岩爆发生于掌子面后方 300m 范围内，其中 83.33％介于掌子面后方 0～30m 之间，为 2.73 倍洞径以内。对比分析图 3.44 和图 3.45 可以看出，微震事件与岩爆的分布区域具有很好的一致性。

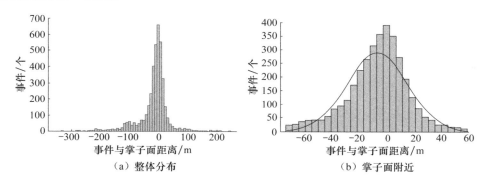

图 3.44　1♯～4♯引水隧洞微震事件分布

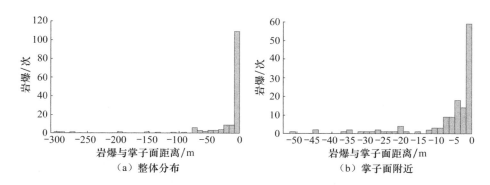

图 3.45　1♯～4♯引水隧洞微震监测范围岩爆分布

2）排水洞微震监测洞段微震事件及岩爆分布范围

与引水隧洞一样，排水洞掌子面前后方较大范围内亦有微震事件分布，且随着

与掌子面距离的增加而递减,其中,94.25％的微震事件分布于掌子面附近,如图
3.46 所示。统计分析得出,掌子面附近微震事件近似服从均值 μ 为 -9.12、标准
差 σ 为 17.00 的正态分布,取 $(\mu-\sigma,\mu+\sigma)$ 即 $(-26.12,7.87)$ 为事件主要分布范
围,约为掌子面后方 26m、前方 8m 的区域,分别为排水洞实际开挖洞径的 3.3 倍
和 1.0 倍。由图 3.47 可见,排水洞岩爆发生于掌子面后方 400m 范围以内,其中
72.97％位于掌子面后方 0～27m,在 3.38 倍洞径以内。对比分析图 3.46 及图
3.47 可以看出,微震事件与岩爆的分布区域吻合较好。

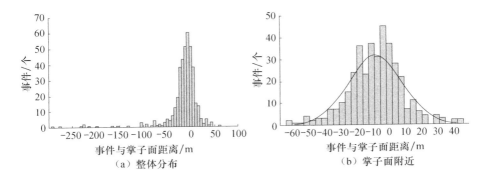

图 3.46　排水隧洞微震事件分布

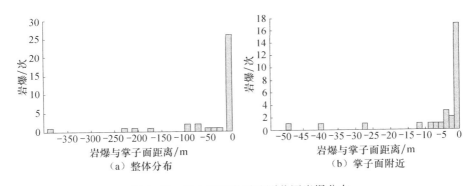

图 3.47　排水隧洞微震监测范围岩爆分布

　　对比分析图 3.44 及图 3.46 可见,引水隧洞和排水洞洞径不同,导致前者微震
事件在掌子面前后方分布范围较后者大。由图 3.45 及图 3.47 可以看出,引水隧
洞和排水洞少许(时滞型)岩爆发生于距掌子面较远处,这主要是由于开挖爆破扰
动及支护强度较弱所致;但大部分岩爆发生于掌子面附近,其中引水隧洞岩爆高发
区介于掌子面后方 0～30m 之间,而排水洞介于掌子面后方 0～27m,出现该差异
的主要原因是两者洞径不同,另外,前者岩爆统计分析范围较后者大也是原因
之一。

综上可知,一般地,微震事件主要分布范围介于掌子面后方 3 倍至前方 1.5 倍洞径之间,而岩爆主要分布于掌子面后方 3 倍洞径以内,这表明微震事件与岩爆分布范围基本一致。

3. 微震事件和岩爆整体分布特征

图 3.48～图 3.50 为各隧洞微震事件平面投影及岩爆分布图,可见:

(1) 辅引 1 以东各洞段出现事件最多,且分布集中,震级大;辅引 1 与辅引 2 之间各洞段次之;辅引 3 以西各洞段最少。显然,由西而东各隧洞产生的微震事件呈增加趋势,微震活动由弱变强,这主要是由于隧洞埋深从西向东总体上呈增加趋势,围岩应力不断增大所致,见图 3.51,表明地应力是岩爆的主控因素之一。由南至北,辅引 1 以东及辅引 3 以西各隧洞微震事件呈减少趋势,且南侧隧洞事件较北侧隧洞集中,震级大,微震活动更活跃;但辅引 1 与辅引 2 之间各隧洞此特点不明显,其中 1#～4# 引水隧洞产生众多微震事件,南北差异不明显,而位于最南侧的排水洞累积事件少,且离散度大,其原因是排水洞在此范围的大部分区域结构面较发育,岩体完整性较差。由图 3.48～图 3.50 也可以看出,岩爆分布规律与微震事件上述分布规律基本相同。

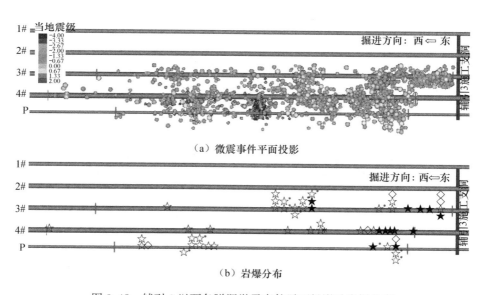

(a) 微震事件平面投影

(b) 岩爆分布

图 3.48　辅引 3 以西各隧洞微震事件平面投影及岩爆分布

(注:1#～4# 及 P 分别表示 1#～4# 引水隧洞和排水洞;"|"表示微震监测起止点,下同;
岩爆符号在相应隧洞的投影为岩爆位置,下同;◇轻微岩爆;☆中等岩爆;★强烈岩爆;＊时滞型)

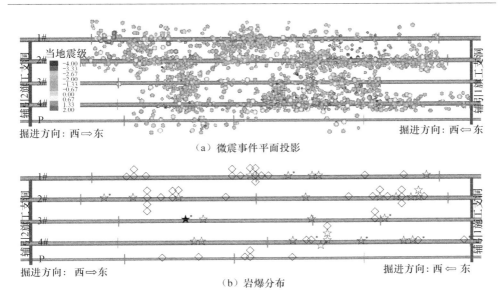

（a）微震事件平面投影

（b）岩爆分布

图 3.49 辅引 1 与辅引 2 之间各隧洞微震事件平面投影及岩爆分布

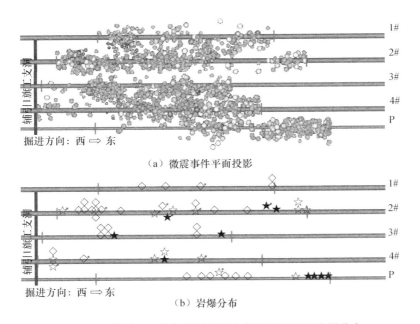

（a）微震事件平面投影

（b）岩爆分布

图 3.50 辅引 1 以东各隧洞微震事件平面投影及岩爆分布

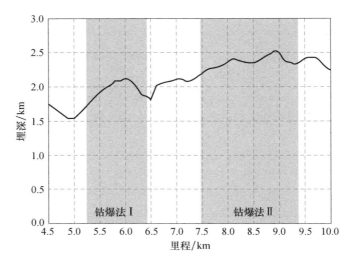

图 3.51　隧洞埋深随里程变化曲线

（2）就单一深埋隧洞而言，由于不同类别岩体的工程地质性质存在明显差异，微震事件及岩爆分布具有区域性特点。如有些区域累积微震事件少，微震较平静，岩爆少；而相邻区域累积微震事件多，微震活动（较）活跃，岩爆频发且等级高。表明工程地质条件是岩爆的主控因素之一，是岩爆的内因。如开挖引（4）6＋010～6＋075 洞段时，累积事件多，事件震级较大，微震极活跃，于 2011 年 4 月 13、14、16 日相继发生 3 次强烈岩爆。

（3）同一隧洞相向掘进掌子面贯通期间，辅引 1 以东各隧洞产生大量微震事件，且岩爆最多、烈度最大；辅引 1 与辅引 2 之间各隧洞次之；辅引 3 三个贯通部位埋深相对较小，产生的微震事件少，现场岩爆也少。

（4）部分洞段开挖过程中，微震非常活跃，岩爆孕育特征十分明显，预示高岩爆风险。由于掘进时控制了施工进度，并及时加强了支护，从而有效地抑制了岩爆的发生，但后续施工中仍存在高（时滞型）岩爆风险。如引（4）8＋220～8＋248 洞段上断面开挖时，微震活跃，因及时加强了支护，有效抑制了岩爆的发生，顺利通过强岩爆段；但开挖后约 3 个月，因受下断面开挖扰动影响，2011 年 10 月 29 日、11 月 4 日先后发生 2 次强烈岩爆。

（5）隧洞开挖过程中，发生了少许前兆规律不明显的岩爆，其中以轻微岩爆居多。由于岩爆是众多因素共同作用的结果，且岩爆与其影响因素之间存在着极其复杂的非线性关系，而当前人们对岩爆的影响因素认识仍存在不足，对前兆规律不明显的岩爆机理较难给出合理诠释，故有待进行更深入的研究。

4. 微震事件集结区与岩爆位置的关系

基于现场连续监测数据及岩爆实例的统计分析得出，一部分岩爆发生于微震事件集结区内部,如图 3.52(a)、(b)所示;而另一部分岩爆发生于微震事件(微破裂)集结区边缘,而不是集结区内部,如图 3.52(c)～(g)所示。该现象与前人的室内实验结果基本一致,见图 3.53。试验结果(杨润海等,1998)表明,透明的脆性有机玻璃板微破裂空间分布存在如下现象:微破裂丛集(集结)区在预置缝中部,而大破裂却发生在裂缝延长线上或其分支上。另外,1992 年中俄美合作大样本岩石(灰岩,尺寸 1000mm×500mm×500mm)声发射实验结果(李世愚等,2010)也显示,微破裂集结的位置不一定位于微破裂发育的中心,特别是大事件往往发生在成核区的边缘,而不是成核区中心。基于室内实验及现场监测结果,证实岩爆(或大破裂)发生于微破裂集结区边缘这一现象是客观存在的,并非个别现象,是岩体破坏过程中所固有的现象。

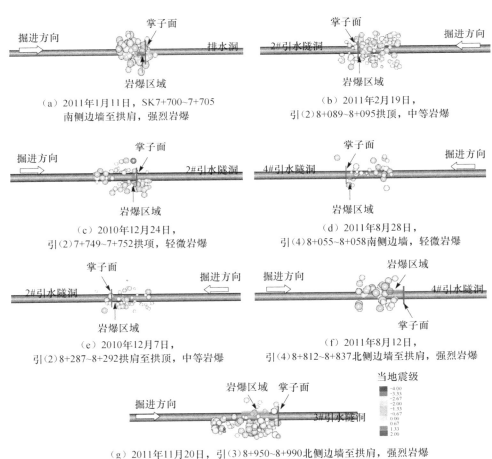

(a) 2011年1月11日,SK7+700～7+705
南侧边墙至拱肩,强烈岩爆

(b) 2011年2月19日,
引(2)8+089～8+095拱顶,中等岩爆

(c) 2010年12月24日,
引(2)7+749～7+752拱顶,轻微岩爆

(d) 2011年8月28日,
引(4)8+055～8+058南侧边墙,轻微岩爆

(e) 2010年12月7日,
引(2)8+287～8+292拱肩至拱顶,中等岩爆

(f) 2011年8月12日,
引(4)8+812～8+837北侧边墙至拱肩,强烈岩爆

(g) 2011年11月20日,引(3)8+950～8+990北侧边墙至拱肩,强烈岩爆

图 3.52 不同等级典型岩爆和微震事件集结区的关系

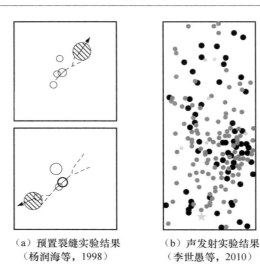

（a）预置裂缝实验结果	（b）声发射实验结果
（杨润海等，1998）	（李世愚等，2010）

图 3.53　大事件与微破裂集结区的关系图

（(a)中实线表示预置裂缝，虚线表示裂缝延伸，圆圈表示微破裂事件，不同半径的圆圈表示不同能量大小的微破裂事件（相对大小），斜阴影填充圆圈表示大破裂；(b)中★表示大事件）

研究发现该现象与微破裂集结区围岩应力场的非均匀性密切相关。一般地，在隧洞开挖卸荷作用下，围岩应力重分布，引起应力集中，进而使岩体发生破裂活动，并伴有微震事件；岩体破裂活动越强烈，事件越集结。在应力调整初期，岩体近似于均匀变形，微破裂的萌生和发展具有弥散特性，呈随机的均匀分布，彼此间相距较远，单个微破裂的影响范围较小，仅对有限范围内的相邻微破裂产生影响。随着围岩应力进一步调整，岩体内部固有缺陷附近产生局部应力集中，使得微破裂的产生和演化从无序转为有序，出现局部化，微破裂密度增大，相互间作用加强，导致微破裂相互归并成核，形成宏观裂缝。在围岩应力调整，微破裂演化过程中，微震事件分布由分散逐步变成集中。一方面，当事件集结到一定程度时，集结区岩体完整性变差，承载能力下降，岩体强度降低，对周围岩体约束作用减弱。另一方面，众多微破裂活动造成事件集结区能量耗散，应力松弛，出现应力转移，导致事件集结区边缘形成高应力集中，储存大量可释放能量，使岩体处于临界稳定状态。在开挖扰动作用下，原有和新生微破裂进一步扩展，事件集结区边缘原有能量平衡系统势必被打破，从而导致围岩储存能量突然释放，使岩体产生爆裂、剥离、弹射、抛掷等破坏现象的动力失稳地质灾害，即发生岩爆。

3.2.3　TBM 施工隧洞微震监测洞段微震事件及岩爆分布特征

1. 微震事件及岩爆的时间分布特征

TBM 作业时间在 24h 内分为检修时间和掘进时间，一般地，8:00～14:00 为检修时间,14:00~8:00 为掘进时间。由图 3.54 可见,微震事件在 24h 的演化曲线总体上呈马鞍状,其中 8:00~13:00 位于曲线谷底,对应于 TBM 检修时段,微震处于相对平静期;14:00~次日 8:00 对应于 TBM 掘进时段,处于微震活跃期。显然,微震活动与 TBM 作业活动密切相关。开挖扰动前,置于高应力状态的深埋岩体处于稳定平衡状态;TBM 掘进过程中,因开挖卸载作用,原岩应力平衡状态势必被打破,从而引起岩体内应力重分布,并在围岩中产生较大的应力差,致使岩体承载力下降,岩体内新生和原有裂纹扩展、贯通,同时伴有微震,呈现微震活跃期。TBM 检修期间,岩体未受到开挖扰动作用,围岩应力进行自适应调整,洞壁产生的应力集中导致岩体破裂,造成应力松弛,使最大应力逐渐向围岩内部转移;经调整后,围岩应力处于相对平衡状态,短期内,只有在外界扰动下,方能打破这一平衡,进而引起应力的再调整,故检修期间,围岩破裂活动变缓,微震活动较弱,处于相对平静期。

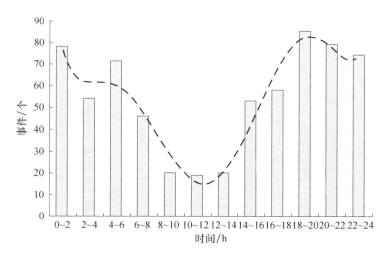

图 3.54   3# TBM 引水隧洞微震监测洞段 24h 微震事件分布规律

2. 微震事件及岩爆沿隧洞轴向分布特征

锦屏二级水电站 3# 引水隧洞引(3)11+165~10+049.69 洞段采用 TBM 施工,微震监测期间平均日进尺为 9.59m/d,开挖洞径为 12.4m。统计结果显示,以当日(今日 8:00 至次日 8:00)掌子面结束桩号为基点,89.04% 的事件分布在掌子面后方已开挖区,10.96% 的事件分布于掌子面前方未开挖区,其中 98.17% 位于掌子面后方 100m 至前方 50m 之间(见图 3.55(a)),93.3% 位于掌子面附近(见图 3.55(b));分析得出,掌子面附近微震事件近似服从均值 μ 为 -16.62、标准差 σ 为 15.83 的正态分布,取 $(\mu-\sigma, \mu+\sigma)$ 即 $(-32.45, 0.79)$ 为事件主要分布范围,约为掌子面后方 32m、前方 0.8m 的区域，分别为隧洞开挖洞径的 2.58 倍和 0.06 倍。为分析 TBM 当日施工过程中微震活动，进而评估岩爆风险，以前 1 日掌子面结束桩号为基点统计分析事件分布规律，如图 3.56 所示。由图 3.56(a)可见，67.23％的事件分布在掌子面后方，32.77％的事件分布于掌子面前方，其中 93.9％的事件分布于掌子面附近；由图 3.56(b)可见，事件在掌子面附近近似服从均值 μ 为 -6.95、标准差 σ 为 15.97 的正态分布，取 $(\mu-\sigma,\mu+\sigma)$ 即 $(-22.92,9.02)$ 为事件主要分布范围，约为掌子面后方 23m、前方 9m 的区域，分别为隧洞开挖洞径的 1.85 倍和 0.73 倍。对比图 3.55 及图 3.56 可以得出，当日以前形成的开挖区、当日开挖区以及当日掌子面结束桩号前方未开挖区均出现微震事件，分别占 67.23％、22.21％、10.96％，这表明除当日以前形成的开挖区微震活跃，具有高岩爆风险外，TBM 当日掘进范围微震活动亦活跃，同样具有高岩爆风险。

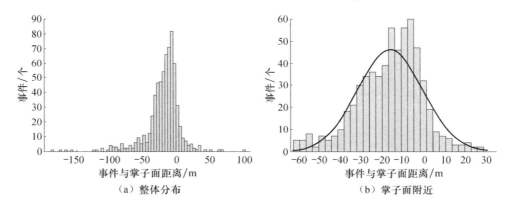

（a）整体分布　　　　　　　　　　（b）掌子面附近

图 3.55　3#引水洞 TBM 施工段以当日掌子面结束桩号为基点的微震事件分布

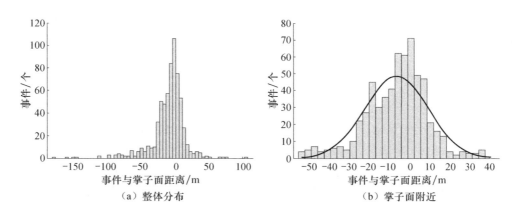

（a）整体分布　　　　　　　　　　（b）掌子面附近

图 3.56　3#引水洞 TBM 施工段以前 1 日掌子面结束桩号为基点的微震事件分布

由图 3.57(a)可以看出,以前 1 日掌子面结束桩号为基点,掌子面前、后方发生岩爆的比例分别为 61.07%、38.93%,其中 99.33%位于掌子面前后方 10m 之间的范围。而以当日掌子面结束桩号为基点,岩爆主要发生在掌子面后方 15m 范围,占 89.26%,如图 3.57(b)所示。显然,61.07%的岩爆发生于 TBM 当日开挖范围。对比分析图 3.55 及图 3.57 可以看出,岩爆范围与微震事件主要分布区域相一致,当日开挖范围是 TBM 施工的岩爆高发区。

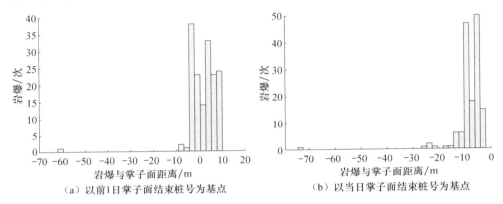

（a）以前1日掌子面结束桩号为基点　　　（b）以当日掌子面结束桩号为基点

图 3.57　3#引水洞 TBM 施工段岩爆分布

3.2.4　不同施工条件下深埋隧洞微震监测洞段微震信息及岩爆分布对比分析

由图 3.58 可见,TBM 施工段引(3)10+049.6~11+165 洞段与钻爆法施工段引(3)5+243~6+200 及引(4)5+508~6+085 洞段埋深近似相等。故以此为工程背景,分析不同施工条件下深埋隧洞微震信息及岩爆分布的特征,得出一些有益认识:

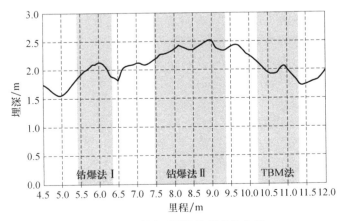

图 3.58　隧洞埋深随里程变化曲线

（1）对比分析图 3.13（a）、图 3.24（a）、图 3.40（a）可见，TBM 施工单日最大事件数远大于钻爆法，且平均微震事件率亦较钻爆法高。TBM 施工掘进速率对岩爆的影响较钻爆法显著。

（2）由图 3.55、图 3.56 和图 3.59 可以看出，钻爆法和 TBM 施工产生的微震事件主要分布范围分别为（−30.9，12.71）及（−32.45，0.79），两者在掌子面后方分布范围近似相等，但前者在掌子面前方分布范围较后者大，表明 TBM 施工时最大应力位于掌子面附近，而钻爆法施工时最大应力已向掌子面内部转移。另外，钻爆法施工产生的岩爆范围大于 TBM 施工，这主要是由于钻爆法和 TBM 施工扰动强度及支护措施存在差异所致。

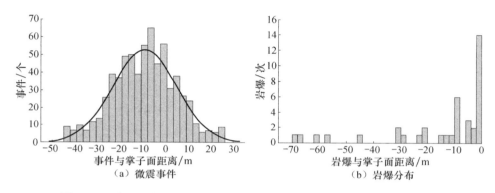

图 3.59　引（3）5＋243～6＋200 及引（4）5＋508～6＋085 钻爆法施工洞段

（3）由图 3.20、图 3.28、图 3.41 可见，①TBM 施工产生的微震事件较钻爆法集中，震级较大，微震活动更剧烈；②由于不同类别岩体的工程地质性质存在明显差异，故两种施工方法微震事件及岩爆分布均具有区域性集结特点，但 TBM 施工表现更加明显；③钻爆法施工产生时滞型岩爆的概率及范围较 TBM 大，这是由于钻爆法扰动强、TBM 施工过程能及时形成有效支护所致；④TBM 施工时，轻微岩爆区域往往伴随多次轻微岩爆，中等岩爆孕育过程中常伴随轻微岩爆，而强烈岩爆常伴随轻微和中等岩爆。这表明 TBM 开挖过程引起的围岩损伤波及范围小，围岩承载力较强，其内部储存能量多并由外向内逐次释放，而钻爆法施工时此特点不明显；⑤就钻爆法施工而言，岩爆主要发生于Ⅲ类围岩，Ⅱ类围岩甚少；而 TBM 施工时，各类围岩均有岩爆发生。一般地，两种施工方法所产生的中、强岩爆主要发生于Ⅲ类围岩，Ⅱ类围岩以轻微岩爆居多。由此表明，无论是 TBM 还是钻爆法施工，岩爆主要受工程地质条件和埋深控制。

3.2.5　隧洞支护对微震活动及岩爆的影响

工程实践表明，隧洞喷锚支护可以改善围岩应力状态，提高围岩整体承载能力,并可以消耗能量,控制岩体裂纹扩展速度,减缓其破坏时的能量释放率,显著增强围岩抗冲击能力,从而达到控制微震活动和防治岩爆的目的。

1. 减弱微震活动,抑制岩爆发生

引(2)7+172~7+125 洞段钻爆法施工过程中,2011 年 1 月 9~12 日微震事件保持低位,13~14 日连续突增,单日出现 15 个事件,微震活动非常活跃,如图 3.60(a)、(b)所示;同时,事件累积视体积持续增加,能量指数呈下降趋势,具有岩爆孕育特征,如图 3.60(c)所示。据此认为,引(2)7+172~7+125 洞段具有潜在高岩爆风险。岩爆预警后,15 日开始加强支护,在原有喷射钢纤维混凝土及临时水胀式锚杆基础上,施作长 6m、直径 32mm 的中空预应力系统锚杆,并在随后的掘进过程中,保持系统锚杆紧跟掌子面。加强支护后,微震事件明显下降,并在随后的掘进过程中维持低位,如图 3.60(b)所示;累积视体积呈小阶梯状上升,能量指数虽出现短时振荡但总体上基本维持不变,呈现的岩爆孕育特征不明显,如图 3.60(c)所示。显然,支护措施有效地减弱了微震活动,抑制了岩爆发生。这主要是由于喷锚支护提高了岩体承载能力,控制了岩体裂纹扩展,降低了围岩破裂活动所致。

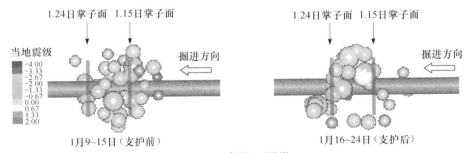

（a）事件平面投影

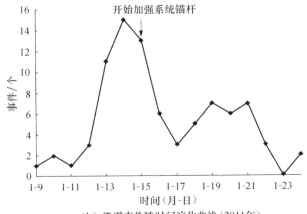

（b）微震事件随时间演化曲线（2011 年）

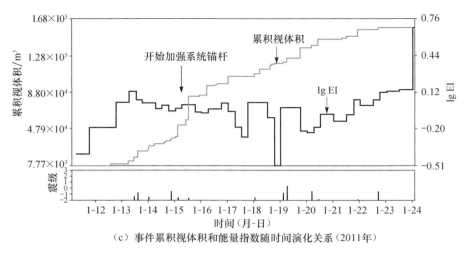

（c）事件累积视体积和能量指数随时间演化关系（2011年）

图 3.60　引（2）7＋125～7＋172 钻爆法施工过程

2. 减弱微震活动，降低岩爆等级

引（3）8＋892～8＋919 洞段钻爆法施工过程中，2011 年 3 月 3～6 日微震活动较平静，7 日事件突增且分布集中，微震释放能较多，具有潜在强岩爆风险。8 日及其以后微震事件递减，最后维持较低水平，但集中分布于引（3）8＋909 附近，且部分事件震级较大，表明该处存在应力集中，如图 3.61（a）、（b）所示。其主要原因是，一方面，7 日 6 时 28 分完成爆破作业后，及时对隧洞喷射钢纤维混凝土，并施作长 6m、直径 32mm 的中空预应力系统锚杆，给隧洞围岩提供一定围压。此时，围岩以剪破裂为主，并伴随较低的破裂频率和较大能量释放；另一方面，在随后掘进过程中，系统锚杆紧跟掌子面，控制爆破进尺，降低了开挖扰动的影响。由图 3.61（c）可见，对隧洞加强支护后，事件累积视体积虽快速递增，但能量指数缓慢下降，具轻微岩爆孕育特征，9 日在引（3）8＋909 处发生 1 次轻微岩爆，使积聚于围岩

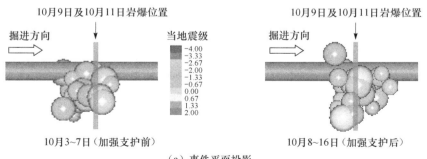

（a）事件平面投影

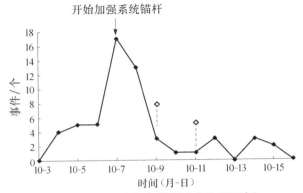

（b）微震事件随时间演化曲线（2011年）

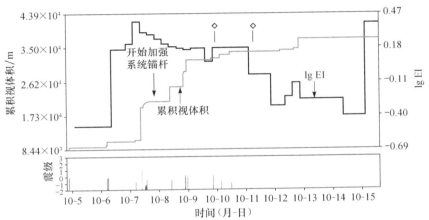

（c）事件累积视体积和能量指数随时间演化关系（2011年）

（d）掌子面附近现场支护照片

图 3.61　引(3)8＋892～8＋919 钻爆法施工过程（见彩图）

中的部分能量得以释放。9 日后，事件累积视体积变化较小，而能量指数先维持不变，继而于 11 日出现大幅度下跌，并在引(3)8＋909 处发生 1 次轻微岩爆，围岩能量再次得以释放。综上可知，通过加强围岩支护，提高了围岩整体性和自承能力，使高应力区围岩储存能量逐次释放，减缓围岩破坏时的能量释放率，从而降低能量释放伴随的冲击强度，达到防治岩爆的目的。

3. 减弱微震活动，延迟岩爆发生时间

引(4)5＋547～5＋500 洞段于 2011 年 7 月 25 日～8 月 6 日完成钻爆法开挖。由图 3.62 可见，7 月 25～29 日微震较平静，至 30 日微震活动突然增强，仅当日于掌子面附近(引(4)5＋520)产生 20 个事件，微震活动十分活跃，具有中-强岩爆风险。鉴于此，30 日及时喷射钢纤维混凝土，施作系统锚杆，并在随后的掘进过程中，保持系统锚杆紧跟掌子面(见图 3.62(d))，借以改善围岩应力状态，提高围岩承载能力，控制岩体裂纹扩展速度。由图 3.62(b)可以看出，加强支护后，微震事件显著减少，其中 7 月 31 日～8 月 6 日引(4)5＋530～5＋520 洞段范围微震事件数虽有起伏，但总体上维持较低水平，这表明岩体破裂活动减弱，支护措施取得了良好效果。由图 3.62(c)可见，加强支护后，事件累积视体积呈小阶梯状上升，而能量指数先在高位基本持平，继而下跌并迅速上扬，最后于 8 月 6 日大幅度下跌，

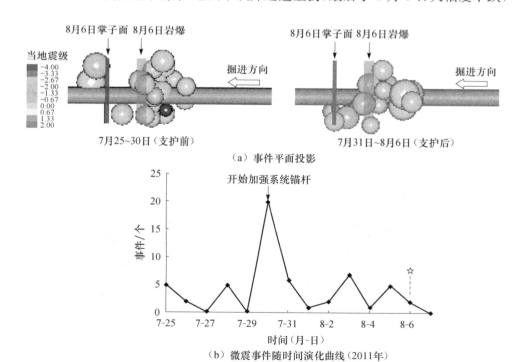

（a）事件平面投影

（b）微震事件随时间演化曲线（2011年）

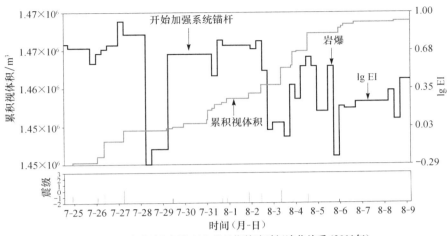

（c）事件累积视体积和能量指数随时间演化关系（2011年）

（d）掌子面附近现场支护照片

图 3.62　引(4)5+547～5+500 钻爆法施工过程（见彩图）

岩爆孕育特征明显，并在引(4)5+530～5+520 发生 1 次中等岩爆。由此可以得出，通过加强支护，有效地提高了围岩强度，降低了岩体裂纹扩展速度，减缓了围岩能量释放速率，延迟了岩爆发生时间，为安全顺利通过高岩爆风险区赢得了宝贵时间，并避免了因岩爆而造成的设备及人员损伤。

3.2.6　工程地质因素对岩爆的影响及其防控措施启示

岩爆的发生受诸多因素的影响，归纳概括起来主要有：①工程地质因素，包括地层岩性、岩体完整性、地质构造、水文地质条件和地形等；②地应力因素；③其他影响因素，如洞室断面形状及尺寸、开挖施工方法、开挖速率、支护方法、外界动力扰动等。其中①是岩爆发生的内因，②和③是岩爆发生的外因，且各因素对岩爆的影响强弱各异。由于岩爆的影响因素本身非常复杂，从而使得岩爆问题更加复杂化。时至今日，人们对岩爆的影响因素的认识仍存在不足，并没有完全研究清楚，导致岩爆灾害未能得到有效的防控。工程实践发现，在外因相似条件下，地层岩性相同的同一隧洞工程发生的岩爆呈不均衡分布，具有区域性分布的特点，这主要是由于工程地质因素对隧洞岩爆具有控制作用所致。近年来，针对该方面的研究大多是以埋深小于1000m的实际工程如二郎山隧道(徐林生和王兰生，1999)、通渝隧道(徐林生，2006)、太平驿水电站引水隧洞(周德培，1995)、天生桥水电站引水隧洞(汪泽斌，1994)等为工程背景，并得出了一些有益的认识，对岩爆防控具有重要的意义。但迄今为止，对埋深1000m以上隧洞的工程地质因素对岩爆影响的研究较少，岩爆与埋深的关系、岩爆与结构面规模、产状和性质的关系等有待于进一步阐明。

1. 隧洞埋深对岩爆的影响

图3.63为微震监测洞段各隧洞埋深与岩爆的关系，图3.64给出了不同埋深条件下不同等级岩爆的次数。由图3.64可以看出，①1700～2000m埋深时，岩爆次数约占统计实例总数的14.2%，2000～2200m埋深时约占40.87%，2200～2525m埋深时约占44.93%。这显示，总体上，岩爆数量随埋深增大呈增加趋势；②1700～2000m、2000～2200m、2200～2525m三个不同埋深段发生的不同等级岩爆次数占统计实例总数的比例：轻微岩爆为7.83%、15.65%、18.84%；中等岩爆为

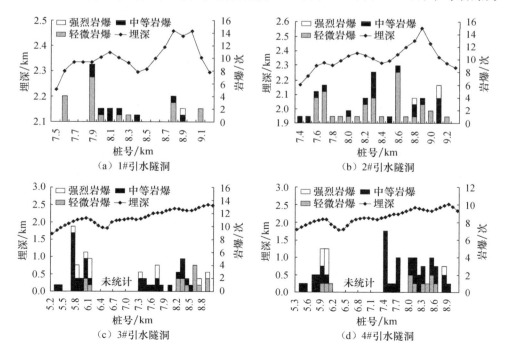

(a) 1#引水隧洞　　　　　(b) 2#引水隧洞

(c) 3#引水隧洞　　　　　(d) 4#引水隧洞

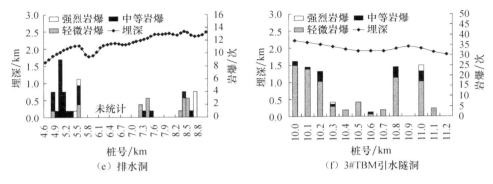

图 3.63 微震监测洞段各隧洞洞段埋深与岩爆的关系

5.51%、20.58%、22.61%；强烈岩爆为
0.87%、4.64%、3.48%，总体来看，岩爆等
级随着埋深的增加亦表现出增大的趋势。
由此可以认为，在深埋隧洞工程中，总体而
言，岩爆数量及等级随埋深增大呈增加趋
势，但不存在严格的一一对应关系。这主要
是由于岩爆除受埋深影响外，还受到诸多其
他因素如工程地质条件、开挖方式、断面尺
寸、支护措施等影响所致。

2. 岩爆与围岩完整性的关系

通过对近三百个岩爆实例进行综合分

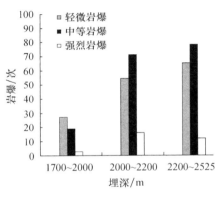

图 3.64 在图 3.2 所统计的范围
内岩爆随埋深变化的总体趋势

析得出，对钻爆法施工洞段，较完整围岩中发生的岩爆约占该洞段岩爆总数的
87.63%，完整围岩约占 12.37%，破碎围岩无岩爆，如图 3.65(a)所示；对 TBM 施
工段，较完整围岩中发生的岩爆约占岩爆总数的 71.14%，完整围岩占 28.86%，破
碎围岩亦无岩爆，如图 3.65(b)所示。由此可以认为，在同类硬脆岩体中，较完整
岩体发生岩爆的可能性最大，完整岩体次之，破碎岩体无岩爆，这与黄润秋等
(1997)和徐林生(2005)的研究结果相一致。换言之，节理裂隙很少和很多的岩体，
发生岩爆少，而节理裂隙居中等的岩体，发生岩爆较多，表明有少量的短小节理或
微裂隙有利于岩爆的发生，这主要是由于岩爆孕育过程中能量聚集及耗散与岩体
完整性有着密切的关系造成的。

岩爆是地下工程围岩的一种储存弹性变形能突然释放的剧烈脆性破坏。只有
当聚集在岩体中的能量大于岩爆孕育过程中所耗散的能量时，才会形成岩爆。一
般地，硬脆围岩的能量储存能力决定于岩体强度，强度越大，储存的能量越多，岩爆
越强烈；反之，能量越少，岩爆越弱。因破碎或节理裂隙发育的硬脆岩体完整性差，

强度低,不易引起高应力集中和能量积聚,故发生岩爆的可能性小。完整硬脆岩体强度高,一方面,围岩应力不易达到其强度,故不易发生岩爆,即使发生,也主要是应变型岩爆。另一方面,当围岩应力略大于岩体强度时,岩体内部萌生微裂隙并扩展、贯通,将完整岩体劈裂成板,剪断成块,这一过程中大量能量被耗散,导致积聚的能量不足以使岩体进一步破坏,故发生岩爆的可能性较小。需要指出的是,如果地应力非常高,远大于完整岩体强度,裂隙将高速扩展,岩体劈裂成板,剪断成块,完成岩爆前岩体破裂准备后仍积聚大量弹性应变能,所以容易导致岩爆,且等级高。内部存在少量短小节理或微裂隙的较完整岩体,具有较高的强度,能储存较多弹性变形能,岩爆孕育过程中易满足积聚能大于耗散能的条件;再者,开挖卸荷作用后,易在小节理或微裂隙处产生高应力集中和能量积聚,促使裂隙快速扩展,导致弹性变形能突然释放,发生岩爆。

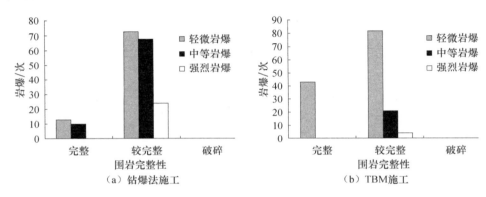

图 3.65 围岩完整性与岩爆的关系

3. 断层附近掌子面推进方向对岩爆的影响

地质勘查资料显示,锦屏二级水电站引水隧洞和排水洞中部强岩爆段发育一条产状为 N30°～40°W,NE∠80°的 F_{27} 大断层,属Ⅱ级结构面,如图 3.66 所示。这与现场揭露的地质情况相吻合,如图 3.67 所示。1#引水隧洞由断层上、下盘掌子面同时向断层 F_{27} 推进,并于断层附近贯通,如图 3.68 所示。可见,上、下盘掌子面向断层推进过程中,下盘距断层面74m范围内发生 7 次轻微岩爆、1 次中等岩爆,上盘距断层面80m处发生 1 次中等时滞型岩爆,24m 及 8m 处各发生 1 次轻微岩爆。显然,掌子面向断层下盘推进时产生的岩爆灾害明显高于掌子面向断层上盘推进过程产生的岩爆灾害。这表明,岩爆与掌子面向断层推进的方向密切相关。究其原因,一是断层破坏了隧洞顶板岩体的连续性,当掌子面从下盘向断层推进时,断层影响范围内的隧洞上覆岩层将发生移动,从而导致断层"活化",致使岩体沿断层面发生剪切滑移;二是从上盘向断层推进过程中,断层面所受正应力有所增加,隧洞顶部岩体形成砌体梁式或传递梁式平衡结构,使断层不易"活化",只有当工作面推进到断层面附近时,断层才开始"活化"(彭苏萍等,2001);三是掌子面靠近断层时,从下盘向断层推进引起的岩体运动较由上盘向断层推进引起的岩体运动剧烈(李志华等,2008)。

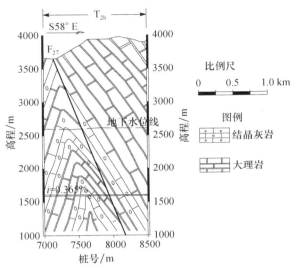

图 3.66 1#引水隧洞引(1)7+000～8+500 工程地质剖面图

(中国水电工程顾问集团华东勘测设计研究院,2005)

（a）整体情况　　　　　　　　　　　　　　（b）局部放大

图 3.67 现场揭露的断层

图 3.68 1#引水隧洞断层 F_{27} 附近掘进方向及岩爆分布

（"|"表示相向掘进掌子面贯通位置;◇轻微岩爆;☆中等岩爆;★强烈岩爆;＊时滞型)

4. 结构面对岩爆的影响

结构面的存在不仅破坏了岩体的完整性和连续性,而且也是岩体中强度最薄弱的部位,导致岩体受力时有可能沿着这些结构面发生变形破坏,往往构成岩体变形、破坏的边界,控制着岩体的破坏方式。所以,岩爆的发生与结构面的性质、规模及其组合关系具有十分密切的联系。

1) 结构面性质及规模对岩爆的影响

切割岩体的结构面,按其力学性质可分为两类:软弱结构面和坚硬结构面(孙广忠,1988),后者又称硬性结构面;按发育程度和规模,结构面可以划分为五级(谷德振,1983):Ⅰ级为巨型的地质结构面;Ⅱ级为延展性强而宽度有限的地质界面;Ⅲ级为局部性的断裂构造;Ⅳ级一般指延展性差,其延伸范围不过数十米,无明显的宽度即所谓的面、缝,主要包括节理、层理、片理、原生冷凝节理以及发育的劈理;Ⅴ级为干净的或隐微的裂面,可认为是隐结构面,分布不定,包括微小的节理、劈理、隐微裂隙以及不发育的层理、片理、线理等。由图 3.69～图 3.71 可以看出,岩爆地段的大部分结构面延展性差,无充填物,常呈闭合状,且干燥无水。上述"岩爆与围岩完整性的关系"部分研究结果表明,完整和破碎岩体不易岩爆,而结构面发育适中的较完整岩体即存在少量的短小节理或微裂隙的岩体易发生岩爆。由此认为,在隧洞工程中,Ⅳ和Ⅴ级硬性结构面对岩爆具有控制作用。

（a）绕行洞 R0+0770+122

（b）2011 年 11 月 4 日引(4)8+237～8+220

（c）2011 年 4 月 22 日引(4)5+997～5+993

（d）2010 年 12 月 13 日引(1)7+915

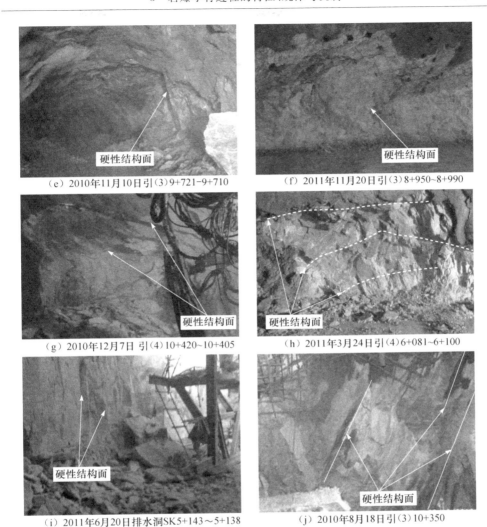

（e）2010年11月10日引（3）9+721—9+710

（f）2011年11月20日引（3）8+950~8+990

（g）2010年12月7日 引（4）10+420~10+405

（h）2011年3月24日引（4）6+081~6+100

（i）2011年6月20日排水洞SK5+143~5+138

（j）2010年8月18日引（3）10+350

图3.69 受一条或一组结构面控制的典型岩爆实例（见彩图）

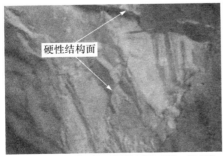

（a）2011年5月16日引（4）7+463~7+469

（b）2011年1月13日引（2）8+875

（c）2011年8月11日引(4)6+786

（d）2011年1月3日引(2)8+050~8+060

（e）2011年6月27日引(3)7+350~7+365

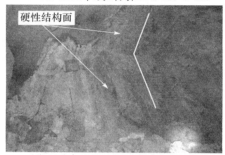

（f）2011年7月29日引(3)8+697~8+691

（g）2010年2月4日引(2)11+023~11+060

（h）2011年7月9日引(3)8+625~8+628

图 3.70　受二条不同方位角结构面或二组结构面控制的典型岩爆实例(见彩图)

（a）2010年12月1日引(1)8+940~8+943

（b）2011年10月15日引(2)9+895~9+850

图 3.71　受短小节理或微裂隙控制的典型岩爆实例(见彩图)

2) 结构面位置及其空间组合关系对岩爆的影响

受一条或一组结构面控制的典型岩爆实例如图 3.69 所示。由图可见:①结构面位于隧洞拱肩或拱顶附近,且与洞轴及最大切向应力的夹角均较大,结构面下盘发生岩爆后,爆坑深度较大,岩爆等级较高,爆坑上部边界受结构面控制,其余边界多为阶梯面,如图 3.69(a)、(b)所示。②结构面位于隧洞边墙,与洞轴夹角较大,而与最大切向应力的夹角较小,岩爆后,爆坑基本上以结构面为中心,两侧岩体脱落,边缘多呈陡坎,爆坑深度适中,岩爆等级以轻微和中等为主,如图 3.69(c)、(d)所示。③结构面位于隧洞边墙,与洞轴及最大切向应力夹角均较小;岩爆后,岩爆坑边缘多为阶梯面,形成陡坎,结构面穿切爆坑,爆坑深度较大,岩爆等级较高,见图 3.69(e)、(f)。④隧洞发育多条近似平行的一组结构面时,与结构面平行的爆坑边界受结构面控制,新鲜爆裂面成定向排列,坑内形成台阶状,与结构面走向垂直的边界岩体被折断,形成陡坎,爆坑波及深度较大,岩爆等级较高,如图 3.69(g)～(j)所示。综合以上分析可以得出:①岩爆等级、爆坑形态与结构面数量、产状及其与隧洞位置关系有关;一般地,相近结构面规模情况下,位于拱肩或拱顶且与洞轴和最大切向应力呈较大夹角,或者位于边墙且与洞轴和最大切向应力呈较小夹角的结构面所控制的岩爆等级比位于隧洞边墙且与洞轴夹角较大而与最大切向应力夹角较小的结构面所控制的岩爆等级高。②一组节理控制的岩爆范围及等级较相近规模的一条节理控制的大。③一般地,爆坑边缘多为阶梯面,构成陡坎,存在结构面时,一般为斜面或顺层节理面。

受两条不同方位角结构面或两组结构面控制的典型岩爆实例如图 3.70 所示。由图可见:①岩爆常发生于两组结构面交汇处,这是由该处易产生应力集中所致。②两条结构面近似正交时,爆坑边界受一条结构面控制,波及深度较小,如图 3.70(a)所示;而两组结构面近似正交时,岩体在结构面处折断,并由内向外形成台阶状陡坎,波及深度较大,如图 3.70(b)所示。③两组呈钝角的结构面控制的岩爆,破坏范围较广,波及深度较大,其中一组结构面控制爆坑边界,另一组形成台阶状陡坎,如图 3.70(c)所示,或者两组结构面都被破坏,形成清晰可见的台阶状陡坎,如图 3.70(d)所示;而两组呈锐角的结构面控制的岩爆,破坏范围及波及深度均相对较小,如图 3.70(e)所示。④两条结构面呈 V 形时,结构面构成爆坑边界,爆坑整体上亦成 V 形,如图 3.70(f)、(g)所示。⑤显节理一端被揭露,一端向围岩深部延伸,且与洞轴夹角较大,如果无隐性结构面,岩爆破坏范围小,如图 3.70(c)、(d)所示;如果存在隐性结构面,岩爆破坏范围较大,如图 3.70(h)所示。综合以上分析可以得出:①结构面交汇处易发生岩爆;②两组结构面控制的岩爆破坏范围及等级较两条不同方位角结构面控制的大(结构面规模相当的情况下);③结构面的空间组合关系与岩爆等级具有十分密切的联系。

受短小节理或微裂隙控制的典型岩爆实例如图 3.71 所示。可见,岩爆边界一般为完整岩体的折断或撕裂,坑内岩体被切割成块体状或薄片状,爆裂面以新鲜面为主,结构面处常形成明显台阶状陡坎,爆下的岩片以薄片和块状体居多。

　　3)结构面对岩爆位置的影响

　　现场统计数据表明,岩爆在隧洞中的分布是不均衡的,呈区域性分布特点,在岩爆实例统计范围(见图 3.2),岩爆地段长度约占隧洞总长度的 19.04%。一般地,岩爆的不均衡分布与工程地质因素密切相关,其中结构面是控制岩爆分布的主导因素之一。图 3.72 为排水洞 SK8+190~8+757 洞段工程地质展示与岩爆的关系。可见,除桩号 SK8+558 轻微及 SK8+717~8+757 强烈岩爆距结构面较远外,其余岩爆均发生于节理末端、交汇点附近以及断层附近,这与图 3.69、图 3.70 显示的结果完全一致,其原因是这些部位存在应力集中,积聚高应变能。由表 3.1 可知,岩爆主要发生于与最大切向应力的夹角为 $0°\leqslant\alpha\leqslant30°$ 和 $45°\leqslant\alpha\leqslant90°$ 的结构面处及其附近;而 $30°\leqslant\alpha\leqslant45°$ 时,无岩爆发生,表明结构面和最大切向应力的夹角与岩爆具有密切关系,这与文献(谭以安,1991)的实验结果相吻合。

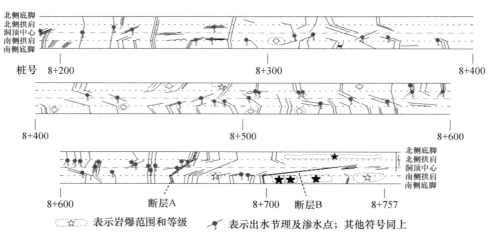

图 3.72　排水洞 SK8+190~8+757 洞段工程地质展示与岩爆的关系
(中国水电工程顾问集团华东勘测设计研究院,2005)

表 3.1　排水洞 SK8+190~8+757 洞段 α 与岩爆的关系

岩爆桩号	岩爆部位	岩爆等级	$\alpha/(°)$
SK8+300~8+310	南侧边墙至顶拱	轻微	75~70
SK8+407~8+411	南侧边墙	轻微	5~15
SK8+440~8+445	南侧边墙至拱肩	轻微	5~15
SK8+462~8+468	北侧边墙	轻微	20~15
SK8+485~8+495	北侧边墙	时滞型中等	30
SK8+501~8+508	南侧边墙	轻微	80~85
SK8+525~8+530	南侧边墙	轻微	80~85

续表

岩爆桩号	岩爆部位	岩爆等级	$\alpha/(°)$
SK8+555～8+558	北侧边墙	轻微	无结构面
SK8+672～8+678	南侧边墙至拱肩	中等	5～10
SK8+703～8+709	南侧边墙至拱肩	强烈	5～10
SK8+708～8+715	南侧边墙至拱肩	强烈	5～10
SK8+717～8+732	南侧边墙至拱肩	强烈	5～10
SK8+717～8+757	北侧边墙至拱肩	强烈	无结构面
SK8+742～8+757	南侧边墙至拱肩	中等	25

注:α 为最大切向应力与结构面的夹角。

5. 地下水对岩爆的影响

由图 3.72 可见,存在地下水活动明显(湿润、淋水、滴水、流水、涌水等)的地段无岩爆发生,但其附近无水区域有部分岩爆发生,一般以轻微岩爆为主。在开挖过程中,有水的断层 A 附近无岩爆发生,而无水的断层 B 附近发生 4 次强烈、1 次中等岩爆,该差异很好地验证了上述结论。究其原因,其一,有水区域裂隙发育且呈张开状,使得岩体完整性差,地应力低,积蓄的能量小,故不易发生岩爆活动;其二,水对岩体及结构面具有润滑、软化作用,能够降低节理裂隙的抗剪强度及岩体储存弹性变形能的能力,进而降低发生岩爆的可能性;其三,因有水裂隙呈张开状,导致地应力发生转移,使得裂隙附近无水区域存在应力集中,所以发生岩爆的可能性增大。

6. 岩爆防控措施的启示

研究发现,岩爆的发生受隧洞埋深、硬性结构面、地下水、岩体完整性、掌子面向断层推进方向等影响,尤其是结构面对岩爆具有控制作用,如控制岩爆位置、等级及爆坑形态等。据此,为了有效防控岩爆,首先,应加强工程地质超前预报,查清工程地质情况,确定潜在岩爆风险地段;其次,在此基础上,采取具体的针对性措施,减少甚至避免隧洞岩爆发生的可能性。

(1)开展地质超前预报。需要研究更为有效的手段探测清楚掌子面前方和断面围岩中Ⅳ、Ⅴ级结构面、硬性结构面的规模、产状、空间组合关系等信息,并进行综合分析,超前预报围岩发生岩爆的可能性,为制定岩爆防控措施提供科学的依据。

(2)统计结果表明,硬性结构面规模越大,发生岩爆的等级就越大;硬性结构面的尖端、交叉处等易发生岩爆。应对这种大规模的结构面以及硬性结构面的尖端、交叉处进行应力预释放或软化,降低岩爆风险。

(3)现场施工过程中,应尽可能从断层上盘向其下盘推进,以降低岩爆风险。

（4）统计结果显示，破碎岩体无岩爆发生，钻爆法施工比 TBM 施工更有利于降低岩爆风险。因此，对于强岩爆洞段，尽可能采取钻爆法施工。

7. 岩体完整程度及岩体分级划分依据探讨

上述统计分析表明，结构面的力学性质、规模及其组合关系、结构面和最大切向应力的夹角、结构面与围岩表面的关系等对岩爆的孕育有着重要的影响。因此，仅根据结构面发育程度（组数及平均间距）、主要结构面的结合程度以及主要结构面类型来划分岩体的完整程度和岩体分级是不够的，需要充分考虑结构面的力学性质、规模及其组合关系、结构面和最大切向应力的夹角、结构面与围岩表面的组合关系等，才能得出更加合理的岩爆分析预测结果。

3.2.7 岩爆孕育过程中微震时间序列特征

一次较高等级（极强、强烈及中等）岩爆发生前，在岩爆区及其附近，往往有一系列微震事件相继发生，这些微震事件在时间和空间上具有丛集的特征，这些有联系的微震活动在时间上就构成了一个微震时间序列。岩爆孕育是一个过程，岩爆孕育过程中微震活动包含第一个微震事件至发生岩爆前最后一个微震事件的整个过程，不同的岩爆类型具有不同的时间序列特征。

前人根据实际观测结果，将地震、岩石破裂过程中声发射（acoustic emission，AE）时间序列划分为不同类型。例如，中国地震局（1998）在现代地震学中将地震序列划分为孤立型、主震余震型、双震型和震群型 4 种。Mogi（1962）将材料的声发射规律归为 3 种基本类型：主震-后震型、前震-主震-余震型和群震型。李俊平和周创兵（2004）将岩体破裂过程中的 AE 时间序列分为初始区、剧烈区、下降区和沉寂区 4 个阶段。杨健和王连俊（2005）将不同岩性的岩石 AE 特性划分为 4 种不同的类型，即群发型、集发型、突发型和散发型。时间序列的类型众多且受多种因素影响，地震序列的类型受不均匀性、总应力水平、介质特性等因素影响（陈运泰、顾浩鼎，1990；左兆荣等，1996；吴开统，1990），岩石破裂过程中的 AE 时间序列与岩样的岩性、结构、围压、加载方式、均匀性等因素有关（张茹等，2006；袁子清、唐礼忠，2008）。

岩爆孕育过程中微震时间序列是一定时空内能量释放的结果，与地震及岩石破裂过程中 AE 时间序列有何不同？岩爆孕育过程中微震时间序列与人类工程活动密切相关，大多由隧道、硐室、采场开挖卸荷等引起，是岩体拉伸、剪切及拉剪混合型破坏的共同作用结果，历时几小时到几十天不等。天然地震是多次断层失稳扩展的结果，孕育周期长，大多在数百年之上，主震发生前后的前震和余震时间间隔从几天到几年不等。岩石破裂过程中 AE 时间序列主要受试验岩样的性质及外界荷载条件控制，一般为数十分钟到几小时不等，时长较短。

　　岩爆孕育过程中微震时间序列特征反映了微震活动在时间上的分布规律,对
岩爆孕育过程的预警与调控具有重要作用。因此,本节对深埋隧洞岩爆孕育过程
中微震时间序列特征进行了研究,归纳了时间序列的类型及其特征,分析了不同时
间序列类型岩爆的孕育机制与形成机理,探讨了各种时间序列类型岩爆的预警与
动态调控。

1. 深埋隧洞岩爆孕育过程中微震时间序列

1）微震时间序列类型

　　根据岩爆孕育过程中微震活动的频次及强度在时间上的分布特点,分析了大
量岩爆过程的实例,将深埋隧洞岩爆孕育过程中微震时间序列类型基本上归纳为
4 种:群震型、前震-主震型、突发型和前震-主震-无震型。4 种类型岩爆实例的微震
时间序列分别如图 3.73(a)～(d)所示,图中横轴为时间,第一个微震事件发生时
间为零时刻,最后一点为岩爆发生时刻,纵坐标表示微震事件的能量。

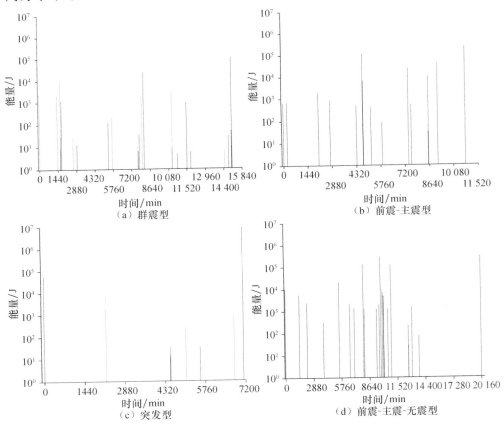

图 3.73　微震时间序列类型

4 类时间序列类型具有不同的特征,群震型时间序列岩爆孕育过程中一直存在较活跃的微震活动,微震事件及其能量在时间上较均匀分布于整个孕育阶段,大小能量的微震事件交替出现,如图 3.73(a)所示。前震-主震型时间序列岩爆孕育过程中的微震活动分为两个阶段:前震和主震阶段,微震事件及其能量在时间上表现为先疏后密和先弱后强的形式,前震阶段微震事件稀疏,事件能量相对较低,主震阶段表现为微震事件密集,出现大能量事件,如图 3.73(b)所示。突发型时间序列岩爆孕育过程中微震活动微弱,事件较少且能量较小,偶尔出现稀疏的大能量事件,如图 3.73(c)所示。前震-主震-无震型时间序列岩爆孕育过程中微震活动分为三个阶段:前震、主震和无震阶段,微震事件及其能量在时间上表现为弱-强-平静和疏-密-平静形式。前震阶段微震事件稀疏,事件能量相对较低,主震阶段密集产生微震事件,且包含大能量事件,无震阶段为一段时间的无微震活动,如图 3.73(d)所示。

图 3.74(a)~(d)分别为上述群震型、前震-主震型、突发型和前震-主震-无震型时间序列岩爆实例的照片。从图中可以看出,群震型时间序列岩爆区结构面发育,多受两组密集发育明显的硬性结构面控制,隐性结构面偶尔发育。前震-主震

(a)群震型

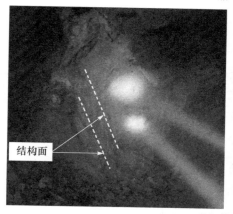
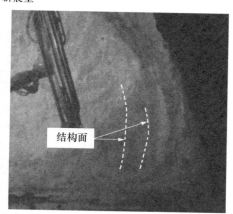

(b)前震-主震型

（c）突发型

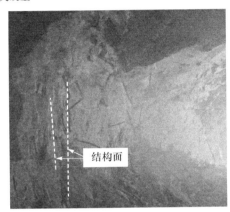

（d）前震-主震-无震型

图 3.74 岩爆实例的照片（见彩图）

型时间序列岩爆区多为受一条或一组发育明显的硬性结构面控制，一般无明显隐性结构面。突发型时间序列岩爆区结构面不发育或发育弱，无明显控制型结构面或发育少量延展性较差的硬性结构面。前震-主震-无震型时间序列岩爆区岩体结构面发育，多为一组发育明显的硬性结构面，同时存在明显的隐性结构面。

2）不同微震时间序列岩爆的孕育机制

采用岩石破裂类型综合判定方法（见 3.3 和 3.4 节）对 4 种类型岩爆破坏机制进行研究。群震型和前震-主震型时间序列岩爆的孕育机制如图 3.75（a）、（b）所示，岩爆孕育过程中主要为拉张破坏形成的裂纹，同时出现一定数量的剪切破裂事件，偶尔出现少量混合破裂事件。

突发型时间序列岩爆的孕育机制如图 3.75（c）所示，岩爆孕育过程中几乎全部为拉张破坏形成的裂纹，偶尔有剪切和混合破裂事件产生。前震-主震-无震型

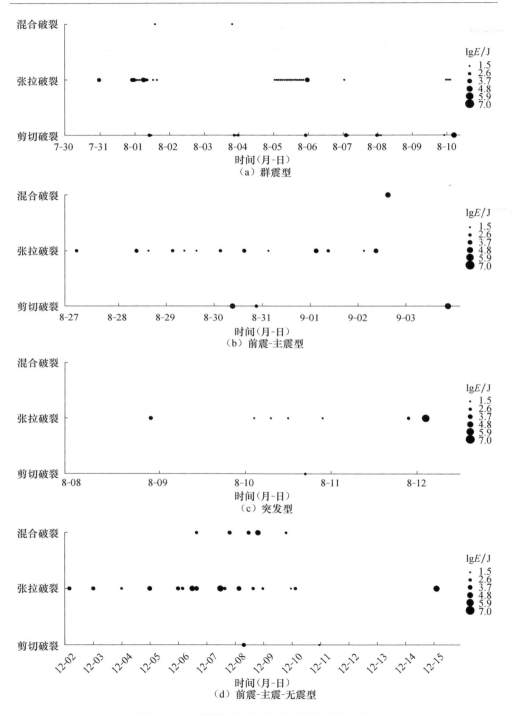

图 3.75　不同微震时间序列岩爆的孕育机制

时间序列岩爆的孕育机制如图 3.75(d)所示,主要为拉张破坏形成的裂纹,但同时出现较多的剪切和混合破裂事件。

群震型和前震-主震型时间序列岩爆符合即时性应变-结构面滑移型岩爆主要特征及其孕育机制,突发型时间序列岩爆和前震-主震-无震型时间序列岩爆分别符合即时应变型岩爆和时滞型岩爆的主要特征及其孕育机制。

3）微震时间序列形成机理

随着时间的推移,隧洞掌子面不断向前移动,掌子面从远端逐步向岩爆区靠近。掌子面临近岩爆区时,掌子面开挖卸荷引起岩爆区岩体应力调整,但扰动并未达到十分强烈的程度。此时,当岩爆区存在不同特征的岩体结构时,会形成不同的微震时间序列类型。

（1）当岩爆区存在密集发育明显的硬性结构面时,掌子面开挖卸荷引起岩爆区围岩应力调整而导致围岩产生裂隙或沿结构面扩展、开裂与滑移,释放能量,产生微震事件。虽然扰动并非十分强烈,但是由于多组硬性结构面切割岩体及其相互作用,掌子面对岩爆区的扰动在一开始便造成了群发的微震活动。当掌子面开挖经过岩爆区直至岩爆发生之前,开挖卸荷作用导致岩爆区发生强烈的微震活动,如图 3.76(a)所示。因此,岩爆孕育过程中微震活动的时间序列类型表现为群震型。

（2）当岩爆区存在一条或一组发育明显的硬性结构面时,掌子面开挖卸荷导致围岩产生裂隙或沿结构面扩展、开裂与滑移,释放能量,产生微震事件。但由于扰动并不十分强烈,岩爆区岩体具有一定的自稳能力,导致微震活动并不活跃,该阶段呈现为前震现象。当掌子面开挖经过岩爆区直至岩爆发生之前,开挖卸荷对岩爆区岩体的扰动达到十分强烈的状态,岩爆区产生强烈的微震活动,该阶段呈现为主震现象,如图 3.76(b)所示。因此,岩爆孕育过程中微震活动的时间序列类型表现为前震-主震型。

（3）当岩爆区结构面不发育或发育较弱时,掌子面在临近、开挖或者通过岩爆区直至岩爆发生之前,由于岩体自身的完整性及自稳能力较好,开挖卸荷的扰动未能触发岩爆区岩体产生明显的微震活动,或沿着少量延展性较差的硬性结构面产生稀少的微震事件,如图 3.76(c)所示。因此,岩爆孕育过程中微震活动的时间序列特征表现为突发型。

（4）前震-主震-无震型时间序列岩爆的前震-主震阶段同前震-主震型岩爆,如图 3.76(d)所示。主震末段岩爆区岩体处于岩爆的临界状态。之后持续一段时间无微震活动,这主要受两个方面的因素影响,一方面是现场支护起到一定作用,现场支护措施增加了岩爆区围岩的承载能力,抑制了围岩裂隙进一步扩展;另一方面,掌子面开挖逐步远离岩爆区,对岩爆区的扰动强度越来越弱,应力调整微弱,难以继续克服岩体的内聚力而使岩体发生破坏。以上作用导致岩爆区微震活动表现

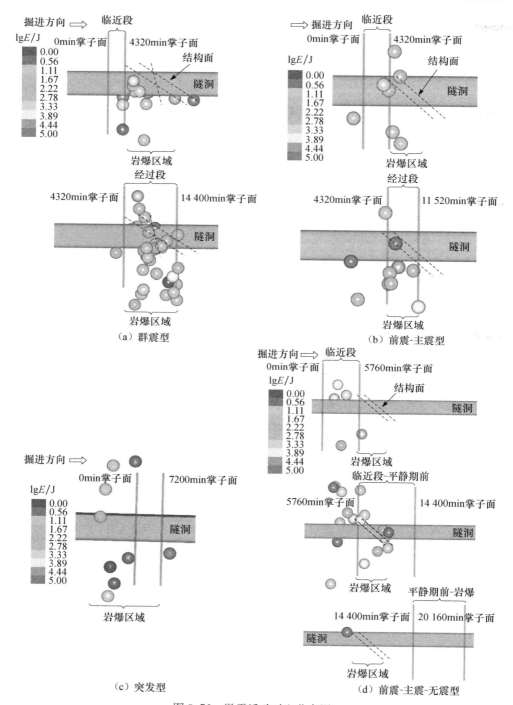

图 3.76　微震活动时空分布图

出一个平静期,表现为一定时段的无震现象。但岩体结构面之间的黏聚力在应力作用下具有时间退化效应,这种时间效应让裂隙面之间的岩桥随时间慢慢贯通。因此岩体整体强度下降,最后在外界扰动(爆破、临近隧洞开挖等)条件下发生岩爆。

2. 不同时间序列类型岩爆的预警与动态调控策略

当某区域出现微震活动时,都应对该区域的微震活动规律进行严密监视,快速分析微震活动的时间序列特征,以便能为岩爆的防控及时作出符合实际情况的判断。不同时间序列类型岩爆的预警与支护对策是不同的,这主要受它们特征的影响。

(1)前震-主震型:当微震活动进入主震时,表现出明显的突变现象。因此,在微震活动序列刚进入主震时应及时预警并紧跟支护,加强支护。

(2)群震型:岩爆孕育过程中一直存在较活跃的微震活动,微震事件及其能量在时间上较均匀分布于整个孕育阶段,无明显的突增征兆。但当微震活动时间序列表现出群震现象时,就预示着处于一定的岩爆风险,可利用基于微震信息的预警方法进行岩爆预警,采取降低开挖速率、应力解除爆破或其他预释放或转移能量措施等、和/或加强支护进行调控。若这些调控措施采取之后,微震活动并无衰减,群震现象依然存在,若开挖速率较大,支护强度还不够,则需进一步降低开挖速率或加强支护。

(3)突发型:无明显微震前兆,该种情况利用微震信息较难预警,也难以判断支护的时机与强度。

(4)前震-主震型-无震型:在微震活动序列刚进入主震时有明显的突变现象,应及时预警并支护紧跟,加强支护。若主震过后未立即发生岩爆,出现无震型阶段,由于无震阶段的历时长度不定,随机性较强,该类时滞型岩爆预警较为困难。

总体来说,对于存在前震-主震型和群震型微震时间序列的岩爆,可利用微震信息进行合理的预警并及时采取开挖、应力释放与支护措施优化等措施得到有效调控;对于前震-主震型-无震型和突发型微震时间序列的岩爆,基于微震信息的预警与动态调控较难把握,需要通过其他方法加以分析预警与调控。

3.3　岩爆孕育机制的矩张量分析方法

3.3.1　岩爆孕育机制矩张量分析总体思路

使用微震信息来研究不同类型岩爆的孕育机制,形成如下研究思路(见图3.77):

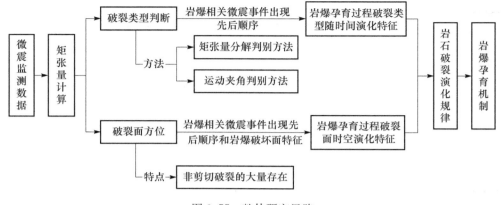

图 3.77　整体研究思路

　　(1) 总结考虑隧道(洞)工程中岩石破裂的瞬时性和大量微震数据及时处理要求的矩张量快速求解公式,并针对长隧洞工程传感器布置有限性的特点,采用旋转坐标轴的改进方式,来消除隧洞坐标系下震源-传感器坐标差差别过大,造成数值计算产生的不良结果。

　　(2) 针对现有基于矩张量结果的岩石破裂类型判别方法中,矩张量分解分量物理意义不明确、适用性有限等缺点,提出一般性矩张量分解破裂类型判别方法;并参照在一定应力条件下岩石破裂类型判别的方法,针对深埋隧洞岩石破裂过程中非剪切破裂形式的大量存在,考虑破裂面运动方向与破裂面不共面的特性,同时考虑岩石抗剪强度与应力状态有关、抗拉强度与岩性有关的认识,提出根据运动夹角判别破裂类型的建议方法。

　　(3) 针对深埋隧洞岩石破裂过程中非剪切破裂形式的大量存在,使用破裂面法向矢量、运动方向矢量和矩张量特征矢量之间的关系,定量推导岩石破裂面方位的求解方法。

　　(4) 结合岩爆孕育过程中岩石破裂的先后顺序和相对应的岩石破裂类型,研究即时应变型岩爆、即时应变-结构面滑移型岩爆和时滞型岩爆孕育过程中岩石破裂类型时间演化规律,从宏观上得到了不同类型岩爆孕育机制。

　　(5) 根据岩爆孕育过程中岩石破裂面方位特征的时空演化特点,结合岩爆破坏面暴露出来的破坏面特点以及爆出物的形式,研究即时应变型岩爆、即时性应变-结构面滑移型岩爆和时滞型岩爆孕育过程中岩石破裂面时空演化规律,以此直观地得到岩爆孕育全过程的描述。

　　(6) 使用矩张量破裂类型判别方法和矩张量破裂面产状确定方法,从宏观和细观角度研究锦屏二级水电站隧洞三类典型岩爆的孕育规律和孕育过程。

3.3.2　基于微震监测数据岩石破裂矩张量分析方法

1. 单个微破裂事件的矩张量分析方法

对如图 3.78 所示的微震监测系统,在多个传感器接收到某个破裂源的信息后,如何利用所接收到波形进行该破裂源的破裂类型和方位识别? Gilbert(1971)首先引进了矩张量(moment tensor)的概念,将其定义为作用在一点上的等效体力的一阶矩。用矩张量表示震源,无需事先对震源机制作任何假定,并且远场位移用矩张量表达是线性关系式(陈培善,1995)。矩张量是岩石破裂震源等效力的概念,就如同应力张量一样。一定的应力张量在一定的判别标准下,可以获得岩石破裂的破裂类型和破裂面信息。因此,对矩张量结果进行一定的处理也可以获得相应的岩石破裂的类型和破裂面方位信息。

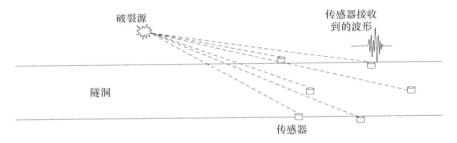

图 3.78　岩体微破裂源的微震传感器监测

矩张量分析方法的应用起初是针对地震学的。地震监测的频率段很低,周期很短,破裂过程是一个长时间的演化过程。因此,在地震学中求解震源矩张量时不能忽略岩石破裂时间效应。但是,完全使用地震矩张量的计算方法会给深埋隧洞岩石破裂矩张量的计算增加一定的复杂性,对每个微震事件都需要耗费很长的时间。而这里所使用微震监测系统监测到的岩石破裂周期很短,可以认为岩石破裂是瞬间发生完成的。

同时本书所使用微震监测系统在正常运行情况下,隧洞正常施工掘进过程中,每日监测到的微震事件数基本都超过 500 个,而且施工隧洞微震事件的发生表征着岩体微破裂的产生,其目的是为了预测岩石破裂发生后所造成的工程灾害,灾害发生在微震事件之后,而地震灾害发生在岩石破裂之中。因此,微震监测也对微震事件及时处理提出高要求。大数量、快速处理的高要求需要寻求一种能够快速计算矩张量的方法。

Strelitz(1978)通过研究发现,对于点源,记录的位移(u),可以表示为格林函数一阶偏微分(G')和二阶矩张量(M)的乘积,其公式如下:

$$u = G'M = cFM \tag{3.1}$$

式中：$c=1/(4\pi\rho v^3 r)$，ρ、v 和 r 分别表示岩体的密度、波速和震源与传感器之间的距离；F 称为激励矩阵。

根据式(3.1)知道，传感器记录的波形位移包括破裂源等效力的信息(矩张量)、应力波在岩体内的传播效应(格林函数)以及应力波在传播路径中的衰减和传感器对应力波的响应等。因此，进行矩张量计算之前，需要获得考虑传播衰减的传感器波形振动位移和表征应力波传播效应的格林函数。

二阶矩张量具有 9 个分量，可以用图 3.79 表示。对于等效力，满足角动量守恒定律。因此，地震矩张量是二阶对称张量，9 个分量元素中只有 6 个独立分量，分别为 M_{11}、M_{12}、M_{13}、M_{22}、M_{23}、M_{33}。

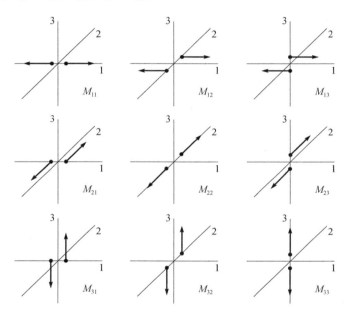

图 3.79　二阶矩张量的 9 个分量(Shearer，2009)

为了能够从二阶矩张量表达式得到清晰的岩石破裂类型，借助于"已知岩石的应力状态，如何判断可能的岩石破坏类型"的应力张量判别岩石破裂类型的思想，如图 3.80 所示，即通过将应力张量特征值化后，根据主应力下单轴拉伸应力和剪切应力各自所占比重进行判别，或根据一定岩石破坏准则进行判别，如考虑拉伸破坏摩尔库伦准则的运动夹角判别方法。

对于一定应力状态下岩石破裂面的确定，不同的破坏准则，可能会得到不同的结果。同时，岩石参数与岩体参数有一定的差别，且岩石破坏准则多使用于数值模拟中，将其应用于基于微震信息的分析会使得问题复杂化。因此，可采用 Aki 和 Richard(1980)给出的在各向同性介质下由破裂面位置与运动方向矢量计算矩张

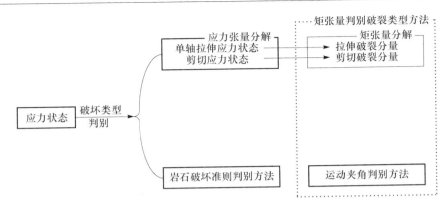

图 3.80　矩张量判别破裂类型方法思路

量方法,通过破裂面法向矢量、运动方向矢量与矩张量特征值矢量的关系推导得到了基于微震信息的岩石破裂面方位。

因此,在上面的思想基础上,总结得到岩爆孕育过程中单个微破裂事件的矩张量分析方法思路,如图 3.81 所示。

2. 矩张量计算

1) 岩石破裂远场位移计算

应力波在传播路径中会发生一定的衰减,并且不同的频率会有不同的衰减。因此,在进行传感器波形位移计算时,应该考虑一定的振幅衰减。但由于传感器接收到的是时间位移振幅,在进行波形衰减修正之前,需要使用傅里叶时频变换将时间位移振幅转换为频率位移振幅。

频率位移衰减振幅计算公式为

$$A^{\mathrm{new}}(f) = A(f)\exp\left(\frac{\pi fD}{vQ}\right) \tag{3.2}$$

式中:$A(f)$ 为传感器记录波形在频率域中相应频率对应的振幅;f 为相应的频率;v 为 P/S 波波速;Q 为衰减因子。衰减因子可以通过现场试验获取。例如,所使用传感器在现场监测中使用的衰减因子基本都是 550。

在声发射的矩张量计算中,位移一般采用 P 波初动振幅,但是在施工过程中的深埋隧洞中,施工机械、电气、爆破等噪声较多,对 P 波初动振幅影响较大,P 波初动振幅值是不可靠的。

例如,对编号为 90 的单向速度计传感器在 2010 年 8 月 16 日 19:21:29 的事件进行积分运算得到时间-位移振幅:对触发到的全波形进行积分运算,得到的 P 波初动振幅位移差为 3.89×10^{-10};而对 P 波触动后的波形进行积分运算,得到的 P 波初动振幅位移差则为 4.96×10^{-10},仅此,P 波初动振幅就有显著的波动差别。

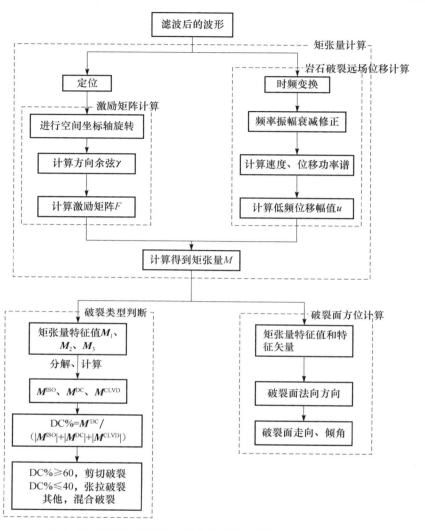

图 3.81 岩爆孕育过程中单个微破裂事件的矩张量分析方法

每个传感器参与矩张量计算的公式是一致的,也有使用对 P 波初动振幅进行矩张量计算的(Ohtsu,1991)。但是,不同的传感器由于离噪声源的远近不同因此受到噪声的影响不同。因此,对于施工过程中的深埋隧洞微震监测数据,这种方法也不是很可靠。

低频位移振幅的计算无需任何源模型的假设,并且双对数频率域的振幅值在低频部分(低频位移振幅)是相对平直的常数,如图 3.82 所示,其大小正比于地震标量矩(Urbancic et al.,1996)。因此,采用低频位移振幅来表示式(3.3)中的岩石破裂远场位移。

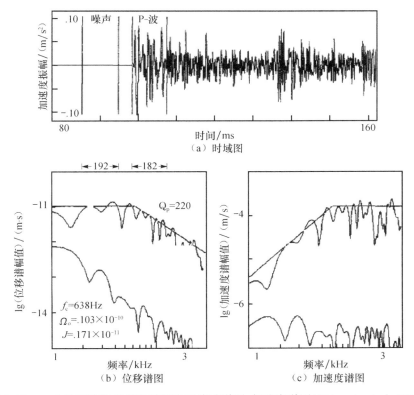

图 3.82　一个地震事件 P 波时域图以及位移谱图、加速度谱图(Urbancic et al.,1996)

Andrews(1986)给出了低频位移幅值的计算公式:

$$u = \sqrt{\frac{4S_{D2}^{3/2}}{S_{V2}^{1/2}}} \qquad (3.3)$$

式中:

$$S_{D2} = 2\int_0^\infty D_0^2(f)\mathrm{d}f$$

$$S_{V2} = 2\int_0^\infty V_0^2(f)\mathrm{d}f$$

$$D_0^2(f) = \frac{V_0^2(f)}{(2\pi f)^2}$$

$V_0^2(f)$ 为考虑自由面影响乘以 1/4 的修正速度功率谱,$D_0^2(f)$ 为对应的位移功率谱。

注意:在使用式(3.3)进行低频位移幅值计算之前,应确认使用的传感器种类,是加速度计、速度计还是位移计。

如果所使用的传感器是加速度计,那么首先要对传感器记录波形在时间域上进行数值积分得到时域速度谱,进而通过傅里叶变换及式(3.2)得到速度谱

$V_0(f)=A^{new}(f)$；对于速度计，式(3.2)得到的考虑衰减的传感器波形位移$A^{new}(f)$即为速度谱$V_0(f)$；而对于位移计，需要对传感器记录波形在时间域上进行数值微分得到时域速度谱，进而通过傅里叶变换及式(3.2)得到速度谱$V_0(f)=A^{new}(f)$；最后通过式(3.3)得到岩石破裂远场位移。

对于三向传感器监测到的波形，可以使用偏振分析的方法将微震波形从监测系统坐标系变换到P、SH、SV体波类型坐标系，并进行分解，得到清晰的P波和S波的时域波形振幅，然后进行上述岩石破裂远场位移计算。

对于单向传感器不能进行偏振分析，一般认为S波的到达是P波的结束，P波的时域波形振幅信息为P波到时至S波到时之间的时域波形信息；而S波的时域波形振幅信息则为S波到时至两倍的P波和S波时间长度的时域波形信息，同时监测波形得到的振幅是所有P波、S波在传感器安装方向的投影。因此，在确定单向传感器P波时域振幅值时，需要除以传感器安装方向和震源-传感器的方向余弦来得到；而确定单向传感器S波时域振幅值时，则需要除以传感器安装方向和震源-传感器的方向正弦来得到。

另外，用于矩张量计算的远场位移值需要考虑相应体波的初动方向，初动方向并不是微震波形初到方向简单的向上或者向下，而是应该同时考虑传感器相对震源的空间位置。

2）格林函数相关激励矩阵计算

对于单向传感器，由于S波受噪声和P波尾波影响较为严重一般不用作矩张量计算。而P波远场位移相关的激励矩阵F可以表示为

$$F = \gamma_i\gamma_j \tag{3.4}$$

式中：i和j均表示所建立的隧洞坐标系的坐标分量，i和j的取值为1,2,3；γ为震源到传感器的传播射线到各坐标轴的方向余弦，即$\gamma_1=\Delta x/r$，$\gamma_2=\Delta y/r$，$\gamma_3=\Delta z/r$；Δx、Δy和Δz分别为震源与传感器的坐标差在X、Y、Z坐标轴上的投影长度。

因此，对于有n个单向传感器监测波形的微震事件，P波远场位移矩阵可以由矩张量表示为如下形式：

$$\begin{bmatrix} u_p^1 \\ u_p^2 \\ u_p^3 \\ \vdots \\ u_p^n \end{bmatrix} = \frac{1}{4\pi\rho v_p^3} \begin{bmatrix} \dfrac{\gamma_1^1\gamma_1^1}{r^1} & \dfrac{2\gamma_1^1\gamma_2^1}{r^1} & \dfrac{2\gamma_1^1\gamma_3^1}{r^1} & \dfrac{\gamma_2^1\gamma_2^1}{r^1} & \dfrac{2\gamma_2^1\gamma_3^1}{r^1} & \dfrac{\gamma_3^1\gamma_3^1}{r^1} \\[2mm] \dfrac{\gamma_1^2\gamma_1^2}{r^2} & \dfrac{2\gamma_1^2\gamma_2^2}{r^2} & \dfrac{2\gamma_1^2\gamma_3^2}{r^2} & \dfrac{\gamma_2^2\gamma_2^2}{r^2} & \dfrac{2\gamma_2^2\gamma_3^2}{r^2} & \dfrac{\gamma_3^2\gamma_3^2}{r^2} \\[2mm] \dfrac{\gamma_1^3\gamma_1^3}{r^3} & \dfrac{2\gamma_1^3\gamma_2^3}{r^3} & \dfrac{2\gamma_1^3\gamma_3^3}{r^3} & \dfrac{\gamma_2^3\gamma_2^3}{r^3} & \dfrac{2\gamma_2^3\gamma_3^3}{r^3} & \dfrac{\gamma_3^3\gamma_3^3}{r^3} \\[2mm] \vdots & \vdots & \vdots & \vdots & \vdots & \vdots \\[2mm] \dfrac{\gamma_1^n\gamma_1^n}{r^n} & \dfrac{2\gamma_1^n\gamma_2^n}{r^n} & \dfrac{2\gamma_1^n\gamma_3^n}{r^n} & \dfrac{\gamma_2^n\gamma_2^n}{r^n} & \dfrac{2\gamma_2^n\gamma_3^n}{r^n} & \dfrac{\gamma_3^n\gamma_3^n}{r^n} \end{bmatrix} \begin{bmatrix} M_{11} \\ M_{12} \\ M_{13} \\ M_{22} \\ M_{23} \\ M_{33} \end{bmatrix} \tag{3.5}$$

对于由n个单向传感器监测波形记录的震源，震源破裂矩张量可以表示为

$$
\begin{bmatrix} M_{11} \\ M_{12} \\ M_{13} \\ M_{22} \\ M_{23} \\ M_{33} \end{bmatrix} = 4\pi\rho v_P^3 \begin{bmatrix} \dfrac{\gamma_1^1\gamma_1^1}{r^1} & \dfrac{2\gamma_1^1\gamma_2^1}{r^1} & \dfrac{2\gamma_1^1\gamma_3^1}{r^1} & \dfrac{\gamma_2^1\gamma_2^1}{r^1} & \dfrac{2\gamma_2^1\gamma_3^1}{r^1} & \dfrac{\gamma_3^1\gamma_3^1}{r^1} \\ \dfrac{\gamma_1^2\gamma_1^2}{r^2} & \dfrac{2\gamma_1^2\gamma_2^2}{r^2} & \dfrac{2\gamma_1^2\gamma_3^2}{r^2} & \dfrac{\gamma_2^2\gamma_2^2}{r^2} & \dfrac{2\gamma_2^2\gamma_3^2}{r^2} & \dfrac{\gamma_3^2\gamma_3^2}{r^2} \\ \dfrac{\gamma_1^3\gamma_1^3}{r^3} & \dfrac{2\gamma_1^3\gamma_2^3}{r^3} & \dfrac{2\gamma_1^3\gamma_3^3}{r^3} & \dfrac{\gamma_2^3\gamma_2^3}{r^3} & \dfrac{2\gamma_2^3\gamma_3^3}{r^3} & \dfrac{\gamma_3^3\gamma_3^3}{r^3} \\ \vdots & \vdots & \vdots & \vdots & \vdots & \vdots \\ \dfrac{\gamma_1^n\gamma_1^n}{r^n} & \dfrac{2\gamma_1^n\gamma_2^n}{r^n} & \dfrac{2\gamma_1^n\gamma_3^n}{r^n} & \dfrac{\gamma_2^n\gamma_2^n}{r^n} & \dfrac{2\gamma_2^n\gamma_3^n}{r^n} & \dfrac{\gamma_3^n\gamma_3^n}{r^n} \end{bmatrix}^{-1} \begin{bmatrix} u_P^1 \\ u_P^2 \\ u_P^3 \\ \vdots \\ u_P^n \end{bmatrix} \tag{3.6}
$$

式中：M_{11}、M_{12}、M_{13}、M_{22}、M_{23}、M_{33}分别为矩张量的 6 个独立分量；矩阵上标-1表示求逆矩阵，矢量数字下标表示坐标系编号，数字上标表示传感器编号，下标 P 表示 P 波相关。

对于三向传感器，为了更清晰识别 P 波、S 波到时，往往会先进行偏振分析，即将该传感器记录的时域波形振幅信息从隧洞坐标系转换到局部射线坐标系下，偏振分析转化之后的三向传感器远场位移相关的激励矩阵 F 可以表示为

$$
\begin{cases} F^P = (\gamma_1\gamma_1, 2\gamma_1\gamma_2, 2\gamma_1\gamma_3, \gamma_2\gamma_2, 2\gamma_2\gamma_3, \gamma_3\gamma_3) \\ F^{SH} = (\varphi_1\gamma_1 \cdot \varphi_1\gamma_2 + \varphi_2\gamma_1 \cdot \varphi_1\gamma_3 + \varphi_3\gamma_1, \varphi_2\gamma_2 \cdot \varphi_2\gamma_3 + \varphi_3\gamma_2, \varphi_3\gamma_3) \\ F^{SV} = (\theta_1\gamma_1 \cdot \theta_1\gamma_2 + \theta_2\gamma_1, \theta_1\gamma_3 + \theta_3\gamma_1, \theta_2\gamma_2, \theta_2\gamma_3 + \theta_3\gamma_2, \theta_3\gamma_3) \end{cases} \tag{3.7}
$$

式中：γ_i、φ_i、θ_i 分别对应局部射线坐标系中三个矢量方向在隧洞坐标系下的各自分量，其表达式为

$$
\begin{cases} \gamma = (\sin\alpha\cos\beta, \sin\alpha\sin\beta, \cos\alpha) \\ \varphi = (-\sin\beta, \cos\beta, 0) \\ \theta = (\cos\alpha\cos\beta, \cos\alpha\sin\beta, -\sin\alpha) \end{cases} \tag{3.8}
$$

其中，α、β 分别表示在隧洞坐标系下，传感器相对震源位置的倾角和方位角，如图 3.83 所示。

在确定传感器相对震源位置的倾角 α 和方位角 β 时，方位角在 XOY 平面内，以 X 轴正向（北）为 0，以 X 轴正向（北）向 Y 轴正向旋转为正（顺时针），取值范围为 $0\sim 360°$；倾角水平面往 Z 轴正向旋转为正，以水平面为 0，其取值范围为 $0\sim 90°$；倾向始终处于走向右侧，如图 3.83 所示。

因此，对于单个三向传感器，经过偏振分析后波形位移场可以表示为

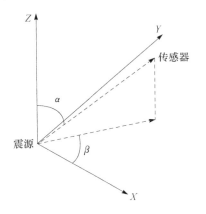

图 3.83　震源-传感器的相对空间位置图

$$
\begin{bmatrix} u_{\mathrm{P}} \\ u_{\mathrm{SH}} \\ u_{\mathrm{SV}} \end{bmatrix} = \frac{1}{4\pi\rho r}
\begin{bmatrix}
\dfrac{\gamma_1\gamma_1}{v_{\mathrm{P}}^3} & \dfrac{2\gamma_1\gamma_2}{v_{\mathrm{P}}^3} & \dfrac{2\gamma_1\gamma_3}{v_{\mathrm{P}}^3} & \dfrac{\gamma_2\gamma_2}{v_{\mathrm{P}}^3} & \dfrac{2\gamma_2\gamma_3}{v_{\mathrm{P}}^3} & \dfrac{\gamma_3\gamma_3}{v_{\mathrm{P}}^3} \\[2mm]
\dfrac{\varphi_1\gamma_1}{v_{\mathrm{S}}^3} & \dfrac{\varphi_1\gamma_2+\varphi_2\gamma_1}{v_{\mathrm{S}}^3} & \dfrac{\varphi_1\gamma_3+\varphi_3\gamma_1}{v_{\mathrm{S}}^3} & \dfrac{\varphi_2\gamma_2}{v_{\mathrm{S}}^3} & \dfrac{\varphi_2\gamma_3+\varphi_3\gamma_2}{v_{\mathrm{S}}^3} & \dfrac{\varphi_3\gamma_3}{v_{\mathrm{S}}^3} \\[2mm]
\dfrac{\theta_1\gamma_1}{v_{\mathrm{S}}^3} & \dfrac{\theta_1\gamma_2+\theta_2\gamma_1}{v_{\mathrm{S}}^3} & \dfrac{\theta_1\gamma_{\mathrm{S}}+\theta_3\gamma_1}{v_{\mathrm{S}}^3} & \dfrac{\theta_2\gamma_2}{v_{\mathrm{S}}^3} & \dfrac{\theta_2\gamma_3+\theta_3\gamma_2}{v_{\mathrm{S}}^3} & \dfrac{\theta_3\gamma_3}{v_{\mathrm{S}}^3}
\end{bmatrix}
\begin{bmatrix} M_{11} \\ M_{12} \\ M_{13} \\ M_{22} \\ M_{23} \\ M_{33} \end{bmatrix}
\tag{3.9}
$$

即对于由 n 个三向传感器监测波形记录的震源,震源破裂矩张量可以表示为:

$$
\begin{bmatrix} M_{11} \\ M_{12} \\ M_{13} \\ M_{22} \\ M_{23} \\ M_{33} \end{bmatrix} = 4\pi\rho r
\begin{bmatrix}
\dfrac{\gamma_1^1\gamma_1^1}{v_{\mathrm{P}}^3} & \dfrac{2\gamma_1^1\gamma_2^1}{v_{\mathrm{P}}^3} & \dfrac{2\gamma_1^1\gamma_3^1}{v_{\mathrm{P}}^3} & \dfrac{\gamma_2^1\gamma_2^1}{v_{\mathrm{P}}^3} & \dfrac{2\gamma_2^1\gamma_3^1}{v_{\mathrm{P}}^3} & \dfrac{\gamma_3^1\gamma_3^1}{v_{\mathrm{P}}^3} \\[2mm]
\dfrac{\varphi_1^1\gamma_1^1}{v_{\mathrm{S}}^3} & \dfrac{\varphi_1^1\gamma_2^1+\varphi_2\gamma_1^1}{v_{\mathrm{S}}^3} & \dfrac{\varphi_1^1\gamma_3^1+\varphi_3\gamma_1^1}{v_{\mathrm{S}}^3} & \dfrac{\varphi_2^1\gamma_2^1}{v_{\mathrm{S}}^3} & \dfrac{\varphi_2\gamma_3^1+\varphi_3\gamma_2^1}{v_{\mathrm{S}}^3} & \dfrac{\varphi_3^1\gamma_3^1}{v_{\mathrm{S}}^3} \\[2mm]
\dfrac{\theta_1^1\gamma_1^1}{v_{\mathrm{S}}^3} & \dfrac{\theta_1^1\gamma_2^1+\theta_2\gamma_1^1}{v_{\mathrm{S}}^3} & \dfrac{\theta_1^1\gamma_{\mathrm{S}}+\theta_3\gamma_1^1}{v_{\mathrm{S}}^3} & \dfrac{\theta_2\gamma_2^1}{v_{\mathrm{S}}^3} & \dfrac{\theta_2\gamma_3^1+\theta_3\gamma_2^1}{v_{\mathrm{S}}^3} & \dfrac{\theta_3\gamma_3^1}{v_{\mathrm{S}}^3} \\[1mm]
\vdots & \vdots & \vdots & \vdots & \vdots & \vdots \\[1mm]
\dfrac{\gamma_1^n\gamma_1^n}{v_{\mathrm{P}}^3} & \dfrac{2\gamma_1^n\gamma_2^n}{v_{\mathrm{P}}^3} & \dfrac{2\gamma_1^n\gamma_3^n}{v_{\mathrm{P}}^3} & \dfrac{\gamma_2^n\gamma_2^n}{v_{\mathrm{P}}^3} & \dfrac{2\gamma_2^n\gamma_3^n}{v_{\mathrm{P}}^3} & \dfrac{\gamma_3^n\gamma_3^n}{v_{\mathrm{P}}^3} \\[2mm]
\dfrac{\varphi_1^n\gamma_1^n}{v_{\mathrm{S}}^3} & \dfrac{\varphi_1^n\gamma_2^n+\varphi_2\gamma_1^n}{v_{\mathrm{S}}^3} & \dfrac{\varphi_1^n\gamma_3^n+\varphi_3\gamma_1^n}{v_{\mathrm{S}}^3} & \dfrac{\varphi_2\gamma_2^n}{v_{\mathrm{S}}^3} & \dfrac{\varphi_2\gamma_3^n+\varphi_3\gamma_2^n}{v_{\mathrm{S}}^3} & \dfrac{\varphi_3\gamma_3^n}{v_{\mathrm{S}}^3} \\[2mm]
\dfrac{\theta_1^n\gamma_1^n}{v_{\mathrm{S}}^3} & \dfrac{\theta_1^n\gamma_2^n+\theta_2\gamma_1^n}{v_{\mathrm{S}}^3} & \dfrac{\theta_1^n\gamma_{\mathrm{S}}+\theta_3\gamma_1^n}{v_{\mathrm{S}}^3} & \dfrac{\theta_2\gamma_2^n}{v_{\mathrm{S}}^3} & \dfrac{\theta_2\gamma_3^n+\theta_3\gamma_2^n}{v_{\mathrm{S}}^3} & \dfrac{\theta_3\gamma_3^n}{v_{\mathrm{S}}^3}
\end{bmatrix}^{-1}
\begin{bmatrix} u_{\mathrm{P}}^1 \\ u_{\mathrm{SH}}^1 \\ u_{\mathrm{SV}}^1 \\ \vdots \\ u_{\mathrm{P}}^n \\ u_{\mathrm{SH}}^n \\ u_{\mathrm{SV}}^n \end{bmatrix}
\tag{3.10}
$$

式中:M_{11}、M_{12}、M_{13}、M_{22}、M_{23}、M_{33} 分别为矩张量的 6 个独立分量;矩阵上标 -1 表示求逆矩阵,参量数字下标表示坐标系编号,数字上标表示传感器编号,下标 P 表示 P 波相关,SH 表示 SH 波相关,SV 表示 SV 波相关;v_{P} 表示 P 波波速;v_{S} 表示 S 波波速。

对于有多个三向传感器或者既有三向传感器又有单向传感器记录波形的微震事件,可以采用式(3.5)和式(3.9)组合形成矩阵方程,以计算得到矩张量结果。

式(3.1)的矩张量求解公式,很好地满足了微震监测数据大量、及时处理的要求,但是传感器布置的有限性造成的传感器与震源坐标差在垂直隧洞轴线两个方向上很小,而在隧洞轴线方向一般较大,这种在不同坐标方向坐标差的比值相对大,给数值计算带来较大的误差的问题尚未解决。

由式(3.1)可知,在震源与传感器的位置一定,且震源-传感器射线方向 P 波位移振幅一定的前提下,矩张量分量只和震源-传感器射线在隧洞坐标系的三个方向余弦有关。但是由图 3.84 可以了解到,在隧洞工程中,ΔY 往往远远大于 ΔX 和

ΔZ,有时甚至有超过 100 倍的差距,那么根据式(3.1)得到的矩张量结果中,M_{11} 和 M_{33} 理论上会产生超过 1 万倍的 M_{22} 的结果,尤其是 ΔX 和 ΔZ 其中有一个值特别小时,计算机数值误差会产生较差的矩张量结果。

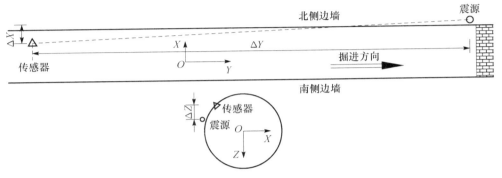

图 3.84 深埋隧洞微震监测中震源-传感器平面示意图及坐标系统

例如:对于 2010 年 10 月 31 日 22:56:03 的微震事件,如果直接按照上述公式进行矩张量数值计算,则得到的矩张量结果为

$$\boldsymbol{M} = \begin{bmatrix} 0.0108 & -0.0749 & 0.0808 \\ -0.0749 & 0.0862 & -0.0794 \\ 0.0808 & -0.0794 & -3.9586 \end{bmatrix} \times 10^{13}$$

从这个矩张量结果可以看出,M_{33} 相对其他分量有数十倍的差别,那么依次得到的标量矩的数值为 3.9617×10^{13},其结果完全决定于 M_{33} 的大小。

针对这个问题,提出了数值计算过程中采用坐标系空间旋转的方法,具体步骤如下:

由于隧洞现场施工条件有限,传感器往往安装在隧洞表面或者较浅的钻孔中,难以形成良性传感器阵列,可以通过将坐标系进行合适的旋转来减小 γ_i 之间的差别。

震源和传感器坐标一定的条件下,震源-传感器射线到三个坐标轴方向的方向余弦值唯一的依赖于传感器和震源坐标差 ΔX、ΔY 和 ΔZ。若 ΔX 和 ΔZ 相对 ΔY 较小,且 ΔX 和 ΔZ 也有倍数差,则可以先绕着 Y 轴旋转 XOZ 平面,使得 ΔX 和 ΔZ 接近,然后反复绕着 X 轴旋转 YOZ 平面,和绕着 Z 轴旋转 YOX 平面。根据大量矩张量计算得到,使每个传感器-震源射线的三个方向余弦差值在 10 倍差别以内,可以得到较理想的矩张量结果。因为矩张量是二阶对称张量坐标轴的变换,不会改变矩张量的本征值结果,因而也就不会对破裂类型和标量地震矩的结果产生影响。

按照上述的改进方法,可以重新得到以下的矩张量计算结果:

$$M = \begin{bmatrix} -1.5941 & 0.1000 & -3.6316 \\ 0.1000 & 0.0806 & -0.1857 \\ -3.6316 & -0.1857 & -2.5504 \end{bmatrix} \times 10^{12} \qquad (3.11)$$

可见,按照改进方法得到的矩张量结果各分量的差别不会很大。得到这个矩张量的标量值为 5.7361×10^{12},其结果并没有完全的依赖于某一分量,同时可以发现,按照改进前和改进后方法得到的标量矩有近一个数量级的差别,这种差别会随着隧洞坐标系下各分量的坐标差差别的增大而增大。因此,长隧洞工程传感器布置有限性,会造成矩张量数值计算产生不良结果。

3. 基于矩张量结果的岩石破裂类型判别方法

所采用的岩石破裂类型矩张量判别方法思想基于图 3.81 所示。而现有的基于矩张量结果的破裂类型判别方法也是基于图 3.81 思想的两种方法。一种是使用矩张量分解,根据各分量所占比重进行破裂类型的判别(Feignier et al.,1992;Ohtsu,1991);另一种是使用矩张量得到的破裂面与运动方向的夹角进行破裂类型的判别(Ouyang et al.,1991)。

1) 矩张量分解判别方法

在矩张量结果一定的情况下,采用不同的矩张量分解计算方法有可能会得到不同的破裂类型结果。如何针对工程研究对象的情况,对矩张量进行合理分解,并得到破裂类型的合理识别,是使用矩张量进行岩石破裂类型研究最关键的一步。

在得到矩张量结果之后,在进行矩张量分解之前,为了便于计算各分解分量的比重,需要首先将由 M_{11}、M_{12}、M_{13}、M_{22}、M_{23}、M_{33} 6 个独立分量表示的二阶对称矩张量结果进行特征值化,得到其三个特征值 M_1、M_2、M_3。将特征值化后的矩张量写为列矩阵形式,并将其分解为各向同性部分和偏张量部分。

$$\begin{bmatrix} M_1 \\ M_2 \\ M_3 \end{bmatrix} = M^{\text{ISO}} \begin{bmatrix} 1 \\ 1 \\ 1 \end{bmatrix} + \begin{bmatrix} M_1' \\ M_2' \\ M_3' \end{bmatrix} \qquad (3.12)$$

式中:$M^{\text{ISO}} = (M_1 + M_2 + M_3)/3$ 为矩张量的各向同性部分;M_1'、M_2'、M_3' 分别为三个矩张量特征值对应的偏张量部分。然而如何分解矩张量的偏张量部分却是一个很困难的事情,在已有的文献中,不同的作者会根据不同的研究对象和研究目的进行分解。

针对深埋隧洞线性掘进和岩石破裂类型多样性的特点,根据 Aki 和 Richard(1980)提出的剪切破裂和张拉破裂的矩张量特征值表达式,考虑岩石破裂过程中主矩方向和大小一定的条件,认为剪切破裂和张拉破裂的矩张量形式具有相同的主轴方向。使用 M^{DC} 表示矩张量剪切破裂部分的大小;将矩张量的张拉破裂部分分解为 M^{CLVD} 和 M^{ISO} 两部分,如图 3.85 所示。

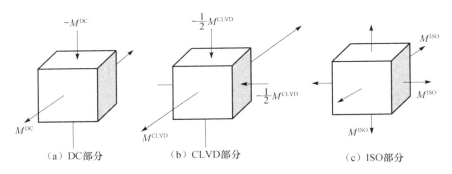

（a）DC部分　　　　　（b）CLVD部分　　　　　（c）ISO部分

图 3.85　基于相同主轴方向原理的矩张量分解

由于 $M^{\mathrm{ISO}}=(M_1+M_2+M_3)/3$ 在各方向的大小都是相同的，故可以根据偏矩张量部分 M_1'、M_2'、M_3' 来研究 M^{DC} 和 M^{CLVD} 的大小。由于 M^{DC} 的力学状态具有对称性，故可以假定 $M^{\mathrm{DC}}>0$。

定义 $|M_1'|\geqslant|M_2'|\geqslant|M_3'|$，根据图 3.85 可知：

如果 $M^{\mathrm{CLVD}}\geqslant0$，则有

$$M_1'=M^{\mathrm{DC}}+M^{\mathrm{CLVD}}$$

$$\begin{cases} M_2'=0-M^{\mathrm{CLVD}}/2 \\ M_3'=-M^{\mathrm{DC}}-M^{\mathrm{CLVD}}/2 \end{cases},\quad M_2'\geqslant M_3'$$

$$\begin{cases} M_3'=0-M^{\mathrm{CLVD}}/2 \\ M_2'=-M^{\mathrm{DC}}-M^{\mathrm{CLVD}}/2 \end{cases},\quad M_2'<M_3' \tag{3.13}$$

如果 $M^{\mathrm{CLVD}}<0$，则有

$$M_1'=-M^{\mathrm{DC}}+M^{\mathrm{CLVD}}$$

$$\begin{cases} M_2'=M^{\mathrm{DC}}-M^{\mathrm{CLVD}}/2 \\ M_3'=0-M^{\mathrm{CLVD}}/2 \end{cases},\quad M_2'\geqslant M_3'$$

$$\begin{cases} M_3'=M^{\mathrm{DC}}-M^{\mathrm{CLVD}}/2 \\ M_2'=0-M^{\mathrm{CLVD}}/2 \end{cases},\quad M_2'<M_3' \tag{3.14}$$

由上述式子可以求得 M^{DC} 和 M^{CLVD} 大小。为了使该方法与 Ohtsu 研究的水压致裂实验中结果相匹配，使用 $\mathrm{DC}\%=M^{\mathrm{DC}}/(|M^{\mathrm{DC}}|+|M^{\mathrm{CLVD}}|+|M^{\mathrm{ISO}}|)$ 来计算得到矩张量中剪切破裂分量的比重，并根据剪切破裂部分所占矩张量的比重来进行破裂类型的判断。

$$\begin{cases} \mathrm{DC}\%\geqslant60\%, & 剪切破裂 \\ \mathrm{DC}\%\leqslant40\%, & 张拉破裂 \\ 40\%<\mathrm{DC}\%<60\%, & 混合破裂 \end{cases} \tag{3.15}$$

2）运动夹角判别方法

定义运动夹角为破裂面运动矢量方向 $\boldsymbol{v}$ 和破裂面的夹角 θ，见图 3.86。

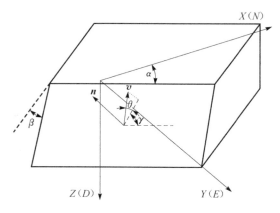

图 3.86　破裂面空间示意图

从几何学的角度,运动夹角的确是用来判断破裂类型的一种较好的方法,但是在一定的应力环境下,岩体抵抗剪切破坏的能力和抵抗张拉破坏的能力是不同的,而且不同岩石在不同的应力条件下的抗剪强度是不同的,其不能作为一种直接的参数进行破裂类型的判断,它根据地应力条件、岩石力学参数和开挖条件而异。

但大致可以总结为如下方法进行确定。假设在一定的地应力赋存条件下,岩体开挖卸荷造成完整岩体的抗剪强度为 F_s,岩石的抗拉强度为 F_t。

在原岩应力条件下,岩体是压密且稳定的,但随着隧洞开挖卸荷,开挖面上支撑压力消失,表层围岩处于零围压状态,在围岩内部,围压逐渐升高,在开挖卸荷作用下,表层或浅层岩体有发生剪切破坏的可能性。

在开挖卸荷作用下,洞室围岩应力会发生分异,即切向应力增大,法向应力降低。由于地下工程开挖,形成应力集中,通常的应力集中系数为 2～3,即开挖卸荷作用下洞室围岩的切向应力一般为原来的 2～3 倍(李广平,1997)。这里可以采用近似的方法求解开挖卸荷作用下完整岩体的抗剪强度值。

假设沿平行隧洞轴线方向的原始地应力场中两个正应力中的最大值为 σ,围岩浅层岩体切向应力采用 2 倍的应力集中系数,则根据摩尔库伦准则,采用下面公式近似得到岩体的抗剪强度值:

$$F_s = 2\cos\varphi \frac{\sigma}{2} = \sigma\cos\varphi \tag{3.16}$$

根据图 3.86 可知,满足下式情况下的岩体发生破坏时表现为张拉破坏:

$$\tan\theta > \frac{F_t}{F_s} \tag{3.17}$$

4. 基于矩张量结果的新生破裂面方位确定方法

岩体的破裂是时空二维量。岩爆孕育过程中破裂类型的结果,得到的只是岩体破裂的时间演化过程及规律的认识。为了更直观的认识岩爆孕育过程、岩体破裂相对隧洞开挖的位置及形式,还需要确定和显示岩石破裂面的空间位置。

以前破裂面确定的研究都是来源于地震学,而地震学破裂面的确定是建立在剪切破裂的基础之上的。但是在深埋隧洞工程中,岩体的破坏既有剪切破坏,也有张拉破坏,还有拉剪/压剪破坏,破裂面的运动方向与破裂面不共面。

Gross 和 Ohtsu(2008)在使用声发射理论研究岩石破裂的时候,介绍了矩张量三个特征值矢量与运动方向矢量和破裂面法向矢量的关系,但是没有推导给出相应的公式。

在对 Gross 和 Ohtsu(2008)方法理解的基础上,进行了破裂面求解过程的完全介绍,并推导给出了基于矩张量结果的破裂面确定公式。

在 NED(北、东、下)建立的 XYZ 三维空间坐标系中,由图 3.86 可知,破裂面空间位置可以由破裂源坐标以及破裂面的走向 α(以正北向顺时针转动为正)和倾角 β(以水平面顺时针向下转动为正)表示,破裂面的倾向始终位于走向方向右侧。

地震学中,假设岩体的破坏为剪切破坏,即破裂面的运动方向 v 在破裂面表面,与破裂面的法向方向 n 垂直,其滑动角由 γ 表示。但是在深埋隧洞工程中,破裂面的运动方向 v 与破裂面有一定的角度 θ,这个角度即运动夹角。

根据 Aki 和 Richards(2002)的理论,各向同性介质下震源矩张量可以由破裂面的位置与运动矢量表示为下式:

$$M_{ij} = uS[\lambda v_k n_k \delta_{ij} + \mu(v_i n_j + v_j n_i)] \tag{3.18}$$

式中:$i,j,k=1,2,3$ 或 x、y、z 为空间坐标系中的 3 个方向;M_{ij} 为地震矩张量形式,根据 i、j 取值不同,分别代表矩张量不同分量;u 为破裂面运动方向的位移量;S 为破裂面表面积;λ 和 μ 为拉梅常数;v 为运动方向,根据 i、j、k 取值不同,v_i、v_j、v_k 表示破裂面运动矢量在各坐标方向上的分量;n 为破裂面法向方向,其分量取值意义同 v。

将式(3.18)进行本征值化,可以得到

$$\boldsymbol{M} = uS \begin{bmatrix} (\lambda+\mu)\boldsymbol{n}\cdot\boldsymbol{v}+\mu & 0 & 0 \\ 0 & \lambda\boldsymbol{n}\cdot\boldsymbol{v} & 0 \\ 0 & 0 & (\lambda+\mu)\boldsymbol{n}\cdot\boldsymbol{v}-\mu \end{bmatrix} \tag{3.19}$$

于是有式(3.20)成立:

$$\begin{aligned} M_1 + M_3 - 2M_2 &= 2\mu uS\boldsymbol{n}\cdot\boldsymbol{v} \\ M_1 - M_3 &= 2\mu uS \end{aligned} \tag{3.20}$$

由于矩张量的对称性,矢量 v 和 n 互易带来矩张量的结果是一致的,且根据矩张量特征值的大小关系,可以得到如下特征矢量与破裂面运动方向和法向方向的关系,如图 3.87 所示。

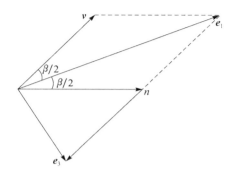

图 3.87　矩张量特征矢量与破裂面
运动方向和法向方向

$$e_1 = \frac{n+v}{|n+v|}, \quad e_2 = \frac{n \times v}{|n \times v|},$$

$$e_3 = \frac{n-v}{|n-v|} \tag{3.21}$$

式中：$e_1 \perp e_2 \perp e_3$，绝对值符号表示矢量大小；$\times$ 表示矢量乘法；e_1、e_2 和 e_3 分别为矩张量的最大特征值、中间特征值和最小特征值对应特征矢量。

假设矢量 v 和 n 的夹角为 β，v 和 e_1 的夹角以及 n 和 e_1 的夹角均为 $\beta/2$，则由式 (3.20) 有

$$n \cdot v = \cos\beta = \frac{M_1 + M_3 - 2M_2}{M_1 - M_3} \tag{3.22}$$

$$\cos\frac{\beta}{2} = \sqrt{\frac{M_1 - M_2}{M_1 - M_3}} \tag{3.23}$$

$$\sin\frac{\beta}{2} = \sqrt{\frac{M_2 - M_3}{M_1 - M_3}} \tag{3.24}$$

于是，可以得到破裂面运动方向和法向方向与矩张量最大特征值对应特征矢量和最小特征值对应特征矢量的关系式 (3.25) 和式 (3.26)。

$$n = \cos\frac{\beta}{2}e_1 + \sin\frac{\beta}{2}e_3 = \sqrt{\frac{M_1 - M_2}{M_1 - M_3}}e_1 + \sqrt{\frac{M_2 - M_3}{M_1 - M_3}}e_3 \tag{3.25}$$

$$v = \cos\frac{\beta}{2}e_1 - \sin\frac{\beta}{2}e_3 = \sqrt{\frac{M_1 - M_2}{M_1 - M_3}}e_1 - \sqrt{\frac{M_2 - M_3}{M_1 - M_3}}e_3 \tag{3.26}$$

根据破裂面法向方向的空间矢量值就可以得到破裂面的几何方程表达式，进而可以确定破裂面的方位角和倾角。

根据 Douglas 进行的影响矩张量结果的参数敏感性分析，有限的定位误差对矩张量的 P 轴和 T 轴影响较小，可靠的 P 轴和 T 轴可以得到较为可靠的矩张量特征值和特征矢量 (Douglas，1998)。而上面破裂面方位的确定依赖于矩张量的特征值和特征矢量，在有限的定位误差下，破裂面的方位结果是相对可靠的。

5. 单个微破裂事件的矩张量分析方法的应用案例

2010 年 6 月 9 日 00：08：24 定位于隧洞坐标系（-1.38，11 063.34，30.78）的微破裂事件被微震监测设备所监测到，其对应各传感器监测波形如图 3.88 所示，其中有 7 个传感器监测数据参与该微破裂事件定位和分析。

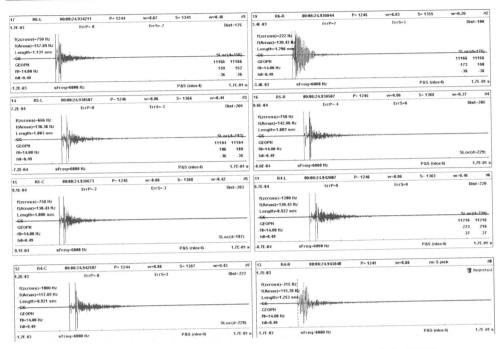

图 3.88 传感器接收到 2010 年 6 月 9 日 00:08:24 微破裂事件波形图

1）单个传感器接收到的岩石破裂远场位移

（1）选取 P 波相关数据。

根据上面理论介绍可知，对于单向传感器，通常选择 P 波到时与 S 波到时之间时域振幅信息作为 P 波时域振幅。例如，本例中 N17 传感器接收到的 P 波时域振幅信息为 1245 个采样点至 1347 个采样点之间的振幅信息。

（2）时频变换。

将上述单个传感器 P 波相关时域振幅，结合监测设备固有采样频率，进行 FFT 变换，可以得到该微破裂事件被该传感器接收的不同频率的振幅信息。所使用监测设备的固有采样频率为 6000Hz。

（3）频率振幅的衰减修正。

在得到某一传感器记录微破裂事件不同频率的振幅信息后，需要考虑地震波在岩石介质中传播衰减，根据式(3.2)，采用应力波传播岩石介质的衰减因子 Q、P 波波速以及传感器-震源的距离计算，得到考虑衰减修正的该微破裂事件被该传感器接收的不同频率的振幅信息。

（4）计算某一传感器接收到的岩石破裂远场位移值。

由于所使用传感器为速度计，上面得到的考虑衰减修正的该微破裂事件被该传感器接收的不同频率的振幅信息 $A^{\text{new}}(f)$，即式(3.3)中的 $V_0(f)$，可以通过式

(3.3)计算得到该传感器记录波形的速度功率谱 $V_0^2(f)$ 和位移功率谱 $D_0^2(f)$,进而可以计算得到 S_{V2} 和 S_{D2},最后得到该传感器接收到的岩石破裂远场位移值。

根据上述计算过程,同时考虑传感器相对震源位置可知,各传感器相对 P 波初动方向均为负,得到 2010 年 6 月 9 日 00:08:24 微破裂事件被各传感器接收到的远场位移值分别为:1.04×10^{-9} m、-3.95×10^{-8} m、1.44×10^{-8} m、1.97×10^{-8} m、3.56×10^{-8} m、1.56×10^{-8} m、2.99×10^{-8} m,即

$$\begin{bmatrix} u_p^1 \\ u_p^2 \\ u_p^3 \\ u_p^4 \\ u_p^5 \\ u_p^6 \\ u_p^7 \end{bmatrix} = \begin{bmatrix} 1.04 \times 10^{-9} \\ -3.95 \times 10^{-8} \\ 1.44 \times 10^{-8} \\ 1.97 \times 10^{-8} \\ 3.56 \times 10^{-8} \\ 1.56 \times 10^{-8} \\ 2.99 \times 10^{-8} \end{bmatrix}$$

2)格林函数相关激励矩阵

由定位结果和传感器安装坐标可知:

微破裂源坐标为:$(-1.38, 11\,063.34, 30.78)$

传感器 N17 安装坐标为:$(-3.73, 11\,165.53, 36.43)$

传感器 N19 安装坐标为:$(3.65, 11\,165.83, 36.44)$

传感器 N14 安装坐标为:$(-3.56, 11\,194.26, 36.48)$

传感器 N16 安装坐标为:$(3.53, 11\,195.00, 36.38)$

传感器 N15 安装坐标为:$(0.32, 11\,195.32, 35.14)$

传感器 N11 安装坐标为:$(-3.60, 11\,215.73, 36.72)$

传感器 N12 安装坐标为:$(0.90, 11\,215.63, 35.30)$

因此,震源-传感器坐标差为:

震源-传感器 N17 坐标差:$(-2.35, 102.19, 5.65)$

震源-传感器 N19 坐标差:$(5.03, 102.49, 5.66)$

震源-传感器 N14 坐标差:$(-2.18, 130.92, 5.70)$

震源-传感器 N16 坐标差:$(4.91, 131.67, 5.60)$

震源-传感器 N15 坐标差:$(1.70, 131.98, 4.36)$

震源-传感器 N11 坐标差:$(-2.22, 152.39, 5.94)$

震源-传感器 N12 坐标差:$(2.28, 152.29, 4.52)$

所有传感器与震源最大坐标差与最小坐标差之比均大于 20,坐标差分量差别较大,可能会产生不良数值结果,需要将隧洞坐标轴进行旋转,以便震源-传感器坐标差在新坐标系下差别较小。

（1）坐标轴旋转。

首先，选择震源-传感器坐标差差别最大的传感器，本例中为 N15 进行旋转。N15 传感器与震源差最大分量为 $\Delta Y=131.98$，最小分量为 $\Delta X=1.70$，绕着 Z 轴旋转 XOY 平面，使得在新坐标系 $X'Y'Z$ 下，$|\Delta X_{\text{new}}^{\text{N15}}|=|\Delta Y_{\text{new}}^{\text{N15}}|$，得到坐标系旋转矩阵：

$$\boldsymbol{L}=\begin{bmatrix} 0.7162 & 0.6979 & 0 \\ -0.6979 & 0.7162 & 0 \\ 0 & 0 & 1 \end{bmatrix}$$

于是在新坐标系下，各传感器与震源的坐标差分别为：N17：（69.63，74.83，5.65）；N19：（75.13，69.90，5.66）；N14：（89.81，95.29，5.70）；N16：（95.41，90.88，5.60）；N15：（93.33，93.34，4.36）；N11：（104.76，110.69，5.94）；N12：（107.91，107.48，4.52）。

可见，在新坐标系下，N12 传感器与震源坐标差分量差别依然较大，采取再次旋转坐标轴。绕着 Y 轴旋转 XOZ 平面，使得在新坐标系 $X''Y'Z'$ 下，$|\Delta X_{\text{new}}^{\text{N12}}|=|\Delta Z_{\text{new}}^{\text{N12}}|$，得到二次坐标系旋转矩阵：

$$\boldsymbol{L}'=\begin{bmatrix} 0.7361 & 0 & -0.6769 \\ 0 & 1 & 0 \\ 0.6769 & 0 & 0.7361 \end{bmatrix}$$

于是在二次坐标系下，各传感器与震源的坐标差分别为：N17：（47.43，74.83，51.29）；N19：（51.47，69.90，55.02）；N14：（62.25，95.29，64.98）；N16：（66.44，90.88，68.70）；N15：（65.75，93.34，66.38）；N11：（73.10，110.69，75.28）；N12：（76.38，107.48，76.37）。

可见，在二次坐标系下，各传感器与震源坐标差分量差别均较小。

（2）计算方向余弦。

由方向余弦的定义可知，$\gamma_1=\Delta X/D$，$\gamma_2=\Delta Y/D$，$\gamma_3=\Delta Z/D$，其中，γ_1、γ_2、γ_3 分别为震源-传感器射线方向与 X、Y、Z 轴的方向余弦，ΔX、ΔY、ΔZ 分别为震源-传感器坐标差在 X、Y、Z 方向的分量，D 为震源到传感器的距离，则上述各震源-传感器射线方向余弦为

$$\gamma_1^{\text{N17}}=0.46 \qquad \gamma_2^{\text{N17}}=0.73 \qquad \gamma_3^{\text{N17}}=0.50$$
$$\gamma_1^{\text{N19}}=0.50 \qquad \gamma_2^{\text{N19}}=0.68 \qquad \gamma_3^{\text{N19}}=0.54$$
$$\gamma_1^{\text{N14}}=0.47 \qquad \gamma_2^{\text{N14}}=0.73 \qquad \gamma_3^{\text{N14}}=0.50$$
$$\gamma_1^{\text{N16}}=0.50 \qquad \gamma_2^{\text{N16}}=0.69 \qquad \gamma_3^{\text{N16}}=0.52$$
$$\gamma_1^{\text{N15}}=0.50 \qquad \gamma_2^{\text{N15}}=0.71 \qquad \gamma_3^{\text{N15}}=0.50$$
$$\gamma_1^{\text{N11}}=0.48 \qquad \gamma_2^{\text{N11}}=0.73 \qquad \gamma_3^{\text{N11}}=0.49$$
$$\gamma_1^{\text{N12}}=0.50 \qquad \gamma_2^{\text{N12}}=0.71 \qquad \gamma_3^{\text{N12}}=0.50$$

（3）计算激励矩阵。

由式（3.7）可计算得到该微破裂事件应力波传播过程中岩石介质格林函数相

关激励矩阵为

$$
\boldsymbol{F} = \begin{bmatrix}
0.002\ 097 & 0.006\ 617 & 0.004\ 535 & 0.005\ 219 & 0.007\ 155 & 0.002\ 452 \\
0.002\ 441 & 0.006\ 629 & 0.005\ 218 & 0.004\ 501 & 0.007\ 086 & 0.002\ 789 \\
0.001\ 721 & 0.005\ 269 & 0.003\ 594 & 0.004\ 033 & 0.005\ 501 & 0.001\ 876 \\
0.001\ 924 & 0.005\ 265 & 0.003\ 980 & 0.003\ 601 & 0.005\ 444 & 0.002\ 058 \\
0.001\ 877 & 0.005\ 329 & 0.003\ 790 & 0.003\ 783 & 0.005\ 380 & 0.001\ 913 \\
0.001\ 506 & 0.004\ 561 & 0.003\ 102 & 0.003\ 453 & 0.004\ 697 & 0.001\ 597 \\
0.001\ 649 & 0.004\ 641 & 0.003\ 298 & 0.003\ 265 & 0.004\ 641 & 0.001\ 649
\end{bmatrix}
$$

3）计算微破裂事件破裂源矩张量

由式（3.6）可以计算得到矩张量 6 个独立分量为

$$
\begin{bmatrix} M_{11} \\ M_{12} \\ M_{13} \\ M_{22} \\ M_{23} \\ M_{33} \end{bmatrix} = 4\pi \times 2700 \times 6514^3
$$

$$
\times \begin{bmatrix}
0.002\ 097 & 0.006\ 617 & 0.004\ 535 & 0.005\ 219 & 0.007\ 155 & 0.002\ 452 \\
0.002\ 441 & 0.006\ 629 & 0.005\ 218 & 0.004\ 501 & 0.007\ 086 & 0.002\ 789 \\
0.001\ 721 & 0.005\ 269 & 0.003\ 594 & 0.004\ 033 & 0.005\ 501 & 0.001\ 876 \\
0.001\ 924 & 0.005\ 265 & 0.003\ 980 & 0.003\ 601 & 0.005\ 444 & 0.002\ 058 \\
0.001\ 877 & 0.005\ 329 & 0.003\ 790 & 0.003\ 783 & 0.005\ 380 & 0.001\ 913 \\
0.001\ 506 & 0.004\ 561 & 0.003\ 102 & 0.003\ 453 & 0.004\ 697 & 0.001\ 597 \\
0.001\ 649 & 0.004\ 641 & 0.003\ 298 & 0.003\ 265 & 0.004\ 641 & 0.001\ 649
\end{bmatrix}^{-1}
\begin{bmatrix}
1.04 \times 10^{-9} \\
-3.95 \times 10^{-8} \\
1.44 \times 10^{-8} \\
1.97 \times 10^{-8} \\
3.56 \times 10^{-8} \\
1.56 \times 10^{-8} \\
2.99 \times 10^{-8}
\end{bmatrix}
$$

$$
= \begin{bmatrix}
-1.34 \times 10^{13} \\
1.78 \times 10^{13} \\
-1.20 \times 10^{13} \\
2.39 \times 10^{13} \\
1.64 \times 10^{13} \\
-1.13 \times 10^{13}
\end{bmatrix}
$$

因此，该微破裂事件破裂源矩张量为

$$
\boldsymbol{M} = \begin{bmatrix} M_{11} & M_{12} & M_{13} \\ M_{21} & M_{22} & M_{23} \\ M_{31} & M_{32} & M_{33} \end{bmatrix} = \begin{bmatrix}
-1.34 \times 10^{13} & 1.78 \times 10^{13} & -1.20 \times 10^{13} \\
1.78 \times 10^{13} & 2.39 \times 10^{13} & 1.64 \times 10^{13} \\
-1.20 \times 10^{13} & 1.64 \times 10^{13} & -1.13 \times 10^{13}
\end{bmatrix}
$$

4）岩石破裂类型判别

（1）计算矩张量特征值。

将上面破裂源矩张量进行特征值化，求解得到破裂源矩张量特征值为

$$
\begin{bmatrix} M_1 \\ M_2 \\ M_3 \end{bmatrix} = \begin{bmatrix} -4.84 \times 10^{13} \\ -3.18 \times 10^{11} \\ 0.46 \times 10^{11} \end{bmatrix}
$$

根据式(3.12),将上述矩张量特征值分别为各向同性部分和偏部分:

$$\begin{bmatrix} M_1 \\ M_2 \\ M_3 \end{bmatrix} = M^{\mathrm{ISO}} \begin{bmatrix} 1 \\ 1 \\ 1 \end{bmatrix} + \begin{bmatrix} M_1' \\ M_2' \\ M_3' \end{bmatrix} = -1.6222 \times 10^{13} \times \begin{bmatrix} 1 \\ 1 \\ 1 \end{bmatrix} + \begin{bmatrix} -3.2171 \times 10^{13} \\ 1.5904 \times 10^{13} \\ 1.6268 \times 10^{13} \end{bmatrix}$$

(2)计算矩张量分解分量。

根据式(3.13)、式(3.14)得到

$$M^{\mathrm{DC}} = 3.6369 \times 10^{11}, \quad M^{\mathrm{CLVD}} = -3.1808 \times 10^{13}$$

(3)计算矩张量分解分量比重。

$$\mathrm{ISO}\% = \frac{M^{\mathrm{ISO}}}{(\mid M^{\mathrm{DC}} \mid + \mid M^{\mathrm{CLVD}} \mid + \mid M^{\mathrm{ISO}} \mid)} = -33.52\%$$

$$\mathrm{DC}\% = \frac{M^{\mathrm{DC}}}{(\mid M^{\mathrm{DC}} \mid + \mid M^{\mathrm{CLVD}} \mid + \mid M^{\mathrm{ISO}} \mid)} = 0.75\%$$

$$\mathrm{CLVD}\% = \frac{M^{\mathrm{CLVD}}}{(\mid M^{\mathrm{DC}} \mid + \mid M^{\mathrm{CLVD}} \mid + \mid M^{\mathrm{ISO}} \mid)} = -65.73\%$$

由式(3.15)可知,该微破裂为张拉破裂。

5)微破裂面方位确定

(1)求解矩张量特征值及相应特征矢量。

若 $M_1 = -4.8393 \times 10^{13}$,则相应特征矢量为:$e_1 = \begin{bmatrix} -0.5240 & 0.7031 & -0.4806 \end{bmatrix}^{\mathrm{T}}$

若 $M_2 = -0.0318 \times 10^{13}$,则相应特征矢量为:$e_2 = \begin{bmatrix} -0.6998 & -0.0338 & 0.7136 \end{bmatrix}^{\mathrm{T}}$

若 $M_3 = 0.0046 \times 10^{13}$,则相应特征矢量为:$e_3 = \begin{bmatrix} -0.4855 & -0.7103 & -0.5098 \end{bmatrix}^{\mathrm{T}}$

(2)求解破裂面法向矢量。

由式(3.25)可以得到

$$\boldsymbol{n} = \sqrt{\frac{M_1 - M_2}{M_1 - M_3}} \boldsymbol{e}_1 + \sqrt{\frac{M_2 - M_3}{M_1 - M_3}} \boldsymbol{e}_3 = \begin{bmatrix} -0.5641 & 0.6389 & -0.5230 \end{bmatrix}^{\mathrm{T}}$$

由于该矢量处于二次变换坐标系中,为了得到原隧洞坐标系下的破裂面法向矢量,需要对该矢量进行坐标逆变换,即

$$\boldsymbol{n}_{\mathrm{tunnel}} = \begin{bmatrix} 0.7162 & 0.6979 & 0 \\ -0.6979 & 0.7162 & 0 \\ 0 & 0 & 1 \end{bmatrix}^{-1} \begin{bmatrix} 0.7361 & 0 & -0.6769 \\ 0 & 1 & 0 \\ 0.6769 & 0 & 0.7361 \end{bmatrix}^{-1} \begin{bmatrix} -0.5641 \\ 0.6389 \\ -0.5230 \end{bmatrix}$$

$$= \begin{bmatrix} -0.9968 \\ 0.0793 \\ -0.0031 \end{bmatrix}$$

（3）得到微破裂产状。

根据破裂面法向方向垂直于破裂面，破裂面的走向以正北向（隧洞坐标系 X 轴正向）顺时针转动为正和倾角以水平面顺时针向下转动为正，破裂面的倾向始终位于走向方向右侧，可以通过几何学得到：

微破裂面走向为 $270°-\arctan(0.0793/0.9968)=265.45°$；

倾角为 $90°-\arctan(0.0031/1)=89.82°$。

3.3.3 典型岩爆孕育过程中岩体破裂事件产生机制分析

根据岩爆孕育过程中岩石破裂类型和破裂面的特点将岩爆分为即时应变型岩爆、即时性应变-结构面滑移型岩爆和时滞型岩爆。使用上述介绍的根据矩张量计算结果得到破裂类型和破裂面产状特征的方法来研究这三类岩爆的孕育演化过程和规律。

1. 实例 1

2010 年 8 月 18 日 8:13，某工程 TBM 开挖洞段引（3）10＋350～10＋356 段北侧边墙与拱顶发生强烈岩爆，坑深 0.8～1.0m，最大深度达 1.5m，如图 3.89 所示。

（a）靠南侧拱顶破坏图

（b）北侧边墙至拱肩破坏图

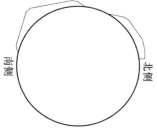
（c）岩爆破坏区域示意图

图 3.89　隧道即时应变型岩爆造成岩体宏观破坏情况

从岩爆宏观破坏面来看,岩体完整,破裂面新鲜,起伏不平。从滞留在挂网内部和破坏面表面的爆出物可以看出,爆出的岩块多呈层板状,可见在岩爆孕育裂隙发展过程中,能量释放较多。岩爆段及其附近已完成锚杆支护及钢筋网。

2010 年 8 月 18 日 5:02,TBM 循环进尺结束,掌子面桩号为引(3)10+340.55,引(3)10+340.55 附近埋深大约 2000m,岩性为 T$_{2b}$ 白色巨厚状中粗晶大理岩。

依据针对现场监测结果和对比分析可知:锦屏二级水电站隧洞开挖应力调整轴线方向主要集中在掌子面后约 30m 和掌子面前约 10m 范围内。因此,选取隧洞开挖轴线方向引(3)10+330～10+370 段为相关微震事件的桩号范围。

根据现场施工记录,2010 年 8 月 17 日 2♯引水隧洞东端掌子面桩号为引(2)10+156,3♯引水隧洞东端掌子面桩号为引(3)10+349,4♯引水隧洞东端掌子面桩号为引(4)10+830,3♯TBM 隧洞掌子面距附近开挖面均超过 200m,可以认为相邻洞段开挖互不干扰,考虑微震定位结果的不精确性,在单洞监测,各相邻工作面开挖互不干扰的情况下,仅考虑开挖轴线范围作为相关微震事件选择的限制条件。

因此,确定引(3)10+330～10+370 段所有微震事件作为该岩爆相关微震事件进行分析。

根据三维地应力反演推算得到该岩爆段附近岩体的地应力情况大致为:最大主应力 49.4MPa,中间主应力 46.7MPa,最小主应力 41.3MPa。

根据实验结果可知,T$_{2b}$ 大理岩的初始内摩擦角为 22.4°,于是根据式(3.16)可以计算得到,在岩体开挖卸荷作用下,围岩表层的抗剪强度为 F_s 为 45.66MPa。锦屏 T$_{2b}$ 大理岩的单轴抗压强度为 107.08MPa。根据岩石的抗拉强度一般为抗压强度的 1/25～1/4,平均为 1/10(蔡美峰,2002),初步确定锦屏 T$_{2b}$ 大理岩的抗拉强度为 10.71MPa。

于是,根据式(3.17)可以得到,当运动夹角 $\theta > 13.20°$ 时,岩体会发生张拉破坏。

将上述选择的相关微震事件进行矩张量计算,并依据深埋隧洞矩张量分解判别破裂类型准则和运动夹角判别准则,得到该岩爆孕育过程中岩石破裂类型随时间演化情况,如表 3.2 所示。根据这两类判别准则生成了岩爆孕育过程中不同破裂类型事件演化规律图,如图 3.90 和图 3.91 所示。图中各点表示对应时刻的微震事件,其大小表示该微震事件所释放能量(E)对数值的相对大小(如图例),横坐标是日期时间轴,纵坐标表示微震事件表征的岩体破裂类型。

表 3.2 相关微震事件破裂类型结果表

日 期	时 间	DC/%	CLVD/%	ISO/%	矩张量分解判别方法	运动夹角/(°)	运动夹角判别方法
2010-8-16	19:21:29	0.64	−66.32	−33.03	张拉	80.84	张拉
2010-8-16	19:32:58	0.64	−66.03	−33.33	张拉	80.86	张拉
2010-8-16	19:44:32	0.09	−66.40	−33.51	张拉	86.52	张拉
2010-8-16	19:44:37	0.86	66.09	33.05	张拉	79.42	张拉
2010-8-16	20:45:49	0.08	66.84	33.08	张拉	86.80	张拉
2010-8-16	23:39:01	1.11	67.75	31.14	张拉	78.13	张拉
2010-8-17	13:41:33	1.00	−64.85	−34.15	张拉	78.47	张拉
2010-8-17	14:43:11	9.66	−65.10	−25.24	张拉	56.60	张拉
2010-8-17	14:43:30	0.04	66.59	33.37	张拉	87.72	张拉
2010-8-17	14:57:00	1.27	66.22	32.51	张拉	77.16	张拉
2010-8-17	15:29:19	29.37	−59.32	−11.31	张拉	37.04	张拉
2010-8-17	17:00:42	3.83	64.06	32.11	张拉	67.84	张拉
2010-8-17	18:41:35	0.03	66.93	33.04	张拉	88.19	张拉
2010-8-17	18:45:36	2.08	76.48	21.44	张拉	74.79	张拉
2010-8-17	18:46:31	0.04	−66.60	−33.36	张拉	87.66	张拉
2010-8-17	18:46:36	0.60	−65.38	−34.02	张拉	81.11	张拉
2010-8-17	18:53:29	0.06	−66.56	−33.38	张拉	87.28	张拉
2010-8-17	19:03:31	0.09	66.60	33.31	张拉	86.49	张拉
2010-8-17	19:13:49	6.04	64.34	29.62	张拉	62.72	张拉
2010-8-17	19:14:53	0.06	−66.58	−33.37	张拉	87.31	张拉
2010-8-17	19:18:55	23.61	27.91	48.49	张拉	28.03	张拉
2010-8-17	19:20:43	0.65	66.85	32.50	张拉	80.82	张拉
2010-8-17	19:22:15	0.07	66.61	33.32	张拉	87.01	张拉
2010-8-17	19:32:09	0.21	66.42	33.37	张拉	84.77	张拉
2010-8-17	22:03:25	2.35	65.98	31.67	张拉	72.67	张拉
2010-8-17	22:41:07	0.51	−64.60	−34.88	张拉	81.69	张拉
2010-8-17	22:43:26	1.13	−64.67	−34.21	张拉	77.77	张拉
2010-8-17	22:50:05	14.91	−44.56	−40.52	张拉	43.75	张拉
2010-8-17	22:53:33	0.39	−66.40	−33.20	张拉	82.85	张拉
2010-8-17	22:56:28	0.09	66.66	33.25	张拉	86.52	张拉
2010-8-17	23:22:59	0.01	−66.71	−33.28	张拉	88.77	张拉
2010-8-17	23:42:28	2.30	−64.55	−33.15	张拉	72.68	张拉
2010-8-18	0:11:13	0.98	−66.26	−32.76	张拉	78.71	张拉
2010-8-18	0:11:14	0.34	−66.26	−33.39	张拉	83.28	张拉
2010-8-18	1:06:30	0.66	−66.88	−32.46	张拉	80.74	张拉
2010-8-18	1:17:22	0.15	−65.95	−33.90	张拉	85.56	张拉

续表

日 期	时 间	DC/%	CLVD/%	ISO/%	矩张量分解判别方法	运动夹角/(°)	运动夹角判别方法
2010-8-18	1:29:24	0.08	−66.58	−33.34	张拉	86.69	张拉
2010-8-18	1:41:23	0.14	66.93	32.93	张拉	85.66	张拉
2010-8-18	2:12:32	3.01	−64.62	−32.37	张拉	70.32	张拉
2010-8-18	2:13:43	0.05	66.64	33.31	张拉	87.34	张拉
2010-8-18	2:15:12	3.90	61.31	34.79	张拉	67.19	张拉
2010-8-18	2:20:40	0.06	−66.94	−33.00	张拉	87.21	张拉
2010-8-18	2:28:55	0.45	−66.23	−33.32	张拉	82.28	张拉
2010-8-18	2:50:13	0.06	66.63	33.31	张拉	87.22	张拉
2010-8-18	2:50:45	1.56	66.02	32.42	张拉	75.80	张拉
2010-8-18	2:50:47	0.15	66.55	33.30	张拉	85.57	张拉
2010-8-18	3:49:10	1.25	65.08	33.67	张拉	77.18	张拉
2010-8-18	3:49:12	0.43	−66.57	−33.00	张拉	82.48	张拉
2010-8-18	4:07:30	9.39	48.88	41.73	张拉	52.76	张拉
2010-8-18	4:48:03	0.36	−65.45	−34.20	张拉	83.12	张拉
2010-8-18	8:13:01	3.87	64.73	31.41	张拉	67.86	张拉

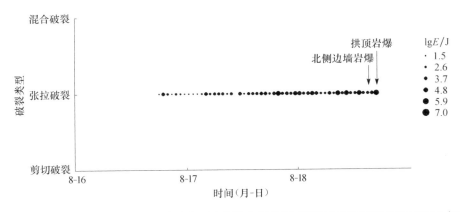

图 3.90 岩爆孕育过程中不同破裂类型事件演化规律图(矩张量分解判别方法)(2010 年)

由表 3.2 可以看出,微震事件矩张量双力偶(double couple,DC)剪切分量部分的最大百分比为 29.37%,根据式(3.13)的矩张量分解破裂类型判别准则,该岩爆孕育过程中岩石破裂均为张拉破裂,运动夹角最小值为 28.03°,大于 13.20°的门槛值。由运动夹角破裂类型判别准则得到的该岩爆孕育过程中岩石破裂也均为张拉破裂,这与现场岩体破坏表现出来的都是层板状张裂和爆出物形式较为吻合。

由此可见,不同角度的岩石破裂类型判别方法得到了较一致的结果,这两种方法在岩石破裂类型判别上具有较好的可靠性。

由图 3.90 和图 3.91 可以发现,该即时应变型岩爆在整个岩爆孕育过程中的破裂事件几乎全部以张拉破裂形式出现,几乎没有剪切和混合破裂事件出现。

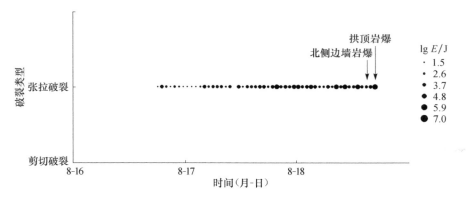

图 3.91　岩爆孕育过程中不同破裂类型事件演化规律图(运动夹角判别方法)(2010 年)

将上述微震事件进行矩张量计算,并通过式(3.25)得到破裂面法向方向矢量,由式(3.26)得到破裂面运动方向矢量,进而可以计算得到如表 3.3 所示的岩爆孕育过程中岩石破裂面的方位角、倾角和运动夹角。

由表 3.3 可知,各破裂面的走向都位于 $79.20°\sim96.24°$ 和 $251.45°\sim285.17°$ 范围内,破裂面与洞轴线都呈小角度($<20°$);从各破裂面的倾角可以看出,大部分破裂面的倾角大于 $80°$ 或者小于 $10°$,可见这些破裂面大部分出现在平行于隧洞轴线的边墙和拱顶部位。

由于破裂面的运动方向是相对的,同时考虑微震事件定位的不精确性,认为大部分微震事件均发生在岩爆破坏面附近。

由图 3.89 所示岩爆造成宏观破坏情况可以看出,岩爆破坏面主要表现为出现在拱顶的近似水平破裂面和出现在北侧边墙的近似垂直破裂面。根据前面假定的微震事件均发生在岩爆破坏面附近,可以认为表 3.3 中倾角小于 $10°$ 的破裂面均发生在拱顶部位;倾角大于 $80°$ 的破裂面均发生在边墙部位,但是对于发生在边墙的事件,有可能是南侧边墙也有可能是北侧边墙。这里采用使用传感器接收到的先后顺序进行判断,各微震事件传感器的接收顺序及相应编号如表 3.3 所示。其中,N87 传感器坐标为($-4.24,10\ 447.70,33.99$);N88 传感器坐标为(0.58,$10\ 447.74,32.36$);N89 传感器坐标为($4.55,10\ 447.84,33.77$);N90 传感器坐标为($-4.13,10\ 425.78,33.82$);N91 传感器坐标为($0.54,10\ 426.94,32.38$);N92 传感器坐标为($4.43,10\ 426.74,33.98$)。3♯引水隧洞 X 轴为 3♯引水隧洞洞轴线为 0,垂直向南侧边墙为负,垂直向北侧边墙为正,Y 轴坐标为相应桩号,N87 和 N90 传感器安置于南侧边墙,N88 和 N91 传感器安置于拱顶,N89 和 N92 传感器安置于北侧边墙。

表 3.3 相关微震事件破裂面产状特征信息表

日期	时间	走向/(°)	倾角/(°)	运动夹角/(°)	震源半径/m	第1个传感器	第2个传感器	第3个传感器	第4个传感器	第5个传感器	第6个传感器
2010-8-16	19:21:29	274.25	89.89	80.84	0.52	N90	N91	N92	N87	N88	N89
2010-8-16	19:32:58	272.52	89.89	80.86	2.49	N90	N91	N92	N87	N88	N89
2010-8-16	19:44:32	86.50	1.58	86.52	1.21	N90	N91	N92	N87	N88	N89
2010-8-16	19:44:37	90.24	0.21	79.42	1.17	N90	N92	N91	N89	N87	N88
2010-8-16	20:45:49	270.72	1.56	86.80	1.11	N91	N90	N92	N88	N89	N87
2010-8-16	23:39:01	84.98	88.46	78.13	2.63	N91	N90	N92	N89	N88	N87
2010-8-17	13:41:33	266.11	89.27	78.47	4.06	N91	N90	N92	N89	N88	—
2010-8-17	14:43:11	105.53	67.45	56.60	4.77	N89	N92	N91	N90	N88	N87
2010-8-17	14:43:30	88.72	89.95	87.72	3.81	N89	N92	N91	N90	N88	—
2010-8-17	14:57:00	90.52	89.99	77.16	0.72	N90	N92	N92	N89	N88	N87
2010-8-17	15:29:19	285.17	24.13	37.04	1.21	N90	N91	N92	N89	N88	N87
2010-8-17	17:00:42	81.76	89.90	67.84	1.59	N91	N91	N92	N87	N89	N88
2010-8-17	18:41:35	87.90	0.18	88.19	1.63	N90	N90	N88	N89	N87	N92
2010-8-17	18:45:36	94.06	1.77	74.79	1.05	N91	N91	N89	N92	N87	N88
2010-8-17	18:46:31	267.88	89.99	87.66	1.27	N91	N92	N90	N89	N87	N88
2010-8-17	18:46:36	272.37	89.92	81.11	1.78	N91	N92	N90	N89	N87	N88
2010-8-17	18:53:29	274.13	89.99	87.28	1.40	N90	N91	N89	N87	N92	N88
2010-8-17	19:03:31	88.30	90.00	86.49	1.63	N90	N91	N92	N87	N88	N89
2010-8-17	19:13:49	84.18	89.55	62.72	1.52	N90	N91	N92	N87	N88	N89
2010-8-17	19:14:53	91.33	1.34	87.31	1.11	N91	N90	N87	N88	N92	N89
2010-8-17	19:18:55	254.19	4.13	28.03	2.09	N90	N91	N92	N87	N89	N88
2010-8-17	19:20:43	88.64	88.91	80.82	1.92	N90	N91	N92	N87	N88	N89
2010-8-17	19:22:15	269.43	0.01	87.01	1.35	N90	N91	N92	N87	N88	N89
2010-8-17	19:32:09	87.95	0.01	84.77	1.03	N90	N91	N92	N89	N88	N87
2010-8-17	22:03:25	91.07	8.00	72.67	1.92	N90	N91	N92	N88	N89	N87

续表

日期	时间	走向/(°)	倾角/(°)	运动夹角/(°)	震源半径/m	第1个传感器	第2个传感器	第3个传感器	第4个传感器	第5个传感器	第6个传感器
2010-8-17	22:41:07	84.35	4.26	81.69	0.91	N90	N91	N92	N87	N89	N88
2010-8-17	22:43:26	85.15	5.87	77.77	2.09	N90	N91	N87	N92	N89	N88
2010-8-17	22:50:05	262.56	89.61	43.75	2.11	N91	N90	N92	N88	N89	N87
2010-8-17	22:53:33	86.89	0.01	82.85	1.47	N90	N91	N87	N92	N89	N88
2010-8-17	22:56:28	271.13	0.01	86.52	2.11	N90	N91	N92	N87	N88	N89
2010-8-17	23:22:59	93.71	89.98	88.77	1.50	N90	N91	N87	N92	N88	—
2010-8-17	23:42:28	262.06	8.23	72.68	2.09	N90	N91	N92	N87	N88	N89
2010-8-18	0:11:13	276.74	0.08	78.71	1.75	N90	N91	N92	N89	N88	N87
2010-8-18	0:11:14	261.62	3.31	83.28	1.86	N91	N92	N89	N88	N90	N87
2010-8-18	1:06:30	81.29	4.92	80.74	1.64	N90	N91	N92	N87	N88	N89
2010-8-18	1:17:22	96.24	1.98	85.56	2.33	N90	N91	N92	N89	N87	N88
2010-8-18	1:29:24	268.66	1.64	86.69	2.13	N90	N91	N92	N87	N88	N89
2010-8-18	1:41:23	88.88	87.98	85.66	1.59	N91	N92	N89	N88	—	—
2010-8-18	2:12:32	251.45	89.57	70.32	1.30	N90	N87	N92	N91	N89	N88
2010-8-18	2:13:43	261.86	89.99	87.34	2.19	N90	N91	N92	N87	N88	N89
2010-8-18	2:15:12	261.04	0.14	67.19	2.02	N90	N91	N92	N87	N88	N89
2010-8-18	2:20:40	84.83	0.03	87.21	2.60	N90	N91	N92	N89	N87	N88
2010-8-18	2:28:55	274.17	89.89	82.28	1.84	N89	N87	N92	N91	N90	—
2010-8-18	2:50:13	93.46	89.97	87.22	2.82	N90	N91	N92	N87	N88	N89
2010-8-18	2:50:45	278.48	6.93	75.80	1.99	N91	N90	N92	N89	N88	N87
2010-8-18	2:50:47	264.82	0.00	85.57	0.92	N90	N91	N88	N87	N92	N89
2010-8-18	3:49:10	280.24	0.02	77.18	4.62	N90	N91	N92	N88	N89	N87
2010-8-18	3:49:12	79.20	89.89	82.48	1.97	N92	N90	N91	N89	N88	N87
2010-8-18	4:07:30	88.66	89.01	52.76	2.44	N90	N92	N91	N87	N88	N87
2010-8-18	4:48:03	92.89	3.41	83.12	2.69	N91	N90	N92	N89	N88	N87
2010-8-18	8:13:01	96.09	9.70	67.86	3.63	N91	N90	N92	N89	N88	N87

　　同时,将表3.3所示岩体破裂面空间位置信息依据微震事件发生的时间顺序绘制的破裂面随时间演化图,如图3.92所示。

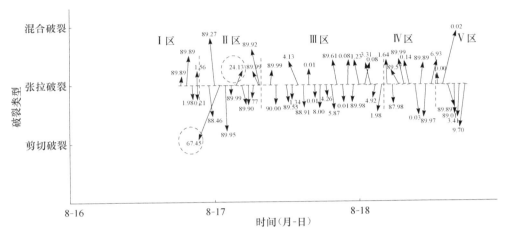

图3.92　破裂面随时间演化图(2010年)

(图中数字表示破裂面的倾角,单位:(°);箭头长度表示震源半径)

　　在图3.92中,为了较好地表示破裂面的方位角、倾角和大小,以水平轴正方向为隧洞大桩号方向,以竖直轴正方向为北侧边墙方向。为了显示清楚由于破裂面随时间在水平轴方向的分布,采用同等长度短线表示破裂面及其方位角,垂直于破裂面箭头方向为破裂面倾向,箭头前方数字表示破裂面倾角。

　　已有的破裂源半径计算模型,如 Brune 模型(Brune,1970)和 Madariaga 模型(Madariaga,1976),都是源自于对剪切破裂地震源的统计基础上。而第2章的研究表明,深埋隧洞工程中存在大量的非剪切破裂微震事件。从力学基础上,Brune模型和 Madariaga 模型都不太适合于计算非剪切破裂矩张量。Cai 等(1998)通过对张拉破裂过程中能量演化形式研究得到,张拉破裂源大小不仅与其所释放的能量有关,还与破裂面上所受的正应力有关,所以非剪切破裂源大小也不能用释放微震能来定性表示。同时,由于 Brune 模型和 Madariaga 模型统计于地震源,故对于深埋隧洞中的剪切破裂源大小,这种模型也有待进一步验证。

　　因此,为了区分各破裂面,采用不同箭头线段长度来表示不同破裂面,箭头线段长度仅用作示意,不代表实际长度。

　　根据图3.92和表3.3,依据破裂面的方位角、倾角特征,将时间域分成五部分,分别为图3.92中四条虚线所区分开的Ⅰ区、Ⅱ区、Ⅲ区、Ⅳ区和Ⅴ区。划分理由为:Ⅱ区主要以倾角接近90°的直立破裂面为主,除此之外,有两个特征破裂面,即8月17日14:43:11和15:29:19微震事件相应破裂面(如图3.92虚线圆圈对应事件)以及一个倾角为1.77°的水平破裂面;Ⅲ区主要以倾角小于10°的水平破裂面为主,也包括部分倾角接近于 90°的直立破裂面,但是观察表 3.3 中相关数据可以发现,这些直立破裂面几乎都发生在南侧边墙,由图 3.89(a)可知,拱顶岩爆的爆坑表现为靠近南侧边墙的浅 V 形,南侧边墙的直立破裂面和拱顶的水平破裂面可以共同考虑;V 区,岩爆前集中出现的类似于岩爆破坏面特征(见图 3.89)的微震事件破裂面。

由不同破裂面出现的时间先后顺序可以看出,首先是南侧边墙和拱顶的张拉破裂面短时出现;然后是平行于北侧边墙的垂直张拉破裂面集中出现,接着平行于拱顶的水平张拉破裂面和平行于南侧边墙的垂直张拉破裂面集中出现;最后是垂直张拉破裂面和水平张拉破裂面短时集中出现,并扩展到一定程度后,边墙和拱顶在岩体围岩表层低围压和洞壁围岩浅层高切向应力以及降低了的岩体强度共同作用下,发生张拉破坏抛掷而出。

由于图 3.89(a)浅 V 形爆坑出现在靠近南侧边墙,同时,根据表 3.3 第 1 和第 2 个发生在边墙的事件被传感器接收的先后顺序,可以推测出其发生在南侧边墙。

由于图 3.92 中 II 区发生的破裂面主要是平行于边墙的垂直破裂面,同时观察各微震事件传感器接收到的先后顺序可以发现,其主要发生在北侧边墙。另外,其时间域内的两个特征破裂面(见图 3.92 虚线圆圈对应事件)方位角和倾角特征与图 3.89(b)中北侧拱肩岩爆所暴露出来的岩石破裂面特征较为一致,可以推测这个时间域内发生的破裂面大部分集中于北侧边墙。

观察图 3.92 中 III 区刚开始的几个大倾角破裂面可以发现,其主要发生在南侧边墙,而其后发生的破裂面几乎都是以小角度平行于隧洞拱顶的破裂面为主。由图 3.89(a)所示,拱顶靠南侧边墙部位发生岩爆后产生浅 V 形爆坑,推测这个时间段内的岩石破裂集中出现在拱顶及南侧边墙部位。

图 3.92 中 IV 区内既有平行于拱顶的水平破裂面又有平行于边墙的垂直破裂面,而垂直破裂面中既有发生在北侧边墙的也有发生在南侧边墙的,考虑这部分破裂面发生在临近岩爆发生时段,可以认为这部分破裂发生于岩体内部,破裂面尖端的贯通或者破裂面尖端往开挖面方向发展。

最后,研究图 3.92 中 V 区内岩爆孕育过程最后 5 个破裂面的特征,如表 3.3 中倒数第 5 个至倒数第 3 个,这三个破裂面出现的时间极为接近,考虑倒数第 5 个 8 月 18 日 3:49:10 产生的破裂面近似平行于拱顶,而随后的两个破裂面则平行于北侧边墙,并且 8 月 18 日 3:49:10 微震事件所释放的能量较大,可以认为其加速了岩体内部破裂面的贯通,使得其发生后的相当短时间内 4:07:30 北侧边墙发生岩爆。最后两个微震事件则可以理解为对应拱顶部位岩体破裂面的贯通和岩爆的发生。

综上所述,根据图 3.92 破裂面随时间演化图和图 3.89 实际岩爆位置,并考虑微震定位的不精确性,推测该岩爆孕育的整个过程为:①南侧边墙和拱顶首先出现少数几个破裂面,如图 3.93(a)所示;②北侧边墙集中出现大量近似平行于洞壁的破裂面,以及往拱肩部位发展的两个特征破裂面,如图 3.93(b)所示;③拱顶和南侧边墙集中出现大量近似平行于拱顶的破裂面,如图 3.93(c)所示;④张拉破裂面尖端的事件集中出现,贯通,并最终抛掷而出,如图 3.93(d)所示。

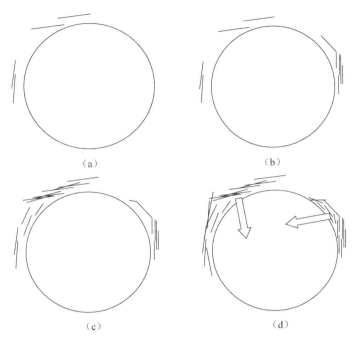

$$\begin{array}{cc} (a) & (b) \\ (c) & (d) \end{array}$$

图 3.93 2010 年 8 月 18 日 3♯TBM 强烈岩爆孕育过程示意图
(圆形隧洞左侧为南侧,右侧为北侧)

2. 实例 2

2011 年 8 月 12 日 0:00 左右在某工程 4♯引水隧洞引(4)8+812～8+837 段北侧边墙至拱肩发生强烈岩爆,最大爆坑深度接近 1.2m,部分锚杆被拉断、锚杆尾端垫片飞出,岩爆破裂面表面可见两处明显的剪切滑移面,剪切滑移面上可见明显擦痕,破坏面其他部位凸凹不平。从爆出物来看,大部分为碎片状,有少量块体,且块体表面有部分填充物,并可见部分擦痕,如图 3.94 所示。引(4)8+837 附近埋深大约 2500m,岩性为 T_{2b} 白色巨厚状中粗晶大理岩。

根据施工资料,2011 年 8 月 11 日 3♯引水隧洞 1-3-E 掌子面桩号为引(3)8+732,4♯引水隧洞 1-4-E 掌子面桩号为引(4)8+833,4♯引水隧洞 1-4-E 掌子面距 1-3-E 开挖面超过 100m,当时施工排水洞已全线贯通,可以认为相邻洞段开挖互不干扰,选择隧洞轴线方向为引(4)8+807～8+847 段;垂直隧洞中心线方向南北各 35m 作为岩爆相关微震事件的选择范围。

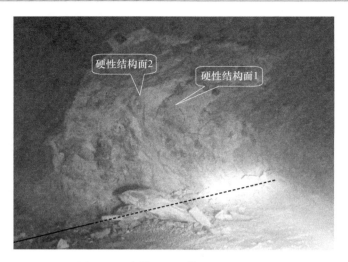

图 3.94　岩爆造成岩体宏观破坏情况

根据三维地应力反演推算得到该岩爆段附近岩体的地应力情况估计为：最大主应力 66.5MPa，中间主应力 51.0MPa，最小主应力 46.30MPa。根据岩石力学试验得到 T_{2b} 大理岩的初始内摩擦角为 22.4°；根据式（3.14）可以计算得到岩体开挖卸荷作用下围岩表层的抗剪强度为 F_s 为 61.46MPa，锦屏 T_{2b} 大理岩的单轴抗压强度为 107.08MPa，抗拉强度为 10.71MPa；根据式（3.15）可以得到，当运动夹角 $\theta > 9.89°$ 时，岩体会发生张拉破坏。

将上述选择的相关微震事件进行矩张量计算，并依据深埋隧洞矩张量分解判别破裂类型准则和运动夹角判别准则，得到该岩爆孕育过程中岩石破裂类型随时间演化情况，如表 3.4 所示。根据这两类判别准则生成了岩爆孕育过程中不同破裂类型事件演化规律图，如图 3.95 和图 3.96 所示。图中各点表示对应时刻的微震事件，其大小表示该微震事件所释放能量（E）对数值的相对大小（如图例），横坐标是日期时间轴，纵坐标表示微震事件表征的岩体破裂类型。

表 3.4　相关微震事件破裂类型结果表

日　　期	时　　间	DC/%	CLVD/%	ISO/%	矩张量分解判别方法	运动夹角/(°)	运动夹角判别方法
2011-8-4	1:21:02	9.76	−60.16	−30.07	张拉	55.30	张拉
2011-8-4	1:21:21	24.25	−40.79	−34.95	张拉	33.90	张拉
2011-8-6	8:31:11	15.29	−50.60	−34.11	张拉	45.46	张拉
2011-8-7	1:16:56	7.96	−64.40	−27.64	张拉	59.16	张拉
2011-8-7	14:59:19	7.22	61.83	30.96	张拉	59.92	张拉
2011-8-8	10:54:33	96.15	−3.45	0.39	剪切	1.50	剪切

日　期	时　间	DC/%	CLVD/%	ISO/%	矩张量分解判别方法	运动夹角/(°)	运动夹角判别方法
2011-8-8	14:09:14	66.90	−28.23	−4.87	剪切	13.91	张拉
2011-8-10	4:16:08	1.14	−67.57	−31.29	张拉	77.98	张拉
2011-8-10	4:31:55	1.60	−65.12	−33.28	张拉	75.53	张拉
2011-8-10	13:44:43	6.32	63.32	30.36	张拉	61.95	张拉
2011-8-10	13:45:21	62.99	17.15	19.86	剪切	9.76	剪切
2011-8-10	17:11:05	2.21	−68.29	−29.50	张拉	73.47	张拉
2011-8-10	22:17:23	53.40	−7.00	−39.60	混合	5.14	剪切
2011-8-11	18:33:32	8.19	−55.13	−36.68	张拉	56.59	张拉
2011-8-12	0:00:09	9.93	−60.65	−29.42	张拉	55.17	张拉

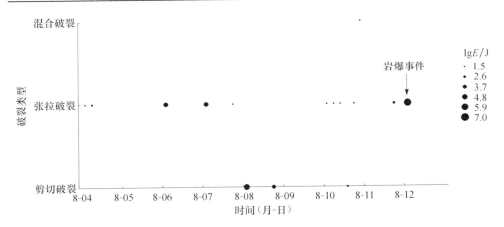

图 3.95　岩爆孕育过程中不同破裂类型事件演化规律图(矩张量分解判别方法)(2011 年)

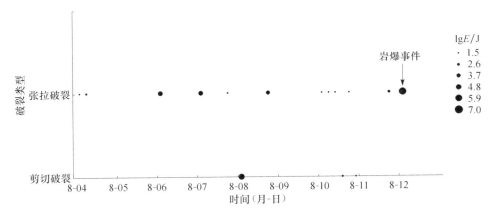

图 3.96　岩爆孕育过程中不同破裂类型事件演化规律图(运动夹角判别方法)(2011 年)

根据式(3.15)的矩张量分解破裂类型判别准则和运动夹角破裂类型判别准则在本例中的 9.88°门槛值,可以发现,在依据矩张量分解和运动夹角得到的岩石破裂类型中,除了 8 月 8 日 14:09:14 和 8 月 10 日 22:17:23 两个事件外,其他都能很好地吻合。进一步分析发现,这两个事件从矩张量分解标准得到的结果来看,其处于混合破裂或者接近混合破裂,由于混合破裂中张拉和剪切破裂所占比重不好确定,而且其本身较为复杂;同时运动夹角计算公式使用的是原始地应力场的结果和初始内摩擦角,但是隧洞开挖后,地应力场会发生调整,岩体损伤内摩擦角会发生变化,故根据运动夹角得到的判别角度有一定的误差。但是通过对比 8 月 8 日 14:09:14、8 月 10 日 13:45:21 和 22:17:23 三个微震事件矩张量双力偶(double couple,DC)剪切分量比重均在 60%附近的事件可以发现,8 月 8 日 14:09:14 事件的矩张量补偿性线性极子(CLVD)分量明显大于 8 月 10 日两个事件,而其从运动夹角判别方法得到的破裂类型相比较其他两个的剪切破裂,它表现为张拉破裂,可见微震事件矩张量除 DC 分量表现为剪切特征外,CLVD 分量具有张拉破裂的特征。

由此从整体看来,根据矩张量结果的不同角度的岩石破裂类型判别方法,在该岩爆孕育过程中岩石破裂类型研究上可以得到较一致的结果。因而,这两种方法在岩石破裂类型判别上具有较好的可靠性。

从力学的角度来看,矩张量分解判别标准较为单一、固定、具体,是一种较好的破裂类型的判别标准。虽然运动夹角的判别标准具有一定的误差,但是由于其物理意义较为清晰,可以作为基于矩张量分解判别标准外的一种参考。

由图 3.95 和图 3.96 可以发现,该即时性应变-结构面滑移型岩爆的孕育过程,除了有张拉破裂外,还有少量的剪切和混合破裂事件出现,且首先出现张拉破裂,然后生成剪切和混合破裂,最后以张拉破裂的形式抛掷而出。

相较于即时应变型岩爆,该岩爆除了存在在高应力作用下的拉裂破坏外,隧洞围岩内部还有少量的结构面,这使得在高应力作用下,岩石破裂除了向临空面发展,还会向岩体内部的结构面发展并在结构面上发生剪切滑移。

将上述微震事件进行矩张量计算,并通过式(3.25)得到破裂面法向方向矢量,由式(3.26)得到破裂面运动方向矢量,进而可以计算得到如表 3.5 所示的岩爆孕育过程中岩石破裂面的方位角、倾角和运动夹角。

表 3.5　相关微震事件破裂面产状特征信息表

日　期	时　间	走向/(°)	倾角/(°)	运动夹角/(°)	震源半径/m
2011-8-4	1:21:02	250.63	74.44	55.30	1.76
2011-8-4	1:21:21	280.68	82.61	33.90	1.71
2011-8-6	8:31:11	118.03	85.47	45.46	1.62
2011-8-7	1:16:56	122.30	71.08	59.16	1.21

续表

日　期	时　间	走向/(°)	倾角/(°)	运动夹角/(°)	震源半径/m
2011-8-7	14:59:19	82.83	87.68	59.92	1.50
2011-8-8	10:54:33	290.40	60.98	1.50	4.97
2011-8-8	14:09:14	297.67	38.48	13.91	1.42
2011-8-10	4:16:08	114.89	83.87	77.98	1.51
2011-8-10	4:31:55	254.82	86.42	75.53	1.01
2011-8-10	13:44:43	95.50	77.44	61.95	0.84
2011-8-10	13:45:21	262.91	88.56	9.76	1.28
2011-8-10	17:11:05	278.47	88.69	73.47	2.40
2011-8-10	22:17:23	270.09	73.94	5.14	1.92
2011-8-11	18:33:32	240.51	86.84	56.59	1.13
2011-8-12	0:00:09	116.15	71.96	55.17	5.86

将表 3.5 所示微震事件岩体破裂面产状特征信息依据微震事件发生的时间顺序绘制如图 3.97 所示的破裂面随时间演化图。

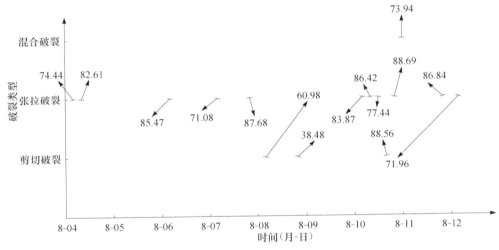

图 3.97　破裂面随时间演化图(2011 年)

(图中数字表示破裂面的倾角,单位:(°);箭头长度表示震源半径)

由于破裂面的运动方向是相对的,同时该岩爆部位较为集中,考虑微震事件定位的不精确性,认为微震事件均发生在岩爆破坏面附近。

图 3.94 为隧洞北侧边墙岩爆情况,水平虚线 L1 为北侧边墙与上断面底板交线,硬性结构面 2 近似平行于边墙,硬性结构面 1 较硬性结构面 2 更靠近临空面,且硬性结构面 1 左侧较右侧更深入岩体。对比图 3.97 相关微震事件的方位可以发现,2011 年 8 月 8 日 10:54:33 微震事件破裂面走向 N70°W、倾角 60.98°及倾向岩体内部的产状特征与硬性结构面 1 上部破坏面的方位特性一致;2011 年 8 月 10 日 13:45:21 微震事件破裂面走向近似水平、倾角近似竖直的破坏面产状特征也与

硬性结构面 2 的产状基本相同。因此,在岩爆孕育过程中,岩体破裂浅层岩体向内部岩体发展。

根据破裂面时间演化图可以看出,破裂面的走向大致主要为两个方位:N70°W 和 N80°E,相同方位角的破裂面表现为先张拉再剪切再张拉的过程。

图 3.94 中岩爆破坏面表现为外宽内窄,向岩体内部收缩的浅 V 型破坏 N70°W 方位的破裂面应当是出现在破坏面右侧,N80°E 的破裂面应当是出现在破坏面左侧。根据这个推断,并参考岩体破裂过程是由靠近隧洞的浅层往深部发展的结论,推测岩爆孕育过程中开始的第 1 和第 2 条张拉破裂面分别位于爆坑破坏面的左侧和右侧浅部岩体内,如图 3.98(a)、(b)所示。

图 3.94 爆坑右侧破坏面的形态表现为从右下侧往左上侧倾角由大变小,靠近硬性结构面 1 下方时破坏面倾向开挖面外部,结合图 3.97 破裂面随时间演化来看,第 2、3、4 条张拉破裂面处于岩爆爆坑右侧破坏面,且随着时间逐步由浅层往深层向硬性结构面发展,如图 3.98(b)~(d)所示。

而爆坑左侧破坏面的形态表现为左下侧破坏面外倾,倾角大概为 70°;破坏面在往右上侧硬性结构面 2 处发展过程中,破裂面倾角逐渐变大至接近直立。结合图 3.97 破裂面随时间演化来看,第 5 条张拉破裂面处于岩爆爆坑左侧破坏面,且相对第 1 条张拉破裂面逐步由浅层往深层向硬性结构面发展见图 3.98(e)]。

当右侧破裂面达到硬性结构面 1 尖端时,由于尖端应力集中,破裂面贯通,沿着硬性结构面发生剪切破裂,形成第 6 和第 7 条剪切破裂面(见图 3.94 和图 3.98(f))。

4 月 10 日 4:16:08 出现第 8 个破裂面,其走向与在硬性结构面 1 上的剪切破裂走向一致,倾角接近垂直,其形态与硬性结构面右侧部分较为一致,且处于硬性结构面上,如图 3.94 和图 3.98(g)所示。

在应力集中作用下,岩爆破坏面左侧岩体破裂区和右侧硬性结构面 1 尖端继续向硬性结构面 2 发展,这个过程中先后形成第 9 和第 10 条张拉破裂面,这两个破裂面最终促成与硬性结构面 2 尖端贯通,致使硬性结构面 2 发生剪切破裂,形成第 11 条剪切破裂面(见图 3.98(h)~(j)),并在剪切破裂基础上,硬性结构面 2 继续上下发展,促成张拉破裂面的生成。

由图 3.97 中岩爆前的微震事件破裂面来看,该破裂面极有可能为硬性结构面 2 左侧的陡直破坏面,可见当岩体破坏发展至硬性结构面后,在岩爆发生整体破坏前,破裂在往开挖面方向发展并贯通。

图 3.97 所示所确定事件发生前,在硬性结构面 2 发生剪切滑移后,有两个走向平行于隧洞壁的张拉破裂面,根据上面分析得到的"在岩爆发生整体破坏前,破裂在往开挖面方向发展并贯通"结论,可以推断这两个平行于隧洞壁的张拉破裂面是随着洞壁浅层应力逐渐增大的情况下,在浅层岩体内发生的压致拉裂,如图 3.98(k)所示。

由岩爆事件破裂面的方位与在硬性结构面1上发生的剪切破裂的方位较为相似,可见岩爆发生极有可能是在沿着剪切破裂面与张拉破裂面形成的贯通区域的基础上,在集中应力的作用下,崩落而出。

综上所述,根据图3.97和图3.94,并考虑微震定位的不精确性,推测该岩爆孕育的整个过程为:①首先是浅层围岩的张拉破裂,并往岩体内部扩展,如图3.98(a)~(e)所示;②破裂扩展至接近硬性结构面1尖端,应力集中造成硬性结构面1的剪切破裂,见图3.98(f);③贯通的浅层张拉、剪切破裂面附近岩体的进一步张拉扩展,如图3.98(g)~(i)所示;④岩体破裂扩展至硬性结构面2尖端,造成硬性结构面2的剪切破裂,如图3.98(j)所示;⑤浅层继续张拉破裂,并带动深层张拉破裂,进而最终抛掷而出,如图3.98(k)~(l)所示。注意:最下方水平粗实线为洞壁,硬性结构面上下用箭头表示发生剪切破裂,图中数字编号为对应事件按照时间的编号。

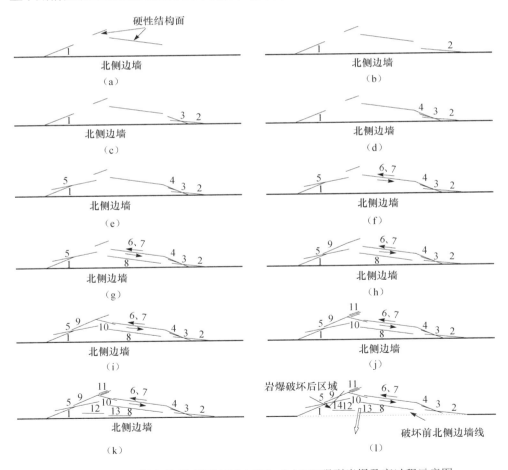

图3.98　2011年8月12日引(4)8+812~8+837强烈岩爆孕育过程示意图

3. 岩爆孕育过程中破裂事件产生机制分析-实例 3

2010 年 12 月 15 日 11:00 左右,1-P-E 隧洞 SK8＋485～8＋495 段北侧边墙发生中等岩爆,当日掌子面桩号为 SK8＋552,岩爆位置距离掌子面 60 余米。岩爆爆坑 0.3～0.7m,高度为 2～4m,沿洞轴线长度为 6～7m,爆出物以 30～60cm 块石为主。岩爆破坏面如图 3.99 所示。岩爆爆出的岩块大小不一,有小片状,也有大块体(见图 3.99 中右下图),岩爆多个剪切面形成的爆坑处可见较多岩粉,破坏面下部表层依然可见层板状的张拉裂隙。SK8＋475 附近埋深大约 2500m,岩性为 T_{2b} 白色巨厚状中粗晶大理岩。

图 3.99　岩爆造成岩体宏观破坏情况(见彩图)

由于当时相邻 4♯引水隧洞尚未开挖,可以认为相邻洞段开挖互不干扰,选择隧洞轴线方向为 SK8＋465～8＋505 段;垂直隧洞中心线方向南北各 35m 作为岩爆相关微震事件的选择范围。

根据三维地应力反演推算得到该岩爆段附近岩体的地应力情况大致为:最大主应力 66.5MPa,中间主应力 51.0MPa,最小主应力 46.30MPa。根据岩石力学试验得到 T_{2b} 大理岩的初始内摩擦角为 22.4°。根据式(3.16)可以计算得到岩体开挖卸荷作用下围岩表层的抗剪强度为 F_s 为 61.46MPa。锦屏 T_{2b} 大理岩的单轴抗压强度为 107.08MPa,抗拉强度为 10.71MPa。根据式(3.17)可以得到,当运动夹角 $\theta > 9.89°$ 时,岩体会发生张拉破坏。

将上述选择的相关微震事件进行矩张量计算,并依据深埋隧洞矩张量分解判别破裂类型准则和运动夹角判别准则,得到该岩爆孕育过程中岩石破裂类型随时间演化情况,如表 3.6 所示。根据这两类判别准则生成了岩爆孕育过程中不同破裂类型事件演化规律图,如图 3.100 和图 3.101 所示。图中各点表示对应时刻的微震事件,其大小表示该微震事件所释放能量(E)对数值的相对大小(如图例),横坐标是日期时间轴,纵坐标表示微震事件表征的岩体破裂类型。

表 3.6 相关微震事件破裂类型结果表

日 期	时 间	DC/%	CLVD/%	ISO/%	矩张量分解判别方法	运动夹角	运动夹角判别方法
2010-12-1	2:25:21	45.09	16.11	38.80	混合	12.20	张拉
2010-12-2	2:05:57	0.61	66.20	33.18	张拉	81.04	张拉
2010-12-2	15:27:24	0.22	−66.42	−33.36	张拉	84.60	张拉
2010-12-3	19:50:09	0.36	−66.43	−33.21	张拉	83.11	张拉
2010-12-4	22:41:46	20.79	−62.12	−17.09	张拉	43.74	张拉
2010-12-5	17:00:27	5.29	−65.19	−29.51	张拉	64.46	张拉
2010-12-6	0:34:52	23.55	−53.09	−23.36	张拉	38.93	张拉
2010-12-6	16:06:36	29.56	−16.87	53.56	张拉	17.44	张拉
2010-12-6	16:06:36	0.06	−66.64	−33.30	张拉	87.23	张拉
2010-12-6	17:51:30	45.17	−16.94	−37.90	混合	12.68	张拉
2010-12-7	14:57:30	24.44	56.58	−18.98	张拉	39.39	张拉
2010-12-7	19:16:58	47.19	−8.58	44.23	混合	6.89	剪切
2010-12-7	21:43:13	1.34	−66.18	−32.48	张拉	76.83	张拉
2010-12-8	0:28:38	0.06	−66.67	−33.27	张拉	87.18	张拉
2010-12-8	2:28:53	76.82	−0.19	22.99	剪切	0.10	剪切
2010-12-8	3:13:59	44.14	47.23	−8.63	混合	26.44	张拉
2010-12-8	10:09:44	0.15	66.65	33.20	张拉	85.52	张拉
2010-12-8	15:52:03	48.45	0.46	51.09	混合	0.40	剪切
2010-12-8	15:52:17	0.11	−66.48	−33.41	张拉	86.23	张拉
2010-12-9	21:27:10	49.57	−50.26	0.17	混合	25.59	张拉
2010-12-9	21:36:55	23.85	−72.57	3.59	张拉	44.05	张拉
2010-12-10	3:28:26	35.13	33.56	31.31	张拉	24.67	张拉
2010-12-10	15:23:01	90.16	0.93	−8.91	剪切	0.44	剪切
2010-12-15	2:14:06	35.04	−46.55	18.41	张拉	29.94	张拉

由表 3.6 可以发现,对于清晰的张拉和剪切破裂,矩张量分解和运动夹角判别方法得到的结果较为一致。由于运动夹角判别方法无法得到混合型破裂类型,因此矩张量分解得到的混合破裂类型,相应的运动夹角判别方法既可能得到剪切破裂,也可能得到张拉破裂的结论。但是分析这些混合破坏类型事件的矩张量 CLVD 分量可以发现,其对应运动夹角破裂类型判别方法得到张拉破裂类型的事

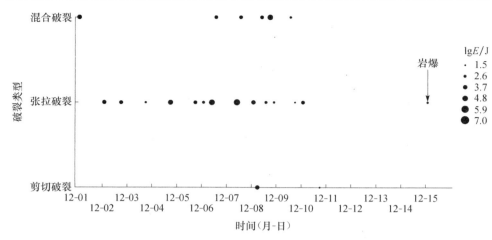

图 3.100　岩爆孕育过程中不同破裂类型事件演化规律图(矩张量分解判别方法)(2010 年)

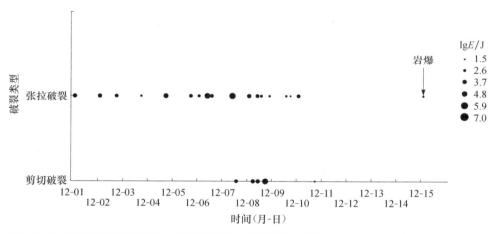

图 3.101　隧道岩爆孕育过程中不同破裂类型事件演化规律图(运动夹角判别方法)(2010 年)

件矩张量 CLVD 分量所占比重都较高(大于 16.11%),而剪切破裂类型事件矩张量 CLVD 分量所占比重都较低(小于 8.58%)。可见微震事件矩张量除 DC 分量表现为剪切特征外,CLVD 分量具有张拉破裂的特征。

　　结合前面案例的认识,应当以矩张量分解破裂类型判别准则作为岩爆孕育过程岩石破裂类型演化规律的基础方法,而运动夹角的判别标准可以用作于辅助方法来进一步了解混合破裂类型中占据主导因素的破裂类型。

　　由图 3.100 和图 3.101 可以发现,该岩爆在孕育前期就有混合破裂事件出现,后来又出现了较多数量的剪切和混合破裂事件。由于剪切和混合破裂事件的出现,其本身演化过程较为复杂。同时,在岩爆发生前有一段很明显的平静期。

　　如图 3.99 所示,由岩爆破坏区域可以看出,其最终的爆出物中既有由于剪切作用造成的大的块状爆出物以及爆坑底部由于剪切作用留下的岩粉,也有在高应力作用下岩爆破坏面下部压致拉裂产生的形状错综复杂、极为破碎的张拉裂隙,其孕育过程和最终结果都较即时型岩爆复杂。

将上述微震事件进行矩张量计算,并通过式(3.25)得到破裂面法向方向矢量,由式(3.26)得到破裂面运动方向矢量,进而可以计算得到如表 3.7 所示的岩爆孕育过程中岩石破裂面的方位角、倾角和运动夹角。

表 3.7 相关微震事件破裂面产状特征信息表

日 期	时 间	走向/(°)	倾角/(°)	运动夹角/(°)	震源半径/m
2010-12-2	2:05:57	85.15	85.05	81.04	2.48
2010-12-2	15:27:24	85.62	89.90	84.60	1.68
2010-12-3	19:50:09	95.43	89.98	83.11	0.86
2010-12-4	22:41:46	260.63	70.07	43.74	2.42
2010-12-6	16:06:36	275.21	51.47	17.44	0.76
2010-12-6	16:06:36	86.20	90.00	87.23	1.42
2010-12-6	17:51:30	342.85	49.30	12.68	1.38
2010-12-7	6:47:09	87.98	90.00	87.10	2.19
2010-12-7	12:16:13	41.42	88.60	13.20	2.00
2010-12-7	14:57:30	52.76	73.50	39.39	1.51
2010-12-7	19:16:58	5.32	42.76	6.89	0.78
2010-12-8	0:28:38	98.67	89.98	87.18	1.68
2010-12-8	2:28:53	81.29	87.21	0.10	1.35
2010-12-8	3:13:59	13.57	85.99	26.44	1.02
2010-12-8	10:09:44	91.36	87.66	85.52	2.40
2010-12-8	15:52:03	74.18	35.41	0.40	2.51
2010-12-8	15:52:17	92.94	89.97	86.23	0.75
2010-12-9	6:45:27	51.65	54.13	14.50	0.50
2010-12-9	16:48:58	87.91	88.05	86.09	1.18
2010-12-9	16:49:05	324.77	89.03	41.73	0.70
2010-12-9	19:56:02	296.68	89.22	6.05	2.39
2010-12-9	20:00:58	88.52	89.93	14.48	1.92
2010-12-9	21:27:10	280.04	89.47	25.59	0.83
2010-12-9	21:36:15	203.48	87.87	44.05	0.83
2010-12-10	3:28:26	298.45	30.59	24.67	1.07
2010-12-10	15:23:01	180.12	89.91	0.44	0.93
2010-12-12	7:55:36	220.24	68.80	54.55	1.18
2010-12-14	2:03:04	149.24	89.94	72.06	0.99

由表 3.7 所示,岩爆孕育过程中所产生的岩爆破裂面的产状特征特别复杂,从走向来看,既有近似平行于洞壁的破裂面,也有近似垂直于洞壁的破裂面,还有 NE 和 NW 向的破裂面;从倾角来看,既有近似垂直的破裂面(倾角大于 $80°$),也有

倾角较缓的破裂面（12 月 10 日 3：28：26 微震事件产生岩石破裂面倾角为 30.59°），且没有一个主要的集中产状形式。

将表 3.7 所示微震事件岩体破裂面产状特征信息依据微震事件发生的时间顺序绘制如图 3.102 所示的破裂面随时间演化图。

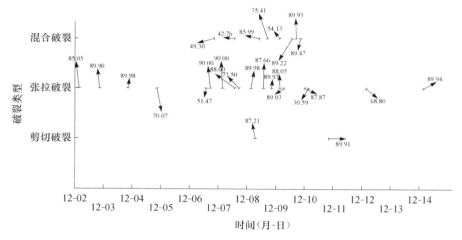

图 3.102　破裂面随时间演化图（2010 年）

（图中数字表示破裂面的倾角，单位：(°)；箭头长度表示震源半径）

从图 3.102 中破裂面的产状特征来看，该时滞型岩爆孕育过程中产生的岩石破裂面产状特征极其复杂。

由于破裂面的运动方向是相对的，且该岩爆部位较为集中，同时考虑微震事件定位的不精确性，认为微震事件均发生在岩爆破坏面附近。

因此，单纯使用岩石破裂面产状特征对比岩爆破坏面表现出来的特征，几乎无法重构其整个孕育过程。

3.4　岩爆孕育过程中岩石破裂类型判别的 P 波发育度方法

3.4.1　基于能量比及矩张量方法的岩石破裂类型判别对比分析

1. 基于采集距离的岩石破裂微震源分类

据前文所述紧跟掌子面移动整体协同全局最优传感器优化布置方法，当工况发生改变时，传感器布置方式需相应调整，从而使得岩石破裂微震源触发传感器的方式不同。深埋隧洞群开展微震监测时，通常存在三种典型工况：单工作面掘进、相近工作面齐头掘进和多工作面同时掘进，开挖扰动是诱发围岩岩体发生破裂的主要因素。因此，岩石破裂微震源基本集中于掌子面附近，对于前两种典型工况，岩石破裂微震事件由破裂发生所在或相近工作面的传感器记录,而对于多工作面同时掘进的典型工况,岩石破裂所辐射的弹性波除了会触发破裂发生所在或相近工作面的传感器(可称为近端传感器)外,还有可能触发远离该工作面的其他工作面的传感器(可称为远端传感器)。以某深埋隧洞为例,分析不同工况下岩石破裂微震源传感器采集的特点,并以采集距离的不同将岩石破裂微震源进行分类。

1) 单工作面或相近工作面齐头掘进

深埋硬岩隧洞施工过程中,某一潜在高强度岩爆风险的工作面可能大大落后或超前其相近工作面,此时往往单独建立一套微震监测系统。例如,某深埋隧洞3#引水隧洞 TBM 施工洞段具有潜在的强烈~极强岩爆风险,而其相近的2#和4#引水隧洞已大大超前于该工作面。因此,搭建了一套独立的微震监测系统。相近工作面齐头掘进是施工时常见的工况,如某深埋隧洞辅引3洞段的施工排水洞、3#引水隧洞和4#引水隧洞,各工作面的桩号相差往往不超过20m,该三个工作面在施工过程中多处显现了中等~强烈的岩爆。因此,分别于4#引水隧洞及施工排水洞中布置了微震传感器。

无论是单工作面还是相近工作面齐头掘进,岩石破裂微震源仅触发其所在及相近工作面的传感器。以某深埋隧洞3#TBM 施工洞段为例,图3.103为 TBM施工段微震实时监测示意图,图中所示为2010年6月所记录的微震事件,传感器布置方式参见第2章2.3.3节。图3.104显示出岩石破裂微震源与传感器之间的最大距离,由图可以看出:单工作面掘进时,微震源与传感器的最远距离通常不超过250m。

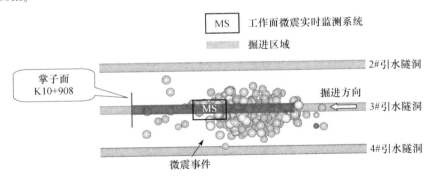

图 3.103　某深埋隧洞 TBM 施工洞段微震实时监测示意图(2010 年 6 月)

2) 多工作面同时掘进

深埋隧洞施工时,可通过在中间开设辅助的工作面,以便加快施工进度或降低施工风险,使得某一区域内形成多工作面同时掘进的工况,如某深埋隧洞的辅引1、辅引2钻爆法施工洞段,其中,辅引1和辅引2洞段具有潜在的强烈~极强岩爆风险。因此,在辅引1和辅引2洞段上断面施工全过程中均开展了微震实时监测。

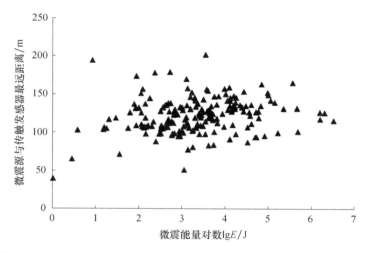

图 3.104　TBM 施工洞段微震源与采集传感器的最远距离(2010 年 6 月)

图 3.105 为辅引 1 和辅引 2 施工洞段 2011 年 4 月微震实时监测示意图,因 4 月 22 日～26 日时间同步通信电缆线检修,各工作面监测系统无法联合工作,图中所示为 4 月 1 日～21 日所记录的微震事件,传感器布置方式参见第 2 章 2.3.3 节。图 3.106 为岩石破裂微震源与传感器之间的最大距离,由图可以看出:

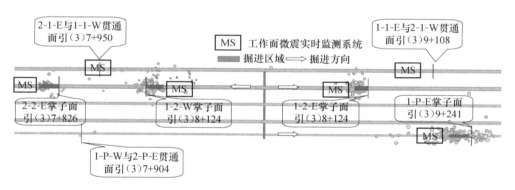

图 3.105　某深埋隧洞多工作面同时掘进微震实时监测示意图(2011 年 4 月)

(1) 微震源仅触发近端传感器时,微震源与触发传感器间的最大距离不超过 300m;而微震源辐射能较大时,其可能触发远端传感器。此时,微震源与触发传感器间的最大距离通常超过 300m。

(2) 微震事件辐射能的大小是影响触发方式的主要因素之一,当微震事件辐射能 $E < 10^2$ J 时,微震源仅能触发其所在或相近工作面的传感器。而当微震事件辐射能 $E > 10^5$ J,微震源均触发了远端传感器,最大距离甚至近 800m。

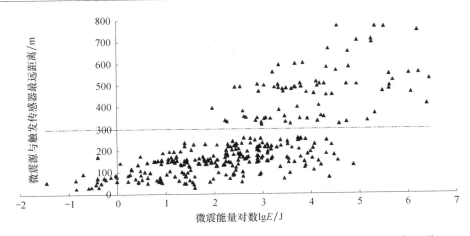

图 3.106　多工作面同时掘进时微震源与触发传感器的最远距离(2011 年 4 月)

（3）而 $E \in (10^2 \mathrm{J}, 10^5 \mathrm{J})$ 时，受传感器相对布置方式、波形衰减等多种因素的影响，部分微震事件触发了远端传感器。但整体而言，能量越大，触发远端传感器的可能性就越大。

基于上述分析，在深埋隧洞实时微震监测中，所记录的微震事件（微震源）基本可分为如下两类：

（1）近端采集型。岩石微破裂微震信息仅被近端传感器采集，微震源与传感器之间最大距离不超过 300m。

（2）混合采集型。岩石微破裂微震信息由近端与远端传感器共同采集，微震源与传感器之间最大距离通常超过 300m。

对于单工作面或多工作面齐头掘进，如 3♯TBM 及辅引 3 向西掘进洞段，实时监测系统所记录的微震事件均为近端采集型。而上述辅引 1 和辅引 2 施工洞段多工作面同时掘进情况下，2011 年 4 月 1～21 日共采集 318 个岩石破裂微震事件，其中 238 个为近端采集型，占总数的 74.84%，80 个为混合采集型，占总数的 25.16%，如图 3.107 所示。因此，深埋隧洞岩石破裂微震源以近端采集型为主，如何合理准确地判定近端采集型震源所对应的岩石破裂的破裂类型是研究岩爆孕育机制的关键问题。

2. 基于能量比及矩张量结果的岩石破裂类型判定

S 波与 P 波的能量比可以用来评估单个事件的破裂类型为剪切还是非剪切破裂。Gibowicz 等(1991，1994)通过分析 URL 地下试验室和矿山开采声发射及微震监测信息，认为对于破裂过程包含张拉破裂的事件，其 $E_{\mathrm{S}}/E_{\mathrm{P}} < 10$；而 Boatwright 和 Fletcher(1984)则基于现场实测信息及理论分析证实了如果 $E_{\mathrm{S}}/E_{\mathrm{P}} > 20$，

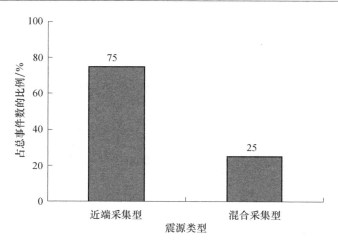

图 3.107　多工作面同时掘进微震源类型分布(2011 年 4 月)

那么 P 波释放的能量仅占 S 波释放能量很小的一部分,剪切破裂是其主要破裂类型。目前,上述研究结果已被普遍接受。因此,可基于如下能量比比值判定准则判定岩石破裂类型:

$$
\begin{cases}
E_S/E_P < 10, & \text{拉伸破裂} \\
10 \leqslant E_S/E_P \leqslant 20, & \text{混合破裂} \\
E_S/E_P > 20, & \text{剪切破裂}
\end{cases}
\tag{3.27}
$$

分别采用能量比及矩张量分析方法,对近端采集型及混合采集型震源均有记录的多工作面同时掘进情况下的岩石破裂微震事件开展破裂类型判定对比分析。同时对比分析同一混合型事件,分别利用近端传感器信息和综合近端及远端传感器信息时的判定结果,研究震源类型对判定结果造成的影响。

1) 基于能量比及矩张量结果的判定对比分析

图 3.108 为 2011 年 4 月钻爆法洞段所记录的近端型微震事件基于能量比及矩张量判定方法的岩石破裂类型判定结果对比,图 3.109 则为同一时间内所记录到的混合微震事件的岩石破裂类型判定结果的对比,其中微震事件依据能量比比值由小到大进行编号。图 3.110 为微震事件能量比比值对应矩张量判定结果的分布情况。结合图 3.108～图 3.110 可以看出:

(1) 当能量比判定结果为拉伸即 $E_S/E_P < 10$ 时,95% 和 100% 的近端采集型和混合采集型事件基于矩张量的判定结果也为拉伸。同时没有判定为剪切的情况。因此,$E_S/E_P < 10$ 同时矩张量判定结果为拉伸的微震事件所对应微破裂的破裂类型可判定为拉伸。

(2) 当能量比判定结果为混合即 $E_S/E_P \in [10,20]$ 时,94% 和 97% 的近端采集

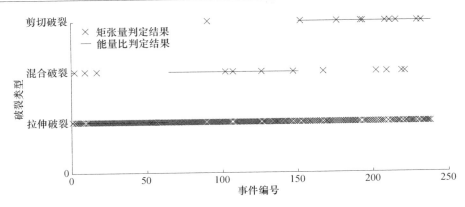

图 3.108 基于能量比与矩张量的近端型微震源破裂类型判定结果对比
（按能量比比值由小到大对微震事件进行编号）

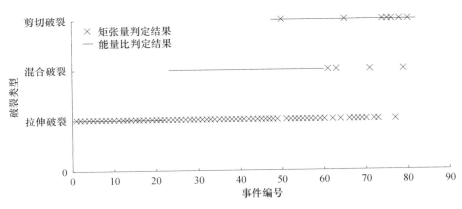

图 3.109 基于能量比与矩张量的混合型微震源破裂类型判定结果对比

型和混合采集型事件基于矩张量的判定结果则为拉伸。因此，$E_S/E_P \in [10, 20]$ 的事件，基于两种判定方法基本无法给出可靠的判定结果。

（3）当能量比判定结果为剪切即 $E_S/E_P > 20$ 时，仅有 10% 的近端型采集事件的矩张量判定为剪切，混合采集型事件的比例为近端型的 3 倍，但也仅为 30%。整体而言，基于矩张量与能量比在对剪切型事件的判定结果上一致性较差。

（4）矩张量方法判定为混合的事件的能量比比值大多大于等于 20。

2）震源类型对矩张量判定结果的影响分析

从图 3.110(d) 可以看出：当能量比判定结果为剪切即 $E_S/E_P \geqslant 20$ 时，矩张量判定结果为剪切的混合采集型事件的比例为近端采集型的 3 倍，那么是否说明对于剪切型微破裂，混合采集型事件较近端采集型基于矩张量的结果可靠？因此，可通过对比分析同一混合采集型震源,分别利用近端传感器信息和综合近端及远端传感器信息时的判定结果,研究震源类型对矩张量判定结果造成的影响。

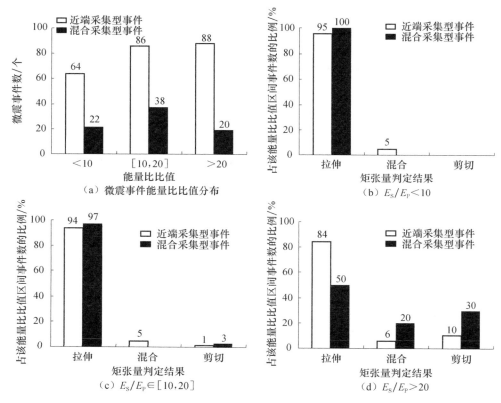

图 3.110　微震事件能量比比值对应矩张量判定结果分布

由图 3.106 表明:多工作面同时掘进情况下,$E>10^5$J 的事件通常都为混合型,此时微震震级一般大于等于 0。整个钻爆法洞段监测期间共记录到 65 个震级大于等于 0 的混合型微震事件,微震辐射能为 $[2.4\times10^5$J,9.8×10^6J]。图 3.111 为基于近端及混合传感器信息的矩张量判定结果的对比。图 3.112 为能量比比值对应的矩张量判定结果分布。

由图 3.111 和图 3.112 可以看出,整体而言,混合采集型微震事件基于近端传感器信息及近端与远端传感器综合信息的破裂类型判定结果的对比情况与上述的近端采集型和混合采集型微震事件破裂类型的判定对比结果基本一致。对于 $E_S/E_P>20$ 甚至 30 的同一混合采集型事件,矩张量采用近端与远端传感器综合信息进行判定,当两者均判定为剪切时,综合两者的判定结果,该部分微震事件的破裂类型可判定为剪切型,但当该部分事件仅采用近端传感器信息的矩张量判定结果——基本均为拉伸,只有近 20% 为剪切时,表明矩张量判定结果明显受微震事件震源采集类型的影响,当微震事件为近端采集型时,剪切型微破裂基于矩张量方法的判定结果往往可能是拉伸。

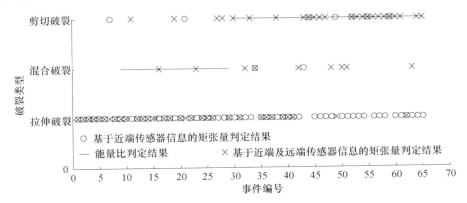

图 3.111　混合型事件基于近端及混合传感器信息的矩张量判定结果对比
（按能量比比值由小到大对微震事件进行编号）

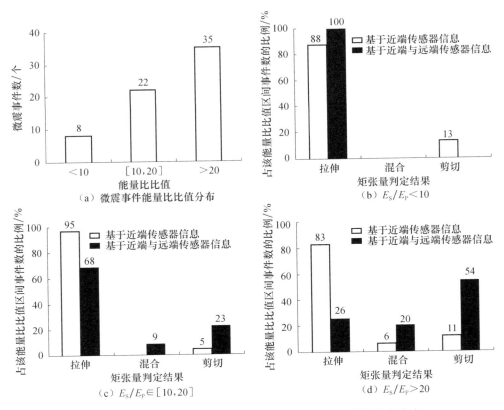

图 3.112　混合采集型事件能量比比值对应矩张量判定结果分布

3）影响判定结果的因素分析

对于深埋隧洞微震源与大多数采集传感器通常距离不超过 300m 的情况，计算所得的 E_S/E_P 往往不能真实体现 S 波与 P 波的相对能量比。图 3.113 为深埋隧洞典型岩石破裂微震事件波形图，该微震事件发生岩体的 P 波速度为 6514m/s，S 波速度为 3059m/s，微震源与传感器之间距离为 116.37m，若 S 波到达时 P 波已结束，S 波与 P 波到时差应至少为 0.020s，微震监测仪器的固有采样频率为 6000Hz。因此 S 波和 P 波的到时应至少相差 120 个采样点。而该微震事件实际 P 波到时点为 1236，S 波到时点为 1402，到时仅相差 66 个采样点，这表明当 S 波到达时，P 波还远未结束。因此，计算所得的 P 波能量 E_P 仅为其实际能量的一部分，而 S 波能量的计算则受 P 波尾部与其叠加方式的影响可能出现增大或减小。从上述能量比比值与矩张量判定结果的对比来看，$E_S/E_P \in [10,20]$ 的微震事件基于矩张量的判定结果通常为拉伸，而矩张量判定为混合的微震事件则多为 $E_S/E_P \geqslant 20$，这表明计算所得 E_S/E_P 应普遍大于微震事件实际的能量比比值。

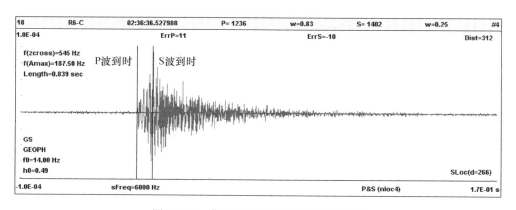

图 3.113　典型岩石破裂微震事件波形图

对于近端采集型微震事件，其传感器往往处于震源球面的同一空间方位内，导致震源机制的求解结果不稳定，而混合采集型微震事件的传感器则分布于震源球面的多个空间方位内，使得震源机制结果相对稳定。同时，更多传感器的触发可以获得更准确的定位信息，有效保障了矩张量结果的可靠性。因此，相对而言混合采集型震源基于矩张量的判定结果较为可靠，从上述矩张量与能量比判定结果的对比来看，近端采集型微震事件基于矩张量方法对剪切型事件的判定结果的可靠性相对较差。

综合上述分析，混合采集型微震事件基于能量比与矩张量的破裂类型判定结果的一致率要略高于近端采集型，但仅只有 48%，如图 3.114 所示。因此，对于深埋隧洞微破裂的破裂机制判定，仅基于能量比与矩张量判定方法，大多数时无法给出可靠的判定结果。

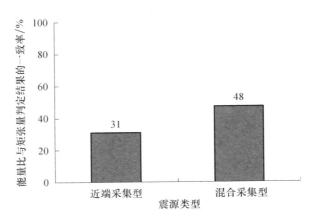

图 3.114　能量比与矩张量判定结果的一致率

3.4.2　基于 P 波发育度方法的岩石破裂类型判别

1. 不同破裂类型对应微震波形特征分析

观察能量比与矩张量判定结果一致的微震事件所对应的微震波形：图 3.115 和图 3.116 分别为拉伸型破裂对应近端及远端传感器典型波形时频特征，图 3.117 和图 3.118 分别为剪切型破裂对应近端及远端传感器典型波形时频特征，而混合型事件对应的波形并未表现出明显的时频特征，由图可以看出：

（1）拉伸破裂主要反映围岩单元体的体积变形，压缩 P 波比较发育，微震波形 P 波初动十分清晰，可明显观察到 P 波初动振幅幅值，而 S 波到时则不易识别。

（2）剪切破裂主要反映围岩单元体的切向变形，剪切 S 波比较发育。因此，微震波形具有非常明显的 S 波初动振幅，通过时域特征即可识别 S 波到时，而 P 波初动振幅幅值则较为微弱，其至 P 波到时往往难以识别。

（3）同一微震事件的近端与远端传感器所记录的波形的上述时域特征基本相同，说明基于波形时域特征判定破裂类型不受震源采集类型的影响。

（4）相比于近端传感器的频谱，远端传感器的高频信息丢失严重，但占主导的低频信息仍得到了保存，这也说明了能量较小、频率较高的事件无法触发远端传感器。

矿山微震监测所记录的波形也体现出上述（1）和（2）的特征。

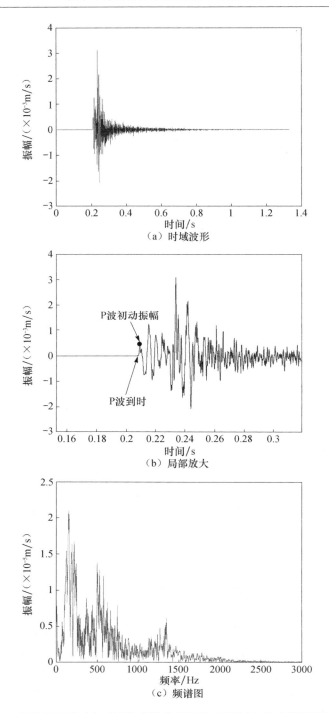

图 3.115　拉伸型破裂对应近端传感器典型波形时频特征(传感器距震源 159m)

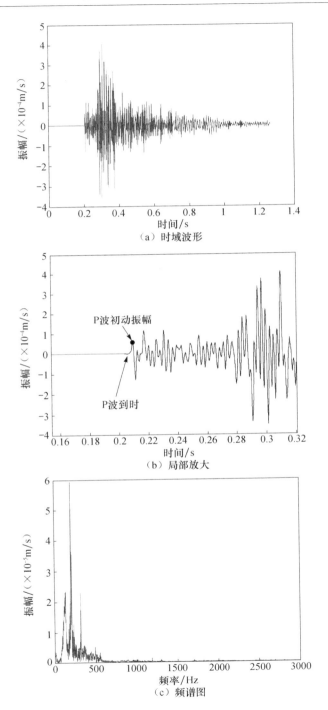

图 3.116 拉伸型破裂对应远端传感器典型波形时频特征(传感器距震源 540m)

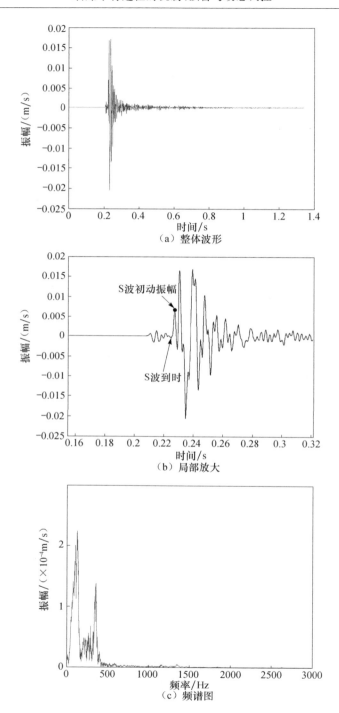

图 3.117　剪切型破裂对应近端传感器典型波形时频特征(传感器距震源 88m)

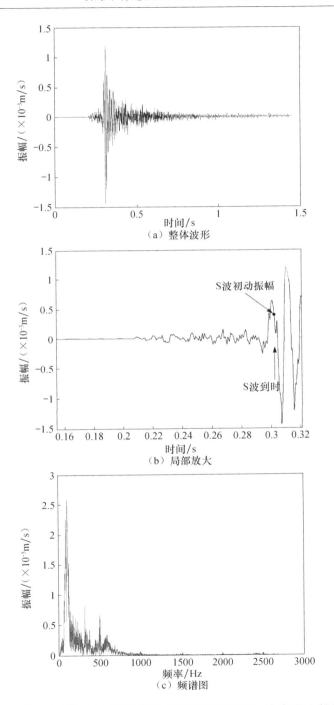

（a）整体波形

（b）局部放大

（c）频谱图

图 3.118　剪切型破裂对应近端传感器典型波形时频特征（传感器距震源 531m）

2. 基于 P 波发育度的破裂类型判定准则

上述分析表明,通过波形时域特征可定性判定岩石微破裂的破裂类型,其关键点为定性评价 P 波与 S 波的相对发育程度,基于此,提出 P 波发育度的概念并建立对应的岩石破裂类型判定准则。

由图 3.115～图 3.118 可以看出:P 波初动幅值相对整体波形的强弱可以用于表征 P 波的相对发育程度。因此定义微震事件 P 波发育度 P_D:

$$P_\mathrm{D} = \sum_{i=1}^{N} \frac{A_\mathrm{P}^i}{A_\mathrm{M}^i} \tag{3.28}$$

式中:N 为该微震事件触发传感器的个数;A_P^i 为第 i 个触发传感器所记录波形的 P 波初动振幅幅值;A_M^i 为第 i 个触发传感器所记录波形的最大振幅幅值。

图 3.119 为上节所列能量 $E > 10^5\mathrm{J}$ 的混合采集型微震事件基于近端及综合近端和远端传感器波形信息的 P 波发育度与其岩石破裂类型的对应图。岩石破裂类型通过能量比、矩张量及波形时域特征综合判定。从图 3.119 中可以看出:

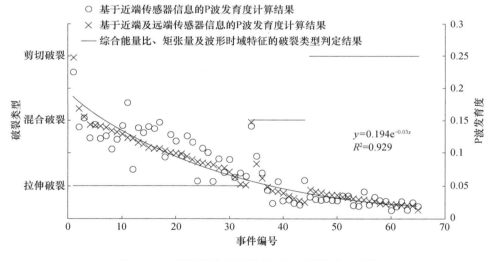

图 3.119 微震事件 P 波发育度与破裂类型对应图

(1)岩石破裂类型与 P 波发育度具有很强的相关性,说明采用 P 波发育度可有效判定岩石的破裂类型。

(2)拉伸型、混合型及剪切型事件对应利用近端及远端波形信息计算所得的 P 波发育度区间分别为[0.051,0.248]、[0.025,0.146]和[0.013,0.043],而仅采用近端信息时则分别为[0.055,0.225]、[0.021,0.141]和[0.012,0.040],利用不同波形信息计算所得 P 波发育度对应岩石破裂的区间基本一致,说明该参数稳定,基本不受震源采集类型的影响。

（3）剪切型事件对应 P 波发育度为 $[0.051, 0.248]$，而拉伸型事件对应为 $[0.012, 0.043]$，两者无交叉区间，区别明显，因此可通过 P 波发育度判定岩石破裂是偏向剪切或是拉伸。

（4）对于混合型事件，25% 的 P 波发育度位于拉伸型对应区间，剩余 75% 则位于剪切型区间，而拉伸型岩石破裂对应微震事件 P 波发育度区间的下限值与剪切型对应区间的上限值相差本身不大，通过 P 波发育度很难判定混合型事件，这也表明相对拉伸型与剪切型事件，混合型事件对应波形无明显的时域特征。

基于上述分析，P 波发育度可有效判定微震事件是偏向拉伸型或剪切型，但无法对混合型事件给出可靠的判定结果。因此，建立如下基于微震事件 P 波发育度判定岩石微破裂的破裂类型为拉伸或者剪切的判定准则，其中，判定的界限值 0.047 为拉伸型岩石破裂对应微震事件 P 波发育度区间的下限值 0.051 与剪切型对应区间的上限值 0.043 的平均值。

$$\begin{cases} P_{\mathrm{D}} \geqslant 0.047, & \text{拉伸破裂} \\ P_{\mathrm{D}} < 0.047, & \text{剪切破裂} \end{cases} \tag{3.29}$$

3.4.3 深埋隧洞岩石破裂类型综合判别方法

1. 三种方法适用性分析

从上述分析可以看出，深埋隧洞岩石破裂类型判定的关键问题是如何准确判断近端采集型微震事件对应岩石微破裂的破裂类型。图 3.120 为上节所列 2011 年 4 月份所记录的近端采集型事件分别采用三种方法进行岩石破裂类型判别的结果对比。图 3.121 为基于三种方法综合的岩石破裂类型判定结果的对比。

结合图 3.120 和图 3.121 可以看出：

（1）基于能量比的判定结果与三种方法的综合判定结果的吻合率整体较低。其主要原因是深埋隧洞岩石破裂以拉伸型为主，而能量比判定方法的拉伸型判定结果吻合率仅为 33%。但在已知破裂类型为非拉伸的情况下，基于能量比比值判定混合型和剪切型事件的吻合率则分别达到了 73% 与 100%。

（2）基于矩张量方法的判定结果与三种方法的综合判定结果的吻合率整体较高，达到了 87%。尤其是对拉伸型事件的判定吻合率达到了 98%，对混合型事件的判定吻合率也较高，达到了 73%。但对剪切型事件的判定可靠性较差，吻合率仅为 30%。

（3）相对而言，基于 P 波发育度的判定结果与综合判定结果的吻合率最高，达到了 92%，说明基于波形时域特征定性判定岩石微破裂的破裂类型是可靠的。该判定方法在拉伸型及剪切型事件的判定上均表现出色，分别达到了 99% 与 93%，但该方法无法判定混合型事件。

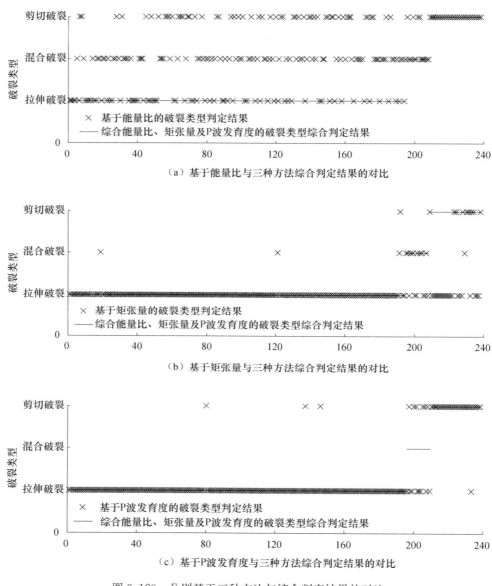

图 3.120　分别基于三种方法与综合判定结果的对比

　　综上所述,能量比、矩张量及 P 波发育度三种方法用于深埋隧洞岩石破裂类型判定的优缺点如表 3.8 所列。对以拉伸为主要破裂类型的深埋隧洞岩石微破裂开展破裂类型判定时,可以将矩张量与 P 波发育度作为主要判定方法。首先对拉伸型事件作出可靠判定,对部分剪切型事件也可给出判定结果。当两者判定结果不一致时,该微震事件对应的破裂类型基本为混合型或剪切型,此时,再利用能量

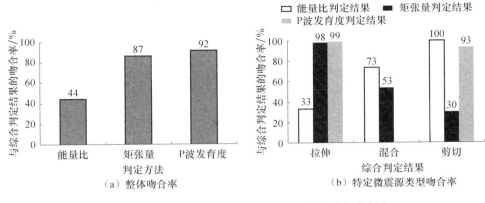

图 3.121　分别基于三种方法与综合判定结果的吻合率

比作为辅助判定方法，利用其在混合型和剪切型事件判定时可靠的优势，给出最终的判定结果。极少数情况下，综合三种判定方法可能仍无法确定该微震事件的破裂类型，再基于其他因素如地质条件、SEM 扫描结果等给出最终判定结果。

表 3.8　各判定方法应用于深埋隧洞岩石破裂类型判定的优缺点

判定方法	优　点	缺　点	用　途
能量比	可较好的用于判定混合型与剪切型事件	对拉伸型事件判定效果较差	可作为辅助判定方法
矩张量	判定拉伸型和混合型事件可靠	受震源采集类型的影响对剪切型事件的判定较不可靠	可作为主要判定方法
P 波发育度	参数稳定，判定拉伸及剪切型事件均可靠	无法判定混合型事件	

2. 基于微震信息的岩石破裂类型综合判定方法

　　基于上述能量比、矩张量及 P 波发育度判定方法的适用性分析，采用以矩张量分解结果和微震事件 P 波发育度为主要判定参数，以能量比比值作为辅助判定参数的岩石破裂类型的综合判定方法。该方法实施流程如图 3.122 所示，具体步骤则如下：

　　（1）对已完成滤噪、定位分析的微震事件分别进行矩张量分解及 P 波发育度计算。

　　（2）基于矩张量分解结果及 P 波发育度分别进行破裂类型判定，当判定结果同为拉伸或剪切时，该一致结果即为该微震事件对应岩石破裂的破裂类型。

　　（3）当两者判定结果不一致时，基本上为混合或剪切型岩石破裂。通过计

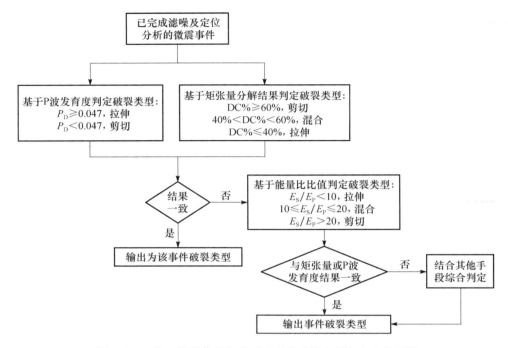

图 3.122 基于微震信息的岩石破裂类型综合判定方法流程图

算事件的能量比并给出基于该比值的破裂类型判定结果,若与矩张量或 P 波发育度中某一结果一致,则将其作为破裂类型的判定结果。极少数情况下,若三种方法的判定结果均不相同时,则应考虑通过如基于地质条件等其他手段进行定性判断。

3. 实例分析

1) 案例 1:P 波发育度与矩张量判定结果一致

2011 年 2 月 3 日,15:58:31 时微震监测系统记录到震级为 −1 的微震事件,该事件辐射能为 2.2×10^3 J,微震源与传感器之间最大距离为 388m,属于混合采集型事件。该微震事件基于矩张量方法的震源机制解及实测记录波形如图 3.123 所示。矩张量的分解结果 DC%=14.8%,基于矩张量方法的判定结果为拉伸。其微震波形与拉伸型破裂对应典型波形的时域特征一致,计算所得 P 波发育度 P_D=0.122,基于 P 波发育度的判定结果同为拉伸。该事件能量比比值为 14.65,根据上述能量比的适用性分析,该微震事件对应微破裂应为非剪切型。综合上述三种方法的判定结果,可判断该微震事件对应微破裂为拉伸型。

若采用上述岩石破裂类型综合判定方法,由于矩张量及 P 波发育度判定结果一致为拉伸,即可直接输出该岩石微破裂为拉伸型,无需继续计算能量比比值。

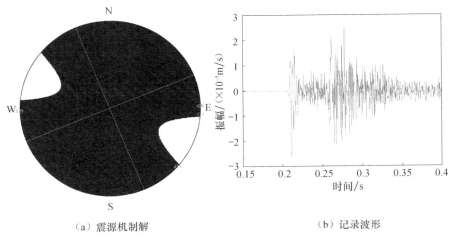

（a）震源机制解   （b）记录波形

图 3.123　2011 年 2 月 3 日 15:58:31 微震事件对应矩张量震源机制解及实测记录波形

2）案例 2:P 波发育度与矩张量判定结果不一致

2010 年 6 月 10 日,15:16:59 时微震监测系统记录到震级为－0.3 的微震事件,该事件辐射能为 $3.0×10^5$ J,微震源与传感器之间最大距离为 134m,属于近端型事件。该微震事件基于矩张量方法的震源机制解及实测记录波形如图 3.124 所示。矩张量的分解结果 DC%＝1.09%,基于矩张量的判定结果为拉伸。其微震波形与剪切型破裂对应典型波形的时域特征一致,计算所得 P 波发育度 P_D＝0.012,基于 P 波发育度的判定结果为剪切。该事件能量比比值则达到了 30.41,基于能量比的判定结果为剪切型。基于上述三种方法的适用性分析,该微震事件对应微破裂应为剪切型,因受震源采集类型的影响致使矩张量判定结果为拉伸。

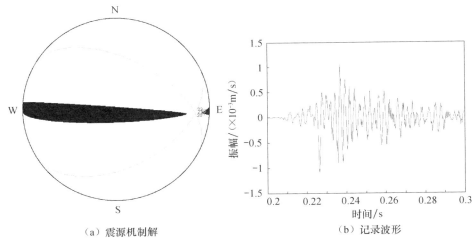

（a）震源机制解   （b）记录波形

图 3.124　2010 年 6 月 10 日 15:16:59 矩张量震源机制解及实测记录波形

若采用上述岩石破裂类型综合判定方法,基于矩张量及 P 波发育度判定准则的判定结果分别为拉伸和剪切,即可基本确定该事件为混合型或剪切型。此时再计算该事件能量比比值加以辅助判定。因该事件能量比比值为 30.41,基于能量比的判定破裂类型为剪切,与 P 波发育度结果一致,即可输出该微震事件对应微破裂为剪切型。

通过上述微震事件对应岩石微破裂的破裂类型判定案例表明,基于所提出的岩石破裂类型综合判定方法,可快速有效地对深埋隧洞岩石微破裂给出可靠的破裂类型判定结果。

3.5　岩爆孕育过程中岩体变形破裂演化过程的原位综合观测

3.5.1　岩爆孕育机制的原位综合观测方法

前期室内试验和微震测试表明,多数岩爆发生具有一定的前兆(He et al.,2010;冯夏庭等,2012a,2012b)。然而,室内试验试件尺度、岩体结构材料、应力条件等与实际的岩体工程的特性及其所赋存的环境具有显著的差异(Tang et al.,2011),而微震监测是基于对岩体破裂信息捕获的间接方法(陈炳瑞等,2012)。为直接获取现场原位条件下的岩爆孕育演化过程信息,提出了岩爆孕育机制的原位综合观测方法(Li et al.,2012)。即基于数字钻孔摄像、跨孔声波、滑动测微计、声发射和微震综合监测手段,通过地质环境、岩体结构、数值模拟、测试钻孔布设方案等设计分析,实施直接、实时、原位、连续获取围岩裂隙、弹性波、变形和能量释放率的岩爆灾害原位观测方法。对于监测孔的布置,其基本原则是覆盖岩爆风险较大区域,获取岩体力学响应全过程的综合原位信息,主要分平行、星型、放射状三种布置方式,如图 3.125 所示。原位观测设计的总体思路如图 3.126 所示。

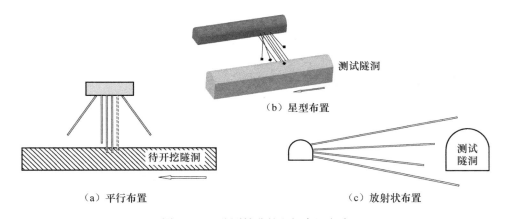

图 3.125　监测钻孔的空间布置方式

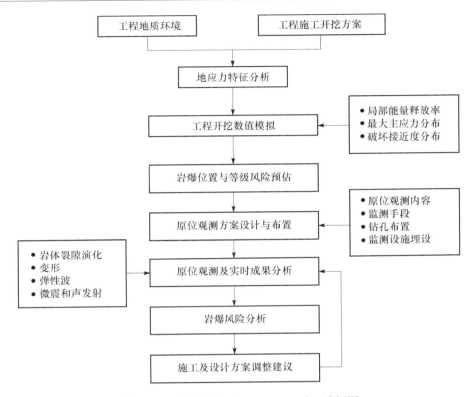

图 3.126 岩爆机制的原位观测设计思路框图

3.5.2 试验洞工程地质条件和位置

本节岩爆监测试验隧洞群所在的锦屏辅助洞走向 N58°W,近似垂直穿越锦屏山脉,横穿 NNE 向主要构造带及三叠系地层。主要出露三叠系大理岩地层,隧洞轴线穿越地层以杂谷脑组(T_{2z})、盐塘组(T_{2y})和白山组大理岩(T_{2b})为主,约占隧道全长的 85%。工程区大理岩的单轴抗压强度为 80~120MPa,弹性模量为 25~40GPa。试验洞所在的隧洞典型工程地质剖面和所处的空间位置如图 3.127 所示。

3.5.3 试验洞布置与施工开挖

1. 试验洞布置

为监测高应力条件下的隧洞开挖过程中可能产生的岩爆,设计的 JPTSA-3 试验洞分区布置在锦屏辅助洞 A 洞南侧。试验洞所在位置桩号为 AK08+680~08+750,地层岩性为白山组大理岩(T_{2b}),埋深 2370m,如图 3.127 所示。为探讨

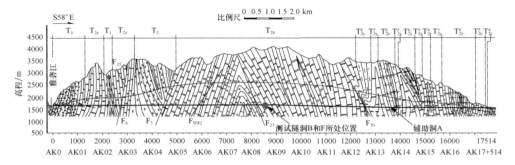

图 3.127 岩爆试验洞所在的隧洞典型工程地质剖面图及测试试验洞所处位置
（中国水电工程顾问集团华东勘测设计研究院,2005）

不同洞径和不同断面开挖方式条件下的岩爆机理,根据试验洞所处的位置关系及洞径大小,试验洞分区 JPTSA-3 包括测试隧洞（B,F）、连接洞和辅助试验支洞 E,均为拱形截面,测试隧洞 B 和 F 分别长 30m 和 40m,截面尺寸分别为 5m×5m 和 7.5m×8.0m,如图 3.128 所示。

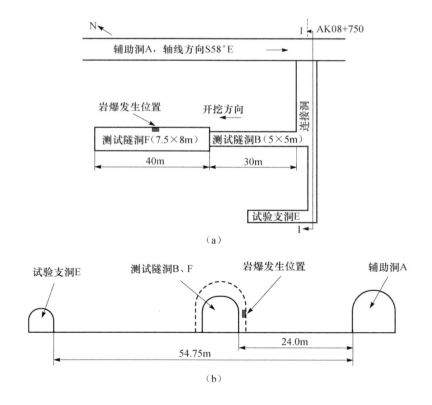

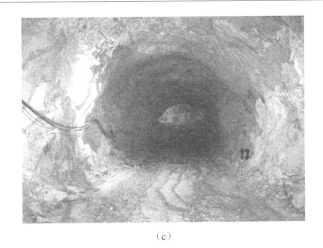

（c）

图 3.128 试验洞群平面布置及现场开挖示意图

2. 施工开挖

测试隧洞 B 和 F 均采用钻爆法开挖，其中试验洞 B 为全断面开挖，而试验洞 F 采取分断面开挖方式，上台阶 4.2m，下台阶 3.8m。

试验洞施工开挖前，作为锦屏水电站交通洞的辅助洞 A 已经贯通，在 JPT-SA-3 试验洞分区先完成图 3.128（a）、（b）所示的连接支洞和试验支洞 E 的施工，然后分别在辅助洞 A、连接洞和试验支洞 E 内实施监测钻孔钻探和监测仪器埋设，最后再开挖测试隧洞 B 和 F，现场施工开挖过程中典型照片如图 3.128（c）所示。

测试隧洞 B 和 F 自 2009 年 11 月 27 日开始开挖，至 2010 年 1 月 13 日结束，历时 49d，各试验洞开挖进度随时间的关系如图 3.129 所示。从图上可以看出，测试隧洞 B 的平均开挖进度为 2.1m/d，试验洞 F 上下台阶开挖分别为 1.9m/d 和 3.4m/d。

3.5.4 岩爆孕育过程中岩体变形破裂过程的原位试验方案

1. 测试内容

为测试隧洞开挖过程中的岩爆，在测试隧洞围岩区预埋监测钻孔和监测设施，有效获取变形、裂隙、波速和微震信息。现场综合测试的主要内容包括：通过滑动测微计测试围岩的变形，采用数字钻孔摄像获得裂隙的开裂和发展，利用声波测试揭示岩体弹性波的变化，以及基于微震监测获取岩爆微震事件和能量的变化特征。

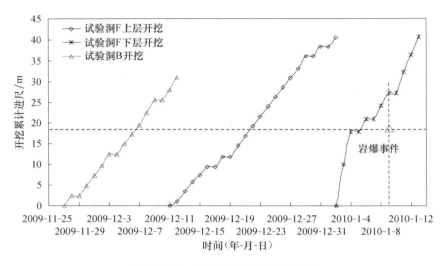

图 3.129　试验洞开挖进度示意图

2. 测试隧洞开挖岩爆区风险估计的数值分析

根据测试隧洞 B、F 和辅助洞 A 的布置,为有效测试开挖过程中可能产生的岩爆,首先根据工程地质条件和开挖方案进行数值模拟,获得相应的破坏区、应力和能量的变化情况,在此基础上针对岩爆风险最大区域布置监测设施。

为此,建立的数值分析几何模型如图 3.130 所示,岩体力学参数和应力场分别如表 3.9 和表 3.10 所示。

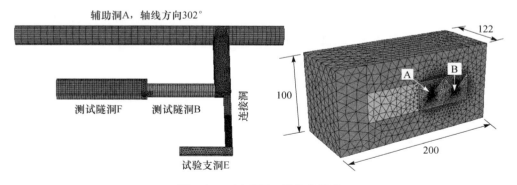

图 3.130　试验洞三维数值模型

表 3.9　白山组大理岩 II 类围岩的力学参数

弹性模量/GPa	泊松比	抗拉强度/MPa	初始黏聚力/MPa	残余黏聚力/MPa	初始内摩擦角/(°)	残余内摩擦角/(°)	黏聚力临界塑性应变/%	内摩擦角临界塑性应变/%	剪胀角/(°)
25.3	0.22	1.5	23.9	3.1	22.4	46	0.4	0.9	10

表 3.10　试验洞段的地应力分量（根据可研阶段估计）

埋深/m	σ_x/MPa	σ_y/MPa	σ_z/MPa	τ_{xy}/MPa	τ_{yz}/MPa	τ_{xz}/MPa
2370	−51.20	−55.67	−66.48	−1.10	−6.11	4.58

考虑实际开挖方案，模拟试验区隧洞开挖分为以下三个步骤：首先，将辅助洞 A、连接支洞、试验支洞 E 开挖完，然后开挖试验洞 B，最后开挖试验洞 F。试验洞 B 的现场开挖步长模拟按 2.5m 进行。试验支洞 F 的现场开挖步长模拟分上下台阶进行，上台阶高度 4.2m，下台阶高度 3.8m；上台阶按每炮进尺 2.5m 进行，下台阶首次开挖 10m，第二次开挖 8m，此后按步长 3m 进行分步开挖。

试验支洞 F 全部开挖完成后，取距离试验洞 F 底板高度 3.8m 部位的水平截图，洞内围岩的破坏接近度 FAI 和最大主应力分布如图 3.131 所示。可见，主要破裂区域分布在两侧边墙，其中，北侧（图示右侧）边墙破坏区域从底角至拱肩均有分布，而破坏范围内部则存在较大程度的应力集中，这为岩爆发生提供了必要条件，在开挖的爆破扰动诱发下，岩体内部积聚的能量突然释放可能造成岩爆的发生。

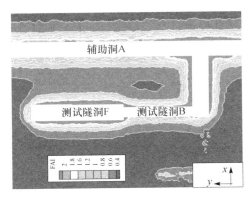
（a）破坏接近度 FAI

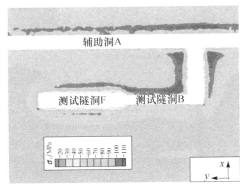
（b）最大主应力 σ_1

图 3.131　破坏接近度 FAI 和最大主应力 σ_1 的分布图（距试验洞底板高 3.8m 的水平截图）

试验支洞 F 上、下台阶分步开挖后对应的局部能量释放率 LERR 的分布如图 3.133 所示。对比图 3.131 和图 3.132 可以看出，能量集中的位置与最大主应力分布区域是对应的,上台阶开挖后的能量集中分布在拱肩至北侧边墙底角处。下台阶开挖后,应力和能量分布重新调整,较多的能量集中分布在洞室北侧拱肩至边墙区域,由于洞室断面较大,LERR 的分布范围也相对较大。

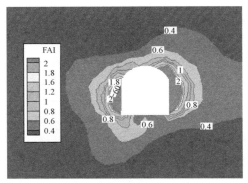

（a）破坏接近度FAI

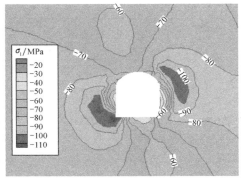

（b）最大主应力 σ_1

图 3.132　破坏接近度 FAI 和最大主应力 σ_1 分布图（距试验洞 F 洞口 18.0m 的竖直截图）

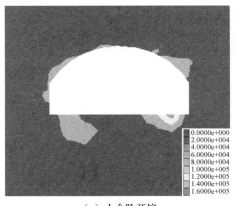

（a）上台阶开挖

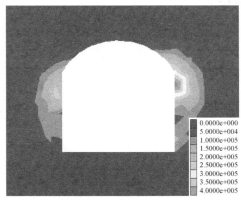

（b）下台阶开挖

图 3.133　局部能量释放率分布图（距试验洞 F 洞口 18.0m 的竖直截图）

3. 监测设施的布置

由上述数值模拟分析可知,试验洞开挖过程中,在北侧边墙产生岩爆的可能性较大,测试方案设计利用已开挖的辅助洞 A 向测试隧洞 B 和 F 北侧边墙围岩钻孔,分别布设岩体变形破裂监测断面 M1 和 M2。M1 和 M2 监测断面均包含岩体变形、裂隙和弹性波（跨孔法）监测设施,各监测钻孔按一定间距平行布置,钻孔倾角向下 1°～3°,岩体变形破裂监测钻孔的布置如图 3.134 所示,测试隧洞各钻孔的基本属性如表 3.11 所示。

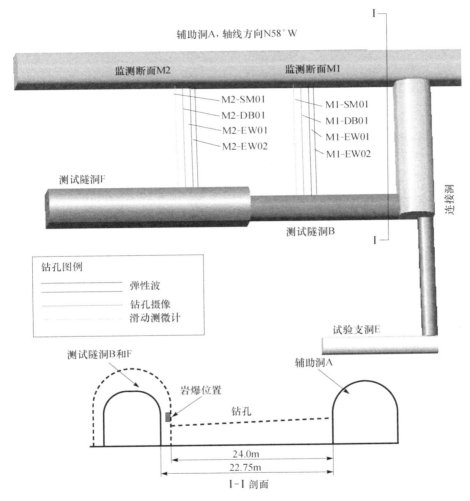

图 3.134　岩爆变形破裂机制的监测设施布置图

表 3.11　监测钻孔的基本参数及用途

钻孔编号	轴线方向/(°)	倾角/(°)	直径/mm	长度/m	测试用途
M2-SM01	212	−2	110	23.7	岩体变形监测
M2-DB01	212	−2	91	22.75	岩体破裂
M2-EW01	212	−2	75	22.0	跨孔弹性波
M2-EW02	212	−2	75	22.0	跨孔弹性波

钻孔编号	轴线方向/(°)	倾角/(°)	直径/mm	长度/m	测试用途
M1-SM01	212	−2	110	25.0	岩体变形监测
M1-DB01	212	−2	91	24.0	岩体破裂
M1-EW01	212	−2	75	23.5	跨孔弹性波
M1-EW02	212	−2	75	23.5	跨孔弹性波

3.5.5 现场岩爆发生情况

在测试隧洞 B 和 F 开挖过程中,本次原位监测在试验洞 F 内成功监测到一次岩爆。岩爆发生时间为 2010 年 1 月 9 日凌晨,距离岩体开挖完成约 53h,岩爆区距离掌子面 5.9m,距离试验洞 F 洞口为 17.8m,最大爆坑深度为 0.4m,岩爆体积约为 6.3m³,现场拍摄到的照片如图 3.135 所示。

图 3.135 试验洞 F 北侧边墙发生的岩爆现场及爆坑(见彩图)

岩爆区 10m 范围内岩体相对较完整,其边界靠近试验洞 F 洞口方向有一节理 J18,产状为 NE85°∠65°～70°,如图 3.136 所示。

3.5.6 测试结果分析

根据监测设施的布置,试验设计的岩体破裂监测断面布置在距离试验洞 F 洞口 14.5～18.5m 范围内,正好位于岩爆发生区附近,相关监测数据可为岩爆孕育演化特征分析提供依据。

由于监测断面 M1 距离岩爆位置较远,该监测结果主要针对岩体破裂监测断面 M2 的测试结果进行相关分析。

1. 岩爆孕育过程中岩体裂隙演化特征

岩爆孕育过程中的裂隙的演化过程通过数字钻孔摄像测试分析技术获得,利用位于该区的监测钻孔 M2-DB01,基于一系列不同时间的钻孔孔壁 360°数字图像

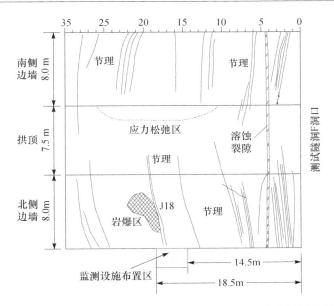

图 3.136 岩爆区隧洞工程地质素描图(中国水电工程顾问集团华东勘测设计研究院,2005)

分析,获得岩爆发生前后裂隙的演化特征如下:

(1)岩爆发生前,由于岩体中的应力调整和集中,出现了明显的裂隙宽度变化和尖端增亮现象。在孔深 21.6m、距离测试隧洞 F 北侧边墙 1.15m 处的一条原生裂隙,产状 SW35°∠67°,裂隙尖端宽度由开挖前 5.0mm 增大到上层开挖完成后 7.0mm,且尖端在 2009 年 12 月 22 日便出现了增亮发白现象,此时隧洞上层开挖进尺 19.3m,距离监测断面+1.8m,而后随着上层开挖的最终完成,该特征表现得进一步明显,增亮区范围扩大且亮白程度增加,如图 3.137 所示。

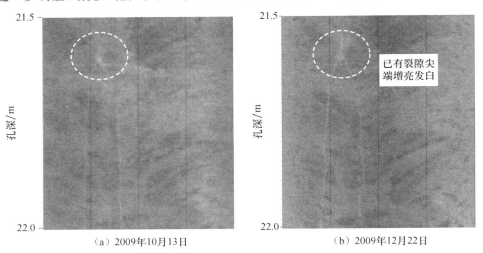

(a)2009年10月13日   (b)2009年12月22日

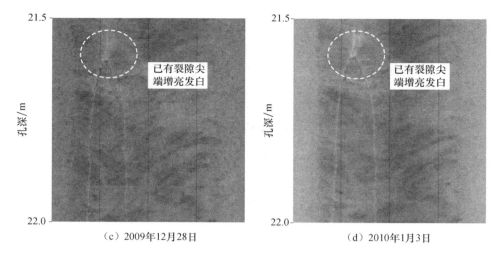

图 3.137 岩爆前已有裂隙尖端增亮发白钻孔摄像平面展开图(见彩图)

(2)岩爆发生前,隧洞开挖卸荷后,孔深 18.5m 处至孔底即距离隧洞边墙 4.25m 范围内的围岩内产生了大量的裂隙,获取的裂隙随开挖过程萌生、扩展和闭合特征的典型数字钻孔图像平面展开如图 3.138 所示。

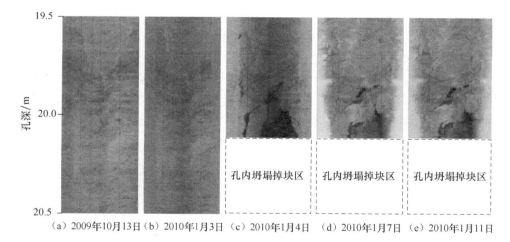

图 3.138 围岩裂隙萌生扩展演化特征钻孔摄像平面展开图(见彩图)

结合隧洞钻爆法开挖施工进度分析,在上层开挖完成后(2010 年 1 月 3 日),隧洞边墙围岩没有新裂隙产生,只有孔深 19.0m 附近的裂隙略有扩展。2010 年 1 月 4 日,隧洞 F 下层开挖 10m,由图 3.138 所示测试结果可以看出,开挖损伤区围岩产生了大量的裂隙,裂隙产状 SW20°～70°∠20°～70°,其走向与隧洞轴线夹角为 12°～38°。而后,随着开挖的推进,裂隙进一步扩展并伴随新裂隙的产生,至

2010 年 1 月 7 日,试验洞 F 下层开挖了 21.0m,新裂隙进一步贯通。此后,因为机械故障施工停止,1 月 9 日距离掌子面 5.9m 处发生了岩爆。岩爆两天后,2010 年 1 月 11 日隧洞开挖了 32.0m,钻孔摄像揭示裂隙仍有发展,新生裂隙宽度有增大和减小现象。隧洞施工过程中裂隙宽度随开挖时间的变化关系如图 3.139 所示。

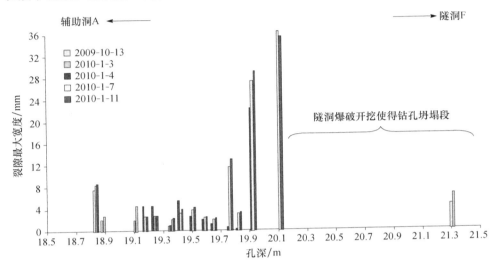

图 3.139 裂隙宽度随不同开挖时间的演化特征

由图 3.139 可见,测试钻孔 19.0～20.1m 段为新生裂隙集中发育段,有张开、扩展和裂隙宽度减小的演化特征。由于孔深 20.2m 处在 1 月 4 日突然塌孔,钻孔摄像探头无法穿过,该位置距离孔底段裂隙在岩爆前的详细演化过程不能获得,且距离开挖隧洞边墙越近,围岩受影响越大,故可以推断该孔段也出现了密集的新生裂隙并造成了掉块和塌孔。

2. 岩爆孕育过程中岩体变形演化特征

利用围岩变形监测孔 M2-SM01,在钻孔全长埋设测斜管并每隔 1.0m 间距安装金属测环,在隧洞开挖过程中连续测试钻孔轴向的变形。为有效评估试验洞 F 开挖过程中围岩的变形,现以距离孔口 4.0m 处不动点为钻孔全长各测点的位移参照点,测试获得的不同时间钻孔全长变形曲线如图 3.140 所示。可以看出,开挖后测试日期内获得隧洞边墙最大位移量为 2.3mm,位移变化拐点距离孔口约 12.0m(距离试验洞南侧边墙 10.75m)。2010 年 1 月 12 日后,一方面,由于爆破开挖使得地下水和岩屑混合物从孔口返出,污染了测环,另一方面,岩爆后围岩开挖损伤区进一步破裂,可能使得测斜管断裂或塌孔,致使变形测试无法继续。

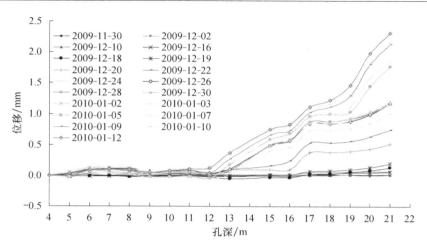

图 3.140 围岩变形随不同开挖时间的演化特征

为进一步探讨围岩变形与岩爆孕育演化的关系，取距离隧洞 F 边墙最近的两个测点(P01、P02)进行分析，在开挖时间方面，绘制其与施工开挖及岩爆的变化关系如图 3.141 所示。自 2010 年 1 月 3 日隧洞 F 下层开始开挖至 2010 年 1 月 9 日岩爆前，围岩变形可划分为图 3.141 所示的三个阶段：(Ⅰ)1 月 3 日～1 月 5 日，变形加速期，距离边墙 1.0m 的测点变形自 1.2mm 增加到 1.8mm；(Ⅱ)1 月 5 日～1 月 7 日，变形相对平静期，距离边墙 1.0m 的测点变形自 1.8mm 变化为 1.86mm；(Ⅲ)1 月 7 日～1 月 9 日，变形加速期，距离边墙 1.0m 的测点变形自 1.86mm 增加到 2.1mm。针对岩爆发生前兆的这一特征，考察 P01 监测点，绘制掌子面与监测断面空间关系，如图 3.142 所示，在测试隧洞 F 下层开挖过程中，考察掌子面与监测断面的距离，记为 S，当 $-8.5m < S < -0.5m$ 时为变形加速期，当 $-0.5m < S < 2.5m$ 时为变形相对平静期，当 $2.5m < S < 8.7m$ 时为变形加速期，而后发生岩爆，此时掌子面距离岩爆区中心为 5.9m。

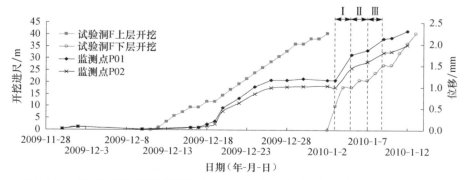

图 3.141 距离隧洞边墙的监测点 P01 和 P02 的变形随开挖进度及时间的演化特征

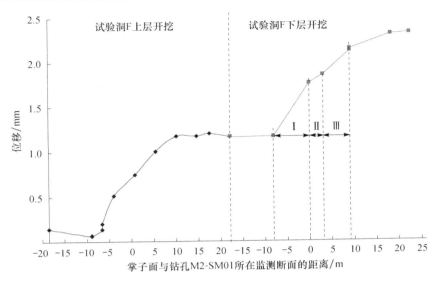

图 3.142　隧洞围岩的变形与掌子面距离的变化特征

3. 岩爆孕育过程中岩体弹性波演化特征

设置间距为 1.0m 的测试钻孔 M2-EW01 和 M2-EW02,采用跨孔声波测试方法,获得隧洞开挖过程中不同时间的钻孔间岩体弹性波的变化,如图 3.143 所示。从测试结果可以看出,2010 年 1 月 7 日和 1 月 10 日,由于岩爆前后开挖损伤区的裂隙形成和扩展,孔深大于 15.0m 的岩体波速显著下降,测试获得的岩体弹性波

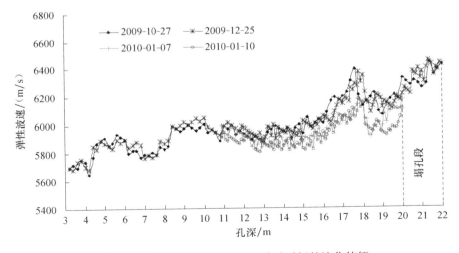

图 3.143　隧洞开挖过程中弹性波随时间的演化特征

最大下降幅度约为 4%。由于钻孔塌孔无法获取数据,临近测试隧洞 F 南侧边墙 2.75m 范围内(孔深大于 20m)的岩体损伤程度更大,其测点波速下降幅度应大于 4%。

3.5.7　岩爆孕育过程的变形破裂机制分析

深埋条件下硬岩通常处于高应力状态,随着隧洞的开挖,隧洞围岩将产生显著的开挖卸荷效应,围岩内的三向应力大小和方向均将发生调整和重分布,当调整后的应力状态达到或超过岩体极限强度时,岩体便产生裂隙,进而发生破坏。另外,处于真三轴应力状态下的硬岩开挖卸荷后,当一个方向应力降低或消失,使得原岩储存的高弹性应变能对外释放,在隧洞没有支护或缺少有效支护的条件下,弹性应变能转化为破裂岩体的动能,使得破裂岩体崩落甚至向外抛射,形成岩爆。根据本书综合测试的结果,岩爆孕育演化可划分为以下四个过程:应力调整、能量聚集、裂隙萌生-扩展-贯通、破裂岩体崩落和弹射。

1) 应力调整

在开挖前隧洞围岩处于原岩应力状态,并保持稳定。但在隧洞开挖后,围岩内应力受到扰动,径向应力减小,切向应力增大,即随着围岩内裂隙发展及表层围岩破坏,而出现应力进一步的调整。加拿大 URL 试验隧洞在开挖过程中监测到围岩内某一部位的应力随开挖过程的演化规律,即随着掌子面接近监测断面,监测部位的主应力 σ_1 由原岩应力逐渐升高,而 σ_3 先略微减小,而后迅速增大,在掌子面经过监测断面后,σ_1 继续增大,而 σ_3 则在继续增大至峰值后逐渐跌落,二者均在掌子面前进约 2 倍洞径后趋于收敛。Kaiser 等(2001)对 Winston 湖矿 565♯6 长壁式采场的应力监测结果表明,开挖同时导致了主应力方向的变化。通过对锦屏辅助洞试验 F 开挖过程的三维数值仿真模拟,侧壁中部一个单元 A 的主应力大小随开挖过程发生了变化,主应力走向和倾角也发生了旋转。

2) 能量聚集

隧洞开挖后在应力调整的过程中,切向主应力的增大使得本来已经储存高弹性能的隧洞围岩能量进一步聚积,在受到隧洞围岩约束的条件下产生应力集中,从而出现裂隙尖端增亮发白的现象,如图 3.137 所示。

3) 裂隙萌生-扩展-贯通

已有研究发现,在隧洞开挖后,即使较低的切向应力条件(0.35~0.45 单轴抗压强度)也会使得隧洞围岩发生破坏。而隧洞开挖后在不断的应力调整过程中,随着围岩内真三轴应力的大小变化、应力路径及主应力方向的旋转,岩体中原生结构面扩展,并萌生了新的裂隙,随后进一步扩展和贯通,如图 3.138 和图 3.139 所示。

4) 破裂岩体崩落和弹射

上述分析表明,岩爆发生前岩爆区岩体已经产生了大量的裂隙,隧洞围岩在没有支护或缺乏有效支护的条件下,岩体内的裂纹不断扩展和贯通,能量聚积至一定程度后发生岩爆,岩体内聚集的应变能除被岩体破裂消耗外,相当一部分剩余的弹性应变能转化为动能,使得隧洞围岩破裂的岩体或岩块产生崩落、抛射、弹射等不同的运动方式。

3.6　即时型岩爆孕育过程的特征、规律与机制

3.6.1　即时型岩爆描述及其特征

所谓即时型岩爆,是指开挖卸荷效应影响过程中,完整、坚硬围岩中发生的岩爆。深埋隧洞发生岩爆的位置主要有:施工过程中的隧洞掌子面、距掌子面一定范围(如 0～30m)内的隧洞拱顶、拱肩、拱脚、侧墙、底板以及隧洞相向掘进的中间岩柱等,多在开挖后几个小时(见图 3.144)或 1～3d 内发生(某深埋隧洞爆破开挖一天 2 个循环进尺:4～8m)。深埋隧洞的某一洞段钻爆法开挖可能发生 1～2 次岩爆,TBM 开挖可能连续发生多次不同等级的岩爆,如图 3.145、图 3.146 和表 3.12 所示。

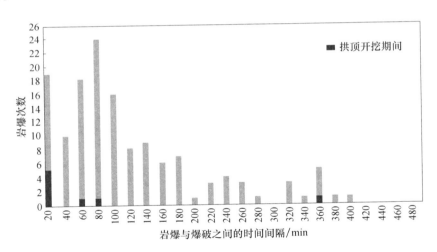

图 3.144　某深埋隧道 2004 年夏天岩爆发生的频率
(75% 的岩爆都发生在一个循环的前 3h)

在深埋隧洞开挖过程中,经常可观察到两种类型的即时型岩爆:即时应变型岩爆和即时应变-结构面滑移型岩爆,它们的时空特征有所不同。图 3.147 为几个典型的即时应变型岩爆实例照片。

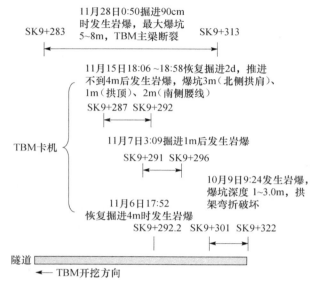

（a）某深埋隧洞多次岩爆发生的时间和断面位置

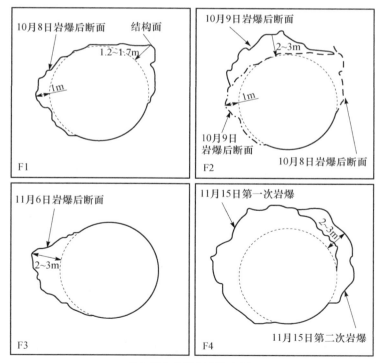

（b）部分岩爆破坏断面形态

图 3.145　某深埋隧洞在某一段内 TBM 开挖过程中连续发生多次岩爆

（a）榀拱架严重变形　　　　　　　　　　　（b）榀拱架折断

（c）实际岩爆爆坑形态　　　　　　　　　　（d）实际岩爆爆坑形态

（e）SK09+292断面南侧破坏处的结构面　　　（f）顶拱岩体呈层状发育

图 3.146　图 3.145 中部分岩爆发生后的典型破坏情况和地质条件

表 3.12   图 3.145 中部分岩爆的具体情况和地质条件

岩爆发生情况	地质条件
2009 年 10 月 9 日 9：24，SK9＋301～9＋322 段发生极强岩爆，导致 14 榀拱架受到较大影响，其中桩号 SK9＋301～9＋303 段 2 榀拱架发生严重变形，桩号 SK9＋303～9＋314 段 7 榀拱架发生弯折并破坏，SK9＋314～9＋318 段 2 榀拱架发生严重变形，SK9＋318～9＋322 段 3 榀拱架受到影响变形（见图 3.146（a）、（b））。桩号 SK9＋301～9＋314 段为主岩爆发生区，顶拱 10 点至 2 点部位，现场与监理地质工程师共同估计爆坑深度为 3.0m。桩号 SK9＋311～9＋322 段为主岩爆诱发岩爆塌方区，塌方区域为 10 点至 7 点方位，现场在监理地质工程师监督下实测到爆坑深度为 1.0m。此次极强岩爆塌方量共计约为 365m³，其中已塌落到洞底的石渣约 105m³，其余 260m³ 石渣为顶拱部位石渣。TBM 刀盘被卡住至 10 月 26 日仍然没能清理完毕	掌子面埋深 2333m。桩号 SK9＋301～9＋322 段，岩性为中细粒结晶厚层块状大理岩 T$_{2b}$，灰色～灰白色，主要由方解石及细条纹状黑云母等矿物组成，新鲜，坚硬岩。岩体裂隙较发育，岩体完整性差，节理面平直光滑可见擦痕，呈微张～闭合状，充填岩屑或无充填。碴块构造挤压错动痕迹明显
2009 年 10 月 9 日极强烈岩爆后，一直在进行紧张的钢拱架恢复及刀盘卡机处理。在恢复掘进前开挖仅仅 4m 后，11 月 6 日 17：52，SK9＋292.200 发生极强岩爆，岩爆响声很大，发生部位为 6 点至 10 点位置。岩爆导致 TBM 中心线再次出现偏移现象，其中水平为 13.4mm，高差为 8.9mm。SK9＋296～9＋291（向掌子面前延伸 1m）。 　　11 月 7 日凌晨 3：09 刀盘内部、护盾内侧发生极强岩爆，响声很大。此次极强岩爆导致 TBM 左侧锚杆钻机减速器及刹车等损坏，同时导致 TBM 再次卡机	
2009 年 11 月 7 日发生一次强烈岩爆后，2009 年 11 月 13 日恢复掘进。在恢复掘进后两天（向前开挖不到 4m），即 11 月 15 日 18：06 和 18：58 在桩号 SK09＋292～09＋288 的范围再次发生极强岩爆，并导致 TBM 再次卡机。岩爆在整个上半断面都形成爆坑，最大坑深约 3.0m，出现在北侧拱肩附近，坑型为典型的 V 形，目前该爆坑也喷射混凝土；在隧洞南侧腰线附近，爆坑深度也达到 2.0m，在隧洞顶拱爆坑深度约为 1.0m（见图 3.146（c）、（d））	施工排水洞埋深约为 2300m，从地质剖面图看来，目前该段洞段岩体处于强烈皱褶构造的向斜部位。岩性为 T$_{2b}$ 的灰黑色中粗晶厚层块状大理岩。岩体完整，结构面不发育，即使在破坏揭露出的岩体表面，也不见隐微发育的结构面。附近不见地下水，岩性干燥。主要发育的结构面主要出现在南侧边墙，在断面 SK09＋292 断面破坏处，揭露有 NNW 向的结构面，结构面倾角约为 40°（见图 3.146（e）、（f））；此外，在顶拱，岩体呈层状发育，层厚约为 10～30cm，层面之间紧密闭合，岩体新鲜，无风化或溶蚀迹象
11 月 28 日 0：50 掘进 90cm 时，SK9＋283～9＋313 发生岩爆，最大爆坑 5～8m，TBM 主梁断裂	

　　典型的即时应变型岩爆的主要特征为：发生在完整坚硬、少结构面的岩体中；爆坑岩面非常新鲜，爆坑形状有浅窝型（见图 3.147（a）、（b）和（c））、长条深窝型和 V 形（见图 3.147（d）、（e））等。不同烈度的岩爆爆出的岩片大小不一。一般地，岩爆烈度或等级越大，爆坑深度越大，爆出的岩片就越大（厚），爆出的岩片弹射的

（a）拱顶

（b）左拱肩（面向掌子面）

（c）右侧边墙（面向掌子面）

（d）右侧边墙（面向掌子面）

（e）起拱线以下南侧边墙

图 3.147　典型的即时应变型岩爆的实例照片

距离也越大，岩体破坏的声响也就越大。某深埋隧洞即时应变-结构面滑移型岩爆的主要时空特征如图 3.148 所示。一般地，此类型的岩爆发生在坚硬、含有零星（多为一条，偶有不同产状的两条或几条）Ⅲ、Ⅳ 级闭合的硬性结构面或层理面的岩体中，闭合的硬性结构面（或层理面）控制了岩爆爆坑的底部边界或侧部边界（见图3.148），控制岩爆爆坑侧部边界的结构面处有陡坎，也有结构面在爆坑中间部位穿过（见图 3.70）。与即时应变型岩爆相比，一般情况下，即时应变-结构面滑移型岩爆的烈度或等级要高一些，形成的爆坑及造成的危害要大一些。

3.6.2　即时型岩爆孕育过程中微震信息演化规律

从大量的隧洞岩爆实例中获得了实时微震监测信息，对其进行统计分析，得出的隧洞中等即时型岩爆孕育过程中微震事件的时空演化规律和累积视体积及能量指数随时间的演化规律如图 3.149～图 3.154 所示。需说明，图 3.149～图 3.151 对应某中等即时型岩爆，图 3.152～图 3.154 对应 1-P-E 的某中等即时型岩爆，日期的起点时间均为 0:00。从图 3.149～图 3.154 中可以看出：等级较高（强烈及中等）的深埋隧洞即时型岩爆从孕育到发生的过程中，一般具有如下微震时空演化规律：

（1）微震事件持续增加，位置不断集中，无明显的"平静期"（见图 3.149、图3.150、图 3.152、图 3.153）。在"平静期"，没有或极少微震事件发生。

（a）结构面形成倒立的岩爆爆坑的右侧平直边界

（b）结构面形成掌子面岩爆爆坑的右侧平直边界

（c）结构面形成岩爆爆坑的上部边界

（d）结构面形成岩爆爆坑上下边界

（e）结构面形成爆坑的右侧边界层理面形成爆坑右底部边界

图 3.148　某深埋隧洞多次发生的即时性应变-结构面滑移型岩爆（见彩图）

（2）微震事件的能量指数呈现持续维持高位→突然降低（随后维持较低水平）→突然增加的变化趋势。根据图 3.151 和图 3.154 中所示的能量指数（指某一震级微震事件的能量与其平均能量比值）的演化规律。需要指出的是，能量指数维持较低水平时，这一阶段持续很短或一段时间，具体与应力水平、岩性、现场开挖、支护情况有关。

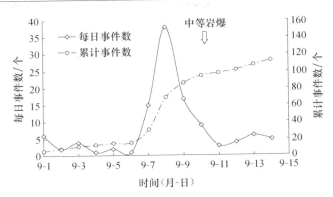

图 3.149　某隧洞 2010 年发生的中等即时型岩爆孕育过程中微震事件随时间的演化规律

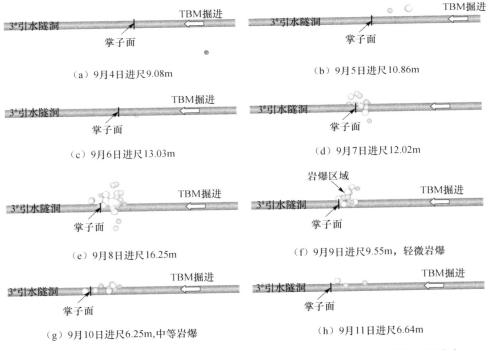

图 3.150　某隧洞 2010 年发生的中等即时型岩爆孕育过程中微震事件的空间分布

（3）累积视体积呈现持续增加（变化较小）→突增趋势（见图 3.151 和图 3.154）。视体积指发生非弹性变形的岩体体积。累积视体积持续增加阶段的持续时间很短或仅持续一段时间，具体与应力水平、岩性、现场开挖和支护情况有关。

高应力下开挖卸荷作用，使高应力、高储能的深埋隧洞围岩应力进一步集中和能量进一步聚集，应力的释放和能量的耗散导致不同部位岩体破裂，微震事件发

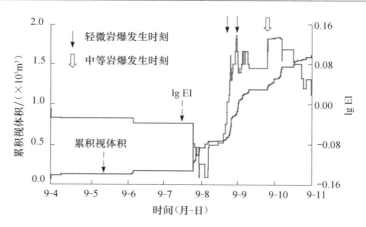

图 3.151　某隧洞中等即时型岩爆孕育过程累积视体积和能量指数随时间的演化规律（2010 年）

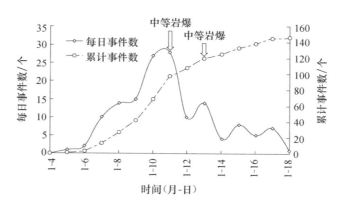

图 3.152　1-P-E 掌子面中等即时型岩爆孕育过程微震事件随时间的演化规律

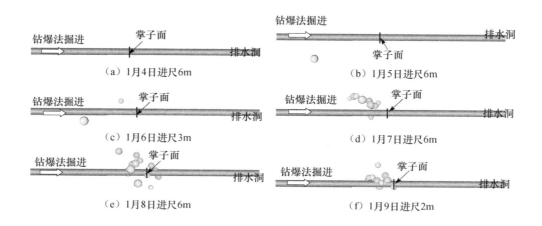

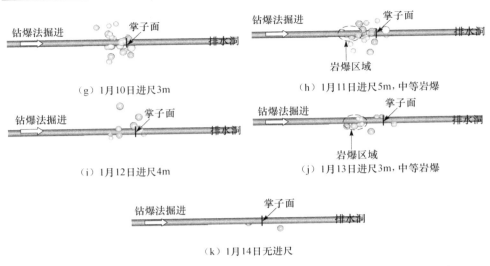

（g）1月10日进尺3m　　　　　　　（h）1月11日进尺5m，中等岩爆

（i）1月12日进尺4m　　　　　　　（j）1月13日进尺3m，中等岩爆

（k）1月14日无进尺

图3.153　1-P-E掌子面中等即时型岩爆孕育过程中微震事件的空间分布（2010年）

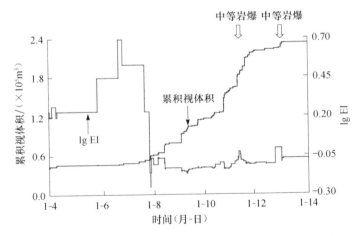

图3.154　隧洞1-P-E掌子面中等即时型岩爆孕育过程累积视体积和
能量指数随时间的演化规律（2010年）

生，从而非弹性变形持续增加；而后，围岩储存能量水平降低，产生能量相对较低的微震事件，非弹性变形持续增加。应力集中不断向围岩内部转移，不断产生新的岩体破裂，微震事件不断发生。小破裂事件形成的裂纹会在岩体内发生贯通，从而产生能量高的大破裂事件，出现大裂纹，最终导致岩块或岩片弹射出去，引发岩爆。

　　深埋隧洞开挖过程中，掌子面不断向前推进，应力的调整、集中与释放以及能量的聚集、耗散与释放也随之发生变化。掌子面的开挖和向前推进又进一步加剧了能量的聚集,从而产生新的破裂,能量释放的增加和非弹性变形的突增最终导致岩块或岩片弹射出去。上述这些特点可以由图 3.150 中的每日进尺及其微震事件数的变化反映出来。

3.6.3 即时型岩爆孕育过程中微震信息演化的时间分形特征

1. 微震信息时间分形计算方法

岩体当受到应力作用时就会在产生微破裂的同时释放应变能并产生应力波,这些应力波可以被微震仪器接收并定位,在岩爆发生之前对这些物理机制点进行测定从而达到对岩爆的孕育和发生过程进行分析的目的。一些学者指出,不论是小范围的破裂还是大范围的地震事件,其损伤的演化过程具有分形特征。岩爆的孕育到其发生过程中产生的微震事件同样也应该具有时间分形特征。且岩爆孕育过程中的微震事件的时间分形维数可以直接通过这些微震事件点在时间上的分布进行计算。

时间分形研究的过程是以天为循环,以小时为单位根据微震监测仪记录的岩爆孕育及发生过程的微震事件,用图 3.155 所示的方式统计出 $N(t)$ 与 N,并计算出相应的 $C(t)$ 与 t,以 $\lg C(t)$ 为纵坐标以 $\lg t$ 为横坐标进行线性拟合,求出斜率即为微震事件时间分形维数 D_t。

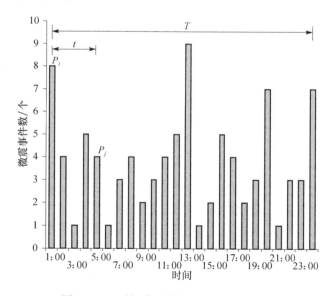

图 3.155　时间分形维数微震事件选取图

根据分形几何学,岩体微破裂产生过程中微震事件时间分布的相关积分可以表示为

$$C(t) = \frac{2N(t)}{N(N-1)}, \quad t \leqslant T \tag{3.30}$$

式中：T 为总的时间过程；t 为 T 时间过程中微震事件之间的时间间隔；$N(t)$ 为 t 时间范围内的微震事件对数值；N 为 T 时间范围内的微震事件总数。

在岩石微裂隙产生过程中不同时间范围内的产生的微震事件数之间，可以用双对数轴的关系来表达。如果其比值呈线性关系，在岩石微裂隙产生过程中产生的微震事件在时间上具有分形分布关系。如果其分布是具有分形结构的，那么可以将其表达为

$$C(t) = t^{D_t} \tag{3.31}$$

即

$$D_t = \lim_{t \to T} \frac{\lg C(t)}{\lg t} \tag{3.32}$$

因此，时间分形维数可以通过求线性关系斜率的方法进行计算，同时此分形维数 D 为微震事件时间分形维数。用这种方法，可以通过微震仪器监测所获得的微震事件来实现分形维数的计算，并且根据微震事件在时间上的分布，计算岩爆孕育过程中微震事件时间分形维数。

2. 岩爆孕育过程中微震活动性的时间分形特征

2011 年 1 月 11 日锦屏二级水电站施工排水洞段，当 1-P-E 掌子面（埋深 2225m），开挖到 SK8+706～8+709 位置时洞段北侧边墙至拱肩发生岩爆，爆坑长约 3.5m，高约 4m，最大爆坑深度达 1.2m，此次岩爆孕育及发生过程中总的能量释放达到 6.91×10^6 J，造成设备损坏和人员受伤，岩爆现场如图 3.156（a）所示；2011 年 8 月 10 日，1-3-E 掌子面（埋深 2165m）引（3）8+700～8+728 段北侧边墙至拱肩发生岩爆，最大爆坑深度达 1.2m，岩爆孕育及发生过程中总的能量释放达到 8.92×10^6 J，造成设备损坏，但无人员受伤，岩爆现场如图 3.156（b）所示；2010 年 11 月 6 日，1-2-W 掌子面（埋深 2220m）引（2）8+398～8+408 段南侧边墙发生岩爆，爆坑长约 3.5m，高约 4m，最大深度约 0.8m，此次岩爆孕育及发生过程中总的能量释放达到 6.32×10^6 J，未造成设备损坏及人员伤亡，岩爆现场如图 3.156（c）所示；同样的岩爆实例在锦屏二级水电站辅助洞以及施工排水洞中大量存在，在此就不一一列举。

对 2011 年 1 月 11 日岩爆的孕育及发生过程中的微震事件（见图 3.157）进行时间分形计算，获得时间分形维数如图 3.158 所示。可以看出，在深埋硬岩隧洞开挖即时型岩爆的孕育及发生过程中，微震事件的发生在时间上是一个连续的过程，其分形几何学的相关系数 $C(t)$ 与时间 t 的双对数比值 $\lg C(t)/\lg t$ 呈现出良好的线性关系。

(a) 2011-1-11 (b) 2011-8-10 (c) 2010-11-6

图 3.156　岩爆现场特征(见彩图)

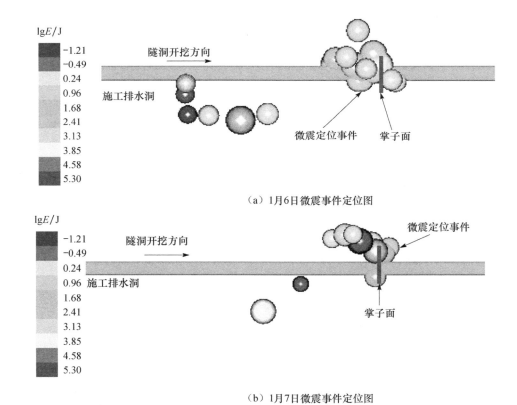

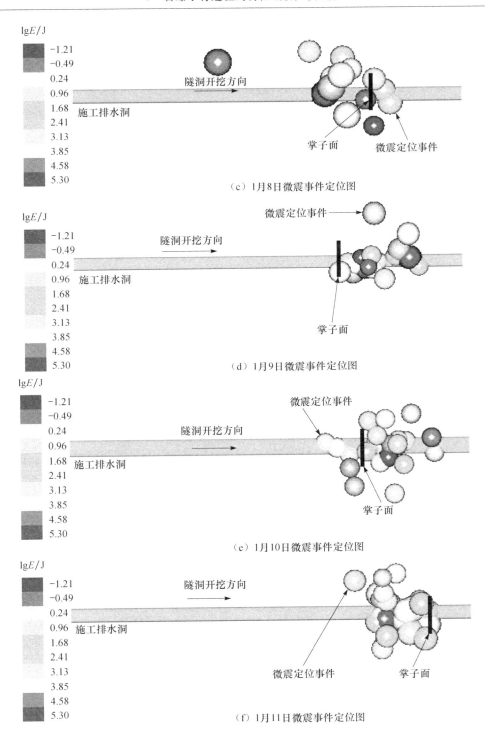

lgE/J

-1.21
-0.49
0.24
0.96
1.68
2.41
3.13
3.85
4.58
5.30

隧洞开挖方向

施工排水洞

掌子面　　微震定位事件

（c）1月8日微震事件定位图

微震定位事件

掌子面

（d）1月9日微震事件定位图

微震定位事件

掌子面

（e）1月10日微震事件定位图

隧洞开挖方向

微震定位事件　　掌子面

（f）1月11日微震事件定位图

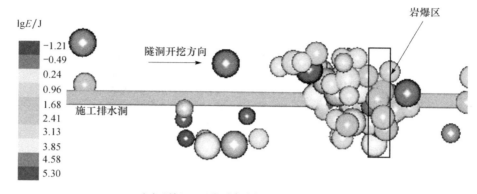

（g）1月6~11日微震事件定位及岩爆区位置图

图 3.157　2011 年 1 月 11 日岩爆孕育过程中微震事件时空演化图

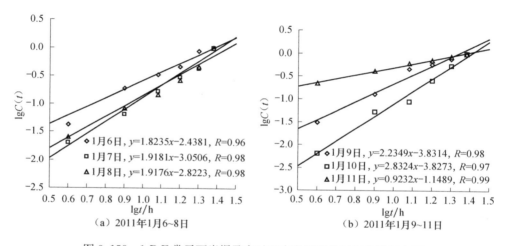

（a）2011年1月6~8日　　　　　　　（b）2011年1月9~11日

图 3.158　1-P-E 掌子面岩爆孕育过程中微震事件时间分形拟合图

同样，对锦屏二级水电站 1♯、2♯、3♯、4♯引水隧洞以及施工排水洞发生的不同等级的即时型岩爆进行了时间分形分析。某几次不同等级岩爆的时间分形维数在岩爆的孕育及发生过程中随时间的变化如图 3.159(a)、(b)所示。从图 3.159中可以看出，无论是即时型强烈岩爆还是即时型中等岩爆以及轻微岩爆，在岩爆孕育过程中，其时间分形 D_t 总体上呈不断升高的趋势，岩爆前一日上升到最大值，而岩爆发生之前时间分形维数 D_t 开始减小；其中即时型强烈岩爆的时间分形维数 D_t 从岩爆前五日到岩爆前两日增长相对缓慢，而从岩爆前两日到爆前一日具有一个突增的过程，爆前一日上升到最大值；而即时型中等岩爆以及轻微岩爆在岩爆孕育的过程中的时间分形维数 D_t 虽然不断上升但是不具有突增的过程。不同等级的即时型岩爆在岩爆前一日的微震事件时间分形维数 D_t 的大小排列为：强

烈岩爆≥中等岩爆≥轻微岩爆，而不同等级的即时型岩爆在当天的时间分形维数
D_t 的大小排列为：强烈岩爆≤中等岩爆≤轻微岩爆。

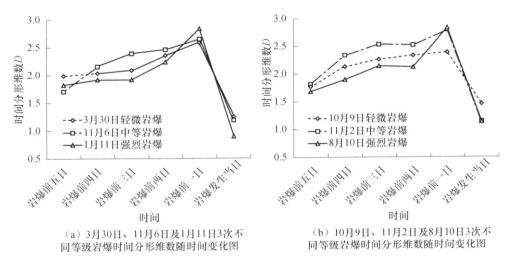

(a) 3月30日、11月6日及1月11日3次不　　　　(b) 10月9日、11月2日及8月10日3次不
同等级岩爆时间分形维数随时间变化图　　　　　同等级岩爆时间分形维数随时间变化图

图 3.159　不同等级岩爆孕育过程微震事件时间分形维数演化规律

如果一个区域连续发生多次即时型岩爆，那么每次岩爆孕育过程中的微震事
件时间分形维数 D_t 的演化规律都与上述的单次岩爆的相类似，如图 3.160 所示。

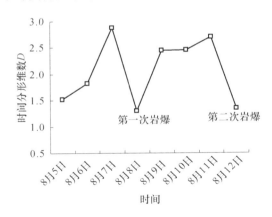

图 3.160　同一洞段相邻位置 2 次岩爆孕育过程的微震事件时间分形维数随时间变化图

3. 岩爆孕育过程时间分形维数与微震信息特征参数的演化规律

同样以 2011 年 1 月 11 日强烈岩爆为例，其微震事件数随时间的变化如图
3.161 所示。从图 3.161 中可以看出，微震事件数从 1 月 6 日的 12 个持续上升至
1 月 11 日 40 个。此次岩爆孕育期及发生过程中的微震事件率随时间的变化规律

如图 3.162 所示。2011 年 1 月 6～11 日的时间分形维数与微震释放能变化趋势如图 3.163 所示。从图 3.163 中可以看出,在岩爆的孕育期内,伴随着时间分形维数的增大,微震释放能从 1 月 6～10 日持续上升,而当 1 月 11 日岩爆发生时微震释放能达到最大。结合图 3.161～图 3.163 可以看出,时间分形维数的大小与微震事件数的多少无关,而是与微震事件数随时间的加速积累程度有关;在岩爆的孕育期内,1 月 6～9 日,时间分形维数 D_t 基本保持稳定的情况对应微震事件随时间的稳速发生,1 月 10 日时间分形维数 D_t 升高对应微震事件数随时间的加速积累;而在 1 月 11 日岩爆的发生过程中时间分形维数减小,对应微震事件数随时间具有下降趋势。将时间分形维数 D_t 与 2011 年 1 月 11 日岩爆事件相结合可以看出,在岩爆的孕育过程中时间分形维数 D_t 越大说明微破裂随时间而加速聚集的程度越剧烈。因此,岩爆的等级越高。此后,时间分形维数 D_t 明显减小,预示着岩爆即将发生。

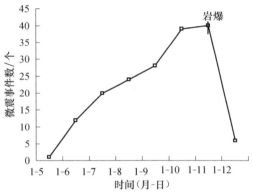

图 3.161　1-P-E 掌子面 2011 年岩爆孕育及
发生过程中每天微震事件变化规律图

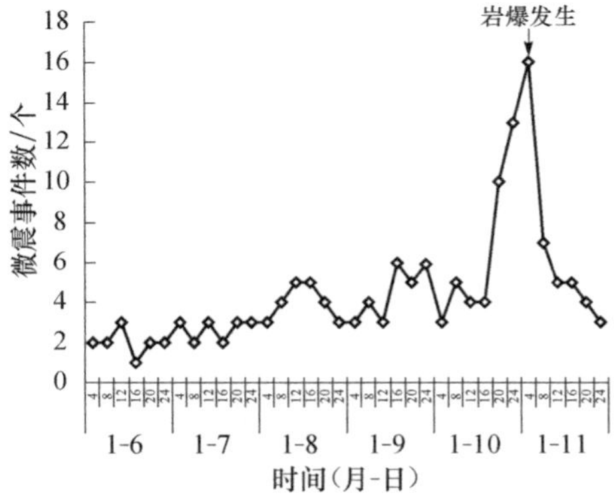

图 3.162　1-P-E 掌子面 2011 年岩爆孕育
及发生过程中每 4h 微震事件变化规律图

在 $d=1.0$ 的条件下,视应力和能量指数成正比,可通过视体积和能量指数的变化与时间分形维数进行对比分析,进而获取更多的岩体灾害发生前的信息与规律。2011 年 1 月 11 日强岩爆发生前后的视体积和能量指数演化规律见图 3.164。结合图 3.163 和图 3.164 可知,在岩爆的孕育过程中,随着隧洞的开挖,围岩首先处于峰值强度前的压密和弹性阶段,关注区的视体积、能量指数、时间分形维数均呈增加的趋势;当岩爆发生之前,围岩体积内的能量超过围岩体的储能能力,围岩开始发生破坏,视体积快速增加,而能量指数与时间分形维数开始下降;随着隧洞的继续开挖,岩爆发生时视体积、能量指数进一步增加。

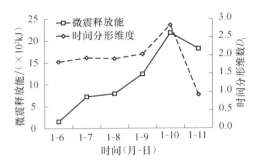

图 3.163　1-P-E 掌子面 2011 年岩爆孕育过程中时间分形维数与微震释放能变化关系图

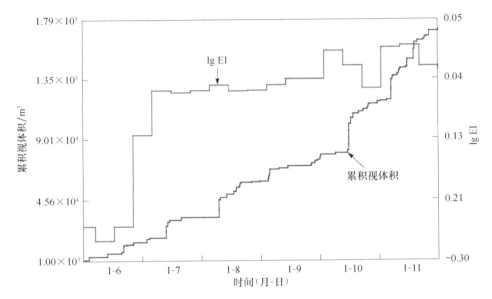

图 3.164　1-P-E 掌子面 2011 年岩爆孕育及发生过程中能量指数及视体积随时间变化规律图

微震仪器监测获得的累计微震释放能可表示为

$$\text{SRE} = E_1 + E_2 + \cdots + E_i, \quad i = 1, 2, 3, \cdots \qquad (3.33)$$

微震事件的累计视体积可表示为

$$V = V_1 + V_2 + \cdots + V_i, \quad i = 1, 2, 3, \cdots \qquad (3.34)$$

式中：$E_1, E_2, E_3, \cdots, E_i$ 为微震仪器监测的每一个微震事件的微震释放能；$V_1, V_2,$ $V_3, \cdots, V_i$ 为微震仪器监测的每一个微震事件的视体积。

用每一天微震仪器监测获得的微震释放能（单位为 $10^2\,\text{kJ}$）除以当天所有微震事件的视体积（单位为 $10^4\,\text{m}^3$），可得到单位视体积内微震释放能（单位为 J/m^3），

即

$$\text{ESRE} = \frac{\text{SRE}}{V} \tag{3.35}$$

式中：ESRE 为微震事件单位视体积内微震释放能；SRE 为微震事件累计微震释放能；V 为微震事件累计塑性变形区体积。

　　用图 3.165 所示的方法计算出 8 次不同等级的岩爆孕育及发生过程中微震事件时间分形维数 D_t，并统计出相应的微震释放能及微震事件塑性区体积，算出微震事件塑性体积内的平均微震释放能（见表 3.13）。从表 3.13 中可以看出，岩爆的等级越高，微震事件数越多，同时微震释放能、微震事件塑性体积内平均微震释放能以及岩爆过程微震事件时间分形维数 D_t 都相应的越大。根据岩爆过程时间分形维数与微震事件单位视体积内微震释放能之间的关系进行拟合，如图 3.166 所示。从图 3.166 中可以看出，深埋硬岩隧洞开挖过程中不同等级的即时型岩爆的整个过程中的微震事件时间分形维数 D_t 与微震事件单位视体积内微震释放能 E 之间遵循公式：

$$D_t = C_1 e^{C_2 E} \tag{3.36}$$

式中：C_1、C_2 为常数。因此，从能量的角度验证了深埋硬岩隧洞开挖即时型岩爆孕育及发生过程中时间分形维数越大，微震事件塑性体积内平均微震释放能越大，同时将要发生岩爆的等级越高。

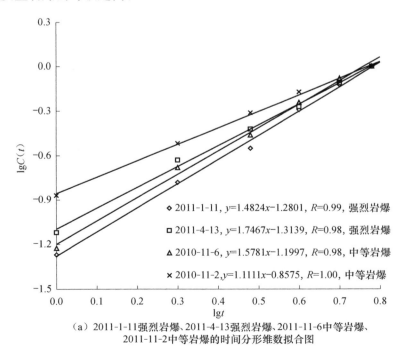

（a）2011-1-11强烈岩爆、2011-4-13强烈岩爆、2011-11-6中等岩爆、
2011-11-2中等岩爆的时间分形维数拟合图

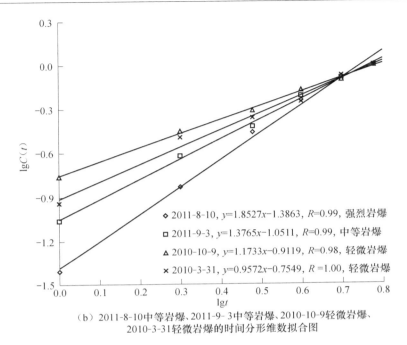

（b）2011-8-10中等岩爆、2011-9- 3中等岩爆、2010-10-9轻微岩爆、
2010-3-31轻微岩爆的时间分形维数拟合图

图 3.165　8 次不同等级岩爆孕育过程的微震事件时间分形维数

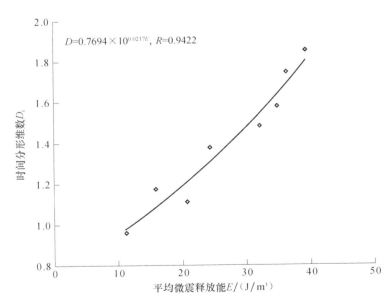

图 3.166　岩爆时间分形维数与 ISS 微震仪监测获得的不同岩爆塑性范围内的
单位视体积内微震释放能的关系图

表 3.13　8 次不同等级岩爆各参数对比表

岩爆等级	日　期	微震事件数/个	累计微震释放能/($\times 10^2$kJ)	视体积/($\times 10^4$m^3)	单位视体积内微震释放能/(J/m^3)	岩爆过程时间分形维数 D_t
	2011-1-11	163	69.1	21.4	32.2	1.48
强烈岩爆	2011-4-13	108	70.5	20.2	36.3	1.74
	2011-8-10	114	89.2	22.7	39.3	1.85
	2010-11-2	93	34.8	16.8	20.7	1.11
中等岩爆	2010-11-6	78	63.2	18.2	34.8	1.58
	2011-9-3	88	45.6	18.8	24.3	1.37
轻微岩爆	2010-10-9	72	16.1	11.3	14.3	0.96
	2010-3-31	75	10.1	17.7	15.9	1.17

由上述研究可见,对锦屏二级水电站深埋硬岩隧洞钻爆法开挖洞段即时型岩爆的孕育及发生过程,进行连续性实时微震监测并将获得的微震事件进行时间分形分析,可以得到以下结论:

(1) 在即时型岩爆的孕育及发生过程中,微震事件的发生具有时间分形特征,且时间分形维数 D_t 在岩爆的孕育过程中随时间的推移而增大,而在岩爆发生之前明显减小。

(2) 时间分形维数 D_t 与微裂隙随时间加速累积的程度成正比。一般地,即时型岩爆的等级越高,其时间分形维数 D_t 最大值越大。这表明,依据时间分形维数的大小可以进行岩爆等级的划分。

(3) 在即时型岩爆孕育过程中,首先时间分形维数 D_t、视体积及能量指数均不断增加;当进入岩爆发生前的预兆阶段,时间分形维数 D_t 及能量指数下降,视体积进一步增加;当岩爆发生时,时间分形维数 D_t 继续减小,视体积及能量指数均增加。

(4) 对于不同等级的即时型岩爆,微震事件的时间分形维数 D_t、岩爆孕育及发生过程中的累积微震释放能与岩爆等级具有正比关系,并且微震事件的时间分形维数 D_t 与岩爆孕育及发生过程中微震事件塑性体积内平均微震释放能 E 之间关系遵循公式(3.36)。

在此理论指导下,运用微震定位事件的时间分形维数,有助于从不同角度对深埋硬岩隧洞开挖过程中的即时型岩爆的发生进行研究。

3.6.4　钻爆法开挖诱发即时型岩爆的空间分形特征

1. 微震信息空间分形计算方法

一些学者指出,不论是小范围的微破裂还是大范围的地震事件,其损伤的演化过程是具有分形特征的。因此,岩爆的孕育及发生过程中产生的微震事件同样应该具有空间分形特征,而岩爆孕育过程中的微震事件的空间分形维数可以直接通过这些微震事件点在空间上的分布进行计算。

如图 3.167 所示,以岩爆发生位置的中心为中点,以边长为 60m 的正方形为断面,设定研究区域的总范围长度 L;在总范围长度 L 内选取部分长度 l,并统计出总范围长度 L 内的微震事件总数 N 以及部分长度 l 范围内的微震事件对数值 $N(l)$。

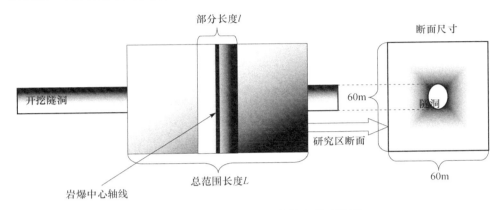

图 3.167　空间分形微震事件参数选取图

根据分形几何学,岩体微裂产生过程中微震事件空间分布的相关积分可以表示为

$$C(l) = \frac{2N(l)}{N(N-1)}, \quad l \leqslant L \tag{3.37}$$

在岩石微破裂产生过程中不同空间范围内所产生的微震事件数之间,可以用双对数轴的关系来表达。如果其比值呈线性关系,在岩石微破裂产生过程中产生的微震事件在空间上是具有分形分布关系的。如果其分布具有分形结构,那么可以将其表达为

$$C(l) \propto l^{D_s} \tag{3.38}$$

即

$$D_s = \lim_{L \to l} \frac{\lg C(l)}{\lg l}, \quad l \leqslant L \tag{3.39}$$

2. 岩爆事件空间分形分析

对于 2011 年 8 月 10 日强烈岩爆的孕育及发生过程中微震定位仪所监测获得的微震事件定位点(见图 3.168),用图 3.167 的计算方法对此次岩爆的孕育及发生过程中的微震事件进行空间分形,其线性拟合如图 3.169 所示,空间分形维数 D_s 在此次岩爆孕育及发生过程中的变化趋势如图 3.170 所示。从图 3.169 中可以看出,在深埋硬岩隧洞开挖即时型岩爆的孕育及发生过程中,微震事件的发生在空

间上具有分形特征,其分形几何学的相关系数 $C(l)$ 与长度 l 的双指数比值 $\lg C(l)/\lg l$ 呈现出良好的线性关系。

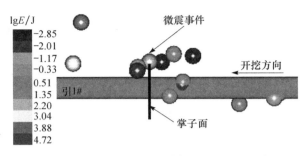

（a）2011年8月5日微震事件定位及岩爆区位置图

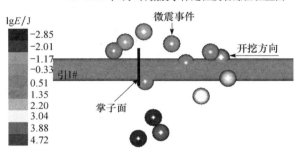

（b）2011年8月6日微震事件定位及岩爆区位置图

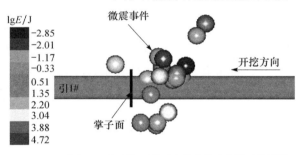

（c）2011年8月7日微震事件定位及岩爆区位置图

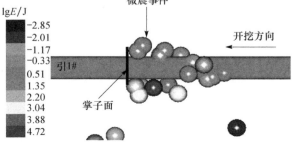

（d）2011年8月8日微震事件定位及岩爆区位置图

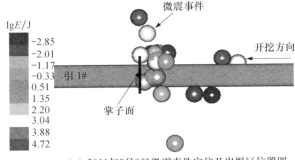

（e）2011年8月9日微震事件定位及岩爆区位置图

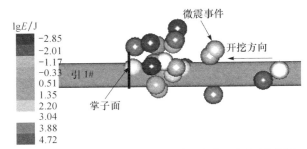

（f）2011年8月10日微震事件定位及岩爆区位置图

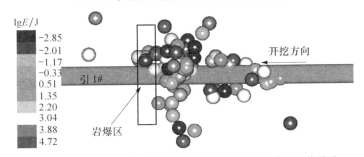

（g）2011年8月5日至10日微震事件定位及岩爆区位置图

图 3.168 2011 年 8 月 10 日岩爆孕育过程微震事件定位图

同样，对锦屏二级水电站引水隧洞及施工排水洞钻爆法开挖段 2010 年 11 月 6 日即时型中等岩爆、2011 年 1 月 11 日即时型强烈岩爆以及 2011 年 8 月 10 日即时型强烈岩爆的孕育及发生过程进行空间分形分析，其空间分形维数在岩爆的孕育及发生过程中随时间的变化如图 3.170 所示。从图 3.170 中可以看出，即时型岩爆在岩爆孕育过程中的空间分形维数 D_s 总体上具有不断下降的趋势，并且岩爆发生当天的空间分形维数 D_s 达到最小值。

空间分形维数是对其所描述事物空间分布规则和有序程度的度量值，事物图形或分布的规则性越差，分维值越高；反之，事物分布的规律性越明显，分维值越

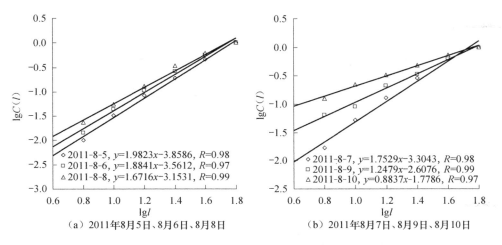

图 3.169　2011 年 8 月 10 日强烈岩爆孕育过程微震事件空间分形维数拟合图

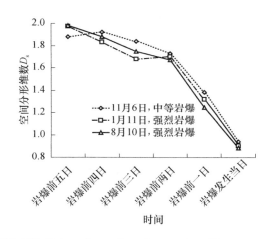

图 3.170　钻爆法开挖段 2010 年 11 月 6 日、2011 年 1 月 11 日、2011 年 8 月 10 日
三次岩爆孕育及发生过程中微震事件的空间分形维数随时间的变化图

低,严格规则事物的分维值等于其对应的欧式维数。因此,深埋隧洞在岩爆发生前其微震事件分布的分维值降低,说明深埋硬岩隧洞在开挖过程中的微裂隙产生过程是从最初的不规则分布渐渐地向岩爆区域汇集(即呈现出相对比较规则的分布方式),最终导致岩爆发生的过程。另外,物体的破坏过程具有降维特点,也是符合自然界的客观规律的。裂隙都是由三维的空间体分布形式向二维的面方向发展,进而由二维的面聚集成为一维的线,最后导致破坏的形成。所以,n 维的"几何物体"破坏后会形成 $n-1$ 维的破坏"面"。因此,微震事件空间分维值的持续降低就标志着此时围岩岩体正处于一个破坏集中累积的过程,而空间分维值达到最小值正是岩爆发生的标志。

3. 岩爆孕育过程空间分形维数与微震信息特征参数的演化规律对比分析

将以上三次岩爆的孕育及发生过程中的累计微震释放能、微震事件单位视体积内微震释放能以及微震事件空间分形维数 D_s 分别列出,如表 3.14 及图 3.171 所示。由表 3.14 和图 3.171 可以看出,在深埋硬岩隧洞开挖过程中,随着即时型岩爆的孕育微震事件的空间分形维数 D_s 的不断减小,围岩的累计微震释放能、微震事件单位视体积内微震释放能不断增大,而且当空间分形维数 D_s 达到最小值时,累计微震释放能、微震事件单位视体积内微震释放能分别达到最大值,此时岩爆发生。

表 3.14　某深埋隧洞钻爆法开挖三次岩爆各参数对比表

状　态	日　　期	累计微震释放能 /（×10^2kJ）	视体积/（×10^4m^3）	单位视体积内 微震释放能 /（J/m^3）	空间分形 维数 D_s
岩爆孕育	2011-11-1	3.63	2.08	17.45	1.882
	2011-11-2	5.52	2.33	23.69	1.924
	2010-11-3	8.04	3.03	26.53	1.842
	2010-11-4	9.91	3.25	30.49	1.732
	2010-11-5	14.6	3.16	46.20	1.384
岩爆发生	2010-11-6	21.5	4.17	51.56	0.941
岩爆孕育	2011-1-6	1.58	2.12	7.45	1.976
	2011-1-7	7.22	2.82	25.60	1.830
	2011-1-8	7.91	2.61	30.31	1.680
	2011-1-9	12.4	4.18	29.66	1.701
	2011-1-10	19.6	4.89	40.08	1.320
岩爆发生	2011-1-11	21.8	4.75	45.89	0.905
岩爆孕育	2011-8-5	2.47	3.75	6.58	1.982
	2011-8-6	2.96	3.76	7.15	1.884
	2011-8-7	11.2	5.62	19.93	1.753
	2011-8-8	16.26	5.33	29.40	1.671
	2011-8-9	24.7	4.99	49.50	1.248
岩爆发生	2011-8-10	32.4	5.15	62.91	0.884

根据每一次岩爆过程空间分形维数与累计微震释放能以及微震事件单位视体积内微震释放能之间的关系进行拟合,如图 3.172、图 3.173 所示。从图 3.172 和图 3.173 中可以看出,在深埋硬岩隧洞开挖的即时型岩爆的孕育及发生过程中,其微震事件空间分形维数 D_s 与累计微震释放能及微震事件单位视体积内微震释放能之间遵循公式:

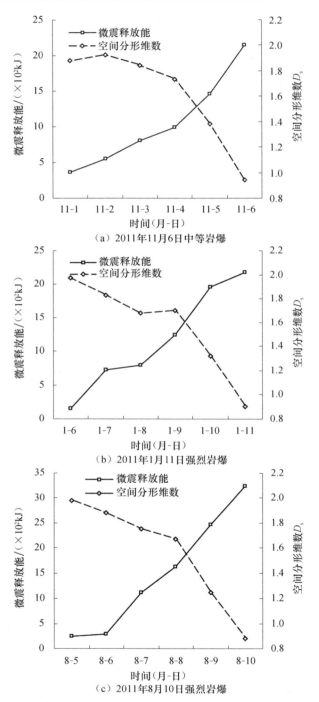

（a）2011年11月6日中等岩爆

（b）2011年1月11日强烈岩爆

（c）2011年8月10日强烈岩爆

图 3.171　岩爆孕育过程微震事件空间分形维数与微震释放能随时间的变化规律

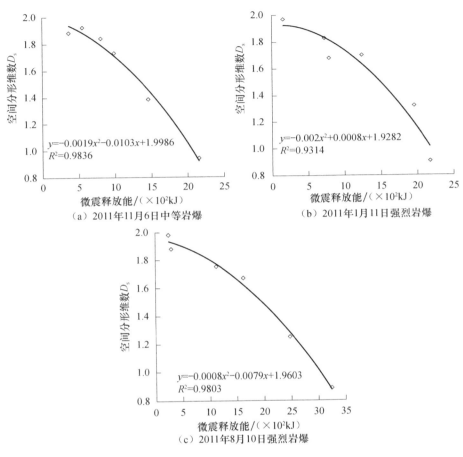

图 3.172 岩爆孕育过程中空间分形维数与微震释放能的关系

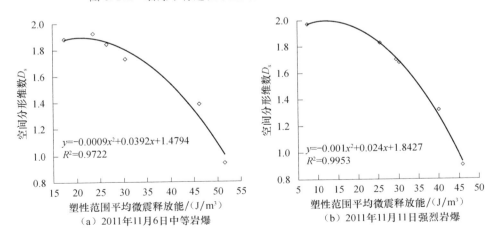

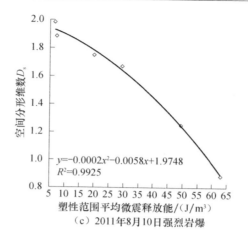

图 3.173 岩爆孕育过程微震事件空间分形维数与单位视体积内微震释放能的关系

$$y = c_1 x^2 + c_2 x + c_3 \tag{3.40}$$

式中:c_1、c_2 和 c_3 为常数。

该式从能量的角度验证了深埋硬岩隧洞开挖即时型岩爆孕育及发生过程中空间分形维数值越小的规律。若当天的累计微震释放能及单位视体积内微震释放能越大,意味着将要发生岩爆的可能性越高。这时,应该加以重点关注,以降低岩爆带来的工程危害和人员伤害。

由上研究可见,对锦屏二级水电站深埋硬岩隧洞钻爆法开挖洞段即时型岩爆的孕育及发生过程进行连续性实时微震监测并将获得的微震事件进行空间分形分析,得到以下结论:

(1) 在即时型岩爆的孕育及发生过程中,微震事件的发生具有空间分形特征:空间分形维数 D_s 随岩爆的孕育过程而明显减小且在岩爆发生时达到最小值。

(2) 深埋硬岩隧洞在岩爆孕育及发生过程中微震事件空间分布的分维值不断降低,其实质是围岩微破裂从最初的不规则分布渐渐地向岩爆区域汇集并呈现出相对比较规则的分布方式,最终导致岩爆发生的过程。

(3) 在岩爆的孕育过程中随着空间分形维数 D_s 不断减小,围岩的累计微震释放能、微震事件单位视体积内微震释放能均不断增大;当空间分形维数 D_s 达到最小值时,累计微震释放能、微震事件单位视体积内微震释放能分别达到最大值,此时岩爆发生。

(4) 空间分形维数 D_s 与累计微震释放能、空间分形维数 D_s 与微震事件单位视体积内微震释放能之间基本均遵循公式(3.40)。

由此表明,用微震定位事件的空间分形维数有助于从不同角度研究深埋硬岩隧洞开挖过程中的即时型岩爆的发生特征。

3.6.5 TBM 开挖诱发即时型岩爆的能量分形特征

1. 微震信息能量分形计算方法

如图 3.174 所示,假设 E 为所有微震事件微震释放能值的范围区间;e 为 E 范围内的微震释放能值;$N(e)$ 为 e 能量范围内的微震事件对数值;N 为 E 能量范围内的微震事件总数。

根据分形几何学,岩体微破裂产生过程中微震事件能量分布的相关积分可以表示为

$$C(e) = \frac{2N(e)}{N(N-1)}, \quad e \leqslant E$$

(3.41)

式中:E 为所有微震事件微震释放能值的范围区间;e 为 E 范围内的微震释放能值;$N(e)$ 为 e 能量范围内的微震事件对数值;N 为 E 能量范围内的微震事件总数。

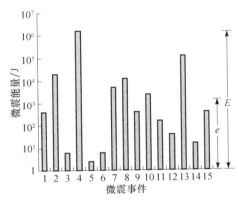

图 3.174 能量分形微震事件参数选取图

在岩石微破裂产生过程中不同微震释放能量的微震事件之间,可以用双对数轴的关系来表达。如果其比值呈线性关系,那么在岩石微裂隙产生过程中产生的微震事件在能量分布上具有分形关系。如果其分布具有分形结构,那么可以将其表达为

$$C(e) \propto e^{D_e}$$

(3.42)

即

$$D_e = \lim_{e \to E} \frac{\lg C(e)}{\lg e}, \quad e \leqslant E$$

(3.43)

2. TBM 开挖过程中岩爆孕育过程的能量分形特征

在 TBM 开挖过程中随着开挖的进行会有大量轻微~中等岩爆产生,如图 3.175(a)~(i)为 TBM 开挖过程中 0~13 次岩爆发生过程中的微震定位图。运用图 3.174 的计算方法,对其各次岩爆发生过程中的微震事件能量分形维数计算,获得的线性拟合曲线如图 3.176 所示。

岩爆次数与能量分形维数之间的关系如图 3.177 所示。从图 3.177 中可以明显看出,岩爆次数与能量分形维数具有明显的正相关关系,这说明 TBM 开挖过程中岩爆的次数越多,能量分形维数越高。

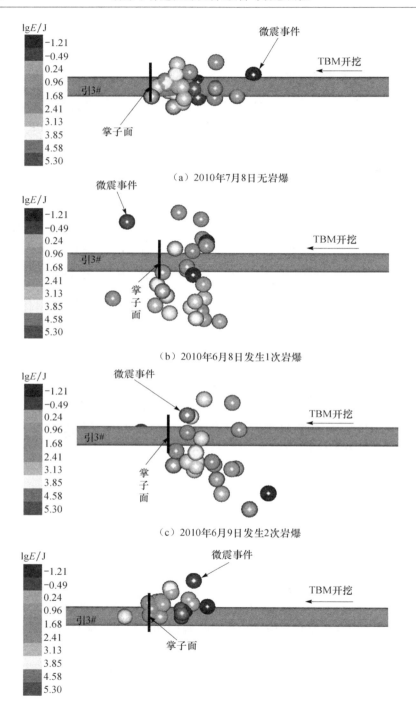

（a）2010年7月8日无岩爆

（b）2010年6月8日发生1次岩爆

（c）2010年6月9日发生2次岩爆

（d）2010年8月18日发生3次岩爆

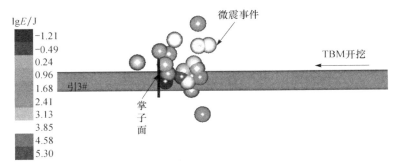

（e）2010年9月10日发生4次岩爆

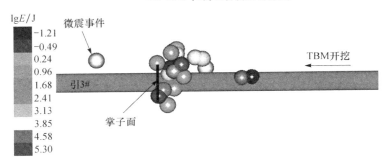

（f）2010年9月9日发生5次岩爆

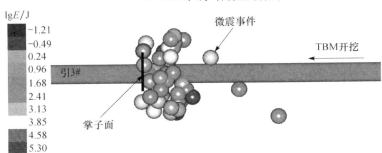

（g）2010年7月5日发生6次岩爆

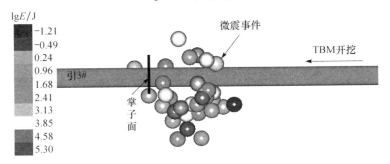

（h）2010年6月10日发生9次岩爆

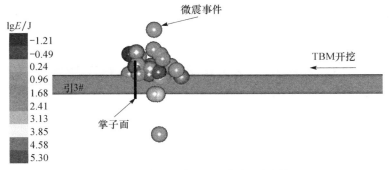

（i）2010年9月8日发生11次岩爆

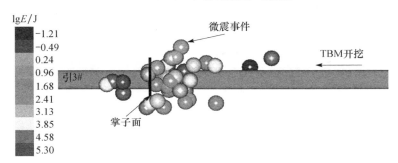

（j）2010年7月4日发生13次岩爆

图 3.175　某深埋隧洞 TBM 开挖洞段某一天的微震事件定位图

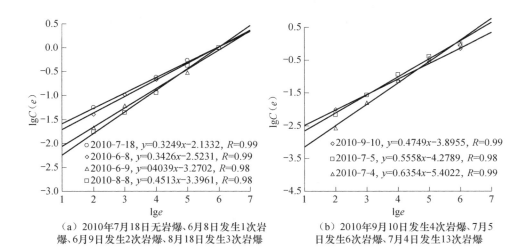

（a）2010年7月18日无岩爆、6月8日发生1次岩爆、6月9日发生2次岩爆、8月18日发生3次岩爆

（b）2010年9月10日发生4次岩爆、7月5日发生6次岩爆、7月4日发生13次岩爆

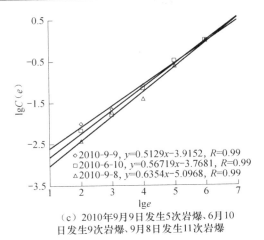

（c）2010年9月9日发生5次岩爆、6月10日发生9次岩爆、9月8日发生11次岩爆

图 3.176 微震事件能量分形维数拟合图

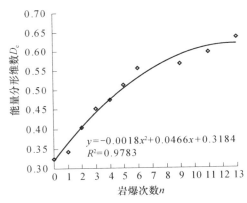

图 3.177 岩爆次数与能量分形维数之间的关系

3. 能量分形维数与微震信息特征参数的演化规律对比分析

某深埋隧洞 TBM 开挖过程同一区域 1 天中发生的 0～13 次岩爆中的累计微震释放能、视体积、单位视体积内微震释放能、能量分形维数之间的关系如表 3.15 所示。

表 3.15 某深埋隧洞洞段 TBM 开挖过程中不同次数岩爆参数对比图

日　期	岩爆次数	微震事件数/个	累计微震释放能/($\times 10^2$ kJ)	视体积/($\times 10^4$ m³)	单位视体积内微震释放能/(J/m³)	能量分形维数 D_e
2010-7-18	0	29	3.3	4.7	7.0	0.3249
2010-6-8	1	27	2.3	3.4	6.7	0.3426

日　　期	岩爆次数	微震事件数 /个	累计微震 释放能 /($\times10^2$kJ)	视体积 /($\times10^4$m^3)	单位视体积 内微震释放 能/(J/m^3)	能量分形 维数 D_e
2010-6-9	2	23	8.1	4.4	18.3	0.4039
2010-8-18	3	29	10.1	3.9	25.9	0.4513
2010-9-10	4	28	13.6	3.2	42.5	0.4749
2010-9-9	5	31	12.7	3.6	35.3	0.5129
2010-7-5	6	26	18.5	4.9	37.8	0.5558
2010-6-10	9	33	33.7	8.7	38.7	0.5671
2010-9-8	11	29	45.7	6.9	66.5	0.5978
2010-7-4	13	42	98.7	8.6	115.4	0.6354

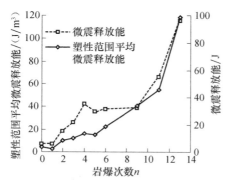

图 3.178　岩爆次数与增加微震释放能、
单位视体积内微震释放能的变化趋势

随着岩爆次数的增加,微震释放能、单位视体积内微震释放能的变化趋势如图 3.178 所示。

根据不同次数岩爆的能量分形维数与累计微震释放能以及微震事件单位视体积内微震释放能之间的关系进行拟合,如图 3.179(a)、(b)所示,从图中可以看出,其微震事件能量分形维数与累计微震释放能及微震事件单位视体积内微震释放能之间均遵循公式:

$$D_e = a\ln E + b \qquad (3.44)$$

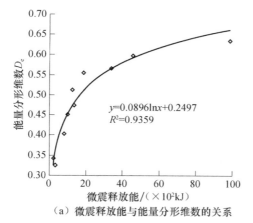

（a）微震释放能与能量分形维数的关系

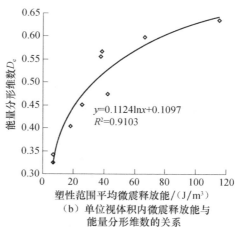

（b）单位视体积内微震释放能与
能量分形维数的关系

图 3.179　TBM 开挖过程中微震事件能量分形维数与微震能量的关系

式中:a、b 为常数。

该公式从能量的角度验证了深埋硬岩隧洞开挖即时型岩爆微震事件能量分形维数值越大不断增大的规律。若当天的累计微震释放及单位视体积内微震释放能越大,意味着将要发生岩爆的可能性越高。此时,应该加以重点关注,以降低岩爆带来的工程危害和人员伤害。

由上述研究可见,对锦屏二级水电站深埋硬岩隧洞 TBM 开挖洞段岩爆的发生,进行连续性实时微震监测,并将获得的微震事件进行能量分形,可得到以下结论:

(1) 在深埋硬岩隧洞开挖过程中,微震事件的发生具有能量分形特征:能量分形维数 D_s 随着岩爆次数的增加具有呈多项式函数增加的关系。

(2) TBM 掘进过程中,即时型岩爆的发生及其岩爆次数、能量维数 D_e 与累积的微震释放能\微震事件单位视体积内微震释放能成正比关系,并且能量分形维数与微震释放能及微震事件单位视体积内微震释放能之间的关系遵循公式(3.44)。

在上述理论指导下,运用微震事件的能量分形维数,有助于从不同角度对深埋硬岩隧洞 TBM 开挖过程中的岩爆进行研究。

以上几点可以发现,即时型岩爆的孕育及发生过程中微震事件的分布存在一定的客观规律特征,可以通过对微震事件不同的分布进行分析从而达到对即时型岩爆进行预警的目的。如此不仅有助于从不同角度(时间、空间、能量)对即时型岩爆的发生进行进一步研究,并且为即时型岩爆发生的机理提供了有效的科学依据。

3.6.6 即时型岩爆孕育过程的机制

针对深埋隧洞微震监测特点,本节基于微震监测信息,采用矩张量分析方法研究岩爆的孕育机制。利用该方法对实时监测到的微震信息进行分析,获得了即时型岩爆的孕育机制:岩爆的孕育过程中经历了拉张破坏、剪切破坏、拉剪混合型破坏与压剪混合型破坏。

1. 深埋隧洞即时应变型岩爆的孕育机制

对岩爆及其附近区域(如爆坑边界以外各增加 10m 的区域)内监测到的微震事件进行矩张量分析,结果表明,在即时应变型岩爆孕育过程中,主要是拉张破坏形成的裂纹,偶尔有剪切和压剪、拉剪混合型破坏裂纹产生(见图 3.180)。图 3.180 中,圆球代表实际微震事件,圆球越大表示微震事件释放的能量 W 就越大,反之亦然。图 3.180(a)所示的岩爆为轻微即时应变型岩爆(最大爆坑深度20～35cm),于 2010 年 6 月 8 日 0:30 左右在 3♯TBM 引(3)11＋080～11＋090 处发生,该岩爆几乎都是因拉张破坏导致的。图 3.180(b)所示的岩爆为轻微～中等即时应变型岩爆(爆坑高 1.0～2.3m,最大爆坑深约 0.6m,截至 2011 年 5 月 8 日 8

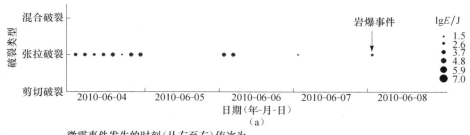

微震事件发生的时刻（从左至右）依次为：

6月4日：17：45：23，17：48：35，17：50：23，17：52：37，18：13：42，20：24：34，21：03：16，22：15：11
6月6日：01：27：58，02：48：47
6月7日：01：10：17
6月8日：00：32：11

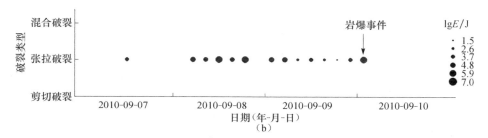

微震事件发生的时刻（从左至右）依次为：

9月7日：22：48：20
9月8日：19：07：31，19：13：42，19：29：35，19：44：29，20：17：03，20：17：26
9月9日：00：51：26，01：13：46，07：55：41，20：07：20，20：32：25，20：52：16，21：54：45
9月10日：00：35：25

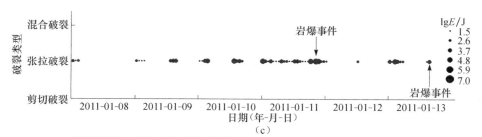

微震事件发生的时刻（从左至右）依次为：

1月8日：09：42：52，10：09：28，10：48：08
1月9日：02：14：28，07：44：57，07：51：44，08：34：04，17：47：20，17：47：25，17：53：35，18：12：18
1月10日：07：25：07，08：27：39，10：02：42，10：23：26，19：08：39，19：08：41，19：08：43，19：08：48，
　　　　19：09：42，22：09：00，23：44：03
1月11日：00：57：23，01：14：08，01：31：21，08：28：17，08：28：31，08：29：06，08：29：27，08：29：34，
　　　　08：29：36，08：33：03，08：35：54，08：55：31，09：01：39，09：17：35，10：32：38，11：02：08，
　　　　11：10：38，11：21：33，13：31：18，13：34：07，15：38：45，15：57：20，16：47：02，20：27：04
1月12日：11：37：17，19：56：54
1月13日：01：55：59，01：56：51，01：57：50，03：13：43，11：53：43，11：54：01，12：40：17，16：44：04，
　　　　18：07：13

图 3.180　某深埋隧洞几个应变型岩爆的破坏类型演化机制

时,掌子面桩号:引(4)8+583,岩爆距离掌子面 15~33m),于 2011 年 5 月 8 日凌晨在引(4)8+550~8+568 处北侧边墙发生,其主要是由拉张破坏形成裂纹、偶尔有剪切和拉剪混合型裂纹产生而导致的。在 3♯引水隧洞东端 TBM 掘进段内,某中等岩爆,于 9 月 10 日凌晨在引(3)10+138.99~10+143.43 区段内发生,该岩爆区段位于刚离开 TBM 掘进护盾外,主要是拉张破坏引起的,如图 3.180(b)所示。图 3.180(c)所示的岩爆为起拱线以下南侧边墙发生的 2 次中等岩爆,在辅引 1 排水洞向东钻爆法掘进洞段内,分别发生于 1 月 11 日下午 SK8+709~8+703 段及 1 月 13 日下午 SK8+712~8+718 段。11~13 日钻爆法掘进桩号范围为:SK8+706~8+718,2 次岩爆位置均为紧靠掌子面,仅出现拉张事件,没有出现剪切和压剪、拉剪事件,如图 3.180(c)所示。

上述表明,即时应变型岩爆主要是由于在高应力开挖卸荷作用下,隧洞完整坚硬围岩产生拉裂破坏形成一排甚至多排的新生拉裂纹(与隧洞围岩壁面呈一定小角度或零角度相交)引起的。这些新生的拉裂纹不断地扩展、贯通以及张开,靠近隧洞壁面的裂纹会先形成一定厚度的岩块或岩片。这些新生裂纹形成的岩块或岩片面呈突出状,该突出状的岩块或岩片在剩余能量的作用下向临空面弹射出来。岩块或岩片飞出后,使隧洞围岩出现新的自由面,靠近该自由面的隧洞围岩内部新生裂纹与该自由面逐渐形成新的岩块或岩片而向外弹射。于是,岩爆爆坑不断向围岩内部扩展,最终形成"浅窝形"或"V 形"爆坑。

2. 深埋隧洞即时应变-结构面滑移型岩爆的孕育机制

即时应变-结构面滑移型岩爆的孕育过程为:较少的拉裂纹产生→剪切事件发生→一系列拉裂纹事件发生→剪切事件发生→多个拉裂事件发生→岩爆发生。例如:

(1) 2010 年 6 月 11 日 0:30 左右,在 3♯TBM 引(3)11+045~11+054 南侧边墙至拱肩发生强烈岩爆,最大爆坑深度为 1.0~1.2m;该岩爆的孕育机制为:由于高应力环境下开挖卸荷作用,开始产生较少的拉裂纹,从而引起高度压缩的硬性结构面发生剪切滑移,发生剪切事件,接着发生一系列的拉裂事件,然后发生剪切事件以及多个拉裂事件,直至岩爆发生。岩爆发生后还产生了多个拉裂事件,如图 3.181 所示。发生这种现象的原因可能是岩爆后岩体储存的能量释放或因外界扰动,形成新的岩石破裂。该岩爆不同时刻裂纹事件发生的大致位置和方位见图 3.182,由于微震震源事件定位存在一定误差,裂纹事件发生的位置只是大致位置,但从图中还是能大致看出爆坑的形成过程。

(2) 如图 3.183 所示,2011 年 4 月 21 日 23:00 左右 3-3-W 掌子面引(3)6+125~6+130 右侧边墙发生强烈岩爆,其最大爆坑深约 1m,截至 2011 年 4 月 21 日 8:00,3-3-W 掌子面桩号为:引(3)6+106,距离岩爆 19~22m。该岩爆发生过程为:开始是不同能量的多个拉裂事件发生,经历了多个拉裂事件→一个剪切事件

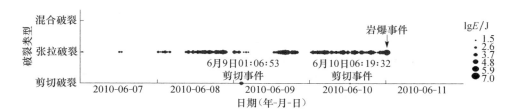

图 3.181　某强烈岩爆发生后还产生了多个拉裂事件

微震事件发生的时刻(从左至右)依次为：

6 月 7 日：08：28：43，12：41：15，17：30：31，23：25：42

6 月 8 日：00：32：11，01：01：40，04：12：13，05：02：16，05：30：14，07：46：44，12：49：26，14：14：23，14：29：54，14：40：31，14：47：03，15：17：10，15：25：42，17：01：44，17：18：30，17：22：40，17：28：41，17：36：59，17：37：39，17：40：53，17：42：53，18：05：09，18：16：13，18：39：13，18：51：14，18：53：35，20：36：01

6 月 9 日：00：08：24，00：09：43，00：31：40，01：06：54，02：53：31，05：34：49，05：52：13，15：59：32，16：25：57，17：05：54，18：06：55，20：44：19，21：06：26，21：12：54，21：19：32，21：30：43，21：34：49，22：26：22，22：51：16，22：51：43，23：13：54，23：16：12，23：42：30

6 月 10 日：00：05：30，00：08：18，00：38：37，00：50：12，00：57：23，01：03：46，02：19：30，02：30：18，02：36：36，03：55：12，04：02：53，04：18：33，04：41：11，04：49：33，04：55：49，05：37：18，05：44：27，06：19：33，06：30：04，06：32：26，07：23：45，11：08：08，13：48：41，14：11：30，15：28：04，15：38：39，15：38：48，18：09：13，18：13：36，19：25：03，21：30：32，22：43：34

6 月 11 日：00：27：41

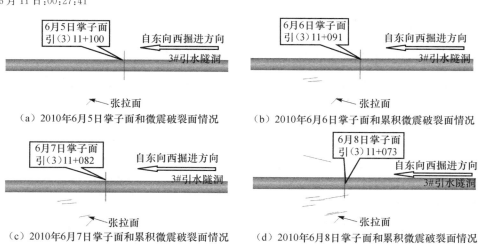

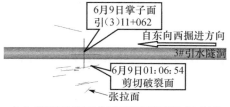

（a）2010年6月5日掌子面和微震破裂面情况　　　　（b）2010年6月6日掌子面和累积微震破裂面情况

（c）2010年6月7日掌子面和累积微震破裂面情况　　　　（d）2010年6月8日掌子面和累积微震破裂面情况

（e）2010年6月9日掌子面和6月9日01：06：54剪切微震事件及其出现以前累积微震破裂面情况　　　　（f）2010年6月9日掌子面和累积微震破裂面情况

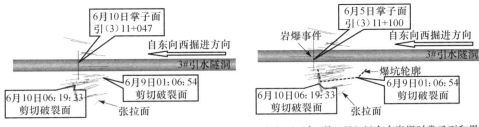

（g）2010年6月10日掌子面和累积微震破裂面情况　　（h）2010年6月11日0:30左右岩爆时掌子面和累积微震破裂面以及由破裂面得到的爆坑轮廓情况

图 3.182　强烈岩爆孕育过程中的拉裂面和剪切面形成过程（对应图 3.152 所示岩爆）

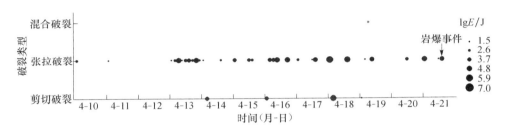

图 3.183　某强烈岩爆的孕育机制（2011 年）

微震事件发生的时刻（从左至右）依次为：

4 月 10 日：02:54:02

4 月 11 日：08:31:31

4 月 13 日：12:27:34,12:27:41,12:29:52,12:30:01,12:36:54,15:36:43,16:00:26,16:33:01,20:46:14

4 月 14 日：05:00:18,05:00:58,18:35:04

4 月 15 日：04:48:48,12:02:33,12:45:03,12:58:21

4 月 16 日：09:56:42,09:58:00,09:58:02,11:17:12,22:09:37

4 月 17 日：04:10:03,15:47:40,15:48:48,21:50:22

4 月 18 日：02:11:48,04:12:05,16:08:08

4 月 19 日：01:11:21,01:43:56,01:47:18,11:57:58

4 月 20 日：12:44:56

4 月 21 日：02:48:19,13:35:41,23:01:05

发生→多个拉裂事件发生→一个剪切事件发生→多个拉裂事件发生→一个小剪切事件发生→较少拉裂事件发生→拉剪或压剪复合事件发生→多个拉裂事件发生→岩爆发生形成爆坑，如图 3.185(a) 所示。

（3）如图 3.184 所示，2011 年 4 月 27 日 22:30 左右，3-3-W 掌子面引（3）6＋074～6＋079 拱肩发生强烈岩爆。截至 2011 年 4 月 27 日 8:00，3-3-W 掌子面桩号为：引（3）6＋074 处，岩爆发生在掌子面附近。该岩爆发生的过程为：开始是不同能量的多个拉裂事件发生，经历了多个拉裂事件→一个较大剪切事件发生→一个较大的拉裂-剪切复合事件发生→多个拉裂事件发生→一个较小的拉裂-剪切复合事件发生→岩爆发生,其形成的爆坑如图 3.185(b)所示。这与作者所在课题组的隧洞现场观测试验所观察到的应变-结构面滑移型岩爆的裂纹演化过程与机制一致。裂纹的萌生是由于高应力环境下开挖卸荷作用下,坚硬岩体产生拉伸破裂和高度压缩的硬性结构面发生剪切滑移或拉张破裂。拉张破裂、剪切滑移和拉剪滑移引起裂纹张开、扩展,而压剪作用引起裂纹闭合。

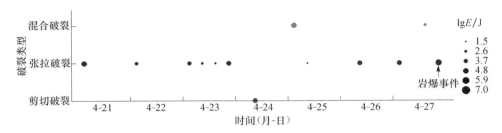

图 3.184　某强烈岩爆的孕育机制(2011 年)

微震事件发生的时刻(从左至右)依次为:

4 月 21 日:08:49:17

4 月 22 日:09:26:49

4 月 23 日:12:35:23,12:35:54,17:43:16,18:03:18

4 月 24 日:13:28:10

4 月 25 日:02:15:29,02:18:09

4 月 26 日:16:23:26

4 月 27 日:07:22:39,18:41:43,22:20:26

（a）对应于图3.183　　　　　　（b）对应于图3.184

图 3.185　不同岩爆的爆坑(见彩图)

　　上述表明,即时应变-结构面滑移型岩爆主要是在高地应力的开挖卸荷作用下,隧洞完整坚硬围岩产生拉裂破坏,形成一排或多排的新生拉裂纹(与隧洞围岩壁面呈一定小角度或零角度相交)而引起的。由于开挖卸荷作用,高地应力环境下高度压缩的硬性结构面产生剪切滑移破坏,形成新生剪切裂纹。这些新生拉裂纹不断扩展甚至贯通,也可能张开及闭合,与新生剪切裂纹一起,在靠近隧洞壁面处先形成一定厚度的岩块或岩片。新生拉裂纹形成的岩块或岩片面呈突出状。此突出状的岩块或岩片在剩余能量的作用下向临空面弹射出来。岩块或岩片飞出后,使隧洞围岩出现新的自由面,靠近该自由面的隧洞围岩内部新生裂纹与该自由面逐渐形成新的岩块或岩片而向外弹射。于是,岩爆爆坑不断向围岩内部扩展,最终形成由硬性结构面控制的"陡坎"和由新生拉裂纹面组成的"浅窝-结构面陡坎形"爆坑。

3.7 时滞型岩爆孕育过程的特征、规律与机制

3.7.1 时滞型岩爆描述及其特征

1. 时滞型岩爆

时滞型岩爆是指深埋隧洞高应力区开挖卸荷后引起应力调整平衡后,外界扰动作用下而发生的岩爆。该类型岩爆在深埋高应力区开挖时较为普遍,根据岩爆发生的空间位置可分为时空滞后型和时间滞后型,前者主要发生在隧洞掌子面开挖应力调整扰动范围之外,发生时往往空间上滞后掌子面一定距离,时间上滞后该区域开挖一段时间;后者发生在掌子面应力调整结束后(也就是该区域开挖结束后)一段时间,是时滞性岩爆的一种特例,主要对应隧洞掌子面施工十分缓慢或施工后停止一段时间的情况。

该类型岩爆所在的区域开挖时应力调整剧烈,微震活动活跃,规律与特征明显,但岩爆发生前无明显的应力调整和微震活动,有明显的"平静期"。主要是因为该区域开挖后应力调整累积到一定程度,达到了岩爆发生的临界或亚临界条件,受到后来爆破等外界扰动而诱发。该类型岩爆发生的区域可以较好地预测、预报,但发生的时间具有很强的随机性,难以进行准确的预测与预报,人员和设备常遭到"突然袭击",造成不可估量的损失。

2. 时滞型岩爆时空滞后特征

加拿大 Mine-By 试验洞现场监测结果表明,高应力隧洞掌子面开挖卸荷后,在无支护条件下,微震(应力调整)活动在洞轴线方向主要集中在掌子面后大约 2 倍洞径和掌子面前 0.4 倍洞经范围内。锦屏二级水电站 3♯TBM 施工 2-1 试验洞现场监测结果表明,掌子面开挖卸荷后在支护条件下,声发射(应力调整)活动在洞轴线方向主要集中在掌子面后大约 0.6 倍洞径和掌子面前约 0.5 倍洞径范围内。加拿大 Mine-By 试验洞平均每个循环进尺约 0.5～1m,用时约 16h,锦屏二级水电站 3♯TBM 施工平均每个循环进尺约 0.5～2m,用时约 2～3h。锦屏二级水电站引水隧洞钻爆法施工平均每个循环进尺约 2～4m,开挖基本瞬时完成,一次开挖速

度远大于 Mine-By 试验洞和 TBM 施工隧洞,应力调整的速度和程度也远大于它们,开挖后掌子面前后影响的范围也应大于两个试验洞监测的最大影响范围(掌子面后 2 倍洞径,掌子面前 0.5 倍洞径)。锦屏二级水电站引水隧洞大部分洞段开挖直径约 13~14m,通过近似计算可以认为锦屏二级水电站隧洞开挖应力调整轴线方向上主要集中在掌子面后约 30m 和掌子面前约 10m 的范围内。

根据 2010 年 10 月至 2011 年 9 月 4 条钻爆法引水隧洞 8 个月施工日进尺记录统计,各施工单位钻爆法施工平均日进尺施工约 4.5m/d。因此,锦屏二级水电站隧洞应力调整沿轴线时间上主要集中在该洞段开挖前约 2 天和开挖后约 6 天的时间内,可以近似地认为开挖卸荷 6 天后发生的岩爆为时滞型岩爆。

对锦屏二级水电站 1900~2500m 埋深 4 条引水隧洞和施工排水洞(桩号见表2.10)约 8.2km 洞段施工过程发生的时滞型岩爆(开挖 6 天后发生的岩爆)进行统计,截止到 2011 年 8 月,共发生时滞型岩爆 38 次,如图 3.186 所示,近 80% 的时滞型岩爆时间上滞后该区开挖 6~30d,空间上在距离掌子面 80m 的范围内,截至目前时滞型岩爆发生时间滞后开挖时间最长约 163d,滞后掌子面的距离最远约384m;正常施工条件下,时滞型岩爆发生时时空同时滞后,时间上在该区开挖 6 天之后,空间上距离掌子面 30m 以外;特殊情况下,时滞型岩爆发生时仅时间滞后,

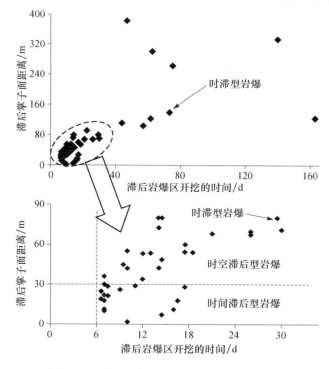

图 3.186　深埋隧洞时滞型岩爆时空滞后特征

时间上在该区开挖 6 天之后,但距离掌子面的距离在 30m 以内,该类时滞型岩爆主要是在施工十分缓慢或施工后停止一段时间的条件下发生,如图 3.186 所示的时间滞后型岩爆。

3. 时滞型岩爆区地质、支护条件及破坏特征

根据时滞型岩爆地质与支护资料,分析认为大部分时滞型岩爆发生区节理、裂隙、夹层等原生的结构面比较丰富,现场支护以钢纤维混凝土喷层或钢纤维混凝土喷层和随机水胀式锚杆组合为主,如图 3.187(a)所示。结构面主要可分为两类:结构面类型Ⅰ以与洞轴线成小夹角的隐性结构面为主,如图 3.187(b)所示,该类型结构面端部岩石完整性较好,具有一定的储能能力,岩爆发生时多以薄片状或薄楔形体碎块为主,厚度一般 0.2~0.5m,破坏往往以沿结构面的扩展和结构面端部的折断为主;结构面类型Ⅱ一端出露,一端向围岩深处延伸,如图 3.187(c)所示,该类型结构面多与洞轴线有较大夹角,若该区域只存在该类型的结构面,一般围岩的稳定性较好,但若该区域存在其他结构面,且结构面扩展延伸并贯通时,往往会发生强度较大的时滞性岩爆,爆出块体以楔形体为主,块体相对较大,厚度以0.4~0.8m 为主,但较少超过 1m,破坏以沿结构面的扩展和滑移为主。

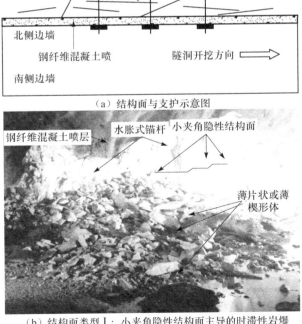

（a）结构面与支护示意图

（b）结构面类型Ⅰ:小夹角隐性结构面主导的时滞性岩爆

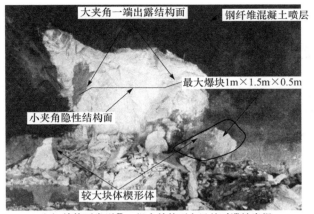

（c）结构面类型Ⅱ：组合结构面主导的时滞性岩爆

图 3.187　时滞型岩爆区地质、支护条件及破坏特征

3.7.2　时滞型岩爆孕育过程中微震信息演化规律

时滞型岩爆主要是由隧洞开挖应力调整和外界扰动联合作用引起的。对锦屏二级水电站引水隧洞发生的多次时滞型岩爆进行统计分析,认为该类型岩爆发生前微震信息有以下演化规律:①岩爆区开挖时应力调整剧烈,围岩的破裂活动较为频繁,能量释放较大,微震事件时间上持续增加,空间上位置集中;②视体积持续增加,有突增趋势;③能量指数持续高位,有下降趋势;④但岩爆发生前夕,微震事件较少,存在一个明显的"平静期",且岩爆发生时视体积和能量指数变化不明显。

时滞型岩爆区微震信息具有上述规律,这主要是因为开挖卸荷后围岩应力调整而导致的围岩裂隙沿结构面的扩展、开裂与滑移主要集中在开挖后较短的一段时间,微震活动也主要集中在该段时间内,由此而产生的非弹性体积变化和能量释放也主要集中在该段时间内。之后,由于钢纤维混凝土喷层和水胀式随机锚杆的施加,抑制了围岩应力调整幅度,改善了应力调整路径,进而提高了围岩体的承载能力,抑制了围岩裂隙的进一步扩展,使得围岩体处于一个暂时的稳定状态(微震活动处于"平静期"),当外界继续对该区岩体做功,该区积蓄能量进一步增加,达到岩爆发生的临界或亚临界状态,在外界扰动(爆破、邻近区域的开挖等)下,积蓄在岩体内部的能量瞬间释放,时滞型岩爆发生。时滞型岩爆滞后的时间和空间主要取决于:①岩体内部能量积蓄到临界状态的时间;②隧洞施工的速度;③诱发时滞型岩爆发生的外界扰动发生的时间。

图 3.188～图 3.191 是锦屏二级水电站 2♯引水隧洞发生的一次典型的时滞型岩爆的微震信息演化规律。岩爆区(桩号:引(2)8＋845～8＋870 和引(2)8＋810～引(2)8＋830)开挖期微震事件随时间的演化规律如图 3.188 所示,空间分布

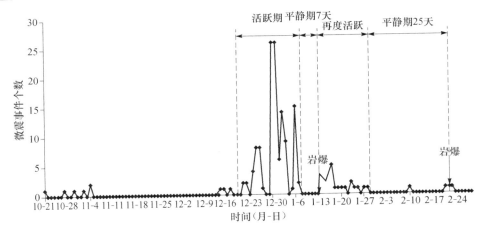

图 3.188 某典型时滞型岩爆孕育过程微震事件随时间演化规律

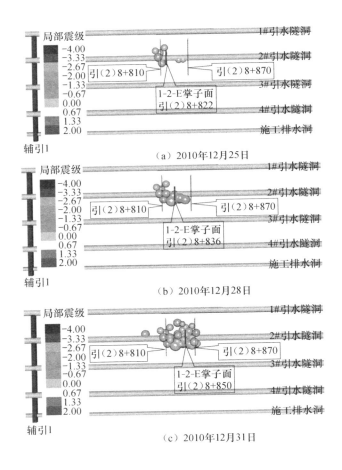

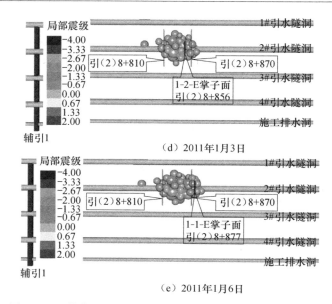

（d）2011年1月3日

（e）2011年1月6日

图3.189　某典型时滞型岩爆区开挖期累计微震事件空间分布

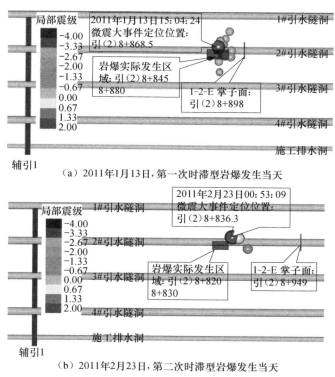

（a）2011年1月13日，第一次时滞型岩爆发生当天

（b）2011年2月23日，第二次时滞型岩爆发生当天

图3.190　某典型时滞型岩爆发生当天微震事件空间分布

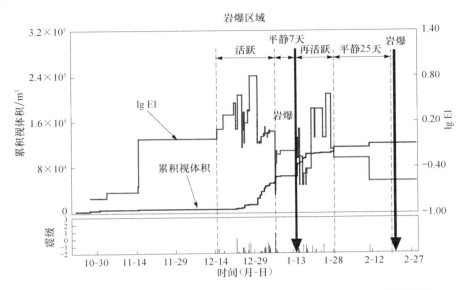

图 3.191 某典型时滞型岩爆孕育过程中能量指数与视体积的时空演化规律

规律如图 3.189 所示,主要集中在引(2)8+800~8+890 区间内,微震事件随时间持续增加,位置集中,且累积能量释放持续增加;视体积持续增加,有突增趋势(图 3.191);能量指数持续高位,有下降趋势(图 3.191)。该区先后发生两次时滞型岩爆,第一次发生在引(2)8+845~8+870 桩号范围内,发生时间为 2011 年 1 月 13 日 15:00,诱因是引(2)8+898 掌子面的开挖放炮,爆区中心空间上滞后掌子面约 35.5m,时间上滞后该位置开挖约 10 天,微震活跃期和岩爆发生时有一个约 7 天的平静期,岩爆发生前,有一些能量较小的微震事件发生,岩爆发生时微震事件能量较大,如图 3.190(a)所示;时滞型岩爆后,应力再次进行了调整,使得裂隙进一步沿结构面扩展,并在岩爆区附近产生一些新的微震事件,之后该区围岩再次进入稳定期,如图 3.188 所示,2011 年 1 月 23 日凌晨 1:00,在引(2)8+949 掌子面开挖放炮扰动下,在引(2)8+810~8+830 范围内发生了第二次时滞型岩爆,爆区中心空间上滞后掌子面约 124m,时间上滞后该位置开挖约 58 天。

3.7.3 深埋隧洞时滞型岩爆孕育过程的机制

利用前述的矩张量方法对某引水隧洞发生的多次时滞型岩爆孕育过程进行分析总结发现:岩爆区开挖卸荷后,初期微震事件以拉伸、剪切及拉剪混合型破坏为主;接着,以沿破坏面扩展的拉伸破坏为主;再接着,有一个明显的"平静期";最后岩爆发生时,以剪切破坏为主导。

时滞型岩爆孕育过程具有上述破坏机制,这是因为:①开挖卸荷后初期,围岩的应力场由三向应力状态转变为两向应力状态,指向洞轴线方向的主应力突然消失,与洞轴线成小夹角的结构面在其他两向应力的作用下,开始沿结构面进行扩展,破坏以拉伸破坏为主,偶有混合型破坏;与洞轴线成大夹角或较大夹角的结构面在其他两向应力的作用下,结构面沿其走向向着洞壁临空面的方向滑移,破坏以剪切破坏为主,伴随有混合型破坏,所占比例主要取决于结构面与隧洞轴线的夹角;②随着时间的延续,应力场得到进一步的调整,洞壁附近的应力一部分得到释放,一部分调整到远离洞壁的远场,调整过程主应力的方向发生了较大变化,指向洞轴线方向的主应力消失,环向应力增加,很明显这一变化对与洞轴线成小夹角的结构面的进一步扩展是非常有利的,在没有外界继续施工的条件下,与洞轴线成大夹角的结构面再次发生滑移是困难的,这个时期围岩的破裂以拉伸破坏为主;③一方面应力经过前期的调整后难于继续克服岩体的内聚力而使岩体发生破坏。另外,现场支护措施,增加了围岩体的承载能力,抑制了围岩裂隙的进一步发展,使得围岩体处于一个暂时的稳定状态(微震活动处于"平静期"),这个时期是外界继续对该区岩体做功,能量进一步积蓄的过程;④当应力积累到一定程度,达到岩爆发生的临界或亚临界状态,在外界扰动(爆破、邻近区域的开挖等)下,剪断支护的束缚,积蓄在岩体内部的能量瞬间释放,时滞型岩爆发生。

　　图 3.192~图 3.194 是某工程 2♯引水隧洞引(2)8+800~8+890 区间内发生的一次典型的时滞型岩爆孕育机制。在该区开挖初期,围岩体的破坏以北侧边墙结构面的拉剪混合型破坏及南侧边墙拉伸、剪切破坏为主,如图 3.181 所示;结构面的分布如图 3.193 所示;岩爆后暴露的结构面如图 3.194 所示;应力经过短期调整与释放之后,剩余能量不足以使得南侧边墙与洞轴线成较大夹角的结构面发生剪切滑移破坏,该时期该区域的破坏以和南侧边墙与洞轴线成小夹角的结构面的拉伸破坏为主,如图 3.192 所示;接着该区处于一个明显的"平静期",其间无明显的围岩破裂活动,是一个能量积蓄的过程;随后该区引(2)8+845~8+870 范围的北侧边墙在掌子面爆破开挖扰动下突然发生时滞型岩爆,岩爆发生前夕,有能量较大的剪切破坏发生,如图 3.192(a)所示;岩爆发生后的破坏形态如图 3.193(c)和图 3.194(a)所示,钢纤维混凝土喷层与随机水胀式锚杆组成的支护系统被破坏,岩爆爆坑为浅 V 形,破坏面较为新鲜,爆出岩体以 0.1~0.3m 的薄片为主,岩块最远飞出约 8m;随后该区应力再次进行调整,微震活动比较活跃,围岩体以南侧边墙与洞轴线成小夹角的结构面的拉伸破坏为主,偶尔伴有小能量的剪切破坏,之后该区再次进入"平静期",经过长约 25 天的能量积累,在掌子面爆破开挖扰动下,该区引(2)8+810~8+830 范围的南侧边墙发生时滞型岩爆,岩爆发生时以剪切破坏为主导,能量释放较大(见图 3.192(b)),岩爆发生后的破坏形态如图 3.193(e)和图 3.194(b)所示,钢纤维混凝土喷层支护系统被破坏,爆坑与洞轴线成小夹角结构面铁锰质渲染明显,爆坑为盆地形,爆出岩体较为破碎。整个岩爆孕育过程岩体破坏形态及结构面发展变化示意图如图 3.193 所示。

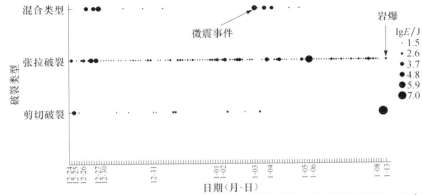

（a）第1次时滞型岩爆孕育过程破坏类型及能量释放随时间的演化规律（2010~2011年）

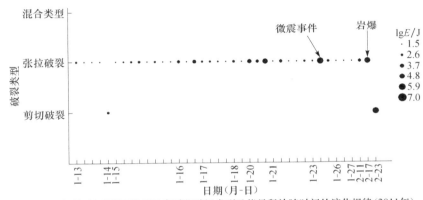

（b）第2次时滞型岩爆孕育过程破坏类型及能量释放随时间的演化规律（2011年）

图 3.192 某典型时滞型岩爆孕育过程岩体破坏类型及释放能量随时间的演化规律

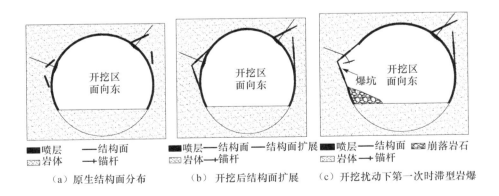

（a）原生结构面分布　　（b）开挖后结构面扩展　（c）开挖扰动下第一次时滞型岩爆

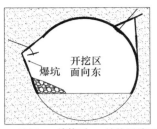
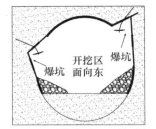

（d）结构面进一步扩展　　　　　　（e）开挖扰动下第二次时滞型岩爆

图 3.193　结构面分布与时滞型岩爆孕育过程中的扩展变化示意图

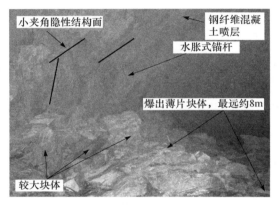
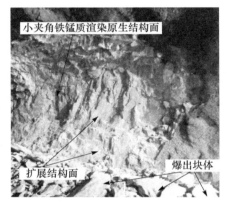

（a）第一次时滞型岩爆（北侧边墙）　　　（b）第二次时滞型岩爆（南侧边墙）

图 3.194　某典型时滞型岩爆破坏形态（见彩图）

3.8　小结与讨论

以某深埋隧洞工程为例，以微震、声发射、钻孔摄像、跨孔声波、滑动测微计等为监测手段，以矩张量分析方法、分形分析方法、统计分析方法等为分析手段，系统研究了不同类型岩爆孕育过程的特征、规律与机制，获得以下结论与认识：

1）深埋隧道微震活动性及岩爆分布规律

（1）钻爆法施工：微震事件分布范围多介于掌子面后方 3 倍洞径至前方 1.5 倍洞径之间，而岩爆高发区位于掌子面后方 3 倍洞径以内，显然，岩爆高发区与掌子面后方微震事件（活动）主要分布范围相吻合。另外，引（排）水隧洞掌子面后方 3 倍洞径以外发生了部分岩爆，其中引水隧洞占 16.67%，排水洞占 27.03%，主要以时滞型岩爆为主。

（2）TBM 施工：当日以前形成的开挖区、当日开挖区以及当日掌子面结束桩号前方未开挖区产生的微震事件比例分别为 67.23%、22.21%、10.96%，显然，前两个区域为微震活动活跃区；而岩爆主要发生于掌子面附近，其中 61.07%的岩爆发生于 TBM 当日开挖范围。据此认为，岩爆范围与微震事件主要分布区域一致，当日开挖范围是 TBM 施工的岩爆高发区。

（3）微震事件及岩爆分布具有区域性集结特点，其中一部分岩爆发生于微震事件集结区内部；另一部分岩爆发生于微震事件（微破裂）集结区边缘，与微震事件集结区边缘局部应力集中密切相关。

（4）钻爆法及 TBM 施工条件下微震活动及岩爆分布的差异。

① 围岩微震活动和岩爆与工程作业活动密切相关，其中钻爆法施工时微震事件与岩爆在 24h 内的分布具有较好的一致性。TBM 施工时微震事件在 24h 的演化曲线总体上呈马鞍状，曲线谷底对应检修时段，微震处于相对平静期，岩爆较少；曲线两侧对应于掘进时段，处于微震活跃期，属岩爆高发期。

② TBM 施工时，轻微岩爆区域往往伴随多次轻微岩爆，中等岩爆孕育过程中常伴随轻微岩爆，而强烈岩爆伴有轻微和中等岩爆，这表明 TBM 开挖过程引起的围岩损伤波及范围小，围岩承载力较强，其内部储存能量多由外向内逐次释放，而钻爆法施工时此特点不明显。

③ 总体来看，钻爆法施工时微震事件及岩爆沿洞轴向分布范围较 TBM 施工大。

④ 钻爆法施工产生时滞型岩爆的概率及范围较 TBM 大。

⑤ TBM 法施工产生的微震事件较钻爆法集中，且震级较大，微震活动更剧烈；工程地质条件相似条件下，深埋隧洞 TBM 施工引发的岩爆风险高于钻爆法施工。

⑥ TBM 岩爆的次数明显要比钻爆法的多，这是因为围岩微震活动与工程作业活动密切相关。钻爆法施工微震事件与岩爆在 24h 内的分布具有较好的一致性；TBM 法施工微震事件分布规律既与深埋隧洞原岩应力状态有关，又与"扰动特征"密不可分。总体而言，钻爆法施工时微震事件及岩爆沿洞轴向分布范围较 TBM 法施工大；工程地质条件相似条件下，深埋隧洞 TBM 法施工引发的岩爆风险高于钻爆法施工，钻爆引起的围岩损伤大，围岩强度降低大，而 TBM 损伤小，积聚能量大。

（5）微震活动及岩爆受隧洞开挖速率、支护措施的影响。

① 研究表明，隧洞掘进速率是岩爆的重要影响因素之一。因受其他因素如支护措施的影响，导致微震活动及岩爆与隧洞掘进速率的关系较为复杂，但从总体上来看，其关系具有一定的规律：一般地，掘进速率快慢伴随着微震活动活跃与平静，岩爆一般产生于微震活跃或稍延后时段；当停止开挖数日后再恢复掘进时，快速掘

进更易诱发岩爆,而慢速开挖诱发岩爆的风险相对较低。

② 隧洞微震活动及岩爆与隧洞支护条件息息相关,一般地,加强隧洞围岩支护可减弱微震活动,降低岩爆等级,或延迟甚至抑制岩爆发生。

(6) 岩爆与隧洞埋深、围岩类别及地下水密切相关。在深埋隧洞中,总体而言,岩爆数量及等级随埋深增大呈增加趋势,但不存在严格的一一对应关系。一般地,同类硬脆岩体中,较完整岩体发生岩爆的可能性最大,完整岩体次之,破碎岩体无岩爆。存在地下水活动明显地段无岩爆,但其附近无水区域仍有发生岩爆的可能,一般以轻微岩爆为主。

(7) 结构面对岩爆具有控制作用。

① 在隧洞工程中Ⅳ级和Ⅴ级硬性结构面对岩爆的位置、等级、爆坑形态等具有控制作用,如岩爆一般发生于存在应力集中,积聚大量应变能的节理末端及其交汇点附近和断层附近;结构面与最大切向应力的夹角 $0° \leqslant \alpha \leqslant 30°$ 和 $45° \leqslant \alpha \leqslant 90°$ 时,易发生岩爆,而 $30° \leqslant \alpha \leqslant 45°$ 时,监测期内无岩爆发生;受一组或两组结构面控制的岩爆等级较受一条或两条结构面控制的高;存在结构面时,岩爆爆坑边缘或(和)内部一般为斜面或顺应节理面,或形成阶梯面,呈陡坎状。

② 高地应力地区断层附近往往具有高岩爆风险,且与掌子面向断层推进的方向有着密切的关系,一般地,掌子面从上盘向断层推进造成的岩爆风险比从下盘向断层推进造成的低,故施工条件允许时应从上盘穿越断层。

(8) 部分区段开挖时微震活跃、岩爆孕育特征明显,虽然采取工程措施如控制施工进度、加强支护等而有效地抑制了岩爆的发生,但在后期施工扰动触发下,围岩储存能量可能发生突然释放,导致时滞型岩爆。

(9) 隧洞开挖过程中,发生了少许前兆规律不明显的岩爆,其中以轻微岩爆居多。由于岩爆是众多因素共同作用的结果,且岩爆与其影响因素之间存在着极其复杂的非线性关系,因而当前人们对岩爆的影响因素认识仍存在不足,对前兆规律不明显岩爆的机理较难给出合理诠释,有待进行更深入的研究。

(10) 基于上述研究成果的岩爆防控措施启示:首先应加大地质勘探力度,及时掌握硬性结构面的规模、产状、空间组合关系及其与工程自由面的组合关系等,再是对这种大规模的结构面以及硬性结构面的尖端、交叉处进行应力预释放或软化,或从断层上盘掘进,降低岩爆风险。对强岩爆风险洞段,尽可能采用钻爆法、半导洞预处理的 TBM 开挖、小断面与合适的速率开挖,及时喷层封闭,合理地进行吸能锚杆支护,以降低岩爆风险。具体岩爆防控措施的叙述见岩爆动态调控方法的章节。

2) 岩爆孕育过程中微震时间序列特征

(1) 根据微震活动的频次及强度在时间上的分布特点,将深埋隧洞岩爆孕育过程中微震时间序列类型分为 4 种:群震型、前震-主震型、突发型和前震-主震-无震型。

（2）微震时间序列类型与现场开挖扰动以及围岩结构面条件密切相关。群震型时间序列岩爆区结构面发育，多受两组密集发育明显的硬性结构面控制，隐性结构面偶尔发育。前震-主震型时间序列岩爆区多为受一条或一组发育明显的硬性结构面控制，一般无明显隐性结构面。突发型时间序列岩爆区结构面不发育或发育弱，无明显控制型结构面或发育少量延展性较差的硬性结构面。前震-主震-无震型时间序列岩爆区岩体结构面发育，多为发育一组明显的硬性结构面，同时存在明显的隐性结构面。

（3）群震型和前震-主震型时间序列岩爆的孕育过程主要为拉张破坏形成的裂纹，同时出现一定数量的剪切破裂事件，偶尔出现少量混合破裂事件。突发型时间序列岩爆的孕育过程几乎全部为拉张破坏形成的裂纹，偶尔有剪切和混合破裂事件产生。前震-主震-无震型时间序列岩爆的孕育过程主要为拉张破坏形成的裂纹，但同时出现较多数量的剪切和混合破裂事件。

（4）利用微震信息演化规律，可以对群震型和前震-主震型岩爆进行较好的预警与动态调控，而对前震-主震型-无震型和突发型岩爆则较难把握。

3）即时型岩爆孕育过程的特征、规律与机制

（1）隧洞即时型岩爆在孕育初期微震的活动性一般，在临近岩爆发生时微震活动性很活跃，一般没有明显的"平静期"。根据微震事件的活动性及其能量和视体积的演化规律，可对隧道即时型岩爆的等级和空间位置进行预测、预警。

（2）隧洞即时型岩爆一般发生在开挖卸荷效应影响过程中，在开挖过程中、开挖后几小时或1～3d内发生，发生位置可在掌子面后方30m范围内的掌子面、拱顶、侧墙、拱脚和底板。所以，及时降低应力集中水平、能量集中水平和释放速率、及时支护封闭围岩以改善围岩应力状态等，可以避免或推迟隧道岩爆的发生，降低岩爆发生的风险。

（3）即时应变型岩爆孕育的过程中主要有拉裂破坏事件发生，而隧道即时应变型岩爆孕育的过程中主要有拉裂破坏事件、剪切破坏事件、压剪混合破坏及拉剪混合破坏事件交替发生。数字钻孔摄像也已观察到岩爆发生前裂纹的萌生、张开、扩展和闭合等特征。岩爆在整个孕育过程中，硬岩发生开裂～岩块（片）弹射。

4）钻爆法开挖诱发即时型岩爆的空间分形特征

（1）隧道钻爆法开挖微震事件时间分形维数在岩爆的孕育过程中明显具有维数增加，而在岩爆发生之前分形维数减小的特征，在岩爆孕育过程中时间分形维数最大值越大，说明岩爆发生之前单位时间的微震活动性越强，发生岩爆的等级也越强。

（2）钻爆法开挖微震事件空间分形维数岩爆的孕育过程中明显具有维数减小，而在岩爆发生时分形维数达到最小值的特征，这是由于微震事件在空间上具有

初始的零散分布而后不断地向岩爆区域集合的特征,同时分形维数值越低说明集合的程度越高。

5) TBM 开挖诱发即时型岩爆的能量分形特征

TBM 开挖能量分形维数具有随着岩爆次数的增加而增加的特征,这是由于能量分形维数越高,说明相同单位数量的微震事件中,微震释放能大的事件在总微震事件所占的比重越大,而岩爆其实就是一个围岩集聚的能量释放的过程,因此能量释放越多说明岩爆活动越频繁、剧烈。

6) 时滞型岩爆孕育过程的特征、规律与机制

(1) 时滞型岩爆,一般发生在隧洞掌子面开挖应力调整扰动范围之外,80%的时滞型岩爆时间上滞后该区开挖 6～30d,空间上可在掌子面附近或距离掌子面 80m 的范围内。

(2) 时滞型岩爆发生区,一般节理、裂隙、夹层等原生的结构面比较丰富,结构面类型以与洞轴线成小夹角的隐性结构面为主;现场支护以钢纤维混凝土喷层或钢纤维混凝土喷层和随机水胀式锚杆组合为主,支护较为薄弱。

(3) 时滞型岩爆发生前微震信息演化规律明显:岩爆区开挖时,应力调整剧烈,围岩的破裂活动较为频繁,微震事件时间上持续增加,空间上位置集中;视体积持续增加,有突增趋势;能量指数持续高位,有下降趋势;岩爆发生前夕,微震事件较少,存在一个明显的"平静期",且岩爆发生时视体积和能量指数变化不明显。

(4) 时滞型岩爆区开挖卸荷后,初期微震事件以拉伸、剪切及拉剪混合型破坏为主;接着,以沿破坏面扩展的拉伸破坏为主;再有一个明显的"平静期";最后岩爆发生时,以剪切破坏为主导。

7) 隧洞岩爆孕育过程中岩石破裂类型判定方法

(1) 对矩张量分析方法进行了改进,使其适用于隧洞岩爆孕育过程中岩石破裂类型的判别。

(2) 通过分析不同破裂类型所对应典型微震波形的时域特征,提出了基于 P 波发育度的岩石破裂类型判定方法,该方法能可靠地判定拉伸型及剪切型岩石破裂。

(3) 基于能量比、矩张量及 P 波发育度方法应用于深埋隧洞岩石破裂类型判定的适用性分析,提出了深埋隧洞岩石破裂类型综合判定方法,该方法以矩张量分解结果和微震事件 P 波发育度作为主要判定参数,而以能量比比值作为辅助判定参数。实际案例分析表明:该方法可快速有效地对深埋隧洞岩石微破裂给出可靠的破裂类型判定结果。

4 岩爆孕育过程风险估计与预警方法

4.1 引　　言

　　岩爆风险评估是制定岩爆防治策略和采取合理防治手段的基础,也是规避风险、保证工程顺利进行和降低工程成本的前提条件。岩爆的风险估计与预警,需要给出岩爆可能发生的区域、等级和时间,但岩爆发生时间的准确评估尤为困难,致使前人岩爆风险评估与预警的研究工作多集中在岩爆发生的区域和等级两个方面,并取得了丰富的研究成果。然而,深部工程中岩爆可能发生在工程断面的任何位置上(如图 4.1 所示:在拱顶、拱肩、拱脚、侧墙、底板等),并表现为不同的爆坑形态,如 V 形、"浅窝"形或"底板隆起、开裂"形(见图 4.2),每种形态岩爆导致围岩破坏深度也不尽相同。这种岩爆在断面上发生位置和破坏深度的不确定性给工程设计施工和岩爆防治带来极大困难。因而,估计岩爆在工程断面上的发生位置和破坏深度显得尤为重要。为此,本章在对深部工程岩爆发生机理和孕育演化过程的认知基础上,不但提出了深部工程岩爆可能发生的区域和等级的有效评估方法,而且还给出了岩爆在工程断面上发生位置和爆坑深度的评估方法。

　　在工程施工过程中,岩爆的风险是随着开挖和支护活动的变化而动态变化,可提高或降低岩爆等级,也可延缓岩爆的发生时间。所以在研究思路上,岩爆风险估计与预警应与工程施工过程紧密结合,体现出开挖与支护活动的动态特征。

　　表 4.1 给出了岩爆风险评估过程的总体思路和综合集成方法。岩爆风险评估过程总体上分为两个阶段:一是工程开挖前岩爆风险估计;二是工程开挖过程中岩爆风险的动态评估与预警,两个阶段体现了两个重要的评估层次。前者提供了工程总体岩爆风险的评估,是在开挖活动未进行之前,岩体地质结构条件、局部应力场信息和岩体力学性质不能够全面准确获取的情况下,给予的初步岩爆风险判定,为制定初步的岩爆防治策略、选择较合理的岩体开挖工序和选定初步支护手段提供理论依据。为实现这一目标,提出了岩爆风险的 RVI 指标法、工程实例神经网络法和基于局部能量释放率 LERR、破坏接近度 FAI 等新指标的数值评估方法,可以给出岩爆爆坑的深度、等级及其工程断面上的具体位置。后者则是根据施工过程所揭露的具体条件和工程环境,再运用 RVI 指标法、工程实例神经网络和基于 LERR、FAI 等新指标的数值分析方法,动态地更新岩爆风险的判定结论。而且,基于现场实时监测到的微震信息演化规律,建立了岩爆等级及其发生概率的动

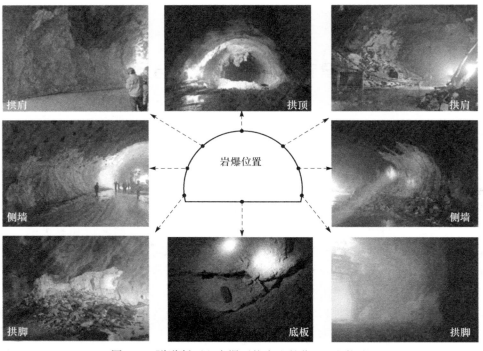

图 4.1 隧道断面上岩爆可能发生的位置(见彩图)

（a）"浅窝"形 　　　　　　　　　　　　　　（b）V形

（c）"底板开裂"形 　　　　　　　　　　　　（d）"底板隆起开裂"形

(e)"底板隆起"形

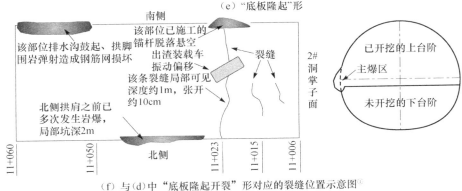

(f)　与(d)中"底板隆起开裂"形对应的裂缝位置示意图①

图 4.2　岩爆爆坑的不同形态(中国水电工程顾问集团华东勘测设计研究院,2010)(见彩图)

态预警方法,以实时进行岩爆风险预警,决策防治方法和策略,合理规避岩爆风险。

表 4.1　基于现场地质、开挖与微震等信息动态更新的岩爆风险评估综合集成方法

开挖前岩爆 估计方法	开挖过程中岩 爆预警方法	输入信息	输出结果表达
RVI 指标法		岩石单轴抗压强度、岩石物理性质、断面应力比、开挖洞型尺寸、开挖结构参数、区域和局部地质条件	爆坑深度、基于爆坑深度的岩爆等级

① 2010 年 2 月 4 日 14:53,某深埋隧洞发生了极强岩爆(掌子面约引(2)11+006),岩爆主爆区位于引(2)11+023 南侧拱脚,受该部位极强岩爆扰动影响,整个引(2)11+023~11+060 洞段南侧拱脚发生岩爆,围岩弹出;停放在该部位的出渣装载车受强烈冲击振动移位,车身由原先的平行洞轴线方向变成与洞轴线斜交成 30°,受强烈震动影响十几吨重的转载铲车被弹起三次。岩爆发生时声响比下午开挖爆破的声响还大;裂缝贯通上台阶底板,可见深度 1m,宽约 10cm,该段围岩完整,无明显结构面。在无岩爆碎石直接冲击的情况下,出渣装载车挡风玻璃受强烈冲击波作用与车体完全脱离。引(2)11+050~11+060 洞段南侧排水沟整体鼓起开裂,原先该段地下水较发育,地下水经 1m 宽的排水沟汇集排出洞外,岩爆后排水沟已完全看不出原始形状,地下水经由鼓起开裂的岩石底部流出。该洞段已经挂设的钢筋网受岩爆碎石冲击作用,与围岩表面完全脱离。引(2)11+023 前后约 5m 范围内已施工涨壳式预应力中空注浆锚杆,已施加 80kN 预应力且完成锚杆注浆,岩爆发生后该段范围内锚杆脱落悬空。南侧拱脚的岩爆除造成南侧边墙,拱脚部位岩体弹出、垮塌外,还造成上台阶底板出现 3 条裂缝,其中一条裂缝从南侧拱脚延伸至北侧拱脚,完全横向贯穿隧洞,该条裂缝可见深度约 1m,裂缝宽约 10cm,走向与隧洞轴线近垂直。出现裂缝的部位围岩均坚硬完整,无明显结构面。岩爆洞段仅主爆区部位拱腰处发育一条 NWW 向结构面。在此之前引(2)11+027~11+046m 洞段已划分为Ⅳ_b 类围岩,北侧拱肩~边墙数次出现岩爆,局部坑深达 2m。

开挖前岩爆 估计方法	开挖过程中岩 爆预警方法	输入信息	输出结果表达
工程实例神经网络		埋深条件、原岩应力比、强度应力比、脆性指数、岩体完整性、区域构造、支护条件	岩爆等级和爆坑深度
基于LERR、FAI等新指标的数值分析		地应力、力学参数、地质条件、评价指标	岩爆风险高的断面位置
—	微震信息演化规律的岩爆等级及其概率预警	岩爆孕育过程中预警区域监测的微震累积事件数、能量、视体积、事件率、能量速率和视体积率	未来该区域岩爆等级、概率
—	微震信息演化规律神经网络类比的岩爆等级及其爆坑深度预警	岩爆孕育过程中该预警区域监测的累积微震事件数、能量和视体积及其孕育时间	未来该区域岩爆等级、爆坑深度

为了更好地进行岩爆风险等级估计，还修正了岩爆风险等级划分方法，给出了岩爆风险等级新评分方法，包括综合考虑岩爆过程中声响特征、围岩破裂特征、破坏深度和支护破坏程度及其工程影响程度评分的岩爆等级划分方法和根据所监测到的岩爆发生时微震事件的能量进行岩爆等级划分的新方法。

对于具有前兆规律的岩爆孕育过程，建立了基于现场实时监测到的微震信息演化的岩爆等级及其概率预警的方法。同时作为补充，还建立了基于微震信息演化实例学习和类比的岩爆等级与爆坑深度神经网络预警方法。

因此，本章首先介绍这两类岩爆等级划分方法，然后给出岩爆风险估计的RVI指标法、工程实例神经网络和基于LERR、FAI等新指标的数值分析方法、两种基于微震信息演化的岩爆等级及其概率、爆坑预警方法及其具体应用情况。

4.2 岩爆等级划分方法

岩爆破坏主要指地下洞室、矿山坑道和隧道（洞）等遭受岩爆时，岩体或矿体本身产生的直接破坏，以及诱发的工程区或矿区、地面建筑物等的间接破坏（谭以安，1989）。岩爆烈度等级，简称岩爆等级，用于区别岩爆破坏的强烈程度。从高岩爆风险的岩石工程设计角度来说，岩爆等级的判定是选取合理岩爆防治方法、正确制定岩爆防治策略和支护设计的基础和前提，是在决策之前必须明确的问题。相反，合理的防治策略和支护设计也应满足不同岩爆等级的工程条件下安全、快速和高效施工的客观需求。可见，岩爆等级在高岩爆风险的深部工程中是十分重要的，准确和合理地评估和判断岩爆等级的方法是工程实践的客观需要。

对已有的岩爆等级划分方法进行系统总结（见表4.2）可发现，这些方法主要依据岩爆破坏的某一单项或少数几项岩爆特征指标来定性划分。因而，岩爆等级划分准确性上存在两个突出问题。其一，在岩爆等级评估或具体应用时，常因控制因素信息难于获取或缺失，或把某些非岩爆引起的工程破坏（如一般脆性破坏）归属为岩爆破坏,而导致岩爆等级确定困难或不准确;其二,由于缺乏定量表征,基于岩爆事件特征因素的等级划分方法受人员主观判断的影响较重,使得岩爆等级划分对使用者的工程经验要求较高,这可能造成不同人员对同一岩爆事件有不同等级的划分,进而在制定岩爆防治策略和支护设计时出现很大的偏差。相对而言,两个问题的根源在于岩爆等级划分方法是如何考虑数据信息的不完整性。划分岩爆等级的最终目的是服务于工程设计和施工防治,也就是说岩爆等级划分系统不能孤立存在,应与配套的设计方法、防治策略和技术形成有机整体。在有限的数据信息条件下准确判定岩爆事件的烈度等级,实质上是如何建立一种评价体系来充分发挥和综合利用现有数据信息的问题。

表 4.2　国内外岩爆等级分类方案

方案提出者	等级划分	划分依据
佩图霍夫	弱冲击	震动能量小于 10^2 J
	中等冲击	震动能量 $10^2 \sim 10^4$ J
	强烈冲击	震动能量大于 10^4 J
屠尔邑宁诺夫	微冲击	震动能量小于 10J
	弱冲击	震动能量 $10 \sim 10^2$ J
	中等冲击	震动能量 $10^2 \sim 10^4$ J
	强烈冲击	震动能量 $10^4 \sim 10^7$ J
	严重冲击	震动能量大于 10^7 J
布霍伊诺	轻微损害	不造成施工进程中断
	中等损害	支护部分破坏,一般要中断施工进程
	严重损害	施工设施和工程被摧毁
Russenes	无岩爆	无岩爆
	轻微岩爆	岩石有松脱、破裂现象,声响微弱
	中等岩爆	岩石有不容忽视的片落、松脱,有随时间发展趋势,有发自岩石内部的强烈爆裂声
	严重岩爆	爆破之后,顶板、两帮岩石即严重崩落,底板隆起,周边大量超挖和变形,可以听到发射子弹、炮弹的强烈声响
谭以安	弱岩爆	劈裂成板,剪断脱离母体,产生射落;洞壁表面局部轻微破坏,不损坏机械设备;可听到噼啪声响
	中等岩爆	"劈裂—剪断—弹射"重复交替发生,向洞壁内部发展,形成 V 形爆坑,洞壁有较大范围破坏;对生产威胁不大,个别情况下损坏设备;有似子弹射击声
	强烈岩爆	"劈裂—剪断—弹射"急速发生,并急剧向洞壁深处扩展;几乎全断面破坏,生产中断;有似炮声巨响
	极强岩爆	方式同强烈岩爆,持续时间长,震动强烈,有似闷雷强烈声响;人财损失严重,生产停顿

方案提出者	等级划分	划分依据
交通部第一公路设计院	微弱岩爆	岩石个别松脱和破裂,有微弱声响
	中等岩爆	有相当数量的岩片弹射和松脱,洞内周边岩体变形,有随时间发展趋势,有的岩体有较强烈的爆裂活动
	剧烈岩爆	顶板、侧壁围岩发生严重岩片弹射,甚至有巨石抛射,其声响如炮弹爆炸;底板隆起,洞壁周边变形严重,可引起洞室坍塌
铁道部第二勘探设计院	轻微岩爆	围岩表层零星间断爆裂松动、剥落,有噼啪、撕裂声响,对施工影响甚微
	中等岩爆	爆裂脱落、剥离现象较严重,少量弹射;有清脆的爆裂声;持续时间较长,有随时间累进性向深部发展的特征,爆裂深度可达 1m 左右;对工程施工有一定影响
	强烈岩爆	强烈的爆裂弹射,有似机枪子弹射击声;岩爆具延续性,并迅速向围岩深部发展;影响深度可达 2m 左右;对施工影响较大
	剧烈岩爆	剧烈的爆裂弹射甚至抛掷,有似炮声巨响声;岩爆具突发性,并迅速向围岩深部扩展,影响深度可达 3m 左右;严重影响甚至摧毁工程
《水力发电工程地质勘察规范》(GB 50287—2006)	轻微岩爆	围岩表层有爆裂脱落、剥离现象,内部有噼啪、撕裂声,人耳偶然可听见,无弹射现象;主要表现为洞顶的劈裂－松脱破坏和侧壁的劈裂-松胀、隆起等。岩爆零星间断发生,影响深度小于 0.5m;对施工影响较小
	中等岩爆	围岩爆裂脱落、剥离现象较严重,有少量弹射,破坏范围明显;有似雷管爆破的清脆爆裂声,人耳常可听到围岩内的岩石的撕裂声;有一定的持续时间,影响范围 0.5~1m;对施工有一定影响
	强烈岩爆	围岩大片爆裂脱落,出现强烈弹射,发生岩块的抛射及岩粉喷射现象;有似爆破的爆裂声,声响强烈,破坏范围和块度大,影响深度 1~3m;对施工影响大
	极强岩爆	围岩大片严重爆裂,大块岩片出现剧烈弹射,震动强烈,有似炮弹、闷雷声,声响剧烈;迅速向围岩深部发展,破坏范围和块度大,影响深度大于 3m;严重影响工程施工

　　为此,本节以锦屏二级水电站引水隧洞工程中岩爆等级划分的实际工程问题为依托,在总结和分析已有岩爆等级划分方法的优势和不足的前提下,基于岩爆特征因素的定量表征和岩爆发生时的微震能量划分两种方法分别判定岩爆等级。前者综合量化岩爆发生过程和破坏现场特征信息所揭示破坏程度或危害程度来评估岩爆等级,而后者则是在微震信息或震动信息充分的条件下,抓住岩爆事件关键的能量特征来评定岩爆等级。两种方法分别从岩爆灾害的两个关键角度入手,能够更全面、准确地判定岩爆等级,有效解决了上述划分方法存在的两个关键问题。

4.2.1　基于宏观特征的岩爆等级定量划分方法

1. 岩爆等级划分特征因素选取

在岩爆发生的整个过程中,可获得岩爆岩体爆裂面的形态特征、破坏深度和宽度、力学及动力学特征、声学特征、破坏模式和破坏过程,直接破坏与间接破坏的规模和程度等数据信息。这些信息可称为岩爆等级的表征因素或控制因素,是划分岩爆等级的基础。然而,学者们采用不同的控制因素制定不同的岩爆等级划分标准,如表4.2 总结了国内外岩爆等级分类划分标准和相应划分依据。德国学者布霍伊诺根据岩爆发生时对工程的危害程度,将岩爆等级划分为轻微损害、中等损害、严重损害三级。挪威学者 Russenes 根据岩爆发生时的声响特征、围岩爆裂破坏特征等将岩爆等级划分为四级。谭以安依据岩爆危害程度及其发生时的力学和声学特征、破坏方式将岩爆等级划分为弱、中等、强烈、极强四级。铁道部第二勘探设计院在《二郎山隧道高地应力技术咨询报告》中,提出按判据切向应力与单轴抗压强度比 σ_θ/σ_c 将岩爆等级划分为弱、中等、强烈和剧烈四级。交通部第一公路设计院依据岩爆发生的声响、岩体变形破裂状况、切向应力与单轴抗压强度比 σ_θ/σ_c 比值将岩爆等级划分为微弱、中等、剧烈三级。《水力发电工程地质勘察规范》(GB 50287－2006)中根据围岩破裂、声响特征、对施工的影响程度和破坏深度将岩爆等级划分为四级。

分析上述国内外对岩爆等级划分基本方法和成果可发现,为了便于应用,岩爆等级划分一般从岩爆现场容易判别的宏观标志入手,既要反映岩爆的力学特征,又要能够从表象定性判断岩爆破坏程度,如岩爆声响特征和围岩破裂特征,从直观上对岩爆的等级有所认知,岩爆的破坏深度则体现了不同等级岩爆对围岩的破坏程度,施工影响程度则反映了不同等级岩爆对工程活动的影响。因而,概括地说,岩爆等级划分原则需要考虑两个重要方面:其一,控制因素应具有代表性和综合性,能够刻画岩爆主要特征,同时控制因素要易获取;其二,划分方法在工程应用上具有方便性,划分标准明确且易于掌握。

通过对锦屏二级水电站引水隧洞工程中岩爆特征的系统分析,并结合其他深部硬岩工程中岩爆发生过程和破坏现象的主要特征,选用以下四个特征因素作为岩爆等级划分的主要控制因素。

1)声响特征或动力学特征

表征不同等级岩爆发生时的声响特征,如清脆的噼啪声、强烈的爆裂声或深沉的闷雷声等。该特征通常反映岩爆释放能量的大小和破裂源的差异,定性地反映了岩爆的等级差异。然而,由于岩爆具有突发性和冲击性,在施工中又常常根据风险评估的结果对其规避,施工人员也常撤离工程现场,有时声响特征信息无法获得,此时建议用岩爆动力特征代替。而当声响特征和动力特征信息均可以获得时,首选动力学特征。岩爆的动力学特征包括弹射速度、释放震动能等,反映了岩爆时岩体破坏释放能量的等级差异,高能量岩爆岩体对支护结构和工程机械及人员的损害或伤害相对更大。

2) 围岩破裂特征

岩爆破坏狭义上指具有冲击性的围岩破坏,岩体的破坏程度是岩爆等级的直观表现,岩爆破裂过程、岩块的厚度及形态、岩爆爆坑的规模和几何形态以及断口的特征等均能反映岩爆等级的差别。

3) 破坏或影响深度

岩爆导致岩体出现高速弹射或抛射后,在工程开挖面形成一定破坏深度的爆坑或一定深度的岩体发生了大量损伤。通常情况下,爆坑的深度与岩爆的等级具有一致的规律性,即岩爆等级越高,破坏深度一般也越大。因而,岩体破坏深度或破坏影响深度(岩爆后岩体区域的损伤区范围大小)同样是岩爆等级的直接表现。

4) 支护破坏程度

通常工程开挖面附近岩体在开挖后要进行及时支护,对于岩爆高风险工程更是如此。不同支护结构的支护强度和吸能能力存在差异,通过岩爆对特殊支护结构的破坏程度可定性地评估岩爆发生时支护结构受到的冲击能量大小,这间接说明了岩爆时岩体动力特征的差异,也反映了岩爆等级的差异。

上述因素易于通过岩爆破坏区的现场调研获得,保证了信息的易获取性。每个因素分别反映了岩爆破坏的主要特征,是岩爆特征综合信息的高度概括,属于多因素综合集成方法。基本满足了岩爆等级划分原则的第一条要求。下一节则突出岩爆等级划分方法的易用性并明确划分标准。

2. 岩爆等级划分评分标准

为便于掌握和应用,本书采用等级评分方式,按 100 分制量化各控制因素的贡献程度以明确具体分值,便于决策者确定各因素的等级分值,如表 4.3 所示。表 4.3 中明确了被分别划分为四个等级的岩体声响特征、围岩破裂特征、岩体破坏程度和支护破坏程度,并给予等级评分及评分的依据。根据表 4.3 等级评分值,将岩爆等级界定为四个等级,分别为轻微岩爆(评分<31 分)、中等岩爆(31 分<评分<53 分)、强烈岩爆(53 分<评分<76 分)和极强岩爆(76 分<评分<100 分)。当评分等于划分边界的阈值时,建议采用"低等级"原则,如评分为 31 分时,划分为轻微岩爆。

需要指出的是,在无声响特征数据或数据信息不完整的条件下,采用下列两种方法对等级划分标准进行修正。

方法一:在岩爆事件动力特征数据(如平均弹射速度和震动能量大小或微震释放能量量值)有效获取的前提下,用岩爆事件的动力学特征加以修正,修正方法见表 4.5。此时,表 4.4 的评分标准仍然适用。

表 4.3 岩爆等级划分标准(100 分划分方法)

特征因素	等级划分	等级评分	划分依据
声响特征 (sound)	So_Ⅰ级	1	无明显声响或微弱有噼啪、撕裂声响,无机械噪声时人耳偶然可听见
	So_Ⅱ级	3	有清脆的似子弹射击声或雷管爆破的爆裂声,人耳常可听到围岩内的岩石的撕裂声
	So_Ⅲ级	6	有似炸药爆破的爆裂声,声响强烈
	So_Ⅳ级	10	有低沉的似炮弹爆炸声或闷雷声,声响剧烈
围岩破裂特征 (fracture)	F_Ⅰ级	5	围岩表层有爆裂脱落、剥离现象,以薄片状或棱状岩片为主,断口新鲜,厚度在几个厘米,未剥离岩片发生轻微鼓胀,一般无弹射现象,区段内可成片连续发育
	F_Ⅱ级	10	围岩爆裂脱落现象较严重,以片状和碎块状为主,断口新鲜,厚度为5~20cm,完整岩体内爆坑呈 V 形或碗状,有少量弹射,有轻度震感,破坏多发生在开挖断面的局部区域,区段内可连续发育
	F_Ⅲ级	15	围岩大片爆裂脱落、抛射强烈,有较强的震动发生,伴有岩粉喷射现象,快速充满开挖空间;岩块块度较大,厚度一般为 20~40cm,断口新鲜,完整岩体内爆坑呈 V 形,可揭露结构面或以结构面为破坏边界,破坏多发生在开挖断面的较大范围内,偶尔会波及整个开挖断面,区段内一般不连续发育,但同一破坏位置可发生多次破坏
	F_Ⅳ级	20	围岩大面积爆裂垮落,岩块瞬间涌入开挖空间内,甚至封闭开挖断面,岩粉喷射瞬间充满开挖空间;岩块块度分选差,大块体与小岩片混杂;破坏区形态复杂,甚至开挖区段内均发生破坏,破坏区连成一体,可揭露结构面或以结构面为破坏边界;破坏会波及整个开挖断面,发生频次较低
岩体破坏程度 (depth)	D_Ⅰ级	5	深度比[1]小于 0.05
	D_Ⅱ级	10	深度比小于 0.05~0.1
	D_Ⅲ级	15	深度比小于 0.1~0.3
	D_Ⅳ级	20	深度比大于 0.3
支护破坏程度 (support)	Su_Ⅰ级	20	初期支护混凝土喷层局部隆起,为少量开裂纹,开裂变形持续时间较长;锚杆(砂浆锚杆或水涨式锚杆)轴力缓慢增加
	Su_Ⅱ级	30	初期支护混凝土喷层和挂网脱落,破坏区内可见有锚杆悬于岩壁,杆体无或存在小量弯曲变形现象
	Su_Ⅲ级	40	初期支护或系统支护混凝土喷层和挂网大面积垮落或爆裂破坏;破坏区内可见大部分锚杆被拔出或拉断,有部分锚杆悬于岩壁,杆体常有严重弯曲和变形;有钢拱架或钢筋拱肋支护时,拱架有较大变形,局部接合点断裂
	Su_Ⅳ级	50	系统支护混凝土喷层和挂网大面积垮落或爆裂破坏严重;破坏区内支护已大部分破坏,失去支护能力,甚至被爆落岩块所掩埋

1) 深度比指岩爆最大破坏深度(最大爆坑深度)与隧洞开挖最大跨度之比。

表 4.4　岩爆等级划分标准（100 分划分方法）

评分取值	岩爆等级划分
0～31	轻微岩爆
31～53	中等岩爆
53～76	强烈岩爆
76～100	极强岩爆

表 4.5　岩爆事件动力特征替代声响特征时的修正方案（谭以安, 1992）

特征因素		等级划分	等级评分	划分依据
动力学特征（dynamic character）	震动能量 E_t 或平均初速度 $\bar{v}_0$	D_Ⅰ级	1	$E_t<10^2$J 或 $\bar{v}_0<1$m/s
		D_Ⅱ级	3	$E_t=10^2\sim10^4$J 或 $\bar{v}_0=1\sim5$m/s
		D_Ⅲ级	6	$E_t=10^4\sim10^7$J 或 $\bar{v}_0=5\sim10$m/s
		D_Ⅳ级	10	$E_t>10^7$J 或 $\bar{v}_0>10$m/s

注：$\bar{v}_0$ 为平均初速度，指岩爆块体发生弹射或抛掷时的平均初始速度。

方法二：暂不考虑声响特征，适当调整岩爆破坏程度的等级评分制，如表 4.6 所示，使总评分仍满足 100 分制。第二种方法中减少了一个控制因素，这种做法一定程度上有失信息的全面性，但保证了评分系统的顺利进行，是缺失信息条件下的应对措施。因而，岩爆等级划分标准也将做相应的修正，如表 4.7 所示。

表 4.6　声响特征信息缺失时岩爆破坏程度评分的修正方案

特征因素	等级划分	等级评分	划分依据
岩体破坏程度（depth）	D_Ⅰ级	5	深度比小于 0.05
	D_Ⅱ级	15	深度比小于 0.05～0.1
	D_Ⅲ级	25	深度比小于 0.1～0.3
	D_Ⅳ级	30	深度比大于 0.3

表 4.7　声响特征信息缺失时岩爆等级划分标准（100 分划分方法）

评分区间	岩爆等级划分
0～30	轻微岩爆
30～55	中等岩爆
55～80	强烈岩爆
80～100	极强岩爆

平均初速度 $\bar{v}_0$ 可通过岩爆现场获得的岩块的平均水平抛射距离 s 和破坏断面最深处距隧洞底板的高度 h 信息依据平抛运动加以估算，即

$$\bar{v}_0 = \frac{s}{\sqrt{2h/g}} \tag{4.1}$$

式中：$g=9.8$m/s^2，为重力加速度。

实际上,岩爆现场岩块多以岩块堆体出现,这给平均初速度估计带来很大难度,因为不能合理选定平均水平抛射距离 s,这里建议该距离的选取能够体现岩块飞射距离的综合效果即可,为此最好选择块体相对集中的位置来测定该距离,如岩块堆体在岩壁和隧洞底板形成切面近似为三角形时,选择距该三角形底边三分之二位置即可。而对于极强岩爆封闭断面的情况,该距离选择为整个隧洞跨度,而实际平均弹射速度将高于该跨度计算平均速度值。此外,采用平抛运动来推断平均初速度仅是一种近似估计方法,并不完全符合实际情况,实际上岩爆破坏时多数岩块会成一定倾斜角度抛射出来,但这类信息很难获得。然而,斜射出来的岩块角度差异一定程度上会反映在岩块堆积远近上,即抛射距离上,上述岩块的平均水平抛射距离 s 的选取方法也一定程度上考虑该因素的影响。同时,如现场有震动监测设备时,可根据监测获得的峰值粒子速度估计该平均初速度,但估算过程相对更复杂,有时涉及波动数值模拟技术,这已超出本节研究的范畴。

3. 岩爆等级划分方法在深埋隧洞工程中的应用

本节结合锦屏二级水电站深埋引水隧洞工程岩爆典型案例,详述上述岩爆等级划分方法的实际应用及效果,并从统计学角度揭示该工程中不同岩爆等级的发育特征。在锦屏二级水电站引水隧洞开挖过程中,各种等级的岩爆灾害频发。为了能够有效地防治岩爆,需要针对不同等级的岩爆采用相应的防治策略和技术。这就需要首先明确各开挖洞段能够发生何种等级的岩爆,或者说要合理区分开挖洞段内岩爆的等级。事实上,这涉及两个方面的工作:一是如何在开挖前或过程中去评估可能发生的岩爆等级;二是在实际岩爆发生后如何去判断该岩爆符合哪种等级。前者实质是岩爆破坏的风险评估问题,而后者则涉及岩爆的烈度分级问题,即上述论述的岩爆等级划分问题。

1) 典型极强岩爆案例

(1) 施工排水洞"11-28"岩爆。

2009 年 11 月 28 日凌晨 0:43 锦屏二级水电站施工排水洞工程完成系统支护后恢复掘进时,发生了锦屏二级水电站最严重的岩爆事件,即"11-28"岩爆(SK9+283～9+332)。岩爆发生时伴有巨大轰雷般震耳响声,且形成强大冲击波,瞬间灰白色的粉尘弥漫,约 10min 后逐渐消散,为锦屏工程开工以来最为严重的一次岩爆。该岩爆爆坑以近 NW 的一条隐性结构面为破坏边界,横断面上形成 V 形爆坑,爆坑纵向范围约 30m,顶拱及两侧边墙大范围坍塌,爆坑最深处约 8m(见图 4.3(a)),岩爆岩体呈板状和块状,块度较大,最大块体厚度超过 0.5m,长度近 1.5m。支护系统全部摧毁,TBM 设备严重受损,主梁折断,设备全部被石碴掩埋。

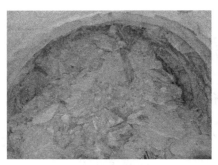
（a）破坏断面形态

（b）"11-28"岩爆前期岩爆现场支护破坏情况

图 4.3 施工排水洞"11-28"岩爆

该岩爆洞段埋深 2330m 左右，在该岩爆发生的前一个月内在该岩爆洞段持续发生数次岩爆事件，时间上分别为 2009 年 10 月 8~9 日（SK9＋301~9＋322）、2009 年 11 月 6~7 日（SK9＋291~9＋296）、2009 年 11 月 15 日（SK9＋287~9＋292）和 2009 年 11 月 28 日（SK9＋283~9＋332）。可见，在"11-28"岩爆发生前，该洞段围岩经历了不同程度的岩爆破坏，随着掌子面的继续推进，该洞段岩爆具有持续性发展的特征，一个洞段内发生多次岩爆。进一步分析上述岩爆事件在开挖断面上的破坏范围可知，2009 年 10 月 8~9 日岩爆和 2009 年 11 月 15 日在一个断面上也发生过多次岩爆破坏，初次岩爆破坏后应力集中向洞周边和岩体深部转移，后续岩爆位置受前次岩爆破区的影响和控制。对于开挖断面为直径 7.2m 的排水洞，多次破坏后累计深度可达到 3m 左右，约为 0.4 倍开挖洞径，破坏范围波及洞周的三分之二以上。

基于表 4.3 的岩爆等级评价体系，结合上述岩爆特征的描述，可确定该次岩爆各特征因素的评分如表 4.8 所示。通过表 4.8 的评价结果可判定该洞段岩爆属于极强岩爆破坏。

表 4.8 施工排水洞"11-28"岩爆特征因素评分

特征因素	等级划分	等级评分	取值依据
声响特征（sound）	So_Ⅳ级	10	巨大轰雷般震耳响声，且形成强大冲击波
围岩破裂特征（fracture）	F_Ⅳ级	20	岩爆岩体呈板状和块状，块度较大，最大块体厚度超过 0.5m，长度近 1.5m；塌坑以近 NW 的一条隐性结构面为破坏边界，爆坑纵向范围约 30m，顶拱及两侧边墙大范围坍塌，爆坑最深处约 8m
岩体破坏程度（depth）	D_Ⅳ级	20	最大爆坑深度断面跨度比约为 8/12.4＝0.65；该岩爆洞段持续发生数次岩爆事件
支护破坏程度（support）	Su_Ⅳ级	50	支护系统全部摧毁，TBM 设备严重受损，主梁折断，设备桥以前全部被石碴掩埋
合计		100	

（2）4#引水隧洞引（4）9＋734～9＋728 洞段。

2010 年 7 月 14 日，当锦屏二级水电站 4#引水隧洞往西方向掘进至引（4）9＋728 位置时，在掌子面后方引（4）9＋734～9＋728 洞段内南侧边墙至拱脚连续发生岩爆事件，破坏位置及施工布局如图 4.4 所示。

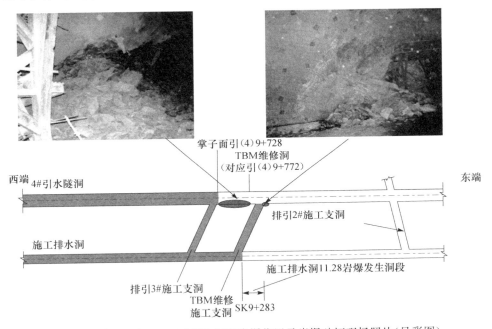

图 4.4 引（4）9＋734～9＋728 洞段岩爆位置及岩爆破坏现场照片（见彩图）

◯ 岩爆；▬▬ 未开挖；┝━━┥ 已开挖

该岩爆洞段埋深 2400m，岩性为 T_{2b} 灰白-灰色条花斑状中粗晶大理岩，围岩较完整，结构面不发育。在引（4）9＋721 位置开挖揭露 2 条结构面，一条为在南侧边墙至拱脚部位揭露的 N20°W，NE∠55°～60°压性结构面，一条为 N80°E，SE∠70°压性结构面。引（4）9＋696 前后发育有 2 条宽度近 20cm 的走向为 NWW 的溶蚀破碎带。

岩爆之前，已经施作系统支护，紧跟掌子面。支护采用中空预应力锚杆，锚杆布置较密，间距为 1.0m×1.0m，垫板尺寸约 150mm×150mm。岩爆后，大部分锚杆悬挂于岩壁，杆体发生了严重变形，钢纤维混凝土喷层及挂网已全部破坏，如图 4.4 所示。附近区域的钻孔工作平台钢架因高速岩块撞击而发生弯曲变形。爆出岩块呈大块板状，厚度在 20～40cm，最大长度约 1.5m，宽度约 1m，多为长方体和梯形体。在引（4）9＋742～9＋728 断面南侧边墙处破坏深度为 3～5m，在引（4）9＋776 断面附近 TBM 维修施工支洞与 4#引水隧洞交叉处岩爆爆坑深约 2.0m。该洞段内岩爆发生过程显示引（4）9＋734～9＋728 破坏最终深度达到

5m。这是多次岩爆破坏共同作用的结果。在 2010 年 7 月 7～9 日引(4)9＋734～9＋732 洞段就已发生了破坏深度达 2.5m 的强烈岩爆事件。7 月 14 日岩爆是在 7 月 9 日已发生破坏并支护后再次破坏的结果。

根据现场工作人员提供的现场情况,在该岩爆发生过程中工作人员 4 次听到伴随岩爆发生的巨响声,接近爆破施工放炮声响,第一次出现在 2010 年 7 月 14 日 3:54,第二次出现在 2010 年 7 月 14 日 5:42,第三次出现在 2010 年 7 月 14 日 14:52,第四次出现在 2010 年 7 月 14 日 15:08。声响与振动相伴随,每次巨响都有明显的震感。

基于表 4.3 的岩爆等级评价体系,结合上述岩爆特征的描述,可确定该次岩爆各特征因素的评分如表 4.9 所示,判定该洞段岩爆属于极强岩爆破坏。

表 4.9　3♯引水隧洞引(4)9＋734～9＋728 洞段岩爆特征因素评分

特征因素	等级划分	等级评分	取值依据
声响特征 (sound)	So_Ⅳ级	10	4 次巨响,接近爆破施工放炮声响
围岩破裂特征 (fracture)	F_Ⅳ级	20	爆出岩块呈大块板状,厚度为 20～40cm,最大长度约 1.5m,宽度约 1m,多为长方体和梯形体
岩体破坏程度 (depth)	D_Ⅳ级	20	最大爆坑深度断面跨度比约为 5/13=0.38
支护破坏程度 (support)	Su_Ⅳ级	50	大部分锚杆悬挂于岩壁,杆体严重变形,钢纤维混凝土喷层及挂网已全部破坏
合计		100	

2) 典型强烈岩爆案例

(1) 3♯引水隧洞引(3)8＋700～8＋728 洞段。

2011 年 8 月 10 日 9:10,引(3)8＋700～8＋728 北侧边墙至拱肩发生岩爆破坏,破坏围岩如图 4.5 所示。该破坏洞段位于褶皱向斜翼部,埋深约 2500m,岩性为 T_{2b} 灰白色厚层状粗晶大理岩,围岩较完整,结构面不发育。

从破坏面的宏观形态上来看,破坏形成了一个近 V 形的爆坑,该爆坑的最大深度(依据设计开挖断面测得)为 1.7m,相对洞段内开挖断面水平最大跨度为 13m,可计算出最大爆坑深度断面跨度比约为 0.13。岩爆爆裂出的岩块呈碎块状,块度大小不一,多呈三棱体和梯形体,最大岩块厚度可达 15cm,长度约 40cm,而相对较小的岩块呈片状,厚度 5～7cm,长度 5～10cm。同时,在爆坑的岩壁上,走向近 N58°W 近水平和近垂直的两组结构面形成了破坏区主要的构造单元,控制着破坏区的形态,新鲜断面呈阶梯状,多处可见有大量岩粉,这显示出岩爆过程中岩块间发生了较为强烈的剪切摩擦作用。

图 4.5　引(3)8＋700～8＋728 岩爆现场照片(2011 年 8 月 10 日)(见彩图)

该洞段开挖后在两侧拱肩-顶拱间施做系统锚杆＋喷层支护,而仅在岩爆爆坑的上方区域有少量锚杆可见,在施做锚杆的区域内岩体基本保持开挖洞型,锚杆未表现出明显的破坏迹象,但岩爆爆坑处的喷层支护因岩块的爆出已被破坏。

据施工现场人员反映,该洞段岩爆发生时具有明显震感,爆出过程中伴有似爆炸的剧烈声响。岩体弹射过程中,大量粉尘短时间内充满整个开挖空间。

基于表 4.3 的岩爆等级评价体系,结合上述岩爆特征的描述,可确定该次岩爆各特征因素的评分如表 4.10 所示,可判定该洞段岩爆属于强烈岩爆破坏。

表 4.10　3♯引水隧洞引(3)8＋700～8＋728 洞段岩爆特征因素评分

特征因素	等级划分	等级评分	取值依据
声响特征 (sound)	So_Ⅲ级	6	似爆炸的剧烈声响
围岩破裂特征 (fracture)	F_Ⅲ级	15	岩爆爆裂出的岩块呈碎块状,最大岩块厚度可达 15cm,长度约 40cm;走向近 NW58°近水平和近垂直的两组结构面控制着破坏区的形态
岩体破坏程度 (depth)	D_Ⅲ级	15	最大爆坑深度断面跨度比约为 0.13
支护破坏程度 (support)	Su_Ⅲ级	40	喷层支护全部破坏
合计		76	

(2) 3♯引水隧洞引(3)10＋350～10＋356 洞段。

2010 年 8 月 18 日 8:13,锦屏二级水电站 3♯TBM 开挖洞段引(3)10＋350～10＋356 段北侧边墙与拱顶发生岩爆破坏,如图 3.89 所示。该洞段埋深约

2000m,岩性为 T_{2b} 白色巨厚状中粗晶大理岩。

从岩爆宏观破坏面来看,岩体完整,结构面不发育,破裂面新鲜,起伏不平,分别在南侧拱肩至拱顶和南侧拱肩形成 V 形和"半弧"形岩爆爆坑,平均坑深 0.8～1.0m,最大深度达 1.5m。根据该开挖面的跨度为 12.4m,可确定该洞段最大爆坑深度断面跨度比约为 0.12。由于采用 TBM 开挖,在刀盘揭露岩体后在护盾内部时发生了岩爆破坏。此时支护还未实施,仅有护盾承托力维持岩爆岩块。这也造成了 TBM 出现一定程度的卡机现象,岩爆岩块对护盾的挤压是卡机的主要原因。而后当开挖面在 TBM 支护的 L1 区揭露时,岩爆松动失去了承托力而掉落,岩块块度大小十分不均,但均呈板状,最大块厚度约 25cm。TBM 后续的支护是在岩爆坑体形成之后完成的,如图 3.89 所示。支护后仍有岩体爆裂现象,如图 3.89(b)中显示锚杆及挂网支护对爆裂岩体的"悬兜作用",部分锚杆受到岩爆岩体的冲击作用被拔出一段距离,挂网也出现一定程度的鼓胀变形。从滞留在挂网内部和破坏面表面的爆出物可以看出,爆出的岩块多呈层板状,厚度为 5～10cm。

基于表 4.3 的岩爆等级评价体系,结合上述岩爆特征的描述,可确定该次岩爆各特征因素的评分如表 4.11 所示,可判定该洞段岩爆属于强烈岩爆破坏。

表 4.11　3♯引水隧洞引(3)10＋350～10＋356 洞段岩爆特征因素评分

特征因素	等级划分	等级评分	取值依据
动力特征 (dynamic character)	D_Ⅲ级	6	微震监测释放能量量值为 $10^2～10^4$J(见表 4.5)
围岩破裂特征 (fracture)	F_Ⅲ级	15	岩块块度大小十分不均匀,但均呈板状,最大块厚度约 25cm
岩体破坏程度 (depth)	D_Ⅲ级	15	最大爆坑深度断面跨度比约为 0.12
支护破坏程度 (support)	Su_Ⅲ级	40	TBM 出现一定程度的卡机现象;部分锚杆受到岩爆岩体的冲击作用被拔出一段距离,挂网也出现一定程度的鼓胀变形
合计		76	

3) 典型中等岩爆案例

(1) 4♯引水隧洞引(4)7＋255～7＋259 洞段。

2011 年 7 月 16 日 18:35 在辅引 2♯施工支洞向西开挖的 4♯引水隧洞掌子面北侧拱肩部位发生岩爆破坏。该洞段岩体相对完整,灰白色粗晶大理岩体,该洞段埋深近 2200m。在北侧拱肩部位发育一条近洞轴线缓倾刚性结构面,该结构面直接构成了岩爆爆坑的上侧边界,爆坑呈 V 形,最大破坏深度 0.8m,可计算该破坏位置的最大爆坑深度断面跨度比约为 0.06。岩爆块体呈小碎块状和薄片,厚度和长度均为 10～15cm(见图 4.6)。

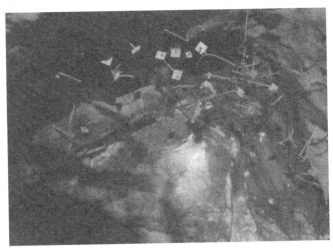

图 4.6　2011 年 7 月 16 日引(4)7＋255～7＋259 洞段中等岩爆现场破坏情况

由于该区段处于岩爆高风险洞段,隧洞开挖面形成后及时施作了系统喷锚支护。岩爆对喷锚支护造成了破坏,大量锚杆悬挂于岩壁,杆体有轻度弯曲变形,绝大多数垫板完好地悬挂于锚杆杆体上,岩爆并未造成垫板脱落或锚杆被拔断的现象。

施工现场工人反映岩爆发生在掌子面爆破孔施工过程中,岩爆发生前岩体内有爆裂的响声,随后抛射和垮落过程中有明显的岩石撞击破碎的声响。

基于表 4.3 的岩爆等级评价体系,结合上述岩爆特征的描述,可确定该次岩爆各特征因素的评分,如表 4.12 所示,可判定该洞段岩爆属于中等岩爆破坏。

表 4.12　4♯引水隧洞引(4)7＋255～7＋259 洞段岩爆特征因素评分

特征因素	等级划分	等级评分	取值依据
声响特征 (sound)	S_Ⅱ级	3	岩爆发生前岩体内有爆裂的响声,随后抛射和垮落过程中有明显的岩石撞击破碎的声响
围岩破裂特征 (fracture)	F_Ⅱ级	10	爆坑呈 V 形,岩爆块体呈小碎块状和薄片,厚度和长度均为 10～15cm
岩体破坏程度 (depth)	D_Ⅱ级	10	最大爆坑深度断面跨度比约为 0.06
支护破坏程度 (support)	Su_Ⅱ级	30	对喷锚支护造成了破坏,大量锚杆悬挂于岩壁,杆体有轻度弯曲变形,绝大多数垫板完好地挂于锚杆杆体上,岩爆并未造成垫板脱落或锚杆被拔断的现象
合计		53	

(2) 2♯引水隧洞引(2)12＋950～12＋970 洞段。

2009 年 9 月 6 日 8:00,2♯引水隧洞开挖至埋深 1960m 位置时,在引(2)12＋

950～12＋970 洞段北侧边墙发生应变型岩爆破坏,如图 4.7 所示。该洞段岩体为白色～灰白色厚层状中细晶 T_{2b} 大理岩,岩体完整,结构面不发育。

图 4.7　引(2)12＋950～12＋970 洞段北侧边墙中等岩爆破坏现场情况

该次岩爆具有持续过程,据现场工人反映在 2:30～8:00 过程中不断听到岩体内部发出"噼啪"破裂的声音,但并未感觉到震动,最终在 8:00 时以突然弹射形式发生破坏,有稍弱的震感。岩爆破坏面较粗糙,断口呈锯齿状 V 形,最大爆坑深度为 0.8m。岩爆块体呈小碎块状,长度和厚度大部分小于 15cm,少量可达到 20cm。

岩爆发生前破坏区域以施做水涨式锚杆,并初喷纳米钢纤维混凝土封闭,岩爆区内锚杆并未出现明显的拉拔或剪切变形,仅有少部分锚杆因爆坑的形成导致杆体部分揭露,喷层在破坏位置已垮落。

基于表 4.3 的岩爆等级评价体系,结合上述岩爆特征的描述,可确定该次岩爆各特征因素的评分如表 4.13 所示,可判定该洞段岩爆属于中等岩爆破坏。

表 4.13　2♯引水隧洞引(2)12＋950～12＋970 洞段岩爆特征因素评分

特征因素	等级划分	等级评分	取值依据
动力特征 (sound)	D_Ⅰ级	1	岩体内部发出"噼啪"破裂的声音,有稍弱的震感
围岩破裂特征 (fracture)	F_Ⅱ级	10	断口呈锯齿状 V 形,岩爆块体呈小碎块状,长度和厚度大部分小于 15cm,少量可达到 20cm
岩体破坏程度 (depth)	D_Ⅱ级	10	最大爆坑深度断面跨度比约为 0.8/13＝0.06
支护破坏程度 (support)	Su_Ⅱ级	30	岩爆区内锚杆并未出现明显的拉拔或剪切变形,仅有少部分锚杆因爆坑的形成导致杆体部分揭露,喷层在破坏位置已垮落
合计		51	

4) 锦屏二级水电站引水隧洞岩爆等级分布特征

上述锦屏二级水电站引水隧洞各个烈度等级岩爆的实际应用总体上说明该岩爆等级划分方法能够反映岩爆的宏观特征,能够基于半定量的方法区分岩爆危害或破坏的程度。在这样的岩爆等级划分下,可分析锦屏二级水电站引水隧洞工程岩爆的等级分布特征,从宏观角度去认知其岩爆的特点,这对确定支护设计是十分重要的。由于该隧洞工程中轻微岩爆在 2000m 埋深以上几乎普遍发生,其发生频次和破坏长度占隧洞总长的比例非常大,这里在分析中暂不引入轻微岩爆,而仅考虑整个隧洞工程中极强、强烈和中等三个等级的岩爆事件。

图 4.8 给出了锦屏二级水电站引水隧洞部分洞段施工过程中所收集的 332 次岩爆案例中中等及以上岩爆事件的等级频次分布规律。这里等级频次是指各种等级岩爆出现的次数与总岩爆数之比。由图 4.8 可见,随着岩爆等级的提高,引水隧洞岩爆频次存在降低的趋势,尤其是极强岩爆仅占总岩爆次数的 3% 左右,而中等和强烈岩爆占总岩爆次数的 97%。这意味着引水隧洞岩爆等级以中等和强烈岩爆为主,如图 4.8(a)所示。此外,从 332 次岩爆案例中各等级岩爆造成岩爆破坏沿洞段的长度分布可知(见图 4.8(b)),极强岩爆仅占岩爆破坏段总长度的 1.17%,强烈岩爆占 23.81%,而中等岩爆占 75.02%。这进一步说明引水隧洞所研究洞段中,中等岩爆破坏洞长占主要。从工程角度来理解该结果可知,中等和强烈岩爆能够在有效的支护设计和防治策略(如能量控制方法(导洞开挖)、能量释放方法(应力释放和应力解除爆破)以及吸能支护结构等)实施后能得到有效的控制、规避和减灾。这是保证引水隧洞工程能够得以顺利按计划贯通的关键。对于极强岩爆,虽然所占比例较小,但高能量释放所带来的极大危害性在引水隧洞、辅助洞和排水洞的施工过程中已被实践所证实。如"11-28"极强岩爆导致了 3♯TBM 报废和人员伤亡,带来了巨大损失,严重影响了工期。这些都表明正确判定岩爆等级,有针对性采取预防措施,会有效控制岩爆风险。

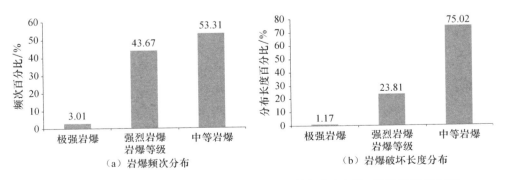

图 4.8 锦屏二级水电站引水隧洞中等以上岩爆等级分布规律(岩爆案例 332 例)

4.2.2 基于现场实时监测的微震能量的岩爆等级划分方法

本节介绍一种岩爆发生时微震实时监测的微震事件能量为指标的岩爆等级划分方法,即以岩爆发生时监测到的能量为指标,通过系统聚类分析建立岩爆等级的划分方法。以锦屏二级水电站引水隧洞部分连续微震监测洞段发生的 133 次岩爆及其发生时监测到的微震能量为实例数据,合理确定了各岩爆等级的微震能量阈值。

1. 基于微震能量岩爆等级定量划分依据

1)基于微震能量岩爆等级定量划分的可靠性

众所周知,地震的震级主要是依据地震发生时的能量进行划分的,能量越大,地震的震级就越大。一般来讲,地震的震级越大,地震造成的破坏越大,即地震的烈度越大。由于地震烈度的大小除了与地震震级相关外,还与地震的震中距、震源深度、地震发生区地质构造和岩石性质等因素有关。因此,地震的震级和烈度并不成正比例关系;而岩爆不同于地震,岩爆发生时微震源的位置一般就在破坏区内或破坏区附近。也就是说,

(1)微震源的深度对岩爆的烈度等级影响较小。

(2)微震源的震中距对岩爆的烈度等级影响较小。

(3)岩爆区地质构造和岩石性质虽有差异,但不会像地震区的差异那么大,对岩爆等级影响相对较小。

另外,岩爆是一种动力型的灾害,其发生时一般伴有较大的能量释放,利用高灵敏度微震监测设备进行监测,可获取岩爆发生时的微震信号,从而计算岩爆发生时的能量。因而,据此评价岩爆烈度等级是可行的,评价结果也是可靠的。

由图 4.9 可以看出,总体上,微震能量越高,岩爆等级也越高。这说明,微震能量可以作为指标对岩爆等级进行划分。图中也有一些例子显示岩爆等级较低的微震能量比岩爆等级高一等级的微震能量要大一些。这可以通过合理的等级划分,找到微震能量的合理阈值,得以解决。

2)岩爆等级划分依据计算方法

基于聚类分析进行岩爆等级划分的方法,主要是通过岩爆样本能量评价指标间的距离,来评价岩爆等级划分的合理性。距离计算方法种类繁多,常用的有绝对距离法、欧氏距离法、切比雪夫距离法等。令 d_{ij} 表示岩爆能量评价指标间的距离,绝对距离法、欧氏距离法、切比雪夫距离法评价公式可以统一表达如下:

$$d_{ij}(q) = \left(\sum_{a=1}^{p} \mid x_{ia} - x_{ja} \mid^q \right)^{1/q}, \quad i,j = 1,2,\cdots,n \qquad (4.2)$$

式中:p 为每个样本评价指标的个数;q 为常数变量,$q=1$ 时,为绝对距离法;$q=2$ 时,为欧氏距离法;$q=\infty$ 时,为切比雪夫距离法。

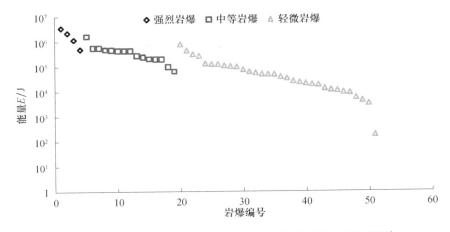

图 4.9 锦屏二级水电站 3# 引水隧洞典型洞段 TBM 开挖过程中
不同等级岩爆发生时的微震能量情况
（现场岩爆发生情况及等级由北京振冲现场记录以及微震监测项目部现场踏勘记录，
岩爆等级划分依据参考《水力发电工程地质勘察规范》(GB 50287−2006)）

由于岩爆分类选取的评价指标只有能量指标，即式(4.2)中的 $p=1$。可以证明，绝对距离法、欧氏距离法和切比雪夫距离法是等价的。因此，这里选用欧氏距离法。

3) 岩爆等级划分依据评价方法

采用系统聚类分析方法进行岩爆等级划分时，可供选择的聚类方法有：最短距离法、最长距离法、离差平方和法等。利用随机抽取的锦屏二级水电站引水隧洞和排水洞的 133 次岩爆，对该方法的适用性进行分析研究，获得岩爆等级划分结果如图 4.10 所示。

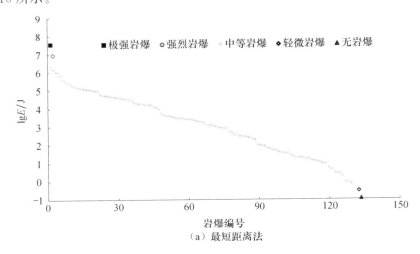

（a）最短距离法

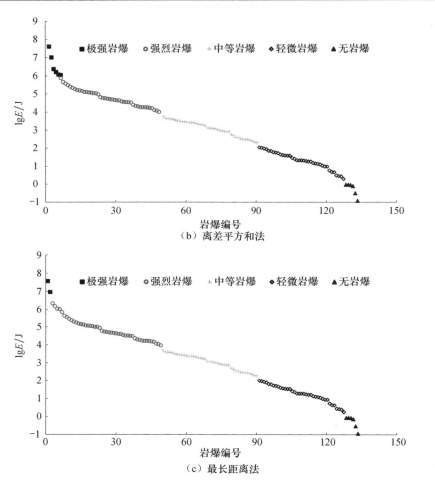

图 4.10　不同岩爆等级划分方法的划分结果对比

从图 4.10 中可以看出，最短距离法把 133 次岩爆中的 129 次都划分为中等岩爆，极强岩爆、强烈岩爆、轻微岩爆和无岩爆各 1 次，这无论是从理论上，还是从现场实际发生的情况来看都是不合理的。离差平方和法与最长距离法对于岩爆等级划分的差别主要在于对强烈岩爆和极强岩爆划分上，离差平方和法认为能量常用对数大于 6 的是极强岩爆，最长距离法认为能量常用对数大于 7 的是极强岩爆，能量上相差一个量级，根据锦屏二级水电站现场岩爆发生的等级及破坏情况，总体认为后者比较合理。因此，这里选用最长距离法对岩爆等级进行划分，目标函数（即两个岩爆等级 G_p 与 G_q 之间的最远距离）可以描述如下：

$$D_{pq} = \max_{X_i \in G_p, X_j \in G_q} d_{ij} \tag{4.3}$$

2. 基于微震能量岩爆等级定量划分方法

假设有 n 个岩爆,每个岩爆有 p 项评价指标 $x_1,x_2,\cdots,x_p$,那么利用系统聚类分析方法的岩爆等级划分过程可描述如下:

(1) 根据岩爆及评价指标,构建岩爆评价指标数据矩阵 $\boldsymbol{X}$。

$$\boldsymbol{X} = \begin{bmatrix} x_{11} & \cdots & x_{1p} \\ \vdots & \vdots & \vdots \\ x_{n1} & \cdots & x_{np} \end{bmatrix} \tag{4.4}$$

式中:x_{ij} 表示第 i 个岩爆、第 j 个评价指标的值。因此,有均值 $\overline{x}_j = \dfrac{1}{n}\sum_{i=1}^{n} x_{ij}$,标准差 $s_j = \sqrt{\dfrac{1}{n-1}\sum_{i=1}^{n}(x_{ij}-\overline{x}_j)^2}$。

(2) 为了消去数据之间量纲及量级差别较大对分类结果的影响,同时使不同量纲的指标变量能够放在一起进行比较,且使抽样的岩爆样本改变时,矩阵 $\boldsymbol{X}$ 仍能保持相对稳定性。因此,采用如下的标准化公式(Ketchen and Shook,1996),对数据矩阵进行标准化:

$$x_{ij}^* = \begin{cases} \dfrac{x_{ij}\,\overline{x}_j}{S_j}, & S_j \neq 0 \\ 0, & S_j = 0 \end{cases} \quad i=1,2,\cdots,n;j=1,2,\cdots,p \tag{4.5}$$

(3) 将 n 个岩爆分为 n 类,每类包含且只包含一个岩爆样本。

(4) 利用式(4.2)计算 n 类岩爆两两间的欧氏距离,构建距离矩阵 D_{ij},进行第(5)步骤。

(5) 利用式(4.3)所述的评判标准,寻找距离矩阵非对角线上最长距离对应的两类,并将他们合并为一个新类,进行第(6)步。

(6) 判断类的个数是否满足要求。若是,转到步骤(7);否则,令 $n=n-1$,回到步骤(4)。

(7) 岩爆等级划分结束,对等级划分结果进行解释。

3. 基于微震能量岩爆等级定量划分结果

以锦屏二级水电站引水隧洞施工过程中发生的有微震监测与记录的 133 次岩爆为基础,以岩爆发生时监测到的微震能量为评价指标,构建岩爆样本 133 个,如表 4.14 所示。利用式(4.5)对构建的数据进行标准化,结果如表 4.14 所示。利用上述岩爆等级划分方法对锦屏二级水电站岩爆进行等级划分,划分结果如表 4.14 所示。岩爆共分为无岩爆、轻微岩爆、中等岩爆、强烈岩爆和极强岩爆 5 个等级,在

表 4.14　基于微震能量的岩爆等级划分样本及划分结果

样本序号	lgE/J	标准化后的数据	分类结果	样本序号	lgE/J	标准化后的数据	分类结果	样本序号	lgE/J	标准化后的数据	分类结果	样本序号	lgE/J	标准化后的数据	分类结果
1	7.61	2.47	5	35	4.56	0.77	4	69	3.12	−0.03	3	103	1.59	−0.89	2
2	7.01	2.14	5	36	4.54	0.76	4	70	3.11	−0.04	3	104	1.59	−0.89	2
3	6.38	1.78	4	37	4.53	0.75	4	71	3.11	−0.04	3	105	1.46	−0.96	2
4	6.22	1.69	4	38	4.41	0.68	4	72	3.07	−0.06	3	106	1.41	−0.98	2
5	6.08	1.62	4	39	4.34	0.65	4	73	3.05	−0.07	3	107	1.33	−1.03	2
6	6.06	1.60	4	40	4.32	0.63	4	74	2.99	−0.11	3	108	1.33	−1.03	2
7	5.89	1.51	4	41	4.27	0.61	4	75	2.97	−0.12	3	109	1.32	−1.03	2
8	5.68	1.39	4	42	4.27	0.61	4	76	2.95	−0.13	3	110	1.32	−1.04	2
9	5.59	1.34	4	43	4.27	0.61	4	77	2.93	−0.14	3	111	1.29	−1.06	2
10	5.50	1.29	4	44	4.26	0.60	4	78	2.93	−0.14	3	112	1.26	−1.07	2
11	5.42	1.25	4	45	4.23	0.59	4	79	2.76	−0.23	3	113	1.26	−1.07	2
12	5.35	1.21	4	46	4.22	0.58	4	80	2.70	−0.27	3	114	1.18	−1.11	2
13	5.29	1.17	4	47	4.11	0.52	4	81	2.60	−0.32	3	115	1.16	−1.13	2
14	5.23	1.14	4	48	4.09	0.51	4	82	2.52	−0.37	3	116	1.13	−1.14	2
15	5.20	1.13	4	49	4.02	0.47	4	83	2.52	−0.37	3	117	1.10	−1.16	2
16	5.18	1.11	4	50	3.75	0.32	3	84	2.50	−0.38	3	118	1.04	−1.19	2
17	5.12	1.08	4	51	3.65	0.26	3	85	2.49	−0.38	3	119	0.99	−1.22	2
18	5.12	1.08	4	52	3.64	0.26	3	86	2.48	−0.39	3	120	0.99	−1.22	2
19	5.10	1.07	4	53	3.63	0.25	3	87	2.45	−0.41	3	121	0.77	−1.34	2
20	5.08	1.06	4	54	3.60	0.23	3	88	2.40	−0.43	3	122	0.69	−1.39	2
21	5.05	1.04	4	55	3.56	0.21	3	89	2.34	−0.47	3	123	0.67	−1.40	2
22	5.04	1.04	4	56	3.51	0.18	3	90	2.31	−0.48	3	124	0.49	−1.50	2
23	4.99	1.01	4	57	3.50	0.18	3	91	2.04	−0.63	2	125	0.46	−1.51	2
24	4.82	0.92	4	58	3.49	0.17	3	92	2.02	−0.64	2	126	0.44	−1.53	2
25	4.77	0.89	4	59	3.47	0.16	3	93	1.98	−0.67	2	127	0.30	−1.61	2
26	4.77	0.88	4	60	3.44	0.15	3	94	1.95	−0.69	2	128	−0.02	−1.78	1
27	4.74	0.87	4	61	3.43	0.14	3	95	1.86	−0.74	2	129	−0.02	−1.78	1
28	4.72	0.86	4	62	3.43	0.14	3	96	1.84	−0.75	2	130	−0.03	−1.79	1
29	4.70	0.85	4	63	3.42	0.13	3	97	1.77	−0.78	2	131	−0.10	−1.83	1
30	4.68	0.84	4	64	3.38	0.11	3	98	1.76	−0.79	2	132	−0.49	−2.05	1
31	4.65	0.82	4	65	3.33	0.08	3	99	1.72	−0.81	2	133	−0.92	−2.28	1
32	4.65	0.82	4	66	3.32	0.08	3	100	1.65	−0.85	2				
33	4.59	0.79	4	67	3.30	0.06	3	101	1.62	−0.87	2				
34	4.56	0.77	4	68	3.24	0.03	3	102	1.60	−0.88	2				

表 4.14 中分别用 1、2、3、4、5 表示。为了方便使用，对不同等级的岩爆能量阈值进行了取整，结果如表 4.14 所示，根据该划分标准对锦屏二级水电站已发生的岩爆进行归类，并对不同等级的岩爆现象进行描述，如表 4.15 所示。

表 4.15 基于微震能量的岩爆等级判别标准及现象

岩爆等级	微震能量/J	主要现象[1]
无岩爆	$(0,1]$	岩石破裂发生在岩体内部，围岩表层无明显破坏现象，人耳难以听到破坏的声响
轻微岩爆	$(1,10^2]$	围岩内部有噼啪、撕裂声，人耳偶尔可听到，围岩破坏以表层爆裂脱落和剥离为主，爆出体以 10～30cm 厚薄片为主，有少量轻微弹射，最大破坏深度一般小于 0.5m
中等岩爆	$(10^2,10^4]$	有类似雷管爆炸的清脆爆裂声，围岩爆裂脱落、剥离现象较为严重，有明显弹射，爆出体以薄片和 30～80cm 的块体为主，破坏面多有新鲜断裂面，最大破坏深度一般介于 0.5～1.0m 之间
强烈岩爆	$(10^4,10^7]$	岩爆前后有持续的破裂声响，岩爆时声响强烈，类似开挖爆破声响和冲击波，围岩体破坏以弹射和抛射为主，破坏面积较大，部分爆出块体尺寸较大，厚度可达 80～150cm，爆坑边缘一般有新鲜折断面，最大破坏深度一般介于 1.0～3.0m
极强岩爆	$(10^7,+\infty)$	有似炮弹、闷雷声，冲击波强烈，有明显震动感，围岩体以大面积爆裂和剧烈弹射为主，严重影响施工，最大破坏深度超过 3.0m

1) 表中岩爆现象的描述主要依据锦屏二级水电站发生的岩爆，在总结过程参考了谭以安（1992）和《水力发电工程地质勘察规范》（GB 50287—2006）的描述。

4. 与水电规范方法对比分析

根据新的岩爆等级评价标准对锦屏二级水电站引水隧洞施工过程中发生的岩爆等级进行重新划分，并与基于《水力发电工程地质勘察规范》（GB 50287—2006）方法的划分结果进行对比，结果如图 4.11 所示。可以看出两种岩爆等级划分的结果具有明显的不同，基于能量的岩爆等级以能量为标准，可对岩爆等级进行定量评价，分级效果明显，具有更好的可靠性。

5. 基于微震能量的岩爆等级现场应用

1) 实例一：极强岩爆

2011 年 4 月 16 日，3-4-W 洞段掌子面开挖至 6+010m 时，在引(4)6+010～6+030 范围内隧洞底板发生岩爆，该次岩爆导致 13m 宽的隧洞从掌子面至后方约 30m 范围内整个底板岩层隆起达最大 2m，岩爆发生时有巨大声响，隧洞两侧拱脚部位岩体被挤压成碎块，隧洞两侧拱脚部位锚杆和混凝土喷层均遭到破坏，如图 4.12 所示。此次岩爆还诱发相邻洞段 3-P-W 掌子面后方发生中等强度岩爆，多家参建单位现场勘察后一致认为是一次极强岩爆。

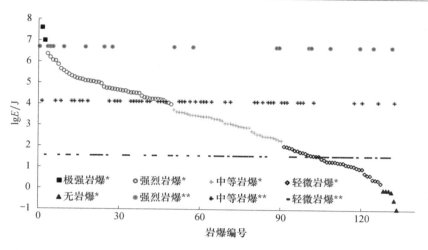

图 4.11　基于南非 ISS 系统监测到的微震能量划分的岩爆等级与基于《水力
发电工程地质勘察规范》(GB 50287－2006)方法划分的岩爆等级对比
(＊＊表示基于《水力发电工程地质勘察规范》(GB 50287－2006)方法划分的岩爆等级;
＊表示基于建议的岩爆能量标准划分的岩爆等级)

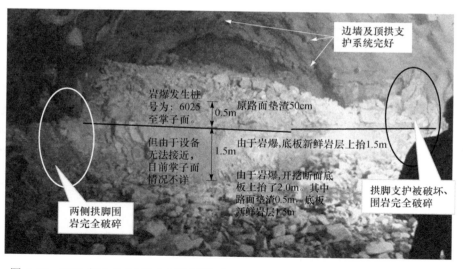

图 4.12　2011 年 4 月 16 日 3-4-W 洞段引(4)6＋010～6＋030 底板极强岩爆(见彩图)

　　利用南非 ISS 微震系统监测这次岩爆发生时最大能量为 $4.12×10^7$J,其能量
常用对数为 7.62J。根据表 4.3 的等级划分标准,评判该次岩爆为极强岩爆。但
前文方法包括《水力发电工程地质勘察规范》(GB 50287－2006)等未就底板隆起
型岩爆给出其等级判别方法。

2) 实例二:强烈岩爆

2011 年 8 月 12 日 11:00 左右,1-4-E 洞段引(4)8+812~8+837 范围内北侧边墙至拱肩发生岩爆,该次岩爆发生时有巨大声响,最大爆坑深度约 1.8m,破坏面新鲜,爆坑成 V 形,支护系统遭到破坏,如图 4.13 所示。利用南非 ISS 微震系统监测这次岩爆发生时的最大能量为 1.66×10^6J,其能量常用对数为 6.22J,根据表 4.3 的等级划分标准,评判该次岩爆为强烈岩爆。该次岩爆爆坑深度小于 3m,大于 1m,水电规范划分方法也将该次岩爆划分为强烈岩爆。

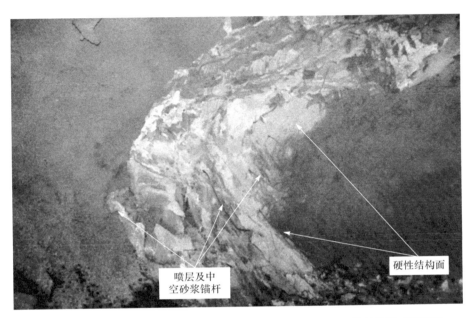

图 4.13　2011 年 8 月 12 日 1-4-E 洞段引(4)8+812~8+837 强烈岩爆(见彩图)

3) 实例三:中等岩爆

2011 年 6 月 20 日 9:00 左右,3-P-W 洞段桩号 SK5+138~5+143 范围内南侧墙发生岩爆,岩爆区基本在上一开挖循环内,岩爆区尚未来得及进行支护处理,该次岩爆以南侧边墙块状爆裂脱落和少量块体的弹射为主,弹射距离边墙较近,如图 4.14 所示。利用南非 ISS 微震系统监测这次岩爆发生时的最大能量为 3.63×10^3J,其能量常用对数为 3.56J,根据表 4.3 的等级划分标准评判该次岩爆为中等岩爆。由于爆坑深度较浅,《水力发电工程地质勘察规范》(GB 50287-2006)划分方法认为该次岩爆为轻微岩爆。

综上,可以看出,基于微震监测能量的岩爆评价标准可以定量评价岩爆发生的等级,评价结果具有较好的可靠性。

图 4.14　2011 年 6 月 20 日 SK5＋138～5＋143 岩爆图(见彩图)

4.3　基于 RVI 指标的岩爆爆坑深度经验评估方法

岩爆支护设计中一个重要的设计依据是岩爆爆坑深度,准确评估岩爆爆坑深度能够合理确定锚杆长度参数,同时不同岩爆爆坑深度的形成机制也决定了岩爆支护类型和支护方法的正确选择。目前的岩爆倾向性研究,尚未能很好建立岩爆爆坑深度定量数学关系,不能给出岩爆破坏程度的定量估计。Kaiser 等(1996)提出了一种岩爆爆坑经验估计方法,但该方法主要针对应变型岩爆。然而,岩爆有多种类型,除应变型外,还有应变-结构面滑移型和断裂型等。由于岩爆发育条件的复杂性和岩爆类型的多样性,岩爆主控因素也具有特殊性,应力条件、地质构造条件、开挖活动、支护效果和岩石力学性质都将控制岩爆爆坑深度。如何应用这些信息来定量评估岩爆最大可能的爆坑深度已是迫切需要解决的关键问题。其中,难点问题在于需要一种简便且实用的方法,使得应力条件较准确评估、合理量化地质构造条件对岩爆爆坑深度的贡献、合理引入开挖和支护活动因素并量化其控制程度以及更好地基于岩石物理组成来评估其力学性质对岩爆破坏的影响。为此,提出了新的评估指标——岩爆倾向性指标(rockburst vulnerability index,RVI),它是一个评价深埋工程条件下岩爆破坏程度的半定量经验性指标。

本节详述岩爆倾向性指标 RVI 的基本理论,重点阐述 RVI 研究思路和构建方法,探讨该方法的核心理论基础和物理意义,深入研究对岩爆破坏机制具有强烈控制作用的关键因素,分析各控制因子的控制作用和控制机理,提出岩爆控制因子的选取原则,建立量化控制因子控制程度的等级评分方法。RVI 方法在深埋隧洞工程中的应用验证了该方法的适用性,并通过实际工程案例说明 RVI 方法的分析流程和注意事项以及今后的研究方向。

4.3.1 岩爆倾向性指标 RVI 研究方法

岩爆倾向性指标 RVI 旨在通过大量岩爆工程案例深入分析挖掘岩爆破坏机制与岩爆控制因素间的内在联系,基于各岩爆控制因素的控制机理的深入分析,量化各控制因素对岩爆破坏程度的贡献程度,以此建立在多因素综合控制下估计岩爆破坏程度的经验关系。图 4.15 给出了 RVI 方法基本研究思路,详述如下:

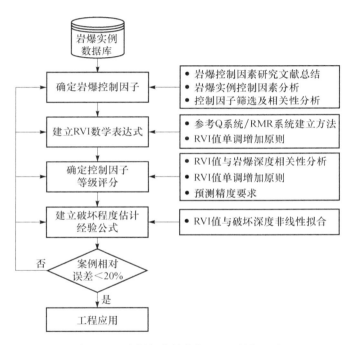

图 4.15 岩爆倾向性指标 RVI 研究思路

(1) 构建岩爆案例数据库。岩爆倾向性指标 RVI 以深部工程岩爆案例为基础,岩爆案例数据信息的收集、总结和分析是该方法的基础环节,其作用在于研究深埋隧洞岩爆的发生规律和主要特征,确定控制岩爆发生的关键因素,决定 RVI 数学形式和组成架构,同时也是 RVI 工程应用效果评估和验证的依据。值得注意的是,岩爆是一类与工程背景密切相关的工程灾害,不同工程环境下岩爆的类型、发生机理存在差异,从而导致岩爆的控制因素也不尽相同。岩爆实例数据正是揭示和认知岩爆机理,明确控制因素的主要媒介。严格地说,依据特定工程岩爆案例建立的 RVI 指标或破坏程度评估方法具有工程背景依赖性,但随着各类工程岩爆案例信息的不断增加,各类深部工程岩爆的共性控制因素将会被确定,个性控制因素也将不断地被认知。

（2）RVI 指标方法的核心内容包括三个方面:

一是通过岩爆案例分析揭示各类岩爆的发生机理,确定对岩爆破坏程度起控制作用的主要因素。因岩爆发生机理不同,其诱发控制因素也错综复杂,这导致控制因素选取的恰当与否直接决定着 RVI 指标估计能力和工程应用效果。例如,对于深埋隧洞工程岩爆问题,下文研究将揭示应力条件、岩石力学性质、地质条件和开挖活动是控制该类工程岩爆破坏程度的最主要控制因素,引入上述控制因素至 RVI 指标中能够较好地确定岩爆破坏程度与控制因素间定量关系。

二是确定 RVI 数学形式和控制因子等级评分。经验指标的数学形式有多种选择,如岩体质量 Q 系统的积商形式、围岩分类 RMR 系统的加和形式、带权重系数的积商或加和形式等。无论采用哪种形式,在 RVI 指标的构建过程中都遵循一个原则,即 RVI 值单调递增原则。这将意味着所考虑的控制因子应是对岩爆破坏程度增大过程起正面作用的因子且各控制因子间不应存在耦合现象。为了明显区分不同等级岩爆破坏程度所对应的 RVI 值,选用乘积形式来构建 RVI 指标系统是比较合适的。该形式与 Q 系统方法的最大区别在于不引入对岩爆破坏程度起副作用的因子,因而不存在商项,其形式为

$$\text{RVI} = \prod_{i=1}^{n} F_i \tag{4.6}$$

式中:n 为引入岩爆控制因子的总数;F_i 为第 i 个岩爆控制因子。

三是确定岩爆控制因子等级评分。控制因子等级评分决定着 RVI 值以何种数学形式随着岩爆破坏程度的增加而递增,同时等级评分也代表了各个控制因子对岩爆发生的贡献率。建议采用给定数学形式后反求控制因子等级评分的方法来确定分值大小。这里建议引入一限定条件,即确定各控制因子等级评分使 RVI 指标与岩爆破坏深度成为正斜率线性关系。该条件是十分必要的,原因在于:①在有限范围内拓展估计范围不会引起过大的失真,即估计具有可扩展性;②线性关系形式简单,应用方便。

（3）RVI 指标方法中引入动态反馈机制。一方面,所提出的指标系统要通过已有典型岩爆案例的验证;另一方面,随着岩爆实例数据信息的不断补充和更新,要不断检验并根据需要进行必要的修正控制因子及其等级评分。动态反馈机制的引入可确保 RVI 系统有更高的估计精度和适用性。

以下各节将基于上述研究方法以锦屏二级深埋隧洞工程为例详细阐述岩爆倾向性指标 RVI 的构建过程和理论基础。

4.3.2 岩爆实例数据库构建及基本组成

构建 RVI 指标时岩爆案例是必需的,岩爆案例中必要信息的完备性是建立 RVI 指标的根基。因而,所需信息的要求必须给予明确。这里以锦屏二级深埋隧洞工程岩爆实例来说明建立 RVI 指标所需要的各类信息。由于岩爆工程案例的信息具有多样性,往往包含描述文字、影像图片和量化数据等。因而,采用数据库的形式来管理该类数据将使分析工作事半功倍,其中空间数据库是一种非常好的选择。

一个较完备的岩爆案例信息需要包含 5 个方面信息:

(1) 基本信息,用于描述案例的时间、地点、简单地层条件和岩爆现场的数字信息(如照片、影像)。

(2) 岩爆破坏形态特征,说明岩爆的具体发生过程、岩爆位置或附近区域开挖结构的形态特征、岩爆声响特征、破坏岩块特征(形态、大小)和岩爆破坏程度量化指标(爆坑深度、破坏面积或爆出岩体质量或体积等)。

(3) 原岩应力条件,反映岩爆区域应力条件,包括应力大小和方向。需要指出的是,应力方向的信息是十分必要的。即使是相同原岩应力场,开挖洞室的空间布置不同,围岩二次应力场也会有明显不同。

(4) 围岩条件,这部分需要包含两部分内容:其一是岩爆区域岩石力学性质,如单轴抗压强度、单轴抗拉强度和脆性指标等;其二是岩爆区域岩体条件,重点关注岩体地质构造条件,包括区域构造条件(褶皱、断层、岩脉和岩性转换带等)和局部地质构造(三~五级结构面:断裂、节理和闭合裂隙以及结构面力学性质、规模和产状)。

(5) 支护系统信息,包括支护单元类型、支护单元力学性质、支护效果以及岩爆发生后支护系统的破坏情况。

图 4.16 展示了锦屏二级深埋隧洞工程中 2♯引水隧洞 2010 年 2 月 4 日极强岩爆案例的数据组成及所包含的岩爆信息。类似图 4.16 中所示的信息要求,收集了大量锦屏二级水电站深埋隧洞岩爆案例,建立了锦屏二级水电站深埋隧洞群施工期岩爆实例数据库,截止至 2012 年 4 月该数据库共包含典型岩爆案例 389 例。特别是,用于 RVI 指标建立的岩爆实例为 62 例,其余为 RVI 应用过程中收集的岩爆实例,主要用于 RVI 指标方法的应用、验证和完善。需要指出的是,由于研究目的的需要,该岩爆实例数据库仅包含了岩爆破坏深度不小于 0.5m 的岩爆破坏案例。实际上,引水隧洞工程中埋深超过 1900m 后,破坏程度小于 0.5m 的脆性破坏在隧洞沿线普遍发育,在合理支护条件下此类破坏可得到有效控制,极少会对施工过程构成较大的影响。此外,岩爆案例破坏深度测量主要采用激光测距仪器测量获得,测量以设计洞形为基准,测距为设计洞形线垂线方向的最大破坏深度。

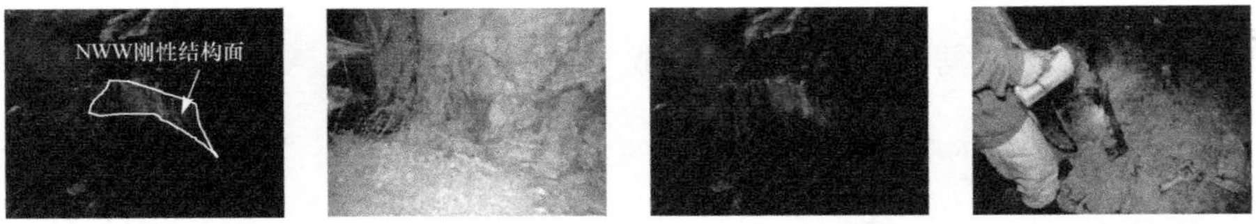

（a）破坏断面形态　（b）南侧拱脚支护破坏　（c）结构面发育情况　（d）底板裂缝形态

基本信息

案例序号	发生日期/（年-月-日）	发生时间/（时:分）	开挖方式	桩号			岩层条件			围岩类别
				开始桩号	结束桩号	掌子面桩号	岩层名称	层状	岩性	
11	2010-2-4	14:53	钻爆法	11+033	11+010	11+006	T_{2b}	巨厚层状细晶	灰白色大理岩	IIIb

岩爆形态特征

断面形状参数	断面面积/m²	断面位置	爆坑最大深度/m	有/无断面形态图编号	岩片特征	声响特征	岩爆过程
半圆	66.37	北侧边墙至北侧拱顶	2.4	2010-2-4	块状	巨响	2月4日14:05掌子面进行爆破，随后出碴，14:53引(2)11+012~11+020南侧拱肩至边墙处发生强烈岩爆，坑深1.0~1.5m；引(2)11+023~11+060边墙至边墙底脚处发生轻微~中等岩爆，坑深30~80cm；引(2)11+017及引(2)11+025上半断面底板处各出现一条裂缝，延伸至两侧边墙底脚，两处裂缝走向基本一致，约为N50° E，引(2)11+017处裂缝宽5~10cm，由于被碴体及事故车身掩盖，无法仔细查看；引(2)11+025处裂缝宽15~25cm，裂缝两侧底板发生错动，错距约5cm

原岩应力条件

地形埋深/m	σ_1			σ_2			σ_3		
	大小/MPa	方向		大小/MPa	方向		大小/MPa	方向	
		倾伏向/(°)	倾伏角/(°)		倾伏向/(°)	倾伏角/(°)		倾伏向/(°)	倾伏角/(°)
1910	-56.84	64.52	51	-49.94	330.24	3.46	-43.19	237.45	38.79

围岩条件

岩石力学性质				地下水发育条件	复杂地质条件	结构面力学性质						
单轴抗压强度/MPa	单轴抗拉强度/MPa	应变能指数	脆性指标			结构面性质	组数	产状		胶结/填充情况	开挖揭露位置	备注
								倾向/(°)	倾角/(°)			
112.5	4.1	2.52	0.036	无	无	压性	2	335	80	无填充	洞周	面起伏粗糙，延伸短，闭合状，平行发育，间距30~50cm
						压扭性		47	60	铁质胶结		

支护情况及防治措施

支护元素	主要支护参数	支护破坏情况	防岩爆措施
随机锚杆+挂网		锚杆悬吊，挂网鼓胀变形破坏	

图 4.16　典型岩爆案例数据信息构成(图(a)~(d)部分见彩图)

4.3.3　岩爆控制因子及其控制机理和量化方法

　　锦屏二级水电站深埋引水隧洞岩爆案例揭示其岩爆的爆坑深度与四个关键岩爆控制因素密切相关,分别为应力条件、岩石物理力学性质、开挖条件和地质构造条件。基于此,引入此四个岩爆控制因素到 RVI 指标中,形成四个岩爆控制因子,分别命名为应力控制因子(F_s)、岩石物性因子(F_r)、岩体刚度因子(F_m)和地质构造因子(F_g)。于是,锦屏二级水电站深埋引水隧洞工程的 RVI 指标可表示为

$$RVI = F_s F_r F_m F_g \tag{4.7}$$

下面各小节将详细阐述各控制因子对岩爆爆坑深度的控制作用、控制因子物理力学意义和具体量化方法。

　　1) 应力控制因子 F_s

　　Hoek 和 Brown(1990)编录和分析了发生在南非石英岩中长方形开挖隧洞边墙脆性破坏(包括岩爆、片帮和剥落)的案例,利用隧洞垂向应力与岩石单轴抗压强度之比(σ_v / σ_c)作为脆性破坏评价指标。对于方形隧洞,当 $\sigma_v / \sigma_c = 0.1$ 时,隧洞在无支护条件下稳定;当 $\sigma_v / \sigma_c > 0.2$ 时,隧洞边墙开始发生剥落和片帮破坏,需进行支护才能确保隧洞稳定;当 $\sigma_v / \sigma_c = 0.5$ 时,具有岩爆发生的可能。Russenes(1974)认为岩爆活动是隧洞中最大切向应力与岩石点荷载强度(I_s)的函数,并据此将岩爆分为三类。前苏联屠尔邑宁诺夫根据对科拉半岛希宾地块矿井建设的经验认为岩爆可能性应由切向应力 σ_θ 和洞室轴向应力 σ_1 之和与单轴抗压强度 σ_c 的比值来评估。Barton 等(1974)在挪威地下工程实践中确立的围岩分类 Q 系统中包含了应力折减系数值 SRF,它将岩石强度与最大主应力 σ_1 的比值作为一个评价岩体脆性破坏的指标。Kaiser 等(1996)基于岩爆实例中破坏区深度与应力水平的关系,建立了脆性破坏深度估计的经验公式:

$$\frac{d_f}{R} = 1.25 \frac{\sigma_{max}}{\sigma_c} - 0.51 \pm 0.1 \tag{4.8}$$

式中:d_f 为岩爆爆抗深度;R 为隧洞开挖等效圆洞半径,即式(4.8)破坏深度采用隧洞等效半径正规化;σ_{max} 为圆形隧洞边墙处最大切向应力;σ_c 为试验室内岩石的单轴抗压强度。该经验公式说明脆性破坏深度与其位置处的应力水平存在线性关系。

　　上述研究成果说明了原岩应力条件是岩爆发生的重要控制因素,岩爆爆坑深度评估过程必须考虑应力条件的控制作用。但仅采用最大主应力 σ_1 或垂向应力 σ_v 来反映应力水平存在局限性,因其忽略了开挖尺寸、洞形对二次应力场的作用,可能会低估破坏的可能性。相比之下采用切向应力 σ_θ 更为合理,但对于开挖洞形相对复杂时 σ_θ 需要数值方法来获取,不利于在经验指标中直接应用。为此,考虑

深埋隧洞工程特点,提出了岩爆新的应力影响评估方法[见式(4.9)]。这里假设深埋隧洞的稳定性由垂直于开挖洞轴线平面内应力条件决定,即假设平面应变条件是适用的。

$$F_s = \frac{100\sigma_v}{\sigma_c}(Ak + B) \tag{4.9}$$

式中:F_s 为 RVI 指标中的应力控制因子;σ_v 为垂向应力,可根据埋深条件来估计;σ_c 为岩石单轴抗压强度,由试验测定;参数 k 为地应力场中水平应力与垂向应力大小的比值,由工程区地应力场反分析结果或地应力测试结果确定;参数 A 和 B 为与开挖洞形、尺寸和垂向应力偏转角 β 相关的系数,可表示为式(4.10)。

$$\begin{cases} A = f_1(\beta) \\ B = f_2(\beta) \end{cases} \tag{4.10}$$

式中:f_1 和 f_1 为与开挖洞形和尺寸相关的函数。

k 和 β 的意义如图 4.17 所示。在力学意义上,式(4.9)中分子是对隧洞开挖断面形成后二次应力场中最大应力集中程度的估计,$(Ak+B)$ 项是应力集中系数的估计。

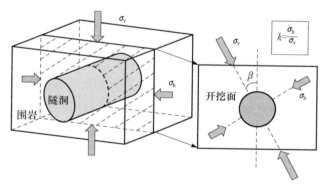

图 4.17 隧洞开挖面上地应力状态及 k 和 β 意义示意图

锦屏二级水电站引水隧洞不同开挖断面形状尺寸如图 4.18 所示,不同洞形尺寸下岩爆发生频率和程度存在一定差异,因而考虑洞形尺寸是必要的。现在研究不同参数 k 和 β 对应力集中系数 SCF(指开挖二次应力场中最大主应力与垂向应力的比值)的影响关系,以说明式(4.10)的依据及合理性。式(4.10)中考虑了开挖洞形及其尺寸的影响,集中体现在函数 f_1 和 f_2 上。

分析不同参数 k 和 β 对应力集中系数 SCF 的影响关系。按平面应变条件采用弹性模型进行分析,以埋深 2500m 为例,即 σ_v 约为 62.5MPa,取岩体弹性模量 E 为 25.3GPa,泊松比为 0.22。考虑偏转角 β 在 0~45° 范围内以 5° 间隔变化,初始应力比 k 在 0~2 范围内以 0.2 间隔变化。

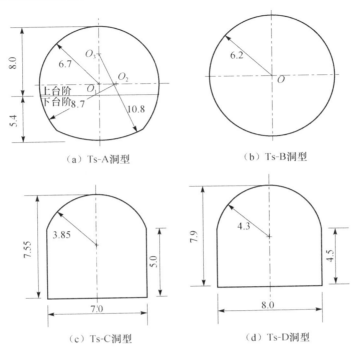

（a）Ts-A洞型　　　　　　　　　　（b）Ts-B洞型

（c）Ts-C洞型　　　　　　　　　　（d）Ts-D洞型

图 4.18　锦屏二级引水隧洞大埋深高岩爆风险段开挖洞型

图 4.19 为不同开挖洞形条件下初始应力比 k 与应力集中系数 SCF 关系的分析结果。可见,二者呈分段线性关系,$k=1$ 是分界点,此为式(4.9)中 $Ak+B$ 项取线性关系来评估应力集中的原因。随着偏转角 β 的增大,系数 A 和 B 随之变化,故可将 A 和 B 表示成偏转角 β 的函数,据此有式(4.10)成立。特别地,圆形隧洞偏转角 β 对应力集中系数随初始应力比的变化规律无影响,故图 4.19(b)对于偏转角 β 在 $0°\sim45°$ 范围内系数 A 和 B 是常数。

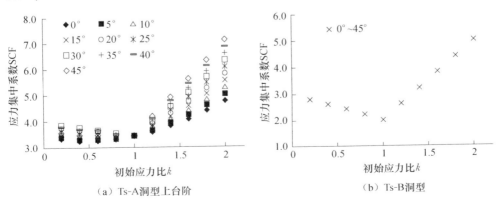

（a）Ts-A洞型上台阶　　　　　　　　　（b）Ts-B洞型

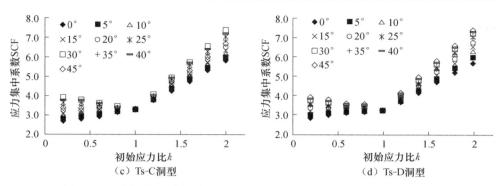

图 4.19　引水隧洞不同开挖洞型下 k 与 SCF 关系（图例为应力偏转角度）

除圆形洞形外，可进一步分析系数 A 和 B 与偏转角 β 的数学关系，如图 4.20 所示。可知，无论 k 大于还是小于1，都可统一将 A 和 B 表示成偏转角 β 的二次多项式（见式（4.11））的形式，如图 4.20 中实线所示。式（4.11）中系数 a、b 和 c 对于特定洞形是不变常数，可将其列成常数表后方便使用，表 4.16 给出了上述四种洞型条件下 a、b 和 c 的系数值。

$$\left.\begin{array}{l} A \\ B \end{array}\right\} = a\beta^2 + b\beta + c \qquad (4.11)$$

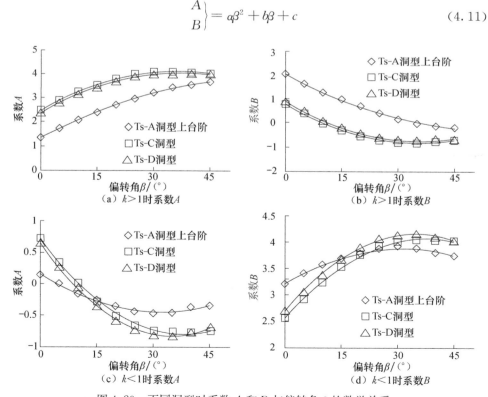

图 4.20　不同洞型时系数 A 和 B 与偏转角 β 的数学关系

表 4.16　四种洞型条件 a、b 和 c 系数值

开挖洞型	$k>1$					
	A			B		
	a	b	c	a	b	c
Ts-A	−0.0007	0.0833	1.3136	0.0007	−0.0831	2.0152
Ts-C	−0.0013	0.0932	2.4588	0.0013	−0.0944	0.8055
Ts-D	−0.0012	0.0897	2.3808	0.0013	−0.0909	0.8841
Ts-B	3.0			−1.0		

开挖洞型	$k<1$					
	A			B		
	a	b	c	a	b	c
Ts-A	0.0006	−0.0399	0.1706	−0.0007	0.0451	3.1915
Ts-C	0.0011	−0.0831	0.7262	−0.0011	0.0832	2.5325
Ts-D	0.0013	−0.0870	0.6545	−0.0013	0.0868	2.6770
Ts-B	−1.0			3.0		

2）岩石物性因子 F_r

众多实例表明,岩爆多发生在致密、相对强度较高的硬质围岩条件中,而软弱岩体中很少有岩爆发生。这说明岩爆的发生与围岩岩石自身力学性质有直接关系,岩石力学性质对岩爆破坏程度有强烈的控制作用。脆性指标(如单轴拉压强度比(σ_t/σ_c))和冲击能量指数(W_{et})经常作为岩爆破坏程度评价指标。深入分析发现,仅从脆性程度评估岩爆破坏程度是不够的,更需要从岩石的物性、岩石抵抗高应力破坏的能力角度深入评估岩爆的破坏程度。

岩石是岩石矿物的集合体,岩石力学性质是构成岩石的矿物类别、矿物含量、岩石结构和构造以及颗粒尺寸形状或晶粒粒度等的宏观力学表现。其中,岩石矿物组成的非均质性和颗粒尺寸差异性是两个控制因素。例如,徐林生和王兰生(1999)认为二郎山隧道岩爆段和非岩爆段的不同破坏表现与岩性关系密切,对两区域的砂质泥岩进行岩石 X 射线粉晶衍射成分分析发现两者的石英和伊利石含量差异较大。岩爆洞段的泥质砂岩中石英和伊利石含量分别为 39% 和 35%,而非岩爆洞段中石英和伊利石含量分别为 9% 和 67%。石英含量的增加和伊利石含量的减少提高泥质砂岩的总体强度,改善岩石的物理力学性能,从而提高岩石储聚弹性应变能的能力,所以表现出不同的岩爆破坏程度和破坏形式。加拿大 URL 研究发现相同地应力条件下 Ladu Bonnet 花岗岩和花岗闪长岩的脆性破坏程度明显不同(Martin,1997)。La du Bonnet 花岗岩和花岗闪长岩的平均单轴抗压强度分别为 213MPa 和 228MPa,两者十分接近,但在花岗岩中开挖的隧洞形成了 V 形破坏,而花岗闪长岩中开挖的隧洞无明显破坏。造成上述破坏的差异的主要原因是矿物颗粒尺寸存在显著差异(Diederichs,1999)。尤明庆(2005)选用矿物组成相似

的大理岩进行了不同晶粒大理岩单轴压缩试验,发现粒径为 5mm 粗晶大理岩平均单轴抗压强度为 64.3MPa,而粒径为 2mm 的中晶大理岩为 93.1MPa,粒径的减小使大理岩的单轴抗压强度提高了 45%,说明颗粒尺寸对大理岩力学性质的影响显著。岩石断裂力学研究同样发现,岩石颗粒(晶粒)大小对裂纹生成、扩展和贯通存在重要的影响。Griffith 理论认为岩石内部存在缺陷,结晶岩石颗粒(晶粒)间的粒间裂隙是 Griffith 微缺陷的重要源头之一,机理上颗粒(晶粒)大小控制着粒间咬合或粘结面积的大小,也决定着粒间或颗粒边界处空隙和微裂纹的大小。上述的研究成果说明从岩石矿物组成的非均质性和颗粒尺寸差异性两个角度来刻画岩石抵抗脆性破坏能力能抓住问题的本质。

为此,从岩石矿物组成的非均质性和颗粒尺寸差异性两个角度来刻画岩石力学性质对岩爆破坏程度的影响,并提出岩石物性因子 F_r,将其作为 RVI 评价系统的岩爆控制因素之一,采用经验评分形式确定 F_r 的量值。岩石物性因子 F_r 的数学形式为

$$F_r = M_h G_s \tag{4.12}$$

式中:M_h 为矿物非均质性因子评分;G_s 为晶粒尺寸因子评分。M_h 评分系统依据岩石刚度或强度非均质性因子(stiffness heterogeneity factor,SHF)确定,G_s 评分系统依据岩石晶粒或颗粒尺寸确定。

为了确定式(4.12)中 M_h 的评分原则,需要确定岩石刚度或强度非均质性因子 SHF。下面给出 SHF 的计算方法和步骤,如流程图 4.21 所示。SHF 因子的确定,参见了 Suorineni 等(2009)提出的能够反映岩石脆性破坏难易程度的半经验评

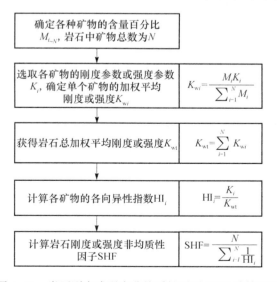

图 4.21　岩石刚度或强度非均质性因子 SHF 计算流程

价指标 RTRI。在计算大理岩非均质性因子时，采用了岩石矿物刚度参数，各种矿物刚度量值可参见 Bass 的研究成果（Bass，1995），相比之下矿物刚度比矿物强度信息更易获得和应用。表 4.17 给出了锦屏大理岩的矿物含量、矿物刚度及 SHF 计算值，其中矿物含量数据获得自中国水电工程顾问集团华东勘测设计研究院和北京振冲公司的测试结果，SHF 按照图 4.21 流程计算获得。

表 4.17　锦屏大理岩矿物含量、矿物刚度和 SHF 值

大理岩含量	方解石/%	白云石/%	镁橄石/%	菱镁矿/%	磁铁矿/%	SHF
T_{2y}^5灰白细晶	94.4	3.1	2.5	—	2.0	1.39
T_{2y}^5灰白中粗晶	98.4	1.0	0.6			1.35
T_{2b}灰黑-白色中粗晶	91.7	4.8	—	2.3	1.2	1.34
T_{2b}灰黑-白色细晶	87.6	5.8		3.3	3.3	1.30
矿物成分	方解石	白云石	镁橄石	菱镁矿	磁铁矿	
矿物刚度[1]/GPa	73.3	94.9	174	114	161	—

　　1）各矿物刚度值参见文献（Bass，1995）。

　　采用启裂强度 σ_{ci}、损伤强度 σ_{cd} 和峰值强度 σ_c 三个指标来衡量不同大理岩抵抗脆性破坏能力。图 4.22 中用三轴压缩试验应力-应变曲线变化过程说明了岩石破裂的不同阶段和各阶段对应的特征应力水平，其中启裂强度 σ_{ci} 表征岩石内部产生新裂纹或原有裂纹发生扩展时的应力水平。损伤强度 σ_{cd} 表征岩石内部裂纹密度达到一定水平后裂纹开始集结、相互贯通逐步转化成宏观破裂面（如剪切带）的应力水平。启裂强度 σ_{ci} 和损伤强度 σ_{cd} 通过应力-应变曲线或联合声发射测试结果确定，具体方法参见文献（Diederichs，1999）。总结了锦屏二级水电站引水隧洞高岩爆风险洞段大理岩的试验研究成果，包括 T_{2b} 灰黑色细晶大理岩、T_{2b} 灰黑色中粗晶大理岩、T_{2y}^5 灰白色中粗晶大理岩和 T_{2y}^5 灰白色细晶大理岩的试验成果，分析这些不同层组和晶粒尺寸的大理岩启裂强度 σ_{ci}、损伤强度 σ_{cd} 和峰值强度 σ_c 三个指标与矿物非均质性因子 SHF 之间的关系，如图 4.23 所示。可知，四类大理岩的矿物刚度非均质性因子 SHF 为 1.3～1.46，较小分布范围说明锦屏大理岩均质性差异相对较小，这与该区大理岩方解石含量占 85% 以上的事实相符。对于锦屏大理岩，随着 SHF 的增大，启裂强度 σ_{ci}、损伤强度 σ_{cd} 和峰值强度 σ_c 均有增大的趋势，其中启裂强度 σ_{ci} 为 40～50MPa，变化较平缓，说明启裂强度 σ_{ci} 受矿物非均值性的影响较小，但损伤强度 σ_{cd} 和峰值强度 σ_c 随 SHF 增大而提高的程度更显著，说明

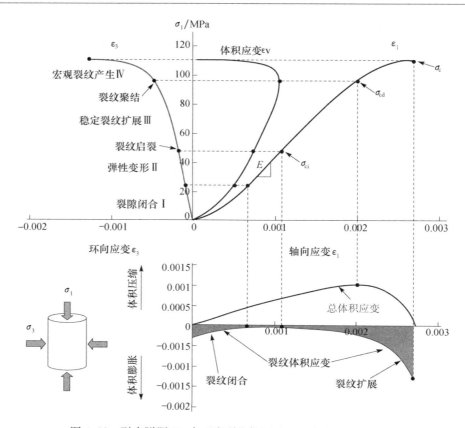

图 4.22　引水隧洞 T_{2b} 大理岩裂纹扩展过程及应力-应变曲线图

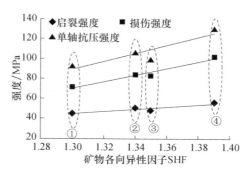

图 4.23　锦屏大理岩刚度非均质性和颗粒尺寸与强度关系

（① T_{2b} 灰黑色细晶大理岩；② T_{2b} 灰黑色中粗晶大理岩；③ T_{2y}^5 灰白色中粗晶大理岩；④ T_{2y}^5 灰白色细晶大理岩）

岩石越均质使其发生破坏或不稳定裂纹扩展的应力水平越高,其抵抗脆性破坏的能力越强。对比图 4.23 中③和④两类大理岩可发现,这两类均属于层组 T_{2y}^5 且矿物非均值性差异较小,但晶粒尺寸为中粗晶的大理岩显然比细晶大理岩有更低的启裂强度 σ_{ci}、损伤强度 σ_{cd} 和峰值强度 σ_c,这说明了晶粒尺寸越粗岩石抵抗脆性破坏的能力越差。基于上述分析,建议以矿物非均质程度和晶粒尺寸为标准建立评分系统 M_h 和 G_s,如表 4.18 所示。其中,G_s 评分系统按照岩石矿物学通用晶粒划分标准制定。

表 4.18　矿物非均质性因子 M_h 和晶粒尺寸评分因子 G_s 评分系统

	锦屏大理岩	T_{2y}^5 灰白色细晶	T_{2y}^5 灰白色中粗晶	T_{2b} 灰黑色-白色细晶	T_{2b} 灰黑-白色中粗晶
M_h 评分系统	SHF 因子	1.39	1.35	1.30	1.34
	M_h 评分	1.0	1.2	2.0	1.6
G_s 评分系统	晶粒尺寸/mm	小于 0.1	0.1～1.0	1.0～3.0	大于 3.0
	G_s 等级评分	1.0	1.2	1.4	1.4～2.0
	描述	微晶	细晶	中晶	粗晶

3）岩体系统刚度因子 F_m

深部采矿和地下洞室工程中岩爆的发生与开采或开挖活动相关联,不同开挖布局和开挖顺序对岩爆的形成有极强的控制作用。基于该认识,Cook 等(1966)提出了能量释放率指标 ERR,并发现岩爆密度与 ERR 有单调递增关系,Bolstad(1990)将 ERR 应用于南非采矿设计中指导设计开采布局、尺寸和顺序等。实质上,开挖过程或开挖布局的不同不仅反映在系统释放能量水平的差异上,也反映在系统刚度变化过程的差异上。岩爆机理的刚度理论(Cook et al.,1966)认为岩爆是相对刚性被加载体在软加载系统条件下加载达到破坏后软加载系统内多余应变能转化为破坏体动能的结果。因此,对系统刚度的评估是对岩体破坏后是否发生动力破坏可能性的评估。系统刚度对岩爆倾向评估十分重要,也是不可或缺的,但系统刚度是一个很难测量或评估量化的因素,采矿工程中矿体与围岩系统的刚度可通过现场原位测试变形和荷载来确定,而对于单一完整岩体高应力破坏前后的系统刚度是难于测量和评估的。Kaiser 等(1996)在评估岩爆破坏程度过程中提出并引入局部采矿刚度 LMS 的概念,用其作为描述开挖区与临近已开挖区相互作用时加载系统刚度的度量。本书借鉴了局部采矿刚度 LMS 的概念,提出岩体系统刚度因子 F_m,用其量化和评估岩体开挖区与其邻近已有开挖结构的相互作用,反映开挖区应力释放或响应变形的能力和工程开挖布局、开挖区形状效应及应力重分布的能力。岩体系统刚度因子 F_m 的评分原则和工程描述如表 4.19 所示。

表 4.19　岩体系统刚度因子 F_m 评分系统

F_m 等级评分[1]	开挖环境描述
1.0	高刚度开挖环境:在未扰动的原岩中单个开挖面开挖或开挖区距已有开挖结构距离在两倍洞径以上,受已有开挖结构的影响很小
1.5	中等刚度开挖环境:开挖区在已开挖结构附近进行,区内应力至少在一个方向上卸荷
2.0	低刚度开挖环境:开挖区在两个或多个已开挖结构影响区(如应力集中区)内进行,开挖区多个方向上应力释放或发生变形

1) 刚度影响范围均为两倍开挖洞径范围。

针对锦屏二级深埋隧洞,岩体系统刚度因子 F_m 中的刚度环境有几种典型的表现,如图 4.24 所示。图 4.24(a)代表完整未扰动的岩体内开挖单条隧洞,围岩应力可迅速调整或转移到支护系统中,系统具有较高的刚度条件。图 4.24(b)和(c)代表在单个已开挖结构形成影响区内进行再次开挖,可能造成已有二次应力场能量迅速释放,代表中等刚度条件。图 4.24(d)和(e)代表在多个已开挖形成的复杂应力场中进行开挖活动,围岩系统刚度条件相对更软,岩爆破坏程度更高。

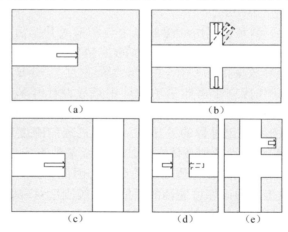

图 4.24　锦屏二级引水隧洞工程不同刚度条件常见表现形式

(▭ 未开挖岩体或围岩；□ 已开挖洞室；▱ 开挖方向)

4) 地质构造因子 F_g

地质构造对岩爆的发生有极强的控制作用,这些地质构造主要包括区域构造(褶皱、区域断层)和局部构造(断裂(裂隙)、节理以及层理等)两大类。例如,Wong(1992)在总结 20 世纪 90 年代南非、美国和加拿大矿区岩爆研究进展中指出地质构造是采矿诱发岩爆破坏和震动的根源。Durrheim 等(1997)同样发现岩爆破坏位置和程度受到局部地质条件强烈控制。Reddy 和 Spottiswoode(2001)通过模拟岩爆试验分析了地质构造对岩爆破坏程度的影响,发现采矿诱发破裂、层理(层面)

和节理对岩爆破坏区的岩体块度、破坏深度有显著影响。Dowding 和 Andersson (1986) 分析了在不同工程环境(如采矿和隧洞或地下洞室工程)中岩爆发生的可能性,瑞典隧洞岩爆案例显示岩爆强度和密度在开挖面接近断层区或断层影响区内明显增加,说明了断层构造对岩爆发生具有极强控制作用。

基于前人的认识和作者对地质构造因素的理解,通过地质构造因子 F_g 将地质构造对岩爆控制作用半定量地引入到 RVI 评估系统中,量化岩体构造的存在对增加岩爆破坏程度、提高破坏可能性和增加破坏深度的控制作用,地质构造特征及 F_g 等级评分如表 4.20 所示。

表 4.20　地质构造因子 F_g 评分系统

F_g 等级评分	地质构造特征描述
1.0	开挖区岩体完整,岩性无明显变化,非岩性交界,非向斜核部和背斜两翼部位
2.0	开挖区岩体较完整,工作面接近区域大断层的影响区或局部断裂构造的影响区;或接近褶皱等构造影响区,无明显结构面发育
3.0	开挖区岩体完整,远离断层影响区域,非向斜核部和背斜两翼部位,但含有少量延展性较差节理或断裂面等刚性结构面,或开挖面接近结构面(如张扭性节理和张扭性破裂面)的尖端
4.0/5.0[1)]	开挖区岩体较完整,工作面接近断层(可能诱发断层错动)或接近褶皱等构造影响区,且含有少量延展性较差节理或断裂面等刚性结构面,或开挖面接近结构面(如张扭性节理和张扭性破裂面)的尖端

1) 接近断层区时取 4.0;接近褶皱构造区时取 5.0,所谓接近是指在两倍开挖洞径以内。

4.3.4　岩爆爆坑深度评估经验关系式

明确了 RVI 指标中岩爆控制因子的选取方法和相应的确定方法及等级评分后,根据式(4.7)可求得 RVI 指标量值。为了应用 RVI 指标去评估岩爆倾向性和岩爆爆坑深度,还需要研究 RVI 量值与岩爆的关系,最直接且最有效的方法是分析 RVI 量值与岩爆破坏深度的关系。图 4.25 给出了锦屏二级水电站引水隧洞工程岩爆数据库中案例的爆坑深度与 RVI 量值的数学关系。可知,本书建立的 RVI 指标与岩爆破坏深度可用线性关系拟合,该拟合关系式确定系数在 80% 以上。故可作为岩爆爆坑深度估计的经验关系式,即

$$d_f = 0.0008RVI + 0.2327 \qquad (4.13)$$

式中:d_f 为归一化岩爆爆坑深度,是岩爆实际爆坑深度与隧洞开挖断面尺寸等效

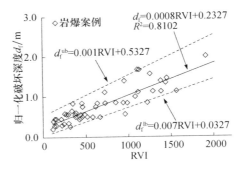

图 4.25　锦屏二级水电站引水隧洞岩爆爆坑深度与 RVI 关系

半径的比值。

考虑隧洞开挖断面尺寸等效半径是为了反映岩爆爆坑深度的开挖尺寸效应，本书采用水力半径 R_f 将不同开挖断面尺寸的岩爆爆坑深度归一化，水力半径 R_f 是开挖断面面积与开挖面周长之比。因而，利用式(4.13)获得估计岩爆爆坑深度的关系表示为

$$D_f = R_f(0.0008\text{RVI} + 0.2327) \tag{4.14}$$

式中：D_f 为估计岩爆爆坑深度。

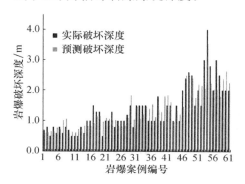

从图4.25还可发现，岩爆爆坑深度具有一定离散性，可更合理地表述为一个范围，该范围可以用爆坑深度上限 d_f^{ub} 和爆坑深度下限 d_f^{lb} 来表示，如图4.25中两条虚线所示。

通过式(4.14)估计锦屏二级水电站引水隧洞岩爆案例的爆坑深度，估计结果和绝对误差如图4.26所示。可知，绝大多数岩爆案例估计相对误差在 20% 以下，同样说明了式(4.14)具有一定的估计岩爆爆坑深度的能力。

图4.26　锦屏二级引水隧洞岩爆爆坑
深度估计结果和估计相对误差

4.3.5　工程应用及工程案例分析

1. RVI 指标各控制因子参数确定方法和技术

RVI 指标应用到工程实际中时，相对准确确定各控制因子参数是最关键问题。下面分别讨论各控制因子参数的确定方法和相关技术。由于岩石物性因子 F_r 和系统刚度因子 F_m 可分别通过相应的评分系统确定，确定过程相对简单，因此，下面将重点论述应力控制因子 F_s 和地质构造因子 F_g 两个控制因子参数和等级评分的确定及选取方法。

1) 应力控制因子参量确定

根据应力控制因子 F_s 的表达式(4.9)可知，F_s 中有三个参量需要评估和确定，分别为应力比 k、应力偏转角 β 和岩石单轴抗压强度 σ_c。通常有两种方法可以确定应力比 k 和应力偏转角 β：

(1) 方法一：根据地应力测量直接获取原岩应力场测量值。该方法中地应力测量技术的优劣直接影响应力比 k 和应力偏转角 β 的准确性，但对于锦屏二级水电站引水隧洞工程来说，隧洞施工埋深达 2525m，常用地应力测试技术在该工程中均进行了尝试，但结果证实了原有测试技术已不能满足深部岩体应力测量要求，在

引水隧洞开挖前未有非常准确的测试结果。因此,从地应力测量直接获得应力比 k 和应力偏转角 β 两个参数可能会遇到上述困难。

(2)方法二:根据已开挖探洞或导洞等应力破坏信息以及钻孔饼化信息等反演隧洞沿线应力场后确定应力比 k 和应力偏转角 β,即地应力场反分析方法。该方法存在一定的不确定性因素,包括对区域地应力场的把握和认识、已揭露信息的准确性和全面性、反演方法和技术的适用性,甚至研究人员的个人经验等,该方法属于间接获得应力比 k 和应力偏转角 β 的方法。两种方法各有优缺点,选择哪种方法则根据工程条件来确定。这里,确定隧洞沿线应力比 k 和应力偏转角 β 时采用第二种方法,主要原因是第一种方法在引水隧洞开挖前还未能获得锦屏二级引水隧洞最大埋深洞段地应力场信息。

2)地质控制因子参量确定

地质构造因子 F_g 是一个等级评分系统,但要相对准确确定的难度是非常大的,原因在于对于隧洞未开挖洞段的地质信息是难以准确确定的,对于在区域构造附近洞段开挖,区域构造是否对开挖段有显著影响也是难以明确的,例如很难给出区域构造的影响范围和影响程度。因为地质构造因子 F_g 对 RVI 值具有成倍影响的特点,假如等级评分选择了 4,而更合适的应为 3,那么 RVI 量值将无形中提高了 1 倍,这就可能过高估计岩爆风险可能。可见,相对其他控制因子的等级评分,对地质构造因子选取的不确定性是最高的。因此,有必要给出建议的地质构造因子的确定方法和技术。

实质上,降低地质构造因子不确定的关键是对未开挖洞段的地质信息有足够的认知。在 RVI 的实际应用过程中发现有两种有效获取未知洞段地质信息的方法:

(1)方法一:利用超前地质预报信息来把握未开挖洞段围岩条件和地质结构信息。对于锦屏二级水电站深埋隧洞开挖过程中超前地质预报是不可或缺的,它可以了解未开挖岩体的围岩条件,如评估围岩类别、推测水文地质条件(岩溶发育、涌水量评估等)和地质结构信息。图 4.27 给出了一个典型地质雷达的测试成果和解译成果。通过该成果可大致了解在 SK5+541 北侧边墙到顶拱附近位置可能发育结构面,根据该信息即可初步确定未开挖区域会受到局部地质结构的影响。事实上,在施工排水洞实际开挖过程中,2011 年 3 月 31 日 0:35 在 SK5+545~5+547 洞段顶拱发生了破坏深度约 1.5m 的强烈岩爆事件,该岩爆直接揭露一条 NE 向结构面。可见,超前地质预报信息对岩爆破坏程度评估是十分有用的。超前地质预报的另一个突出作用是它可获取隐性地质构造信息。所谓"隐性地质构造"是相对开挖揭露而言的,因为开挖隧洞通常只有特定尺寸,在特定尺寸内有可能无法揭露某个地质构造,该地质构造就藏在开挖边界以内,有可能会对岩爆的孕育造成重大的影响。

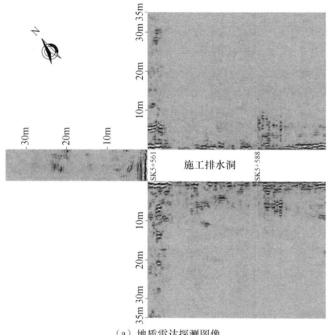

（a）地质雷达探测图像

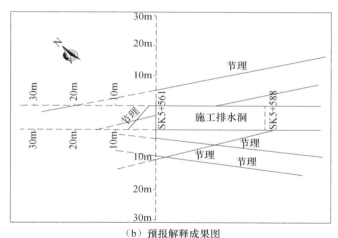

（b）预报解释成果图

图 4.27　施工排水洞 SK5＋561～5＋531 段超前地质预报结果
（中国水电工程顾问集团华东勘测设计研究院，2005）（见彩图）

　　（2）方法二：利用已开挖洞段地质条件信息来评估未开挖洞段地质条件。超前地质预报信息不总是能够获取，这就需要借助其他信息来完成对未开挖洞段的地质条件评估。要充分关注表 4.20 中所列的地质构造。由于岩体地质构造和结构是区域地质力学过程的产物，一般来说，局部地质构造的形成不会孤立存在，会在某个范围内呈组出现,比如岩体内结构面一般会成组出现,据此可通过以开挖段围岩地质条件来估测其邻近未开挖洞段地质情况。换句话说,如在开挖段揭露了某类地质构造,则在其邻近未开挖段出现此类构造的可能性较大,可认为未开挖段会存在该类构造的影响。因此,在地质构造因子等级评分选取时就应先考虑存在此类地质构造时的等级。对于已开挖段又存在不同情况,已开挖段可为相同隧洞前期开挖段,如掌子面后方几个开挖循环内隧洞段,也可为相邻或相近隧洞对应开挖段,这里所谓"对应"是指地质条件上的对应。相邻或相近已开挖隧洞(如探洞、超前开挖隧洞)揭露信息对于推测级别较高的地质构造(如断层断裂、破碎带以及岩性交界带等)是相对有效的。而相同隧洞前期开挖段对推测级别相对较低的地质构造(如特定产状结构面)则存在一定的可能性。

通过上述两种方法就可初步评估未开挖段的局部地质条件。在 RVI 指标的地质构造因子 F_g 中除了局部地质条件的评估以外,还需要评估是否存在区域地质构造条件(如区域断层、褶皱构造等)的影响,从目前技术手段上来讲,是无法定量化或者直接测定区域地质构造对岩爆发育的影响程度,但也不是无踪迹可循,根据对岩爆实例的统计分析结果显示,在区域地质构造发育的影响带内,岩爆发育频度和烈度均有增高趋势。基于该规律并结合区域地质构造图就可初步划定高影响区段,该区段内需要考虑区域地质构造对岩爆破坏程度提高作用,进而再根据地质构造因子等级评分系统的地质构造特征描述确定相应等级。

2. RVI 指标应用举例——应变型岩爆和应变-结构面滑移型岩爆

运用 RVI 指标分别对两种典型岩爆(应变-结构面滑移型岩爆和应变型岩爆)进行了实例验证分析,以说明 RVI 指标应用中的具体计算方法,同时也为了对比估计结果和实际破坏情况,初步验证 RVI 指标的适用性。其中,应变-结构面滑移型岩爆实例验证分析是对已发生案例的反分析,而应变型岩爆案例为先期得到估计结果后施工中发生的岩爆。

1) 应变-结构面滑移型岩爆典型实例分析

(1) 工程条件及岩爆发生过程。

2010 年 7 月 14 日,当锦屏二级水电站 4#引水隧洞往西方向掘进至引(4)9＋728 位置时,在掌子面后方引(4)9＋734～9＋728 洞段内南侧边墙至拱脚连续发生强烈～极强岩爆,破坏位置及施工布局如图 4.4 所示,在引(4)9＋742～9＋728 断面南侧边墙处破坏深度为 3～5m,在引(4)9＋776 断面附近 TBM 维修施工支洞与 4#引水隧洞交叉处岩爆坑深约 2.0m。该洞段内岩爆发生过程显示引(4)9＋734～09＋728 破坏最终深度达到 5m。这是多次岩爆破坏共同作用的结果,在 7 月 7～9 日引(4)9＋734～09＋732 洞段就已发生了破坏深度达 2.5m 的强烈岩爆事件。7 月 14 日岩爆是在 7 月 7～9 日已发生破坏并支护后再次破坏的结果。

（2）岩爆段地质构造及地应力条件。

该岩爆洞段埋深 2400m，岩性为 T_{2b} 灰白-灰色条花斑状中粗晶大理岩，围岩较完整，结构面不发育。在引（4）9＋721 位置开挖揭露两条结构面，一条为在南侧边墙至拱脚部位揭露的 N20°W NE∠55°～60°压性结构面，一条为 N80°E SE∠70°压性结构面。引（4）9＋696 前后发育有两条宽度近 20cm 的走向为 NWW 的溶蚀破碎带。岩爆位置在区域构造上接近向斜轴部，如图 4.28 所示。

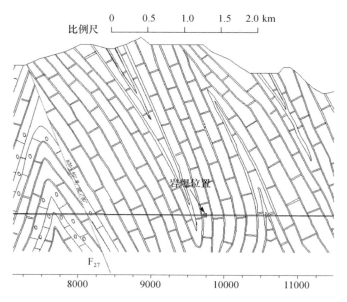

图 4.28　引（4）9＋734～9＋728 洞段岩爆区地质剖面图
（中国水电工程顾问集团华东勘测设计研究院，2005）

　　4＃引水隧洞沿线围岩破坏的统计信息显示，在引（4）9＋750～9＋810 范围内应力型破坏主要发生在北侧边墙至拱肩的断面位置上，而从引（4）9＋750～9＋728 洞段应力型破坏位置发生偏转至南侧边墙至拱肩部位，一定程度上说明洞段内局部地应力场发生了偏转，这可能与接近向斜构造的轴部存在一定关联。

（3）RVI 指标计算及对比验证。

　　为了验证 RVI 指标的适用性，以该岩爆案例为基础计算 RVI 指标，通过 RVI 指标估计深度验证 RVI 的估计效果。RVI 计算参数如表 4.21 所示。σ_v 根据上覆岩体埋深来估计，岩爆洞段埋深 2400m 左右，故 σ_v 约为 60MPa，该洞段岩石单轴抗压强度约为 120MPa；k 值由于目前比较难准确确定，可通过附近洞段围岩应力破坏情况反演确定为 0.6～0.8，偏转角 β 取 10°～20°；a、b 和 c 由 4＃洞上断面开挖洞形和偏转角 β 确定，最终确定 F_s 值为 174～175。

表 4.21　结构型岩爆案例 RVI 计算参数表及计算结果

控制因子	参　数	参数取值	因子结果
F_s	σ_v	60MPa	174~175
	σ_c	120MPa	
	k	0.6~0.8	
	β	10°~20°	
	a	取表 4.16 中 $k<1$ 时 Ts-A 值	
	b		
	c		
F_r	M_h	2.0	2.8
	G_s	1.4	
F_m	单洞＋支洞	1.5	1.5
F_g	不利结构面且向斜核部	5.0	5.0
RVI	—	—	3645~3679

岩爆洞段岩性为 T_{2b} 灰白~灰色条花斑状粗晶大理岩，矿物非均质性因子 M_h 取 2.0。根据晶粒尺寸该处大理岩应该在 1~3mm 之间，属于中粗晶范围，故颗粒尺寸因子 G_s 取 1.4。因此，最终岩石物性因子 F_r 值为 2.8。

岩爆发生时，施工排水洞修复支洞正在开挖。所以岩体刚度因子 F_m 取值为 1.5。同时，该岩爆位置趋近于向斜核部并发育有两组不利结构面，故地质构造因子 F_g 取 5.0。最终，由式(4.7)计算 RVI 范围为 3645~3679。

为了估计岩爆破坏深度，首先确定等效半径，对于 4♯隧洞上断面开挖，该值为 1.8。根据式(4.14)可估计破坏深度为 5.67~5.71m。RVI 计算过程及参数表如表 4.21 所示。对比岩爆实际破坏深度与估计破坏深度可知，相对误差约为 14%左右，估计结果略大于实际破坏程度，分析发现估计结果偏大的原因可能是该区域已实施的支护系统起到了减轻岩爆破坏程度的作用。但该结果足以说明在满足该类岩爆发生条件时可能达到的破坏程度和岩爆的等级，说明 RVI 指标在评估岩爆破坏程度和岩爆等级上具有一定的适用性。

2) 应变型岩爆的破坏深度估计及验证

2010 年 12 月 17 日微震监测显示排水洞(洞型为 4.3.3 节中 Ts-D 型)SK8＋860~8＋870 洞段微震事件频繁，有突增趋势。为了评估该区段岩爆风险和可能破坏程度，在开挖之前运用 RVI 指标对该洞段进行岩爆风险估计。

(1) SK8＋860~8＋870 排水洞段的地质构造、地应力及工程条件。

该洞段采用钻爆法单洞开挖，开挖范围内无支洞或已有开挖结构，系统支护紧跟开挖掌子面。其埋深约为 2400m。通过该洞段后方已开挖段围岩条件和与该洞段临近的已开挖的辅助洞对应洞段揭露的地质信息来估测未开挖段围岩条件。SK8＋870 后方已开挖段围岩完整，少见结构面发育，岩性为灰白色厚层状粗晶大理岩。与 SK8＋860~8＋870 洞段对应的辅助洞 B 桩号为 BK9＋338~9＋348，辅助洞 A 桩号为 AK9＋342～9＋352,两洞段开挖揭露围岩完整,为 II 类,局部少量闭合结构面。区域地质构造上,研究洞段位于向斜核部略偏右侧部位。

区段地应力场反演结果显示,该洞段开挖断面内水平应力与垂向应力比值接近 0.75,垂向应力偏转角度约为 10°。

(2) SK8＋860～8＋870 排水洞段的 RVI 计算分析。

采用与应变-结构面滑移型岩爆案例 RVI 计算步骤,计算参数表如表 4.22 所示。获得估计洞段 RVI 值为 753～775。等效半径为 1.77,获得该洞段估计破坏深度为 1.47～1.51m。

表 4.22　应变型岩爆案例 RVI 计算参数表及计算结果

控制因子	参　数	参数取值	因子结果
F_s	σ_v	60MPa	168～173
	σ_c	120MPa	
	k	0.75	
	β	10°～20°	
	a	取表 4.16 中 $k<1$ 时 Ts-D 值	
	b		
	c		
F_r	M_h	1.6	2.24
	G_s	1.4	
F_m	单洞	—	1.0
F_g	无结构面且向斜核部	—	2.0
RVI	—	—	753～775

(3) SK8＋866～8＋872 排水洞段的开挖后实际情况。

2010 年 12 月 18～19 日两天开挖过程中,SK8＋866～8＋872 洞段发生最大破坏深度达 1.5m 的岩爆,破坏现场照片见图 4.29,岩爆破坏深度与估计结果十分接近。这说明了 RVI 指标能够比较准确地估计应变型岩爆倾向性和破坏程度。

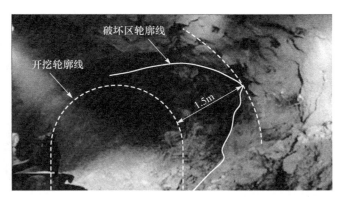

图 4.29　排水洞 SK8＋866～8＋872 洞段岩爆现场(见彩图)

对比两个应变型和应面-结构面滑移型岩爆实例的 RVI 指标估计结果表明：岩爆的发生与其控制因素密切相关,应变型岩爆主要控制因素为应力条件,如较准确地的掌握应力条件则应变型岩爆破坏程度基本确定。而应变-结构面滑移型岩爆则不然,其破坏程度更多受控于构造单元的性质,相比应力条件而言,对地质构造单元影响程度的评估更加复杂和困难,需要更多经验判断。

3. 引水隧洞整体 RVI 指标分析及现场应用效果分析综合评价

RVI 指标在锦屏二级水电站隧洞群岩爆破坏程度评估问题中得到了应用,经历了实际工程的检验。图 4.30 给出了锦屏二级水电站引水隧洞深埋洞段估计岩爆破坏程度(以破坏深度表示)与实际发生岩爆破坏深度的对比结果,分别给出排水洞、2♯和4♯隧洞以及1♯和3♯隧洞岩爆破坏深度估计精度。可见,引水隧洞整体 RVI 指标分析结果能够反映引水隧洞岩爆破坏程度的总体趋势。由于在估计时采用了式(4.13)或式(4.14)的经验关系式,它是对引水隧洞岩爆平均破坏程度的描述,因而在实际分析时,岩爆实际破坏程度相对较小的 RVI 分析结果会略偏大,而实际破坏程度相对较大的 RVI 分析结果会略偏小。在 RVI 指标的实际应用中发现,对 RVI 估计精度起关键控制作用的仍是对地质因素的把握程度,相对准确地给出地质构造因子的评分等级则能确保估计相对误差达到较低水平。根据应用中总结的经验,发现在地质条件相对简单时(前期开挖洞段揭露围岩相对完

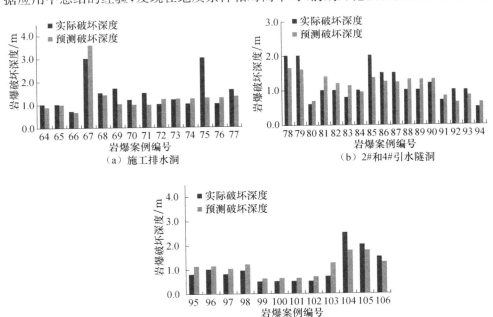

图 4.30 引水隧洞整体 RVI 分析及岩爆破坏程度估计结果精度

整,无明显构造发育,区域构造的影响程度相对较小),可采用图 4.25 中下限关系式,相反地质条件相对复杂时更应选用图 4.25 中上限关系式来指导设计,这是从出于保证工程安全的角度考虑。式(4.13)和式(4.14)的应用意义在于总体估计岩爆倾向性和破坏程度的平均水平,其总体指导意义将大于其实际应用意义。

从图 4.30 中还发现,图 4.30(b)中案例均为钻爆法开挖条件下发生的岩爆,图 4.30(c)中编号 95~98 和编号 101 及 102 为 TBM 开挖条件下发生的岩爆。对比两种开挖条件下岩爆破坏程度的 RVI 分析结果,可发现对于 TBM 开挖条件下发生岩爆的估计精度相对更高,这可能是由于 TBM 开挖面相对光滑,对岩爆破坏深度的测量影响更小,测量结果要比钻爆法开挖洞段的准确性更高,同时钻爆法开挖隧洞由于扰动大带来的不确定因素要比 TBM 开挖隧洞相对更多,导致的岩爆破坏程度变化范围也可能更大。另外,支护系统的效果如何有效考虑。这些可能直接影响 RVI 指标的估计精度。

4.4　基于工程实例神经网络类比的岩爆爆坑深度和等级估计方法

工程实践中积累了大量的岩爆实例。可以对这些实例进行系统的分析和神经网络训练,建立相应的神经网络模型。利用该模型可以进行类似工程实例条件下的岩爆等级及其爆坑深度估计。一方面,可以补充 RVI 指标和数值方法给出结果;另一方面,可以弥补微震前兆特征不明显而不能很好利用微震信息进行岩爆预警的不足。多种方法的综合集成,可提高岩爆风险估计与预警的可靠性。这里介绍一种遗传-BP 神经网络对工程实例数据进行学习和类比的岩爆等级及其爆坑深度估计方法。

4.4.1　进化神经网络基本原理

1. BP 网络的基本思想

BP(back-propagation)神经网络是目前应用最广泛也是发展最成熟的一种神经网络模型,它是按层次结构构造的,包括一个输入层和一个输出层以及若干个隐含层,如图 4.31 所示(图中只画一层),一层内的节点(即神经元)只和与该层紧邻的下一层的节点相连接。

2. 遗传算法基本思想

遗传算法(genetic algorithm)由 Holland 于 1969 年提出,后经 DeJong、Goldberg 等归纳总结,形成一种新的全局优化搜索算法。该算法是一种基于自然选择和群体遗传机理的搜索算法。遗传算法的运算基础是字符串,先将搜索对象编码为字符串形式,字符串就相当于生物学中的染色体,由一系列字符串组成,每个字符都有特定的含义,反应所解决问题的某个特征,这就相当于基因,以及染色体 DNA 的片段,每个字符串结构被称为个体,每个个体都可以通过问题本身所具有的适应值度量来计算反映其适应性好坏的适应值,然后对一组字符串结构(被称为一个群体)进

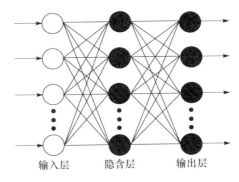

图 4.31　BP 网络模型

行循环操作。类似于自然进化,遗传算法对于求解问题本身一无所知,它所需要的仅是对算法所产生的每个染色体进行评价,并基于适应值来选择染色体,使适应性好的染色体有更多的繁殖机会。

3. 进化-神经网络算法

一般的 BP 算法在优化网络连接权值时采用的是误差梯度下降算法,该方法具有很好的局部优化精度,却容易陷入局部最小而导致估计结果与实际不符,特别是在误差空间较复杂时。在不影响其局部优化性能前提下,提高 BP 网络性能的最佳途径就是对网络结构及其初始权值进行全局优化。由于没有关于这些参数的理论指导,通常只能采取试错法进行选择,实际应用起来很不方便,而且效果不佳。在综合考虑遗传算法和 BP 网络各自优缺点基础上提出了进化-神经网络算法,将遗传算法的全局搜索能力与 BP 算法的局部寻优能力结合起来,形成优化组合,大大提高了算法性能。

1) 算法基本思想

模式识别系统中判别函数的确定实际上是建立由 n 维特征空间到 m 维类型空间的映射关系 $f: R^m \rightarrow R^m$。在很难直接获得其数学表达式情况下,BP 神经网络的高度非线性表达能力提供了有效替代工具。为了便于叙述,引入一个新的符号 BPNN 来表示 BP 网络模型,其一般形式为

$$\mathrm{BPNN}[n, nh_1, nh_2, \cdots, m \mid \boldsymbol{W}] \qquad (4.15)$$

式中:中括号内的各项表征了 BP 网络模型的各个要素;n 和 m 分别是模型的输入和输出个数;$nh_1, nh_2, \cdots$ 是各隐含层神经元个数;$\boldsymbol{W}$ 是权值矩阵。

这样,用 BP 神经网络代替上述映射关系,则可表示为

$$f(x) = \mathrm{BPNN}[n, nh_1, nh_2, \cdots, m \mid \boldsymbol{W}](x) \qquad (4.16)$$

BP 网络模型的各要素中,输入、输出是由具体问题决定的,其余的参数在学习

过程中是可调的,需要进行全局优化才能获得好的学习效果。进化-神经网络方法就是利用遗传算法的全局搜索能力对 BP 网络结构参数和初始权值进行全局优化,进而由 BP 算法从全局优化后的初始权值开始进一步局部寻优提高精度。这一过程中,由于权系数个数是由网络隐含层数和各隐含层节点数决定的,二者的优化不能在同一级的循环中进行。为此设计了一种嵌套优化方案,主要由如下内外两层二级优化过程组成:

① 外层进化循环:BP 网络结构参数的进化。

② 内层进化循环:初始权值的进化。

再加上进一步的在优化的网络结构和初始权值基础上的 BP 算法循环,就构成了整个学习过程。其流程框图如图 4.32 所示。

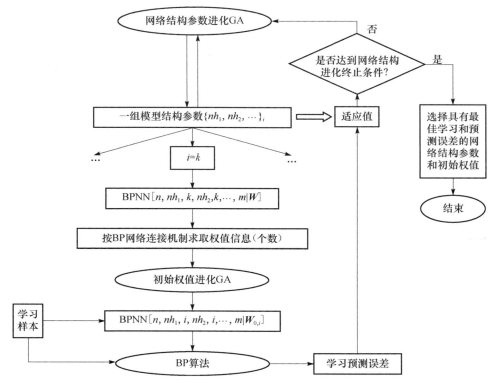

图 4.32　进化神经网络算法基本思想示意图

(1) BP 网络结构参数的进化。

在这一级进化优化循环中,按标准遗传算法进行 BP 网络结构参数(隐含层数和各隐含层节点数)进化搜索。按神经网络相关理论,一个包含一个隐含层的 BP

网络就可以以任意精度逼近任意连续函数。另一方面,尽管采用多个隐含层不会在精度上有多大改善,在很多情况下会提高运算速度。权衡这些因素,同时减少不必要的细节,这里指定隐含层数为两层。待优化结构参数就是这两个隐含层的神经元个数 nh_1、nh_2。

按标准遗传进化算法,进化过程从一组随机产生的结构参数开始(其范围可以参照现有的一些经验),通过复制、交叉、变异等遗传操作形成进化循环。不同的是,由于这一级循环中权值矩阵是不参与操作的(只能等结构参数确定下来后,在下级循环中进行优化),因而对各结构参数组个体的适应性评价不能实时进行。如果硬性设定一组初始权值进行估计分析来计算适应值的话,很可能会出现由于初始权值选择不当引起的差的适应值导致好的结构参数被淘汰的不合理现象。因此,结构参数进化循环中,各结构参数组个体适应值的计算不能单独进行,需要等待权值的优化。

算法中每产生一组新的结构参数,其进化过程暂时搁置,进入到下一级初始权值的进化循环。

(2) 初始权值的进化选择。

对上级循环中产生的每一个结构参数组,根据 BP 网络的连接机制可以计算出权系数个数等信息。有了这些信息后,就可以从一组随机给定的初始权系数矩阵开始(个权系数值的范围也可参照一些经验性结果),按标准遗传进化算法进行初始权值的优化。此时,每个初始权系数矩阵个体与对应的结构参数组成的是一个完整的 BP 网络模型,因而可以直接用于估计分析计算适应值。

适应值的计算基于估计结果与目标结果的差异,采用下式计算:

$$\text{fitness} = \frac{1}{n}\frac{1}{m}\sqrt{\sum_{i=1}^{n}\sum_{j}^{m}(o_{i,j}-\bar{o}_{i,j})^2}, \quad i=1,2,\cdots,n; \quad j=1,2,\cdots,m \tag{4.17}$$

$$o_{i,j} = \text{BPNN}[n;nh_1,nh_2;m \mid W](\cdots) \tag{4.18}$$

式中: $o_{i,j}$ 和 $\bar{o}_{i,j}$ 分别为 BP 网络模型估计结果和目标结果; n 为样本个数; m 为输出个数。需要注意的是,此时计算的适应值反映的是初始权系数矩阵对对应的结果参数的适应性,计算用到的是未经进一步优化的权系数,因而仍然不能代表结构参数的适应性。

对各结果参数组的初始权系数优化后,进入 BP 算法训练循环。

(3) 优化后初始权值的训练。

遗传进化算法具有优秀的全局搜索能力,但是在局部精度方面无法深入。因此,对上面两步产生的各模型结构参数及其优化后的初始权值,还要按普通 BP 算法进行学习训练,进行局部优化。

到这里，经全局和局部两层优化后的网络权值与对应的结果参数组合才构成了当前网络结构配置下所能达到的最佳 BP 网络模型。用该模型进行岩爆风险估计分析计算的适应值才真正反映了结构参数对问题的适应能力。在进行适应值计算时，考虑到神经网络推广估计能力的重要性，将学习样本分为两部分。一部分作为学习样本用于上述学习训练建立模型的过程，另一部分用于测试样本建议模型的估计能力。两部分样本的分配比例可以参考有关经验性研究成果。最终的适应值综合考虑模型对这部分样本的适应能力，按下式计算：

$$\text{fitness} = \alpha \frac{1}{n} \frac{1}{m} \sqrt{\sum_{i=1}^{n} \sum_{j}^{m} (o_{i,j} - \overline{o}_{i,j})^2} + (1-\alpha) \frac{1}{p} \frac{1}{m} \sqrt{\sum_{k=1}^{p} \sum_{j}^{m} (o_{k,j} - \overline{o}_{k,j})^2},$$
$$i = 1, 2, \cdots, n; \quad j = 1, 2, \cdots, m; \quad k = 1, 2, \cdots, p \tag{4.19}$$

式中，p 为测试样本个数；α 为 0～1 之间的常数，决定了对两部分样本适应能力在总适应值中所占的比例，一般取为 0.5。

2）算法步骤

进化神经网络算法基本流程框图如图 4.33 所示。

（1）构造训练样本库。根据待求解问题的输入输出特性确定的输入输出模式，从实例数据中提取输入-期望输出学习样本对，将这些样本对分为两部分，一部分作为学习样本，分别用于神经网络结构参数和初始权值进化过程中的适应值计算和 BP 算法中的权值训练，另一部分用作测试样本，监控进化过程和 BP 训练过程所获得的分类模型的推广估计能力以及优化选择最佳学习次数。

（2）设置算法参数。包括神经网络结构参数、遗传进化算法参数和控制参数设置，BP 算法学习参数和运行控制参数设置。进化-神经网络算法中的两个进化过程的识别对象在参数个数、数值特性和复杂程度上有很大不同，因此在进行参数设置时应区别对待。在网络结构参数进化过程中，参数个数少（一般不超过 3 层），且均为整数（各隐含层节点数），一般来讲范围不宜过大（过于庞大的网络会影响其推广泛化能力）。为了减少计算量，同时避免过早收敛，可以将种群规模给得小一些，变异概率设得大一点（相应的要调低杂交概率）。在初始权值进化过程中，参数个数多，含两个隐含层（输入为 n，输出为 m，隐含层节点个数分别为 nh_1 和 nh_2）的 BP 网络的权系数个数为（假定包含两个隐含层）

$$(n+1)nh_1 + (nh_1+1)nh_2 + (nh_2+1)m \tag{4.20}$$

均为任意实数。为了保证结果的全局最优性，需要将种群规模给得大一些，相应地变异概率可以调低一点。

（3）根据给定的神经网络结构参数信息（隐含层数和各隐含层节点数范围），随机产生一组神经网络结构参数，进入网络结构参数进化循环过程。

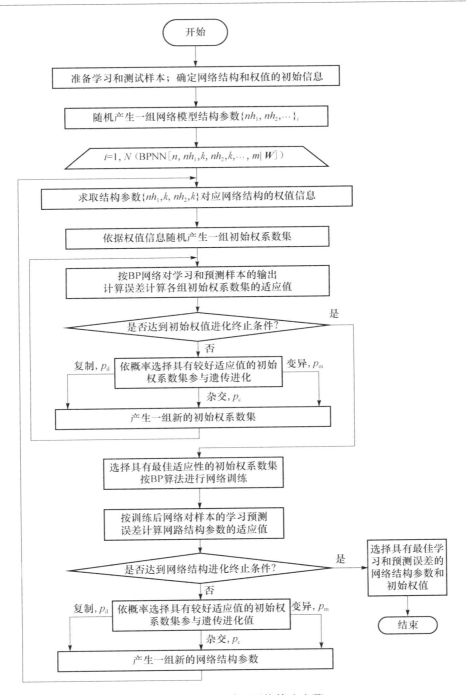

图 4.33　进化-神经网络算法步骤

① 对神经网络结构群体中的每一个体,求取初始权值个数信息,再根据事先设定的初始权值搜索范围随机产生一组初始权值集群体,进入初始权值进化循环。

对每一个初始权值集,分别对学习样本和测试样本进行输出计算,根据学习和估计误差计算适应值。计算完所有初始权值集个体的适应值后,统计最佳适应值和平均适应值。判断是否满足初始权值进化过程终止条件,如果满足,选择具有最佳适应值的初始权值集作为 BP 训练过程的初始权值,转②。否则,按照各初始权值集的适应值依概率进行选择、复制、杂交、变异等遗传操作,产生新的一组初始权值集,转①进行下一代进化。

② 从进化优化后的初始权值开始,执行 BP 学习算法,参照学习样本不断调整权值直到达到最佳学习次数或模型对学习样本和风险估计样本都能给出满意的估计精度。将训练后神经网络对学习样本和测试样本的综合误差作为当前神经网络结构个体的适应值。

③ 计算完所有神经网络结构个体的适应值后,统计最佳适应值和平均适应值。判断是否满足网络结构参数进化过程终止条件,如果满足,结束算法并选择具有最佳适应值的网络结构参数及其对应的初始权值集作为进化-神经网络算法的优化结果,进行独立的 BP 训练过程建立分类模型。否则,按照各神经网络结构个体的适应值依概率进行选择、复制、杂交、变异等遗传操作,产生新的一组神经网络结构参数,转①进行下一代进化。

4.4.2　基于进化-神经网络算法的岩爆风险估计方法

岩爆的产生有外部和内部两方面的原因,其外因在于:岩爆通常发生在高地应力的地下岩体中,由于在地下岩体中洞室的开挖改变了岩体赋存的空间环境,引起了洞室周围的岩体应力重新分布和应力集中。其内因在于:岩爆一般发生在硬岩中,其矿物结构致密度、坚硬度较高,岩体在变形破坏过程中所储存的弹性应变能不仅能满足岩体变形和破裂所消耗的能量,还有足够的剩余能量转化为动能,使逐渐剥离的岩块弹射出去,而形成岩爆。故可以说,岩爆产生的成因主要取决于岩性,它是岩爆的内因,是岩爆的充分条件;其次取决于围岩的应力条件,它是岩爆的外因,是岩爆的必要条件(谷明成等,2002)。因此,结合岩爆的外因、内因及工程实际确定相关参数作为神经网络的输入,通过遗传神经网络计算,建立估计岩爆爆坑深度及等级模型,及时地为施工方提供规避岩爆风险的建议,具有很重要的工程意义。

1. 神经网络样本的构建

1) 输入参数的确定

随着理论和实践知识的深入,可用来描述岩爆的参数越来越多,可观测的因素也越来越多。因而可供选择的与岩爆指标相关的因素很多,没有必要也很难把所有的可获取的相关信息都考虑进来,有时甚至会起到副作用。这就需要对原始数据进行变换和选择,得到最能反映本质关系的输入因素。对于岩爆风险估计的输入因素的提取和选择应尽可能满足下面的原则:

① 关键性:应该紧紧围绕神经网络学习的目的,抓住岩爆发生的关键因素,不仅可以学得正确的非线性映射关系,而且可以大大提高学习效率。

② 独立性:选取的各个因素间应该彼此不相关。需要进行理论上的相关性分析和统计上的相关性检验。对相关性很高的因素,一般不能作为单独的输入使用,应该采用各种方法进行组合变化(如主成分分析)使其降维,以减少冗余信息的影响。

③ 适用性:易于获取。

岩爆的发生是众多影响因素综合作用的结果,结合岩爆发生的内因与外因,综合考虑岩性、应力条件、区域构造及施工因素的影响,选取了脆性指标、强度应力比、σ_1 / σ_3、埋深、区域构造、岩体完整程度及支护强度这 7 个影响因素作为岩爆的影响因子用于神经网络模型的输入,以估计某段区域内所要发生岩爆的等级及爆坑深度。下面对各因素进行简要的说明。

(1) 脆性指标。

高地应力区的岩石具有脆性特征且具有较大的弹性应变能,最易发生岩爆。因此岩石的脆性指标是影响岩爆的重要因素之一。关于岩石的脆性程度,可用抗压强度(R_c)与抗拉强度(R_t)之比 n_b 进行说明。有研究表明(王元汉等,1998),$n_b > 40$ 时无岩爆;$26.7 < n_b < 40$ 时轻微岩爆;$14.5 < n_b < 26.7$ 为中等岩爆;$n_b < 14.5$ 时为强岩爆。即围岩的抗压强度与其抗拉强度的比值越小,则发生岩爆的可能性和烈度越大。潘鹏志等(2011)利用弹塑性细胞自动机模拟锦屏大理岩岩体脆性程度与围岩脆性破坏深度和范围(采用 Ⅱ 类围岩力学参数,2500m 埋深条件下 3♯隧洞)发现,如图 4.34 所示,岩体脆性程度越高,围岩脆性破坏深度和破坏范围越大。

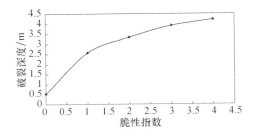

图 4.34　岩体脆性指数与围岩脆性破裂深度的关系

（2）强度应力比。

强度应力比即为岩石的单轴抗压强度与所在洞段原岩最大主应力之比。利用围岩强度应力比 σ_c/σ_1 的大小进行岩爆等级的判别，考虑了岩体初始应力场和岩石的性质，反映了岩体承受压应力的能力。巴顿曾经按强度应力比估计过岩爆，陶振宇（1987）在总结了多个工程经验的基础上，修正了挪威曾采用的巴顿法，提出了一组新的判别临界值。因此利用围岩强度应力比 σ_c/σ_1 的大小进行岩爆等级的判别既可与岩体应力的分类配套，又便于操作。

（3）σ_1/σ_3。

岩爆的发生与否与局部应力场的关系有密切关系：主应力比值大小本质上决定着开挖断面上应力集中量值的大小，静水压力场时应力集中程度最低，主应力比值越大开挖断面上二次应力场应力集中程度越高，越易发生岩爆（邱士利等，2011）。构造应力和超埋深产生的自重应力是影响岩爆的关键因素。隧洞开挖时，势必对围岩产生扰动，地应力随之重新分布并达到新的平衡。在应力二次分布时，就可能在某个局部区域产生应力集中，有时可使应力呈几何级数增加。如果集中后应力超过围岩承受的强度极限，围岩就会遭到破坏，能量从此释放出去，也即发生岩爆。虽然岩爆的发生是洞室开挖的应力重分布引起的，但应力重分布的基础是岩体的初始应力。因此，围岩的初始最大主应力与最小主应力之比可反映洞室开挖后应力重分布变化的相对大小。锦屏二级水电站引水隧洞的最大埋深为2525m，在此条件下的自重主应力值为 69.94MPa（采用 $\gamma=27.7\text{kN}/\text{m}^3$）。锦屏工程区的地应力特征为：埋深 800～1200m 时，地应力场由谷坡地带局部地应力转变为以垂直应力为主的自重应力场。但地应力随埋深的增加呈非直线形关系，σ_1/σ_3 地应力比值随埋深的增加而逐渐减小。

（4）埋深。

由于埋深与地应力关系密切，埋深也是影响岩爆的因素之一。通常，埋深越大，地应力就越高，越有利于岩爆的产生。岩体天然应力的垂直分量，一般认为等于该点的上覆岩层的压力 γh。有人总结了世界范围内的资料得出，σ_v 随深度的增多呈线性关系增加，大概相当于按平均重度为 27kN/m³ 计算出来的重力 γh。水平应力和垂直应力都随深度线性增大，但二者变化的梯度是不同的，在岩体中存在有一个临界深度（徐林生和王兰生，2000），在临界深度以上，水平应力大于垂直应力，是最大主应力，超过临界深度后，垂直应力就会大于水平应力成为最大主应力。测量地区不同，临界深度也不同。引水隧洞工程岩爆事件数量也总体上反映出随埋深增大的趋势。图 4.35 给出了锦屏二级水电站辅引 1～4♯引水隧洞（表 2.10中微震监测阶段 2 和 3 范围内）岩爆情况，2000m 以下埋深时发生岩爆次数占统计案例总数的 2.5%，而 2000m 埋深以上时占 97.5%，同时洞段内岩爆发生频次整体上随埋深的增大而频繁，但更突出特点在于其集中发育。

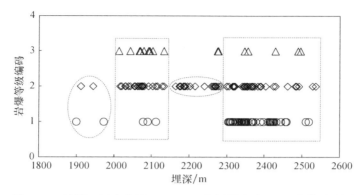

图 4.35　锦屏二级水电站 1♯ ～4♯ 引水隧洞(表 2.10 中微震监测
阶段 2 和 3 范围内)岩爆与埋深关系
(○轻微岩爆;◇中等岩爆;△强烈岩爆)

（5）区域构造。

地质构造对岩爆的产生具有较大的影响,这是由于地质构造条件对构造应力场有重大影响。从大尺度上来说,大型断裂控制了区域构造应力场的分布,如滇西南地区红河断裂东部与西部构造应力场明显不一致(谢富仁等,1993);从小的尺度上来看,在断层或者褶皱附近应力场发生变化,形成与区域应力场不一致的局部应力场(苏生瑞等,2002)。实践表明,岩爆大都发生在褶皱构造的坚硬岩石中,岩爆与断层密切相关,当掌子面与断层走向平行时,极容易触发岩爆(刘佑荣和唐辉明,1999)。所以,不同地质构造环境对深埋隧洞工程发生岩爆的可能性和规模有较大的差别。

经统计分析发现:锦屏二级水电站引水隧洞、施工排水洞 B 标段开挖过程中揭露的岩爆案例中反映出区域构造对岩爆有极强的控制作用。图 4.36 为引水洞

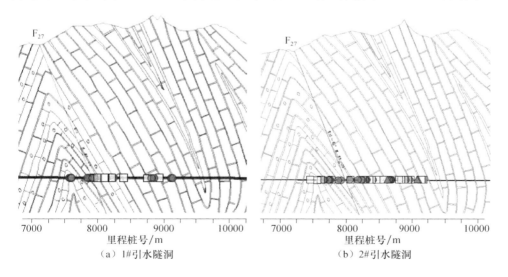

（a）1#引水隧洞　　　　　　　　　（b）2#引水隧洞

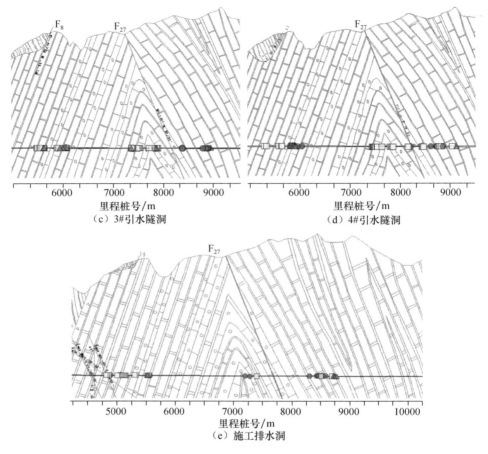

图 4.36　岩爆与褶皱构造及断层关系（中国水电工程顾问集团华东勘测设计研究院，2005）
（以标识点集合中心为实际位置，雅砻江微震监测 B 标段；●轻微；□中等；▲强烈）

及施工排水洞轻微、中等、强烈岩爆实例在洞轴线分布规律与褶皱构造及断层对应
关系，可知：在接近背斜核部及褶皱构造强烈洞段岩爆发生频度及烈度均有增大的
趋势，并且局部的断层构造对岩爆同样也有极强的控制作用。

基于锦屏二级水电站工程地质条件，区域构造考虑向斜、背斜及断层三种情
况，细分为：向斜左翼，向斜右翼，向斜核部，背斜左翼，背斜右翼，背斜核部，向斜与
背斜的转换带，断层上盘及断层下盘 9 种情况，作为神经网络的输入，分别编码为
数字 1～9，如图 4.37 所示。

（6）岩体完整程度。

岩爆通常发生在完整岩体中，鲜艳完整、原生裂隙较少的岩石，近似于弹性体，
可以较好的储聚大量的弹性应变能，岩石破坏时消耗的能量较少，断裂后的岩块就

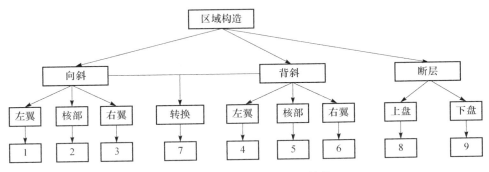

图 4.37 区域构造编码对应结构

获得足以弹射、抛掷的动能,有利于岩爆的发生。存在明显裂隙、节理的岩体,由于在其形成的过程中,已产生了能量释放,即使后期再经历构造作用,这些地段由于岩体比较破碎,不具备储存大量弹性能的条件,发生岩爆的可能性比较小。因此,岩体完整是影响岩爆等级及爆坑深度的一个指标。岩体的完整性有两层含义:第 1 层含义是几何(宏观形态)完整性,即从结构面发育程度出发来衡量的、肉眼可以看到的岩体完整程度,表征的指标有裂隙间距 D、岩体体积节理数 J_v、岩石质量指标 RQD;第 2 层含义是力学完整性(似完整性),即撇开肉眼的完整性判断,从岩体满足工程荷载的力学需求的角度来评价的岩体完整性,表征的指标主要有岩体体积节理数 J_v、岩体完整性系数 K_v 等。基于工程实际,选取宏观形态下的几何完整性用来评估岩爆区域完整程度,根据《工程岩体分级标准》(GB 50218-94),将其定性划分为三级,如表 4.23 所示,其中结构面结合程度的划分如表 4.24 所示。岩体完整程度三个级别所对应的编码为数字 1,2,3,如图 4.38 所示。

表 4.23 岩体完整程度定性分级

岩体完整程度级别	结构面发育程度		主要结构面的结合程度	主要结构面类型	相应结构类型
	组数	平均间距/cm			
Ⅰ级	1~2	>1.0	结合好或结合一般	节理、裂隙、层面	整体状或巨厚层状结构
Ⅱ级	1~2	>1.0	结合差	节理、裂隙、层面	块状或厚状结构
	2~3	1.0~0.4	结合好或结合一般		块状结构
Ⅲ级	2~3	1.0>0.4	结合差	节理、裂隙、层面、小断层	裂隙块状或中厚状结构
	≥3	0.4~0.2	结合一般		中、薄层状结构

注:平均间距指主要结构面(1~2组)间距的平均值。

表 4.24　结构面结合程度的划分

结合程度	结构面特征
结合好	张开度小于 1mm，无充填物 张开度 1～3mm，为硅质或铁质胶结 张开度大于 3mm，结构面粗糙，为硅质胶结
结合一般	张开度 1～3mm，为钙质或泥质胶结 张开度大于 3mm，结构面粗糙，为铁质或钙质胶结
结合差	张开度 1～3mm，结构面平直，为泥质或泥质和钙质胶结 张开度大于 3mm，多为泥质或岩屑充填

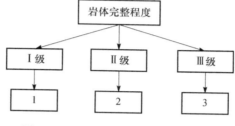

图 4.38　岩体完整程度编码对应结构

（7）支护强度。

岩爆的成因取决于洞室的地应力条件和施工触发等因素。为降低岩爆的危害，很重要的一条就是在洞室开挖后对围岩进行及时支护，这样做不仅可以改善地应力的大小和分布，而且还能使洞室周边的岩体从平面应力状态变为空间三向应力状态，从而达到减轻或避免岩爆危害的目的，而且还能起到有效的防护作用，防止岩块（片）剥落和弹射造成事故。因此，采用不同的支护形式所达到的支护强度是影响岩爆等级及爆坑深度的一个重要因素。对支护强度定性地划分为较低、一般、较高、很高四个等级（具体等级划分标准详见表 4.25），分别编码为数字 0,1,2和 3，如图 4.39 所示。

表 4.25　支护强度分级

序号	支护方案	现场实例	支护强度
I	1）未及时喷层或喷钢纤维或仿钢纤维混凝土及时封闭围岩，厚度约 10cm 2）未及时进行锚杆支护 3）极限总抗冲击能约为 4.7kJ/m²		较低

续表

序号	支护方案	现场实例	支护强度
II	1）开挖后喷钢纤维或仿钢纤维混凝土及时封闭围岩，厚度约 10cm 2）在应力集中区或岩爆频发区布置随机水胀式锚杆，间距 1m 左右，长度 3m，加钢垫片 3）极限总抗冲击能约为 4.7～13kJ/m²	水涨式锚杆	一般
III	1）开挖后喷钢纤维或仿钢纤维混凝土即时封闭围岩，厚度约 10～15cm 2）紧跟系统布置吸能锚杆，间距 1m 左右，梅花形布置，长度 2.5～3.5m，加钢垫板，厚度 10mm，边长 15～20cm 3）极限总抗冲击能为 13～22kJ/m²	普通砂浆锚杆	较高
IV	1）开挖后喷钢纤维或仿钢纤维混凝土即时封闭围岩，厚度约 15cm 2）系统布置吸能锚杆，间距 0.5～1m，梅花形布置，长度大于 4.5m，加钢垫板，厚度 12mm，边长 20～30cm 3）锚杆应与控制性结构面大角度相交 4）挂网，ϕ8mm，@15×15cm，架设钢拱架，间距 0.5～1m 5）复喷钢纤维或仿钢纤维混凝土 15cm 6）钻爆法开挖洞室的支护施工顺序：开挖后立即对开挖面实施喷层封闭围岩，并系统布置吸能锚杆，根据施工组织流程，在后续掘进中实施挂网、架设钢拱架、复喷，完成防岩爆支护 7）TBM 开挖隧洞的支护施工顺序：在 L1 区首先实施喷层封闭围岩，挂网、系统布置吸能锚杆、架设钢拱架，在 L2 复喷 8）极限总抗冲击能约为 22～50kJ/m²		很高

注：若未及时进行相应支护，则支护强度降低一级。

2）输出参数的确定

以岩爆等级和爆坑深度作为神经网络的输出，拟构建的 BP 神经网络模型如图 4.40 所示。其中岩爆等级分为无、轻微、中等、强烈四种情况，分别编码为 0，1，2，3。

图 4.39 支护强度编码对应结构

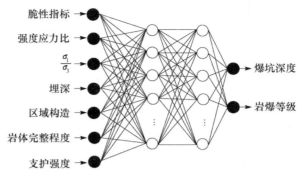

图 4.40　神经网络模型

3）样本数据的获取

以锦屏二级水电站引水隧洞、施工排水洞已发生的 50 个岩爆实例（包含 13 个强烈岩爆、24 个中等岩爆、13 个轻微岩爆情况）为基础，构建如表 4.26 所示的 BP 神经网络学习及测试样本。

表 4.26　BP 神经网络学习及测试样本

样本类别	脆性指标	强度应力比	$\dfrac{\sigma_1}{\sigma_3}$	埋深/m	区域构造	岩体完整程度	支护强度	爆坑深度/m	岩爆等级
学习样本	16.299	1.433	1.414	1700	5	2	2	1	2
	33.366	2.083	1.536	2445	7	2	0	0.8	2
	33.366	2.083	1.536	2445	7	2	1	0.4	1
	33.366	2.070	1.541	2450	1	1	1	0.7	2
	27.439	1.667	1.459	2370	5	1	1	0.3	1
	16.292	1.447	1.426	1680	5	2	1	1.5	3
	33.366	2.457	1.337	2055	4	1	3	0.8	2
	27.439	1.667	1.459	2370	5	2	2	0.8	2
	24.889	1.706	1.49	2400	1	2	3	1	2
	33.088	1.631	1.582	2490	7	2	2	0.3	1
	33.088	1.650	1.572	2480	7	3	2	0.4	1
	27.439	1.996	1.317	1910	7	1	3	2.4	3
	27.439	1.686	1.449	2360	5	2	1	0.8	2
	33.088	1.600	1.44	2540	7	2	1	0.8	2
	33.366	2.331	1.346	2095	4	1	2	1.5	3
	33.366	2.273	1.384	2270	5	3	1	0.8	2
	33.088	1.669	1.562	2470	5	2	2	0.4	1
	27.439	2.033	1.318	1930	7	2	2	0.8	2
	33.088	1.645	1.47	2380	5	2	2	0.3	1

样本类别	脆性指标	强度应力比	$\dfrac{\sigma_1}{\sigma_3}$	埋深/m	区域构造	岩体完整程度	支护强度	爆坑深度/m	岩爆等级
学习样本	27.439	1.754	1.439	2350	3	1	2	1.5	3
	33.366	2.331	1.347	2097	4	2	2	1.5	3
	27.439	1.761	1.512	2422	5	1	3	0.3	1
	33.366	2.451	1.317	1920	7	1	3	1	3
	33.366	2.294	1.349	2109	4	2	3	0.8	2
	33.088	1.645	1.47	2380	5	1	1	0.9	2
	33.366	2.597	1.329	2024	7	1	1	1.5	3
	27.439	2.141	1.322	1985	7	2	3	0.8	2
	33.366	2.049	1.449	2360	1	1	2	0.4	1
	33.366	2.049	1.449	2360	1	1	1	2	3
	27.439	1.980	1.316	1900	5	1	3	1	3
	33.088	1.934	1.345	2090	4	2	3	0.3	1
	33.366	2.123	1.419	2330	8	1	0	0.3	1
	33.088	1.957	1.343	2080	4	2	1	0.3	1
	33.366	2.024	1.459	2370	8	1	1	1	2
	33.366	2.024	1.459	2370	8	1	0	0.6	2
	27.439	2.053	1.319	1940	2	2	2	2.5	3
	33.366	2.000	1.47	2380	8	1	1	1	2
	27.439	1.988	1.32	1890	2	2	2	0.7	2
	33.366	2.000	1.47	2380	8	2	1	0.8	2
	33.088	1.957	1.343	2080	4	1	3	0.8	2
	28.761	2.558	1.426	1680	5	2	2	2.5	3
	33.366	2.053	1.551	2460	1	2	1	0.9	2
	33.366	3.226	1.325	2005	7	1	3	1	3
	16.299	1.447	1.426	1680	1	3	3	0	2
测试样本	29.288	1.815	1.317	1920	4	1	1	0.8	2
	33.366	1.873	1.385	2280	5	1	2	0.8	2
	33.088	2.398	1.414	1700	1	2	3	0	2
	33.366	2.247	1.385	2280	5	1	1	2	3
	33.366	2.463	1.369	2200	6	1	1	0.8	2
	33.366	2.137	1.512	2422	5	2	0	0.3	1

4）样本的相关性分析

相关性分析是指对两个或多个具备相关性的变量元素进行分析，从而衡量两个或多个变量因素的相关密切程度。相关系数是这些变量之间的相关程度的指

标。样本相关系数用 r 表示,相关系数的取值范围为 $[-1,1]$,$r>0$ 为正相关,$r<0$ 为负相关,$r=0$ 表示不相关。$|r|$ 值越大,变量之间的线性相关程度越高;$|r|$ 值越接近 0,变量之间的线性相关程度越低。通常 $|r|>0.8$ 时,认为两个变量有很强的线性相关性。r 的计算公式为

$$r = \frac{\sum\limits_{i=1}^{n}(x_i - \bar{x})(y_i - \bar{y})}{\sqrt{\sum\limits_{i=1}^{n}(x_i - \bar{x})^2 \sum\limits_{i=1}^{n}(y_i - \bar{y})^2}} = \frac{n\sum\limits_{i=1}^{n} x_i y_i - \sum\limits_{i=1}^{n} x_i \sum\limits_{i=1}^{n} y_i}{\sqrt{n\sum\limits_{i=1}^{n} x_i^2 - (\sum\limits_{i=1}^{n} x_i)^2} \sqrt{n\sum\limits_{i=1}^{n} y_i^2 - (\sum\limits_{i=1}^{n} y_i)^2}}$$

(4.21)

式中:x_i 为自变量的标志值;$\bar{x}$ 为自变量的平均值;y_i 为因变量的标志值;$\bar{y}$ 为因变量的平均值;$i=1,2,\cdots,n$;n 为自变量数列的项数。

对神经网络输入数据进行相关性分析,可以进行预分类,处理各输入参数间较强的相关性,并降低输入数据的维数,以提高影响神经网络的训练速度。对 σ_1/σ_3、脆性指标、强度应力比、岩体完整性、区域构造、埋深、支护效果之间的相关系数进行计算,结果见表 4.27。

表 4.27 输入参数间的相关性

输入参数	σ_1/σ_3	脆性指标	强度应力比	岩体完整性	区域构造	埋深	支护效果
σ_1/σ_3	1	—	—	—	—	—	—
脆性指标	0.107	1	—	—	—	—	—
强度应力比	−0.434	0.508	1	—	—	—	—
岩体完整性	0.238	−0.280	−0.295	1	—	—	—
区域构造	0.012	0.212	0.115	−0.115	1	—	—
埋深	0.694	0.541	−0.216	−0.088	0.176	1	—
支护效果	−0.373	−0.236	0.092	0.043	−0.245	−0.445	1

由表 4.27 可知,σ_1/σ_3、脆性指标、强度应力比、岩体完整性、区域构造、埋深、支护效果之间的相关系数在可接受的范围内。

2. 隐含层节点数及初始权值的优化

根据进化-神经网络算法步骤中讨论的参数设置依据及有关理论和经验,神经网络结构参数进化过程中,搜索空间(约束条件)取 2 个隐含层,各隐含层节点数范围为 5～50;主要控制参数包括种群规模为 30 个,杂交概率(交叉概率)0.8,变异概率 0.2;初始权值进化过程中,权值个数在优化过程中随结构参数变

化而定,搜索范围为$-10.0\sim10.0$;种群规模 200 个,杂交概率 0.95,变异概率 0.05;两个进化过程中算法属性参数设置相同,采用二进制编码方案,比例选择机制,适应值为标准代价函数形式(即适应值越小越好),均匀杂交和均匀变异。另外,辅助增加概率为 0.3 的倒置变异算子。BP 网络学习率取 0.1,动量项系数为 0.5;训练终止条件主要采用最佳学习次数控制,因而将其他辅助终止条件设得苛刻一些,最大允许学习次数设为较大值,而将学习和估计截止误差给得很小,分别为 10^{-8} 和 10^{-5}。上述各算法部分参数设置可视化界面如图 4.41 和图 4.42 所示。

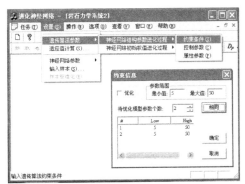 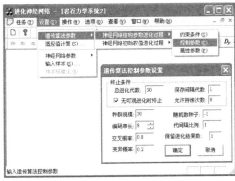

(a) 神经网络结构参数进化过程中参数搜索范围设置　(b) 神经网络结构参数进化过程中控制参数设置

图 4.41　神经网络结构参数进化过程中参数设置

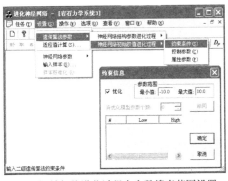 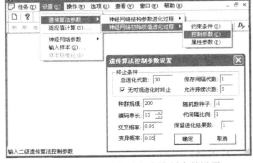

(a) 初始权值进化过程中参数搜索范围设置　　　(b) 初始权值进化过程中控制参数设置

图 4.42　初始权值进化过程中参数设置

遗传算法在执行 7 代(包括初始代)后达到了结构参数进化过程终止条件(进化过程稳定收敛)。图 4.43 给出了进化过程中适应值的变化情况,可以看出，适应值随进化过程逐渐改善并趋于稳定。同时也要注意到，进化初期出现了"假收敛"现象。这些表明采用收敛稳定情况作为终止条件是比较合适的（如果以最大进化代数控制则要进化 50 代，大大增加不必要的计算量），在设定稳定代数时要注意避免"假收敛"陷阱。算法结束后得到最佳适应值为 0.152 282 对应的最佳网络结构参数及两个隐含层的节点数分别为 14 和 17，对应的初始权值个数为 403 个。

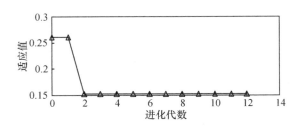

图 4.43　神经网络结构和初始权值进化过程中最佳适应值变化

3. 神经网络模型的优化训练

对神经网络进行训练，输入优化获得的结构参数：学习率 0.1，冲量系数 0.5，两隐含层节点数为 14 与 17，最多允许迭代 2000 次，个体目标与系统目标均为 10^{-8}，测试目标为 10^{-5}，并对输入输出进行标准化，上下界设为 0.9 与 0.1，从样本库文件中读入学习样本与测试样本，执行神经网络训练命令，过程中要求从上面保存的初始神经网络模型中读入优化后的初始权值。设置界面如图 4.44 所示。

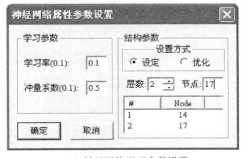

（a）神经网络学习参数设置

（b）BP训练过程控制参数设置

图 4.44　神经网络相关参数设置

图 4.45 给出了神经网络模型训练过程中学习误差和测试误差的变化情况，训练是基于进化-神经网络算法优化的网络结构参数和初始权值进行的。可以看出，

训练过程是稳步进行的,学习误差和测试误差由初期的剧烈调整到后面的缓和到趋于稳定,并且达到了较好的精度水平。这表明进化-神经网络算法对神经网络的结构和初始权值进行了有效的优化选择。

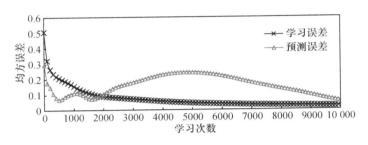

图 4.45 基于优化结构和初始权值的神经网络模型训练过程误差变化

4. 神经网络模型学习效果的检验

图 4.46 和图 4.47 给出了训练后神经网络模型对学习和测试样本的风险估计结果与实际情况的对比分析及线性拟合图。可以看出,无论是对学习样本还是测试样本,都具有较高的估计精度。表明建立的神经网络模型不仅对已知样本,还对那些未参与学习过程的未知样本有着良好的应用效果,因此基于工程地质信息所建立的神经网络模型进行岩爆风险估计是可行并且有效的。

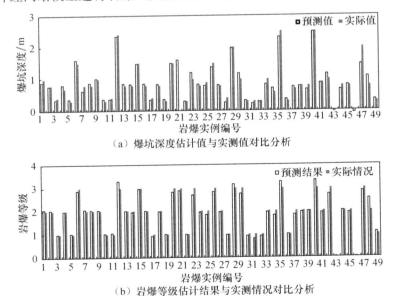

图 4.46 学习样本与测试样本风险估计结果与实际情况对比分析

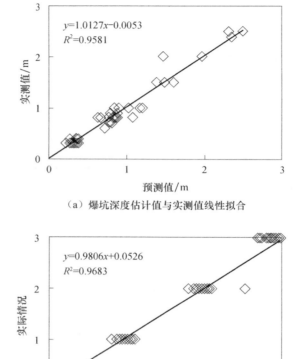

（a）爆坑深度估计值与实测值线性拟合

（b）岩爆等级估计结果与实际情况线性拟合

图 4.47　学习样本与测试样本风险估计结果与实际情况线性拟合

4.4.3　实例分析与工程应用

　　以不同隧洞、不同洞段岩爆实例为例（岩爆实例选取位置如图 4.48 所示），用已建立的神经网络模型估计岩爆的发生。相关信息如表 4.28 所示，构建的样本的输入如表 4.29 所示，利用已建立的神经网络模型进行估计，结果如表 4.30 所示。8 个实例岩爆等级均正确估计，爆坑深度虽存在一定的差异性，但平均绝对误差仅为 0.13m，风险估计样本现场岩爆照片如图 4.49 所示。可以看出以自身工程岩爆实例为学习范例，综合考虑多种影响因素的神经网络岩爆风险估计模型具有较好的估计精度。

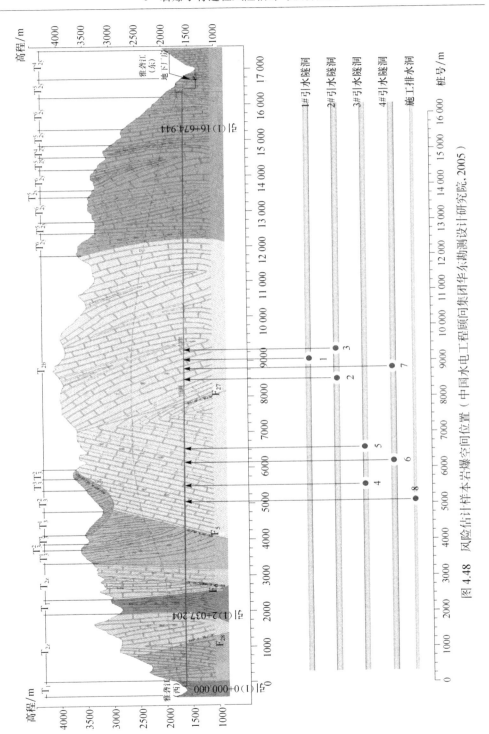

图 4.48 风险估计样本岩爆空间位置（中国水电工程顾问集团华东勘测设计研究院，2005）

表 4.28　风险估计样本基础资料收集

序号	时间(年-月-日)	岩爆桩号	σ_1/MPa	σ_2/MPa	抗压强度/MPa	抗拉强度/MPa	岩体完整性	区域构造	埋深/m	支护效果	爆坑深度/m	岩爆等级
1	2010-12-01	引(1)8+940~8+948	−67.721	−44.006	112.5	4.1	完整	向斜左翼	2448	一般	0.8	中等
2	2010-11-28	引(2)8+310	−64.446	−41.578	112.5	3.4	完整	背斜右翼	2340	一般	0.2	轻微
3	2011-05-24	引(2)9+184~9+188	−62.898	−44.695	112.5	3.4	较完整	向斜右翼	2318	一般	1	中等
4	2011-06-12	引(3)5+809	−54.519	−40.616	99.59	4.1	完整	背斜左翼	2482	无	1.8	强烈
5	2011-06-23	引(3)6+607~6+614	−52.088	−39.044	112.5	3.4	较完整	背斜右翼	2008	一般	0.8	中等
6	2011-10-22	引(4)6+075~6+105	−53.923	−40.848	112.5	3.4	完整	背斜右翼	1958	较好	1.3	中等
7	2011-08-08	引(4)8+827~8+818	−68.982	−43.825	112.5	4.1	较完整	向斜左翼	2482	一般	0.8	中等
8	2011-07-07	排水洞 SK5+051	−59.508	−39.300	136.8	4.1	较完整	背斜左翼	1910	一般	0.9	中等

表 4.29　待估计的岩爆实例神经网络输入信息表

序号	时间(年-月-日)	岩爆桩号	σ_1/σ_3	脆性指标	强度应力比	岩体完整性	区域构造	埋深/m	支护效果
1	2010-12-01	引(1)8+940~8+948	1.539	27.439	1.661	1	1	2448	1
2	2010-11-28	引(2)8+310	1.55	33.088	1.746	1	5	2340	1
3	2011-05-24	引(2)9+184~9+188	1.407	33.088	1.789	2	1	2318	2
4	2011-06-12	引(3)5+809	1.342	24.290	1.827	1	4	2078	0
5	2011-06-23	引(3)6+607~6+614	1.325	33.088	2.16	2	4	2008	1
6	2011-10-22	引(4)6+075~6+105	1.32	33.088	2.086	1	4	1958	2
7	2011-08-08	引(4)8+827~8+818	1.574	27.439	1.631	2	1	2482	1
8	2011-07-07	排水洞 SK5+051	1.317	33.366	2.147	2	4	1910	1

表 4.30 风险估计结果与实际对比

序 号	项 目	风险估计结果	实测值	绝对误差	相对误差/%
1	爆坑深度/m	0.92	1	0.08	8.0
	岩爆等级	2.18	2	—	—
2	爆坑深度/m	0.25	0.3	0.05	16.2
	岩爆等级	0.74	1	—	—
3	爆坑深度/m	0.83	1	0.17	17.0
	岩爆等级	2.1	2	—	—
4	爆坑深度/m	2.26	2	0.26	13.0
	岩爆等级	3.28	3	—	—
5	爆坑深度/m	0.34	0.4	0.06	15.0
	岩爆等级	0.96	1	—	—
6	爆坑深度/m	0.77	1.1	0.33	30.0
	岩爆等级	1.89	2	—	—
7	爆坑深度/m	0.72	0.8	0.08	10.0
	岩爆等级	1.83	2	—	—
8	爆坑深度/m	0.88	0.9	0.02	2.2
	岩爆等级	2.08	2	—	—

（a）引(1)8+940~8+948洞段中等岩爆

（b）引(2)8+310轻微岩爆

（c）引(2)9+184~9+188洞段中等岩爆

（d）引(3)5+809强烈岩爆

（e）引（2）7+650轻微岩爆　　　　　　　　（f）引（4）6+075~6+105中等岩爆

（g）引（4）8+827~8+818中等岩爆　　　　　　（h）排水洞SK5+051中等岩爆

图 4.49　风险估计样本现场岩爆情况（见彩图）

4.5　基于数值模拟的岩爆风险评估方法

在隧洞施工过程数值模拟中，采用可以描述高应力下岩体和结构面非线性力学行为的本构模型、较为准确的地应力状态，通过真实模拟现场地质条件和施工过程，可以仿真模拟开挖支护过程中岩体的力学响应。根据计算获得的结果，采用合适的评价指标，即可分析评价岩体的岩爆风险情况。这里所谈数值模拟方法仍属于静力学方法的范畴。因此，对于实际过程为动态的问题（如岩爆）无法做到真实再现，这也意味着采用静力学数值模拟方法无法直接估计岩爆风险。但依据计算所得结果可对岩爆倾向性做出宏观判断，同时也可为其他评价方法提供基本的信息或依据（如应力集中程度、围岩破坏时能量释放大小、围岩破坏程度和位置等），更准确地说，这些分析均给出了岩爆的必要条件，而非充分条件。本节提出的基于数值模拟的岩爆风险评估方法即期望达到此目标。

下面，首先介绍数值模拟方法的实施步骤，给出作者研究团队提出的局部能量释放率（local energy release rate，LERR）指标（苏国韶等，2006）和破坏接近度 FAI（Zhang et al.，2011），引入能量释放率（energy release rates，ERR，Cook et al.，

1966)和超剪应力(excess shear stress,ESS,Ryder,1988)指标,最后介绍数值模拟
与综合各指标给出的多角度信息的岩爆风险评估方法。

4.5.1　深埋硬岩隧洞施工过程数值模拟方法

　　本节所给出的数值模拟方法主要针对深埋高应力下硬岩隧洞的岩爆风险估计
问题,是在地质条件、地应力条件已经给定的情况下,且结合现场正在实施的开挖
和支护方案开展的。因此,其实施所遵循的步骤更具针对性和具体化,评价方法的
不同也要求采取不同的模拟方法,如局部能量释放率(LERR)、FAI 等要求真实模
拟岩体的非线性力学行为,而 ERR 和 ESS 方法则要求把岩体视为弹性体进行计
算。当然,对于数值模拟本身来讲,非弹性和弹性计算主要体现在所采用的本构模
型上,在模拟方法步骤上是相同的。

　　依据模拟过程所经历的不同阶段,将其分为地质条件和地应力状态提取、模型
构建和边界条件设定、本构模型和力学参数选择、计算和后处理,如图 4.50 所示。
鉴于与地下水渗透的情况下不易发生岩爆的事实,本节不涉及水文地质条件的分
析以及相应的渗流应力耦合问题的模拟分析。

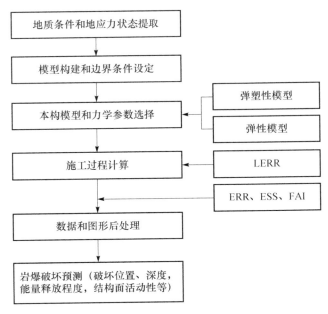

图 4.50　基于数值模拟的岩爆风险估计方法流程图

1. 地质条件和地应力状态提取

(1)在此步骤中需要确定待估计洞段的范围,获得相应的地质条件,由于开挖

尚未揭露,故实际的地质条件尚不得而知,故此时须根据探测、估计或推断的地质条件来分析把握控制性的地质结构,如主要层面和结构面的产状等。

(2) 获得待估计洞段的地应力状态。

2. 模型构建和边界条件设定

(1) 认真分析地质条件,找出控制性地质结构,进行地层材料和地质结构的概化,并量化相关信息。

(2) 掌握待估计洞段的开挖和支护方案,结合已获得的地质条件,确定待开挖洞段洞室尺寸和整个几何模型的尺寸。

(3) 选择合适的单元类型模拟不同的地质材料或地质结构与工程结构,划分网格。

(4) 依据地应力状态和工程结构特征设定边界条件和初始条件。

3. 本构模型和力学参数选择

(1) 基于 LERR 和 FAI 指标的评价方法要求进行弹塑性力学计算,因此,在掌握该洞段岩体力学特性的基础上,应选择能够准确描述岩体非线性力学行为且经过验证的弹塑性本构模型。

(2) 基于 ERR 和 ESS 的评价方法则仅要求进行弹性计算,因此,选择线弹性本构模型即可。

(3) 确定模型中所有材料的力学参数(本构模型所要求的参数),这些参数通常可通过正分析或反分析获得,同时参考室内试验和现场试验的成果。

4. 计算和后处理

1) 开挖和支护过程模拟

根据所掌握的开挖和支护信息,结合已建立的网格模型,进行开挖和支护方案编程控制。进行开挖和支护模拟,在此过程中调用局部能量释放率的计算程序,进行相应的计算。每步开挖完成后调用 FAI 的计算程序进行相应的计算。ERR 和 ESS 等程序均在计算完成后调用。

2) 数据分析与处理

获得模拟得到的应力、变形、LERR、FAI、ERR 和 ESS 等数据,并处理生成分布图、演化曲线等,为岩爆风险估计提供基础数据。

4.5.2　局部能量释放率、能量释放率和超剪应力的基本理论

数值模拟软件一般仅给出应力、变形、塑性区等常用的变量,依据这些变量直接进行岩爆风险估计非常困难,而基于这些变量建立的评价指标则可针对性地给出相关的信息,据此可方便直接的进行评价和估计。本节重点给出了局部能量释放率、能量释放率和超剪应力指标的基本理论。

1. 局部能量释放率(LERR)

自从 Cook 等于 1966 年研究南非金矿岩爆问题时首先提出能量释放率的概念并明确提出岩爆发生次数、规模及对采矿造成的损失与地下开采能量释放率密切相关以来,能量理论的引入,使得用数值计算方法来分析岩爆的发生条件成为可能,从而摆脱了传统理论的约束,使得岩爆研究的手段变得更加广阔。迄今为止,有关高地应力下围岩的稳定性分析与优化指标的研究,国内外不少学者从能量的观点出发,做了大量研究工作并取得了不少很有价值的成果,从不同角度提出了颇具实用价值的能量指标,如弹性能指标、冲击能量指数、能量耗散指标、有效释放率、能量释放率指标等。值得指出的是,传统的能量释放率是一种基于线弹性理论间接反映开挖体瞬间形成的瞬时动应力效应的指标,现已成为世界各国特别是南非的一种衡量深部开采岩爆活动性的重要指标。但该指标在工程应用上还是有着较大的局限性,表现在它的计算是把岩体看成均匀线弹性体,不考虑地质构造的影响,不考虑岩体材料的破坏及其导致的应力重分布,只能在大体上估计岩爆发生的可能性,不能直接判定岩爆发生的位置。

本节从能量的观点和工程应用的角度出发,针对塑性区与传统的能量释放率指标的局限性,在岩体弹塑脆性本构模型的基础上,提出一种高地应力下硬脆性围岩稳定性与优化评价的新指标——局部能量释放率,指标计算与数值计算方法紧密相结合,能够合理定量估计高应力下地下工程开挖过程中岩爆发生的强度和位置。

1) 局部能量释放率指标的原理与计算公式

岩石的失稳破坏就是岩石中能量突然释放的结果,岩石在宏观上表现出能量释放的特点,岩石内部储存的弹性势能释放出来,引起岩石的失稳破坏,在工程中往往体现为岩石的灾变破坏(谢和平等,2005)。

在高地应力地下工程开挖过程中,硬脆性岩体能量急剧释放的现象表现得更加突出。对于高应力和岩体强度矛盾导致的应变型岩爆,破坏特征以岩体局部膨胀或岩石弹射为主,其可以是"自励"的,也可以是"远距离诱发式"的(Kaiser et al.,1996)。"自励"是指岩体在由三向受力状态突然变为单向或双向受力时岩体强度迅速降低,岩体储存的弹性应变能超过岩体的极限储存能,从而导致岩体存储的弹性应变能迅速释放,释放的能量除了能维持岩体继续破坏外,还可能有多余的能量使破碎的岩体产生动能。目前定量探讨大规模岩体存储的能量在峰值荷载后耗散能量规律暂时还比较困难,但一般可以认为局部岩体释放的弹性能量越多,岩体发生岩爆的倾向性越大,岩体破碎的程度和动能越大。"远距离诱发式"是指在远处微震事件应力波的激发下,处于较高应力状态并且接近极限平衡状态的局部围岩获得动能而产生不稳定破坏。而局部岩体能量急剧释放的发生可看作微震事件,它可以成为附近接近极限状态岩体失稳破坏的能量来源。因此,局部岩体释放的能量越大,诱发附近岩体发生应变型岩爆的可能性越大。

为了能够定量分析应变型岩爆的强度,基于岩爆是以能量释放为主要特征的破坏现象的认识,本节提出了局部能量释放率 LERR 的指标,即在岩体中开挖地下洞室时,围岩局部集聚的应变能超过岩体的极限储存能时,单位体积岩体突然释放的能量。该指标是单位岩体脆性破坏时释放能量大小的一种近似表示,可作为反映岩爆强度的一种量化指标。在数值模拟计算中,采用弹脆塑性本构模型,通过追踪每个单元弹性能量密度变化的全过程,记录下单元发生破坏前后的弹性能密度差值,即为该单元的局部能量释放率,记录时忽略上述差值较小的单元,即忽略在某些复杂应力状态下可能发生延性破坏的单元释放能量,保证得到的是脆性破坏单元的能量释放率;再将单元的能量释放率乘以单元体积得到单元弹性释放能,所有脆性破坏单元的弹性释放能总和即为当前开挖步引起的围岩总释放能量,简称弹性释放能(elastic release energy,ERE),计算公式如下:

$$\text{LERR}_i = U_{i\max} - U_{i\min} \tag{4.22}$$

$$\text{ERE} = \sum_{i=1}^{n} \text{LERR}_i \cdot V_i \tag{4.23}$$

式中:LERR_i 为第 i 个单元的局部能量释放率;$U_{i\max}$ 为第 i 个单元脆性破坏前的弹性应变能密度峰值;$U_{i\min}$ 为第 i 个单元脆性破坏后的弹性应变能密度谷值;V_i 为第 i 个单元的体积。

$$U_{i\max} = \frac{\sigma_1^2 + \sigma_2^2 + \sigma_3^2 - 2\nu(\sigma_1\sigma_2 + \sigma_2\sigma_3 + \sigma_1\sigma_3)}{2E} \tag{4.24}$$

$$U_{i\min} = \frac{\sigma_1'^2 + \sigma_2'^2 + \sigma_3'^2 - 2\nu(\sigma_1'\sigma_2' + \sigma_2'\sigma_3' + \sigma_1'\sigma_3')}{2E} \tag{4.25}$$

式中:σ_1、σ_2、σ_3 为单元应变能峰值对应的三个主应力;σ_1'、σ_2'、σ_3' 为单元应变能谷值对应的三个主应力;ν 为泊松比;E 为弹性模量。

该指标的计算是基于弹脆塑性本构模型并全程追踪单元能量变化而实现的。由于考虑了应力路径对岩体能量集聚与释放的影响,能够考虑围岩的能量释放、能量转移、塑性能耗散等一系列复杂的能量动态变化过程。

2) 工程算例分析

为了验证该指标的有效性和适用性,对位于四川省岷江的太平驿水电站引水隧洞进行计算分析。该隧洞全长 10.5km,断面为圆形,开挖直径约 10m,垂直埋深 200~600m,地处高地应力区,现场实测地应力最大主应力 σ_1 为 31.1MPa,最小主应力 σ_3 为 10.4MPa,中间主应力 σ_2 为 17.8MPa。1992 年 K2+330~2+412 洞段开挖后诱发岩爆,一次爆落岩石 200m³,岩爆部位为靠山坡侧拱部(何德平,1993),岩爆坑断面如图 4.51 所示。该洞段花岗岩岩体的力学参数见表 4.31。

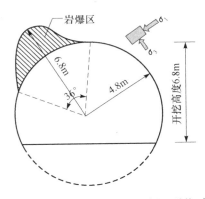

图 4.51　K2+330~2+412 洞段岩爆坑断面形状(何德平,1993)

表 4.31　太平驿水电站花岗岩力学参数

变形模量/GPa	泊松比	黏聚力峰值/MPa	黏聚力残余值/MPa	黏聚力临界塑性应变/%	摩擦角峰值/(°)	摩擦角临界塑性应变/%	抗拉强度/MPa
31	0.2	35.5	3.5	0.16	42.8	0.45	10

选取该工程总长 48m 的 K2+350~2+398 洞段进行局部能量释放率的计算分析。对比分析表明,计算所得的塑性区位置、深度与现场情况基本吻合,如图 4.52(a)所示。图 4.52(b)为计算所得局部能量释放率分布图,可见,其不仅圈定出了岩爆破坏发生的位置和范围,而且能定量给出不同部位岩爆时能量释放的强度。

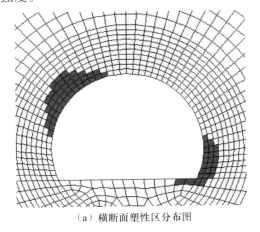

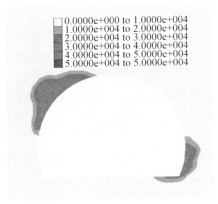

| 0.0000e+000 to 1.0000e+004 |
| 1.0000e+004 to 2.0000e+004 |
| 2.0000e+004 to 3.0000e+004 |
| 3.0000e+004 to 4.0000e+004 |
| 4.0000e+004 to 5.0000e+004 |
| 5.0000e+004 to 5.0000e+004 |

　　(a)　横断面塑性区分布图　　　　　(b)　横断面 LERR 分布图(单位:J/m³)

图 4.52　采用 LERR 计算所得结果

2. 能量释放率(ERR)

能量释放率(ERR)自被 Cook 等(1966)引入后,已经成为目前应用最广泛的评价完整岩体应变型岩爆倾向性的指标(Board,1994),被用于工作面形式和矿柱布置方式的设计等(Tang,2000)。许多研究者研究了 ERR 和岩爆灾害之间的联系,并在南非金矿中发展成为了一种岩爆风险估计工具(Salamon,1993)。

Salamon(1993)研究了地下开采过程中的能量转换原理,将整个洞群分成 m 步开挖,则动态开挖过程中某一特定开采步骤的围岩释放能量为

$$W_r = \frac{1}{2} \int_{S_m} u_i^c T_i^p \, ds \tag{4.26}$$

式中:W_r 为某一动态开挖步骤中围岩释放的能量;S_m 表示由于本步开挖而暴露出的表面积;u_i^c 为开挖引起的围岩次生位移;T_i^p 为本步开挖前围岩中的表面牵引力。将本开挖步 W_r 除以开挖岩体总体积 V,则得到本开挖步的 ERR:

$$ERR = W_r/V \tag{4.27}$$

地下开挖不是一次完成,而是一个分步开挖的复杂过程,将开挖过程中各开挖步释放的能量累计求和,即得到开采过程中围岩释放的总能量,除以总开挖体积,便得到能量释放率。

3. 超剪应力(ESS)

由于能量释放率(ERR)是一种基于连续介质的能量方法,只能对完整岩体应变型岩爆倾向性进行评价,它忽略了高应力导致岩体中结构面滑移产生的断裂型岩爆(Board,1994)。基于对断裂型岩爆源于地质不连续面不稳定剪切滑移机制的认识,Ryder(1988)提出了超剪应力(ESS)的概念,将其表达为不连续面滑移前的剪应力与其动态剪切强度之差

$$ESS = \tau_e = |\tau| - \mu_d \sigma_n \tag{4.28}$$

式中:τ_e 为超剪应力;τ 为不连续面滑移前的剪应力;μ_d 为不连续面的动摩擦系数;σ_n 为不连续面上的正应力。

地质不连续面的启动是由于某个部位的剪应力超过了其静态剪切强度 τ_s (即 $\tau \geqslant \tau_s$),τ_s 的表达式为

$$\tau_s = c + \mu_s \sigma_n \tag{4.29}$$

式中:τ_s 为不连续面滑移前的静剪切强度;c 为不连续面的黏聚力,被面内的充填物或者凸起咬合或粘结程度所控制;μ_s 为不连续面的静摩擦系数。

当不连续面的某个部位剪切破坏启动,将引起该部位两侧结构面剪切破坏的连锁反应,并最终导致其动态滑动(Ryder,1988)。因此,地质不连续面上的剪应力与静态剪切强度之间的关系对于评价断裂型岩爆是否发生至关重要。

通过基于连续介质的弹性计算得到工程区的应力场,然后根据各不连续面的走向和倾角,计算其剪应力,结合不连续面的静态剪切强度可评估剪切滑动事件是否发生(Board,1994)。Goodman(1980)给出了三维空间上不连续面上的正应力和剪应力的计算方法,此处不再赘述。

4.5.3 基于数值模拟的岩爆风险评估方法的建立

在本节所提出的方法中将应用 LERR、FAI、ERR 和 ESS 四个指标。各个指标计算所采用的数值模拟方法、本构模型,以及计算得到可供岩爆风险评估使用的信息如表 4.32 所示。可见,LERR 和 ERR 均与能量相关,但所表达能量的计算方法和意义不同,LERR 描述了围岩局部发生破坏时释放能量的大小。因此,它能给出破坏或能量释放的大小、位置、范围和深度等信息,其侧重于准确描述岩体的非线性力学行为;而 ERR 则从整体上给出一个开挖步所引起的单位体积内释放的多余能量,而不关心局部问题,也不能描述岩体峰后变形破裂行为,但由于缺乏能量释放率大小的参考值,ERR 更适合开挖方案的评价。FAI 虽然也侧重描述岩体的非线性力学行为,但与 LERR 不同,其侧重描述岩体变形破裂的程度和应力集中程度,而不描述能量变化。ESS 指标只关心结构面的强度。

表 4.32　基于数值模拟的岩爆风险评估方法中采用的指标及所提供的信息

指标	数值模拟方法	本构模型	提供信息			
LERR	FEM、FDM、细胞自动机等数值方法,ESS 计算还可采用离散元方法	弹脆塑性模型(应变软化、劣化或其他描述硬岩力学行为的模型)	能量释放集中位置	能量释放范围	最大释放能所处位置和深度	最大释放大小
FAI			破坏位置	破坏范围	破坏区深度	破坏程度
ERR		弹性模型	能量释放率大小			
ESS		弹性模型	结构面滑动与否			

不同的岩爆类型具有不同的内在力学机制和外在表现特征。因此,在风险评估时,应针对性的结合不同指标所表达的不同物理意义,采用相应的指标或指标组合。对于待评估洞段应事先分析地质勘探或探测的结果,预估前方岩爆的类型。若为应变型岩爆,则采用 FAI、LERR 和 ERR 指标进行岩爆风险评估和开挖方案评价,若存在控制性结构面,则可能发生应变-结构面滑移型岩爆或断裂型岩爆,涉及结构面的稳定性和岩体局部应力型破坏问题,对于前者可采用 ESS 指标来评价,而后者则采用 FAI 和 LERR 指标来进行分析。通过这些分析可得到岩爆可能发生的位置,岩体破坏的范围、深度、程度以及破坏时不同部位释放能量的大小。最后将分析得到的信息与烈度等级表对比,给出岩爆烈度的估计。该方法的分析思路如图 4.53 所示。

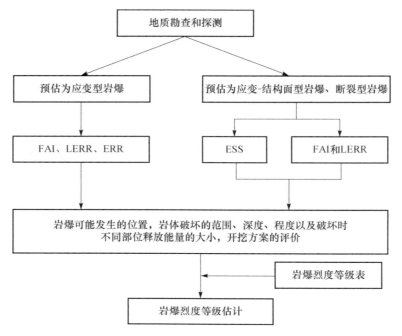

图 4.53　基于数值模拟的岩爆风险评估方法

需要注意的是,由于缺乏相应的能量准则,目前尚无法根据 LERR 和 ERR 指标所给出的能量大小来给出岩爆剧烈程度的绝对表述,有待大量工程实例的统计分析。

1. 应变型岩爆数值模拟风险评估方法

为了便于说明采用 LERR、ERR 和 FAI 等指标进行岩爆风险评估的方法,本节以锦屏二级水电站深埋引水隧洞埋深 1900m 强烈岩爆洞段为例加以解释。不同烈度等级的应变型岩爆,该方法的应用是相同的。

2♯引水隧洞在埋深 1900m 的引(2)11+027~11+046 洞段北侧边墙至拱肩部位发生了强烈的应变型岩爆,如图 4.54(a)所示,爆坑深度达 2m,岩爆后的隧洞轮廓线如图 4.54(b)所示,岩层为 T_{2b} 大理岩。该洞段岩体完整,力学参数如表 4.33 所示,地应力如表 4.34 所示。

1) 基于 LERR 指标的分析

通过弹脆塑性计算获得隧洞横剖面的 LERR 分布如图 4.55 所示。可直观地看到,局部能量释放区在北侧拱肩发育最深,发育范围最大,LERR 值也最大,可达 $1 \times 10^5 \mathrm{J/m^3}$,最大值所处深度约为 1.5m。根据这些信息可以获得以下评估结果:此洞段可能岩爆的位置在北侧拱肩,深度约为 1.5m。

（a）现场照片

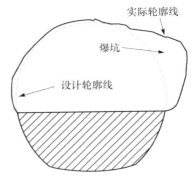

（b）断面轮廓线

图 4.54　2♯引水隧洞北侧边墙至拱肩强烈岩爆（见彩图）

表 4.33　锦屏 T_{2b} 大理岩力学参数

弹性模量/GPa	泊松比	黏聚力峰值/MPa	黏聚力残余值/MPa	黏聚力临界塑性应变/%	摩擦角初始值/(°)	摩擦角峰值/(°)	摩擦角临界塑性应变/%	剪胀角/(°)
18.9	0.23	15.6	7.4	0.45	25.8	39.0	0.90	10

表 4.34　埋深 1900m 洞段的地应力状态（据可研阶段估计）

埋深/m	σ_x/MPa	σ_y/MPa	σ_z/MPa	τ_{xy}/MPa	τ_{yz}/MPa	τ_{xz}/MPa
1900	−48.54	−49.97	−51.46	−0.35	−3.23	5.82

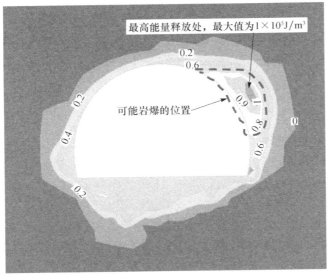

图 4.55　隧洞横剖面内 LERR 分布图（单位：$\times 10^5$J/m³）

2）基于 FAI 指标的分析

FAI 本身是描述开挖后岩体破裂损伤程度和应力危险性的指标，因此，严格来说，通过 FAI 指标只能估计围岩应力型损伤破坏，至于这种破坏是否为岩爆很难确定，但其可总体上描述岩爆的破坏位置、范围、深度和程度。

FAI 分布也由弹脆塑性计算获得，如图 4.56 所示。可见，围岩破坏（FAI≥2）主要发生在北侧拱肩至边墙和南侧拱脚。在北侧拱肩位置最大 FAI 值为 2.7，南侧拱脚位置为 3.0，最大破坏深度约为 1.7m。根据这些信息可得到如下评估结果：该洞段可能的岩爆破坏位置在北侧拱肩至边墙、南侧拱脚，最大破坏深度约为 1.7m，北侧拱肩破坏区分布范围大，南侧拱脚破坏区分布范围小，破坏程度相对更为严重。

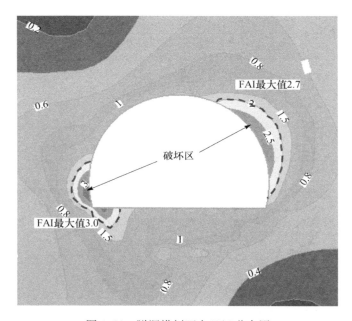

图 4.56　隧洞横剖面内 FAI 分布图

3）基于 ERR 指标的分析

通过弹性计算可以得到每步开挖后的 ERR 值，但是由于缺乏评价准则，即 ERR 与岩爆的关系，故无法根据获得的 ERR 值评判是否发生岩爆以及岩爆的烈度。该方法适合用来进行施工方案对比评价。

对于埋深 1900m 的 TBM 开挖洞段，采用全断面掘进和先导洞后 TBM 掘进两种方案进行比较。全断面开挖后计算得到的 ERR 值为 0.24MJ/m³，而先导洞开挖后 TBM 掘进时得到的 ERR 值为 0.14MJ/m³，明显小于全断面掘进时的情况，说明后者可能的岩爆风险、岩爆的烈度明显低于前者。

4）分析结果

综合以上分析表明，该洞段可能的岩爆破坏位置在北侧拱肩至边墙、南侧拱脚，最大破坏深度约为 1.7m，北侧拱肩破坏区分布范围大，南侧拱脚破坏区分布范围小，破坏程度相对更为严重；最大能量释放源处于北侧拱肩，深度为 1.5m，由此可判断该洞段可能发生强烈应变型岩爆，实际发生岩爆情况如图 4.54 所示。

2. 应变-结构面滑移型岩爆数值模拟风险评估方法

根据结构面在岩爆孕育和发生过程中所起作用的不同，存在两种情况：一种是围岩内存在控制性结构面或者隧洞附近存在断层时，开挖扰动可能导致结构面上剪应力增大，并在达到一定程度后引起结构面突然错动，导致剧烈的能量释放和地震波冲击作用，从而诱发围岩剧烈破坏即岩爆；另一种情况是结构面的存在导致结构面尖端或附近岩体内应力分布的奇异性，造成局部高能量的积聚并在破坏时剧烈释放从而发生岩爆。前者主要由结构面失稳造成的，而后者在本质上更偏于应变型岩爆的特征。然而，在实际工程中，特别是岩爆风险估计中，准确区分二者几乎是很难的。因此，同时采用 ESS、FAI 和 LERR 指标进行分析可很好地解决这一问题。

本节以锦屏二级水电站施工排水洞"11-28"极强岩爆为例来说明此岩爆风险估计方法。该洞段为 TBM 开挖，开挖洞径为 7.2m，埋深为 2300m，在顶拱围岩内存在一条 NWW 向（与隧洞轴向近似平行）隐性结构面，倾角约 40°~50°，如图 4.57 所示。

图 4.57 施工排水洞"11-28"极强应变-结构面滑移型岩爆的结构面（见彩图）

1）基于 ESS 指标的分析

经弹性计算得到开挖后结构面上的剪应力与静剪切强度的对比如图 4.58 所示。可见，结构面剪应力超过了某静剪切强度，结构面具备滑动的必要条件。据此评判，该洞段可能发生岩爆。

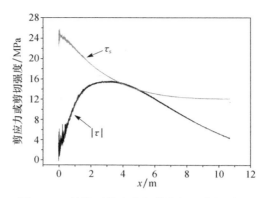

图 4.58　结构面剪应力与静剪切强度的对比

2) 基于 FAI 和 LERR 指标的分析

对于岩爆造成破坏的规模,根据结构面与开挖面的相对关系和产状可预估岩爆破坏的范围和深度,从而对其规模做出预判。此时,可借助于前述的弹脆塑性分析方法,进行 FAI 分析。图 4.59 为计算获得该洞段横剖面内围岩的 FAI 分布图。可见,破坏区(FAI≥2)在整个隧洞周边都有发育(范围),受结构面影响,顶拱深度最大,可达 8m 左右,结构面下盘岩体全部破坏。据此可知,此处可能发生极强岩爆的风险极大。

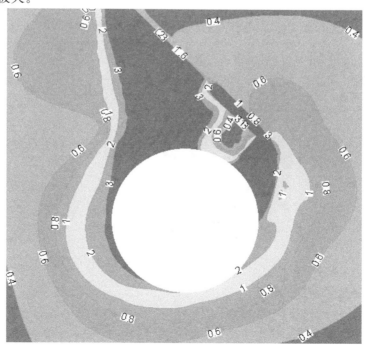

图 4.59　施工排水洞"11-28"极强岩爆洞段计算所得 FAI 分布图

图 4.60 为计算获得的该洞段横剖面内围岩的 LERR 分布图。可见,能量释放最大值分布在三个位置:一是结构面靠近隧洞开挖面部位,开挖扰动大,造成结构面上局部剪应力增大,破坏时释放非常大的能量;二是结构面下盘岩体,即顶拱正上方岩体内,说明结构面对应力场传播的阻断作用还会造成下盘岩体内能量集聚,并在达到一定程度后释放出来;三是南侧拱脚,主要由原岩应力决定,受结构面影响不大。这些部位的 LERR 均为 $1.4 \times 10^5 \mathrm{J/m^3}$,大于该值的范围远大于图 4.55 所示的强烈岩爆的情况。由此分析表明,此处发生极强岩爆的风险极大。

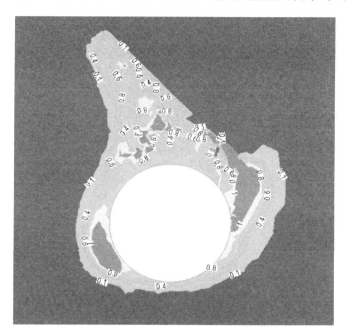

图 4.60　施工排水洞"11-28"极强岩爆洞段计算所得 LERR 分布图(单位:$\times 10^5 \mathrm{J/m^3}$)

3) 分析结果

以上分析表明,该处结构面在开挖过程中不稳定,可能诱发的顶拱围岩破坏,最大深度达 8m 左右,最大局部能量释放源处于结构面及下盘岩体内。因此,判断该处可能发生极强应变-结构面滑移型岩爆,实际岩爆情况如图 4.57 所示。

本节提出的岩爆风险评估方法中所采用的数值模拟方法可以综合考虑复杂洞形、地应力条件、地质条件和开挖方案等多种对岩爆有着重要影响的因素,比单因素方法更加科学。该方法在数值计算的基础上针对不同的岩爆类型采用多种评价指标,涵盖高应力作用下围岩破坏、局部能量释放、总体能量释放、结构面稳定性等多个方面,针对同一个问题给出多角度分析并进行综合评估,获得的评估结果更加准确合理。当然,这些优势限定在该方法所建立的理论框架内,对该方法的延伸评价尚需大量的工程实例应用检验。

4.6 基于微震信息演化规律的深埋隧洞岩爆预警方法

3.6.3～3.6.5 节分形研究表明，深埋隧洞即时型岩爆的孕育及发生过程中，微震事件的萌生具有时间分形特征、能量分形特征和空间分形、成核特征，这说明即时型岩爆孕育过程中微震活动性存在一定的自相似性特征。因此，基于微震活动性（事件的时间和空间及其能量）的演化规律，可以进行深埋隧洞即时型岩爆的风险估计与预警。

本节首先系统分析某区域上微震活动性演化规律与该区域上岩爆等级的关系，提出基于微震信息演化规律的深埋隧洞岩爆风险预警方法，即利用该区域上监测到的微震信息演化规律预估未来该区域岩爆等级及其概率的方法以及如何利用后续监测到的微震信息对岩爆等级及其概率进行预警的动态更新方法，然后结合锦屏二级水电站引水隧洞和排水洞的实例，给出各等级岩爆概率预警方法的确定结果，并进行应用，分析可用性和进一步发展的空间。

4.6.1 预警方法的建立

1. 总体思路

图 4.61 给出了基于微震信息演化规律的深埋隧洞岩爆风险预警方法建立及应用的流程和组成构架。预警方法的建立包括以下 4 个方面：

（1）确定岩爆风险预警区域以及用来岩爆预警的微震参变量。

（2）收集岩爆实例，建立岩爆实例数据库，提炼不同等级岩爆孕育过程中预警区域微震参变量的特征值。

（3）分析微震参变量与岩爆等级之间的关系，构建各个微震参变量的不同岩爆等级的概率分布函数。

（4）分析岩爆孕育过程中各微震参变量之间的关系及重要性，建立包含所有微震参变量的岩爆等级及其概率预警公式。

岩爆等级及其概率预警公式的数学形式为

$$P_i = \sum_{j=1}^{6} w_j P_{ji} \tag{4.30}$$

式中：P_i 表示 i 等级岩爆发生的概率，i 表示岩爆等级：极强岩爆、强烈岩爆、中等岩爆、轻微岩爆和无岩爆，其下标依次记为 E、S、M、W 和 N；j 表示微震参变量，包含累积事件数（N）、累积释放能量（E）、累积视体积（V）、微震事件率（$\dot{N}$）、能量速率（$\dot{E}$）和视体积率（$\dot{V}$）共 6 个参数；w_j 表示微震参变量 j 的权系数；P_{ji} 表示基于微震参变量 j 的 i 等级岩爆的概率分布函数。

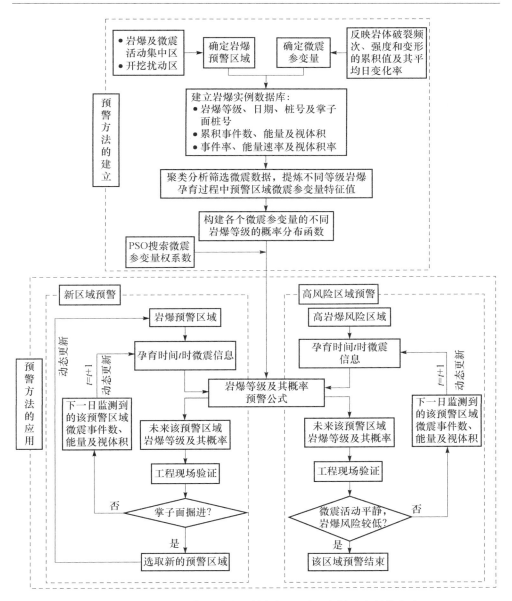

图 4.61　基于微震信息演化规律的深埋隧洞岩爆风险预警方法

基于微震信息演化规律的岩爆预警方法的应用包括以下 4 个方面：

(1) 选取岩爆预警区域,获取该区域微震参变量累积值及其平均日变化率。

(2) 根据岩爆等级及其概率预警公式对未来该预警区域岩爆等级及其概率,进行预警。

(3) 若掌子面向前掘进,则向前推进前一天掘进进尺,更新区域进行预警;若掌子面未掘进,则将下一日监测到的该预警区域微震参变量值累加到该区域微震信息中,动态更新预警区域微震参变量累积值及其平均日变化率。另一方面,若原预警区域为高风险岩爆区域,则将下一日监测到的该预警区域微震参变量值累加到该区域微震信息中,动态更新原预警区域微震参变量累积值及其平均日变化率。

（4）根据岩爆等级及其概率预警公式,输入上述更新后的预警区域微震参变量累积值及其平均日变化率,对新预警区域或原预警区域未来岩爆等级及其概率进行预警。转到（3）,连续进行该区域的岩爆等级及其概率预警,直至预警工作结束。这样,可以以一天为时间单元,及时进行岩爆的动态预警。

2. 深埋隧洞岩爆预警区域的确定

对岩爆及其微震活动规律进行研究时首先要确定研究的区域,研究区域应包含岩爆的实际发生区域及揭示其孕育演化规律的微震活动区域,但在风险估计时并不清楚岩爆实际发生的位置。因此,预警区域的合理选取成了一个关键难题。综合考虑多方面因素,建议深埋隧洞岩爆风险预警区域的确定方法如下:预警区域跟随隧洞开挖掌子面,X 轴方向始终包含掌子面前方 x_a 区域至后方 x_b 区域,如图 4.62(a) 所示,整个区域随掌子面的移动而移动;Y 轴方向包含洞轴线一侧 y_l 区域至另一侧 y_r 区域;Z 轴方向包含洞轴线下方 z_d 区域至上方 z_u 区域,如图 4.62(b) 所示。其中 x_a、x_b、y_l、y_r、z_d 和 z_u 的具体值取决于现场岩爆、微震以及隧洞开挖扰动区域,针对不同的工程它们的取值可能不同。针对同一工程,统一尺寸的分析区域有助于对不同等级岩爆孕育过程中该区域内的微震参变量进行对比,通过对所选区域内的微震参变量进行定量分析,可获取不同等级岩爆孕育过程中的微震活动规律。

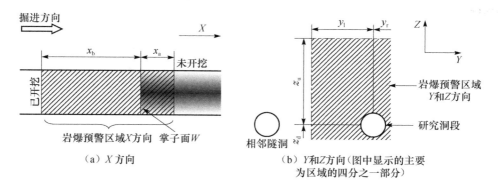

图 4.62　岩爆预警区域选取示意图

岩爆风险预警区域的选取方法及其范围具体值的确定主要依据以下两个方面的内容。

1）岩爆及微震活动集中区

岩爆预警区域的选取应尽量包含岩爆发生的区域，最理想的情况是完全包住岩爆发生区域。据统计分析，深埋隧洞中即时性岩爆主要发生于掌子面及其附近。因此，预警区域可以始终包含掌子面，整个区域随掌子面的推进而推进，从而确保绝大部分岩爆均包含在预警区域内。锦屏二级水电站辅助洞揭示（张镜剑和傅冰骏，2008），岩爆多在新开挖的工作面附近发生，个别的距离新开挖工作面稍远。锦屏二级水电站微震监测钻爆法开挖深埋隧洞，岩爆与掌子面的轴向位置关系如图4.63所示，岩爆主要集中于掌子面及后方 15m 范围内。以上数值可为 x_b 的确定提供依据。

微震活动揭示岩体内的破裂或破裂面的滑移情况，岩爆预警区域的选取应包含主要微震活动区域。研究表明深埋隧洞中微震活动主要发生于掌子面附近，这是预警区域始终包含掌子面，整个区域随掌子面的推进而移动的另一个重要原因。根据微震源定位结果，对微震事件分布规律进行统计，获取微震事件的主要分布区域。

图 4.64 为锦屏二级水电站微震监

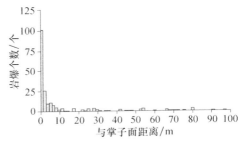

图 4.63　锦屏二级水电站微震监测钻
爆法开挖深埋隧洞岩爆分布

测钻爆法开挖深埋隧洞微震事件在 X、Y 和 Z 方向的主要分布规律，三个图形均具有以下特征：两端低，中间高，左右几乎对称，高峰位于正中央，分别向左右两侧逐渐均匀下降，具有正态分布的性质。正态分布的概率密度函数公式如下：

$$f(x) = \frac{1}{\sqrt{2\pi}\sigma} e^{-\frac{(x-\mu)^2}{2\sigma^2}} \tag{4.31}$$

式中：μ 为均数；σ 为标准差；x 为变量。

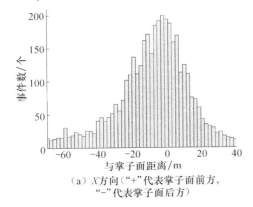

（a）X 方向（"+"代表掌子面前方，
"-"代表掌子面后方）

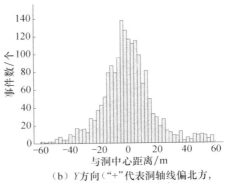

（b）Y 方向（"+"代表洞轴线偏北方，
"-"代表洞轴线偏南方）

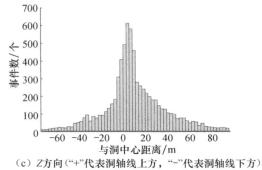

（c）Z方向（"+"代表洞轴线上方，"-"代表洞轴线下方）

图 4.64　锦屏二级水电站微震监测钻爆法开挖深埋隧洞微震事件分布

正态曲线下，横轴 x 区间 $(\mu-\sigma,\mu+\sigma)$ 内的面积为 68.27%，$(\mu-1.96\sigma,\mu+1.96\sigma)$ 内的面积为 95.45%。经正态函数拟合后，X、Y 和 Z 方向微震事件分布分别近似服从均数为 $\mu_x=-0.05,\mu_y=-8.32$ 和 $\mu_z=-7.61$，标准差为 $\sigma_x=20.23$、$\sigma_y=17.95$ 和 $\sigma_z=21.85$ 的正态分布。在隧洞中微震源一般位于传感器阵列之外，微震事件定位在 Y 和 Z 方向存在的误差一般较 X 方向大。因此，在 X 方向取 $(\mu_x-\sigma_x,\mu_x+\sigma_x)=(-28.55,11.91)$，$Y$ 方向取 $(\mu_y-1.96\sigma_y,\mu_y+1.96\sigma_y)=(-35.22,35.13)$ 和 Z 方向取 $(\mu_z-1.96\sigma_z,\mu_z+1.96\sigma_z)=(-35.22,50.44)$ 为微震事件主要分布范围，即约为掌子面后方 30m 至前方 10m、洞轴线左右各 35m 和洞轴线向下 35m 至向上 50m 的区域为微震事件主要分布区域。

2）开挖扰动区

掌子面开挖卸荷是诱发岩爆的主要因素之一，岩爆预警区域的选取有必要考虑开挖卸荷扰动区的范围。深埋隧洞的开挖卸荷扰动区主要分布于掌子面附近，对应高岩爆风险，这也是分析区域始终包含掌子面、整个区域随掌子面的推进而移动的原因之一。现场监测结果表明，锦屏二级水电站微震监测钻爆法开挖深埋隧洞开挖后掌子面前后影响的范围要大于掌子面后 2 倍洞径到前方 0.5 倍洞径。另外，利用数值计算软件模拟掘进过程得到的全收敛曲线（张传庆等，2009），从其模拟结果中可以看出变形主要集中于掌子面前方 1 倍洞径到后方 2 倍洞径范围。岩爆预警区域的选取可综合考虑上述现场试验和数值模拟的结果，以上数值可为 x_a 和 x_b 的确定提供依据。

深埋隧洞中，随着掌子面频繁不断向前移动，岩爆预警区域的选取可以充分考虑该特点。另外，为了保证风险预警的工程指导意义，预警区域的范围不应选得太大。以上分析可为 x_a 以及 x_b 的确定提供依据。

根据以上分析，最终可确定隧洞岩爆风险分析区域。对于锦屏二级水电站微震监测钻爆法开挖深埋隧洞，综上所述，选取 $x_a=10$m，$x_b=-30$m，$y_l=y_r=35$m，$z_d=35$m 和 $z_u=50$m。

随着掌子面的推进,预警区域跟随掌子面移动,但当原选定区域为高岩爆风险区域时,可同时选定两类区域,一类为跟随掌子面移动的区域,另一类为原高风险区域。

3. 微震参变量选取

初步选用最常用的与微破裂活动密切相关、能反映监测区岩爆孕育规律的微震活动参变量:微震事件数、能量以及视体积。微震活动统计分析若能考虑时间机制,在一定程度上可以提高预警的准确性。因此,分析上述微震参数的特点,考虑时间因素,最终选取的微震参变量包括两大方面:一是反应岩体总破裂次数、强度和变形的累积微震参变量:累积事件数、累积能量和累积视体积;二是反应破坏时间效应的岩体平均破裂速率、能量和变形演化的微震参变量:事件率、能量速率和视体积率。将上述参数相互结合共同判断,避免单一因素的片面性。各微震参变量的定义与特点如下:

(1) 微震事件数。由于围岩应力场的变化,引起围岩体的错动、开裂等变化,而产生应力波,岩体每释放一次弹性应力波称为一个微震事件。累积事件数(N)可用于破裂源的活动性和破裂动态变化趋势的评价,该参数直接通过波形的滤噪定位获取。

(2) 能量。将空间单元内的每个事件微震能量进行累加即可得累积释放能量(E),不管是较多小能量事件或者事件较少但单个事件能量较大,只要累积释放能量越大,该区域岩体整体的破裂就越强。

(3) 视体积。累积视体积(V)反映岩体的损伤程度,常用于描述围岩破坏变形的程度。

(4) 微震事件率。单位时间内微震事件数,时间按天计算。微震事件率($\dot{N}$)反映了微震的频度和岩体的破坏过程,反映随时间的平均演化规律。

(5) 能量速率。单位时间内岩体微震辐射能量,时间按天计算。能量速率($\dot{E}$)是岩体破裂强度演化的重要标志。

(6) 视体积率。单位时间内岩体非弹性变形区岩体的体积,时间按天计算。视体积率($\dot{V}$)是岩体破裂变形变化程度的重要标志。

微震事件数说明选定预警区域内微破裂的集结程度,能量与视体积体现微破裂的强度和尺寸,将其累积值与平均日变化率相结合,能较好的综合说明岩体内部破裂或滑移的性质。

上述时间单位均为天,当预警区域的微震活动非常活跃,可以考虑以小时为时间计算单元。当预警区域在 t 天后的 h 小时内产生了大量微震信息($dN_{t+h/24}$、$dE_{t+h/24}$、$dV_{t+h/24}$),则可将 h 小时内的微震信息等效折算为第 $t+1$ 天的微震信息

$(\mathrm{d}N_{t+1}、\mathrm{d}E_{t+1}、\mathrm{d}V_{t+1})$,换算公式为

$$\mathrm{d}N_{t+1} = \mathrm{d}N_{t+h/24}\frac{24}{h}, \quad \mathrm{d}E_{t+1} = \mathrm{d}E_{t+h/24}\frac{24}{h}, \quad \mathrm{d}V_{t+1} = \mathrm{d}V_{t+h/24}\frac{24}{h} \quad (4.32)$$

式中:t 为天数,每天 24h,刚开始时,t 可以等于 0。

4. 岩爆实例数据库

按照所建立的岩爆预警区域选取方法,结合微震实时监测结果,对现场不同等级岩爆孕育过程中岩爆预警区域内的微震参变量进行统计,建立岩爆实例数据库。

岩爆实例数据库包含不同等级岩爆的发生日期和区域,掌子面桩号以及微震参变量信息,通过分析不同等级岩爆孕育过程中微震参变量特征,可获取岩爆等级与微震参变量之间的定量关系,为提炼岩爆综合预警公式提供基础。

根据锦屏二级水电站钻爆法开挖深埋隧洞洞段岩爆及微震监测情况,整理基于完整连续微震监测数据的不同等级岩爆实例,由于监测洞段无极强岩爆,建立了包含无、轻微、中等和强烈岩爆 4 种等级的实例数据库。目前,累计收集实例 93 例,其中,无岩爆 34 例,轻微岩爆 21 例,中等岩爆 25 例,强烈岩爆 13 例。表 4.35 给出了实例的基本信息示例,包括岩爆等级、岩爆日期、岩爆桩号、微震参变量信息以及岩爆当日掌子面桩号,其中为了便于统一比较,部分微震参数值以对数的形式给出。其余实例均以表 4.35 中实例相同格式统计和记录。图 4.65~图 4.68 对应给出这些岩爆孕育过程中微震活动演化规律,由图可以看出,不同等级岩爆孕育过程中的微震参变量特征是不同的,这说明了通过实例分析可获取不同等级岩爆与微震参变量之间的对应关系,从而可以提炼岩爆综合预警公式,为岩爆的预警提供依据。

表 4.35　锦屏二级水电站微震监测钻爆法开挖深埋隧洞岩爆实例统计示例

实例序号	岩爆等级	时间 (年-月-日)	岩爆桩号	掌子面桩号	累积事件数/个	累积释放能量对数 $\lg E$/J	累积视体积对数 $\lg V$/m³	事件率/ (个/天)	能量速率对数 $\lg \dot{E}$ /(J/天)	视体积率对数 $\lg \dot{V}$ /(m³/天)
3	强烈	2011-01-11	SK8+709 附近	SK8+706	49	6.419	4.995	12.3	5.817	4.393
16	中等	2011-05-20	引(2)9+177~180	引(2)9+180	14	5.841	4.622	1.6	4.887	3.668
39	轻微	2010-12-30	引(1)7+988附近	引(1)7+988	11	4.029	4.944	1.2	3.075	3.990
65	无	2010-12-12	引(1)9+064~104	引(1)9+094	3	3.668	3.609	0.5	2.890	2.831

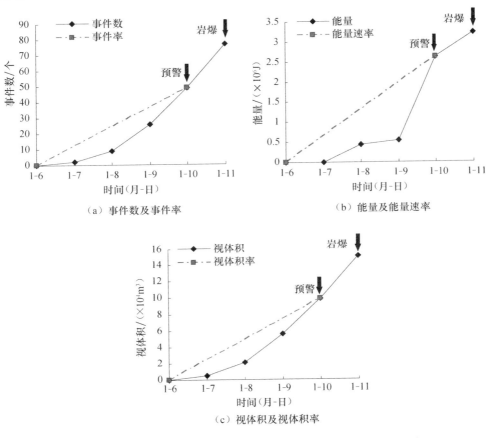

（a）事件数及事件率　　　　　（b）能量及能量速率

（c）视体积及视体积率

图 4.65　某强烈岩爆孕育过程中微震参变量随时间演化规律(2011 年)

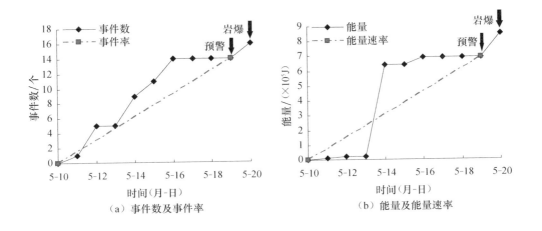

（a）事件数及事件率　　　　　（b）能量及能量速率

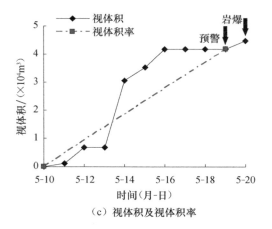

（c）视体积及视体积率

图 4.66　某中等岩爆孕育过程中微震参变量随时间演化规律（2011 年）

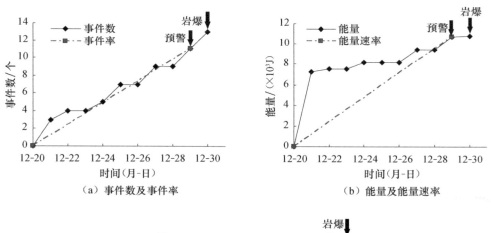

（a）事件数及事件率　　　　　　　　　　（b）能量及能量速率

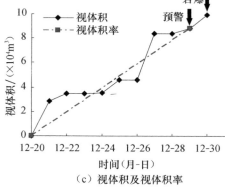

（c）视体积及视体积率

图 4.67　某轻微岩爆孕育过程中微震参变量随时间演化规律（2010 年）

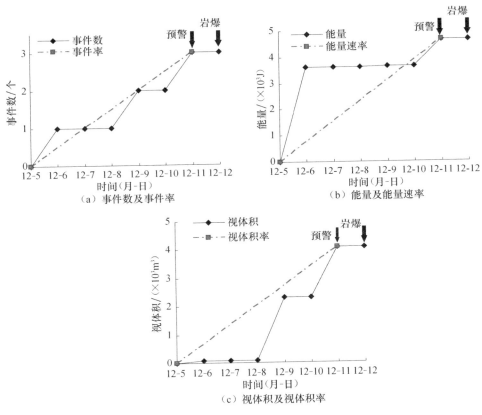

图 4.68　某无岩爆孕育过程中微震参变量随时间演化规律(2010 年)

5. 不同等级岩爆孕育过程中微震参变量特征值筛选

对不同等级岩爆孕育过程中的微震参变量进行分析之前,有必要对微震数据进行预处理,将离散性较大、较奇异的值不予以考虑,筛选出较为集中、具有普遍性的数据。这是因为并不是所有岩爆的前兆规律都很明显,在其孕育过程中某些表现奇异的微震参变量并不具有代表性。采用聚类分析对不同等级岩爆的每个微震参变量分别进行筛选,找出较为集中、具有普遍性的数据用以分析岩爆孕育过程中的特征。聚类分析是依据研究对象的特征对其进行分类的方法。通过聚类分析可以将较为集中的数据与离散的数据分开,进而能够筛选出较为集中、具有普遍性的数据。

分别对不同等级岩爆的每类微震参变量进行聚类分析,设某等级岩爆有 n 个实例,第 i 个实例的某一类微震参变量观察值为 $x_i(i=1,2,\cdots,n)$,最小值和最大值分别为 $x_{\min}$ 和 $x_{\max}$,采用的聚类主要步骤如下:

步骤 1:先将某等级岩爆实例中的某一类微震参变量进行极差正规化变换处

理,公式如下:

$$x_i^* = \frac{x_i - x_{min}}{x_{max} - x_{min}}, \quad i = 1, 2, \cdots, n \tag{4.33}$$

　　经过变换后,每列的最大数据变为1,最小数据变为0,其余数据取值在0～1之间。数据变换避免了微震参变量可能因数量级不同带来分类的不便,使得微震参变量尺度均匀化。

　　步骤2:聚类分析处理开始时,该等级岩爆的 n 个实例各自成一类,分别计算第 i 个和第 j 个实例的微震参变量观察值之间的距离 d_{ij} , $i, j = 1, 2, \cdots, n$,并将距离最近的两类观察值合并成一类。距离计算采用距离系数统计量中的绝对值距离,即

$$d_{ij} = |x_i - x_j| \tag{4.34}$$

　　步骤3:按照步骤2计算剩下 $n-1$ 类之间的距离,并将距离最近的两类合并。如果剩下类的个数大于1,则继续并类,直至归为一类为止。

　　步骤4:归类结束后绘制聚类谱系图,谱系图横坐标代表实例编号,纵坐标代表该等级岩爆该类微震参变量极差正规化后的距离。将距离在一定范围内、较为集中的实例归为一大类,将其作为该微震参变量在该等级岩爆上的代表性特征值,剩余的为离散的实例。

　　按照上述步骤对不同等级岩爆的每类微震参变量分别进行聚类分析,找出较为集中、具有普遍性的微震参变量,用以揭示岩爆孕育过程的主要特征。

　　针对锦屏二级水电站钻爆法开挖深埋隧洞微震监测洞段,对不同等级岩爆的每类微震参变量分别进行聚类分析。以不同等级岩爆孕育过程中累积微震能量为例对聚类进行说明。图4.69为不同等级岩爆孕育过程中累积微震能量聚类谱系图,通过该图可找出样本集中的实例以及离散的实例。如图4.69(a)所示,实例11、12、3、9、8、5、7和10的微震能量较为集中,之间的距离在0.07之内,比较靠近且实例数量较多,可作为强烈岩爆孕育中累积微震能量的代表;而实例2、1、6、13和4为离散的实例,不具有代表性,应不予以考虑。图4.69(b)～(d)分别为中等、轻微和无岩爆孕育中具有代表性的累积微震能量,分别可筛选出相应等级岩爆孕育过程中累积微震能量的代表。图4.70为不同等级岩爆孕育过程中累积微震能量初始结果以及聚类筛选后的结果。图中一个点代表一个岩爆实例,点的纵坐标代表该实例岩爆孕育过程中累积释放的能量,横坐标代表实例编号。从图4.70(a)可以看出,不同等级岩爆孕育过程中累积微震释放能量基本在中部比较集中,但也存在一些距离中部稍远的离散点。采用聚类分析可以剔除离散点,筛选出具有代表性、样本最集中的数据。图4.70(b)为聚类筛选后的结果,经过聚类分析剔除离散点后,不同等级岩爆孕育过程中累积微震释放能量的规律更为明显。采用同样的方法可对其余微震参变量进行筛选处理。图4.71～图4.75为不同等级岩爆孕育过程中其他微震参变量聚类前后的结果。

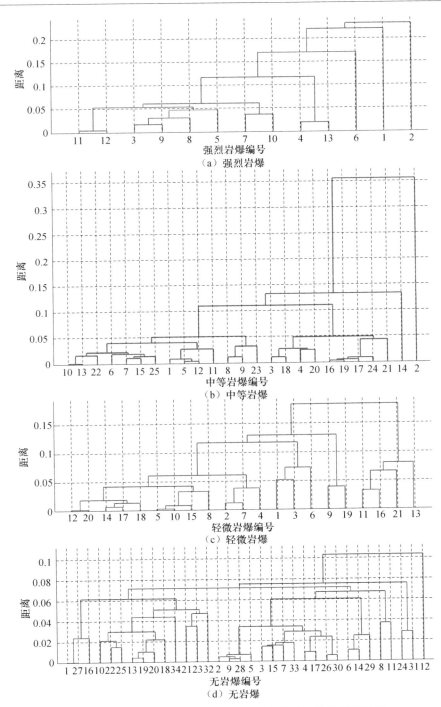

图 4.69 不同等级岩爆孕育过程中累积微震能量聚类谱系图

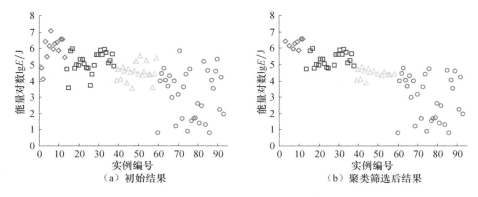

图 4.70　不同等级岩爆孕育过程中累积微震能量

（◇ 强烈岩爆；□ 中等岩爆；△ 轻微岩爆；○ 无岩爆）

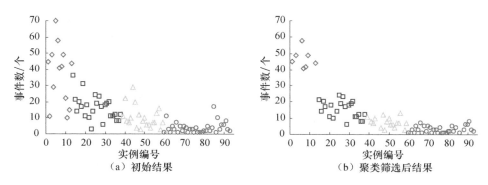

图 4.71　不同等级岩爆孕育过程中累积微震事件数

（◇ 强裂岩爆；□ 中等岩爆；△ 轻微岩爆；○ 无岩爆）

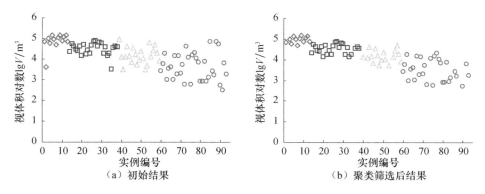

图 4.72　不同等级岩爆孕育过程中累积微震视体积

（◇ 强裂岩爆；□ 中等岩爆；△ 轻微岩爆；○ 无岩爆）

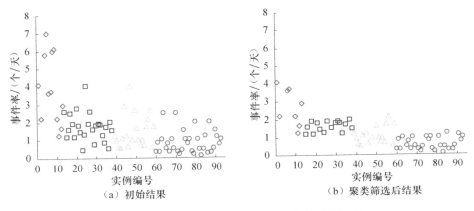

图 4.73　不同等级岩爆孕育过程中微震事件率

（◇ 强裂岩爆；□ 中等岩爆；△ 轻微岩爆；○ 无岩爆）

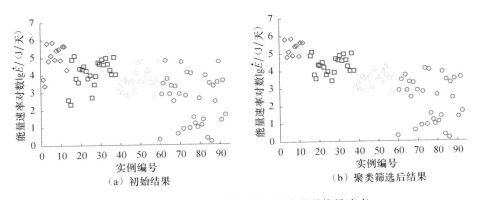

图 4.74　不同等级岩爆孕育过程中微震能量速率

（◇ 强裂岩爆；□ 中等岩爆；△ 轻微岩爆；○ 无岩爆）

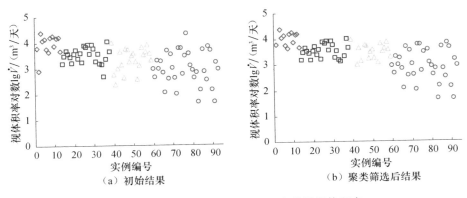

图 4.75　不同等级岩爆孕育过程中微震视体积率

（◇ 强裂岩爆；□ 中等岩爆；△ 轻微岩爆；○ 无岩爆）

6. 构建各个微震参变量的不同岩爆等级的概率分布函数

聚类筛选后,计算不同等级岩爆孕育过程中六个微震参变量的均值,将均值作为最具有代表性的特征值,当微震参变量为某等级岩爆孕育过程中该微震参变量的均值时,下一日预警区域发生该等级岩爆的可能性最大,当微震参变量离均值越远时下一日预警区域发生该等级岩爆的可能性将会越小。当微震参变量小于最低等级岩爆孕育过程中该微震参变量的均值时,可归属于最低等级岩爆;当大于最高等级的均值时,可归属于最高等级岩爆。以不同等级岩爆孕育过程中微震参变量的均值为各自等级岩爆的中心点和相邻等级岩爆的分界点,采用某种适宜的函数,利用以上思想构建各个微震参变量的不同等级岩爆的概率分布函数,记为 P_{ji},i、j 的含义如前文所述。当 P_{ji} 越接近于 1,表示下一日预警区域基于微震参变量 j 预警 i 等级岩爆发生的概率越大。相反,P_{ji} 越接近于 0,则表示概率越小。

各个微震参变量的不同等级岩爆的概率分布函数构建如下:设 i 等级岩爆孕育过程中微震参变量 j 的均值为 A_{ji},实际监测到的微震参变量 j 的值为 J,采用最简洁的线性分布形式,则 P_{ji} 的标准方程为

① 当 i 为最低等级岩爆时,
$$P_{ji}=\begin{cases}1, & 0\leqslant J\leqslant A_{ji}\\ \dfrac{A_{j(i+1)}-J}{A_{j(i+1)}-A_{ji}}, & A_{ji}<J<A_{j(i+1)}\\ 0, & A_{j(i+1)}\leqslant J\end{cases} \tag{4.35a}$$

② 当 i 为最高等级岩爆时,
$$P_{ji}=\begin{cases}0, & 0\leqslant J\leqslant A_{j(i-1)}\\ \dfrac{J-A_{j(i-1)}}{A_{ji}-A_{j(i-1)}}, & A_{j(i-1)}<J<A_{ji}\\ 1, & A_{ji}\leqslant J\end{cases} \tag{4.35b}$$

③ 当 i 为其他等级岩爆时,
$$P_{ji}=\begin{cases}0, & 0\leqslant J\leqslant A_{j(i-1)},A_{j(i+1)}\leqslant J\\ \dfrac{J-A_{j(i-1)}}{A_{ji}-A_{j(i-1)}}, & A_{j(i-1)}<J\leqslant A_{ji}\\ \dfrac{A_{j(i+1)}-J}{A_{j(i+1)}-A_{ji}}, & A_{ji}<J\leqslant A_{j(i+1)}\end{cases} \tag{4.35c}$$

按照上述方法,对锦屏二级水电站微震监测钻爆法开挖深埋隧洞各个微震参变量与岩爆等级的概率分布函数关系进行研究。以累积微震能量与岩爆等级的概率分布函数关系为例进行说明,根据式(4.35)得到累积微震能量与岩爆等级的概率分布函数公式为(4.36)。图 4.76(a)为相应的累积微震能量与各岩爆等级的概率分布函数关系图。采用同样的方法可获取其他微震参变量的岩爆概率分布函数,图 4.76(b)~(f)为其他微震参变量与岩爆等级的概率分布函数关系。根据式(4.36)最终可获得 P_{ji}。

$$P_{EN} = \begin{cases} 1, & 0 \leqslant E \leqslant 2.939 \\ \dfrac{4.451 - E}{1.512}, & 2.939 < E < 4.451 \\ 0, & 4.451 \leqslant E \end{cases}$$

$$P_{EW} = \begin{cases} 0, & 0 \leqslant E \leqslant 2.939, 5.290 \leqslant E \\ \dfrac{E - 2.939}{1.512}, & 2.939 < E \leqslant 4.451 \\ \dfrac{5.290 - E}{0.839}, & 4.451 < E < 5.290 \end{cases}$$

$$P_{EM} = \begin{cases} 0, & 0 \leqslant E \leqslant 4.451, 6.277 \leqslant E \\ \dfrac{E - 4.451}{0.839}, & 4.451 < E \leqslant 5.290 \\ \dfrac{6.277 - E}{0.987}, & 5.290 < E < 6.277 \end{cases}$$

$$P_{ES} = \begin{cases} 0, & 0 \leqslant E \leqslant 5.290 \\ \dfrac{E - 5.290}{0.987}, & 5.290 < E < 6.277 \\ 1, & 6.277 \leqslant E \end{cases}$$

(4.36)

（a）累积能量

（b）累积事件数

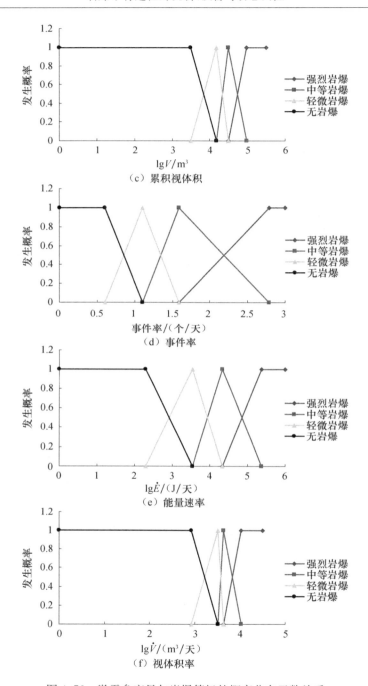

图 4.76　微震参变量与岩爆等级的概率分布函数关系

7. 建立岩爆等级及其概率预警公式

为避免单一因素的片面性与局限性,将上述参变量相互结合,对岩爆风险进行综合预警。微震参变量的结合方式采用带权系数的加和形式,根据微震参变量之间的相对重要程度对其赋以权重,最终建立基于微震信息演化规律的深埋隧洞岩爆风险预警综合公式如(4.30),该公式展开形式为

$$P_E = w_N P_{NE} + w_E P_{EE} + w_V P_{VE} + w_{\dot{N}} P_{\dot{N}E} + w_{\dot{E}} P_{\dot{E}E} + w_{\dot{V}} P_{\dot{V}E} \qquad (4.37a)$$

$$P_S = w_N P_{NS} + w_E P_{ES} + w_V P_{VS} + w_{\dot{N}} P_{\dot{N}S} + w_{\dot{E}} P_{\dot{E}S} + w_{\dot{V}} P_{\dot{V}S} \qquad (4.37b)$$

$$P_M = w_N P_{NM} + w_E P_{EM} + w_V P_{VM} + w_{\dot{N}} P_{\dot{N}M} + w_{\dot{E}} P_{\dot{E}M} + w_{\dot{V}} P_{\dot{V}M} \qquad (4.37c)$$

$$P_W = w_N P_{NW} + w_E P_{EW} + w_V P_{VW} + w_{\dot{N}} P_{\dot{N}W} + w_{\dot{E}} P_{\dot{E}W} + w_{\dot{V}} P_{\dot{V}W} \qquad (4.37d)$$

$$P_N = w_N P_{NN} + w_E P_{EN} + w_V P_{VN} + w_{\dot{N}} P_{\dot{N}N} + w_{\dot{E}} P_{\dot{E}N} + w_{\dot{V}} P_{\dot{V}N} \qquad (4.37e)$$

式中:P_E、P_S、P_M、P_W 和 P_N 分别为极强、强烈、中等、轻微和无岩爆发生的概率,其他参数的含义如前文所述。

利用预警公式(4.37),输入微震参变量累积事件数、累积能量、累积视体积、事件率、能量速率和视体积率,可获取预警区域未来岩爆等级及其概率。

8. 搜索微震参变量最优权系数

微震参变量权系数通过粒子群算法(particle swarm optimization,PSO)搜索获取。粒子群算法是一种新兴的群智能优化方法。该方法搜索过程中粒子根据自己的飞行历程和群体之间信息的传递不断调整搜索的方向和速度,主要是依靠粒子间的相互作用和相互影响完成的。粒子 i 的速度与位置的更新公式(Kennedy and Eberhart,1995)分别为

$$V_{id} = wV_{id} + c_1 r_1 (P_{id} - X_{id}) + c_2 r_2 (P_{gd} - X_{id}) \qquad (4.38a)$$

$$X_{id} = X_{id} + V_{id} \qquad (4.38b)$$

式中:w 为粒子惯性权重;c_1 和 c_2 为非负常数的学习因子;r_1 和 r_2 为介于$[0,1]$之间的随机数;$d = 1, 2, \cdots, D$ 为粒子空间维数;V_{id}、X_{id}、P_{id} 和 P_{gd} 分别为第 i 个粒子在 d 维空间的飞行速度、位置、迄今为止搜索到的最优解和整个粒子群迄今为止搜索到的最优解。

通过粒子群智能算法对最优微震参变量权系数进行搜索,将搜索到的权系数代入式(4.37)并对岩爆数据库中的实例进行预警,预警效果最优时所对应的权系数为最优的权系数。预警效果的优良通过以下两方面共同判断:首先,预警与实际相吻合的实例个数越多越好,吻合表示现场实际岩爆等级与预警概率最大的岩爆等级一致,吻合个数用 Q_1 表示;其次,实际岩爆等级对应的预警概率越大越好,越大表示预警时该等级岩爆的风险越高,即对该次岩爆的预警更准确,记所有实例中实际岩爆等级对应的预警概率之和为 Q_2。设 Q_1 的重要性是 Q_2 的 k 倍,则适应值

函数 Q 可以描述为

$$Q = kQ_1 + Q_2 \tag{4.39}$$

Q 越大表示所对应的微震参变量权系数越接近实际。

最优权系数搜索主要过程如下:

步骤 1:初始化 PSO 算法的惯性权重 w,学习因子 c_1 和 c_2,群体规模 N_{pop},飞行次数 N_g,适应值结束条件 ε;初始化微震权系数上下限,并在上下限范围内初始化粒子的位置 X_i($X_i = \{w_N^i, w_E^i, w_V^i, w_N'^i, w_E'^i, w_V'^i\}, i = 1, 2, \cdots, N_{pop}$)和飞行速度 V_i,确保微震权系数之和为 1,令群体飞行代数 $n = 0$,进行步骤 2。

步骤 2:将 X_i 代入式(4.37),对所有实例的岩爆等级及其概率进行预警并与实际结果进行比较,按照式(4.39)计算出适应值 Q_i,根据适应值 Q_i 的大小确定全局最佳的微震参变量权系数 X_g^b 和粒子个体飞行中的最好微震参变量权系数 X_i^b,进行步骤 3。

步骤 3:若满足适应值结束条件 $Q_i > \varepsilon$ 或者飞行次数 $n > N_g$,输出全局最佳的微震参变量权系数 X_g^b,搜索结束;否则,进行步骤 4。

步骤 4:令 $n = n + 1$,按式(4.38a)和式(4.38b)更新粒子飞行速度 V_i 和微震参变量权系数 X_i,并确保微震权系数在上下限范围内以及之和为 1,进行步骤 2。

对锦屏二级水电站钻爆法开挖深埋隧洞微震监测洞段岩爆预警公式的微震参变量权系数进行搜索,搜索过程中所选取的参数设置如下:惯性权重 $w = 0.8$,学习因子 $c_1 = c_2 = 2$,群体规模 $N_{pop} = 9000$,飞行次数 $N_g = 3000$,适应值结束条件 $\varepsilon = 600$,$k = 5$,所有微震权系数上下限均为 $0 \sim 0.5$。粒子飞行收敛情况如图 4.77 所示,图中列出的为每 50 次飞行后的结果,经过一定飞行次数后,适应值 Q 和微震

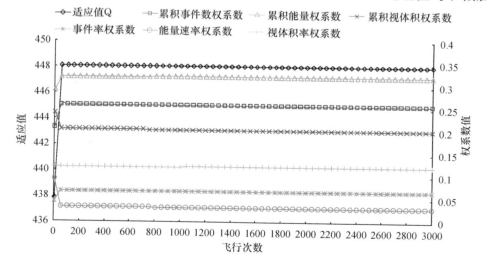

图 4.77 粒子飞行的收敛过程

参变量权系数均保持稳定,最终确定最优权系数组如下:

$$X_g = \{w_N, w_E, w_V, w_{\dot{N}}, w_{\dot{E}}, w_{\dot{V}}\} = \{0.258, 0.321, 0.203, 0.0670.030, 0.121\}$$

$$(4.40)$$

9. 动态更新机制

预警方法建立及应用过程中,首先需要在施工过程中不断补充新岩爆实例,更新和完善所提出的岩爆风险预警公式。其次,针对高岩爆风险区域,应及时动态更新微震参变量信息,不断地利用预警公式对岩爆等级及其概率进行动态预警。动态更新机制主要包括以下三个方面:

(1) 若掌子面掘进,则按照区域选取方法选取新区域进行岩爆风险预警;若掌子面未掘进,则将下一日监测到的该预警区域微震参变量值累加到该区域微震信息数据库,动态更新预警区域微震参变量累积值及其平均日变化率。然后,通过岩爆等级及其概率预警公式根据新的微震信息不断地进行岩爆风险动态预警。

(2) 基于微震信息动态更新的岩爆风险动态预警。针对岩爆高风险区域,根据实时监测到的微震信息不断地对该区域进行岩爆动态预警。根据下一日监测到的该预警区域微震事件数、能量和视体积动态更新预警区域微震参变量累积值及其平均日变化率,进而通过岩爆等级及其概率预警公式不断地对该区域进行岩爆风险动态预警。

(3) 基于新实例的岩爆实例数据库的动态补充更新。利用所提出的预警方法对现场岩爆风险进行预警,通过现场验证预警结果的正确性,并将该次预警作为成功或不成功的新实例对原有实例数据库进行动态补充更新,进而不断验证和完善岩爆等级及其概率预警公式。

未来的岩爆等级及其概率预警是基于与先期的开挖和支护条件相同的情况下进行的。如预警之后,开挖加速或减慢、支护加强或减弱,都可能会提高或降低岩爆发生的等级及其概率。通过以上基于微震信息动态更新的岩爆动态预警方法可根据及时更新的微震参变量信息,不断对现场岩爆风险进行动态预警,提高了预警的适宜性。

4.6.2 工程应用

将所建立的预警方法应用于锦屏二级水电站钻爆法开挖深埋隧洞微震监测洞段岩爆风险预警,由于所监测洞段无极强岩爆实例,下面分别给出了强烈、中等、轻微和无岩爆 4 个实例的应用。

1. 强烈岩爆实例

1) 岩爆预警区域及微震参变量
2011 年 4 月 4 日 3-3-W 洞段掌子面引(3)6+152,根据岩爆预警区域的选取方法,选取的预警区域范围为引(3)6+142~6+182,获取相应的微震活动的空间分布及微震参变量随时间演化规律,如图 4.78 和图 4.79 所示。岩爆预警区域微震参变量累积值及其平均日变化率如表 4.36 所示。

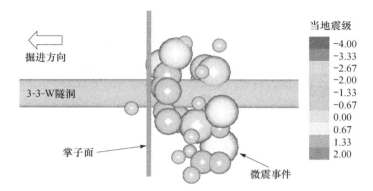

图 4.78　微震事件空间分布图
(球体大小则表示事件的释放微震能大小,尺寸越大,释放能量越多)

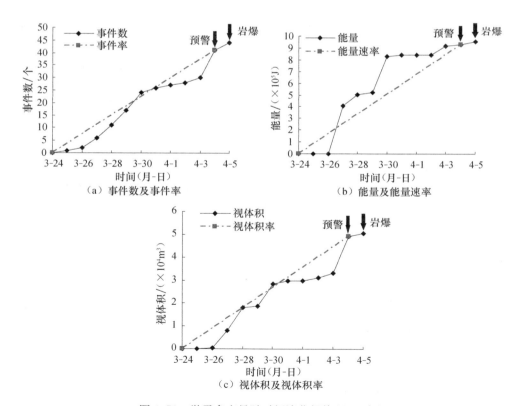

图 4.79　微震参变量随时间演化规律(2011 年)

表 4.36 微震参变量信息

累积事件数/个	累积释放能量对数 $\lg E$/J	累积视体积对数 $\lg V$/m³	事件率/(个/天)	能量速率对数 $\lg \dot{E}$/(J/天)	视体积率对数 $\lg \dot{V}$/(m³/天)
41	5.968	4.694	3.727	4.926	3.653

2)岩爆风险预警

通过岩爆等级及其概率预警公式对该预警区域内的岩爆风险进行预警,结果为:

$$P_S = 62.0\%, P_M = 38.0\%, P_W = 0.0\%, P_N = 0.0\%$$

2011 年 4 月 5 日,3-3-W 洞段引(3)6+152~6+182 区域发生强烈岩爆的可能性为 62.0%,中等为 38.0%,轻微为 0.0%,无岩爆为 0.0%,即 4 月 5 日 3-3-W 洞段引(3)6+152~6+182 区域有很高的强烈岩爆风险。

3)现场实际情况

2011 年 4 月 5 日 22:30,3-3-W 洞段引(3)6+160~6+156 边墙发生强烈岩爆,在预警区域引(3)6+152~6+182 范围内,声响巨大,坑深 90~130cm,岩爆图片如图 4.80 所示,预警结果与实际相符。

图 4.80 3-3-W 洞段 2011 年 4 月 5 日引(3)6+160~6+156 强烈岩爆(见彩图)

2. 中等岩爆实例

1)岩爆预警区域及微震参变量

2011 年 7 月 25 日 2-3-E 洞段掌子面引(3)7+806,根据岩爆预警区域的选取方法,选取的预警区域范围为引(3)7+776~7+816,获取相应的微震活动的空间分布及微震参变量随时间演化规律如图 4.81 和图 4.82 所示,岩爆预警区域微震参变量累积值及其平均日变化率如表 4.37 所示。

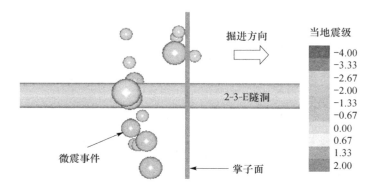

图 4.81　微震事件空间分布图

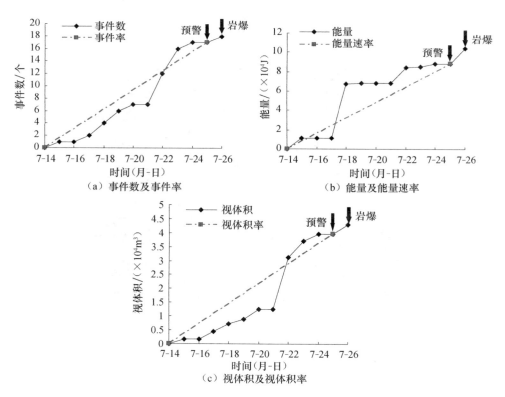

（a）事件数及事件率

（b）能量及能量速率

（c）视体积及视体积率

图 4.82　微震参变量随时间演化规律(2011 年)

表 4.37　微震参变量信息

累积事件数/个	累积释放能量对数 lgE/J	累积视体积对数 lgV/m³	事件率/(个/天)	能量速率对数 lgĖ/(J/天)	视体积率对数 lgV̇/(m³/天)
17	4.944	4.598	1.545	3.902	3.556

2）岩爆风险预警

通过岩爆等级及其概率预警公式对该预警区域内的岩爆风险进行预警,结果为:

$$P_S=5.3\%,P_M=78.2\%,P_W=16.5\%,P_N=0.0\%$$

2011 年 7 月 26 日,2-3-E 洞段引(3)7+776～7+806 区域发生强烈岩爆的可能性为 5.3%,中等为 78.2%,轻微为 16.5%,无岩爆为 0.0%,即 7 月 26 日区域引(3)7+776～7+806 存在很高的中等岩爆风险。

3）现场实际情况

2011 年 7 月 26 日,2-3-E 洞段引(3)7+802～7+806 发生中等岩爆,在预警区域引(3)7+776～7+806 范围内。岩爆图片如图 4.83 所示,预警结果与实际相符。

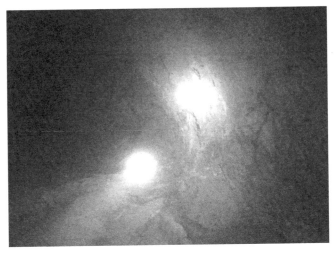

图 4.83　2011 年 7 月 26 日 2-3-E 中引(3)7+802～7+806 洞段中等岩爆(见彩图)

3. 轻微岩爆实例

1）岩爆预警区域及微震参变量

2010 年 12 月 10 日 2-1-E 洞段掌子面引(1)7+906,根据岩爆预警区域的选取方法,选取的预警区域为引(1)7+876～7+916,获取相应的微震活动的空间分布及微震参变量随时间演化规律,如图 4.84 和图 4.85 所示,岩爆预警区域微震参变量累积值及其平均日变化率如表 4.38 所示。

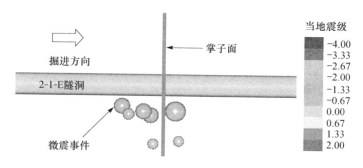

图 4.84　微震事件空间分布图

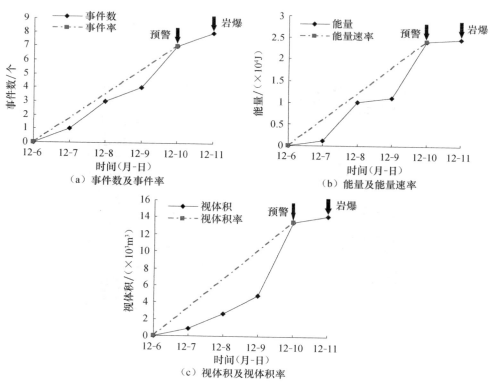

（a）事件数及事件率

（b）能量及能量速率

（c）视体积及视体积率

图 4.85　微震参变量随时间演化规律（2010 年）

表 4.38 微震参变量信息

累积事件数/个	累积释放能量对数 lgE/J	累积视体积对数 lgV/m³	事件率/(个/天)	能量速率对数 lg$\dot{E}$/(J/天)	视体积率对数 lg$\dot{V}$/(m³/天)
7	4.381	4.132	1.750	3.779	3.529

2）岩爆风险预警

通过岩爆等级及其概率预警公式对该预警区域内的岩爆风险进行预警，结果为：

$$P_S=1.2\%, P_M=10.8\%, P_W=82.8\%, P_N=5.2\%$$

2010 年 12 月 11 日，2-1-E 洞段引(1)7+876～7+906 区域发生强烈岩爆的可能性为 1.2%，中等为 10.8%，轻微为 82.8%，无岩爆为 5.2%，即 12 月 11 日区域 7+876～7+906 存在很高的轻微岩爆风险。

3）现场实际情况

2010 年 12 月 11 日，2-1-E 洞段引(1)7+906 掌子面附近发生轻微岩爆，在预警区域引(1)7+876～7+906 范围内。岩爆图片如图 4.86 所示，预警结果与实际相符。

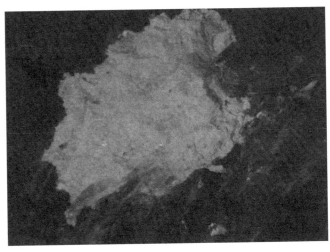

图 4.86 2010 年 12 月 11 日 2-1-E 中引(1)7+906 洞段轻微岩爆（见彩图）

4. 无岩爆实例

1）岩爆预警区域及微震参变量

2011 年 7 月 26 日 3-4-W 洞段掌子面引(4)5+542，根据岩爆预警区域的选取方法,选取的预警区域为引(4)5+532～5+572,获取微震活动的空间分布及微震参变量随时间演化规律,如图 4.87 和图 4.88 所示,岩爆预警区域微震参变量累积值及其平均日变化率如表 4.39 所示。

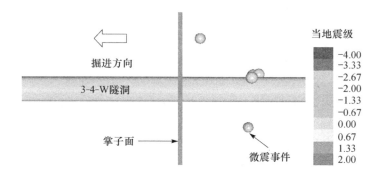

图 4.87　微震事件空间分布图

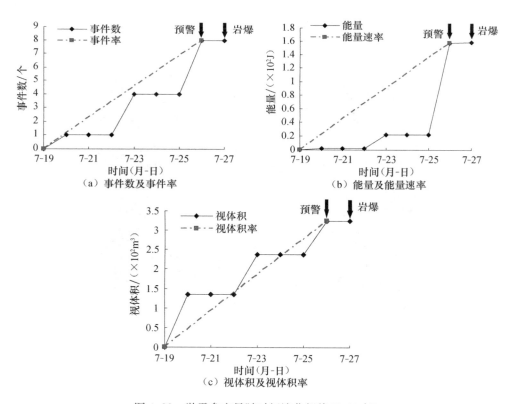

图 4.88　微震参变量随时间演化规律(2011 年)

表 4.39 微震参变量信息

累积事件数/个	累积释放能量对数 lgE/J	累积视体积对数 lgV/m³	事件率/(个/天)	能量速率对数 lg$\dot{E}$/(J/天)	视体积率对数 lg$\dot{V}$/(m³/天)
8	2.197	2.511	1.143	1.352	1.665

2）岩爆风险预警

通过岩爆等级及其概率预警公式对该预警区域内的岩爆风险进行预警,结果为:

$P_S = 0.0\%, P_M = 2.0\%, P_W = 30.5\%, P_N = 67.5\%$;

2011 年 7 月 27 日,3-4-W 洞段引(4)5+563～5+603 区域发生强烈岩爆的可能性为 0.0%,中等为 2.0%,轻微为 30.5%,无岩爆为 67.5%,即 7 月 21 日区域引(4)5+563～5+603 岩爆风险较低。

3）现场实际情况

2011 年 7 月 27 日,3-4-W 洞段引(4)5+563～5+603 未发生岩爆,预警结果与实际相符。

4.6.3 预警结果的讨论

对于前兆明显的岩爆实例,在筛选不同等级岩爆孕育过程中微震参变量特征值时,所有微震参变量均被保留,未出现离散性较大、较奇异的值。该类实例的岩爆预警结果与现场实际情况有较好的一致性,部分结果如以上实例所示,详细结果如表 4.40 所示。该类实例占实例总数的绝大部分,具有较好的预警效果,主要表现在以下几个方面:

表 4.40 岩爆实例预警结果表

实例编号	微震信息						预警结果				现场实际情况
	累积事件数/个	累积释放能量对数 lgE/J	累积视体积对数 lgV/m³	事件率/(个/天)	能量速率对数 lg$\dot{E}$/(J/天)	视体积率对数 lg$\dot{V}$/(m³/天)	无岩爆	轻微岩爆	中等岩爆	强烈岩爆	
7	41	5.968	4.694	3.727	4.926	3.653	0.000	0.000	0.380	0.620	强烈岩爆
16	14	5.841	4.622	1.556	4.887	3.668	0.000	0.039	0.691	0.271	中等岩爆
18	17	4.754	4.397	1.889	3.800	3.443	0.016	0.404	0.547	0.033	
21	18	5.295	4.703	1.800	4.295	3.703	0.000	0.004	0.839	0.158	
22	10	5.322	4.238	1.429	4.477	3.393	0.026	0.458	0.505	0.011	
24	14	4.818	4.266	1.273	3.776	3.225	0.060	0.491	0.449	0.000	
28	17	4.944	4.598	1.545	3.902	3.556	0.000	0.165	0.782	0.053	

续表

实例编号	微震信息						预警结果				现场实际情况
	累积事件数/个	累积释放能量对数 $\lg E/\text{J}$	累积视体积对数 $\lg V/\text{m}^3$	事件率/(个/天)	能量速率对数 $\lg \dot{E}/$(J/天)	视体积率对数 $\lg \dot{V}/$(m³/天)	无岩爆	轻微岩爆	中等岩爆	强烈岩爆	
30	18	5.602	4.779	1.800	4.602	3.779	0.000	0.000	0.682	0.318	中等岩爆
31	19	5.865	4.263	1.900	4.865	3.263	0.052	0.218	0.479	0.250	
32	20	5.589	4.589	1.818	4.548	3.547	0.000	0.000	0.816	0.184	
33	11	5.926	4.141	1.222	4.972	3.186	0.078	0.438	0.260	0.224	
37	8	5.621	4.620	2.000	5.019	4.018	0.000	0.239	0.448	0.313	
38	12	4.912	4.565	1.500	4.009	3.662	0.000	0.278	0.672	0.050	
42	7	4.834	4.116	0.538	3.721	3.002	0.214	0.634	0.152	0.000	轻微岩爆
43	10	4.614	4.611	1.111	3.660	3.657	0.000	0.523	0.407	0.069	
46	4	4.530	4.557	0.667	3.752	3.779	0.258	0.380	0.286	0.076	
48	3	4.610	3.732	1.000	4.133	3.255	0.459	0.459	0.082	0.000	
50	10	4.446	4.370	1.667	3.668	3.592	0.001	0.605	0.376	0.018	
53	4	4.595	3.708	1.000	3.993	3.106	0.442	0.486	0.072	0.000	
55	7	4.381	4.132	1.750	3.779	3.529	0.052	0.828	0.108	0.012	
56	13	4.408	4.428	2.167	3.629	3.650	0.009	0.464	0.464	0.063	
58	3	4.443	4.291	0.600	3.744	3.592	0.327	0.475	0.186	0.012	
60	1	0.780	3.441	0.333	0.303	2.964	0.992	0.008	0.000	0.000	无岩爆
62	3	4.448	4.261	0.333	3.493	3.306	0.371	0.578	0.052	0.000	
65	3	3.668	3.609	0.500	2.890	2.831	0.798	0.202	0.000	0.000	
66	7	4.300	3.018	0.778	3.345	2.064	0.426	0.574	0.000	0.000	
67	1	2.970	4.164	0.333	2.493	3.687	0.667	0.212	0.085	0.036	
68	5	3.996	3.279	1.000	3.297	2.580	0.584	0.416	0.000	0.000	
69	2	1.210	4.146	0.500	0.608	3.544	0.684	0.195	0.121	0.000	
72	1	1.650	2.787	0.167	0.872	2.009	1.000	0.000	0.000	0.000	
75	1	0.900	2.759	1.000	0.900	2.759	0.947	0.053	0.000	0.000	
76	4	4.737	4.173	0.800	4.038	3.474	0.255	0.618	0.127	0.000	
78	1	1.670	4.033	0.333	1.193	3.556	0.718	0.161	0.118	0.003	
79	1	1.720	3.857	0.167	0.942	3.079	0.861	0.139	0.000	0.000	
81	2	1.390	2.908	1.000	1.089	2.607	0.947	0.053	0.000	0.000	
82	5	2.435	3.878	0.455	1.393	2.836	0.772	0.228	0.000	0.000	
84	4	1.316	3.114	0.444	0.361	2.160	0.946	0.054	0.000	0.000	
86	1	0.780	3.441	0.250	0.178	2.839	1.000	0.000	0.000	0.000	
92	3	4.211	3.794	0.750	3.609	3.192	0.531	0.466	0.003	0.000	
93	2	1.940	3.250	1.000	1.639	2.949	0.942	0.058	0.000	0.000	

（1）绝大部分预警结果与实际相吻合，40 个实例中仅有 5 个实例稍微存在偏差。

（2）存在偏差的 5 个实例，实际发生的岩爆等级均为预警概率最大等级岩爆的相邻等级，而且是预警概率排名第二的岩爆。例如编号为 24 的实例，预警结果中概率最大的为 49.1% 的轻微岩爆，实际发生了其相邻等级且预警概率排名第二的中等岩爆。

（3）实际岩爆等级对应的预警概率基本上均较大，明显高于其他等级岩爆发生的概率，绝对占优。

实际上，还存在一些微震信息前兆不明显的岩爆实例，主要表现为岩爆实例中部分微震参变量离散性较大，与实际岩爆等级的微震参变量均值差别较大。如实例 2 强烈岩爆，其微震参变量演化规律如图 4.89 所示，其岩爆孕育过程中微震活动平静，微震参变量均稳定且处于较低水平，与实际强烈岩爆的微震参变量均值差别太大，岩爆前兆信息极不明显。岩爆发生时，微震活动突然急剧增加，这种特征的岩爆在预警时不易准确把握。

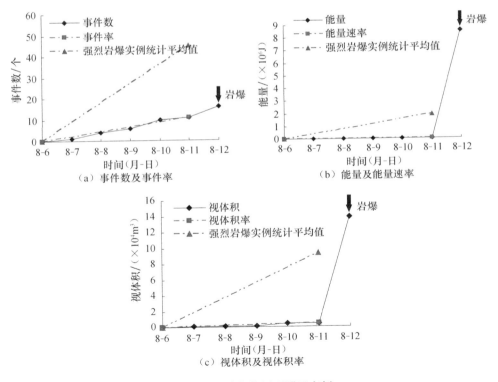

图 4.89 前兆特征不明显实例

对包含较大离散性微震参变量的岩爆实例有必要加以分析。因微震参变量权系数并不一致，所以不同微震参变量存在统计规律相差较大时，对预警的影响可能会不同。将权系数大于平均值 0.167 的微震参变量称为大权值微震参变量,小于平均值的称为小权值微震参变量。则累积微震事件数、能量和视体积的权系数为大权值微震参变量,其余的为小权值微震参变量。

(1) 当实例中存在一个离散性较大、与统计规律相差较大的微震参变量时,预警结果如表 4.41 所示,整体预警效果较好,主要表现在以下几个方面:

表 4.41　一个微震参变量值离散性较大的岩爆实例预警结果表

实例编号	微震信息						预警结果				现场实际情况
	累积事件数/个	累积释放能量对数 $\lg E$/J	累积视体积对数 $\lg V$/m³	事件率/(个/天)	能量速率对数 $\lg \dot{E}$/(J/天)	视体积率对数 $\lg \dot{V}$/(m³/天)	无岩爆	轻微岩爆	中等岩爆	强烈岩爆	
3	49	6.419	4.995	<u>12.250</u>	5.817	4.393	0.000	0.000	0.000	1.000	强烈岩爆
6	58	<u>7.094</u>	4.975	3.625	5.890	3.771	0.000	0.000	0.063	0.937	
8	42	6.284	5.050	<u>6.000</u>	5.439	4.204	0.000	0.000	0.040	0.960	
9	49	6.373	5.168	<u>6.125</u>	5.470	4.265	0.000	0.000	0.000	1.000	
10	<u>22</u>	5.859	4.895	2.200	4.859	3.895	0.000	0.000	0.452	0.548	
11	<u>10</u>	6.576	5.081	1.250	5.673	4.178	0.000	0.212	0.113	0.675	
12	<u>15</u>	6.587	5.152	1.667	5.633	4.198	0.000	0.005	0.315	0.681	
17	20	5.982	4.453	<u>2.500</u>	5.079	3.550	0.000	0.040	0.619	0.341	中等岩爆
19	6	5.008	4.627	1.148	3.577	3.195	0.067	0.260	0.496	0.177	
20	11	4.966	4.154	<u>2.750</u>	4.364	3.552	0.005	0.462	0.462	0.070	
25	24	4.748	4.660	<u>4.000</u>	3.970	3.882	0.000	0.223	0.490	0.287	
29	6	5.593	4.809	<u>0.750</u>	4.690	3.906	0.125	0.200	0.347	0.328	
34	11	5.724	4.251	<u>0.846</u>	4.610	3.137	0.119	0.364	0.370	0.147	
36	8	5.219	4.552	<u>0.500</u>	4.015	3.348	0.102	0.367	0.517	0.014	
39	11	4.029	<u>4.944</u>	1.222	3.075	3.990	0.101	0.443	0.153	0.304	轻微岩爆
61	<u>11</u>	3.973	3.769	0.846	2.859	2.656	0.401	0.479	0.120	0.000	无岩爆
63	1	4.780	2.985	1.000	<u>4.780</u>	2.985	0.584	0.262	0.141	0.013	
64	5	4.04	3.555	<u>2.500</u>	3.739	3.254	0.472	0.453	0.020	0.054	
70	5	3.154	3.309	<u>2.500</u>	2.853	3.008	0.744	0.190	0.013	0.054	
73	3	3.616	<u>4.603</u>	0.429	2.771	3.758	0.521	0.155	0.233	0.091	
74	3	4.376	4.079	<u>1.500</u>	4.075	3.778	0.302	0.504	0.135	0.059	
77	1	1.540	<u>4.310</u>	1.000	1.540	<u>4.310</u>	0.623	0.176	0.080	0.121	
80	2	2.610	2.925	<u>2.000</u>	2.610	2.925	0.925	0.008	0.043	0.024	
83	2	<u>5.160</u>	2.936	0.111	3.905	1.680	0.649	0.069	0.282	0.000	
88	3	3.493	<u>4.857</u>	0.273	2.451	3.816	0.555	0.122	0.103	0.221	
89	6	4.594	<u>4.743</u>	0.500	3.514	3.664	0.152	0.470	0.247	0.131	
91	8	2.197	<u>2.511</u>	1.143	1.352	1.666	0.675	0.305	0.020	0.000	

注:带有下划线的微震参变量为离散性较大、较与统计规律相差较大的值。

① 绝大部分预警结果与实际相吻合,27 个实例中仅有 3 个实例稍微存在偏差。

② 存在偏差的 3 个实例,实际发生的岩爆等级均为预警概率最大等级岩爆的相邻等级,但并非全是预警概率排名第二的岩爆等级。

③ 实际岩爆等级对应的预警概率基本上均较大,明显高于其他等级岩爆发生的概率,绝对占优。

④ 当离散性较大、与统计规律相差较大的微震参变量为大权值时,12 个实例中有 2 个实例预警结果与实际存在偏差,表明大权值微震参变量对预警结果存在一定的影响。另外,预警结果偶尔会存在一定的跳跃性,如实例 11,岩爆等级的概率排序为强烈、轻微、中等和无,从强烈等级直接跳跃到轻微等级。当离散性较大、与统计规律相差较大的微震参变量为小权值时,15 个实例中仅有 1 个实例预警结果与实际存在偏差。表明一个小权值参变量对预警结果影响较小,但也存在一定的影响,表现在预警结果偶尔会存在一定的不明显的跳跃性。例如实例 64,岩爆等级的概率排序为无、轻微、强烈和中等,从轻微等级直接跳跃到强烈等级。但强烈和中等的概率相差不大,仅为 3.4%,其他几个实例的跳跃概率差值也均在 5% 之内。

(2) 当实例中存在两个离散性较大、与统计规律相差较大的微震参变量时,预警结果如表 4.42 所示,主要表现在以下几个方面:

表 4.42 两个微震参变量值离散性较大的岩爆实例预警结果表

实例编号	微震信息						预警结果				现场实际情况
	累积事件数 /个	累积释放能量对数 lgE /J	累积视体积对数 lgV /m³	事件率 /(个 /天)	能量速率对数 lgĖ / (J/天)	视体积率对数 lgV̇ / (m³/天)	无岩爆	轻微岩爆	中等岩爆	强烈岩爆	
1	45	4.803	4.838	4.091	3.762	3.796	0.000	0.210	0.273	0.517	强烈岩爆
5	70	6.147	5.152	7.000	5.147	4.152	0.000	0.000	0.049	0.951	
13	44	5.459	4.865	2.933	4.283	3.689	0.000	0.002	0.452	0.546	
15	21	3.543	4.732	1.167	2.288	3.477	0.232	0.294	0.331	0.143	中等岩爆
23	3	5.060	4.438	0.429	4.215	3.593	0.325	0.144	0.518	0.013	
26	19	3.680	4.832	1.900	2.680	3.832	0.184	0.167	0.386	0.263	
27	23	4.408	4.873	2.556	3.454	3.918	0.011	0.340	0.271	0.378	
35	12	5.098	3.516	1.714	4.253	2.671	0.319	0.190	0.486	0.006	
40	22	4.736	4.133	0.957	3.374	2.771	0.150	0.484	0.310	0.056	轻微岩爆
41	8	4.132	3.504	0.615	3.018	2.390	0.469	0.511	0.020	0.000	
44	29	3.882	4.156	2.900	2.882	3.156	0.216	0.459	0.145	0.180	
45	20	4.760	3.843	1.250	3.556	2.639	0.220	0.378	0.362	0.040	
47	12	3.543	4.223	4.000	3.066	3.746	0.204	0.425	0.253	0.118	
51	6	5.561	4.043	1.000	4.783	3.265	0.189	0.460	0.253	0.099	

实例编号	微震信息						预警结果				现场实际情况
	累积事件数/个	累积释放能量对数 lgE/J	累积视体积对数 lgV/m³	事件率/(个/天)	能量速率对数 lgĖ/(J/天)	视体积率对数 lgV̇/(m³/天)	无岩爆	轻微岩爆	中等岩爆	强烈岩爆	
52	6	4.368	<u>3.497</u>	0.750	3.465	<u>2.594</u>	0.468	0.532	0.000	0.000	轻微岩爆
54	7	<u>5.269</u>	<u>4.817</u>	0.700	4.269	3.817	0.079	0.261	0.458	0.203	
59	7	<u>5.400</u>	3.919	1.750	<u>4.798</u>	3.317	0.142	0.439	0.360	0.058	
71	4	<u>5.820</u>	3.728	0.308	<u>4.706</u>	2.614	0.526	0.123	0.170	0.182	无岩爆
85	<u>17</u>	4.619	<u>4.844</u>	1.214	3.473	3.698	0.001	0.340	0.458	0.200	
87	<u>10</u>	4.008	3.221	<u>2.000</u>	3.309	2.522	0.423	0.423	0.130	0.024	

注:带有下划线的微震参变量为离散性较大、较奇异的值。

① 绝大部分预警结果与实际相符,20 个实例中仅有 3 个实例稍微存在偏差。

② 实际岩爆等级对应的预警概率基本上不是绝对占优,没有明显高于其他等级岩爆发生的概率。

③ 当离散性较大、与统计规律相差较大的微震参变量为两个大权值时,仅有的 1 个实例(编号 54)预警结果与实际存在偏差,且偏差较大,预警结果为中等岩爆概率最大,实际发生概率最小的无岩爆,表明大权值微震参变量对预警结果影响较大。其余实例均为一大一小权值微震参变量,表现为离散性较大、与统计规律相差较大,对预警结果的影响比仅一大权值参变量不满足时稍大,实际影响结果也受其他 4 个微震参变量的影响。

(3) 当三个或三个以上微震参变量的值离散性较大、与其等级的平均值相差很大时(见表 4.43,该类实例较少),预警效果主要表现在以下几个方面:

表 4.43 三个或三个以上微震参变量值离散性较大的岩爆实例预警结果表

实例编号	微震信息						预警结果				现场实际情况
	累积事件数/个	累积释放能量对数 lgE/J	累积视体积对数 lgV/m³	事件率/(个/天)	能量速率对数 lgĖ/(J/天)	视体积率对数 lgV̇/(m³/天)	无岩爆	轻微岩爆	中等岩爆	强烈岩爆	
2	<u>11</u>	<u>4.110</u>	<u>3.624</u>	2.200	<u>3.411</u>	<u>2.925</u>	0.361	0.452	0.151	0.036	强烈岩爆
4	<u>29</u>	5.513	4.777	<u>5.800</u>	4.814	4.078	0.000	0.000	0.500	0.500	
14	36	4.729	4.336	<u>2.571</u>	<u>2.583</u>	3.190	0.090	0.384	0.296	0.230	中等岩爆
49	8	<u>5.204</u>	3.977	<u>2.667</u>	<u>4.727</u>	3.500	0.063	0.536	0.324	0.078	轻微岩爆
57	<u>16</u>	<u>3.621</u>	4.681	<u>2.667</u>	2.843	3.903	0.193	0.158	0.413	0.236	
90	6	<u>5.300</u>	2.735	<u>1.500</u>	<u>4.698</u>	2.133	0.408	0.188	0.393	0.011	无岩爆

注:带有下划线的微震参变量为离散性较大、较奇异的值。

① 有 3 个实例的岩爆等级预警结果与实际不相符。

② 部分预警结果表现为跳跃性,例如实例 90,岩爆等级的概率排序为无、中等、轻微和强烈,从无岩爆直接跳跃到中等岩爆。

上述研究表明,基于微震信息演化规律进行岩爆等级及其概率预警在明显微震前兆规律的情况下是可行的。大多数即时型岩爆都存在明显微震前兆规律,时间分形和空间分形结果证实了这一点。

岩爆等级及其概率预警结果可能会因这一天的开挖速率和(或)支护方案的调整而有所改变,这一日的新生微震事件数、能量和视体积可以重新添加到原来用于岩爆等级及其概率预警的输入数据中,下一日的岩爆等级及其概率结果就可以实现动态更新。以此类推,不断实现岩爆预警的动态更新。

基于微震信息演化规律的岩爆等级及其概率预警方法,可以对未来该区域不同等级(极强、强烈、中等、轻微、无)岩爆进行预警,并给出具体概率。

要说明的是,由于极强岩爆的微震监测数据实例较少,上述岩爆预警公式暂未包括极强岩爆等级的预警。随着极强岩爆实例微震数据的不断丰富,可以解决这一问题。

4.7　基于微震信息演化的岩爆等级与爆坑深度神经网络预警方法

4.7.1　概述

4.6 节给出了基于某一关注区域的微震信息(累积微震事件数、累积微震释放能、累积视体积及其各自的日变化率)的演化规律,建立了其岩爆等级及其概率预警的公式。作为补充,本节同样考虑这些微震信息,采用神经网络方法通过对实例样本的学习,建立神经网络模型,以补充岩爆等级及其概率预警公式,进行岩爆等级及其爆坑深度的预警。

此方法中,岩爆预警区域的选取同岩爆等级及其概率预警公式一样(见 4.4 节)。神经网络输入参数的选取,采用了简化。与岩爆等级及其概率预警公式不同的是,将累积微震事件数、累积微震释放能、累积视体积及其各自的日变化率改成累积微震事件数、累积微震释放能、累积视体积与孕育时间①。在输出上,考虑岩爆爆坑的深度估计而不给出岩爆等级的概率。下面介绍该方法的几个主要环节。

4.7.2　神经网络样本的构建

选用最常用的与微破裂活动最为密切相关、最能反映预警区域岩爆孕育规律

---

① 孕育时间指拥有连续微震监测数据的天数。

的四个微震参数：累积事件数、累积释放能对数、累积视体积对数及其孕育时间作为输入。

　　岩爆等级：强烈、中等、轻微和无岩爆及其爆坑深度，作为输出，建立反映这些输入和输出之间关系的岩爆实例数据库和神经网络模型如图 4.90 所示。其中岩爆等级编码如图 4.91 所示。

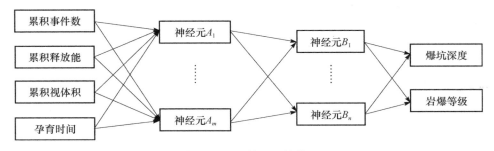

图 4.90　BP 神经网络模型

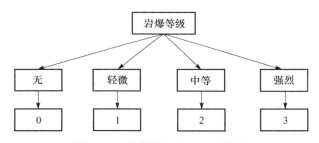

图 4.91　岩爆等级编码对应结构

　　以锦屏二级水电站引水隧洞、施工排水洞微震监测洞段已发生的岩爆实例数据库为基础，收集了连续监测状态下的微震信息，构建如表 4.44 所示 BP 神经网络学习及测试样本（包括 10 个强烈岩爆，21 个中等岩爆，25 个轻微岩爆及 24 个无岩爆实例）。

表 4.44　神经网络学习与测试样本

样本类别	累积事件数/个	累积释放能对数 lgE/J	累积视体积对数 lgV/m³	孕育时间/天	爆坑深度/m	等级编码
学习样本	17	3.172	5.015	10	0.5	1
	2	1.940	3.250	1	0	0
	42	6.284	5.050	7	1.9	3
	21	5.848	4.834	11	1	2
	6	5.561	4.043	6	0.4	1
	22	5.859	4.895	10	1.7	3
	5	2.435	3.878	10	0	0
	7	4.381	4.132	4	0.4	1

续表

样本类别	累积事件数/个	累积释放能对数 lgE/J	累积视体积对数 lgV/m³	孕育时间/天	爆坑深度/m	等级编码
	13	4.408	4.428	6	0.5	1
	44	5.459	4.865	15	2	3
	8	5.204	3.977	3	0.3	1
	14	5.841	4.622	6	0.9	2
	17	4.754	4.397	9	0.9	2
	15	3.486	5.030	7	0	0
	18	5.295	4.703	10	0.9	2
	10	5.322	4.238	7	0.7	2
	49	6.419	4.995	4	1.6	3
	14	4.818	4.266	11	0.9	2
	4	5.820	3.728	7	0	2
	24	4.748	4.660	6	1	2
	14	4.818	4.266	11	0.9	2
	3	5.060	4.438	3	0.5	2
	1	2.970	4.164	1	0	0
	6	5.593	4.809	8	0.6	2
学习样本	29	3.882	4.156	10	0.5	1
	18	5.602	4.779	9	0.9	2
	4	4.737	4.173	2	0	0
	11	5.926	4.141	9	0.8	2
	11	5.724	4.251	12	0.8	2
	2	4.061	3.576	3	0.1	1
	8	5.219	4.552	13	0.6	2
	2	1.39	2.908	1	0	0
	8	5.621	4.620	4	0.6	2
	11	4.029	4.944	9	0.4	1
	70	6.147	5.152	10	2.5	3
	1	0.78	3.441	1	0	0
	8	4.132	3.504	13	0.4	1
	1	0.780	3.441	1	0	0
	10	4.614	4.611	9	0.4	1
	20	4.760	3.843	16	0.5	1
	49	6.373	5.168	8	2.2	3
	13	5.348	4.780	14	0	0
	12	3.543	4.223	3	0.4	1
	36	3.729	4.336	10	1.2	2

样本类别	累积事件数/个	累积释放能对数 lgE/J	累积视体积对数 lgV/m³	孕育时间/天	爆坑深度/m	等级编码
学习样本	3	4.610	3.732	3	0.2	1
	10	4.446	4.370	6	0.4	1
	2	5.160	2.936	1	0	0
	4	4.595	3.708	4	0.3	1
	9	1.723	4.993	7	0.4	1
	7	5.269	4.817	10	0.4	1
	3	3.616	4.603	5	0	0
	58	7.094	4.975	16	1.5	3
	25	4.381	4.848	10	0.6	1
	1	1.540	4.310	1	0	0
	25	3.367	4.964	8	0.5	1
	16	3.621	4.681	6	0.4	1
	21	3.543	4.732	18	1	2
	12	4.912	4.565	8	0.4	1
	3	4.443	4.291	5	0.2	1
	7	5.400	3.919	4	0.3	1
	11	3.973	3.769	13	0	0
	3	4.448	4.261	7	0	0
	31	5.008	4.627	26	1.1	2
	1	4.780	2.985	1	0	0
	8	2.197	2.511	7	0	0
	3	5.060	4.438	3	0.5	2
	7	4.300	3.018	8	0	0
	5	3.996	3.279	5	0	0
	3	1.250	4.944	1	0	0
	41	5.968	4.694	11	1.8	3
	5	3.154	3.309	2	0	0
	1	1.650	2.787	1	0	0
测试样本	45	4.803	4.838	11	1.8	3
	10	6.576	5.081	8	1.2	3
	20	5.982	4.453	8	1	2
	12	5.098	3.516	7	0.7	2
	22	4.736	4.133	23	0.5	1
	6	4.368	3.497	8	0.4	1
	17	4.619	4.844	13	0	0
	1	1.72	3.857	1	0	0

对累积事件数、累积释放能对数、累积视体积对数和孕育时间之间的相关系数进行计算,结果如表 4.45 所示。

表 4.45 输入参数间的相关性

输入参数	累积事件数	累积释放能对数	累积视体积对数	孕育时间
累积事件数	1	—	—	—
累积释放能对数	0.50	1	—	—
累积视体积对数	0.55	0.49	1	—
孕育时间	0.53	0.44	0.43	1

由表 4.45 可知,累积事件数、累积释放能对数、累积视体积对数和孕育时间之间的相关系数的绝对值较小,可见这 4 个输入参数之间的相关度较小,无需做进一步的分类处理。

4.7.3 隐含层节点数及初始权值的优化

根据进化神经网络算法步骤中讨论的参数设置依据及有关理论和经验,神经网络结构参数进化过程中,搜索空间(约束条件)取 2 个隐含层,各隐含层节点数范围为 5~50;主要控制参数包括种群规模为 30 个,杂交概率(交叉概率)为 0.8,变异概率为 0.2;初始权值进化过程中,权值个数在优化过程中随结构参数变化而定,搜索范围为 −10.0~10.0;种群规模为 200 个,杂交概率为 0.95,变异概率为 0.05;两个进化过程中算法属性参数设置相同,采用二进制编码方案,比例选择机制,适应值为标准代价函数形式(即适应值越小越好),均匀杂交和均匀变异。另外辅助增加概率为 0.3 的倒置变异算子。BP 网络学习率取 0.1,动量项系数为 0.5;训练终止条件主要采用最佳学习次数控制,将其他辅助终止条件设得苛刻一些,最大允许学习次数设为较大值,而将学习和估计截止误差给得很小,分别为 10^{-8} 和 10^{-5}。上述各算法部分参数设置可视化界面如图 4.92 和图 4.93 所示。

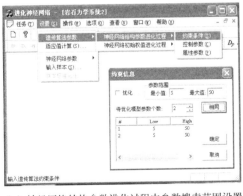
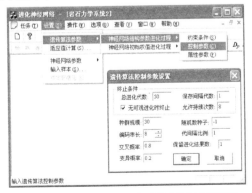

（a）神经网络结构参数进化过程中参数搜索范围设置　（b）神经网络结构参数进化过程中控制参数设置

图 4.92　神经网络结构参数进化过程中参数设置

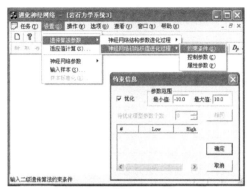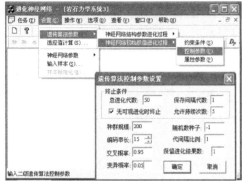

（a）初始权值进化过程中参数搜索范围设置　　　（b）初始权值进化过程中控制参数设置

图 4.93　初始权值进化过程中参数设置

遗传算法在执行 7 代（包括初始代）后达到了结构参数进化过程终止条件（进化过程稳定收敛）。图 4.94 给出了进化过程中适应值的变化情况，可以看出，适应值随进化过程逐渐改善并趋于稳定。同时也要注意到，进化初期出现了"假收敛"现象。这些表明采用收敛稳定情况作为终止条件是比较合适的（如果以最大进化代数控制则要进化 50 代，大大增加不必要的计算量），在设定稳定代数时要注意避免"假收敛"陷阱。算法结束后得到最佳适应值为 0.195 743，对应的两个隐含层的节点数分别为 29 和 41，及相对应的初始权值个数为 1460 个。

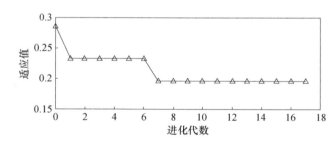

图 4.94　最优适应值随进化代数的变化曲线

4.7.4　神经网络模型的优化训练

打开任务管理界面选择神经网络训练任务，输入优化获得的结构参数：学习率为 0.1，冲量系数为 0.5，两隐含层节点数为 29 与 41，最多允许迭代 2000 次，个体目标与系统目标均为 10^{-8}，测试目标为 10^{-5}，并对输入输出进行标准化，上下界设为 0.9 与 0.1，从样本库文件中读入学习样本与测试样本，执行神经网络训练命令，过程中要求从上面保存的初始神经网络模型中读入优化后的初始权值。设置界面如图 4.95 所示。

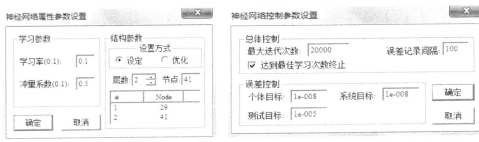

（a）神经网络学习参数设置　　　　（b）BP训练过程控制参数设置

图 4.95　神经网络参数设置

图 4.96 给出了神经网络模型训练过程中学习误差和测试误差的变化情况，训练是基于 4.7.3 节所得的网络结构参数和初始权值进行的。图 4.96 中可以看出，训练过程是稳步进行的，学习误差和测试误差逐渐趋于稳定，并且达到了较好的精度水平。这表明进化算法对神经网络的结构和初始权值进行了有效的优化选择。

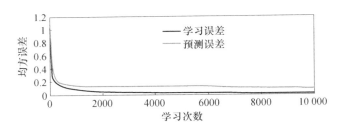

图 4.96　基于优化结构和初始权值的神经网络模型训练过程误差变化

4.7.5　神经网络模型学习效果的检验

图 4.97 和图 4.98 给出了训练后神经网络模型对学习和测试样本的风险估计结果与实际情况的对比分析及线性拟合图。可以看出，无论是对学习样本还是测

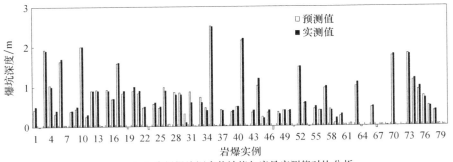

（a）岩爆爆坑深度估计值与序号实测值对比分析

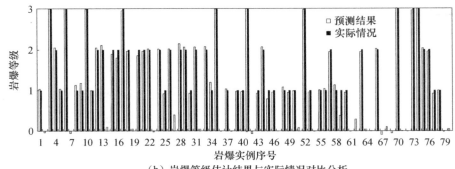

（b）岩爆等级估计结果与实际情况对比分析

图 4.97　学习样本与测试样本岩爆风险估计结果与实际情况对比分析

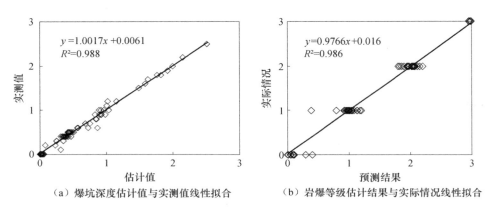

（a）爆坑深度估计值与实测值线性拟合　　（b）岩爆等级估计结果与实际情况线性拟合

图 4.98　学习样本与测试样本风险估计结果与实际情况线性拟合

试样本，都具有较高的估计精度。表明建立的神经网络模型不仅对参与学习的样本，还对那些未参与学习过程的样本有着良好的应用效果。因此，基于微震信息所建立的该模型对于岩爆风险估计是可行并且有效的。

4.7.6　实例分析与工程应用

利用已建立的神经网络模型对不同隧洞微震连续监测洞段进行岩爆风险评估，其样本的空间分布和信息如图 4.99 和表 4.46 所示，结果如表 4.47 所示，可以看出以自身工程岩爆实例为学习范例，综合考虑多种影响因素的神经网络风险估计模型具有较好的估计精度，8 个实例岩爆等级均正确估计，爆坑深度虽存在一定的差异性，但平均绝对误差仅为 0.095m。风险估计样本现场岩爆情况如图 4.100所示。

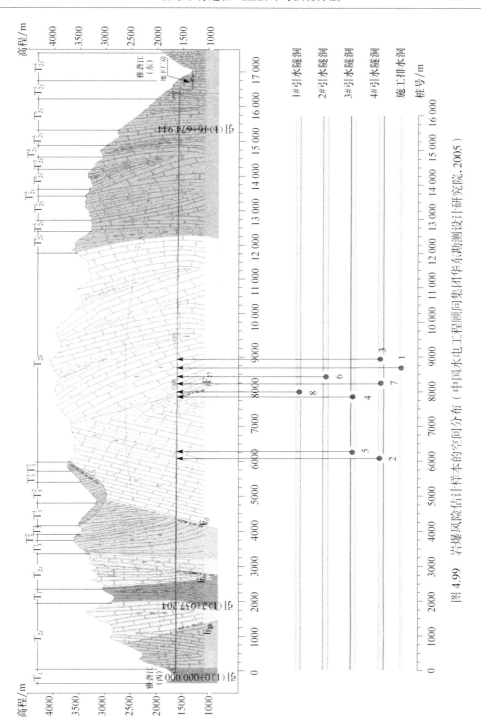

图4.99 岩爆风险估计样本的空间分布（中国水电工程顾问集团华东勘测设计研究院, 2005）

表 4.46　岩爆风险估计样本信息表

序　号	岩爆时间 (年-月-日)	岩爆桩号	累积事 件数/个	累积释 放能对 数 lgE/J	累积视体 积对数 lgV/m³	孕育时 间/天
1	2011-1-13	排水洞 SK8+718	29	5.513	4.777	5
2	2011-4-28	引(4)5+978~6+010	15	6.587	5.152	9
3	2011-8-8	引(4)8+827~8+818	10	4.886	4.105	6
4	2011-7-26	引(3)7+802~7+806	17	4.944	4.598	10
5	2011-4-4	引(3)6+160~6+152	19	5.865	4.263	7
6	2011-11-19	引(2)8+348	7	4.834	4.116	13
7	2011-8-9	引(4)8+269	5	5.17	4.594	6
8	2010-11-30(无岩爆)	引(1)7+817~7+857	1	1.67	4.033	1

表 4.47　岩爆风险估计结果与实际对比

序　号	爆坑深度/m		岩爆等级	
	风险估计结果	实际情况	风险估计结果	实际情况
1	1.63	1.7	2.71	3
2	1.34	1.2	2.89	3
3	0.73	0.8	1.86	2
4	1.42	1.3	1.75	2
5	0.76	0.9	1.84	2
6	0.34	0.4	0.92	1
7	0.41	0.3	1.23	1
8	0.05	0	0.03	0

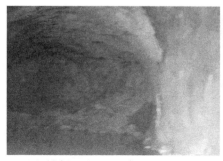

（a）排水洞SK8+718(掌子面)强烈岩爆　　　　　（b）引(4)5+978~6+010强烈岩爆

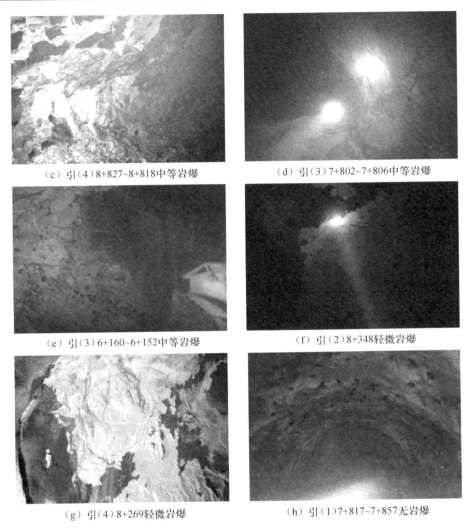

（c）引（4）8+827~8+818中等岩爆　　　（d）引（3）7+802~7+806中等岩爆

（e）引（3）6+160~6+152中等岩爆　　　（f）引（2）8+348轻微岩爆

（g）引（4）8+269轻微岩爆　　　（h）引（1）7+817~7+857无岩爆

图 4.100　岩爆风险估计样本现场岩爆情况（见彩图）

4.8　锦屏二级水电站引水隧洞和排水洞微震监测洞段岩爆风险综合估计与预警

4.8.1　锦屏二级水电站 T_{2b} 白山组洞段引水隧洞钻爆法施工前岩爆风险估计

辅助洞、施工排水洞的施工经验表明，白山组洞段隧洞围岩的岩爆风险较高。在引水隧洞此洞段开挖前，首先根据岩爆倾向性指标 RVI 估计爆坑深度，用数值方法估计断面上岩爆风险。表 4.48 为埋深 1900～2500m 洞段岩爆倾向性计算中控制因子取值。隧洞埋深为 $1900\sim2500\text{m}$,故垂直应力 σ_v 为 $51.3\sim67.5\text{MPa}$;该洞段岩石单轴抗压强度 σ_c 约为 120MPa;k 值为水平应力与垂直应力之比,为 $0.6\sim0.8$;偏转角 β 取 $10°\sim20°$;确定系统刚度因子 F_m 时,不考虑交叉隧洞的影响,取为 1.0;确定地质构造因子 F_g 时,不考虑局部硬性结构面对岩爆的影响,取为 2.0;计算所得 RVI $=828\sim1568$。

表 4.48　白山组大理岩洞段 RVI 计算参数表及计算结果

控制因子	参　数		参数取值	因子结果
F_s	σ_v		$51.3\sim67.5\text{MPa}$	$148\sim196$
	σ_c		120MPa	
	k		$0.6\sim0.8$	
	β		$10\sim20°$	
	A	a	0.0006	
		b	-0.0399	
		c	0.1706	
	B	a	-0.0007	
		b	0.0451	
		c	3.1915	
F_r	M_h		2.0	$2.8\sim4.0$
	G_s		$1.4\sim2.0$	
F_m	单洞		1.0	1.0
F_g	不考虑硬性结构面、向斜核部		2.0	2.0
RVI				$828\sim1568$

2#引水隧洞上台阶开挖的水力半径 $R_f=1.8\text{m}$,估计岩爆爆坑深度 $D_f=1.6\sim2.7\text{m}$。

图 4.101 为计算所得 1900m 埋深和 2500m 埋深洞段围岩塑性区和破坏区分

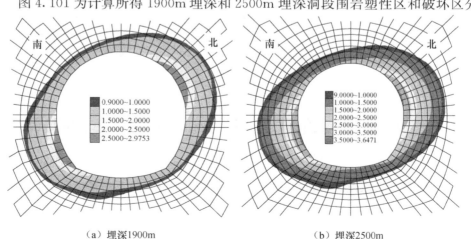

南　　　　　　北　　　　南　　　　　　北

| 0.9000~1.0000 |
| 1.0000~1.5000 |
| 1.5000~2.0000 |
| 2.0000~2.5000 |
| 2.5000~2.9753 |

| 9.0000~1.0000 |
| 1.0000~1.5000 |
| 1.5000~2.0000 |
| 2.0000~2.5000 |
| 2.5000~3.0000 |
| 3.0000~3.5000 |
| 3.5000~3.6471 |

（a）埋深1900m　　　　　　　　（b）埋深2500m

图 4.101　2#引水隧洞典型洞段 FAI 分布云图

布图。可见,埋深为 1900m 时,最大塑性区深度出现在南侧拱脚和北侧拱肩,约 3.2m,最大破坏区深度约为 1.5m;埋深为 2500m 时,最大塑性区深度出现在两侧边墙处,约 4.8m,最大破坏区深度约为 2.5m。

从上述分析可知,2♯引水隧洞在白山组洞段开挖主要的破坏模式是应变型岩爆与应变-结构面滑移型岩爆。不考虑结构面的影响,应变型岩爆最大爆坑深度可达 2.7m,属于强烈岩爆,但当存在控制性结构面时,应变结构面型岩爆预期烈度可达到极强。

4.8.2 锦屏二级水电站引水隧洞和排水洞微震监测洞段施工过程中岩爆的动态综合风险估计与预警

通过对锦屏二级水电站 4 条引水隧洞和排水洞(图 2.48 所示)累计 12.4km 长洞段的微震实时监测,利用上述的综合风险估计与预警方法进行了不同等级的岩爆风险估计与预警。将岩爆预警结果与来自于施工单位周报中的实际岩爆发生情况进行了对比,总体情况如图 4.102 所示。微震监测期间,共发生岩爆 315 次,其中微震连续监测期间,发生岩爆 275 次,不间断监测期间发生岩爆 40 次。

连续监测期间:

(1) 预警并发生岩爆 243 次,占实际发生岩爆次数的 88.36%。其中岩爆风险等级估计和预警区域与实际发生区域相一致的占 85.45%,岩爆估计区域与实际岩爆位置稍有偏差(距离小于 10m)的占 2.91%。

(2) 因前兆规律不明显而未预警到的岩爆 32 次,占 11.64%。这类岩爆以轻微岩爆为主,有的接近应力型塌方,前兆规律不明显。

由于下列原因而导致无法获取连续微震监测数据而未预警的岩爆 40 次,占总次数的 12.70%:

(1) 线路损坏、监测系统主控室停电、设备进水或设备故障而未预警的岩爆 30 次,占总次数的 9.52%。

(2) 因现场不具备传感器安装条件,传感器距离掌子面(岩爆区)较远,而未预警的岩爆 5 次,占总次数的 1.59%。

(3) 时滞型岩爆,传感器已远离岩爆区域而未预警的岩爆 4 次,占总次数的 1.27%。

(4) 刚开展监测,未预警的岩爆 1 次,占总次数的 0.32%。

造成岩爆估计的范围与实际发生的区域位置有偏差的主要原因有:

(1) 岩爆风险估计与预警后,现场加强了支护,抑制了应力的调整与能量的释放,致使应力集中朝其附近的支护措施较弱的区域转移,导致岩爆在估计区域的附近发生。

(2) 由于现场地质条件的复杂性,微震定位波速和到时难于准确确定,致使微震定位有误差,从而导致估计范围与实际范围略有偏差。

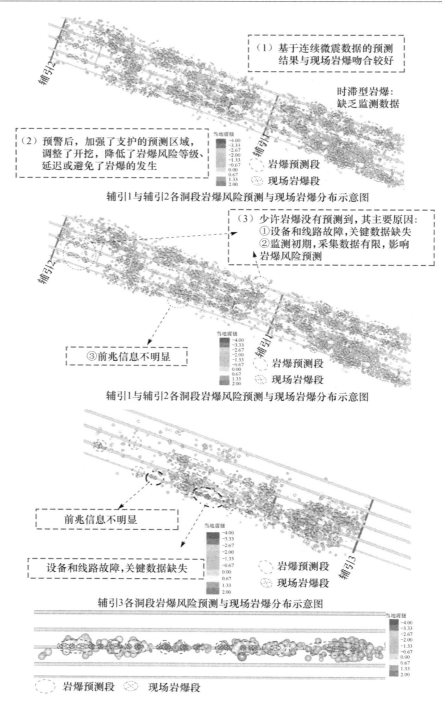

图 4.102　岩爆预警与实际发生情况对比图（见彩图）

4.8.3 锦屏二级水电站微震监测洞段引水隧洞落底开挖岩爆风险评估

引水隧洞钻爆法施工分上下台阶开挖。上台阶开挖完成一段时间后,进行下台阶(落底)开挖。通常,上台阶开挖过程中存储于围岩中的能量已大部分释放,在落底开挖过程中,岩爆风险得到很大程度的降低,但时滞型岩爆不可忽视。

根据上断面开挖时暴露的地质信息、监测的微震信息、支护信息等,利用前述方法,对引水隧洞微震监测洞段下半断面开挖的岩爆风险进行了评估。同时,对排水洞开挖完成后可能发生时滞性岩爆也进行了估计。引水隧洞下半断面开挖和排水洞开挖完成后具有较高岩爆风险的洞段分布如图 4.103 所示,岩爆风险等级及桩号如表 4.49 所示。

表 4.49　基于上断面开挖微震监测信息和所揭露的地质信息的引水隧洞下半段面开挖高岩爆风险洞段桩号汇总表

引水隧洞	洞段	序号	起止桩号		引水隧洞	洞段	序号	起止桩号	
1#引水隧洞	2-1-E	1	引(1)7+520	引(1)7+635	3#引水隧洞	2-3-E	4	引(3)7+700	引(3)7+734
		2	引(1)7+680	引(1)7+765			5	引(3)7+742	引(3)7+801
		3	引(1)7+780	引(1)7+895			6	引(3)7+980	引(3)8+035
	2-1-E 1-1-W	4	引(1)7+925	引(1)8+010			7	引(3)8+065	引(3)8+102
						1-3-W	8	引(3)8+102	引(3)8+214
	1-1-E	5	引(1)8+735	引(1)8+845			9	引(3)8+250	引(3)8+291
		6	引(1)8+950	引(1)9+088			10	引(3)8+370	引(3)8+422
2#引水隧洞	2-2-E	1	引(2)7+510	引(2)7+593		1-3-E	11	引(3)8+531	引(3)8+551
		2	引(2)7+630	引(2)7+690			12	引(3)8+635	引(3)8+680
		3	引(2)7+760	引(2)7+810			13	引(3)8+728	引(3)8+908
		4	引(2)7+860	引(2)7+940	4#引水隧洞	3-4-W	1	引(4)5+405	引(4)5+448
	1-2-W	5	引(2)8+080	引(2)8+170			2	引(4)5+470	引(4)5+515
		6	引(2)8+230	引(2)8+275			3	引(4)5+530	引(4)5+750
		7	引(2)8+350	引(2)8+400			4	引(4)5+770	引(4)5+880
		8	引(2)8+810	引(2)8+865			5	引(4)5+895	引(4)6+140
	1-2-E	9	引(2)8+880	引(2)8+924		2-4-E	6	引(4)7+685	引(4)7+780
		10	引(2)8+945	引(2)8+985			7	引(4)7+850	引(4)7+980
		11	引(2)9+000	引(2)9+030		1-4-W	8	引(4)8+230	引(4)8+300
3#引水隧洞	3-3-W	1	引(3)5+420	引(3)5+470			9	引(4)8+325	引(4)8+380
		2	引(3)5+754	引(3)5+836		1-4-E	10	引(4)8+740	引(4)8+815
		3	引(3)5+960	引(3)6+200			11	引(4)8+835	引(4)9+015

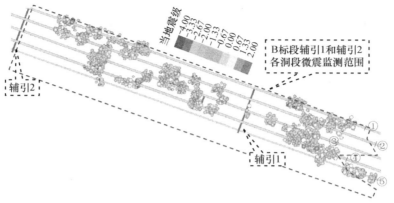

（a）辅引1和辅引2各引（排）水隧洞落底开挖存在高岩爆风险的洞段及其微震事件分布图

（①A、B标段微震监测1#引水隧洞实际分界线，桩号引（1）9+138；②A、B标段微震监测2#引水隧洞实际分界线，桩号引（2）9+201；③A、B标段微震监测3#引水隧洞实际分界线，桩号引（3）9+003；④A、B标段微震监测4#引水隧洞实际分界线，桩号引（4）9+062；⑤A、B标段微震监测排水洞实际分界线，桩号SK8+757）

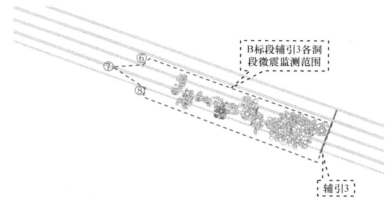

（b）辅引3各引（排）水隧洞存在高岩爆风险的洞段及其微震事件分布图

（⑥A、B标段微震监测3#引水隧洞实际分界线，桩号引（3）5+243；⑦A、B标段微震监测4#引水隧洞实际分界线，桩号引（4）5+097；⑧A、B标段微震监测排水洞实际分界线，桩号SK4+810）

图 4.103　引水隧洞微震监测洞段落底开挖和排水洞开挖完成后存在高岩爆
风险洞段及其微震事件分布图（见彩图）

1. 典型实例一

1）岩爆风险估计与预警

引（4）8＋230～8＋300上断面于 2011 年 6 月 30 日～7 月 10 日期间开挖，开挖后揭露出引（4）8＋230～8＋300范围发育一大断层 F_{27}。该洞段开挖过程微震活跃，开挖后也不断产生微震事件，且事件累积视体积逐渐增加而能量指数出现多次突降，具有明显岩爆孕育特征，如图 4.104 所示。利用岩爆综合风险估计与预警方法对该区进行预警,认为该区具有高强度岩爆风险。施工方在施工过程中对该洞段及时加强了系统支护,提高了围岩完整程度和整体承载能力,显著增加了围岩强度和抗冲击能力,有效抑制了岩爆的发生。但基于岩爆综合风险估计与预警方法认为,在下断面开挖扰动触发下,引(4)8+230~8+300洞段存在中等至强烈岩爆的风险。

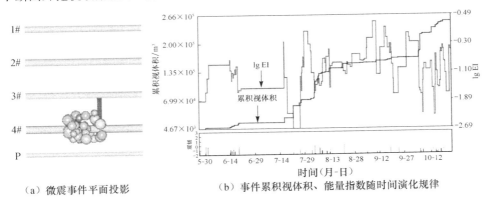

（a）微震事件平面投影　　　（b）事件累积视体积、能量指数随时间演化规律

图 4.104　引(4)8+220~8+300洞段钻爆法开挖过程微震事件平面投影及事件累积视体积、能量指数随时间演化规律

2）现场反馈

根据施工方周报,该洞段下断面开挖 10 余天后,在其他区域落底扰动下,2011年 10 月 29 日在引(4)8+237~8+248、11 月 4 日在引(4)8+220~8+237 相继发生强烈岩爆,爆坑深度均超过 1m,如图 4.105 所示。基于岩爆综合风险估计与预

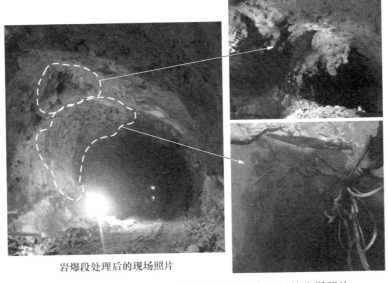

岩爆段处理后的现场照片

图 4.105　引(4)8+220~8+300洞段下断面开挖岩爆照片

警方法准确地预警了该洞段下断面开挖存在的岩爆风险,施工方及时采取了规避措施,避免了施工过程中人员及设备的损伤。

2. 典型实例二

1) 岩爆风险估计及预警

引(3)5+754~5+836洞段上断面于2011年6月5~29日期间开挖,开挖过程产生较多大事件且分布集中,微震非常活跃。同时,事件累积视体积持续增加而能量指数出现多次突降,岩爆孕育特征十分明显,岩爆综合风险估计与预警分析认为,该区具有极高的高强度岩爆风险,如图4.106所示。开挖后揭露出该洞段发育多组相互平行的结构面,局部高应力集中,导致开挖期间发生5次中等、2次强烈岩爆。但通过对上断面微震、岩爆、地质及支护信息进行综合分析,岩爆综合估计与预警方法认为在下断面开挖扰动诱发下,引(3)5+754~5+836洞段仍存在强烈岩爆的风险。

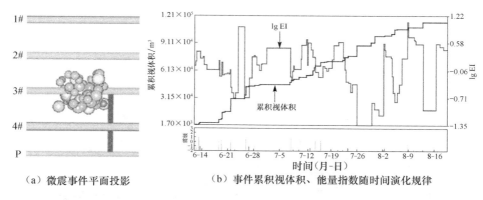

　　(a)　微震事件平面投影　　　　　　(b)　事件累积视体积、能量指数随时间演化规律

图4.106　引(3)5+754~5+836洞段钻爆法开挖过程微震事件平面投影及
事件累积视体积、能量指数随时间演化规律

2) 现场反馈

2011年11月26日下半断面开挖至引(3)5+750附近时,引(3)5+750~5+790发生1次强烈岩爆,其爆坑沿洞轴线长40m,处理后爆坑最深达3m,洞底上抬约60cm,引(3)5+730~5+740洞底多处开裂,如图4.107所示。基于岩爆综合估计与预警方法准确地预警了该洞段下断面开挖存在的岩爆风险,施工方及时采取了规避措施,避免了施工过程中人员及设备的损伤。

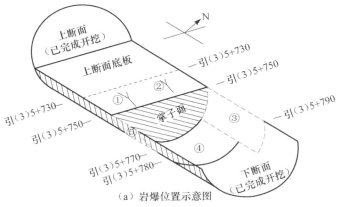

（a）岩爆位置示意图

（①、②引（3）5+730~5+750上断面底板开裂；③引（3）5+750~5+790下断面北侧边墙岩爆爆坑；④引（3）5+750~5+780下断面底板抬升（最高约60cm）；⑤引（3）5+570~5+770下断面南侧边墙岩爆爆坑与开裂）

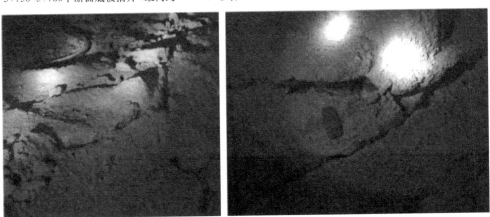

（b）引（3）5+730~5+750上断面底板开裂，左右图分别与（a）中的①、②相对应

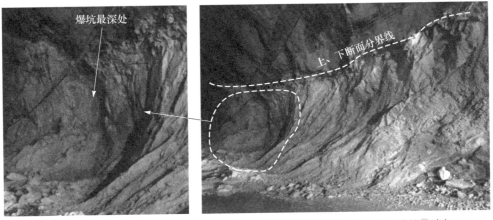

（c）引（3）5+750~5+790下断面北侧边墙（清理后岩爆爆坑最深达3m），与（a）中的③对应

（d）引(3)5+750~5+780下断面底板抬升(最高约60cm)，与(a)中的④对应

（e）引(3)5+570~5+770下断面南侧边墙岩爆爆坑和开裂，与(a)中的⑤对应

图 4.107　引(3)5+730~5+790洞段下断面开挖岩爆破坏位置分布示意图和照片

4.9 小　　结

　　本章在充分认知岩爆孕育机制和演化过程与两类岩爆等级划分新方法的基础上，提出了岩爆风险评估新思路，建立和提出多种岩爆风险估计的新指标和新方法，以锦屏二级水电站引水隧洞工程岩爆风险问题为依托，研究了各种方法的适用性和应用效果，最终建立和完善了岩爆综合风险评估与预警理论体系。主要结论概括如下：

　　（1）提出了基于宏观特征的岩爆等级划分方法，考虑了指标获取的难易程度，属于定量划分方法。采用声响特征、围岩破裂特征、岩体破坏程度和支护破坏程度等指标,进行综合评分,将岩爆划分为 4 个等级:极强、强烈、中等和轻微。当声响特征信息缺失时,可以对岩体破坏程度评分进行修正,或者采用动力学特征进行替代。锦屏二级水电站引水隧洞的总体应用情况说明该方法的合理性和可用性。

(2) 提出了基于微震能量的岩爆等级划分方法。该方法基于岩爆实例数据,以监测到的岩爆发生时的微震能量为指标,提出了岩爆等级划分的系统聚类方法。利用该方法对锦屏二级水电站引水隧洞施工过程中发生的有微震监测与详细记录的 133 次岩爆进行了分析,给出了各岩爆等级对应的微震能量阈值:极强岩爆:$\geqslant 10^7 \mathrm{J}$,强烈岩爆:$10^4 \sim 10^7 \mathrm{J}$,中等岩爆:$10^2 \sim 10^4 \mathrm{J}$,轻微岩爆:$1 \sim 10^2 \mathrm{J}$,无岩爆:低于 1J。锦屏二级水电站引水隧洞和排水洞的应用表明:该岩爆等级划分方法,可以较好地定量评价岩爆发生的等级,结果具有较好的可靠性,可广泛应用到有微震监测的岩石工程中。但是,其微震能量阈值的确定需要大量的岩爆实例数据。通过岩爆发生时的能量可以较好的定量评价岩爆发生的等级,但岩爆发生时能量的获取是通过微震监测获得的,传感器的布置方式、安装方式、与岩体的耦合状况,监测设备的灵敏度,波在岩体中传播能量衰减的补偿方式及微震源定位精度等因素对能量的获取有一定程度的影响,从而会影响岩爆定量评价的精度。另外,该岩爆等级对应的微震能量阈值是基于锦屏二级水电站深埋大理岩隧洞开挖过程中岩爆发生时利用南非 ISS 微震系统监测到的能量获得的,对其他工程不同性质的岩体岩爆和利用非 ISS 微震系统监测到的微震能量进行评价时也可能会稍有不同。因此,在使用该标准进行其他工程的岩爆等级划分时要考虑这一点。但随着更多类型工程实例数据的累积,可以进一步完善该方法。而且,有些岩爆发生时,可能监测不到微震事件,这时需要采用其他方法,如根据表 4.3~表 4.7 的分值等,进行岩爆等级确定。

(3) 建立了岩爆爆坑深度估计的 RVI 方法,给出了岩爆控制因子的选取方法和原则,确定了岩爆爆坑深度的四个控制因素:应力控制因子 F_s、岩石物性因子 F_r、岩体系统刚度因子 F_m 和地质构造因子 F_g,给出了各控制因子的评分方法,搭建了岩爆破坏程度与岩爆控制因子间的桥梁。将 RVI 指标应用于锦屏二级水电站引水隧洞群的岩爆破坏程度评估中,分析结果与实际岩爆破坏程度的误差总体上可以满足工程设计需要,能够反映岩爆破坏程度的总体规律,能够判定深埋隧洞岩爆的平均破坏程度。实践表明,RVI 指标法为解决深埋隧洞岩爆破坏深度估计问题提供了一种新途径和新手段。建立 RVI 指标和构建岩爆破坏程度经验关系式的基本思想具有普适性,RVI 指标的构建思想和基于此指标的岩爆破坏程度估计方法能够扩展到类似深部工程。RVI 是基于该工程案例统计分析结果获得的,各控制因素的控制作用的等级取值也是基于统计分析建立,对其各控制因素作用机制的深入理解,并系统考虑支护效果,有利于该方法的完善。

(4) 提出了工程实例类比的岩爆等级与爆坑深度神经网络估计方法。通过岩爆实例数据的学习,建立了影响岩爆主要因素(如最大最小主应力比、脆性指标、强度应力比、区域地质构造、岩体完整性、支护效果等)与岩爆爆坑深度和等级之间的神经网络关系。利用该关系对岩爆的等级和爆坑深度进行估计,为前兆特征比较明显时的岩爆分析估计提供了一种有效方法。

(5) 提出了局部能量释放率新指标,建立了基于局部能量释放、弹性释放能和超剪应力的岩爆风险数值评估方法,采用弹性、弹脆塑性分析,可以综合分析结构面(断裂)对岩爆的影响,给出工程断面上的岩爆可能发生的位置,将岩爆风险的数值分析评估方法从以往的弹性分析提升到弹脆塑性分析,从可以判断断层是否滑动、岩爆风险高低,提升到还可以给出工程断面上最可能的岩爆部位和风险大小。

(6) 针对大多数岩爆的孕育过程都存在前兆特征,提出了基于微震活动性演化的岩爆风险等级及其概率预警方法。利用该区域上前一段时间上微震事件总数、能量和视体积及其日平均变化速率,给出该区域的岩爆风险等级及其概率预警。同时,还建立了相应的神经网络模型,利用该区域上前一段时间上微震事件总数、能量和视体积及其时间天数,给出该区域的岩爆风险等级及其爆坑深度。当预警区域新的微震活动非常活跃,则可以利用微震信息等效折算方法进行以小时为单元的岩爆风险动态预警。应用这两种方法,更新增加的微震信息,可以不断地实现该区域岩爆风险等级、爆坑深度及其概率的动态预警。

(7) 对于无微震前兆的岩爆、微震前兆无明显规律的岩爆以及微震活动性存在明显平静期的时滞型岩爆,其预警方法有待进一步研究。通过工程地质类比、岩爆倾向性指标 RVI 和基于实例学习的神经网络、基于局部能量释放率等指标的数值计算等多种方法可以进一步提高岩爆预警的准确性。

(8) 上述介绍的岩爆风险估计方法,已成功地应用于锦屏二级水电站引水隧洞和排水洞岩爆风险估计。用 RVI、神经网络、基于 LERR 的数值分析方法等在开挖前综合对白山组大理岩洞段的岩爆等级、断面上位置和爆坑深度等进行了估计,为开挖和支护设计提供了重要依据。在施工过程中,对于微震连续监测的引水隧洞和排水洞洞段,利用获得的微震实时监测数据进行了岩爆区域、等级及其概率预警,微震连续洞段的岩爆预警准确率达到 88% 以上。这些可为开挖与支护设计、应力释放孔设计的动态调整提供科学依据。

5 岩爆孕育过程的动态调控方法

5.1 引　　言

由第 3 章研究表明,不同类型的岩爆(不管是即时型岩爆还是时滞型岩爆,不管是应变型岩爆、应变-结构面滑移型岩爆、断裂滑移型岩爆,还是其他类型的岩爆)都有一个孕育过程,其孕育时间少则几小时、多则数十小时或一个月以上。不同的开挖参数(如开挖日进尺、开挖顺序、断面尺寸、同时开挖的掌子面数、开挖方法:TBM 开挖、钻爆法开挖等)对同样地质和应力条件下的岩爆孕育过程中开挖诱发的能量聚集水平、释放水平和速率以及微震的活动性等会有重要的影响。能量、应力释放和转移途径与方式的不同,会直接影响到储存在岩体中能量的大小和释放的快慢以及微震的活动性。不同的支护类型(如喷层、吸能锚杆、钢筋网等)及其参数都对岩爆孕育过程中吸收储存在岩体中能量的多少和释放速度,阻止围岩破裂深度和速度,以及微震的活动性等有重要影响。需要有理论方法和技术去优化开挖参数,以尽可能降低开挖诱发的能量聚集水平、释放水平和速率以及微震的活动性,通过能量、应力释放和转移途径与方式的优化,预释放部分能量,通过支护类型和参数的优化,尽可能多地吸收储存在岩体中的能量。不同类型的岩爆的孕育过程特征、规律和机制不同,如何根据其差异性,进行针对性的调控?

为此,本章首先介绍总体调控策略和岩体"裂化-抑制"方法,包括岩爆孕育过程主动防控的"三步走"总体思想和开挖、应力释放孔、能量转移路径和支护设计的智能全局优化方法和开挖与支护策略,然后给出降低、转移、预释放和吸收能量的工程设计方法理论和技术,以岩爆孕育过程中的开挖、应力释放措施、能量转移措施与支护设计的动态调整方法,减少和抑制岩体裂化,改变岩爆孕育过程,调控能量聚集、耗散与释放过程以及微震活动性,避免岩爆的发生,降低岩爆的等级,延缓岩爆的发生时间。

5.2 岩爆孕育过程动态调控基本思想

5.2.1 岩爆孕育过程动态调控的基本思想

1. 岩爆孕育过程主动防控"三步走"的总体思想

岩爆孕育过程主动防控"三步走"的总体思想,即减小能量聚集(第一步)→预

释放、转移能量(第二步)→吸收能量(第三步)。具体说明如下:

第一步:减小能量聚集。深部或高应力下岩体在开挖前储存了大量能量。开挖过程中应力调整会增加能量的聚集水平。通过开挖参数(如开挖日进尺、开挖顺序、断面尺寸、同时开挖的掌子面数、相向掘进改单向掘进的时机、开挖速率、导洞的位置、尺寸、形状与超前距离、开挖方法:TBM开挖、钻爆法开挖等)的全局优化,并考虑到施工的可能性,综合确定开挖方案,以期最大限度地降低二次应力局部集中造成的洞周高能量集聚。

这之前要做到"知己知彼",也就是要准确把握待开挖段岩石的力学性质及开挖卸荷下的力学行为,识别可能的岩爆类型(应变型、应变-结构面滑移型、断裂滑移型等),为计算模型、力学参数的确定奠定基础。同时,需要弄清待开挖段的地质条件,以辨识主控地质结构。

第二步:预释放、转移能量。提出应力释放孔优化设计方法,确定应力释放孔的位置和深度、预释放部分能量和集中应力。也就是,根据数值分析、地质分析等,确定应力集中和能量集中较大的部位,确定应力释放孔的位置(掌子面上、侧墙、拱顶、拱肩、拱脚等)及其优化布置参数(应力释放孔孔深、布置角度和间距等);研究岩体的脆延转换的围压效应,开挖后及时喷层,增加岩体的延性,降低岩体的脆性。再就是,研究应力和能量集中可能的转移位置和途径,将能量集中适当转移到需要破岩或深部岩体内,从而降低工程围岩表面附近的能量和应力集中水平,以降低岩爆风险。

当预估岩爆等级较高时,单独采用第一步方法可能仍无法明显降低岩爆风险和等级。也就是,需要进一步采用预释放或转移能量的方法,通过开挖导洞预裂围岩,改变围岩内应力分布,达到预释放和转移能量的目的,而应力解除爆破和应力释放孔方法则更具针对性,开挖前,对高能量集聚处或控制性结构面部位实施应力解除,使岩体破裂,能量耗散或转移,从而有效降低岩爆风险和等级。然而,导洞的位置、大小和形状、应力解除爆破孔和应力释放孔的布置、方式和深度等还需要进行优化,才能取得好的效果。

第三步:吸收能量。提出支护设计方法,包括不同类型支护的吸能计算方法、锚杆的长度和间距计算方法等,优化支护措施,避免或降低岩爆的发生风险。采用吸能锚杆、钢纤维喷射混凝土、钢筋网等支护方法,尽可能吸收岩爆破坏时释放的能量,"兜"住破裂岩体,降低岩块飞出速度。

前两种对策均属于施工方面的,在这两种对策仍有欠缺时,则需要通过支护结构吸收能量,以降低岩爆时岩块剧烈弹射造成的危害。表面支护可应对中等以下岩爆,而对更为剧烈的岩爆则需要专门的吸能锚杆,然而如何选择支护类型、如何设计每种支护类型的参数,以保证支护结构的系统性和吸能能力满足要求,需要进行设计优化。

在针对具体工程进行岩爆防治对策设计时,并不限于每个步骤只选择一种方法,可以同时选择多种方法综合运用,以最大限度地降低岩爆风险和等级,如在防治强烈岩爆时,第一步的策略中可同时优化洞形、洞室大小尺寸、台阶数和台阶高度、循环进尺等,而在第二步策略中也可同时选择开挖导洞和应力解除爆破等方法,第三步策略中同时选择多种支护类型搭配更是工程中广泛采用的方法。

上述开挖方案优化、能量预释放和转移方案优化、吸能支护方案优化,可以通过基于局部能量释放率、弹性释放能和破坏接近度为指标,以粒子群、遗传算法或其他全局优化方法的数值分析来获得。也可以通过研究影响因素(如最大最小主应力、脆性指标、区域构造、强度应力比、岩体完整性、开挖方法和岩爆等级等)与开挖、应力释放、支护措施的关系,建立神经网络模型而获得。

2. 基于微震孕育规律的岩爆动态调控方法

(1)提出基于微震能量的岩爆等级划分方法和基于声响特征、岩体破裂特征、爆坑深度以及岩爆造成支护破坏程度四指标评分的岩爆等级划分方法。

(2)研究开挖速率、支护措施、不同等级岩爆及其发生时间和位置与微震事件数、能量、视体积随时间演化规律的关系,建立基于微震信息演化规律的岩爆区域、等级、概率的预警方法。

(3)建立不同岩爆等级的开挖与支护对策表,如表5.1所示。

表 5.1 深埋隧道(洞)岩爆防治对策指南

岩爆等级	地质勘查对策	开挖对策	支护对策
极强岩爆	1)掌握断裂、硬性结构面产状及其与工程的关系 2)掌握局部地质构造异常(背斜轴部、翼部)	1)尺寸优化: (1)钻爆法开挖洞室进行断面形状和尺寸优化 (2)钻爆法掘进进尺控制在1.5～2m,TBM的掘进速率应<6m/d (3)隧洞(道)相向掘进临贯通前改为单头掘进 (4)钻爆法开挖时优化炮孔深度、间距和装药参数,控制光爆效果,提高半(残)孔率 2)特殊方法: (1)在钻爆法开挖洞室的围岩和掌子面进行预裂爆破 (2)已探明控制性结构面应力释放 (3)钻爆法开挖洞室采用导洞法开挖,并优化导洞位置、形状和尺寸 (4)TBM开挖隧洞采用上导洞法开挖,并优化导洞位置、形状和尺寸	1)支护形式和部分参数(设计总抗冲击能为50kJ/m²左右): (1)喷钢纤维或仿钢纤维混凝土即时封闭围岩,厚度约15cm,要求喷层设计极限抗冲击能量10.9kJ/m² (2)系统布置吸能锚杆,间距0.5～1m,梅花形布置,长度>4.5m(根据爆坑深度确定),加钢垫板,厚度12mm,边长30cm,要求锚杆系统设计极限抗冲击能量为39.1kJ/m²左右,锚杆类型应选择具高吸能特性的锚杆,如锥形锚杆,对于水胀式锚杆、缝管式锚杆等吸能特性一般的锚杆应加大布置密度 (3)锚杆应与控制性结构面大角度相交 (4)挂网,φ8mm,@10cm×10cm,架设钢拱架,间距0.5～1m

岩爆等级	地质勘查对策	开挖对策	支护对策
极强岩爆		（5）TBM开挖隧洞需加强TBM自身防护能力、强支护快速实施能力和破坏快速处置能力 3）开展实时微震监测和预报	（5）复喷钢纤维或仿钢纤维混凝土15～20cm 2）钻爆法开挖洞室的支护施工顺序： 开挖后立即对开挖面实施喷层封闭围岩，并系统布置吸能锚杆，紧跟挂网、架设钢拱架、复喷，完成开挖面防岩爆支护 3）TBM开挖隧洞的支护施工顺序： 在L1区首先实施喷层封闭围岩，挂网、系统布置吸能锚杆、架设钢拱架，在L2区复喷
强烈岩爆	1）掌握断裂、硬性结构面产状及其与工程的关系 2）掌握局部地质构造异常（背斜轴部、翼部）	1）尺寸优化： （1）钻爆法开挖洞室进行断面形状和尺寸优化 （2）钻爆法掘进进尺控制在3m左右，TBM的掘进速率应<10m/d （3）隧洞（道）相向掘进临贯通前改为单头掘进 （4）钻爆法开挖时优化炮孔深度、间距和装药参数，控制光爆效果，提高半（残）孔率 2）特殊方法： （1）在钻爆法开挖洞室的围岩和掌子面进行预裂爆破 （2）已探明控制性结构面应力释放 （3）TBM开挖隧洞需加强TBM自身防护能力、强支护快速实施能力和破坏快速处置能力，必要时采用上导洞法开挖 3）开展实时微震监测和预报	1）支护形式和部分参数（设计总抗冲击能为22～50kJ/m² 左右）： （1）喷钢纤维或仿纤维混凝土即时封闭围岩，厚度约15cm，要求喷层设计极限抗冲击能量10.9kJ/m² （2）系统布置吸能锚杆，间距0.5～1m，梅花形布置，长度4.5m，加钢垫板，厚度12mm，边长20～30cm，要求锚杆系统设计极限抗冲击能量为11.1～39.1kJ/m²，锚杆类型应选择具高吸能特性的锚杆，如锥形锚杆，对于水胀式锚杆、缝管式锚杆等吸能特性一般的锚杆应加大布置密度 （3）锚杆应与控制性结构面大角度相交 （4）挂网，φ8mm，@10cm×10cm，架设钢拱架，间距0.5～1m （5）复喷钢纤维或仿钢纤维混凝土15cm 2）钻爆法开挖洞室的支护施工顺序： 开挖后立即对开挖面实施喷层封闭围岩，并系统布置吸能锚杆，根据施工组织流程，在后续掘进中实施挂网、架设钢拱架、复喷，完成防岩爆支护 3）TBM开挖隧洞的支护施工顺序： 在L1区首先实施喷层封闭围岩，挂网、系统布置吸能锚杆、架设钢拱架，在L2区复喷
中等岩爆		1）尺寸优化： （1）钻爆法掘进进尺控制在3m左右，TBM的掘进速率控制在约10～15m/d （2）优化炮孔深度、间距和装药参数，控制光爆效果，提高半（残）孔率	1）开挖后紧跟掌子面喷钢纤维或仿钢纤维混凝土即时封闭围岩，厚度约10～15cm，要求喷层设计极限抗冲击能量4.7～10.9kJ/m²

岩爆等级	地质勘查对策	开挖对策	支护对策
中等岩爆	1) 掌握断裂、硬性结构面产状及其与工程的关系	2) 开挖方法(钻爆法或 TBM)和断面形状、尺寸等按同等条件的无岩爆段施工 3) 开展实时微震监测和预报	2) 紧跟系统布置锚杆,间距 1m 左右,梅花形布置,长度 2.5～3.5m,加钢垫板,厚度 10mm,边长 15～20cm,要求锚杆系统设计极限抗冲击能量 8.3～17.3kJ/m²,锚杆类型应选择具吸能特性的锚杆,如水胀式锚杆、缝管式锚杆,根据现场具体情况也可选择强度较高的刚性锚杆,如普通砂浆锚杆、涨壳式预应力中空注浆锚杆、树脂锚杆等 3) 设计总抗冲击能为 13～22kJ/m²
轻微岩爆	2) 掌握局部地质构造异常(背斜轴部、翼部)	掘进速率、开挖方法(钻爆法或 TBM)和断面形状、尺寸等按同等条件的无岩爆段施工	1) 开挖后紧跟掌子面喷钢纤维或仿钢纤维混凝土即时封闭围岩,厚度约 10cm 2) 紧跟在应力集中区或岩爆频发区布置随机锚杆间距 1m 左右,长度 1～3m,加钢垫片,锚杆类型可根据现场条件灵活选择,一般为水胀式锚杆、缝管式锚杆、普通砂浆锚杆、树脂锚杆等 3) 设计总抗冲击能<13kJ/m²

（4）通过施工过程中微震实时监测获得微震事件数、能量、视体积随时间演化规律→进行岩爆区域、等级预警→根据预警的岩爆等级和位置以及不同岩爆等级的开挖与支护对策表,确定开挖与支护的即时调整措施,动态调控岩体裂化过程微震信息演化规律,降低或避免岩爆的发生。

3. 岩爆孕育过程的动态调控机制和方法

融合上述"三步走"思想和基于微震孕育规律的岩爆调控思想,构建了从设计到施工过程中岩爆孕育动态调控的总体思路,如图 5.1 所示。也就是,通过一系列的室内、现场试验,揭示工程岩体的力学特性、变形破坏机制、特征和规律,在工程开挖前采用下列方法预判岩爆风险等级和区域位置:

（1）确定合适的力学模型和岩石强度,以局部能量释放率、弹性释放能、破坏接近度等为指标,进行数值分析。

（2）岩爆风险估计方法、岩爆倾向性指标 RVI、神经网络模型等方法。

再运用"三步走"防控策略进行开挖、应力释放孔和支护设计优化。

在施工过程中,对具有高等级岩爆风险洞段进行微震监测,采用动态调控方法,包括根据新揭示的地质条件再进行岩爆风险等级和区域复核和修正,或开挖、应力释放孔和支护方案的动态调整,以避免岩爆的发生或降低岩爆的风险。

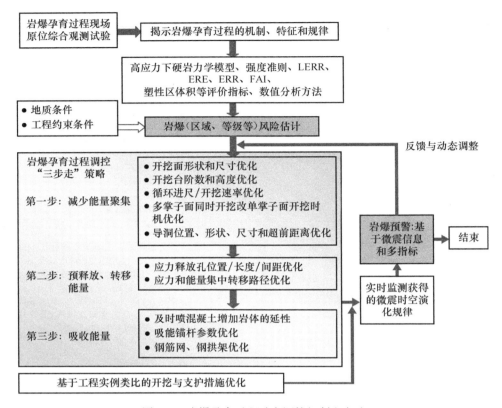

图 5.1　岩爆孕育过程动态调控机制和方法

5.2.2　岩爆孕育过程的开挖和支护方案智能全局优化

以上岩爆调控对策给出了非常多的操作方法,但根据工程实际需求进行针对性设计则要求优化匹配,充分发挥每种方法的优势并在整体上达到所要求的目标,同时最大限度地降低施工干扰和资源投入。因此,科学的优化设计是解决该问题的重要途径。本节给出的优化综合系统即针对此问题建立,采用了先进的粒子群-支持向量机优化方法,建立了基于岩爆防治效果评估多指标的目标函数,考虑了开挖和支护方案及施工过程,可使得岩爆调控问题的解决更加科学化,方法运用更具广泛性。

1. 基于粒子群-支持向量机优化方法原理与步骤

支持向量机的参数(核参数和惩罚因子 C)对算法的效率和推广预测能力有很大的影响。支持向量机在实际应用中,关于参数选择的问题仍然没有得到很好地解决。例如,多项式学习机器的阶数问题、径向基机器中的函数宽度,以及 Sigmoid

机器中函数的宽度和偏移等。统计学习理论目前对这些问题给出了一些建议和解释，但还没有给出实际可行的方案。因此，在使用支持向量机进行预测时，如何选择适当的参数就成了一个非常重要的问题。目前，该问题尚未有理论方法给予解决。支持向量机参数的选择通常是人工试算或凭经验获得的。鉴于支持向量机参数选择的问题目前没有得到很好地解决，提出基于粒子群优化算法(PSO)的支持向量机方法(简称 PSO-SVM 方法)，即采用粒子群算法搜索全局最优的支持向量参数，减少人为选择的盲目性，提高支持向量机的推广预测能力。算法如下：

(1) 对支持向量机参数进行初始化设置，包括设置进化代数、群体规模、最大飞行速度、核参数和参数 C 的搜索范围等。

(2) 随机产生一组可能的二维粒子群(核参数和 C 的值)，每个粒子对应参数决定一个支持向量机。

(3) 用各个支持向量机对训练样本进行学习后对测试样本进行预测，得到每个个体的适应值 $f(x)$，为反映本支持向量机模型的推广预测能力，适应值函数如下：

$$f(x) = \min\left(\max\left(\left\{\frac{|x_i - x'_i|}{x'_i}\right\}, i = 1, 2, \cdots, n\right)\right) \tag{5.1}$$

式中，x_i 为第 i 个测试样本的预测值；x'_i 为第 i 个测试样本的实测值；$i=1,2,\cdots,n$，n 为测试样本的个数。

(4) 计算粒子群的最优适应值。

(5) 判断适应值是否满足要求，如不满足要求，进行 PSO 进化操作产生新的群体(一组新的参数)，重复(3)~(4)，直至得到满意的支持向量机模型。算法的框图如图 5.2 所示。

2. 岩爆孕育过程的开挖与支护的智能全局优化方法

在前述优化方法的基础上，这里采用了一种基于粒子群-支持向量机-数值计算的地下工程开挖与支护方案的智能全局优化新方法：通过数值计算构造学习样本；通过 SVM 对样本的学习，建立施工方案与优化指标的非线性映射关系，在 SVM 学习过程中采用 PSO 搜索 SVM 的全局最优参数，使 SVM 具有最佳的预测能力，由此替代数值计算；以 SVM 预测的综合评价指标为方案的适应度，用 PSO 在所有可能施工方案的全局空间里搜索最优方案。

优化的具体步骤如下：

(1) 构造若干个施工方案的各种典型样本方案，进行数值计算，得到各施工方案相对应的 n 种岩爆评价指标，由此构建 n 个 SVM 的学习样本和测试样本。

(2) 以施工方案为 SVM 的输入信息，以各种优化指标为 SVM 的输出信息，

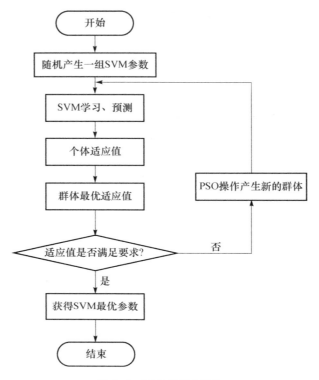

图 5.2　PSO-SVM 算法

利用 SVM 对学习样本进行学习,并对测试样本进行预测,以最小预测误差作为适应值,用 PSO 搜索 n 个 SVM 子模型的最优参数,这样就建立了施工方案与优化指标之间的映射关系,此时的 SVM 模型能够作为求解器替代数值计算。

（3）进行 PSO 算法的参数初始化设定（一个粒子代表一种可行的施工方案），确定施工方案的全局搜索空间。

（4）随机产生一组粒子群（一组可行施工方案）。

（5）利用 SVM 预测每个粒子个体的适应值,适应值的计算公式如下：

$$\text{fitness} = f(x) \tag{5.2}$$

式中：$f(x)$ 为施工方案的综合评价指标。

（6）对进化历史上所有粒子的适应值进行比较,得到当前进化历史上的最优粒子（当前最优施工方案）。

（7）若最优粒子适应值或迭代步数不满足收敛条件要求,对粒子群进行 PSO 进化操作,产生下一代粒子群（一组新的可行施工方案）,返回步骤（5），否则,停止计算。

将上述步骤用框图表示,如图 5.3 所示。

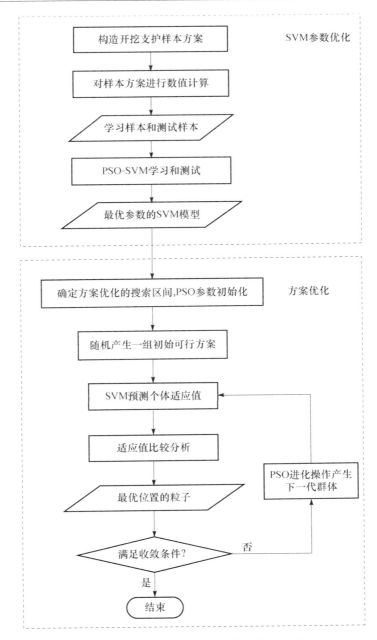

图 5.3 粒子群-支持向量机计算优化流程

该方法既利用了 SVM 的非线性映射、机器学习和预测功能,又利用了 PSO 的全局优化特性,在处理变量和目标函数值之间无明显的数学表达式的大规模优化问题中具有广阔的应用前景。

3. 岩爆孕育过程的开挖与支护方案的智能优化综合系统

采用综合集成的研究思路,在充分利用各种大型计算软件优势的前提下,通过对智能优化过程中所需各种功能模块的程序开发,并编制数据接口程序将各种模块有机地连接起来,组建成为一套完整的地下工程开挖与支护方案的智能优化综合系统,以提高优化工作过程的自动化水平,满足实际工程对开挖与支护方案优化的快速性需要,方便用户的使用。

优化综合系统的构架如图5.4所示。该系统主要由前处理模块、样本方案求解器模块、智能优化模块、后处理模块组成,以下为该系统的详细介绍:

1) 前处理模块(Matlab 语言开发)

前处理模块:可利用具有强大的前处理功能的 Ansys 有限元商业软件进行建模。通过 Matlab 语言编制了一套将 Ansys 的模型导入数值计算软件的数据接口程序,实现复杂模型的快速建立功能。

开挖/支护样本方案的均匀设计模块:根据均匀设计原理,可自动实现均匀设计样本方案的编排和代码编写,并通过编制的数据接口程序,为数值计算软件提供施工方案信息代码。

2) 样本方案求解器模块

开挖支护过程程序模块:实现开挖、支护全过程仿真计算。

本构模型参数辨识模块:通过实测资料反分析,实现本构模型最优参数的智能辨识。

方案优化指标计算模块:计算工程开挖后的 LERR、FAI、ERR 等优化指标,并加权求和得到综合优化指标。

将上述三个模块一并嵌入数值计算软件,进行样本方案的求解,得到相应的各种优化指标,由此建立起 SVM 的学习和测试样本。通过数据接口程序将数据格式转化为 Matlab 软件的数据格式,为智能优化模块提供样本信息。

3) 智能优化模块

PSO-SVM 模块:实现 SVM 在最优参数下对样本进行学习,建立起施工方案与各优化指标的映射关系,并作为求解器替代数值计算。

PSO 全局最优方案搜索模块:以综合优化指标为适应值,在所有可能施工方案的全局空间数组中搜索出全局最优方案。全局空间数组由洞群开挖顺序全排列模块或开挖顺序与支护所有组合方案计算模块提供。

开挖顺序全排列计算模块:实现开挖顺序的自动全排序,计算结果为开挖顺序优化的全局空间,数据保存于全局空间数组。

开挖与支护所有组合方案计算模块:实现所有可能的开挖与支护所有组合方案的自动编码,计算结果为开挖与支护组合方案优化的全局空间,数据保存于全局

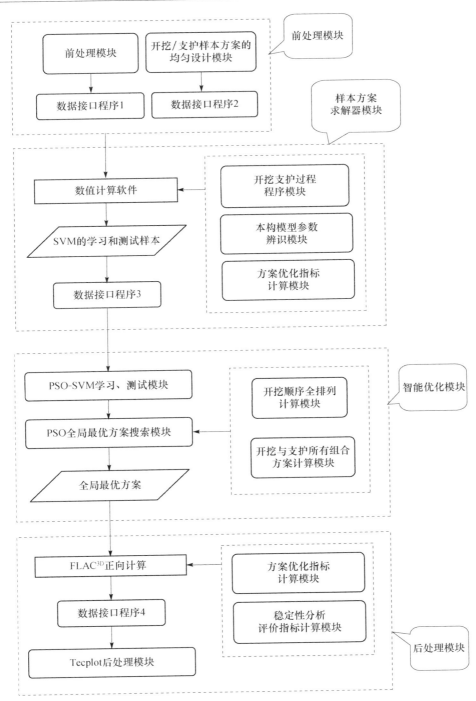

图 5.4 高地应力下地下工程开挖与支护方案智能优化综合系统构架

空间数组。

4) 后处理模块

方案优化指标计算模块:功能与 2)中的相同,将此模块嵌入全局最优方案的数值计算当中,计算结果与 SVM 预测结果比较,检验 SVM 的推广精度。

稳定性分析评价指标计算模块:将此模块嵌入全局最优方案的正向计算当中,获得全局最优方案各施工阶段的 ERR/LERR、FAI 分布等特征指标。

Tecplot 后处理模块:通过编制的数据接口程序,将数值计算结果导入 Tecplot 软件(由美国 Amtec Engineering 公司开发,具有极其强大后处理功能的数值绘图软件),实现了各评价变量的任意切分剖面或三维体的等值线、等色云图的绘制,为最优方案的计算成果可视化和岩爆风险评价提供支持。

5.3　减小能量集中的方法

减小能量集中方法主要通过工程开挖形状、尺寸和速率等的优化以期通过减少能量聚集水平、优化能量分布和大小达到降低岩爆风险的目的。该方法具体包括断面形状与尺寸优化、掘进速率优化、贯通前掘进方式优化等。本节重点阐述这三个方法的基本原理和应用方法。

5.3.1　断面形状与尺寸优化

断面形状与尺寸优化包括对开挖面形状、尺寸大小、开挖台阶数、开挖台阶高度等进行优化,总体上减小开挖面附近能量大小,减小局部能量集中,使能量分布均匀。在待开挖洞段地应力和地质条件基本确定的情况下,制定待优化方案,采用基于数值模拟的岩爆风险估计方法,通过高地应力下地下工程开挖和支护方案智能全局优化综合系统得到最优的断面形状和尺寸。

在相同的尺寸条件下,不同的断面形状导致的二次应力分布不同。因此,高集中应力导致围岩破裂损伤位置和程度、能量集聚和释放的方式、位置和程度也不同。故在岩爆风险洞段,优化断面形状对于降低岩爆风险非常重要。

例如,加拿大 URL 的 −420m 水平的圆形试验隧洞发生了 V 形脆性破坏坑,而将洞形调整为椭圆形,并使其长轴与最大主应力(压为正)方向平行时,围岩稳定性非常好,如图 5.5 所示(Read,2004),这一案例充分说明了形状优化的作用。

再就是,比较同样地质和原岩应力、同样断面尺寸情况下圆形和城门洞形两种断面开挖后围岩破坏的累积释放能、塑性区体积和 LERR 的分布:城门洞形隧洞开挖后单位轴线长度围岩内塑性区体积为 $46.98m^3$,累计释放能量 2.88MJ,而圆形隧洞在相同条件下开挖后单位轴线长度围岩内塑性区体积为 $30.94m^3$,累计释放能量 2.14MJ,均比前者小。二者围岩内局部能量释放率 LERR 分布如图 5.6

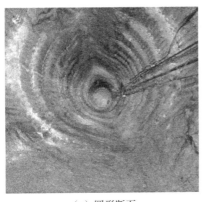
（a）圆形断面

（b）椭圆形断面

图 5.5　断面形状与围岩破坏

（a）和（b）所示。可见，最大的 LERR 基本相同，但城门洞形隧洞围岩内 LERR 分布不均匀，多处出现局部能量集中源，而圆形隧洞围岩内 LERR 分布规律性较强，变化均匀，有利于围岩的渐进破坏和能量缓慢释放。

（a）辅助洞

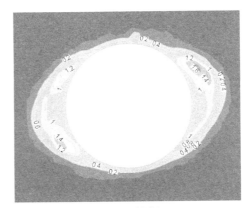
（b）施工排水洞

图 5.6　围岩内局部能量释放率分布

　　总体来看，在地应力和岩体力学性质相同、尺寸相近的条件下，圆形断面的岩爆风险低于城门洞形，这说明通过优化断面形状可有效降低岩爆风险。

　　对于采用钻爆法施工的隧洞，可以通过减小上台阶开挖高度来降低隧洞围岩的能量释放。图 5.7 是锦屏二级水电站 2♯引水隧洞在埋深 2500m 洞段采用不同上台阶开挖高度时围岩洞周的局部能量释放率。此洞段岩层主要为结构致密的 T_{2b} 坚硬大理岩，围岩完整。图 5.7（a）为上台阶开挖高度为 8.0m 时围岩局部能量释放率分布云图，从图 5.7（b）中可以看出，上台阶开挖高度缩小为 6.7m 时，围岩局部能量释放率明显减小。二者局部能量释放源的位置基本相同,而前者最大 LERR 为 $1.6\times10^5\mathrm{J/m^3}$,后者为 $1.4\times10^5\mathrm{J/m^3}$。累计单元所释放的能量,假设能量全部在洞周表面释放,则上台阶开挖高度为 8.0m 时,洞周单位面积上释放的能量为 140.5kJ/m²;上台阶开挖高度为 6.7m 时,洞周单位面积上释放的能量为 122.9kJ/m²。可见,通过降低上台阶的高度可以降低围岩破坏时的能量释放,从而在一定程度上降低岩爆风险。但确定上台阶开挖高度时,还必须考虑机械设备操作的方便性。

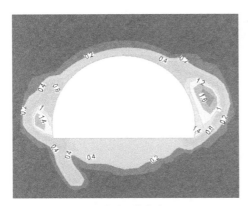
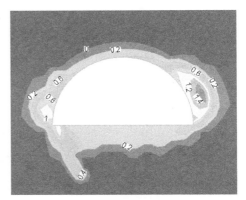

（a）上台阶开挖高度8.0m　　　　　　　　（b）上台阶开挖高度6.7m

图 5.7　上台阶不同开挖高度围岩局部能量释放率云图

5.3.2　掘进速率优化

"短进尺"是钻爆法施工中岩爆防治常提到的处理方法,"降低掘进速率"则是针对 TBM 施工所经常采取的措施,这两项措施均试图通过降低单次卸载量和扰动效应来尽可能降低触发岩爆的风险。图 5.8 为不同卸载速率下室内三轴试验得到的强度曲线。可见,在 $0.01\sim1.0\mathrm{MPa/s}$ 卸围压速率范围内,随卸围压速率的增大,强度不断提高,而强度的提高意味着瞬间储能能力的提高,破坏时则意味着更大的能量释放。图 5.9 为不同卸载速率下扩容损伤应变的演化曲线。可见,卸荷速率高,剪胀角增长快,大量的拉张裂纹快速扩展,意味着岩体脆性破坏特征更加显著。这说明,卸载速率越快,破坏越剧裂。对于现场来说,即开挖/掘进速度越快,岩爆风险越高;反之,降低开挖进尺或掘进速率对于降低岩爆风险有利。

但针对不同的岩爆等级和具体工程条件,进尺或掘进速率到底取多少才能有效降低岩爆风险,在理论和实践方面均缺乏明确的定值。在待开挖洞段地应力和地质条件基本确定的情况下,制定循环进尺或掘进速率待优化方案,采用基于数值模拟的岩爆风险估计方法,通过高地应力下地下工程开挖和支护方案智能全局优

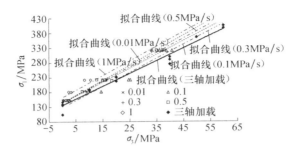

图 5.8 强度与卸荷速率的关系

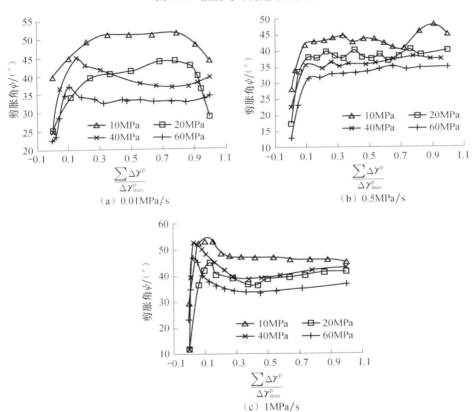

图 5.9 不同卸荷速率下剪胀角的演化曲线

$\Delta\gamma^{\mathrm{p}}$. 塑性剪应变增量；$\Delta\gamma^{\mathrm{p}}_{\mathrm{max}}$. 最大塑性剪应变增量

化综合系统可获得最优的进尺大小。同时，理论分析所得数据还需要与开挖方式结合起来应用。比如，在中等和轻微岩爆情况下可能优化所得进尺非常大，钻爆法和 TBM 的掘进速率选择余地较大。

下面通过分析循环开挖进尺与局部能量释放率(LERR)的关系从理论上解释

循环进尺降低岩爆等级的作用。

　　在模拟隧洞开挖过程时,单元的局部能量释放率是一个累积值。也就是说,随着隧洞掌子面向前推进,单元的局部能量释放率逐渐增大,直到掌子面的空间效应消失,单元的局部能量释放率才停止增大。如果单用这个累积值来评价岩爆风险,就会得出距离掌子面后越远,围岩的岩爆风险程度越高。从锦屏二级水电站引水隧洞开挖过程现场的岩爆情况来看,尽管存在一些时滞性岩爆,即围岩揭露很长一段时间后才发生的岩爆,但绝大多数岩爆都发生在两个掘进工班之间,且发生在掌子面附近,这表明大多数岩爆都是受当前开挖步的影响。因此,开挖一个循环之后,围岩中单元的局部能量释放率增量是最值得关注的。这里定义围岩单元局部能量释放率增量 $\Delta LERR_i$,其表达式为

$$\Delta LERR_i = LERR_i^{j+1} + LERR_i^{j} \tag{5.3}$$

式中:$LERR_i^{j}$ 表示第 j 个循环进尺之后围岩中单元 i 的局部能量释放率;$LERR_i^{j+1}$ 表示第 $j+1$ 个循环进尺之后围岩中单元 i 的局部能量释放率。

　　图 5.10 是锦屏二级水电站 2# 引水隧洞在埋深 2000m 洞段上台阶开挖掌子面后围岩单元局部能量释放率最大增量与循环进尺的关系。此洞段岩层主要为结构致密的 T_{2b} 坚硬大理岩,围岩完整。

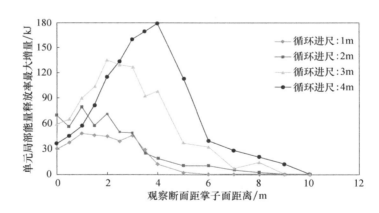

图 5.10　单元局部能量释放率最大增量与循环进尺的关系

　　从图 5.10 可见,循环进尺越小,由开挖引起的局部能量释放率最大增量也就越小,这表明降低循环进尺,可降低能量释放剧烈程度。从图中还可以看出,当循环进尺由 3m 减小为 2m 时,单元局部能量释放率的增量明显减小;当循环进尺由 2m 减小为 1m 时,单元局部能量释放率增量的减幅并不明显。同时可知,在强烈岩爆洞段,2m 是一个较为合理的爆破开挖循环进尺。

　　图 5.11 为强烈岩爆洞段循环进尺优化中 ERR、LERR、弹性释放能(指岩体破坏时释放能量的总和)和围岩中最大 FAI 的计算值。可见,前三个指标均随着循

环进尺的减小而降低,说明减小循环进尺可有效降低能量释放的剧烈程度。而 FAI 值随着循环进尺的减小而增大,这说明随着开挖步长的减小,对隧洞周边岩体的扰动程度有所增加,弱化了隧洞周边岩体力学性质、改变了其应力分布,促使应力集中向围岩内部转移,从而降低岩爆风险。从这些指标值随开挖步长减小的演化曲线来看,2m 最为合适,这与图 5.10 的结果相同。

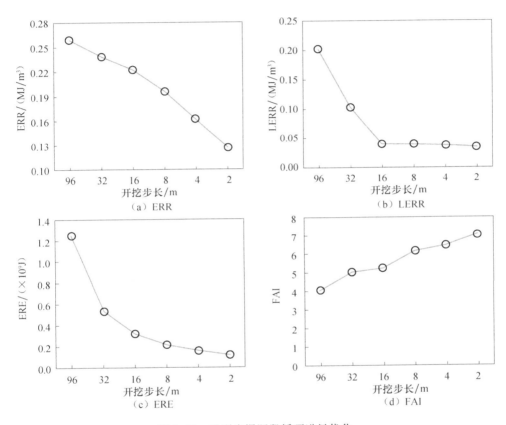

图 5.11 强烈岩爆洞段循环进尺优化

图 5.12 为中等岩爆洞段循环进尺优化各指标值的计算结果。可见,其变化规律与图 5.11 相似,均很好地体现了减小进尺对降低岩爆等级的效应。与强烈岩爆相似,中等岩爆情况下,ERR 值也是随循环进尺近似线性减小的,LERR 值在大进尺下变化不大,进尺小于 8m 后明显减小,弹性释放能在进尺小于 32m 后变化不大,FAI 值则在进尺小于 16m 后不再变化。综合以上信息可知,中等岩爆条件下循环进尺选择 8m 比较合适,此循环进尺钻爆法无法实现,钻爆法可据此选择可施工的最大进尺,对于 TBM,可通过提高掘进速率实现。

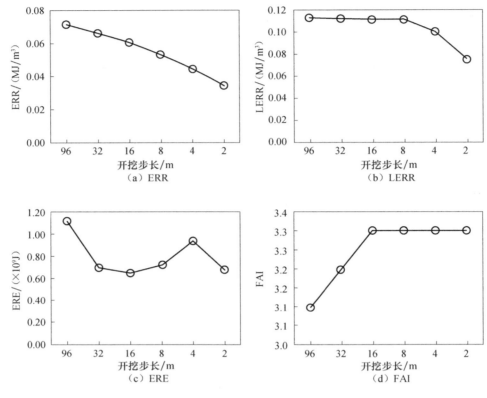

图 5.12　中等岩爆洞段循环进尺优化

5.3.3　相向掘进隧洞贯通前掘进方式优化

隧洞开挖常常采用相向掘进的方式以加快施工进度,但在岩爆风险洞段,随着相向两个掌子面之间岩柱厚度的减小,岩柱内应力场出现互相干扰、叠加,导致储存应变能增大,在一定程度下发生岩爆。另外,同时相向掘进导致岩柱内能量干扰叠加速度加快,也易导致岩爆。因此,需要优化设计岩柱的厚度,并在此后将双头相向掘进改为单头掘进,以降低继续掘进时强烈干扰导致的岩爆风险。在待开挖洞段地应力和地质条件基本确定的情况下,制定岩柱厚度的优化方案,采用基于数值模拟的岩爆风险估计方法,通过高地应力下地下工程开挖和支护方案智能全局优化综合系统可获得最优的岩柱厚度。

图 5.13 为埋深 2500m 条件下相向掘进隧洞岩柱内弹性应变能随岩柱厚度的变化曲线,图中等色图为曲线上每个数据点对应岩柱内弹性应变能的分布情况,其清晰地阐释了相向掘进时岩柱内弹性应变能叠加升高的机制。可见,随着岩柱厚度的减小,岩柱内各个掌子面前弹性应变能的积聚区逐渐靠近,岩柱厚度为 32m

时,已接近叠加,厚度为 28m 时,二者已经叠加。因此,弹性应变能叠加时岩柱的厚度为 32~28m(2.6~2.3 倍隧洞直径(12.4m)),当岩柱厚度为 12m(约 1 倍隧洞直径)时,叠加的弹性应变能达到最高值,随后不断降低。

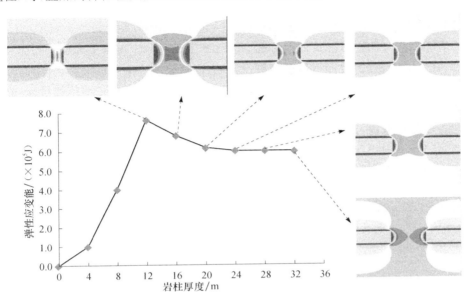

图 5.13 岩柱内弹性应变能随岩柱厚度的变化

在岩柱内弹性应变能升高后,双头相向同时掘进时,卸载速率较大,能量干扰叠加速度快,卸载应力波叠加,这些效应触发岩爆的风险增大。而改为单头掘进后,卸载速率慢,不存在卸载应力波的叠加和干扰,可在一定程度上降低岩爆风险。由表 5.2 可见,改为单头掘进后,岩柱内 ERR、LERR 和围岩破裂时的总弹性释放能均减小。

表 5.2 独头掘进和两头掘进断面的岩爆指标值对比

指 标	独头掘进	两头掘进
能量释放率 ERR/(MJ/m³)	0.20	0.21
局部能量释放率 LERR/($\times 10^5$J/m³)	4.13	4.19
弹性释放能 ERE/($\times 10^8$J)	1.16	1.55

5.4 能量预释放、转移法

能量预释放、转移法主要通过改变岩体或结构面性质,降低局部岩体的储能能力和实际的储能大小,使得局部聚集的高能量通过岩体破裂或变形耗散掉,或者转移至岩体内部储能能力高的部位,达到降低岩爆风险的目的。该方法具体包括岩体内应力释放孔优化、导洞优化等。本节重点阐述这两个方法的基本原理和应用方法。

5.4.1 应力释放孔优化

应力释放方法一方面可以通过预爆破将掌子面前一定深度范围内的岩体进行预裂,在爆破开挖前,将能量提前释放;另一方面可使应力集中区向围岩深部转移,降低岩爆风险。虽然该方法已经在工程中应用多年,但其应用主要依赖经验,故在不同工程中应用的扩展性较差,主要原因是缺乏充分的依据和指导。为此,本书提出现场监测和数值计算综合优化应力释放孔深度和位置的方法,即在隧洞设计开挖面周边围岩内预埋声发射探头,并在隧洞掘进过程中进行实时地声发射监测,分析掌子面前方和围岩内声发射活跃的位置和深度。同时,在地应力、地质条件和开挖方案确定的情况下,采用基于数值模拟的岩爆风险估计方法,依据声发射监测结果反演、校核或修正岩体力学参数,在数值计算结果与声发射监测所反映信息吻合的前提下,进一步采用高地应力下地下工程开挖和支护方案智能全局优化综合系统获得应力释放孔深度和位置的优化结果,该方法的技术路线如图 5.14 所示。

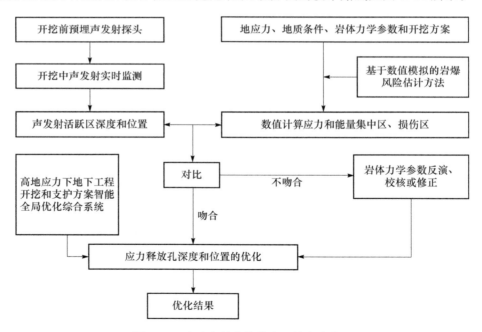

图 5.14　应力释放孔优化布置技术路线图

对于控制性结构面,由于难以事先清楚剪应力实际集中的部位。因此,只能依据数值模拟结果给出的部位并适当扩展应力释放孔沿结构面布置的范围,以最大限度地降低结构面部位因局部应力和能量异常集中而导致突然滑动的风险。

　　锦屏二级水电站深埋引水隧洞施工中,为防治强烈岩爆,也在局部洞段采用了该方法,通过现场监测和数值模拟等多种手段为其应用提供了支撑依据。

　　我们在 3♯引水隧洞 2♯横通洞处的试验段开展了大量的现场监测和测试工作,实时获得了 TBM 掘进过程中围岩的力学响应,特别是声发射监测结果为应力解除爆破孔深度的设计提供了直接依据。图 5.15(a)为 TBM 掌子面前方声发射事件的分布情况,可见,大部分事件分布在掌子面前方 6m 范围内,说明该范围内由于应力水平的提高,导致围岩内应力升高,能量集聚,在此过程中岩体发生微破裂。而径向围岩内声发射事件主要分布在径向 9m(0.7 倍洞径)范围内,这意味着开挖扰动后二次应力和高能量集中主要处于该范围内,环向应力解除爆破应该主要针对这一范围内的岩体。

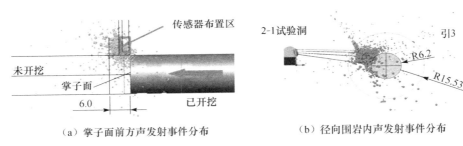

（a）掌子面前方声发射事件分布　　　　　　　　（b）径向围岩内声发射事件分布

图 5.15　3♯引水隧洞 TBM 掘进过程中声发射监测结果

　　同时,在现场监测成果的基础上,开展了岩体力学参数校核和数值模拟分析,图 5.16(a)和(b)分别为隧洞纵剖面内最大压应力和弹性应变能的分布图。可见,通过数值模拟可更为直观地给出掌子面前应力和能量集中的位置和程度,图中的最大深度为 6m,与图 5.15(a)的监测结果吻合。同样,图 5.17(a)和(b)则可直观地给出围岩内应力和能量集中的位置、深度和程度。

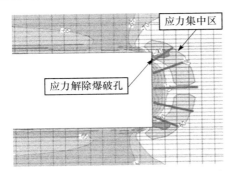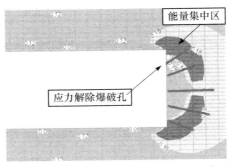

（a）掌子面前最大压应力分布图（单位：MPa）　　（b）掌子面前弹性应变能分布图（单位：MJ/m³）

图 5.16　数值模拟所得隧洞纵剖面内最大压应力和能量分布

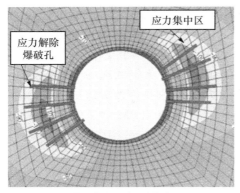 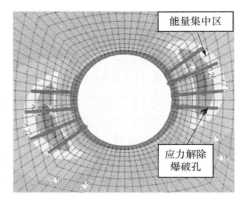

（a）最大压应力分布图（单位：MPa）　　　（b）弹性应变能分布图（单位：MJ/m³）

图 5.17　数值模拟所得隧洞围岩内最大压应力和能量分布

　　综合采用现场监测和数值模拟方法可以很好地为应力解除爆破孔的优化设计提供依据，从而使得该方法的应用更加有的放矢，为该方法从经验走向半定量奠定了基础。

5.4.2　导洞位置、尺寸和形状优化

　　在强烈岩爆情况下，相比应力释放孔，导洞扰动的范围更大，对能量和应力的释放更为有利，而不同位置、大小和形状的导洞所产生的效果不同，需要根据具体的地质条件和地应力状态进行优化。以导洞的整体位置区分，导洞分为中导洞和上导洞，中导洞布置在整个设计开挖轮廓线之内，其形心一般与主洞重合，其形状不受主洞影响，而上导洞的开挖轮廓线一般与主洞的设计开挖轮廓线近似重合，其形状受到主洞轮廓线影响。图 5.18 为导洞优化方法，可见，首先要设计导洞优化

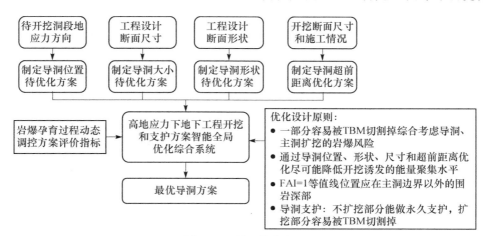

图 5.18　导洞优化方法

方案,导洞位置优化方案主要依据最大主应力方向制定,导洞尺寸主要依据主洞的设计断面尺寸制定,而导洞形状则参考主洞设计断面形状,导洞超前距离则根据导洞和主洞开挖断面尺寸和开挖方案制定。然后,采用岩爆孕育过程动态调控方案评价指标,应用高应力下地下工程开挖和支护方案智能全局优化综合系统,进行导洞方案优化。其优化设计原则为:

(1) 尽可能降低导洞开挖时的岩爆风险。

(2) 降低主洞开挖时的岩爆风险。

(3) 综合考虑施工操作性。

本节以直径为 12.4m 主洞强烈至极强岩爆洞段导洞方案优化为例阐述此方法的应用。

1. 导洞位置优化

此部分对导洞位置的研究选取 6.5m 上导洞开挖方案进行讨论。导洞断面形式如图 5.19(a)~(e)所示,图 5.19(a)为导洞在中上部情况,图 5.19(b)和(c)分别为导洞位于 TBM 断面左上角和右上角的情况,图 5.19(d)为导洞中心位于断面上最大主应力方向线上,图 5.19(e)为导洞中心垂直于与断面上最大主应力方向线的情况。

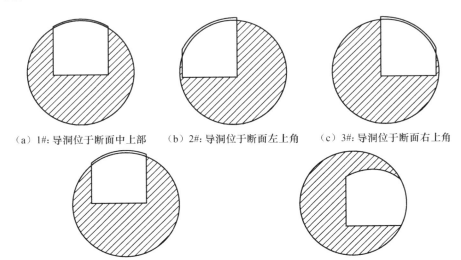

(a) 1#:导洞位于断面中上部　　(b) 2#:导洞位于断面左上角　　(c) 3#:导洞位于断面右上角

(d) 4#:导洞中心位于最大主应力方向线上　　(e) 5#:导洞中心垂直于与断面上最大主应力方向线

图 5.19　不同位置的 TBM 导洞扩挖方案

图 5.20 给出了 5 种不同位置导洞和主洞开挖后的 ERR 值,当导洞中心位于 TBM 断面中上部和与最大主应力垂直的方向线上时,导洞自身和主洞开挖后的

ERR 值都不太大,是比较合适的导洞开挖方案;而导洞中心位于断面左上角和最大主应力方向线上时,导洞自身和主洞开挖后的 ERR 值都较大,显然不合适;中心位于断面右上角时,对导洞自身有利,但对主洞非常不利。基于 ERR 指标的分析结果表明,导洞中心位于断面中上部和垂直于最大主应力方向线上时比较合适。

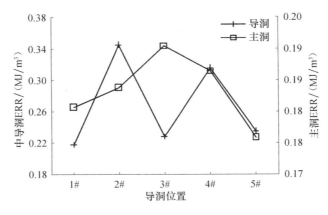

图 5.20　不同位置的导洞开挖方案 ERR 对比

　　图 5.21 为计算所得 5 种不同位置导洞扩挖方案累计弹性应变能释放 ERE 对比情况。可见,1♯方案和 5♯方案中无论导洞自身还是主洞 ERE 值都是适中的,而其他几种方案导洞和主洞开挖后 ERE 值相差过大,这样会导致导洞岩爆倾向性大或者主洞的岩爆倾向性较大。基于 ERE 的分析结果同上述基于 ERR 指标上分析得到的结论大体一致,即当导洞位于主洞中上部或者位于垂直于最大主应力方向线上时,岩爆风险较低。

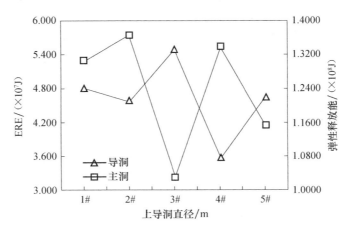

图 5.21　不同位置的导洞开挖方案 ERE 对比

FAI 是综合评价围岩危险性程度的定量指标,可以将开挖卸载对围岩的扰动效应采用空间连续的状态变量进行评价。图 5.22 给出了 5 种不同位置导洞开挖方案 FAI 最大值的对比,当导洞中心位于断面中上部或者最大主应力方向线上时,FAI 峰值较大,说明这两种方案对围岩的扰动较大;而对于 2♯方案、3♯方案和 5♯方案的 FAI 峰值则相对较小,周围岩体的损伤程度较低。

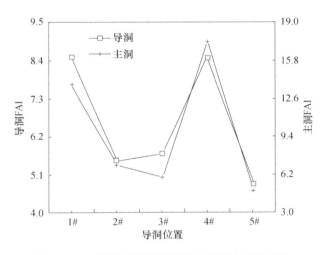

图 5.22 不同位置的导洞开挖方案最大 FAI 对比

图 5.23 为 5 种位置导洞开挖方案导洞自身开挖后围岩内 FAI 分布云图。可见,当导洞中心位于断面的中上部时,FAI=1 等值线深入隧洞围岩的深度最大,说明此种位置导洞开挖后对所揭露围岩的影响是这 5 种方案中最大的,应力集中转移到围岩内部最多,从而使得主洞开挖时对导洞已揭露围岩的影响更小,更能降低这部分岩体发生岩爆的可能。

基于 ERR 和 ERE 分析所得结果表明,当导洞位于断面中上部和断面垂直于最大主应力方向线上时开挖时整体的岩爆倾向性较低;基于 FAI 峰值和云图的计算结果表明,当导洞位于断面中上部时,应力集中转移到隧洞围岩内部最深最多,因此有利于降低岩爆发生的危险性。

因此,综合可见,导洞位于断面的中上部的方案是 5 种方案中最合适的,能有效的降低岩爆发生的等级和风险。

2. 导洞尺寸优化

由于中导洞和上导洞所起的作用存在差别,其尺寸效应也不同,故这里分别对不同尺寸中导洞和上导洞尺寸进行分析。

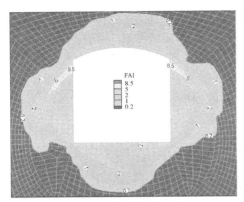

（a）导洞位于断面中上部

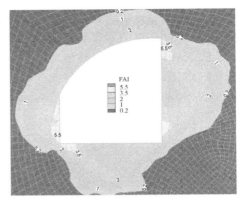

（b）导洞位于断面左上角

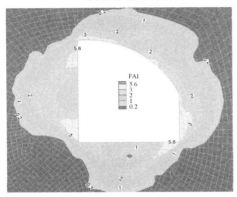

（c）导洞位于断面右上角

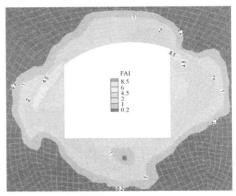

（d）导洞中心位于最大主应力方向线上

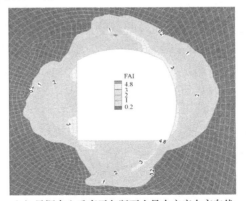

（e）导洞中心垂直于与断面上最大主应力方向线

图 5.23　不同位置导洞开挖方案导洞开挖后 FAI 分布云图对比

对于中导洞，选取城门洞形，跨度分别为 5m、6m、7m、8m，如图 5.24(a)～(d)所示。

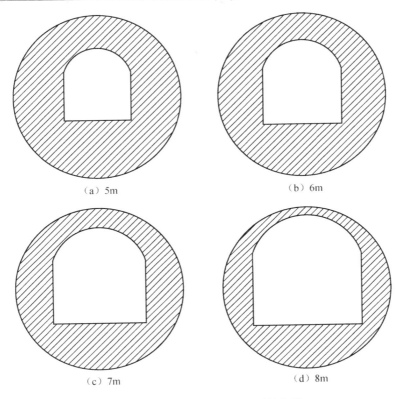

（a）5m （b）6m

（c）7m （d）8m

图 5.24 不同尺寸的中导洞开挖方案

　　图 5.25 为中导洞和主洞 ERR 随导洞跨度变化图。可见,导洞开挖后的 ERR 值体现了其本身开挖过程中岩爆的倾向性和可能的岩爆等级。由图 5.25 可见,中导洞的 ERR 值随着导洞尺寸的增加呈增大趋势,这是因为导洞跨度越大,开挖时对岩体的扰动破坏越大,本身开挖时发生岩爆的可能性越大。对于主洞扩挖部分, ERR 值则相应较低,而且随着中导洞尺寸的增加而递减,说明从基于 ERR 指标分析结果来看,中导洞尺寸的增大对于主洞掘进有利一些。从两曲线来看,在中导洞尺寸为 6m 左右时,导洞和主洞的 ERR 值都不至于过大或者过小,可以选择该方案。

　　图 5.26 反映了中导洞和主洞开挖后 FAI 的峰值变化,二者皆呈增大趋势。一方面,同一导洞尺寸下,中导洞开挖后揭露围岩的 FAI 值较主洞的高,说明导洞开挖对其周围损伤程度大一些。另一方面,随着中导洞尺寸的增大,中导洞和主洞周围岩体的损伤破坏程度都加大,而使得岩体的储存能量有所降低,在一定程度上可以弱化岩爆的危险性,同时当中导洞尺寸超过 6m 时 FAI 的增大趋势比较明显。

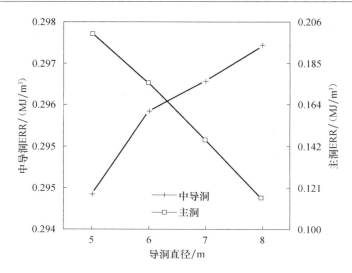

图 5.25　不同尺寸中导洞开挖后 ERR 的变化

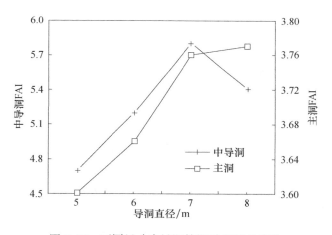

图 5.26　不同尺寸中导洞扩挖时 FAI 的变化

图 5.27 为不同尺寸中导洞开挖后其周围岩体的 FAI 分布云图。可见,FAI＝1 等值线随着中导洞尺寸的增大而不断外移,导洞尺寸为 8m 时,等值线已经转移到主洞围岩体的内部,说明对中导洞扩挖而言,大尺寸的中导洞优势大一些。

图 5.28 可见,在中导洞尺寸增大过程中,主洞周边岩体的应力逐步向围岩内部转移,一定程度上降低了这部分岩体发生岩爆的可能性。

上导洞的断面形式如图 5.29(a)~(d)所示。由图 5.30 和图 5.31 可见,随着导洞跨度的增大,导洞和主洞的 FAI 值随之升高,可见,对于上导洞而言,尺寸越大,对主洞围岩扰动越大,越容易造成破裂消耗能量,降低岩爆风险。

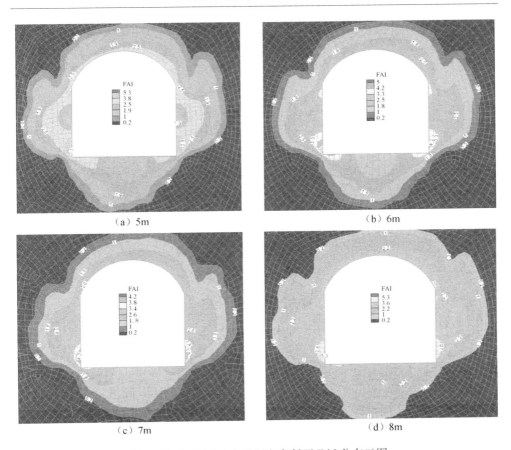

（a）5m　　　　　　　　　　　（b）6m

（c）7m　　　　　　　　　　　（d）8m

图 5.27　不同尺寸中导洞方案断面 FAI 分布云图

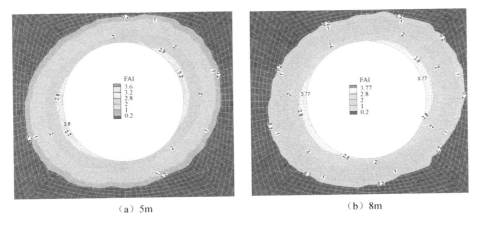

（a）5m　　　　　　　　　　　（b）8m

图 5.28　不同尺寸中导洞情况 TBM 主洞断面 FAI 分布云图

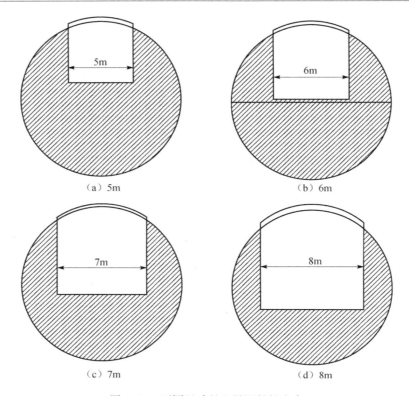

（a）5m　　　　　　　　　　　　　（b）6m

（c）7m　　　　　　　　　　　　　（d）8m

图 5.29　不同尺寸的上导洞扩挖方案

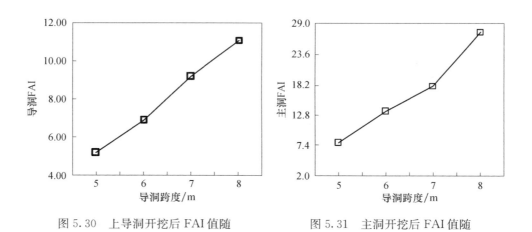

图 5.30　上导洞开挖后 FAI 值随
导洞跨度的变化

图 5.31　主洞开挖后 FAI 值随
导洞跨度的变化

　　图 5.32 为上导洞开挖后周围岩体的 FAI 分布图。可见，在上导洞开挖后，无论哪种导洞跨度，隧洞上半部分 FAI＝1 等值线已经位于围岩的内部，而且随着上

导洞尺寸的增加深度逐步变大,说明应力集中已经转移到围岩内部,这意味着在主洞开挖过程中对导洞已揭露围岩的影响将会很小,从而降低了诱发这部分围岩发生岩爆的风险。可见,上导洞尺寸越大越好,但此时须考虑施工情况进行进一步优化选择。

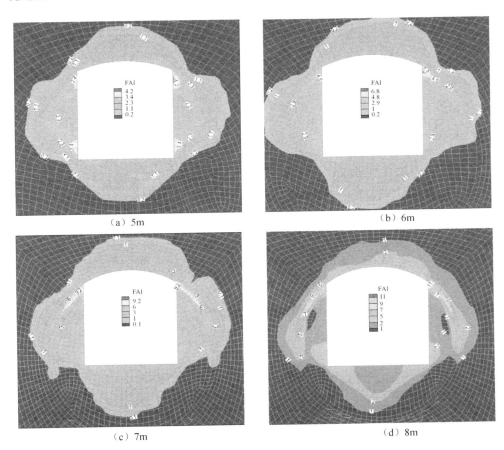

(a) 5m

(b) 6m

(c) 7m

(d) 8m

图 5.32　不同尺寸上导洞开挖后 FAI 分布云图

3. 导洞形状优化

取相同断面积的城门洞形和椭圆形的上导洞建立模型进行对比分析,如图 5.33(a)～(d)所示。图 5.34 为相应截面积城门洞形和椭圆形导洞开挖方案的 ERR 对比。就上导洞开挖后本身的 ERR 来讲,城门洞形上导洞开挖后的 ERR 比相应面积椭圆形上导洞开挖后的高一些,城门洞形上导洞的拱角处容易出现应力集中,而椭圆形导洞的洞形相对较好,周边轮廓线较平滑,开挖时对导洞周边岩体扰动相对较小。比较主洞开挖后的 ERR 发现,城门洞形上导洞开挖方案明显低于椭圆形上导洞方案,说明对于这两种方案,城门洞形的上导洞扩挖方案相对来讲更能有效降低岩爆发生的等级,甚至频度。

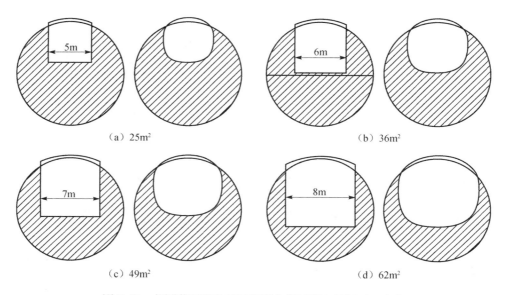

(a) 25m²   (b) 36m²

(c) 49m²   (d) 62m²

图 5.33　相同截面积的城门洞形和椭圆形上导洞对比方案

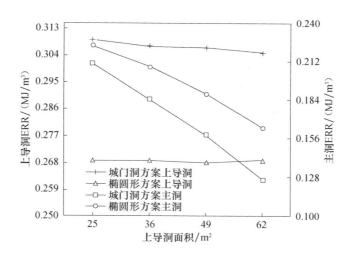

图 5.34　相同截面积城门洞形和椭圆形导洞开挖方案 ERR 的对比

图 5.35 为不同形状上导洞开挖后 FAI 对比。可见,当导洞面积较小时,椭圆形导洞开挖后周围岩体的 FAI 高于城门洞形,随着上导洞开挖面积的增加,城门

洞形上导洞开挖后周围岩体的 FAI 峰值逐渐超过椭圆形上导洞,说明大尺寸上导洞开挖后城门洞形导洞周围岩体扰动更大一些。城门洞形上导洞方案主洞开挖时的 FAI 高于椭圆形上导洞方案,说明前者围岩受到的扰动更大一些,促进了应力集中向围岩内部转移,如图 5.36 所示。图 5.37～图 5.40 为相同面积下城门洞形和椭圆形上导洞开挖后围岩 FAI 分布图。可见,相同导洞面积下城门洞形上导洞 FAI=1 等值线延展到围岩内部的深度稍大一些,即城门洞形上导洞开挖对揭露围岩的影响更大,使得主洞开挖时对导洞已揭露围岩的影响更小,更能降低岩爆的风险。

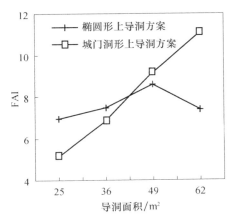

图 5.35　不同形状上导洞
开挖后 FAI 对比

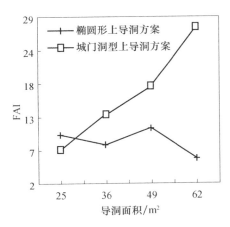

图 5.36　不同形状上导洞情况
下主洞开挖后 FAI 对比

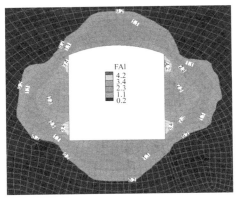

（a）城门洞形

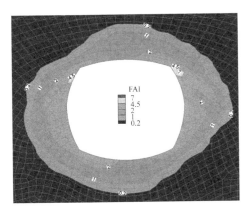

（b）椭圆形

图 5.37　25m² 上导洞开挖后围岩 FAI 分布图

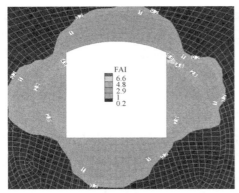

（a）城门洞形　　　　　　　　　　（b）椭圆形

图 5.38　36m² 上导洞开挖后围岩 FAI 分布图

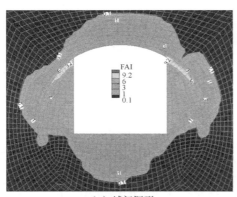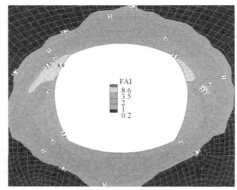

（a）城门洞形　　　　　　　　　　（b）椭圆形

图 5.39　49m² 上导洞开挖后围岩 FAI 分布图

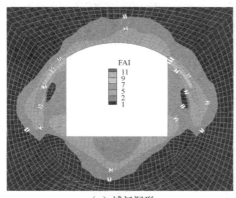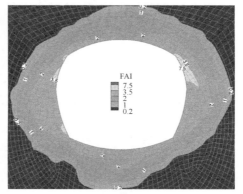

（a）城门洞形　　　　　　　　　　（b）椭圆形

图 5.40　62m² 上导洞开挖后周围岩 FAI 分布图

综合分析可见,椭圆形上导洞开挖方案有利于降低导洞自身开挖时的岩爆倾向性,但同时增加了主洞开挖时岩爆的风险,当主洞为 TBM 开挖时,这是不利的。城门洞形导洞开挖时岩爆风险相比椭圆形导洞高,但有效降低了主洞开挖岩爆风险,故综合考虑,城门洞形上导洞开挖方案在降低岩爆风险上占有一定的优势。

4. 导洞超前掘进距离优化

本部分针对导洞开挖方案中导洞和主洞掌子面最佳超前距离进行优化研究,优化主要考虑导洞对主洞的影响。数值模拟中,导洞和主洞开挖进尺为 2m,导洞超前距离分别为 2m、4m、8m、10m、12m,最后增加一种导洞超前距离大于 4 倍导洞直径的情况。

图 5.41 为主洞 FAI 随导洞超前距离的变化。可见,随着导洞超前距离的增大,主洞的 FAI 峰值呈增加趋势,当超前距离达到 12m 后,破坏接近度增长缓慢,并接近水平。FAI 增大表明导洞开挖充分弱化了隧洞周边岩体力学性质、改变了其应力分布,促使应力集中向围岩内部转移。

图 5.42 为不同导洞超前距离方案 FAI 分布图,FAI＝1 等值线随着超前距离的增加逐步向围岩内部转移,但超前距离超过 12m 后,FAI＝1 等值线扩展深度几乎不再变化。

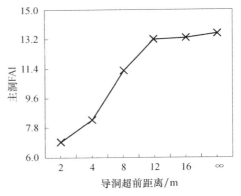

图 5.41　不同导洞超前距离方案主洞 FAI 变化

因此,从 FAI 峰值的变化情况以及 FAI＝1 等值线扩展深度来看,当导洞超前距离大于 12m 时较好。

图 5.43 给出了不同的导洞超前距离下主洞开挖后 LERR 的变化趋势。可见,当超前距离为 8m 之后,LERR 变化较小。图 5.44 给出了不同导洞超前距离条件下 LERR 分布图,可见,不同超前距离下,围岩 LERR 最大值均在两侧洞壁及以下,且当超前距离大于 8m 之后,LERR 的分布和大小变化不明显。

综合以上分析表明,在考虑导洞影响效应的情况下,当导洞超前距离大于 12m,即约两倍上导洞等效洞径后,主洞开挖时整体的岩爆倾向性较低。在此前提下,可结合现场施工情况进一步作出选择。

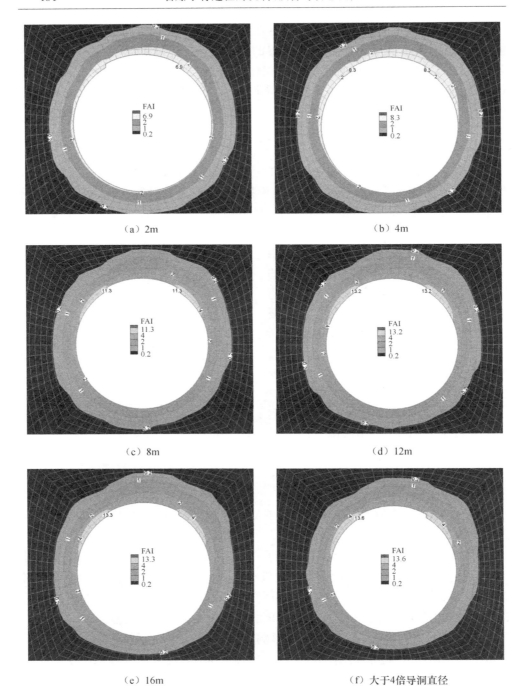

（a）2m

（b）4m

（c）8m

（d）12m

（e）16m

（f）大于4倍导洞直径

图 5.42 不同导洞超前距离方案 FAI 分布图

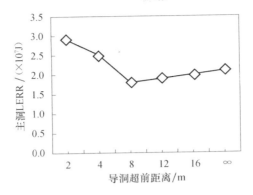

图 5.43　不同导洞超前距离方案主洞 LERR 变化

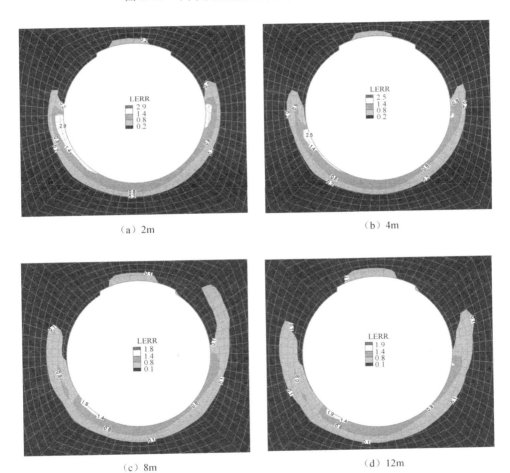

（a）2m　　　　　　　　　　　　　　　　（b）4m

（c）8m　　　　　　　　　　　　　　　　（d）12m

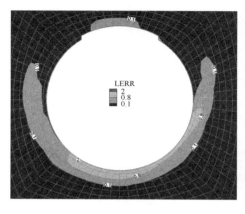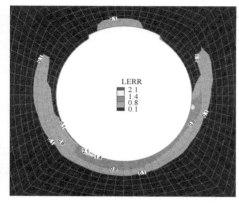

（e）16m　　　　　　　　　　　　　（f）大于4倍导洞直径

图 5.44　不同导洞超前距离方案 LERR 分布图

5.5　能量吸收法——岩爆支护设计方法

　　支护结构是岩爆防治的重要措施。在岩爆支护设计中存在两种思想：一种是采取强有力的支护措施即刚性支护保证支护结构有足够的强度来抵抗岩爆冲击作用；另一种是采取柔性支护方式，增强支护的延性变形能力以最大限度地吸收冲击能量。大量的工程实践表明，由于刚性支护结构变形小、强度有限，在强烈和极强岩爆情况下，巨大的冲击作用很容易摧毁整个支护系统。因此，吸能支护在工程中逐渐得以广泛应用。

　　岩爆的典型特征是失稳岩体具有一定的初始速度。因此，在有岩爆倾向性的洞段，支护结构的主要作用是吸收弹射岩块的动能，将岩爆灾害减小到最低程度。支护结构的延性与吸能能力一直是研究的重点，Ortlepp（1994）用爆炸试验模拟岩爆发生产生的冲击荷载，验证了锥形锚杆的吸能能力；Kaiser 等（1996）利用静态拉拔试验获取了各种锚杆的位移特征曲线，认为水胀式锚杆、锥形锚杆等延性较好，锥形锚杆的吸能约 10～25kJ，水涨式锚杆吸能约 8～12kJ；Ortlepp 等（2001）对一种新型锚杆 Durabolt 进行试验，理想条件下，直径 16mm、长 2.2m 的 Durabolt 在冲击荷载作用下可产生 500mm 的位移，吸能可达 45kJ；Stacey 等（1995）和 Stacey 和 Ortlepp（2001）研究了喷射钢纤维混凝土和钢筋网加固的喷层的吸能能力，认为在有岩爆倾向的洞段，延性较好的喷层远比锚杆发挥的作用大，150mm 厚钢纤维混凝土喷层吸能可达 $10kJ/m^2$，150mm 厚的素混凝土喷层有钢筋网加固时，吸能也可达 $10kJ/m^2$；Li（2010）也对 Durabolt 进行静态拉拔试验和动力抛射试验，结果表明，Durabolt 吸能可达 47kJ。

本节考虑各种支护方式的吸能特性给出了岩爆倾向性洞段的支护设计理念，提出了岩爆孕育过程的支护设计优化方法，主要包括喷层和锚杆的参数设计和支护时机优化方法。在通常的岩爆防治支护设计中，锚杆的永久作用性能和长期荷载作用下的围岩稳定性较少考虑，而对于深埋的水工隧洞、交通隧洞，必须考虑到支护结构的永久性和岩石的长期强度（Malan，2002）。因此，本节还基于岩石的长期强度建立隧洞围岩长期安全系数指标评价围岩的稳定性，并以此作为支护参数设计的重要参考依据。

5.5.1   岩爆防治支护设计要求和支护选型

岩爆最突出的特征是破坏岩体具有一定的初始速度。对具有岩爆倾向的隧洞，支护结构的功能体现在两个方面。第一，提高围岩的强度，降低岩爆风险；第二，若岩爆仍发生，此时支护结构吸收岩爆发生时所释放的能量，即岩爆发生后，破裂岩块可脱离母岩，但能被锚杆或支护结构"吊"住或"兜"住，岩块弹射速度降低。在现场条件下，第二个功能体现更为明显。轻微或中等岩爆洞段，可以通过设计合理的支护参数来抑制岩爆；但对于强烈和极强岩爆，已经无法通过支护方式来完全控制其发生，支护设计的目的在于控制岩爆的危害程度，以达到预期目的，如图 5.45(a)所示。支护系统要满足五个方面的要求：①快速作用；②支护力高；③具有吸能机制；④延性较好，能在屈服状态下工作；⑤能作为永久支护长期作用。

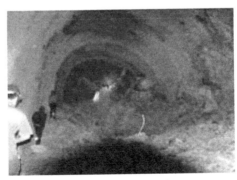

(a) 有效的支护系统   (b) 无效的支护系统

图 5.45   支护系统控制岩爆灾害(见彩图)

表 5.3 给出了不同类型锚杆的优缺点，可作为锚杆选型的依据。国外曾就喷层和锚杆的吸能能力开展了大量的试验研究，为利用这几种支护形式进行岩爆防治设计提供了参考依据。表 5.4 和图 5.46 为试验得到的钢纤维混凝土和素混凝土＋钢筋网的吸能效果(Stacey et al.，1995)。图 5.47 为各种锚杆吸能能力的试验成果(Kaiser et al.，1996)。

表 5.3　几种不同类型锚杆的优缺点对照表

锚杆类型	支护力	作用速度	延性	吸能机制	时效性
普通砂浆锚杆	高	慢	差	差	能作为永久支护
中空预应力注浆锚杆	高	快	差	差	能作为永久支护
树脂锚杆	高	快	差	差	不能作为永久支护
水胀式锚杆	低	快	好	好	不能作为永久支护
锥形锚杆	较高	慢	好	好	不能作为永久支护
机械式锚杆	较高	快	差	差	不能作为永久支护

表 5.4　钢纤维混凝土吸能试验结果（Stacey et al.，1995）

喷层厚度/mm	钢纤维长度/mm	钢纤维掺量/%	吸收能量/(kJ/m²)
50	30	1.38	1.7
50	30	2.67	4.09
100	30	1.47	2.16
100	30	2.60	4.72
150	30	2.63	10.9

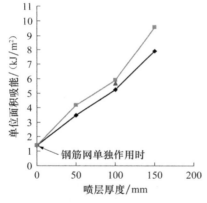

图 5.46　钢筋网加固喷层的吸能能力
（Stacey et al.，1995）

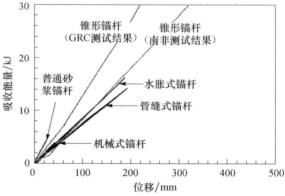

图 5.47　各种锚杆的吸能能力
（Kaiser et al.，1996）

　　仅就岩爆防治来讲，锚杆类型原则上应选择吸能锚杆，以更好的消耗巨大的冲击能量，降低支护破坏程度。当然，根据具体工程岩爆的特征、冲击能量的大小和支护响应特点，考虑到永久支护问题、施工组织设计、投资和工期等各方面的因素，在中等甚至强烈偏弱的岩爆也可选择高强刚性锚杆来抵抗岩爆的冲击作用，但岩爆后，支护系统的完整性可能无法得以保证，且防治岩爆的效果需要跟踪评估和及时分析，以便进行设计施工上的修改。

　　岩爆防治的支护要求直接决定了支护型式的选择。不同的支护型式其支护作用机制不同，从而决定了不同支护强度和吸能能力，需要针对具体情况进行搭配选择，组成一个有机协调的系统，才能最大程度的抵抗岩爆的冲击作用。

　　在处理岩爆时普遍采用的表面支护单元包括以下几种：喷射混凝土、钢丝网或钢筋网和锚杆。在有岩爆倾向的洞段，一般采用钢纤维或仿钢纤维喷射混凝土，钢纤维混凝土对比普通混凝土的优势在于其弯曲拉伸及抗剪强度大，峰值强度后的残余强度大，耐冲击。正因为钢纤维混凝土具有比普通混凝土大得多的柔性，并且能够承受大的变形而不会导致表面开裂，所以当岩爆破坏程度较小时，它可以控制围岩劈裂时裂纹向临空面扩展，使其不至于脱落。当然岩爆等级较高时，它也能吸收一定的能量，降低岩块弹射速度。

　　钢丝网或钢筋网也属于一种柔性支护结构，它的作用具体体现在两个方面：第一，当锚杆和喷层仍不能阻止岩块脱离围岩弹射出来时，柔性钢丝网或钢筋网可以"兜"住石块；第二，在复喷混凝土层时，钢筋网或钢丝网作为加固单元，可以提高喷射混凝土强度和柔性，从而提高喷层的吸能能力。钢筋网本身的吸能较小，但钢筋网加固喷层后，喷层吸能能力大幅提高。柔性钢丝网加固喷层后，喷层的吸能能力也有所增加，但目前还没有试验数据对其进行定量分析。

　　喷层除吸能外还具有及时为围岩表面提供支撑力，改变其破坏特性的作用。图 5.48 为岩石单轴和三轴试验试样的破坏形式及应力-应变曲线。可见，在单轴情况，试样以轴向劈裂拉伸破坏为主，表现为显著的脆性破坏特征，现场临空面围岩的剥落破坏即为这种形式。而在围压为 5MPa 条件下，应力-应变曲线表现为明显的延性变形特征，试样破坏以剪切机制为主。可见，即使是较小的围压也能对岩石的破坏机制和形式以及变形特征产生显著的影响。图 5.49 为真三轴试验模拟

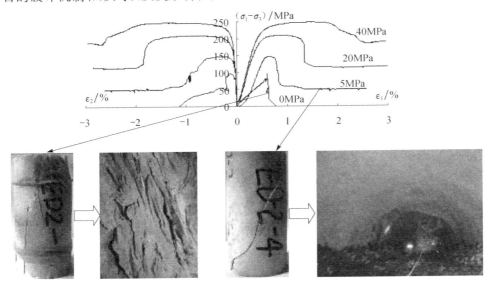

图 5.48　大理岩单轴和三轴条件下变形破坏特征

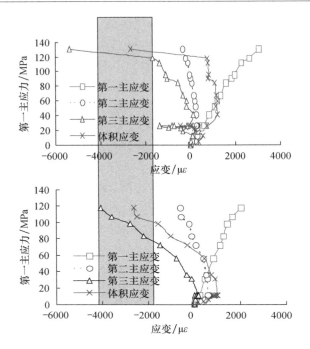

图 5.49　试验室真三轴试验模拟喷层支护作用的试验结果

喷层支护作用的试验结果,上图为 $\sigma_3 = 0$ 时的应力-应变曲线,下图为 $\sigma_3 = 1\text{MPa}$ 时的曲线,图中阴影部分则说明通过施加 1MPa 的围压,岩石在 σ_3 方向的变形能力将得到显著提高。这说明,通过及时提供一定的表面围压可显著提高围岩的变形能力和强度。因此,开挖后围岩要及时进行喷护,并采用大的锚杆垫板以尽可能地提高表面支护作用力。

　　在选用锚杆时,要选择具有一定抵抗能量冲击能力或者具有吸能机制的锚杆,锚杆能在屈服状态下工作。此外,还要求锚杆能够迅速发挥作用,保证施工进度和施工安全。各种锚杆的作用特性如表 5.3 所示。普通砂浆锚杆的承载能力较强,延性较差,说明其抵抗冲击的能力较好,但吸收能量的能力较差;中空预应力注浆锚杆承载能力较强,作用及时,且能做永久支护,但抗冲击能力较差;锥形锚杆的承载能力和延展性都较好,但普通砂浆锚杆和锥形锚杆都是注浆后才起作用,存在砂浆强度龄期问题,锥形锚杆一旦滑动就存在长期防腐能力问题;水胀式锚杆承载能力较普通砂浆锚杆差,但其作用速度快,屈服性能较好,具有良好的吸能能力,其缺点是防腐能力差。没有一种锚杆能同时满足这五个方面的要求,故支护设计时,采用吸能锚杆和永久锚杆相结合的设计理念。

5.5.2　岩爆倾向洞段的支护参数优化设计

　　岩爆洞段支护设计理念是同时要求支护的吸能能力和永久性。这种支护可以采用两种方式来实现:一种是采用能作为永久支护的吸能锚杆,另一种是采用临时的吸能锚杆和永久的砂浆锚杆相结合的方式,即永-临结合的支护方式。而后一种方式在工程现场应用最为普遍,也称为二步支护法。其中,临时锚杆主要功能是吸收岩爆所释放的能量,砂浆锚杆主要是加固围岩,控制围岩在长期荷载作用下的变形和破坏。下面主要介绍吸能锚杆和吸能支护系统的设计方法。

1. 吸能锚杆

假设吸能锚杆的布置间距为 $S_a^{ab} \times S_c^{ab}$,单位面积内锚杆所能吸收的能量为

$$E_a^{ab} = \frac{1}{S_a^{ab} S_c^{ab}} E_u^{ab} \tag{5.4}$$

式中:E_a^{ab} 为单位面积锚杆所吸收的能量,kJ/m²;E_u^{ab} 为单根吸能锚杆屈服后的极限吸能值,kJ;S_a^{ab} 为吸能锚杆的轴向间距,m;S_c^{ab} 为吸能锚杆的环向间距,m。在岩爆洞段,可以根据不同的岩爆等级来调整锚杆间距从而达到设计要求。

为了保证吸能锚杆有效工作,必须要深入完整围岩一定深度。吸能锚杆的最低要求长度 L_{ab} 为

$$L_{ab} = D_f + L_e \tag{5.5}$$

式中:D_f 为预测爆坑深度,m;L_e 为有效锚固长度,m。以最常用的吸能锚杆水胀式锚杆为例,其抗拔力与有效锚固长度关系不大。有效锚固长度 $L_e > 1.2$m 时,锚杆的抗拔力就能得到保证(Soni,2000);但现场工作条件下,要保证水胀式锚杆的延性与抗拔力,有效锚固长度应为 $L_e = 2.0 \sim 2.5$m。

2. 系统支护参数

除锚杆外,喷射混凝土和钢筋网也有一定的吸能作用。若能保证各种支护单元协调工作,支护系统在单位面积上所能吸收的能量为

$$E_a = E_a^{ab} + E_a^{sh} + E_a^{st} + E_a^{gb} \tag{5.6}$$

式中:E_a 为单位面积内支护系统的极限吸能值,kJ/m²;E_a^{ab}、E_a^{sh}、E_a^{st}、E_a^{gb} 分别为单位面积内吸能锚杆、喷射钢纤维混凝土层、钢筋网加固素混凝土喷层和永久锚杆的极限吸能值,kJ/m²,其值均可通过试验获取,若无条件进行试验,可参考相关文献。当 $E_a > E_v$ 时,支护系统有效控制岩爆灾害,E_v 为岩爆发生时单位面积所释放的能量,kJ/m²。

5.5.3　钻爆法施工岩爆洞段支护时机优化

1. 深埋硬岩隧洞施工过程中围岩的能量演化

5.3 节在研究岩爆调控策略时计算了不同循环进尺下掌子面后方围岩单元局

部能量释放率增量。由图 5.10 可见,围岩中单元局部能量释放率的最大增量在掌子面后呈先增后减的趋势。假设循环进尺为 l,则在掌子面后 $L=l$ 的断面单元局部能量释放率的增量最大,也就是说,隧洞开挖一个循环进尺之后,在上一个掌子面断面围岩的岩爆风险程度最高。

当循环进尺为 1m 时,在掌子面后 4m 处,单元的局部能量释放率增量约为 11kJ,之后局部能量释放率增量进一步减小。因此,可以认定循环进尺为 1m 时,掌子面后 0~4m 之内岩爆的主要原因是掌子面开挖,而在掌子面后 4m 以外的范围,围岩开挖对其扰动较小。因此,此处再发生岩爆,与掌子面开挖扰动关系不大。这个扰动范围可以视为能量扰动范围。当循环进尺为 2m 时,局部能量释放率扰动范围约为 5m;当循环进尺为 3m 时,局部能量释放率扰动范围约为 9m;当循环进尺为 4m 时,局部能量释放率扰动范围约为 10m。也就是说,隧洞开挖一个循环进尺后,在掌子面后约 10m 范围内围岩能量释放最为剧烈,岩爆发生的概率也相对较高。

图 5.50 为锦屏二级水电站 2# 引水隧洞两次爆破开挖之间的微震事件,图中一个震源球代表一次微震事件,球体大小代表释放的能量,如图 5.50(b)所示。微震是指岩体中能量积聚到某一临界值之后,微裂隙的产生与扩展伴随着弹性波或者应力波的释放并在周围岩体内快速传播,微震信号直接反映围岩内能量释放情况。此监测洞段的埋深在 2000~2500m,开挖揭露出的岩层岩性为 T_{2b} 白山组

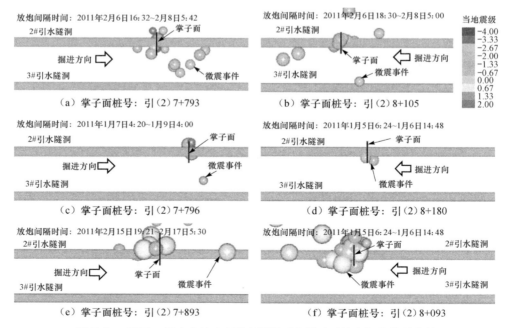

图 5.50　锦屏二级水电站 2# 引水隧洞两次爆破开挖之间的微震事件

大理岩,岩石的单轴抗压强度超过 120MPa,岩石坚硬,弹性模量为 25~40GPa,掘进过程中岩爆频发。图中可见,每次爆破开挖之后,掌子面附近围岩微震事件较多,也就是说,在每次爆破之后,掌子面附近围岩的应力、能量调整最为剧烈,岩爆的风险程度最高,这也验证了数值计算的结果。事实上,开挖过程中的多数岩爆也发生在掌子面附近。而这个区域也是现场施工人员频繁活动的区域。

　　图 5.51 为锦屏二级水电站 3♯引水隧洞(TBM 开挖)掘进过程中监测断面内围岩的声发射信号活动规律。声发射是指材料在外力作用下,其内部变形或裂纹扩展过程中,由应变能的瞬态释放而产生弹性波的现象,它也能直接反映聚集于岩体内部的能量释放情况。由图 5.51 可以看出,TBM 开挖时掌子面前约 10m 的范围内已有一定规模的声发射事件及能量释放,表明围岩已受到扰动与损伤;而 TBM 开挖后声发射事件和能量释放主要集中在掌子面后 7m 的范围内。当掌子面在监测断面前方 3m 时,声发射传感器接收的声发射事件最多,释放的能量也最大,这表明开挖卸荷造成的围岩损伤破裂主要集中在掌子面后 7m 的范围内,其中,以掌子面后 3m 时为最大。这表明掌子面后附近的围岩应力调整最为剧烈,相应的岩爆风险也较高,这也与单元局部能量释放率增量的数值结算结果较吻合。

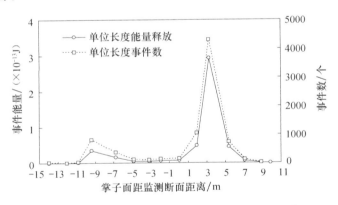

图 5.51　TBM 掘进时监测区域内声发射活动规律

2. 支护时机优化

　　对于软岩或流变性质明显的岩体,隧洞开挖后围岩收敛变形的时间效应非常明显。围岩内力的变化也是一个持续的过程。因此,支护结构在软岩隧洞中限制围岩收敛变形的发展,从而协调围岩内力的调整,保证围岩的稳定。在软岩隧洞中进行支护设计时,一方面应充分利用围岩自身的承载能力,在围岩的变形得到充分释放后再进行支护安装,保证支护结构的荷载最小,若过早地施作支护,围岩的变形将在支护结构上产生较大的形变压力;另一方面,在无支护条件下,围岩过大的变形又可能导致围岩出现宏观失稳现象,影响施工安全和进度。因此,合理科学的选择支护时机,就可以解决这一矛盾,在保证围岩稳定的情况下,可以最大限度地减小支护结构上的形变压力,节省支护材料。

但在硬岩或较坚硬岩体中,围岩的收敛变形较小,即使及时支护,围岩变形在支护结构上形成的形变压力也较小,一般不会超过支护结构的极限承载能力。在软岩隧洞中,支护结构的主要作用是控制围岩的变形;而在硬岩隧洞中,支护结构的主要作用是加固围岩,提高岩体的强度。因此,在硬岩隧洞中,围岩的变形与支护结构的承载能力之间的矛盾并不存在。

深埋硬岩隧洞中,掌子面后一定范围内存在极高的岩爆风险,及时而系统的支护虽然可以在一定程度上控制岩爆灾害,但支护工序复杂耗时,工作人员长时间曝露在掌子面后高岩爆风险的洞段,生命安全受到威胁。因此,在有岩爆倾向性的隧洞中,系统支护对岩爆灾害的控制作用和系统支护工序复杂耗时成为工程安全的基本矛盾。解决这一矛盾的途径是掌握岩爆发生的时间与空间规律,耗时较长的支护工序应适时规避高岩爆风险洞段。

在有轻微或中等岩爆倾向性的洞段,系统支护可降低岩爆发生的概率,且岩爆本身的威胁较小。因此,此类洞段系统支护必须及时。

在有强烈岩爆或极强岩爆倾向性的洞段,系统支护不一定能有效降低岩爆发生概率,且系统支护中的永久锚杆吸能较少。因此,可适当将部分支护结构的施作时间进行优化。在有强烈岩爆或极强岩爆倾向性的洞段,支护施作顺序为:初喷钢纤维混凝土→水胀式锚杆→钢筋挂网→系统锚杆(普通砂浆)→复喷钢纤维混凝土。为了控制即时型岩爆,保证施工人员的安全,吸能锚杆必须及时施作;而钢筋挂网耗时较长,为了规避岩爆风险,可以将此道工序的施作时间安排在岩爆风险较小的区域。掌子面后两倍洞径范围内的围岩能量释放受当前爆破开挖的影响,围岩释放最为剧烈,岩爆风险相对较高。因此,工序"钢筋挂网→系统锚杆(普通砂浆)→复喷钢纤维混凝土"的最佳施作时机为距离掌子面两倍洞径的围岩断面。

5.5.4 TBM 施工岩爆洞段的支护措施

由于 TBM 全断面掘进时掌子面后 5m 范围内属于护盾占据的范围,现实中几乎无法对这一范围和掌子面前方围岩采取任何主动防治策略。当出现强烈岩爆或极强岩爆时,可能导致 TBM 设备损坏甚至被掩埋。所以,TBM 在有强烈岩爆或极强岩爆倾向性的洞段掘进时,首先考虑的是改变施工策略,如 5.4.2 节提到的钻爆法导洞＋TBM 主洞掘进的调控策略。而在有轻微或中等岩爆倾向性的洞段,TBM 机械设备良好的工作性能,特别是良好的挂网、施作锚杆的能力可以防止岩爆造成安全事故。考虑 TBM 设备自身的特点,建议有岩爆倾向性的洞段采用如下支护措施:

（1）对有轻微或中等岩爆倾向性的洞段，可采用 TBM 全断面掘进的方案；对有强烈或极强岩爆倾向性的洞段，应首先考虑钻爆法导洞＋TBM 主洞的掘进方案。

（2）当围岩从 TBM 护盾揭露出来后，应立即在顶拱 180° 范围内喷射钢纤维混凝土，然后施作吸能锚杆；以上支护在 TBM 台车 L1 区内完成。

（3）挂钢筋网、施作永久锚杆、复喷混凝土在 TBM 台车 L2 区内完成。

5.6 岩爆孕育过程的动态调控方法

5.6.1 施工过程动态调整的必要性

鉴于下列原因，需要进行施工过程动态调整，以实现岩爆孕育过程的动态调控，达到避免或减轻岩爆发生风险的目的：

（1）由于地质条件（尤其对岩爆孕育有重要影响的Ⅳ、Ⅴ级硬性结构面、断层、层理等）、岩体结构特征与性质的开挖前不可预知性，施工过程中所揭示的地质条件可能会与预想的不一致。

（2）开挖参数与支护方案与设计时的不一样，如开挖速度过快或过慢、两掌子面相向掘进时未停止一个掌子面掘进、支护措施部分或整体未及时实施等。

（3）微震活动性与预测的不一致，如变得非常活跃或平静等。

5.6.2 施工过程动态调整方法

深埋隧洞施工过程动态调整的思路和步骤为（见图 5.52）：

（1）施工前，根据预知的地质条件、开挖设计方案（开挖台阶高度、断面尺寸、开挖速率等）、支护设计方案（支护类型、参数），采用 RVI、神经网络和数值分析方法进行该洞段的岩爆风险估计。如果岩爆风险等级在中等或以上，则建议进行适当的开挖与支护方案调整以及在条件允许的情况下进行微震监测。

（2）需开展如下几项工作：

① 掌握微震活动性特征和规律，观察围岩的破裂声响、表面开裂等情况；利用基于微震信息的岩爆风险预警方法进行岩爆等级及其概率和爆坑深度等的预警。

② 复核地质条件。如发现开挖所揭示的地质条件与原来预估的不同，则重新进行 RVI、神经网络和数值分析评估岩爆等级。根据新评估的岩爆等级、断面位置和爆坑深度，进行相应的开挖与支护对策调整。如发现对岩爆孕育过程有重要影响的Ⅳ、Ⅴ级硬性结构面、断层、层理等，以及预警岩爆的风险等级在中等以上，建议对其影响结构面等进行针对性的应力释放与支护。

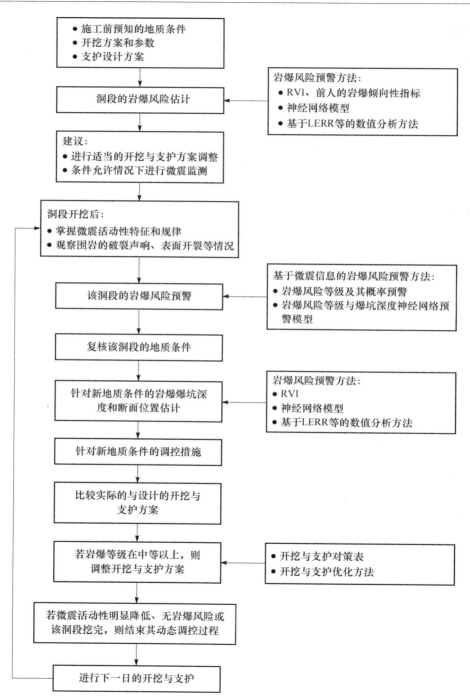

图 5.52　基于实际地质条件和微震活动性的岩爆孕育过程的动态调控方法

③ 对比实际的与设计的开挖与支护方案。如开挖速度过快或过慢、两掌子面相向掘进时未停止一个掌子面掘进、支护措施部分或整体未及时实施或参数不足等,根据岩爆风险等级进行开挖和支护方案的必要调整,或采取能量预释放措施。

（3）进行下一日的开挖,转（2）,进行新一轮的判断。若微震活动性明显降低、无岩爆风险或该洞段开挖完成,则结束其动态调控过程。

5.7 锦屏二级水电站引水隧洞岩爆孕育过程的动态调控

5.7.1 岩爆动态防控总体情况

1. 引水隧洞岩爆洞段开挖与支护设计

据上述分析可知,引水隧洞在白山组洞段有强烈～极强岩爆风险。利用本章提出的岩爆支护优化设计方法,并结合现场快速掘进要求和实际施工情况,优化给出了引水隧洞白山组大理岩洞段的岩爆支护设计参数,如表 5.5 所示。表中的吸能锚杆为水胀式锚杆,永久锚杆则为涨壳式预应力中空注浆锚杆和普通砂浆锚杆,兼顾了快速掘进和岩爆防治要求。

表 5.5 锦屏二级水电站引水隧洞白山组大理岩岩爆洞段的支护参数

	岩爆等级		轻微（I_b）	中等（II_b）	强烈（III_b）	极强（IV_b）
临时支护	初喷	混凝土类型	钢纤维混凝土	钢纤维混凝土	钢纤维混凝土	钢纤维混凝土
		厚度/mm	10	10～15	15	15
	锚杆	类型	吸能锚杆	吸能锚杆	吸能锚杆	吸能锚杆
		长度 L_{ab}/m	3.0	3.5	4.5	＞4.5
		布设方式	局部、随机	局部、随机	系统布置	系统布置
		布设间距 $S_a \times S_c$/(m・m)	1.0～2.0× 1.0～2.0	1.0～2.0× 1.0～2.0	0.5～1.0× 0.5～1.0	0.5×0.5
	吸收能量 E_a/(kJ/m²)		8～22	13～22	22～50	50
永久支护	钢筋挂网	直径/mm	8	8	8	8
		网格尺寸 /(cm・cm)	20×20	20×20	15×15	15×15
	锚杆	类型	永久锚杆	永久锚杆	永久锚杆	永久锚杆
		长度/m	系统永久锚杆的长度需根据数值计算的结果来确定			
		布设方式	系统布置	系统布置	系统布置	系统布置
		布设间距 $S_a \times S_c$/(m・m)	1.0～2.0× 1.0～2.0	1.0～2.0× 1.0～2.0	1.0～2.0× 1.0～2.0	1.0～2.0× 1.0～2.0
	复喷	混凝土类型	钢纤维混凝土	钢纤维混凝土	钢纤维混凝土	钢纤维混凝土
		厚度/mm	20	10～15	15	15
	吸收能量 E_a/(kJ/m²)		19～35	24～35	33～50	50

本章特别对强烈和极强岩爆洞段锚杆的长度进行了优化,优化结果与原设计参数的对比如表5.6所示。根据作者分析得出的损伤区深度和建议的锚杆长度,设计方确定了锚杆设计参数,缩短了原设计长度,由于本次优化涉及洞段较长,节省了大量工程投资。

表5.6 白山组大理岩强烈和极强岩爆洞段锚杆长度优化

围岩类别	锚杆类型	原设计长度/m	建议长度/m	依据建议的设计长度/m
强烈岩爆	砂浆锚杆(永久支护)	8.0	6.0	6.0
	中空预应力注浆锚杆(永久支护)	—	6.0	6.0
	水胀式锚杆(临时、吸能)	—	4.5	5.0
极强岩爆	砂浆锚杆(永久支护)	10.0	6.0/9.0	6.0/9.0
	中空预应力注浆锚杆(永久支护)		6.0/9.0	6.0/9.0
	水胀式锚杆(临时、吸能)	—	6.0	5.0

对于强烈和极强岩爆洞段,仅靠支护结构很难抵御岩爆剧烈的冲击作用,保证施工安全。因此,根据本章给出的岩爆防治对策指南,针对性地制定了锦屏二级水电站深埋引水隧洞岩爆防治对策,如表5.7所示。表中针对不同的岩爆烈度给出了相应的施工和支护措施。

表5.7 锦屏二级水电站深埋引水隧洞岩爆防治对策

岩爆等级	地质勘查对策	开挖对策	支护对策
极强岩爆	1)掌握断裂、硬性结构面产状及其与工程的关系 2)掌握局部地质构造异常(背斜轴部、翼部)	1)开展实时微震监测和预测预警 2)隧洞(道)相向掘进临贯通前改为单头掘进 3)在钻爆法开挖隧洞掌子面时,进行预裂爆破 4)钻爆法开挖洞室采用导洞法开挖 5)钻爆法掘进进尺控制在1.5～2m,TBM的掘进速率应<6m/d 6)TBM开挖隧洞采用上导洞法开挖 7)TBM开挖隧洞需加强TBM自身防护能力、强支护快速实施能力和破坏快速处置能力 8)必要时放弃TBM法开挖,改为钻爆法开挖	1)支护形式和部分参数 　(1)喷钢纤维或仿钢纤维混凝土即时封闭围岩,厚度约15cm 　(2)系统布置普通砂浆锚杆和涨壳式预应力中空注浆锚杆,间距0.5～1m,梅花形布置,长度6/9m,加钢垫板,厚度12mm,边长30cm 　(3)挂网,ϕ8mm,@15cm×15cm 　(4)复喷钢纤维或仿钢纤维混凝土15cm。 2)钻爆法开挖洞室的支护施工顺序:开挖后立即对开挖面实施喷层封闭围岩,并系统布置锚杆,在后续掘进中挂网、复喷 3)TBM开挖隧洞的支护施工顺序:在L1区首先实施喷层封闭围岩,挂网、系统布置锚杆,在L2区复喷
强烈岩爆		1)开展实时微震监测和预测预警 2)在钻爆法开挖隧洞掌子面时,进行预裂爆破	1)支护形式和部分参数 　(1)喷钢纤维或仿钢纤维混凝土即时封闭围岩,厚度约15cm

续表

岩爆等级	地质勘查对策	开挖对策	支护对策
强烈岩爆	1）掌握断裂、硬性结构面产状及其与工程的关系 2）掌握局部地质构造异常（背斜轴部、翼部）	3）钻爆法掘进进尺控制在 3m 左右，TBM 的掘进速率应＜10m/d 4）TBM 开挖隧洞需加强 TBM 自身防护能力、强支护快速实施能力和破坏快速处置能力，必要时采用上导洞法开挖 5）隧洞（道）相向掘进临贯通前改为单头掘进	（2）系统布置普通砂浆锚杆和涨壳式预应力中空注浆锚杆，间距 1m，梅花形布置，长度 4.5～6m，加钢垫板，厚度 12mm，边长 20～30cm （3）锚杆应与控制性结构面大角度相交 （4）挂网，ϕ8mm，@15cm×15cm；复喷钢纤维或仿钢纤维混凝土 15cm 2）钻爆法开挖洞室的支护施工顺序：开挖后立即对开挖面实施喷层封闭围岩，并系统布置锚杆，根据施工组织流程，在后续掘进中实施挂网、复喷 3）TBM 开挖隧洞的支护施工顺序：在 L1 区实施喷层封闭围岩，挂网、系统锚杆，在 L2 区复喷
中等岩爆		1）钻爆法掘进进尺控制在 3m 左右，TBM 的掘进速率控制在约 10～15m/d 2）开挖方法（钻爆法或 TBM）和断面形状、尺寸等按同等条件的无岩爆段施工	1）开挖后紧跟掌子面喷钢纤维或仿钢纤维混凝土即时封闭围岩，厚度约 10～15cm 2）紧跟布置随机水胀式锚杆，间距 1m 左右，梅花形布置，长度 3.5m，加钢垫板，厚度 10mm，边长 15cm
轻微岩爆		掘进速率、开挖方法（钻爆法或 TBM）和断面形状、尺寸等按同等条件的无岩爆段施工	1）开挖后紧跟掌子面喷钢纤维或仿钢纤维混凝土即时封闭围岩，厚度约 10cm 2）紧跟在应力集中区或岩爆频发区布置随机水胀式锚杆，间距 1m 左右，长度 3m，加钢垫片

　　现场应用表明,白山组大理岩岩爆洞段在缩短锚杆长度节约投资的情况下,建议的锚杆参数和其他支护单元组成的支护系统有效地保证了围岩的稳定性,整个施工过程中岩爆得到一定程度的控制,典型效果如图 5.53 所示。

图 5.53　2♯引水隧洞顶拱隧洞支护(见彩图)

2. 引水隧洞和排水洞微震监测洞段岩爆的动态调控

对于锦屏二级水电站引水隧洞和排水洞微震监测洞段，设计施工单位根据岩爆预警结果与建议等，采取了相应的岩爆预防措施，避免了 135 个强岩爆洞段（累积洞长 4082m）不同等级岩爆的发生，降低了近 13 个洞段（累积洞长 418m）不同等级的岩爆发生的强度和风险，所监测洞段在施工过程中未发生由岩爆造成的严重后果，避免了岩爆灾害带来的人员伤亡、设备的重大损失，确保了工期。2011 年 11 月底，4 条引水隧洞和排水洞全部贯通，为 2012 年底首台机组的顺利发电提供了有力的保障。

5.7.2 深埋隧洞强烈至极强岩爆洞段钻爆法上导洞和 TBM 主洞联合掘进方法应用

对于 TBM 施工的隧洞，庞大的机械设备、特殊的掘进方式和有限的操作空间无法像钻爆法那样采用灵活多变的措施，在钻爆法中被认为效果较好的应力解除爆破法也因此无法应用。在极强或强岩爆情况下，单纯支护系统的控制能力是有限的，且过强的支护控制措施意味着大量的支护作业，将占用大量的 TBM 掘进时间，大大降低 TBM 的掘进效率。因此，本节给出了一种联合开挖方法，即上导洞的处理方法，如图 5.54(a)所示。本节采用 5.4.2 节提出的导洞优化方法对其进行优化设计。

该方案的设计优化原则是：

(1) 尽可能降低导洞开挖时的岩爆风险。

(2) 降低 TBM 开挖时的岩爆风险。

(3) 综合考虑 TBM 设备的能力。

该方案包括以下几个方面。

(1) 预估 TBM 前方具有强烈和极强岩爆倾向的洞段。

(2) 采用钻爆法开挖绕行洞或者利用相邻隧洞开挖横通洞的方法，在 TBM 掌子面前方隧洞的上半部分钻爆法开挖导洞。

(3) 上导洞开挖后进行系统支护。

(4) TBM 开挖剩余部分，将支护参数补充完整。由于导洞开挖在整个断面的上半部分，故称之为上导洞，以区别于曾在工程中应用的其他导洞方法。

图 5.54(a)中上导洞的顶拱超挖部分是为了保证顶拱锚杆的外锚头可被喷层完全覆盖，以避免损坏 TBM 的顶护盾，顶拱支护参数按强烈或极强岩爆洞段的设计。

由于上导洞采用钻爆法开挖，故可充分发挥该施工方法灵活的特点，可以事先采用地质雷达或超前地质钻孔来把握前方地质条件，评估岩爆倾向性，从而采取应力解除爆破方法进行预处理，导洞开挖后，可进行及时支护，保证导洞施工期间的

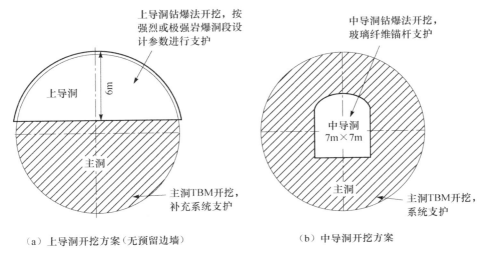

图 5.54 上导洞和中导洞方案

安全。同时,也可在导洞中充分探测 TBM 开挖部分的地质条件,评估 TBM 掘进时岩爆的倾向性,以便在导洞内采取应力解除爆破方法进行预处理,以降低 TBM 掘进期间的岩爆烈度和频度。

在最初的方案论证阶段,提出了上导洞方案和中导洞方案,如图 5.54 所示,但在孰优孰劣上存在争议。下文从理论和施工技术两个方面对这两种方法进行对比分析,以便为方案的决策提供支撑。

导洞防治岩爆的机制与应力解除爆破方法类似,即通过开挖导洞诱发周边围岩破裂,弱化岩体的力学性质,使其破坏模式由脆性向延性转变,同时,改变主洞的应力环境,使得高应力转移至围岩内部,从而达到防治岩爆的目的。

图 5.55 为上导洞和主洞先后开挖后围岩内的 FAI 分布,图中间断线为上导洞开挖后围岩的 FAI 等值线,实线为主洞开挖后围岩的 FAI 等值线。可见,上导洞开挖后,主洞上半部分围岩发生破裂(FAI>1 的区域),FAI=1 的等值线位于围岩内部,说明高应力集中已转移到主洞围岩的内部,达到了弱化围岩力学性质和改变其应力分布的目的,如图 5.57(a)所示。在主洞开挖后,上半断面的 FAI 分布未发生明显改变,仅仅下半断面揭露的围岩内 FAI 分布发生了明显的改变。这意味着在主洞开挖过程中对导洞已揭露围岩的影响很小,大大降低了诱发这部分围岩发生岩爆的可能性。

而中导洞开挖后虽然使得揭露的围岩破裂,改变了其力学性质,但由于这部分围岩属于导洞围岩,将来要被 TBM 开挖掉,并未对主洞围岩力学性质造成明显影响,FAI=1 的等值线与主洞轮廓线接近,如图 5.56 所示,这意味着中导洞开挖将导致应力集中转移到主洞轮廓线位置,如图 5.57(b)所示,这反而加剧了主洞开挖

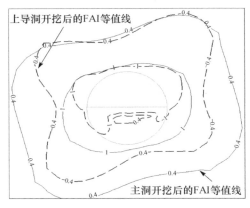

图 5.55　上导洞和主洞开挖后
围岩内的 FAI 分布

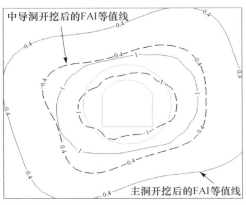

图 5.56　中导洞和主洞开挖后
围岩内的 FAI 分布

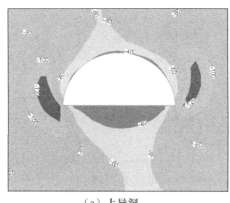

（a）上导洞

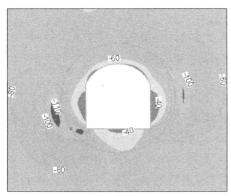

（b）中导洞

图 5.57　导洞开挖后围岩内最小主应力分布（单位：MPa）

时岩爆的烈度和频度。

另外，由于钢材会损坏 TBM 的刀盘，因此，在刀盘的切割区域内不允许钢材质的支护体存在。钢锚杆、钢垫板、钢拱架、钢筋网等在中导洞的支护中均是被禁止的。因此，只能选用喷层和玻璃纤维锚杆支护，但玻璃纤维锚杆的抗剪性能较差，故中导洞本身可能的支护强度较低，很难为中导洞开挖施工提供安全的工作条件，更难以在主洞开挖过程中发挥重要作用。

由 FAI 和应力分析结果可见，在降低主洞岩爆风险方面，上导洞方法比中导洞方法更具优势。

由图 5.57(a)所示的上导洞开挖后将造成两侧边墙围岩破坏较严重，形成局部的破坏坑，这将影响主洞开挖时 TBM 撑靴着力的均匀性，对 TBM 运行的稳定性产生影响。故为了避免这一问题,承包商和业主相继提出了预留一定厚度小边墙的上导洞方案,如图 5.58(a)~(e)所示。小边墙只能采用喷层和玻璃纤维锚杆支护,主洞开挖后补充系统支护。由于小边墙厚度和形式的不同,这些方案防治岩爆的效果可能各不相同。很明显,小边墙厚度越大,导洞的效果越差,甚至可能会明显区别于图 5.54(a)所示的上导洞方案。因此,有必要对这一问题进行客观的评估。

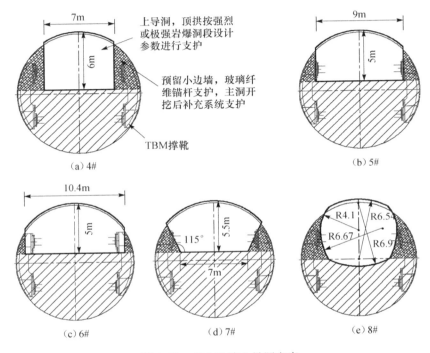

图 5.58　带小边墙上导洞方案

为了便于以上所提出各方案的描述,表 5.8 对这些方案进行了编号。

表 5.8　各导洞方案的编号

方　案	编　号
全断面开挖	1#
图 5.54(b)	2#
图 5.54(a)	3#
图 5.58(a)	4#
图 5.58(b)	5#
图 5.58(c)	6#
图 5.58(d)	7#
图 5.58(e)	8#

1. 控制应变型岩爆能力的评估

2♯引水隧洞在埋深 1900m 的引(2)11＋027～11＋046 洞段北侧边墙至拱肩范围内发生了强烈的应变型岩爆,如图 5.59(a)所示,爆坑达 2m,岩爆后的隧洞轮廓线如图 5.59(b)所示,岩层为大理岩。

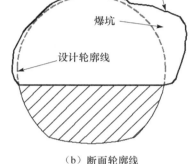

（a）现场照片　　　　　　　　　　　（b）断面轮廓线

图 5.59　2♯引水隧洞北侧边墙至拱肩强烈岩爆

由于 1♯和 3♯隧洞与这两条隧洞平行,间距 60m,地应力和地质条件基本相同,因此,在 TBM 掘进过程中遭遇到同样程度甚至更为严重的应变型岩爆的可能性非常大。故需要评估表 5.8 中各方案应对应变型岩爆的能力。

虽然锦屏二级水电站引水隧洞已经建立了岩爆烈度的分级,但各分级与 ERR 的对应关系并未建立起来,而由于工程性质、规模不同,采矿工程中的经验关系并不能应用于此工程。但是,通过对图 5.59 所示的 2♯隧洞强烈岩爆现场现象、支护强度及其损坏特征的分析发现,该洞段初期支护特别是防治岩爆的支护参数未达到设计要求,支护强度偏弱。根据现场工程师评估,若按控制岩爆的设计支护参数实施,该级别的岩爆虽然会对支护系统产生损伤,但至少可保证破裂的岩体被兜住,而不会摧毁支护系统,发生弹射或大规模塌方。因此,可将 2♯隧洞岩爆作为支护可控的强烈事件,烈度更大的事件将超出可控范围。

为此,本节反分析 2♯隧洞的强烈岩爆,将求得的 ERR 作为参考值来评估各方案的优劣。计算得到 2♯隧洞上台阶开挖后的 ERR 为 0.40MJ/m³。图 5.60 为计算得到的埋深 2500m 条件下表 5.8 各方案导洞及主洞开挖后的 ERR。导洞开挖后的 ERR 体现了其本身开挖过程中岩爆的倾向性和可能的岩爆烈度,而主洞开挖后的 ERR 则表明了 TBM 掘进过程中可能的岩爆烈度。可见,全断面 TBM 开挖时的 ERR 为 0.48MJ/m³,高于 2♯隧洞上台阶开挖后的 ERR,意味着其掘进时可能遭遇比后者更为强烈的岩爆,因此,进一步说明进行导洞预处理是非常必要的。

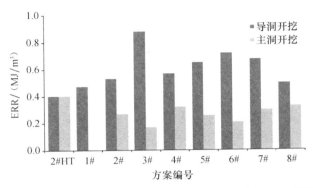

图 5.60 埋深 2500m 条件下计算所得各方案导洞和主洞开挖后的 ERR

（2♯HT 为 2♯引水隧洞全断面开挖方案）

不论是中导洞还是上导洞方案,导洞开挖时的 ERR 均较高。而且以 3♯方案最大,这是由于地应力场的最小主应力(压为负)近似沿竖直方向,而且隧洞断面呈椭圆形,椭圆的长轴与其近似垂直,故开挖后竖直方向的回弹量非常大,从而计算得出的 ERR 值最大。洞形相对较好的 8♯方案对应的 ERR 值最小。从围岩破坏与地应力方向的关系来看,竖直方向的主应力将导致两侧边墙发生破坏,如果洞形呈椭圆形,其长轴与竖直方向的主应力平行,且其长短轴之比与主应力之比相匹配,则可能最大限度地降低高应力导致的边墙破坏。但是对于岩爆这种特殊的破坏形式来讲,可能并不一定服从这一规律,3♯方案虽然断面长轴沿水平方向,但由于左右两侧拱脚特殊的几何形式,使得这些部位对围岩破坏起到一定的约束作用,这与断面尺寸效应相关,这也是 V 形破坏发育到一定深度就停止的原因。以上分析表明,考虑到 ERR 的计算方法、地应力方向及导洞形状和尺寸,虽然 3♯方案的 ERR 值较高,但可能并不意味着较高的岩爆风险。

虽然所有导洞开挖时的 ERR 均高于强烈岩爆的参考值,但由于其属于钻爆法开挖,可以采取应力解除、支护等方法进行灵活控制。

为了保持参考值的一致性,图 5.60 中 2♯HT 方案下台阶开挖的 ERR 仍为上台阶开挖计算的数值。1♯方案为全断面开挖,故其主洞开挖 ERR 为 0。所有导洞方案在 2500m 埋深条件下主洞开挖时的 ERR 均低于参考值,说明,开挖导洞能够降低岩爆烈度,甚至在埋深 2500m 条件下也低于埋深 1900m 条件下的参考值。

3♯、6♯上导洞方案主洞开挖时的 ERR 明显低于 2♯中导洞方案,5♯方案的 ERR 比后者略低,说明这两种上导洞方案相比中导洞方案能更好地降低强烈岩爆的烈度,甚至频度。而随着上导洞方案预留小边墙厚度的增大,断面的形状和尺寸接近中导洞方案后,这种优势逐渐消失,甚至在主洞开挖时的 ERR 值要高于中导洞方案。实际上,由图 5.58 可见,5♯、6♯方案的边墙厚度完全可以满足保证撑靴着力范围的要求。

通过基于 ERR 的对比分析表明，采用厚度较薄的小边墙上导洞方案比中导洞方案更利于岩爆防治，但随着边墙厚度的增大，这种优势逐渐丧失。

2. 控制断裂型岩爆能力的评估

地质不连续面及其与地应力、开挖引起的应力的相互作用对控制岩体的破坏模式和破坏程度非常重要。高地应力条件下不连续面的走向和倾角与隧洞成特定关系时，将可能诱发断裂型岩爆。如图 4.57 所示的排水洞极强岩爆，主要是由隧洞顶部围岩内发育的一条刚性结构面控制的，结构面呈 NW 向，近似与隧洞轴向平行，倾向为 NE40°～50°。虽然断裂型岩爆在隧洞内发育远不及应变型岩爆广泛，但其破坏性非常大，排水洞的这次断裂型岩爆将 TBM 设备摧毁。因此，需要对各导洞方案防治断裂型岩爆的能力进行评估。由于断裂型岩爆的破坏性巨大，且岩爆烈度是不可预知的。因此，在 TBM 开挖过程中不允许出现该类型的岩爆事件发生。故本节只关注不连续面剪切破坏的启动，而并不关心其所诱发的地震事件的震级。

另外，若有效防治 TBM 开挖期间的断裂型岩爆，导洞开挖应达到的最好的效果是：①诱发断裂型岩爆；②改变断裂型岩爆的发生条件来控制其发生时间；③通过加固来提高其静剪切强度以保证主洞开挖后在结构面的任何部位都不发生滑动。

由于 ERR 是一种基于连续介质的能量方法，只能对完整岩体应变型岩爆倾向性进行评价，它忽略了高应力导致岩体中结构面滑移产生的断裂型岩爆（Board，1994）。基于对断裂型岩爆源于地质不连续面不稳定剪切滑移机制的认识，Ryder（1988）提出了超剪应力（ESS）的概念，将其表达为不连续面滑移前的剪应力与其动态剪切强度之差。当不连续面的某个部位剪切破坏启动，将引起该部位两侧结构面剪切破坏的连锁反应，并最终导致其动态滑动（Ryder，1988）。因此，地质不连续面上的剪应力与静态剪切强度之间的关系对于评价断裂型岩爆是否发生至关重要。本节通过基于连续介质的弹性计算得到工程区的应力场，然后根据各不连续面的走向和倾角，计算其剪应力，结合不连续面的静态剪切强度进行剪切滑动事件是否发生的评估（Board，1994）。

由于在断裂型岩爆发生前，不连续面很难被揭露出来。因此，无法确知能够导致未开挖洞段发生断裂型岩爆的不连续面的产状。考虑到顶拱结构面滑动诱发的极强岩爆灾害对 TBM 设备和人员威胁最大，故本节以排水洞极强岩爆揭露出的结构面产状作为典型，扩展到引水隧洞中进行分析。但现场无法精确测量出图 4.57 所示的结构面产状，只能通过肉眼估计其走向和倾角，至于其扩展长度则难以知晓，只能假设。同样，此结构面的静态黏聚力和静态摩擦角也是未知的，虽然可通过 ESS 方法反分析来获得这些参数，但由于结构面产状、扩展长度等信息的诸多不确定性，在很大程度上影响了反分析结果的准确性。由于本节是通过相同岩层条件下的对比分析获得相对结果，故该问题不会影响最终的评价结果。

图 4.57 所示沿排水洞控制性结构面上的剪应力和静剪切强度如图 5.61 所示，可见，沿着结构面 $x=4.5m$ 左右，剪应力大于静剪切强度，意味着结构面剪切滑动的启动，即发生地震事件。在将排水洞结构面产状及其与排水洞的空间关系扩展到引水隧洞时，按引水隧洞和排水洞的直径之比对模型进行了放大处理，计算各种方案结构面上的剪应力和静剪切强度。由计算结果来看，导洞开挖可能不会诱发结构面滑动，此时，可评估沿结构面静剪切强度与剪应力之差的最小值 τ'_{min} 来对比各方案的优劣。

引水隧洞 TBM 全断面掘进时沿控制性结构面上的剪应力和静剪切强度如图 5.62 所示，可见，在 $x=6.0m$ 左右，剪应力明显大于静剪切强度，这意味着采用全断面 TBM 掘进过程中若遇到此类结构面可能会发生比施工排水洞更加严重的岩爆灾害，因此，进行导洞预处理是非常必要的。

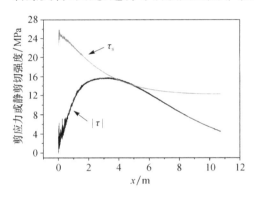

图 5.61　沿排水洞控制性结构面上的
剪应力和静剪切强度曲线

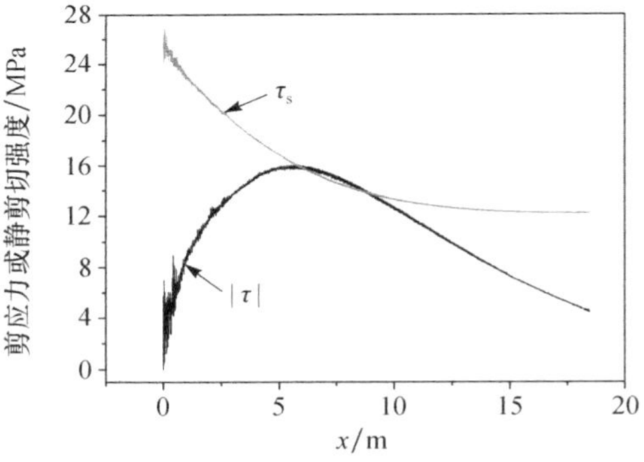

图 5.62　引水隧洞 TBM 全断面掘进时沿控制
性结构面上的剪应力和静剪切强度曲线

各导洞方案导洞开挖后沿结构面的静剪切强度与剪应力之差的最小值如图 5.63 所示，可见，中导洞的数值远大于所有上导洞方案，这是由中导洞与主洞及洞顶结构面的空间位置决定的，它的开挖对结构面影响相对较小，难以诱发结构面滑动，甚至可能导致结构面被忽略，以致在主洞开挖导致严重的岩爆灾害后才会被发现或重视，难以达到防治断裂型岩爆的要求。

在上导洞方案中，3♯ 和 6♯ 方案的效果最好，这是由于这两个方案预留小边墙最小，开挖尺寸大，对主洞围岩应力场扰动大，容易诱发结构面滑动。预留小边墙厚度最大的 4♯ 和 8♯ 方案效果最差，但通过

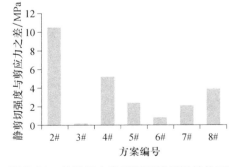

图 5.63　各导洞方案导洞开挖后沿结构面
静剪切强度与剪应力之差的最小值

应力解除方法预处理的难度相比中导洞方案来说要小得多。

在对位于隧洞底拱的结构面的勘察和处理上,中导洞方案相比上导洞方案要容易,但根据已经采用钻爆法上下台阶超前开挖的 2# 和 4# 引水隧洞的实践经验,在它们的下台阶开挖过程中从未遭遇底拱的断裂型岩爆。

综上所述,在控制断裂型岩爆的能力上,上导洞方法要优于中导洞方法。

3. 总体比较

综合以上力学分析结果可知:

(1)上导洞方法可最大限度地扰动主洞的上半部分围岩,导致其损伤破裂,高应力向内部转移,而主洞开挖对上半部分影响很小,故可最大限度地降低主洞开挖时岩爆的风险;而中导洞开挖后仅能扰动主洞轮廓线以内的待开挖岩体,导致高应力转移至主洞开挖轮廓线附近,增大了主洞开挖时的岩爆风险。

(2)基于 ERR 方法计算所得结果表明,上导洞和中导洞开挖后均能降低岩爆的烈度,甚至频度,但预留边墙较小的方案对应变型岩爆的防治效果要优于中导洞方案,虽然可通过扩大中导洞断面尺寸来增强其防治效果,但这相对于全断面钻爆法开挖就没有优势可言了,承包商可能转而选择全断面钻爆法开挖。

(3)基于 ESS 方法计算所得结果表明,在防治断裂型岩爆方面,上导洞方法比中导洞方法更具优势,且预留边墙越小越好。由于中导洞方法对主洞围岩应力场扰动小,故很难诱发结构面活动,甚至会导致控制性结构面被忽略掉。

当然,决定导洞方案的优劣不仅仅是力学上的合理性,施工上的可行性更为重要。因此,需要结合导洞施工难易、TBM 设备能力等进行客观评估。

在施工方面,上导洞方法的优点是:

(1)上导洞开挖后,主洞设计断面上部完全暴露出来,可以采取支护和应力释放等本章所述所有可能的防治措施,以降低上导洞开挖时的岩爆风险,同时保证了TBM 掘进时隧洞顶部围岩的稳定性。

(2)开挖断面大,施工设备运行、操作的空间大,可提高施工效率。

(3)方案可灵活调整,适应性强。

缺点是由于 TBM 的开挖体上下不对称,导致 TBM 掘进时刀盘上下受力不均匀,对其主承压轴可能存在一定影响,可能需要调整 TBM 掘进参数来适应半断面开挖的情况。另外,导洞轮廓线部位岩体可能会崩坏 TBM 的刀具,降低其使用寿命,但实际上,导洞围岩在高应力作用下已经破裂,刚度和强度明显低于完整岩体,因此,定性判断其对刀具影响不大。

在施工方面,中导洞方法的优点是 TBM 掘进时洞形对称,对 TBM 设备几乎没有额外要求。缺点是受 TBM 设备的限制,导洞开挖后只能施工玻璃纤维锚杆,而玻璃纤维锚杆的抗剪切能力较差,在应对强烈和极强岩爆时比较脆弱,支护意义不大,这就使得导洞开挖和主洞开挖时都将面临岩爆的威胁。

不管是何种导洞方案,在 TBM 遭遇到强烈岩爆后,导洞均可作为 TBM 的抢救通道。二者的综合对比可如表 5.9 所示。综合力学合理性和施工可行性(甚至优势),上导洞方法更为合理。

表 5.9 导洞方案优缺点的比较

	上导洞方法	中导洞方法
优点	1) 开挖断面大,相同岩体结构揭露出的结构面多,改变围岩内能量的耗散方式和破坏模式 2) 对主洞上半断面扰动大,有效降低主洞开挖时来自上半断面的威胁,同时有利于下半断面能量的释放 3) 有利于降低 TBM 掘进时的断裂型岩爆 4) 有利于降低 TBM 掘进时的应变型岩爆 5) 灵活采用应力解除爆破方法等其他方法防治导洞和主洞岩爆 6) 直接对暴露的主洞断面进行支护,保证 TBM 掘进时顶拱围岩的稳定性 7) 开挖断面大,施工设备运行、操作的空间大,可提高施工效率 8) 方案可灵活调整,适应性强	1) TBM 掘进时洞形对称,对 TBM 设备几乎没有额外要求 2) 灵活采用应力解除爆破方法等其他方法防治导洞和主洞岩爆 3) 可通过施加玻璃纤维锚杆临时支护
缺点	1) TBM 开挖体上下不对称,掘进时刀盘上下受力不均匀,对主承压轴可能存在一定影响,可能需要调整 TBM 掘进参数来适应半断面开挖的情况 2) 导洞轮廓线部位岩体可能会崩坏 TBM 的刀具,降低其使用寿命	1) 中导洞为城门洞形,与辅助洞和施工排水洞尺寸相当,导洞施工过程中面临较大的岩爆风险 2) 中导洞开挖后导致高能量集中在引水隧洞开挖轮廓线附近,加剧了 TBM 掘进时的岩爆烈度 3) 开挖断面小,不利于施工设备操作,降低工作效率 4) 增大导洞尺寸可能会直接导致全断面开挖方案的选择 5) 只能施工玻璃纤维锚杆,防岩爆能力差 6) 防治断裂型岩爆的能力差,甚至可能会导致控制性结构面被忽略

4. 应用效果评估

2#隧洞发生强烈岩爆(见图 5.59)后,由于地应力和地质条件近似相同,故与其平行的 3#隧洞在该洞段也存在强烈岩爆的风险。为了验证上导洞方法防治岩爆的效果,保守的考虑到 TBM 刀盘和主梁安全,现场采用 8#方案进行了导洞施工。导洞试验段的桩号为引(3)11+181~11+131,长度为 50m。导洞的支护设计参数如图 5.64 所示。导洞开挖后,首先在顶拱和边墙初喷 10cm 厚的 CF30 纳米仿钢纤维混凝土,然后,顶拱布置直径为 32mm 的涨壳式预应力中空注浆锚杆,长度为 6m,间排距均为 1m,顶拱锚杆垫板尺寸(长×宽×厚)为 400mm×400mm×10mm,边墙布置直径为 28mm 的玻璃纤维锚杆,不带垫板,长度为 6m,间排距均为 1m。开挖过程中该支护参数为钻爆法开挖施工提供了安全的操作环境。

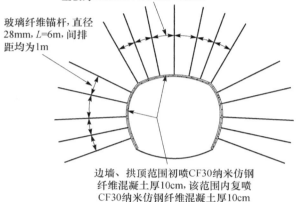

图 5.64　3♯引水隧洞试验洞段的上导洞支护参数(周济芳,2011)

该洞段虽然具有强烈岩爆的倾向性,但不能确定发生岩爆,因此,很难通过是否发生岩爆或者岩爆的烈度来评价导洞方法降低岩爆风险的效果。采用微震监测方法监测了该洞段 TBM 掘进过程中围岩内的微震事件,并且监测范围扩展到一定范围的全断面开挖段,以便于通过对比导洞段和全断面段围岩的响应来更好地检验导洞的效果。

作者在 2010 年 5 月 28 日～6 月 13 日对该洞段 TBM 掘进过程开展了微震实时监测,其中导洞段 TBM 扩挖监测时间为 5 月 28 日～6 月 2 日,引(3)11＋167～11＋127,累计约长 40m;TBM 全断面开挖监测选取时间为 6 月 2～13 日,引(3)11＋127～11＋034,监测长约 93m。监测洞段内岩体岩性较为均一,为 T_{2b} 灰白色厚层状大理岩,围岩较完整,节理不发育,无大结构面存在,如表 5.10 所示。

表 5.10　3♯TBM 扩挖洞段与全断面开挖洞段概况

洞　段	时　间	桩　号	洞长/m	地质条件
TBM 扩挖	5 月 28 日～6 月 2 日	引(3)11＋167～127	40	T_{2b}灰白色厚层状大理岩,围岩较完整,节理不发育,无大结构面存在
TBM 全断面开挖	6 月 2～13 日	引(3)11＋127～034	93	

图 5.65 为监测洞段微震事件和微震释放能量(由于能量变化幅度较大,对释放能量进行了取对数处理)随时间的演化(图中每日微震信息记录始于当日 8:00,截止于次日 8:00)。TBM 扩挖洞段平均微震事件数为 2 个/d,远低于 TBM 全断面开挖洞段的 15.7 个/d,这表明 TBM 扩挖洞段围岩较为稳定,围岩应力调整强度远远低于 TBM 全断面开挖洞段。TBM 扩挖洞段日平均释放总能为 5.1×10^3J/d,较之 TBM 全断面开挖洞段 6.3×10^5J/d 低了 2 个数量级,如表 5.11 所

示。TBM 全断面开挖洞段围岩破坏烈度远远高于 TBM 扩挖洞段。由图 5.65 可以看出,TBM 扩挖洞段仅发生轻微岩爆一次,而 TBM 全断面洞段则岩爆频发,尤其是在 6 月 8～11 日。TBM 扩挖洞段岩爆次数和强度均远小于 TBM 全断面开挖洞段。

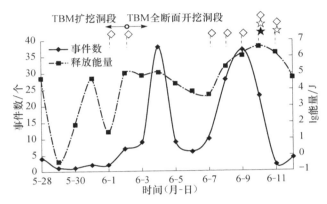

图 5.65　3♯TBM 监测洞段微震事件数、释放能量以及岩爆随时间的演化图
(◇ 轻微岩爆;☆ 中等岩爆;★ 强烈岩爆)

表 5.11　3♯隧洞平均微震事件数和释放能量对比表

洞　段	平均事件数/(个/天)	平均释放能量/(J/天)
TBM 扩挖	2	5.12×10^3
TBM 全断面开挖	15.7	6.33×10^5

图 5.66 为监测洞段微震震级较大事件随时间的演化规律图(图中每日微震信息记录始于当日 8:00,截止于次日 8:00)。可见,TBM 扩挖洞段无大事件发生,而 TBM 全断面开挖洞段则大事件频发。

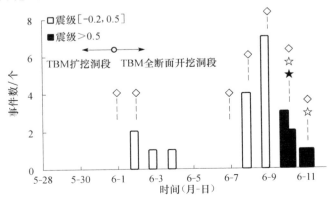

图 5.66　3♯TBM 微震大事件和岩爆随时间的演化图
(◇ 轻微岩爆;☆ 中等岩爆;★ 强烈岩爆)

　　对监测洞段内微震信息进行定位处理并分析,微震事件的空间分布及现场岩爆情况如图 5.67 所示。TBM 扩挖洞段共有微震事件 14 个,震级范围为-2.6～-0.1,事件主要出现于靠近扩挖与全断面的交界断面一侧附近,其他区域基本无事件,现场实际发生轻微岩爆两次。TBM 全断面开挖洞段微震事件则多达 159 个,震级范围-3.3～1.2,球体大小则明显较 TBM 扩挖洞段大,现场岩爆发生频繁。

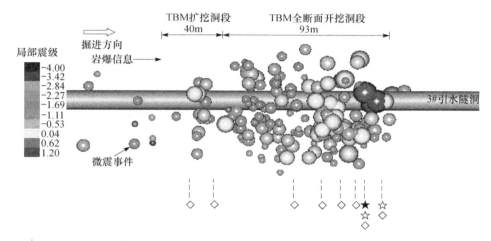

图 5.67　3#TBM 监测洞段微震事件与岩爆分布图
(球体大小则表示事件的释放微震能大小,尺寸越大,释放能量越多;
◇ 轻微岩爆；☆ 中等岩爆；★ 强烈岩爆)

　　从整体上看,TBM 扩挖洞段微震事件的数量、空间集结程度、震级大小与能量释放均远小于 TBM 全断面开挖洞段。

　　以上微震监测结果以及不同洞段围岩响应的对比说明,上导洞方法对于降低 TBM 掘进期间的岩爆烈度和频度具有很好的效果。现场 TBM 机械工程师评估认为导洞对 TBM 的主梁和刀盘的影响并不明显,未造成设备损伤。

　　现场试验微震监测结果、强烈或极强岩爆段推广应用实际效果表明,上导洞方法很好地达到了预处理降低岩爆风险的目的,是一种适合 TBM 掘进过程中应对强烈和极强岩爆的有效方法,具有重要的工程应用价值。

5.7.3　深埋隧洞岩爆动态调控典型案例

　　1. 典型案例一:TBM 施工洞段岩爆孕育过程预警与动态调控

　　作者在锦屏二级水电站深埋引水隧洞 3#TBM 掘进过程中开展了实时微震监测工作,对 3#TBM 施工隧洞微震事件进行了滤噪及定位分析,获得微震事件数和能量随时间演化规律和震级较大的微震事件随时间演化图,如图 5.68 所示。可见,从 2010 年 9 月 6～8 日,微震事件数和能量随时间大幅度增加,微震活动趋向活跃。9 月 6～8 日期间共出现 17 个震级大于−0.2 的事件,其中震级大于 0.5 的事件共 7 个。同时,6～8 日,大事件数表现为逐步增加的趋势。由图 5.69(a)所示 2010 年 9 月 6～8 日微震信号平面示意图可知,该期间共出现 54 个有效微震事件,累积释放能量为 1.1×10^7 J,微震事件集中且释放能量较大。

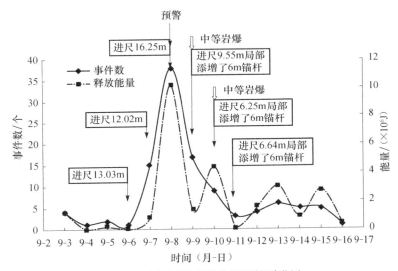

（a）微震事件数与释放能量随时间演化图

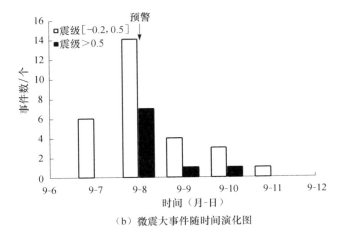

（b）微震大事件随时间演化图

图 5.68　3♯TBM 开挖隧洞洞段某岩爆预警与动态调控过程实践

（每日微震信息记录始于当日 8:00,截止于次日 8:00）

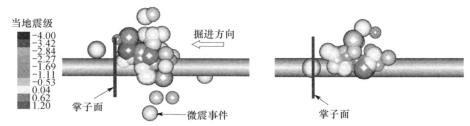

(a) 2010年9月6日~8日,共54个事件(采取措施前)　　(b) 9月9日~11日,共29个事件(采取措施后)

图 5.69　3♯TBM 开挖隧洞累积微震事件分布图

(球体大小表示事件的释放微震能大小,尺寸越大,释放能量越多)

基于以上微震活动特征和规律,采用第 4 章中所建立的方法进行了岩爆风险预警分析,结果认为存在强烈岩爆风险,建议现场控制 TBM 日进尺,及时做好系统支护,关键部位加强支护措施,注意施工安全同时电话通知施工方。

根据此建议,现场及时采取措施:

(1) 降低 TBM 掘进速度,9 月 9 日进尺由 9 月 8 日的 16.25m 降至 9.55m,10 日进尺再降至 6.25,11 日维持 6.64m。

(2) 加强支护措施,增加了 6m 锚杆的数量。

预警前后现场措施对比如表 5.12 和图 5.70 所示。采取措施后,获得如下效果:

表 5.12　预警前后现场措施对比表

日期	预警前			预警后		
	9 月 6 日	9 月 7 日	9 月 8 日	9 月 9 日	9 月 10 日	9 月 11 日
支护	系统支护	系统支护	系统支护	系统支护,增加 6m 锚杆的数量	系统支护,增加 6m 锚杆的数量	系统支护,增加 6m 锚杆的数量
进尺/m	13.03	12.02	16.25	9.55	6.25	6.64

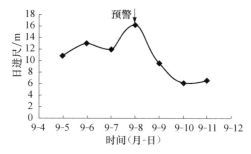

图 5.70　3♯TBM 隧洞掘进

速率随时间演化图

(每日掘进记录始于当日 8:00,截止于次日 8:00)

(1) 微震活动平缓,如图 5.68 和图 5.69 所示,微震事件数和能量都表现为明显的降低。累积事件数由 2010 年 9 月 6~8 的 54 个降至 9 月 9~11 日的 29 个,能量由 1.1×10^7 J 降至 5.9×10^6 J,震级大于 -0.2 的事件由 27 个降至 10 个,其中震级大于 0.5 的事件由 7 个降至 2 个。微震活动整体趋于平静。

(2) 降低了岩爆等级,现场在 9 月 9 日和 10 日分别发生中等岩爆 1 次。

2. 典型案例二:钻爆法施工洞段岩爆孕育过程预警与动态调控

作者在锦屏二级水电站深埋引水隧洞 1-2-E 钻爆法施工隧洞开挖过程中开展了实时微震监测工作,对监测得到的微震事件进行了滤噪及定位分析,获得微震事件数和能量随时间演化规律和震级较大的微震事件随时间演化图,如图 5.71 所示。可见,2010 年 10 月 26~28 日,微震事件数和能量随时间大幅度增加,微震活动趋向活跃。10 月 26~28 日期间共出现 6 个震级大于—1.2 的事件,其中震级大于—0.2 的事件共 2 个。同时,6~8 日,大事件数呈现逐步增加的趋势。由图 5.72(a)所示的 2010 年 10 月 26~28 日微震信号平面示意图可见,该期间共出现 61 个有效微震事件,累积能量释放为 $1.9 \times 10^5 J$,微震事件集中且释放能量相对较大。

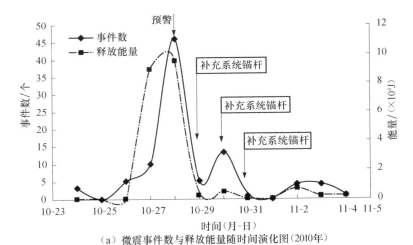

(a) 微震事件数与释放能量随时间演化图(2010年)

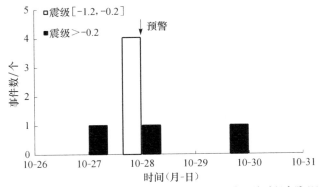

(b) 微震大事件随时间演化图某洞段岩爆预警与动态调控过程实践(2010年)

图 5.71 1-2-E 钻爆法施工隧洞

(每日微震信息记录始于当日 8:00,截止于次日 8:00)

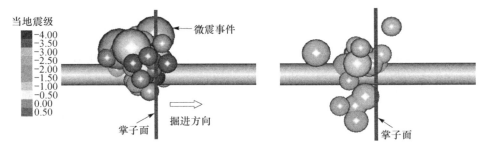

（a）10月26~28日，共61个事件（采取措施前）　　（b）10月29~31日，共19个事件（采取措施后）

图 5.72　1-2-E 钻爆法施工隧洞累积微震事件分布图

（球体大小则表示事件的释放微震能大小，尺寸越大，释放能量越多）

　　基于以上微震活动特征和规律，采用本书第 4 章所建立的方法进行了岩爆风险预警，认为存在中等岩爆风险，建议现场及时加强系统支护，施工人员注意安全。

　　根据上述建议，现场及时补充了系统锚杆，提高支护强度。预警前后现场措施对比如表 5.13 所示。现场采用措施后，获得如下效果：

表 5.13　1-2-E 钻爆法施工隧洞预警前后现场措施对比表

	预警前			预警后		
日期	10 月 26 日	10 月 27 日	10 月 28 日	10 月 29 日	10 月 30 日	10 月 31 日
支护	初喷＋随机锚杆	初喷＋随机锚杆	初喷＋随机锚杆	初喷＋随机锚杆＋系统锚杆	初喷＋随机锚杆＋系统锚杆	初喷＋随机锚杆＋系统锚杆

　　（1）微震活动平缓，如图 5.71 和图 5.72 所示，微震事件数和能量都表现为明显的降低。累积事件数由 10 月 26~28 日的 61 个降至 10 月 29~31 日的 19 个，能量由 1.9×10^5 J 降至 6.8×10^3 J，震级大于－1.2 的事件由 6 个降至 1 个，其中震级大于－0.2 的事件由 2 个降至 0 个。微震活动整体趋于平静。

　　（2）抑制了岩爆的发生，现场反馈无岩爆。

5.7.4　两工作面相向掘进时贯通前岩爆孕育过程预警与动态调控

　　对于深埋隧洞，在两个掌子面相向掘进且很靠近时，其岩柱或其中一个掌子面发生岩爆的风险在增加。例如辅助洞 A 和 B 贯通洞段都频繁发生了高等级的岩爆，如图 5.73 所示。何时停止双向掘进改为单向掘进，停止哪个工作面掘进？这里以 1-1-W 和 2-1-E 施工洞段为例进行说明。

（a）辅助洞B洞BK9+512.8掌子面岩爆

（b）辅助洞A洞AK9+648掌子面岩爆

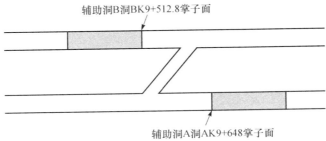

（c）（a）和（b）两掌子面的位置

图 5.73　辅助洞 A 和 B 贯通之前掌子面发生的高等级的岩爆（见彩图）

1. 1-1-W 和 2-1-E 施工洞段接近贯通前数值分析

1-1-W 和 2-1-E 施工洞段埋深 2500m,洞径 13.5～14m,上台阶高 8～9m,采用本章提出的接近贯通前掘进方式优化方法进行分析,循环进尺为 4m。表 5.14 为数值分析所得掌子面接近过程中岩柱内弹性应变能的数值。图 5.74 则为不同岩柱厚度其内弹性应变的分布,可见,当岩柱厚度为 24m 时,两掌子面接近干扰,所产生的弹性应变能在岩柱内接近叠加;当岩柱厚度为 20m 时,两者已经发生干扰。这说明,两掌子面发生干扰时岩柱厚度为 20～24m,此时,需改变双向同时掘进的方式,采用单头掘进。

表 5.14　引水洞双向掘进上台阶接近贯通时岩柱内弹性应变能最大值

双向掘进岩柱厚度或掌子面距离/m	岩柱弹性应变能最大值/(×10⁵J)	干扰情况
24	4.70	接近干扰
20	4.74	干扰
16	4.76	干扰
8	4.78	干扰
0	0	贯通

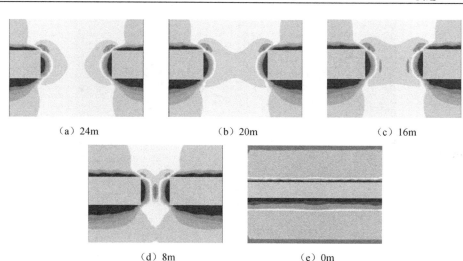

（a）24m　　　　　　　（b）20m　　　　　　　（c）16m

（d）8m　　　　　　　（e）0m

图 5.74　引水隧洞双向掘进接近贯通时不同岩柱厚度的弹性应变能变化

当然,由于计算中未能详细考虑地质条件和局部应力场的变化,因此,所给出的岩柱厚度具有宏观的指导意义,但现场若进一步保证施工安全,还需根据微震监测信息开展实时分析,确定相对准确的时机来改变掘进方式。

2. 现场监测预警调控

对 1-1-W 和 2-1-E 施工隧洞微震事件进行了滤噪及定位分析,获得微震事件数和能量随时间演化规律和不同震级微震事件随时间演化图,如图 5.75 所示。可见,2010 年 12 月 23～26 日,微震事件数和能量随时间逐步大幅度增加,微震活动趋向活跃,初步判断有近东西向硬性结构面。该期间共出现 35 个有效微震事件,震级大于 −0.6 的事件有 4 个,且大部分集中于 2-1-E 掌子面后方以及 2-1-E 与 1-1-W 掌子面中间位置,累积能量释放为 5.4×10^4 J,微震事件集中且释放能量较大。

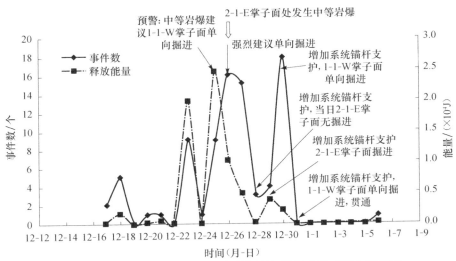

(a)贯通位置前后30m微震事件数与释放能量随时间演化图(2010~2011年)

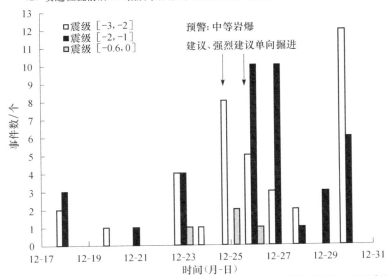

(b)微震事件随时间演化图贯通过程中岩爆预警与动态调控过程实践(2010年)

图 5.75　1-1-W 和 2-1-E 开挖隧洞贯通过程中的岩爆预警与动态调控过程实践
(每日微震信息记录始于当日 8:00,截止于次日 8:00)

基于以上微震活动性特征和规律,采用第 4 章中所建立的方法进行分析后可知,2010 年 12 月 25 日和 26 日预测有发生中等岩爆的高概率风险,建议停止 2-1-E 掌子面的掘进,由 1-1-W 掌子面单向掘进,并及时做好系统支护,关键部位加强支护措施,必要时进行掌子面应力释放,并在距掌子面 100m 处拉上警戒线,禁止车辆、行人出入,并向锦屏建设管理局和施工单位做了专题汇报。根据现场资料,2010 年 12 月 26 日 2-1-E 掌子面处实际发生中等岩爆 1 次。

根据此建议,现场及时采取如下措施:

(1) 采取单向掘进作业,12 月 28 日当天,2-1-E 掌子面暂停掘进,如图 5.75 所示;12 月 30、31 日,停止 2-1-E 掌子面的掘进,由 1-1-W 掌子面单向掘进。

(2) 加强支护措施,增加系统喷锚支护。

预警前后现场措施对比如表 5.15 和图 5.76 所示。采取措施后,获得如下效果:

表 5.15　预警前后现场措施对比表

日期	预警前				预警后			
	12 月 23 日	12 月 24 日	12 月 25 日	12 月 26 日	12 月 28 日	12 月 29 日	12 月 30 日	12 月 31 日
支护	混凝土喷浆,随机锚杆支护,无系统锚杆				混凝土喷浆,随机锚杆支护,增加系统喷锚支护			
掘进方式	双向掘进	双向掘进	双向掘进	双向掘进	单向掘进	双向掘进	单向掘进	单向掘进
爆破时间	06:40 (23 日)	14:09 (23 日)	22:10 (24 日)	23:30 (25 日)	21:36 (27 日)	01:35 (29 日)	12:47 (29 日)	06:19 (31 日)
爆破后掌子面之间距离/m	61.8	52.3	45	38.5	19.6	12	8.5	0

注:1-1-W 与 2-1-E 掌子面爆破时间统一以较晚爆破时间为准;若当天 2-1-E 未爆破,以 1-1-W 爆破时间为准。

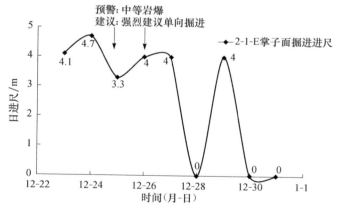

图 5.76　2-1-E 掌子面贯通前掘进日进尺随时间演化图(2010~2011 年)

(每日掘进记录始于当日 8:00,截止于次日 8:00)

① 微震活动平缓,如图 5.75(a)和图 5.77 所示,微震事件数和能量都表现为明显的降低。累积事件数由 2010 年 12 月 23~26 日的 35 个降至 12 月 28、30、31 日的 25 个,能量由 $5.4×10^4$J 将至 $5.8×10^3$J,震级大于 -0.6 的事件由 4 个降至 0 个,震级在 $-2~-1$ 的事件由有 14 个降至 7 个。29 日由于采用双向进尺,微震释放能量为 $3.7×10^3$J,约占 28~31 日总释放能量的 64%;贯通前微震事件较多,但释放能量较小,微震活动整体趋于平静。

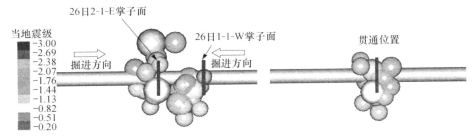

（a）12月23~26日,共35个事件（采取措施前）　　　（b）12月28、30、31日,共25个事件（采取措施后）

图 5.77　1-1-W 和 2-1-E 开挖隧洞累积微震事件分布图

(球体大小则表示事件的辐射微震能大小,尺寸越大,辐射能量越多)

② 降低了岩爆等级。现场 2-1-E 掌子面于 12 月 26 日发生 1 次中等岩爆,由于施工方听取建议后采取措施及时得当,贯通期间(2010 年 12 月 31 日 6:00 1-1-W 掌子面和 2-1-E 掌子面贯通),仅发生多次轻微岩爆。贯通后,暴露了近东西向结构面,如图 5.78 所示。

图 5.78　贯通后观察到的硬性结构面

③ 提高了贯通期间开挖工作面的安全，未造成人员伤亡及设备损坏，取得了较好的预防效果。

5.8　小结与讨论

本章提出了岩爆孕育过程的主动防控的"三步走"总体思想：减小能量集中（第一步）→预释放、转移能量（第二步）→吸收能量（第三步），建立了开挖与支护优化设计方法。其核心体现了：

（1）基于前几章对深埋隧洞岩爆孕育过程特征的全面认识和力学机制的深入把握，从能量调整、能量预释放和转移到能量吸收，三个步骤依次增强调控力度，保证不同的岩爆等级和岩爆类型采用统一的思想进行指导，从而保证了调控方法的可扩展性。在此思想的指导下，每个步骤均有相应切实可行的防治对策，而众多的防治对策可综合使用，互相配合以达到所需的调控效果。

（2）既然隧洞岩爆的孕育与发生主要都是因开挖而诱发的，主动防控的策略首先是通过开挖全局优化，控制开挖诱发的能量聚集水平、位置和释放速率。这种优化设计充分考虑到高应力下岩体的力学性质、开挖卸荷的变形破坏机制等，采取合适的力学模型和评价指标以及全局优化方法，优化断面形状、台阶高度、开挖进尺、开挖顺序等。

（3）"三步走"策略是根据需要而实施的。例如，有许多情况下，应力水平很高，岩体储能水平很高，仅靠第一步的开挖优化还不能将岩爆风险降至最低。这就需要第二步：进行应力释放孔和导洞形状、位置和超前距离的优化设计，预释放部分能量，或通过调整多个洞室、采场或工作面开挖的顺序和时间等，转移部分能量。在第二步还不能满足要求的情况下，可以执行第三步：采用支护优化设计，吸收部分能量。

（4）建立了主动防控不同等级岩爆的开挖与支护设计策略表，可以针对不同等级和类型的岩爆选择合适的开挖与支护策略。

提出了基于实际地质条件、实际岩体性状和微震活动性（能量、事件）的岩爆孕育过程的动态调控方法：根据开挖揭示的地质条件、岩体实际性状、实测的微震活动性，综合运用 RVI、神经网络、数值分析等岩爆风险评估方法和基于微震信息的动态预警方法，动态地进行岩爆等级及其发生概率、断面位置、爆坑深度等的预警，据此进行开挖方案、能量预释放措施与支护方案的动态调整优化，尽可能降低、延缓或避免岩爆的发生风险。

该主动防控与动态调控的思想和方法应用于锦屏二级水电站深埋引水隧洞岩爆洞段调控设计，取得了较好的效果。实践表明，所提出的岩爆调控基本思想和防治对策指南具有广泛的适用性，可在相关地下工程中灵活应用。

6 岩爆孕育过程实时监测、动态预警与调控设计指南

1 总则

1.1.1 为提高岩爆孕育过程实时监测、动态预警与动态适时防控能力，指导岩爆灾害预防工作的实施，特制定本技术指南。

1.1.2 岩爆灾害的防控应遵循"安全、稳定、经济、环保、和谐"的原则，贯彻"以岩爆孕育过程的实时监测、动态预警与适时、主动、动态的调控为主，调控措施与岩爆的类型、等级和位置相对应"的方针，掌握和改变地下工程岩爆孕育过程的特征和规律，以避免岩爆的发生、降低岩爆发生的等级、或延缓岩爆发生的时间。

1.1.3 岩爆灾害风险估计与防治措施设计，随地下工程的不同阶段（选线⇒预可研⇒初步设计⇒施工过程）而不断深入细化。

（1）工程选线阶段：通过宏观地质判断，选择合适的工程轴线。

（2）预可研和初步设计阶段：随着所掌握的地质条件等信息的不断丰富，确定开挖与支护设计策略和方法。

（3）施工过程中，对潜在中等及以上等级的岩爆风险洞段，进行微震实时监测和预警，根据已掌握的地质信息、当时的开挖与支护情况，进行岩爆孕育过程的动态调控，包括开挖参数、能量预释放与转移、吸能支护等措施优化，以提高岩爆灾害风险的规避能力。

1.1.4 通过本指南的推广与实施，积累和丰富岩爆孕育过程实时监测、动态预警与调控经验，完善岩爆孕育过程实时监测、动态预警与调控的技术和实施方法，提高岩爆风险综合规避的能力与效果。

1.1.5 本指南适用于水利水电、交通、国防、金属矿山的隧道、洞室、采场等地下工程岩爆孕育过程的实时监测、动态预警与调控设计。

1.1.6 岩爆孕育过程实时监测、动态预警与调控的实施，除应符合本指南外，还应符合国家有关标准的规定。

2 专业术语

岩爆灾害孕育过程实时监测、动态预警与调控设计指南涉及一些行业标准和专业性较强的术语，介绍如下：

2.1 岩爆相关专业术语

岩爆(rockburst)：高应力条件下，在开挖或其他外界扰动下聚积在岩体中的弹性变形势能突然释放，导致岩石爆裂并弹射出来的现象，是一种复杂的动力型灾害。

岩爆类型(type of rockburst)：按距离开挖的时间分，岩爆有即时型和时滞型。按孕育机制分，岩爆有应变型、应变-结构面滑移型、断裂滑移型等。按微震时间序列特征分，岩爆有群震型、前震-主震型、突发型和前震-主震-无震型。

即时型岩爆(immediate rockburst)：指在工程开挖卸荷效应影响范围内发生，空间上发生在掌子面及其附近的围岩中，时间上发生在开挖过程中或开挖后几小时到几十小时内，破坏形式主要以拉张破裂、剪切破裂或者拉剪/压剪破裂为主，其破坏特征参见图 3.147，微震信息演化特征、规律和机制参见图 3.151～图 3.154和图 3.180～图 3.182。

时滞型岩爆(time delayed rockburst)：指高应力区开挖卸荷后应力调整平衡后，外界扰动作用下而发生的岩爆。该类型岩爆根据岩爆发生的空间位置可分为时空滞后型和时间滞后型。前者主要发生在隧洞掌子面开挖应力调整扰动范围之外，发生时往往空间上滞后于掌子面一定距离，时间上滞后该区域开挖一段时间；后者发生时，空间上在掌子面应力调整范围之内，但时间上滞后该区域开挖一段时间，是时滞型岩爆的一种特例，主要发生在隧洞掌子面开挖停止后的一段时间，参见图 3.187。微震信息演化特征、规律和机制参见图 3.188、图 3.191～图 3.193。

2.2 微震监测相关专业术语

微震事件(microsesimic events)：岩石破裂将会以弹性波的形式释放能量，理论上每一个破裂将会产生一个弹性波，有一个微震动。若岩石破裂产生的震动信号触发了传感器，这次岩石破裂就是微震系统能够监测到的一个微震事件；若该事件同时被 4 个以上传感器接收到，称之为可定位事件。

到时(arrival time)：弹性波触发传感器被记录的时间，称为该弹性波的到时。P 波触发传感器被记录的时间为 P 波到时，S 波触发传感器被记录的时间为 S 波到时，如图 6.1 所示。

走时(travel time of P wave or S wave)：弹性波由岩石破裂源传播到传感器的时间，称为该弹性波的走时，P 波由岩石破裂源传播到传感器的时间为 P 波走时，S波由岩石破裂源传播到传感器的时间为 S 波走时。

速度模型(velocity model)：由于岩石材料的非均匀性，岩石破裂产生的弹性波由破裂源到各个传感器的速度往往是不同的，为了便于微震信号的分析与计算，通常对这些速度进行一定的假设，并称之为速度模型。

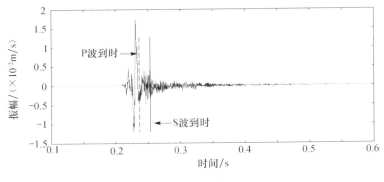

图 6.1 波形图

传感器阵列(sensor array):指微震监测系统传感器形成的空间几何形态,其与微震源的空间位置的关系,对微震源定位结果影响较大。

传感器阵列内(inside of sensor array):指微震源位于传感器形成的几何空间之内,一般情况下微震源定位精度较高,如图 6.2(a)所示。

传感器阵列外(outside of sensor array):指微震源位于传感器形成的几何空间之外,一般情况下微震源定位精度较差,如图 6.2(b)和(c)所示。

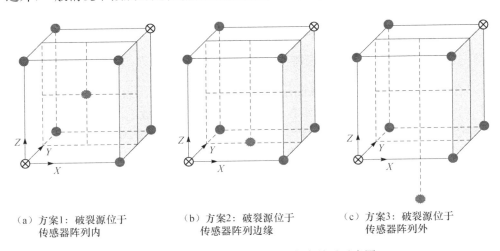

(a) 方案1:破裂源位于　　　(b) 方案2:破裂源位于　　　(c) 方案3:破裂源位于
　传感器阵列内　　　　　　　传感器阵列边缘　　　　　　传感器阵列外

图 6.2 监测方案和微震源空间集合关系示意图
(●单向传感器;⊗三向传感器;✳微震源点)

微震体变势(microsesimic source potency):表示震源区内由微震伴生的非弹性变形区的岩体体积的改变量,它与形状无关,是一个标量,定义为震源非弹性区的体积和体应变增量的乘积,计算公式参见式(2.1)~式(2.4)。

微震释放能量(radiated microsesimic energy),简称微震能量:在开裂或摩擦滑动过程中,岩体由弹性变形向非弹性变形转化,存储于岩体内的能量,以弹性波的形式进行释放,该能量即为微震释放能量。根据断裂力学的观点,开裂速度越慢,辐射能量就越少,拟静力开裂过程将不会产生辐射能,计算公式参见式(2.5)。

视应力(apparent stress):微震释放能与微震体变势之比,是描述岩爆孕育过程的应力变化的重要参数,计算公式参见式(2.9)。

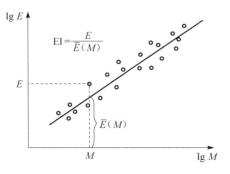

图 6.3　能量指数表达示意图

视体积(apparent volume):震源非弹性变形区岩体的体积变化,可以通过记录的波形参数计算得到,是一个较为稳健的震源参数,是描述岩爆孕育过程的重要参数,可用来描述岩爆发生前岩体的变形变化规律,计算公式参见式(2.6)。

能量指数(energy index,EI):一个微震事件释放的能量 E 与关心区域内具有相同地震矩的所有事件的平均微震释放能 $\overline{E}(M)$ 的比值,如图 6.3 所示。

局部震级(local magnitude):地震领域普遍采用震级来描述地震事件量级,但震级不是一个严格定义的量值,有多种不同的震级尺度,对于岩爆震级描述,本指南采用局部震级,它考虑了地震矩和微震释放能的共同作用。

2.3　岩爆风险估计相关专业术语

岩爆等级(intensity of rockburst):是评价岩爆发生对围岩及构造物破坏程度的一个标准,一般而言,岩爆等级越大,岩爆发生时围岩释放的能量就越大,对围岩及构造物的破坏也就越大。岩爆等级一般划分为:轻微岩爆、中等岩爆、强烈岩爆和极强岩爆。各岩爆等级所表现出的典型特征和现象如表 6.1 所示。

表 6.1　各等级岩爆的典型特征和现象

岩爆等级	岩爆主要特征和现象
轻微岩爆 (slight rockburst)	1) 围岩内部有噼啪、撕裂声,人耳偶尔可听到 2) 围岩破坏以表层爆裂脱落和剥离为主,爆出体以 $10\sim30\mathrm{cm}$ 厚薄片为主,有少量轻微弹射,最大破坏深度一般小于 0.5m 3) 初期支护混凝土喷层局部隆起,为少量开裂,开裂变形持续时间较长,锚杆(砂浆锚杆或水涨式锚杆)轴力缓慢增加
中等岩爆 (moderate rockburst)	1) 有类似雷管爆炸的清脆爆裂声 2) 围岩爆裂脱落、剥离现象较为严重,有明显弹射,爆出体以薄片和 $30\sim80\mathrm{cm}$ 的块体为主,破坏面多有新鲜断裂面,最大破坏深度一般为 $0.5\sim1.0\mathrm{m}$ 3) 初期支护混凝土喷层和挂网脱落,破坏区内可见有锚杆悬于岩壁,杆体无或存在少量弯曲变形现象

岩爆等级	岩爆主要特征和现象
强烈岩爆 (intensive rockburst)	1) 围岩内部有持续的破裂声响,岩爆时声响强烈,类似开挖爆破声响和冲击波 2) 围岩体破坏以弹射和抛射为主,破坏面积较大,部分爆出块体尺寸较大,厚度可到达 $80\sim150$cm,爆坑边缘一般有新鲜折断面,最大破坏深度一般介于 $1.0\sim3.0$m 3) 初期支护或系统支护混凝土喷层和挂网大面积垮落或爆裂破坏,破坏区内可见大部分锚杆被拔出或拉断,有部分锚杆悬于岩壁,杆体常有严重弯曲和变形;有钢拱架或钢筋拱肋支护时,拱架有较大变形,局部接合点断裂
极强岩爆 (extremely intensive rockburst)	1) 有似炮弹爆炸、闷雷声、冲击波强烈,有明显震动感 2) 围岩体以大面积爆裂和剧烈弹射为主,严重影响施工,最大破坏深度超过 3.0m 3) 系统支护混凝土喷层和挂网大面积垮落或爆裂破坏严重,破坏区内支护已大部分已经被破坏,失去支护能力,甚至被爆落岩块所掩埋

RVI(**rockburst vulnerability index**):深埋隧洞条件下岩爆倾向性指标,以岩爆案例分析和岩爆控制因素量化为基础,估计岩爆破坏深度的半定量经验性指标。

强度应力比(**ratio of strength and stress**):岩石的单轴抗压强度与洞段最大主应力或开挖洞周最大切向应力之比。

局部能量释放率(**local energy release rate,LERR**):是以弹脆塑性本构模型为基础的一种评价高应力下硬脆性围岩稳定性与优化设计的新指标。

能量释放率(**energy release rate,ERR**):Cook 等(1966)提出的基于线弹性理论间接反映开挖体瞬间形成的瞬时动应力效应的指标,是在南非广泛用于衡量深部开挖岩爆活动性的重要指标。

超剪应力(**excess shear stress,ESS**):Ryder(1988)提出的分析断裂型岩爆的指标,是不连续面滑移前的剪应力与其动态剪切强度之差。

破坏接近度(**failure approaching index,FAI**):是以偏剪应力和等效塑性剪应变为理论基础的围岩稳定性新评估指标。

P 波发育度(**P wave development degree**):P 波相对于微震波形的发育程度。根据微震事件的 P 波发育度判定岩石微破裂的类型为张拉型或剪切型的方法。

矩张量(**tensor moment**):描述岩体破裂震源等效力的张量。进行矩张量分析,可以对微震信息进行分析判断微破裂事件的类型。

能量比(**energy ratio**):根据微震事件 S 波能量与 P 波能量的比值 $E_\mathrm{S}/E_\mathrm{P}$ 判定岩石微破裂类型的方法。

神经网络(**neural network**):模拟人脑神经系统的一种模型,由输入层、隐含层和输出层组成,每层由若干神经元构造。两层神经元相互连接,其连接强度由权值表达,可以通过工程实例数据的学习而获得。能够通过学习建立高度非线性关系。

岩体破裂类型(**cracking type**):岩体破裂的类型:剪切、拉伸和混合型(拉剪、压剪)。

脆性指数(brittle index):岩石单轴抗压强度 R_c 与抗拉强度 R_t 之比。

2.4　岩爆风险规避措施相关专业术语

开挖优化(excavation optimization):以弹性释放能为目标函数,采用粒子群、遗传算法等全局搜索算法,进行开挖方案(断面形状、台阶高度、日进尺、导洞位置和大小等)的全局空间搜索,在施工可能的情况下获得目标函数最小值。其目标是尽可能降低开挖诱发的能量和应力的积聚水平。

应力释放孔(destressing borehole):对高能量或应力集中区进行钻孔,通过少量炸药,预裂岩体,达到预释放能量的目的。

岩体裂化(cracking of rockmass):高应力环境下岩体开挖后应力卸荷和长期时效造成硬岩的开裂。

"裂化-抑制"法(cracking-restraining):抑制深部岩体开裂的方法和深部工程设计理念:开挖方案的全局优化,尽可能减少开挖引起的能量集中水平和应力集中水平,从而减少岩体的开裂;改性和能量预释放措施优化,以降低岩体裂化带来的危害程度;吸能支护设计优化:喷层提高岩体裂化的应力门槛,吸能锚杆吸收岩体裂化过程中的能量,降低岩块的动能。

岩爆孕育过程(rockburst development process):高应力作用下或深部岩体开挖卸荷诱发岩体开裂到岩块(岩片)弹射出来的过程。其过程中岩体经历了新生裂纹萌生-扩展-贯通-开展(或闭合)的过程和原生裂隙扩展-贯通-开展(或闭合)的过程以及块体形成弹射的过程。

岩爆孕育过程的动态调控(dynamic control of rockburst development process):通过开挖方案、应力释放和吸能支护方案的动态调整,改变岩爆孕育过程的规律,达到避免、降低和延缓岩爆发生风险的目的。

3　岩爆孕育过程的微震实时监测与数据快速分析

(1)微震监测是通过传感元件感知并放大岩石破裂产生的弹性波信号,通过采集设备进行采集后,分析弹性波信号并解析其蕴含的丰富信息,进而科学地解释可能发生的岩石破坏现象的一门技术。

(2)微震监测是岩爆实时监测与动态预警的重要手段,也是岩爆灾害动态调控和岩爆等级准确、定量评价的重要依据。原则上只要有破裂,有弹性波信号发出的地方都可进行微震监测,但当岩体破坏尺寸较小时,弹性波信号较弱,再加上频率较高衰减快,一般不易检测到。

(3)建议具有中等及以上强度岩爆风险的工程,在施工过程中开展微震监测,加强岩爆风险实时监测。

（4）微震监测是一个复杂的系统工程，只有选择好的监测设备、性能优越的传感器、合适的监测方案、流畅的通信方案，建立一套有效的数据分析方法，才能获得良好的微震监测结果，才有可能为岩爆风险的动态预警与调控提供有力的支撑。

3.1 微震监测设备及通信方案的选择

应遵循原则：首先根据岩石工程的需要确定宏观监测目标，再根据工程的地质条件、岩石力学性质、数值分析结果、工程安全要求，确定具体监测目标，然后根据目标选定监测仪器的类型、传感器的类型及频率范围，最后根据工程设计施工方案，确定微震监测通信路线。

3.1.1 设备选择

Ⅲ、Ⅳ类硬性围岩工程，选择采样频率较低的微震监测设备，如采集卡采样频率低于 10kHz 的监测设备；Ⅱ类以上硬岩岩石工程，选择采样频率较高的微震监测设备，金属矿山常用采样频率为 10~60kHz 的采样设备。

3.1.2 传感器选择

传感器类型主要由监测目的和岩体岩性确定。对于大尺度破坏的硬岩工程应选择以监测几百赫兹频率段的岩体破坏为主的频率段较低的速度型（动圈式）传感器，该类传感器适用于较大区域监测；对于小尺度破坏硬岩岩石工程应选择以监测十几千赫兹频率段的岩体破坏为主的频率段较高的速度型（动圈式）传感器或加速度型（ICP）传感器，适用于小区域内精细化监测，实物如图 6.4 所示。若对定位精度要求较高，且需深入研究岩体破坏规律与机理，应多选择三分量传感器；在监测仪通道一定的条件下，若为了更大的破坏范围的监测，应以选择单向传感器为主。

（a）表面式速度传感器　　　（b）钻孔式速度传感器　　　（c）钻孔式加速度传感器

图 6.4　传感器实物图

除了遵循上述原则外，传感器选择还应满足以下要求：

（1）监测系统的灵敏度需求。

（2）监测区域体积，宏观把握岩体状态或精细化监测。

（3）预计监测通道数的投入，确定单向及三向传感器所占的比例。

传感器安装应遵循以下原则：

（1）传感器与采集仪之间应添加保护盒，并固定于安全位置。

（2）传感器与采集仪之间的距离以不超过 200m 为宜。

3.1.3　通信方案选择

微震监测通信方案主要依据工程设计与施工的实际情况确定。可供选择的方案包括：

（1）传感器到采集仪：无线通信和电缆通信。

（2）采集仪到现场服务器：光缆、电缆和无线通信。

（3）现场服务器到数据分析中心、专家办公室和领导办公室：Web 网络通信。

通信方案示意图可参见图 2.50。

方案确定时除注意工程施工实际情况，还应遵循以下原则：

（1）在电器设备较多、容易产生高压电脉冲、多雷雨地区，应尽量选择光缆通信，尽量避免在这些区域布置设备和线路，若无法避免时，应对所有电器设备及线路进行良好的接地保护，确保意外产生的高脉冲电压和强电流能在瞬间得到释放。

（2）在施工车辆和机械设备较多的工区应选择电缆通信，尽量将线路布设在施工设备难以触及的安全地带，尽量减少线路损坏带来的监测的不连续性。

（3）在电磁干扰较少的多施工车辆和机械设备的工区，且通信接点之间无大的"障碍物"时，可选用无线通信。

3.2　微震监测方案的设计

3.2.1　微震监测方案设计基本原则

微震监测不同于常规应力、变形监测，微震监测范围是一个空间的体，微震监测方案设计时应考虑微震信号分析与工程灾害预警所必需的条件，微震监测方案设计时应遵循第 2 章 2.3.1 节所述的原则。

3.2.2　隧道工程微震监测方案设计

隧道工程包括水利水电隧洞、交通隧道、军工隧道、矿山巷道等，是线性工程。由于现场条件限制，微震监测传感器一般都布置在掌子面后方隧道的拱顶和边墙，监测对象（掌子面附近的开挖区）一般都是岩爆高风险区，且一般都位于传感器阵列之外，难以使传感器形成一个良性的阵列。另外，隧道工程施工方法对微震监测方案的设计也有较大的影响，因此，不同的施工方法微震监测方案也不尽相同。

对于钻爆法施工隧道工程，微震监测方案设计时应按以下原则进行设计：

（1）考虑监测的有效性、人员与设备的安全性，钻爆法施工一般布置两组传感器,在监测钻孔作业不影响施工的情况下,第一组一般距掌子面约 70m,如图 2.5(a)所示。

(2) 考虑微震源定位算法对微震监测方案的要求,同一组内沿洞轴线方向传感器位置一般要交叉布置,错动距离以 2～3m 为宜,每组传感器个数以 3 个单向、1 个三向为宜,如图 2.5(b)所示。

(3) 为了便于灵活移动,钻爆法施工两组传感器间距以 40～50m 为宜,不宜过近或过远。

(4) 由于现场条件限制,传感器主要安装在拱顶和两侧边墙,传感器安装孔深度要超过围岩松动圈(一般地质条件下,钻孔深度 3m 即可),钻孔倾角以稍微上倾为宜,钻孔孔径以传感器直径的 1.3～1.5 倍为宜。

对于 TBM(tunnel boring machine)施工隧道工程,微震监测方案设计时应按以下原则进行设计:

(1) 考虑监测的有效性、人员与设备的安全性,且考虑 TBM 自身独特的结构,第一组传感器一般在距离掌子面 12m 的 L1(上半断面开挖锚杆支护区)区安装。

(2) 同时考虑微震源定位算法对微震监测方案的要求和 TBM 自身的构造,TBM 施工微震监测采用 3 组监测方案,由于 TBM 施工可进行传感器安装的区域只有 L1、L2(下半断面锚杆支护区和喷混区)和 L3(二次喷混区)区平台,这决定排间距只能为 40m,TBM 结构参见图 2.9。

(3) 限于 TBM 自身构造,传感器仅能安装于拱顶左右各 70°的范围,因此,每组传感器个数以 2 个单向、1 个三向为宜;同一组内沿洞轴线方向传感器位置一般要交叉布置,错动距离以 2～3m 为宜。

(4) 安装过程,TBM 前进 40m 安装第二组传感器,TBM 再前进 40m 安装第三组传感器,TBM 再前进 40m 第一组传感器到了 L2 区进行回收,同时将其安装到 L1 区,循环更替,实现传感器的安装与回收。

隧洞监测传感器需实时随掌子面移动。因此,传感器安装一般考虑循环利用。具体可通过焊接楔形滑块来完成传感器回收,安装时利用导杆旋转滑块的螺栓,使得滑块张开从而将传感器固定于孔底,保障传感器不易脱落且与孔壁围岩完全耦合,反向旋转滑块螺栓即可回收传感器,安装示意图如图 6.5 所示。另外,安装前应清除孔内碎石等残渣,安装时则应保证滑块顶紧孔壁围岩。

详细的单洞、多洞等不同隧道施工方案与方法采用的微震监测方案可参考第 2 章 2.3.3 节。

3.2.3 大型洞室群微震监测方法

大型洞室(如水电站的地下厂房、矿山的地下采场、核废料处置的地下洞室、储油气洞室群等)的微震监测方案设计除遵循 3.2.2 条目所述的宗旨外,还应遵循以下原则:

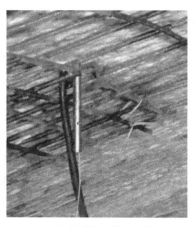

（a）传感器与楔形滑块　　　　　　（b）传感器安装至孔底

图 6.5　传感器可回收安装

（1）洞室群整体把握原则：需要从整体上监控整个洞室群围岩的破裂特性，传感器之间的间距设计需要考虑传感器监测信息的有效捕捉范围，确保洞室围岩的关键位置都在多个传感器的有效捕捉范围内。

（2）开挖前传感器预埋布置原则：在大型洞室开挖前，尽量利用先期开挖已形成的地下空间（比如排水廊道、探洞、排风排烟洞等）埋设传感器，从而可全过程地监测洞室开挖/开采中围岩微破裂全过程的微震信息，实时预警岩爆风险。

（3）随洞室开挖动态增补原则：由于现场条件限制，不可能对所有监测对象都预埋传感器；而且考虑洞群区地质条件有时很难准确估计，因此需要根据开挖揭露的地质条件和实际的围岩性状，紧随开挖过程针对性地对不利地质条件区和存在围岩失稳风险区动态地增补微震传感器，以地下厂房为例：如主厂房上游侧墙、主厂房与主变室之间的中隔墙、母线洞底板及其顶板、调压井围岩等。

（4）潜在不稳定区域重点加密原则：洞室中一些关键部位和可预见的潜在不稳定性部位（可参考工程勘察结果、数值计算结果、同类工程实例和工程本身性质），应加密传感器布置，从而确保关键部位围岩安全预警的可靠性。

以某地下厂房为例，大型洞室群微震监测方案设计如图 6.6 所示。

大型洞室群微震监测，传感器安装一般采取永久安装，一般利用水泥砂浆或其他的锚固剂将传感器固定在钻孔孔内。根据钻孔为上倾孔、水平孔或下倾孔选择合适的安装方法。

若钻孔为上倾孔，安装步骤如下所述（见图 6.7）：

（1）将传感器与排气管一起捆绑后利用安装杆放置至孔底。

（2）回收安装管并放入注浆管。

（3）灌浆密封孔口。

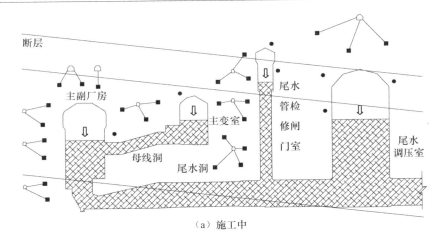

（a）施工中

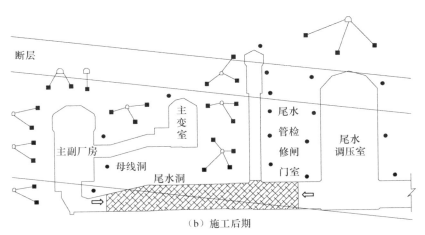

（b）施工后期

图6.6　洞室群微震传感器布设剖面示意图
（◯排水廊道或锚固洞；■预埋传感器；●动态增补传感器）

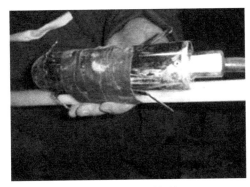

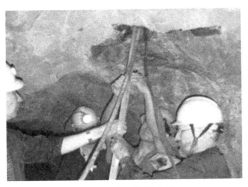

（a）传感器与排气管　　　　　　　　　（b）传感器放置孔底

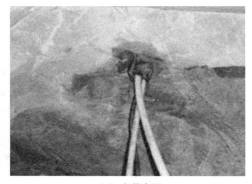

（c）密封孔口　　　　　　　　　　（d）安装完毕

图 6.7　传感器永久性安装（见彩图）

（4）待孔口处砂浆硬化后，继续灌浆直至注满孔口，即可完成传感器安装。

安装过程中，需符合如下要求：

（1）安装前应先确保孔内无碎石等残渣。

（2）注浆管不可深入底部，以探入孔内 1～2m 为宜。

（3）注浆封住孔口后，应等待至少 24h，待砂浆硬化完全后方可再注浆。

（4）注满钻孔以排气管持续流出砂浆为准。

（5）砂浆含水率应在 0.4～0.5。

若钻孔为水平孔或下倾孔，安装步骤如下所述：

（1）将传感器利用安装杆放置至孔底。

（2）回收安装管并放入排气管和注浆管。

（3）灌浆密封孔口。

（4）待孔口处砂浆硬化后，继续灌浆直至注满孔口，即可完成传感器安装。

安装过程中，需符合如下要求：

（1）安装前应先确保孔内无碎石等残渣。

（2）排气管应放置于孔口，防止被砂浆堵住无法排出孔内空气。

（3）注浆管应深入底部，距孔底 1～2m 为宜。

（4）封口、注满标准及砂浆含水率与上倾孔时要求一致。

3.2.4　微震监测系统正常运行制度

微震监测系统的正常运行是获取岩爆孕育信息的基础，也是精确预测预警的保障。微震监测涉及地震学、岩石力学、通信、计算机和自动控制等多个领域，是一个复杂的系统工程，且岩石工程微震监测现场往往十分复杂，各种施工设备交叉作业，各种通信线路和设备非常容易受到损坏，因此确保微震监测系统的正常运行是十分重要的。微震系统建立时应建立如下的故障快速排查制度：

（1）每天定时监测传感器正常工作制度，具体制度的制定可根据现场实际运行及管理情况灵活制定。

（2）线路、设备定期检修和维护制度，及时保护有被损坏倾向的线路，更换磨损和破损线路，确保通信线路健康、安全。

（3）3 班 24h 工作制，对于岩爆高风险区，建立 3 班 24h 工作制，实时观察、分析监测到的数据，根据监测数据实时进行分析与预警；实时观察、巡视现场线路和设备工作状况，检查线路和设备，及时排查已出现的故障，确保故障排除、预测预警快速及时。

系统安全运转保障措施：

（1）为保障连续监测，微震系统各组成部分供电时均应配置不间断电源 UPS。若设备安装所在区域供电不稳，还应添置稳压器。供电顺序为：电源→UPS→稳压器→微震设备。

（2）数据采集仪可能遭受来自传感器端的"电涌浪"冲击，传感器与数据采集仪间应安装防"电涌浪"装置。

（3）微震监测仪器多为弱电设备，各部件均应接地。接地棒应至少达 2m 并全部埋入地下，若所在区域较为潮湿，埋入深度可适当减小。

3.3 岩石破裂有效信号的识别与提取

3.3.1 岩石破裂的有效信号（微震波形）通过滤除噪声来获取。

3.3.2 滤噪的内容：剔除非真实岩石破裂信号和滤除似真实岩石破裂信号中记录的噪声信息。

3.3.3 滤噪实施思路的选择。

（1）金属矿山等噪声源类型及发生时间可知、岩石破裂有效信号受干扰小的工程：先分析噪声及岩石破裂信号的波形特征，然后根据记录波形的特征剔除非似真实岩石破裂信号，最后滤除似真实岩石破裂信号中记录的噪声信息。

（2）深埋隧洞和洞室群等噪声源类型及发生时间未知、岩石破裂有效信号受干扰大的工程（其思路可参考第 2 章第 2.4.2 节）：先分析噪声及岩石破裂典型信号的波形特征，提取记录信号的最主要特征信息，最后根据提取波形的特征剔除非似真实岩石破裂信号。

3.3.4 金属矿山类型微震监测信号滤噪技术路线为：

（1）从微震监测系统获取实测波形信息，见图 6.8 和 3.3.5 条目。

（2）建立噪声及岩石破裂典型信号的波形特征，方法见 3.3.6 条目。

（3）微震信号类型识别，方法见 3.3.7 条目。

（4）噪声滤除（方法见 3.3.8 条目），获得岩石破裂真实信号（波形），用于震源定位及机制分析。

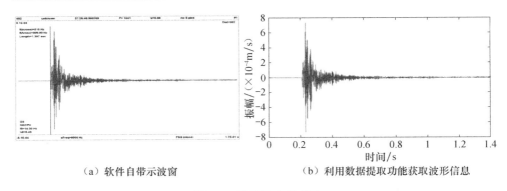

（a）软件自带示波窗　　　　　　　　（b）利用数据提取功能获取波形信息

图 6.8　波形信息的获取

3.3.5　金属矿山微震波形信息的获取方法：若人工识别波形类型及使用系统自带的滤波方法（通常为 FFT），波形信息可通过系统自带数据处理软件的示波窗自动获取，如图 6.8（a）所示。若采用其他波形识别及滤波方法，则通过数据处理软件的信号信息提取功能获取波形相关信息，如图 6.8（b）所示。

3.3.6　金属矿山微震信号噪声及岩石破裂典型信号的波形特征建立：分析微震现场监测可能遇到的噪声类型，提取各噪声及岩石破裂典型信号的波形特征。爆破、TBM 振动、钻进、电气等的典型噪声与岩石破裂典型信号波形特征参考第 2 章 2.4.2 节。监测过程中，可根据实际情况添加或减少噪声信号源及波形特征。

3.3.7　金属矿山信号类型识别：选择下列方法，利用 3.3.6 条目建立的波形特征，对原始监测微震波形进行识别，获得该信号的类型。若该信号类型为某种噪声信号，则舍弃；否则，该信号类型为似真实岩石破裂信号，进行保留。

（1）人工识别方法：通过示波窗识别波形类型。该方法受制于技术人员的数据处理经验及波形的复杂程度，适合于岩石破裂有效信号受干扰较小的工程。

（2）单指标识别方法：通过信噪比、振幅或波形历时等单指标识别波形类型。该方法仅能识别特定类型信号。

（3）小波-AIC 识别方法：该方法能很好识别平稳型噪声，但对突发型噪声的识别有限。

（4）多指标识别方法：如神经网络识别方法，参见第 2 章 2.4.2 节。该方法能很好识别复杂环境下，波形复杂度高即岩石破裂有效信号受干扰较大的工程。

3.3.8　对 3.3.7 条目识别的似真实岩石破裂信号，选择下列信号滤波方法进行滤波，获得岩石破裂有效波形信息，如图 6.9 所示。

（1）FFT 滤波：通过抑制或去除特定频率段的波形信息来滤除噪声。该方法在噪声与岩石破裂信号在频率域上相差明显时滤波效果明显。但是无法体现波形的局部特征是该方法的缺陷。

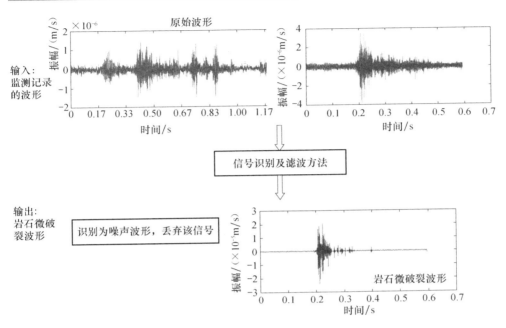

图 6.9 岩石微破裂信号的实时识别与获取示意图

（2）短时 FFT 滤波：通过加窗的方法克服了 FFT 无法体现局部性的缺陷，但无法兼顾时间分辨率与频率分辨率。

（3）小波变换滤波：多尺度多分辨率地分解波形，利用岩石破裂信号与噪声信号在不同尺度上存在的不同特性进行噪声滤除，参见第 2 章第 2.4.2 节。该方法适用性强，广泛应用于信号处理。

3.3.9 隧道和洞室群微震监测信号滤噪技术路线：将"3.3.4 金属矿山类型微震监测信号滤噪技术路线"中的最后两条对调。具体如下：

（1）从微震监测系统获取实测波形信息，见图 6.8 和 3.3.5 条目。

（2）建立噪声及岩石破裂典型信号的波形特征，方法见 3.3.6 条目。

（3）噪声滤除（方法见 3.3.10 条目）。

（4）微震信号类型识别，方法见 3.3.11 条目，获得岩石破裂真实信号（波形），用于震源定位及机制分析，典型结果如图 6.9 所示。

3.3.10 选择 3.3.8 条目中的滤波方法，对微震原始监测信号波形进行滤波，提取波形的最主要特征波形信息。若原始信号为纯噪声，滤波后波形信息应该基本被滤除或被认为是某种噪声源的波形；若原始信号包含岩石破裂信息，滤波后为信噪比高的岩石破裂有效波形。

3.3.11 对 3.3.10 条目滤波后的特征波形信息，利用 3.3.7 条目中的波形识别方法进行波形信号类型识别。若该信号为某种噪声信号，则舍弃；否则，该信号类型为似真实岩石破裂信号，进行保留。

3.4　岩石破裂源定位

3.4.1　微震源定位是通过监测到的岩石破裂弹性波到时，根据弹性波在岩体介质中传播的速度确定岩石破裂源位置的一种方法。

3.4.2　通常，至少需要 4 个传感器同时接收到同一个微破裂信号时，才能进行较好的定位。其原理图如图 6.10 所示，详细原理可参见第 2 章第 2.5 节。

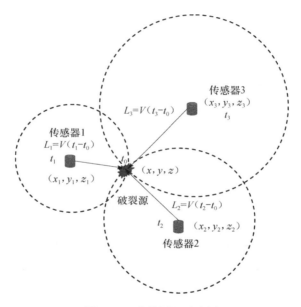

图 6.10　定位原理示意图

（$t_i - t_0$ 为波形从破裂源到达传感器 i 的时间；t_0 为破裂源发生的时刻；V 为弹性波在岩体中传播速度；x_i、y_i、z_i 为传感器位置坐标；$i = 1, 2, 3$；x、y、z 破裂源定位出的位置坐标）

3.4.3　定位步骤：先确定 P 波和 S 波到时、岩体波速，再选择定位算法，给出破裂源定位结果。

3.4.4　P 波和 S 波到时的确定

（1）P 波到时确定：波形图上的第一个突起的像素点一般可以认为是 P 波的到达点，首先粗略选定该点，然后放大波形图，在波形图上左右移动像素点进行人工细调，当 P 波识别标志 W 取最大值时，即获取了 P 波的到时，如图 6.1 所示。

（2）S 波到时确定：在确定了 P 波到时之后，先在波形振幅突然跳起之处粗略选定 S 波的到时，然后放大波形图，在波形图上左右移动像素点进行人工细调，当 S 波识别标志 W 取最大值时，即获取了 S 波的到时，如图 6.1 所示。

3.4.5　岩体速度的确定：是 P 波在岩体中的传播速度，一般通过人工放炮的方式确定，先选定人工爆破的地点，并记录三维坐标，然后进行小药量非微差爆破，并记录爆破时间，最后根据传感器到时、坐标和爆破时间、爆破源坐标，利用第 2 章式(2.37)计算确定该区域弹性波的速度模型。

3.4.6　破裂源定位方法的选择

3.4.6.1　牛顿迭代法

(1) 基本思想：牛顿迭代法是经典的微震源定位方法之一，它是通过将非线性问题线性化进行求解的一种方法。该方法在传感器阵列较好的条件下，求解速度较快，求解精度较高。

(2) 定位操作：一般微震监测设备都带有牛顿迭代定位算法，该方法操作比较简单，只需要在定位开始之前设定微震源定位的速度模型。然后选择该方法，拾取 P 波和 S 波到时，按保存按钮即可获得定位结果。

(3) 适用范围：当传感器与监测对象具有类似图 6.2(a)所示空间几何关系时，利用牛顿迭代法，可以快速求得微震源的位置。当传感器与监测对象具有类似图 6.2(b)或者图 6.2(c)所示空间几何关系时，利用牛顿迭代法，求解速度较慢，且往往容易发散，不建议使用。

3.4.6.2　单纯形法

(1) 基本思想：不求解方程组，搜索过程不形成系数阵，只需给定一个初始的假定的微震源的位置，然后利用单纯形搜索原理进行求解。

(2) 定位操作：一般微震监测设备也都带有单纯形定位算法。利用该方法进行定位前，首先要给定初始微震源点的坐标(可选取第一个接收到信号的传感器的坐标作为初始迭代点)，设置微震源定位的速度模型。拾取 P 波和 S 波到时，按保存按钮即可获得定位结果。

(3) 适用范围：当传感器与监测对象具有类似图 6.2(a)、(b)所示空间几何关系时，利用该方法，可以较好求得微震源的位置。当传感器与监测对象具有类似图 6.2(c)所示空间几何关系时，利用该方法，往往容易发散，即使有时能收敛，往往也只是局部空间的优秀解。

3.4.6.3　粒子群分层定位算法

(1) 基本思想：粒子群分层定位算法的思想是将微震源坐标和发震时间分两层进行求解，首先利用粒子群算法(particle swarm optimization, PSO)搜索微震源的坐标，然后通过解析法求解发震时间。详细的定位原理及过程参考第 2 章第 2.5 节。

(2) 定位操作：该方法使用时，首先根据监测到的微震信号，导出 P 波和 S 波的到时；然后设置 PSO 算法的参数：解的规模大小，一般设置为 30，也可根据实际问题进行更改；优化迭代次数，一般设置 500 次即可，也可根据实际精度要求进行更改;待优化参数(微震源坐标)的范围,根据实际问题确定;选择 PSO 算法,先进行微震源位置定位,获得定位结果,然后确定破裂源发生时间。

(3) 适用范围:可以较好地解决如图 6.2(b)、(c)所示的传感器阵列之外微震源定位不准的难题。

3.4.7　破裂源定位结果的表示:岩石破裂源的定位结果可在三维空间图形内进行全方位显示,破裂源一般用球体表示,球体的大小表示破裂源释放能量的大小,如图 6.11 所示。

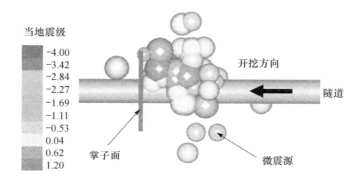

图 6.11　微震源空间位置示意图

3.5　岩爆孕育过程中微震信息及掘进速率演化规律

3.5.1　对岩石破裂微震有效信号进行识别、提取和定位后获得微震事件发生的时间、位置、能量、视体积等微震信息,统计研究区域内每日及累积的微震事件数、视体积和能量,绘制其随时间演化规律曲线。图 6.12 分别为微震事件数、能量和视体积随时间演化曲线,横坐标为微震活动的时间,时间单位按天计算,纵坐标依次分别为每日及累积的事件数、能量和视体积。

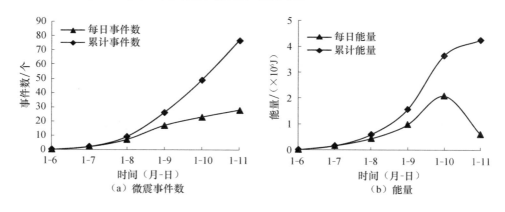

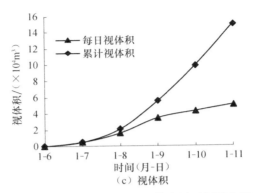

（c）视体积

图 6.12　微震事件数、能量和视体积随时间演化规律

3.5.2　计算每个事件的能量指数，能量指数计算公式见第 2 章式（2.7）。以横坐标为时间，纵坐标为能量指数，绘制能量指数随时间演化曲线。同时结合累积视体积演化规律，绘制能量指数与累积视体积随时间演化曲线，如图 6.13 所示。

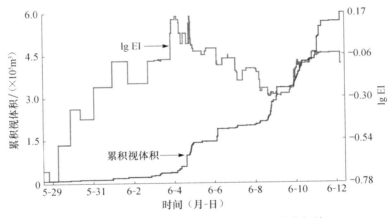

图 6.13　能量指数与累积视体积随时间演化规律

3.5.3　统计现场每日开挖掘进进尺，以横坐标为时间，纵坐标为每日进尺（m），绘制现场开挖进尺随时间演化规律，如图 6.14 所示。

3.5.4　岩石破裂源的定位及其视体积与能量指数对数结果可全方位显示在三维空间图形内。微震事件的定位结果在三维空间用球体表示，球体的大小表示破裂源释放能量的大小。统计研究区域内累积微震事件，时间以天为单位，绘制

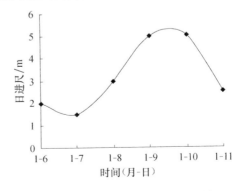

图 6.14　开挖进尺随时间演化规律

累积微震事件空间分布图，如图 6.15 所示。将微震事件的累积视体积和能量指数对数投影到任意一平面，时间以天为单位，绘制累积视体积和能量指数的空间分布云图，如图 6.16 和图 6.17 所示。

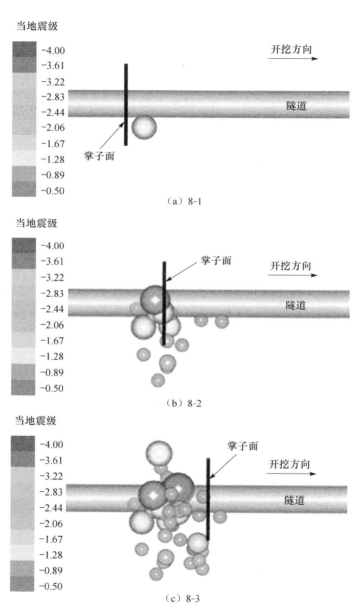

图 6.15　累积微震事件空间分布

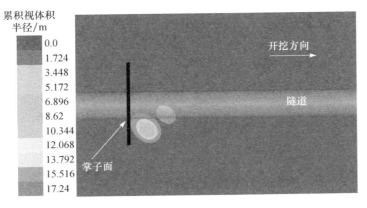

（a）8-1

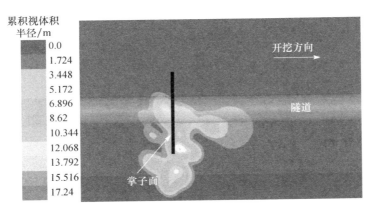

（b）8-2

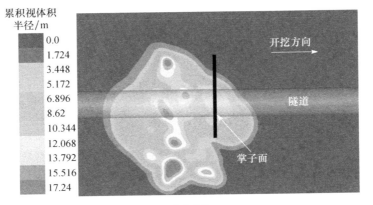

（c）8-3

图 6.16　累积视体积空间分布云图

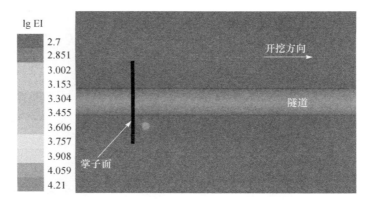

（a）8-1

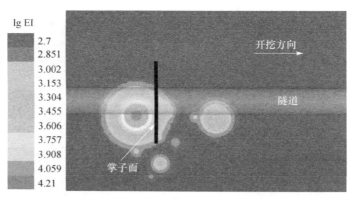

（b）8-2

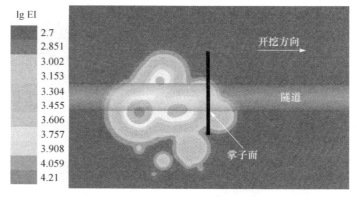

（c）8-3

图 6.17　能量指数对数空间分布云图

3.6 基于微震信息的岩石破裂类型识别

3.6.1 岩石破裂类型识别的目的:通过分析岩爆孕育过程中不同时间上产生岩石微破裂的类型,研究不同类型岩爆的孕育机制。可为岩爆类型、等级及发生时间的预警提供参考。

3.6.2 岩石破裂类型识别的内容:基于微震信息,通过岩石破裂类型判定方法给出微震事件对应的岩石微破裂的类型。

3.6.3 岩石破裂类型可分为三类:张拉型、剪切型及混合型(拉剪或压剪)。

3.6.4 岩石破裂类型判定方法的选择

(1)能量比判定方法。根据微震事件 S 波能量与 P 波能量的比值 E_S/E_P 判定岩石微破裂的类型为张拉型、剪切型或混合型。微震事件 S 波与 P 波能量比的计算如图 6.18 所示。基于能量比的岩石破裂类型判定准则参见第 3 章 3.4 节。

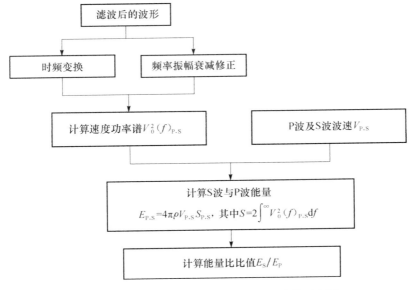

图 6.18 微震事件 S 波与 P 波能量比计算示意图

(2)矩张量判定方法。根据矩张量分解结果的 DC% 值判定岩石微破裂的类型为张拉型、剪切型或混合型,参见第 3 章 3.3 节式(3.15)。

(3)P 波发育度判定方法。根据微震事件的 P 波发育度判定岩石微破裂的类型为张拉型或剪切型,参见第 3 章 3.4 节。

(4)综合判定方法。综合多种判定方法的结果判定岩石微破裂的类型为张拉型、剪切型或混合型,参见第 3 章 3.4 节和图 6.19。

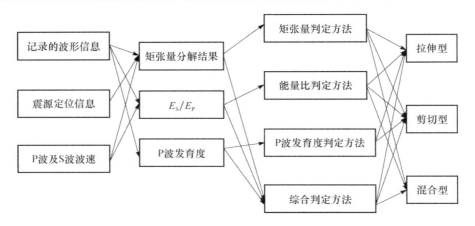

图 6.19　基于微震信息的岩石微破裂类型的综合判别

　　3.6.5　将利用 3.6.4 条目中方法获得的某一时刻的岩石微破裂事件的类型，按其所发生的时间画在一个图上，可以获得不同时间上岩体微破裂类型的演化特征，从而揭示不同类型岩爆的孕育机制，如图 6.20 所示。

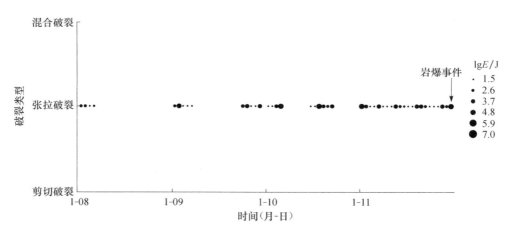

图 6.20　某深埋隧洞某次即时性应变型强烈岩爆孕育过程中不同岩石破裂类型
（张拉破裂、剪切破裂和混合破裂）演化规律图

4　岩爆风险的动态评估与预警

4.1　岩爆风险评估的目的及任务

　　4.1.1　岩爆风险评估的主要目的：对高应力地区或深部硬岩工程（根据工程

岩体分级国家标准:强度应力比小于7,或者埋深大于800m)不同阶段(选址阶段、预可行性及可行性研究、初步设计阶段和设计施工阶段),选择合理方法,进行岩爆风险评估与(或)预警。根据岩爆风险评估与(或)预警结果,采用相应的开挖与支护对策与优化设计,以避免岩爆的发生,降低岩爆风险发生的等级和爆坑深度或延缓岩爆发生的时间。

4.1.2 岩爆风险评估的程序:选址阶段⇒预可行性及可行性研究、初步设计阶段⇒设计施工阶段依次进行。

4.1.3 岩爆风险评估的主要任务和要求:既然工程的不同阶段(工程选址阶段、预可行性及可行性研究阶段和设计施工阶段)所掌握的信息是不同的,因此岩爆风险评估的任务、要求和所采取的方法(见下列4.2条目)会有所不同,并且评估结果随着所掌握信息的不断丰富而不断具体。

4.1.3.1 项目建议书阶段(或工程选址选线阶段)。以初步判定是否存在岩爆倾向性和总体评估选址区域的岩爆等级为主,优选隧洞工程实施区域(或称工程选址)。所采取的岩爆风险评估方法主要是经验指标方法。

4.1.3.2 可行性研究和初设阶段。在工程选址基本确定并已判定工程存在岩爆风险的前提下,进行控制岩爆风险的方案比选,论证不同隧洞布设方位、洞群间距、洞形、尺寸、施工方法等条件下的岩爆风险,隧洞沿线划分岩爆风险等级区段,并制定各区段内隧洞参数的初步优选设计和施工方案,包括岩爆防治策略和支护设计方案、岩爆监测方法和布置方案、施工组织方案及岩爆预测预警方案等。所采取的岩爆风险评估方法主要是RVI、工程实例神经网络模型和基于LERR和FAI等指标的数值分析方法,评估所推荐工程开挖与支护方案的岩爆风险的区域、等级、爆坑深度与断面位置。

4.1.3.3 设计施工阶段。评定局部洞段区域和开挖影响区段(包括已开挖洞段和未开挖洞段)内可能发生的岩爆等级、开挖断面内的位置、破坏深度、释放能量水平以及其对围岩损伤深度的影响和对施工过程的危害程度等,确定合理施工方案和方法,制定针对性防治岩爆策略和选择具体的防治岩爆方法。确定局部洞段的支护结构选型、参数要求以及支护时机和质量要求,决策是否实施先导洞方案或采取应力解除(如应力释放孔和应力解除爆破),优化开挖进尺、开挖顺序和开挖尺寸以及相关施工方法。所采取的岩爆风险评估方法主要是RVI、工程实例神经网络模型和基于LERR和FAI等指标的数值分析方法,基于地质信息的动态更新,给出岩爆风险的区域、等级、爆坑深度与断面位置。如有微震实时监测信息,则可以采用基于微震信息的岩爆风险等级及其概率预警方法和神经网络模型进行岩爆等级及其概率和爆坑深度的动态预警。

4.1.4 建立完善岩爆预测预警体系和机制。对于有强烈或极强岩爆风险的深部工程,在施工期内应依据动态的岩爆风险评估过程和实时的围岩响应监测(如微震信息监测)形成施工过程的岩爆预测预警机制,快速及时通报岩爆风险信息,根据开挖洞段实际岩爆的风险水平,及时调整施工过程、支护参数和采取相应的预防措施。

4.2　岩爆风险评估方法分类及选用原则

　　4.2.1　岩爆评估方法众多,根据其在不同施工阶段的适用性可分为开挖前和开挖过程中岩爆估计方法两大类,这些方法又可进一步细分为 7 种,如表 6.2 所示。这些岩爆风险评估方法的信息要求及其评估结果形式均会有所差别,如表 6.2 所示。根据所掌握的信息选取相应的评估或预警方法。

表 6.2　岩爆风险评估过程基本思路、评估方法和评估结果

开挖前岩爆估计方法	开挖过程中岩爆预警方法	信息要求	结果表达
岩爆经验指标法(单指标或综合指标)		岩石单轴抗压强度、地应力条件、岩石力学参数(脆性、应变能、刚度)、地质条件、开挖条件、支护条件等	岩爆等级
RVI 指标法		岩石单轴抗压强度、岩石物理性质、断面应力比、开挖洞型尺寸、开挖结构参数、区域和局部地质条件	爆坑深度
工程实例神经网络		埋深条件、原岩应力比、强度应力比、脆性指数、岩体完整性、区域构造、支护条件	岩爆等级和爆坑深度
基于 LERR 和 FAI 指标的数值分析		地应力、力学参数、地质条件、评价指标	岩爆风险高的断面位置和危险程度
工程地质类比		工程地质条件、岩爆实例信息	岩爆等级
—	微震信息累积与演化特征	累积微震事件数、能量、视体积、事件率、能量速率和视体积率	未来该区域岩爆等级、概率
—	微震信息类比神经网络	累积微震事件数、能量、视体积和孕育时间	未来该区域岩爆等级与爆坑深度

　　4.2.1.1　岩爆经验指标方法又可细分为单指标方法和综合指标方法,参见书中第 1 章 1.3.3 节。单指标方法如 Hoek 判据、Barton 判据、Russenes 判据、Turchaninov 判据、陶振宇判据、二郎山隧洞判据、弹性变形能指数 W_{et}、脆性判据和国标 GB 50218—94 判据等。综合指标方法如模糊数学综合评判方法、可拓学的综合评判方法、神经网络综合评判法、支持向量机评判法、分形几何学评判法、灰色系统最优归类岩爆预测和智能专家系统方法等。岩爆经验指标方法评估岩爆等级,单指标方法多用于岩爆等级的宏观评判。

　　4.2.1.2　RVI 指标方法:亦属于经验多指标岩爆评估方法,不同点在于该方法重点用于评估岩爆破坏深度。

4.2.1.3　基于 LERR 和 FAI 等指标的数值分析方法:定量评估能量释放量值,确定岩爆风险高的工程断面位置和可能破坏程度,可考虑施工过程和开挖条件的影响,如导洞开挖、分台阶开挖和相向开挖等,亦可考虑复杂地质构造的影响,如隐性结构面、断层和褶皱等。

4.2.1.4　工程类比方法:根据所研究工程的实际工程地质条件、开挖条件和施工条件,类比国内外同类工程或相近工程的岩爆特征,或类比所研究工程已开挖洞段岩爆的发育特征,对未开挖洞段岩爆等级和破坏程度作出宏观的判断。

4.2.1.5　岩爆监测检测方法:这类方法根据监测检测对象或获取信息的差异可分为基于岩体变形和岩石的力学性质评估岩爆风险方法和基于实时监测的岩体破裂动态信息评估岩爆风险方法。前者主要包括钻屑法、微重力法、电阻法、流变法、气体测定法、地震法、振动法、光弹法等;后者主要包括微震/声发射法、电磁辐射法等。表 6.2 给出了基于微震实时监测信息的岩爆区域、风险等级及其概率预警的方法和微震信息类比的岩爆区域、等级及其爆坑深度神经网络方法。

4.2.2　岩爆风险评估方法的总体选用原则:岩爆风险估计过程与工程设计施工过程相结合,不同的设计阶段采用不同的岩爆风险评估策略和方法。

4.3　工程选址、选线阶段岩爆风险评估

4.3.1　深部工程区选址在满足隧洞基本功能和用途并符合相应规范(如《水工隧洞设计规范》(DL/T 5195－2004))中相应选线要求的前提下,需论证不同选线方案条件下的岩爆风险。

4.3.2　为满足工程选址、选线阶段岩爆风险评估的要求,需搜集下列基本资料:

(1)拟选工程沿线地形地貌信息,区域地质构造资料(沿线岩层分界、产状、岩性),水文地质条件。

(2)现有地应力场信息(量值和方向),同一地质构造单元内已有深部工程地应力测试信息、地应力反演结果、世界应力图(可通过 www.world-stress-map.org 网站获取)。

(3)工程区岩石的基本物理、力学参数,主要包括应力-应变全过程曲线、单轴抗压强度、单轴抗拉强度、变形参数(弹性模量、泊松比)等。

(4)国内外同类工程岩爆案例,包括工程地质条件、应力场特征、开挖规模、施工方法和支护措施以及岩爆事件的特征、类型和等级。

4.3.3　工程选址、选线阶段岩爆风险评估方法。该阶段选择单指标岩爆经验指标(表 1.3 中的方法)和工程类比作为主要评估方法,其中工程类比方法仅作为宏观把握所研究工程岩爆风险的辅助手段。综合考虑多个单指标评估结果确定选线区内的总体岩爆风险等级,如评估结果显示存在高岩爆等级的风险,在可行和初

设阶段要求根据地质单元或地应力分区来论证岩爆风险,在施工阶段要求对岩爆风险进行预测预警。采用单指标评级方法时需注意如下环节:

(1)该阶段地应力场的估计相对较粗,在无实测数据信息的条件下,对主应力量值的估计应判断是否存在构造应力场。若没有,则可取自重应力场作为分析依据。若存在构造应力场,则估计的最大主应力水平要超过自重应力。还要注意主应力方向。

(2)对于采用切向应力作为评价因子的方法,如 Hoek 判据、Turchaninov 判据和二郎山判据,切向应力采用弹性力学分析估计。规则洞型(如圆形、方形或椭圆形等)采用弹性力学解析解确定切向应力量值,而对于不规则洞型无弹性力学解析解时,采用数值模拟弹性解来估计切向应力量值。

(3)对于多个单指标评估结果存在岩爆等级差异时,应以 Hoek 判据和国标判据为准。

4.4 可行性研究和初设阶段岩爆风险评估

4.4.1 以满足拟建工程使用功能,保证围岩稳定性为目标,确定可行并能够获取最大经济效益的控制岩爆风险方案,需在可行性研究阶段分析论证工程总体布置的岩爆风险,包括工程布置方位、洞群间距、洞型尺寸、施工方法等,初步明确拟建工程区岩爆风险的等级分布和最不利条件下岩爆风险等级,初步确定岩爆防治策略和原则,初步论证支护设计的合理性和优化支护设计。

4.4.2 为满足可行性研究阶段岩爆风险评估的要求,需搜集下列基本资料:

(1)拟选沿线地形地貌和地质条件,包括大比例尺(如 1:5000 或 1:2500)地质构造资料(包括断层断裂、褶皱和岩性分界信息等),大比例尺水文地质条件信息,拟建隧洞沿线岩体完整性和围岩分类。

(2)现有地应力场信息(量值和方向),同一地质构造单元内已有深部工程地应力测试信息、世界应力图(可通过 www.world-stress-map.org 网站获取);拟建工程区地应力反演成果,初步勘查阶段地应力实测资料和探洞应力诱发破坏资料。

(3)工程区岩石的基本物理、力学参数,主要包括应力-应变全过程曲线、单轴抗压强度、单轴抗拉强度、变形参数(弹性模量、泊松比)、岩石矿物含量等;刻画工程区深部岩体变形破坏规律的力学模型,包括本构模型、强度准则以及力学参数演化规律。

(4)比选研究的开挖条件,包括开挖方法、开挖顺序、开挖洞群布置、开挖洞型尺寸等。

4.4.3 可行性研究和初设阶段岩爆风险评估方法。该阶段可选择经验指标方法(RVI 方法和神经网络方法)、数值方法和工程类比方法作为主要评级方法。经验指标方法和工程类比方法用于总体评估特定地质条件下最大岩爆风险可能性和破坏程度;数值方法综合比选各种开挖布置方案和开挖条件下的岩爆风险等级、可能发生的区域和可能的破坏位置。

4.4.3.1 工程地质类比方法划定岩爆风险分区。

(1) 侧重国内外同类工程岩爆实例中岩爆发生条件(包括应力条件、开挖条件和地质条件)对岩爆等级的控制作用总结和分析,尤其重视不同性质结构面与岩爆形成和等级的关系。

(2) 宏观把握工程区岩爆等级,初步类比划定高岩爆风险区域或区段,为分区和分段深入研究工程区岩爆风险提供基础。

4.4.3.2 RVI指标经验评估岩爆爆坑深度,理论基础见第4章4.3节。

(1) 根据式(6.1)计算RVI:

$$RVI = F_s F_r F_m F_g \tag{6.1}$$

式中:F_s为应力控制因子,据式(4.9)计算;F_r为岩石物性因子,据式(4.12)计算,且取值见表4.18;F_m为岩体系统刚度因子,取值见表4.19;F_g为地质构造因子,取值见表4.20。

(2) 岩爆破坏深度经验关系为

$$D_f = R_f(c_1 RVI + c_2) \tag{6.2}$$

式中:D_f为预测岩爆破坏深度;R_f为水力半径,是开挖断面面积与开挖面周长之比。对于锦屏二级水电站引水隧洞:$c_1 = 0.0008$,$c_2 = 0.2327$,其他工程可按类似方法建立。

(3) RVI方法及各影响因子计算或取值应注意以下事项:

① F_s的计算式仅给出了简单洞型(圆形、半圆形和城门洞)的计算参数,对于复杂洞型建议采用弹性理论分析计算切向应力集中量值σ_θ代替式(4.9)中的$\sigma_{v(Ak+B)}$部分即可。

② F_r仅给出了大理岩所表征的岩石物性因子,在应用到大理岩以外岩石类型时,需根据岩石的矿物组成,按照第4章4.3.3节中图4.21所示计算方法确定,并参考表4.18类比修正评分的划定依据。

③ F_m和F_g依据锦屏二级水电站隧洞工程条件确定,但其确定依据具有普遍意义,对深埋隧洞工程均适用。地质信息的确定方法参见第4章4.3.5节。

④ RVI方法给出了评价岩爆破坏程度的基本框架,对各深部隧洞工程条件均适用,但其各控制因子的等级评分应根据研究工程各个阶段所揭露的岩爆案例进行修正和调整,提高预测精度。

(4) RVI方法的结果是深部工程可能发生岩爆的破坏深度,但在岩爆案例信息数据充分的条件下,该方法可拓展到岩爆释放或冲击能量、岩爆爆出岩体体积或质量等的估计。在可行性研究和初步设计阶段,RVI方法的评估结果即可用于指导岩爆防治策略的制定,也可指导支护参数的确定,如锚杆长度的确定和支护类型的选取。

4.4.3.3　工程实例神经网络方法估计岩爆爆坑深度和等级,理论基础见第4章4.4节。

(1) 输入信息应综合考虑理论分析和工程实际应用两方面因素,建议选取 σ_1/σ_3、脆性指标、强度应力比、局部地质条件、区域构造、埋深、支护效果 7 个影响因素。

(2) σ_1 和 σ_3 依据地应力测试结果确定,在无地应力测试成果时建议采用地应力反演分析确定。

(3) 脆性指标和强度应力比中岩石单轴抗压强度根据单轴抗压岩石力学试验成果确定,岩石抗拉强度由劈裂试验或抗拉试验成果确定。

(4) 局部地质条件、区域构造和埋深根据工程区地质构造宏观发育条件来确定,建议根据主要构造格局在拟建隧洞沿线划分地质区段,分区段分析主要地质构造对岩爆的控制作用。局部地质构造采用岩体完整性来表征(见表 4.23),区域地质构造需明确区分断层和褶皱影响区域(见图 4.37)。

(5) 在可行性研究和初步设计阶段对支护效果的评估需要根据拟定的支护方案分别进行分析,对不同支护类型和支护强度分别给出岩爆破坏程度和等级的分析成果,神经网络模型编码见图 4.40。

(6) 输出结果为岩爆爆坑深度和岩爆等级。在可行性研究和初步设计阶段,工程实例神经网络方法的评估结果即可指导岩爆防治策略的制定,也可指导支护参数的确定,如锚杆长度的确定和支护类型的选取。

4.4.3.4　数值分析评估岩爆发生断面位置,理论基础见第4章第4.5节。

(1) 在可行性研究和初设阶段,岩爆数值分析主要内容是分析在不同开挖方法、开挖顺序、开挖洞群布置、开挖洞型尺寸等开挖方案下,拟建工程沿线各洞段区间内岩爆风险等级。

(2) 数值分析方法选用的数值指标应表征岩爆破坏的能量、强度和变形等多方面,建议选取局部能量释放率(LERR,见式(4.22))、能量释放率(ERR,见式(4.27))、破坏接近度(FAI)和超剪应力(ESS,见式(4.28))等。

(3) 按照岩爆类型采用不同类型岩爆评价数值指标:①应变型岩爆应采用局部能量释放率(LERR)、破坏接近度(FAI)和能量释放率(ERR)等指标分析;②应变-结构面滑移型岩爆应采用超剪应力(ESS)、局部能量释放率(LERR)和破坏接近度(FAI)等指标分析。

(4) 数值分析的基本流程参见图 4.50。

(5) 岩爆风险估计洞段的确定与边界条件设定。岩爆风险洞段可依据工程地质类比分析结果来确定,简易处理时可依据埋深条件或构造单元来分别划定洞段区间来分析;在地应力反演分析成果有效时,需要根据地应力特征来划分洞段区间更为合理。各洞段内开挖布局、尺寸和方法需要依据工程使用功能和设计要求来设定。

（6）地应力条件和地质条件确定。在可行性研究和初设阶段，由于工程未实际开挖，地质条件和地应力信息均来自于地质工作的估计推断。此时须根据探测、预测或推断的地质条件来分析把握起控制性作用的地质结构，如主要层面和结构面的产状等；根据地应力初步反演结果确定数值分析模型中的应力边界条件。

（7）力学模型和参数确定。在掌握各洞段岩体力学特性的基础上，应选择能够准确描述岩体力学行为且经过验证的力学模型，并满足数值指标对模型的要求，局部能量释放率(LERR)和破坏接近度(FAI)要求采用非线性弹塑性本构模型，而能量释放率(ERR)和超剪应力(ESS)采用线弹性本构模型计算。模型参数通常在参考室内试验和现场试验成果的前提下，可通过正分析或反分析获得。

（8）岩爆风险估计结果表达。评估结果因采用数值指标的不同而不同。局部能量释放率(LERR)分析可获得岩体开挖过程前后开挖断面上能量释放量值和演化规律；破坏接近度(FAI)分析可获得岩爆风险的可能性和破坏深度及断面上分布位置；能量释放率(ERR)分析可获得不同开挖顺序、尺寸和布局下岩体释放能量量值；超剪应力(ESS)分析可获得含结构岩体发生结构应力控制性岩爆的可能性。结果表达形式上，数值模拟分析可得到围岩的应力、变形、LERR(见图 4.55)、FAI(见图 4.56)、ERR 和 ESS(见图 4.58)等数据，并处理生成分布图、演化曲线等。

4.4.4　岩爆风险综合评估结果表达：岩爆风险高的区域、等级、爆坑深度和断面位置。

4.5　设计施工阶段岩爆风险的动态评估与预警

4.5.1　以满足设计施工安全、局部洞段围岩稳定性和高效降低和规避岩爆风险为目标，需在设计施工阶段分析论证开挖活动区内局部岩体的岩爆风险等级，开展施工期内岩爆风险的动态预测预警，确定详细和高效的岩爆防治策略和支护设计方法及选定合理支护参数。

4.5.2　为满足设计施工阶段岩爆风险评估的要求，需搜集下列基本资料：

（1）在可行性研究和初设阶段搜集信息的基础上，补充施工期内揭露隧洞围岩局部地质条件，包括已揭露的主要断层断裂、褶皱构造和岩层条件及岩性分界信息，统计工程区控制性地质结构面信息和围岩分类信息，也包括超前地质预报信息或宏观地质推断信息。

（2）基于施工期围岩监测和检测信息、围岩宏观破坏现象和钻孔岩芯破坏特征等多元信息的已开挖洞段的地应力反演成果和实测地应力结果。

（3）开挖区内岩石的基本物理、力学参数，主要包括应力-应变全过程曲线、单轴抗压强度、单轴抗拉强度、变形参数(弹性模量、泊松比)、岩石矿物含量等；刻画工程区深部岩体变形破坏规律的力学模型,包括本构模型、强度准则以及力学参数演化规律。

(4) 开挖条件及其施工期设计变更资料,包括开挖方法、开挖顺序、开挖洞群布置、开挖洞型尺寸及其变更方案等。

(5) 已开挖洞段岩爆实例信息,实例信息内容按照表 6.3 形式进行搜集和整理,还应包括施工实际支护形式和支护效果以及岩爆破坏处支护破坏特征。

(6) 在微震监测有效条件下,需要搜集微震监测获得的各项信息,如微震事件数累积、能量、视体积、事件率、能率和视体积率等。

4.5.3　设计施工阶段岩爆风险动态评估和预警基本思想:该阶段可以根据现场开挖实际揭示的地质条件、验证的地应力场等,选择经验指标方法(RVI 方法和神经网络方法)和数值方法进行信息动态更新的岩爆风险评估,进一步确定岩爆高风险区域。在高岩爆风险洞段建议采用微震实时监测来获取相关信息以即时动态预警岩爆的风险等级和爆坑深度。

4.5.4　基于地质和施工信息动态更新的高岩爆风险区域动态评估。

4.5.4.1　RVI 指标的岩爆爆坑深度动态评估。

(1) RVI 计算方法和岩爆破坏深度经验关系与 4.4.3.2 条目规定的要求相同。

(2) 设计施工期内 RVI 方法及各影响因子计算或取值除满足 4.4.3.2 条目中相应条目要求外,需注意如下事项:

① RVI 中各岩爆控制因子需采用动态调整过程,即在隧洞未开挖前根据现有资料信息对未开挖洞段进行 RVI 估计,确定未开挖洞段的岩爆破坏程度,随着开挖揭露实际工程条件信息动态调整各控制因子取值,进一步评估施工过程中岩爆风险。

② 各岩爆控制因子中需要动态调整的因素包括:在洞型尺寸发生变化时,需修正应力控制因子 F_s 中切向应力集中量值 σ_θ,在开挖区岩性发生变化时需修正应力控制因子 F_s 中岩石单轴抗压强度和岩石物性因子 F_r;在开挖布局发生变化时需要修正岩体系统刚度因子 F_m;在地质构造条件发生变化时,需根据实际揭露的局部地质构造条件(如结构面特征和发育条件)修正地质构造因子 F_g。

③ 在施工期内岩爆实例数据充分条件下,可对岩爆破坏深度经验公式进行必要修正,获取针对特定工程的经验关系式。

4.5.4.2　工程实例神经网络方法动态估计岩爆爆坑深度和等级。

(1) 施工期内工程实例神经网络方法的分析步骤与 4.4.3.3 条目规定相同,但强调输入信息的动态更新过程。对比开挖所揭示的地质条件等与开挖前所掌握的信息的差异性。若存在差异,则更新输入后进行基于神经网络的岩爆爆坑深度和等级估计。

(2) 施工过程中需要更新的主要内容包括:①地应力条件:σ_1、σ_3 和强度应力

表 6.3 深部隧洞工程岩爆案例调查信息表

岩爆发生时间：　　　　开挖方法：TBM□钻爆法□　　开挖方式：上台阶□下台阶□全断面□　　记录表编号：

记录人员：　　　　记录时间：

隧洞名称							
工程地质条件	岩性	岩石强度	坚硬□　　中等硬岩□				
		岩体结构	整体结构□　块体结构□　次块体结构□　层状结构□				
		结构面特征	结构面组数	1组□　2组□　3组□　4组□			
			产状				
			间距				
			规模				
			出露位置				
	岩爆桩号						
	结构面性质	坚硬□软弱□　坚硬□软弱□　坚硬□软弱□　坚硬□软弱□					
	结构面状态	张开□闭合□　张开□闭合□　张开□闭合□　张开□闭合□					
	围岩类别	I□　II□　III□　IV□					
	地下水特征	干燥□　潮湿□　渗滴水□　涌水□					
	潜后距离						
	地下水带与岩爆段距离						

岩爆特征	掌子面桩号					
	开挖时间					
	声响特征	噼啪撕裂□　清脆爆裂□　强烈爆裂□　巨大沉闷□				
	运动特征	松脱□　剥离□　弹射抛掷□　　距离：				
	爆坑形态	V形坑□　窝状□　底板隆起□　底板开裂□　其他□				
	爆坑特征	长×高×深：				
		破裂面光滑□粗糙□擦痕□				
		破裂面呈阶梯状棱柱状□				
		底板隆起长/高：				
		底板裂缝长/深/宽：				
	岩爆石块体特征	片状□　板状□　碎裂状□　块状□　最大厚度：				
	岩爆发生于	支护前□　支护后□　支护过程□　爆破前□　爆破后□				
	潜后时间					
	岩爆等级	轻微□　中等□　强烈□　极强□				
	支护破坏	喷层□　钢筋网□　临时锚杆□　系统锚杆□　其他□				
	岩爆造成的损失	设备损坏　设施损坏　人员伤亡　工期延误　照片影像				
	岩爆断面部位					

续表

隧洞名称	掌子面桩号	开挖时间		岩爆桩号	滞后时间		滞后距离	备注
	岩爆发生前的处理措施			岩爆发生后的处理措施				
	型号及参数	开挖支护情况	参数及评价	型号及参数	开挖支护情况	参数及评价	附近监测断面	
岩爆防治措施　支护类型　素混凝土		支护及时性			支护及时性		锚杆应力计□	
钢纤维混凝土		支护按设计参数			支护按设计要求		多点位移计□	
纳米纤维混凝土		支护质量			支护质量		收敛计□	
钢筋网		开挖速率			开挖速率		声波测试□	
临时锚杆		应力释放孔参数			其他		声发射□	
系统锚杆							微震监测□	
钢拱架							其他□	

比;②地质构造条件,包括区域构造条件和局部地质条件,其中局部地质构造条件为动态修正的重点,通过开挖洞段新揭露的结构面发育条件、产状和地层信息动态更新地质构造条件的模型输入。脆性指标、埋深、支护效果 3 个影响因素明显变化时才进行相应更新和修正。

(3) 施工期内岩爆案例充分时,可对神经网络模型的神经网络结构进行修正,确定更符合研究区内的岩爆风险神经网络评估模型。

4.5.4.3 数值分析动态评估岩爆发生断面位置。

(1) 施工期内岩爆数值分析动态评估方法、分析步骤和基本流程(见图 4.50)与 4.4.3.4 条目规定相同,但强调输入信息的动态更新过程。对比开挖所揭示的地质条件等与开挖前所掌握的信息的差异性。若存在差异,则更新输入后进行基于数值分析的岩爆可能发生的断面位置估计。

(2) 施工过程中需要更新的主要内容包括:①地应力条件,数值模型应力边界条件,这里指在动态施工过程中需考虑局部地质构造导致地应力场的差异,开挖新揭露洞段的局部地应力场需根据监测检测信息和围岩破坏特征等综合确定;②地质构造条件,数值模型中对局部地质构造条件的量化,这里指开挖前后局部地质构造条件存在差异,分析过程需更新开挖前未模拟或开挖后揭示模拟地质结构发育特征发生变化的局部地质信息。③岩体力学参数,开挖前后的岩体力学参数发生变化时,如强度的增减、变形参数的差异等,需根据施工中揭露的岩体力学信息更新模型输入。④岩体力学模型,当隧洞穿越不同岩性地层时,岩体力学模型也应根据实际开挖揭露情况给予相应更新和修正。⑤开挖条件,数值模型应根据实际施工开挖过程进行开挖布局、顺序和尺寸的变更及支护参数变更的动态调整。

(3) 不同类型岩爆的数值分析方法评价指标的选取。

① 应变型岩爆应采用局部能量释放率(LERR)、破坏接近度(FAI)和能量释放率(ERR)等指标分析。

② 应变-结构面滑移型岩爆应采用超剪应力(ESS)、局部能量释放率(LERR)和破坏接近度(FAI)等指标分析。

(4) 数值分析动态评估过程的输出成果反映新开挖揭露洞段的岩爆风险。结果表达形式上,模拟可得到应力、变形、LERR、FAI、ERR 和 ESS 等数据,并处理生成动态分布图、动态演化曲线等。

① 局部能量释放率(LERR)分析可动态获得岩体开挖过程前后开挖断面上能量释放量值和演化规律。

② 破坏接近度(FAI)分析可动态获得岩爆风险的可能性和破坏深度及断面上分布位置。

③ 能量释放率(ERR)分析可动态获得不同开挖顺序、尺寸和布局下岩体释放能量量值。

④ 超剪应力（ESS）分析可动态获得含结构岩体发生结构应力控制性岩爆的可能性。

4.5.4.4　综合给出高岩爆风险区域、等级、爆坑深度和断面位置的动态估计。

4.5.5　基于微震实时监测信息的岩爆等级及其概率动态预警

4.5.5.1　本方法适用于基于微震实时监测数据进行深埋隧洞岩爆风险等级及其概率预警，要求微震数据未有缺失，且微震数据未连续间断 5 天以上。

4.5.5.2　本方法给出的岩爆预警区域包括：

（1）紧跟掌子面移动的区域，适用于隧洞掘进每天向前推进的情况。

（2）非微震信息评估方法（RVI、实例神经网络和数值分析方法）以及本微震信息预警方法所给出的岩爆高风险区域。

4.5.5.3　对于紧跟掌子面移动的区域的岩爆风险等级及其概率动态预警，执行下列步骤：

（1）预警区域的确定。按图 4.62 所示方法确定隧洞的岩爆预警区域。

（2）预警区域微震信息获取。从该预警区域的微震实时监测数据中提取累积微震事件数、累积能量、累积视体积（见图 6.21），按式（6.3）～式（6.5）分别计算事件率、能量速率和视体积率（见图 6.21）。

$$\dot{N}_t = \frac{N_t}{t} \tag{6.3}$$

$$\dot{E}_t = \frac{E_t}{t} \tag{6.4}$$

$$\dot{V}_t = \frac{V_t}{t} \tag{6.5}$$

式中：t 为孕育时间，d，预警区域开始产生微震活动的第一天到预警当天所包含的天数；N_t、E_t、V_t 分别为孕育时间为 t 时的累积事件个数（个）、累积能量（J）和累积视体积（m^3）；$\dot{N}_t$、$\dot{E}_t$、$\dot{V}_t$ 分别为孕育时间为 t 时的事件率（个/d）、能量速率（J/d）和视体积率（m^3/d）。

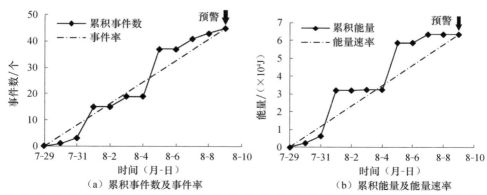

（a）累积事件数及事件率　　　　　　（b）累积能量及能量速率

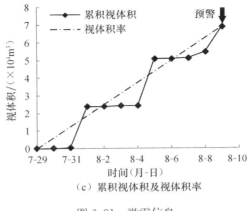

（c）累积视体积及视体积率

图 6.21 微震信息

（3）岩爆风险等级及其概率计算。将上述 6 个数据,分别对照图 4.76,计算出各自的概率,代入式(6.6),计算下一日该区域岩爆各个等级及其概率:

$$P_i = \sum_{j=1}^{6} w_j P_{ji} \qquad (6.6)$$

式中:i 为岩爆等级:极强岩爆、强烈岩爆、中等岩爆、轻微岩爆和无岩爆;j 为微震信息:累积事件数、累积能量、累积视体积、事件率、能量速率和视体积率;w_j 为微震信息 j 的权系数,根据微震信息之间的相对重要程度对不同的微震信息赋以不同的权系数,所有权系数的和为 1,强烈岩爆、中等岩爆、轻微岩爆和无岩爆的权值系数参见第 4 章 4.6 节;P_{ji} 为基于微震信息 j 的 i 等级岩爆的概率分布函数;P_i 为 i 等级岩爆发生的概率。

说明:

① 因缺乏极强岩爆的实例,书中第 4 章 4.6 节未包含极强岩爆的概率分布函数。岩爆风险预警过程中,可根据实际情况补充极强岩爆实例,按照第 4 章 4.6 节中的方法,补充构造极强岩爆的概率分布函数和权值系数,从而对极强岩爆及其概率进行预警。

② 下一日的岩爆风险预警是基于与先期的开挖和支护条件相同的情况下进行的。如预警之后,开挖加速或减慢、支护加强或减弱,都可能会提高或降低岩爆的等级及其概率。

（4）该区域岩爆风险等级及其概率预警结果表达:〈极强岩爆的概率〉,〈强烈岩爆的概率〉,〈中等岩爆的概率〉,〈轻微岩爆的概率〉,〈无岩爆的概率〉。概率取值范围 0～100%,概率越大,对应发生岩爆的可能性越大,所有岩爆等级发生的概率和为 100%。

（5）预警区域紧跟掌子面向前移动该天掌子面向前推进的距离,构建新的预警区域。若现场掌子面未开挖掘进,预警区域未变更。

（6）预警区域未变更时,将新监测到的该预警区域的微震事件数（dN_{t+1}）、能量（dE_{t+1}）和视体积（dV_{t+1}）更新预警区域孕育时间为 t 时的微震信息（N_t,E_t,V_t,$\dot{N}_t$,$\dot{E}_t$,$\dot{V}_t$）,得到孕育时间为 $t+1$ 时的微震信息（N_{t+1},E_{t+1},V_{t+1},$\dot{N}_{t+1}$,$\dot{E}_{t+1}$,$\dot{V}_{t+1}$）,从而通过式（6.7）对该区域孕育时间为 $t+1$ 时的下一日岩爆风险进行预警。预警区域变更时,构建新的预警区域进行预警,如图 6.22 所示。

$$N_{t+1} = N_t + dN_{t+1}, \quad E_{t+1} = E_t + dE_{t+1}, \quad V_{t+1} = V_t + dV_{t+1}$$

$$\dot{N}_{t+1} = \frac{N_{t+1}}{t+1}, \quad \dot{E}_{t+1} = \frac{E_{t+1}}{t+1}, \quad \dot{V}_{t+1} = \frac{V_{t+1}}{t+1} \tag{6.7}$$

式中:dN_{t+1}、dE_{t+1}、dV_{t+1} 为孕育时间为 t 时的下一天监测到的预警区域微震事件数、能量及视体积。

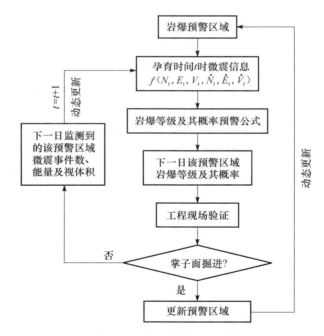

图 6.22　新区域的动态预警

（7）若此预警区域已开挖完成,则预警过程结束。否则,转到 4.5.5.3 条目（5）继续进行岩爆风险的动态预警。

（8）上述预警的孕育时间 t 的单位为天,当预警区域的微震活动非常活跃,可以考虑以小时为时间计算单元。下一天的前 h 小时内产生了大量微震信息（$dN_{t+h/24}$、$dE_{t+h/24}$、$dV_{t+h/24}$）,则在 h 时刻可对微震信息进行等时间折算,将 h 小时内的微震信息折算为下一天的微震信息(dN_{t+1}、dE_{t+1}、dV_{t+1}),换算公式为式(6.6),从而将孕育时间为$t+h/24$时的微震信息等价为孕育时间为$t+1$时的微震信息(N_{t+1},E_{t+1},V_{t+1},$\dot{N}_{t+1}$,$\dot{E}_{t+1}$,$\dot{V}_{t+1}$)。

$$\mathrm{d}N_{t+1} = \mathrm{d}N_{t+h/24}\frac{24}{h}, \quad \mathrm{d}E_{t+1} = \mathrm{d}E_{t+h/24}\frac{24}{h}, \quad \mathrm{d}V_{t+1} = \mathrm{d}V_{t+h/24}\frac{24}{h} \quad (6.8)$$

式中:t为天数,每天24h,刚开始时,t可以等于0。

4.5.5.4　岩爆高风险区域的动态预警。针对该岩爆高风险区域,根据实时监测到的微震信息可不断地对该区域岩爆风险进行动态预警(见图6.23)。

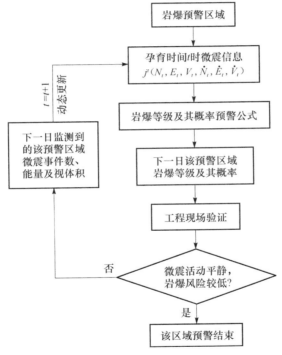

图6.23　岩爆高风险区域的动态预警

(1) 根据上述4.5.5.3条目的(1)~(3)对孕育时间为t时的下一日该预警区域岩爆等级及其概率进行预警,并进行工程现场验证。

(2) 固定岩爆高风险预警区域不变,将下一日监测到的该预警区域的微震事件数(dN_{t+1})、能量(dE_{t+1})和视体积(dV_{t+1})更新该预警区域孕育时间为t时的微震信息(N_t,E_t,V_t,$\dot{N}_t$,$\dot{E}_t$,$\dot{V}_t$),得到孕育时间为$t+1$时的微震信息(N_{t+1},E_{t+1},V_{t+1},$\dot{N}_{t+1}$,$\dot{E}_{t+1}$,$\dot{V}_{t+1}$),从而通过式(6.7)对该区域孕育时间为$t+1$时的下一日岩爆风险进行预警。

（3）若该岩爆高风险区域岩爆风险仍然较高,则按照上述动态更新原则对孕育时间为 $t+2$ 时的下一日岩爆风险进行预警,如此动态循环。

（4）若该岩爆高风险区域前一段时间一直预警岩爆风险高,而现在现场微震活动平静,则表明暂时岩爆风险降到较低,在周边存在大扰动的情况下应重点关注其时滞型岩爆发生的可能。

（5）若现场发生岩爆,且之后微震活动平静,则该区域预警结束。

（6）若现场发生岩爆,且之后微震活动仍然活跃,则仍需对该区域进行动态预警。

（7）当预警区域新的微震活动非常活跃,则按照 4.5.5.3 条目（7）的方法进行以小时为单元的岩爆动态预警。

4.5.6　基于微震信息神经网络类比的岩爆爆坑深度和等级动态预警

与 4.5.5 条目的方法基本相同,只不过是所用到的指标为该预警区域的微震实时监测的累积微震事件数、累积能量、累积视体积和孕育时间（见图 6.24）以及预警公式替换成第 4 章 4.7 节所建立的神经网络模型,预警的内容为该区域岩爆的等级和爆坑深度。

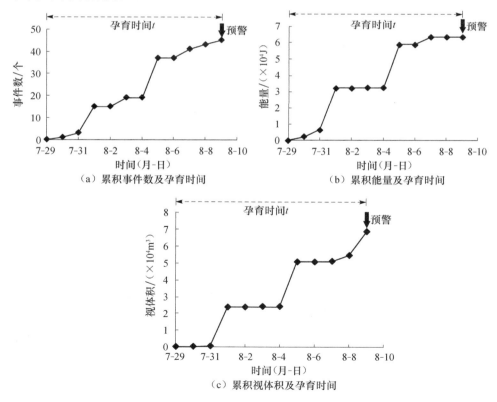

图 6.24　微震信息

记 t 为孕育时间,d 或 h;N_t 为孕育时间为 t 时的累积事件个数,个;E_t 为孕育时间为 t 时的累积能量,J;V 为视体积,m^3。

4.5.7 基于微震信息的岩爆风险动态预警结果表达:〈岩爆区域〉,〈岩爆等级〉,〈岩爆等级的概率〉,〈岩爆爆坑深度〉。

5 岩爆风险规避措施优化设计

岩爆风险规避措施设计随着所掌握信息的不断丰富而更加深入、具体,针对性越来越强。

5.1 高岩爆风险条件下地下工程选线原则

5.1.1 根据现今区域构造应力场特征和隧洞沿线自重应力场分布初步判定地应力场特征,确定工程区地应力以水平应力为主还是以垂直应力为主。

(1)垂直应力场为主时,隧洞轴线方向宜为最大水平主应力方向或与最大水平主应力方向呈较小角度,且亦采用高度较大而宽度较小的断面。

(2)水平应力场为主时,隧洞轴线方向宜为最大主应力方向或与最大主应力方向呈较小角度,且宜采用高度较小而宽度较大的断面。

5.1.2 高岩爆风险条件下地下工程选线应尽可能降低各等级岩爆洞段的长度或降低极强、强烈岩爆洞段的长度在整条隧洞全长中的比例。

5.1.3 选线应尽可能避免褶皱核部、活动性断层等易诱发强烈或极强岩爆的特殊地质构造。

5.2 工程间距的优化

5.2.1 多个隧洞或洞室间距优化的原则:避免洞室间相互干扰导致岩爆风险提高,避免降低洞室群的整体稳定性。

5.2.2 工程间距的优化步骤如下:

(1)采用第 4 章 4.5 节给出的数值方法进行计算,通过应力大小、位移大小、塑性区深度和破坏接近度等指标确定洞室互不干扰的间距。

(2)不断缩小间距,进行不同间距方案的数值计算,并采用本章第 4 节给出的岩爆风险评估方法评估各间距方案的岩爆倾向性。

(3)绘制间距与岩爆倾向性数值的曲线,将岩爆倾向性提高的起点作为最小间距值。

(4)综合考虑(1)确定的互不干扰的间距和(3)确定的最小间距以及工程功能,推荐工程合理间距。

5.3 地下工程开挖前的岩爆风险规避措施优化设计

5.3.1 岩爆问题的规避原则、指导思想

（1）规避原则：以防为主，防治结合。

（2）总体思路：通过开挖全局优化，减小能量集中（第一步）→通过应力释放孔等措施，预释放、转移能量（第二步）→采用支护系统，吸收能量（第三步）。

（3）防治措施：包括开挖设计、应力释放孔设计、其他能量预释放与转移措施设计、支护设计等。

（4）开挖前岩爆灾害防治措施设计的依据：开挖前岩爆风险评估给出的高岩爆风险的区域、岩爆等级、爆坑深度和断面位置。

（5）采用"裂化-抑制"法进行开挖与支护设计。

5.3.2 开挖优化设计：

5.3.2.1 开挖设计的原则：尽可能减少因开挖引起的应力集中、能量积聚水平。

5.3.2.2 开挖设计的内容：断面形状和尺寸、台阶方案、开挖顺序、掘进速率、相向掘进改单向掘进的时机等。

5.3.2.3 优化设计的目标：在满足工程功能要求（约束条件）下，局部能量释放率 LERR（定义见第 4 章 4.5 节）、弹性释放能 ERE（定义见第 4 章 4.5 节）、能量释放率 ERR（定义见第 4 章 4.5 节）等指标的值尽可能小。

5.3.2.4 优化设计方法：岩爆孕育过程的开挖与支护的智能全局优化方法，包括粒子群-支持向量机等全局空间搜索算法（详见第 5 章 5.2.2 节），以及能反映高应力下硬岩开挖破坏机制、能计算出局部能量释放率 LERR、弹性释放能 ERE、破坏接近度 FAI、能量释放率 ERR、塑性区体积等指标值的数值方法（详见第 4 章 4.5 节）。

5.3.2.5 断面形状和尺寸优化应尽可能降低开挖引起的累积能量释放和最大局部能量释放率，优化能量分布，详细的实施方法参见第 5 章 5.3.1 节，分析步骤为：

（1）首先综合考虑实际施工可能性和结构物功能设计要求，保持开挖面积不变，设计多种断面形状。

（2）采用 5.3.2.4 条目所建议的数值方法进行不同断面形状方案计算。

（3）断面形状优化目标为 ERE 和 max(LERR)最小。

（4）采用 5.3.2.4 条目建议的优化方法进行断面形状优化计算。

（5）分析断面形状优化计算结果，根据优化目标选择最优的断面形状设计方案。

（6）综合考虑实际施工可能性和结构物功能设计要求，保持优化得到的断面形状不变，采用断面开挖面积为尺寸设计参数。

（7）采用 5.3.2.4 条目所建议的数值方法进行计算，优化目标为 ERE 和 max(LERR)最小，采用 5.3.2.4 条目建议的优化方法进行断面尺寸优化计算。

（8）分析断面尺寸优化计算结果，根据优化目标选择最优的断面尺寸设计方案。

（9）确定最终的断面形状及尺寸设计方案。

5.3.2.6　上、下两个断面或多台阶开挖时，应兼顾各个断面或每步开挖时的岩爆风险。根据施工可能性设计多种开挖台阶方案，采用 5.3.2.5 条目相同的方法进行台阶方案优化设计。

5.3.2.7　掘进速率优化设计原则：优化合适开挖步长和日掘进速率，尽可能减小卸荷速率，控制破坏孕育过程，具体的掘进速率优化方法参见第 5 章 5.3.2 节，其优化设计步骤：

（1）根据所采用的掘进方法（钻爆法、TBM）、地质条件和工程施工可能性设计开挖步长（钻爆法）或日掘进速率（TBM）的方案。

（2）采用 5.3.2.4 条目所建议的数值方法进行不同掘进速率方案计算。

（3）掘进速率优化目标为 ERR、max(LERR) 和 ERE 最小，max(FAI) 和塑性区体积最大。

（4）采用 5.3.2.4 条目建议的优化方法进行掘进速率优化计算。

（5）分析掘进速率优化计算结果，根据优化目标选择最优的掘进速率设计方案。

5.3.2.8　导洞适合条件为强烈或极强岩爆风险洞段，洞室开挖尺寸较大，适宜进行导洞或多台阶施工，在 TBM 和钻爆法施工的隧洞中均可实施。导洞优化的原则是有效预裂围岩、降低二次应力集中和能量积聚水平，转移高应力和能量，改变岩体破坏模式。优化内容包括形状、位置、尺寸和超前距离，详细的优化实施方法参见第 5 章 5.4.2 节。优化步骤为：

（1）采用 5.3.2.5 条目所给出的断面形状优化方法优化导洞的形状，尽可能降低导洞本身开挖过程中的岩爆风险。

（2）进行导洞位置的优化，在隧洞不同位置设置导洞，采用 5.3.2.4 条目所介绍的方法进行开挖过程数值模拟，并进行不同导洞位置方案下主洞的岩爆风险评估，采用 5.3.2.4 条目所介绍的优化方法选择最优的导洞位置。

（3）进行导洞尺寸的优化，控制 FAI=1 等值线位置应在主洞边界以外的围岩深部，并尽可能降低导洞和主洞开挖过程中的岩爆风险，采用与导洞位置优化相同的方法进行导洞尺寸优化。

（4）导洞部分与主洞部分掌子面间距的优化应避免两掌子面在开挖过程中相互干扰导致导洞和主洞的岩爆风险提高，优化时应同时评估主洞和导洞的岩爆风险，采用与导洞位置优化相同的方法进行导洞尺寸优化。

（5）导洞支护为临时支护，当主洞为钻爆法施工时，导洞临时支护可采用防岩爆支护，当主洞为 TBM 掘进时，仅导洞与主洞开挖边界相同的部分才能采用防岩爆支护，其他部分只能采用喷层和玻璃纤维锚杆支护。

5.3.2.9　相向掘进改单向掘进时机的优化设计原则为通过优化两个相向掘进掌子面之间的距离，尽可能降低因两掌子面相向掘进而引起的岩柱内叠加能量的升高、叠加速率的增大和互相扰动影响的增强。此处所谓"时机"为相向掘进掌子面间距,详细的优化实施方法参见第 5 章 5.3.3 节,其优化步骤如下:

(1) 设定两个相向掘进掌子面之间的初始间距为 8 倍开挖跨度或直径。

(2) 采用 5.3.2.4 条目建议的数值方法进行两相向掌子面掘进过程模拟。

(3) 辨识掌子面前方应力和能量集中区中最大压应力和最大应变能的位置,将其设定为监测点。

(4) 按设计步长或掘进速率进行两相向掌子面同时掘进过程的数值模拟,得到监测点最大压应力和最大应变能随两掌子面间距的演化曲线,如图 5.13 所示。

(5) 辨识最大压应力和最大应变能升高的起始点所对应的掌子面间距即为相向掘进改单向掘进时机。

5.3.3　应力释放孔设计优化原则:岩爆风险评估给出的断面或掌子面上能量集中最大位置,具体的优化方法可参见第 5 章 5.4.1 节。优化步骤如下:

(1) 基于断面和掌子面上的 LERR 和 FAI 分布,在 LERR 和 FAI 集中的部位确定应力释放孔的位置。

(2) 应力释放孔穿过 FAI＝1 的等值线,从而确定应力释放孔的深度。

(3) 在硬性结构面、断裂处,应力释放孔应布置在硬性结构面或断裂处,深度必须达到结构面或断裂部位。

(4) 在应力释放孔位置和长度确定的基础上,采用 5.3.2.4 条目推荐的数值计算方法和优化方法进行应力释放孔间距的优化。典型结果见图 5.16 和图 5.17。

5.3.4　其他应力、能量预释放、转移措施与岩体力学性质改性措施设计,根据需要和现场工程条件实施。

5.3.5　支护系统设计

5.3.5.1　总体支护系统设计要求、原则与目标函数

在岩爆风险估计给出的岩爆高风险区域进行针对性的岩爆支护系统设计。

总体支护系统设计要求为:

(1) 尽可能多吸收岩体破裂所释放的能量,降低其能量释放速率。

(2) 提高围岩的强度,降低岩爆风险。

(3) 快速作用。

(4) 支护力高。

(5) 岩爆后保持支护系统完整性。设计原则为表面支护与内部加固相结合,各种支护单元牢固连接组成系统协调共同作用。

支护系统的设计与预测岩爆等级是对应的,对于预测所得不同等级岩爆的洞段,支护系统设计的抵抗冲击能量目标也不同,表 6.4 给出了不同岩爆等级对应的支护设计目标。总体支护系统设计的目标函数为支护系统单位面积的极限吸能大于设计要求的吸能值。

表 6.4　不同岩爆等级对应的支护系统抵抗冲击能量设计目标

岩爆等级	轻微岩爆	中等岩爆	强烈岩爆	极强岩爆
设计要求抵抗冲击能量值/(kJ/m²)	<13	13~22	22~50	≈50

注:根据现有研究成果,支护系统总抗冲击能很难超过 50kJ/m²。

5.3.5.2　喷层设计

(1) 为充分利用岩石的脆延转换特性,要求即时喷层封闭围岩,增加围岩的延性,降低岩爆发生的风险。

(2) 喷层厚度在 15cm 以下时可一次施工完成,而厚度在 15cm 以上时,则需要先后两次施工完成(本节针对岩爆防治问题的喷层设计仅指初次喷层的设计)。

(3) 不同等级岩爆洞段对初次喷层抵抗冲击能量值的要求不同,即喷层厚度不同,如表 6.5 所示。

表 6.5　不同等级岩爆洞段对初次喷层抵抗冲击能量值的要求

岩爆等级	轻微岩爆	中等岩爆	强烈岩爆	极强岩爆
设计要求抵抗冲击能量值/(kJ/m²)	≈4.7	4.7~10.9	≈10.9	≈10.9
初次喷层厚度/cm	10	10~15	15	15

(4) 应采用钢纤维或仿钢纤维喷射混凝土。

5.3.5.3　吸能锚杆设计

(1) 吸能锚杆要求锚杆具有吸能机制,能够在屈服状态下继续保持较高承载能力工作,依靠锚杆摩擦滑动消耗岩爆时岩体释放的冲击能量,同时保证杆体不被拉断或被拉出岩体。根据目前的技术水平,可选择水胀式锚杆、锥形锚杆等类型;

(2) 吸能锚杆的长度由预测爆坑深度和有效锚杆长度之和确定,即根据第 5 章式(5.5)来计算。

(3) 吸能锚杆的间距由其设计目标决定,不同等级岩爆洞段吸能锚杆的设计抵抗冲击能量值按表 6.6 来确定,根据此设计目标按第 5 章中式(5.4)来计算吸能锚杆的间距。

表 6.6　不同等级岩爆洞段对吸能锚杆抵抗冲击能量值的要求

岩爆等级	轻微岩爆	中等岩爆	强烈岩爆	极强岩爆
设计要求抵抗冲击能量值/(kJ/m²)	<8.3	8.3~11.1	11.1~39.1	≈39.1

5.3.5.4　钢筋网设计

(1) 钢筋网设置在初次支护之后,一般不作为即时支护。

(2) 钢筋直径为 ϕ8mm,间距 10cm×10cm。

(3) 网片搭接长度不小于 20cm,搭接段采用焊接方式牢固连接。

5.3.5.5　永久锚杆设计

(1) 永久锚杆的设计要求为:①加固围岩;②长期强度高,抗腐蚀性好;③支护力高。

(2) 永久锚杆的长度必须穿越长期安全系数 $F_{1s} \leqslant 1$ 的区域,其中,

$$F_{1s} = \begin{cases} \dfrac{\alpha_1}{\sigma_1}\left(\dfrac{1+\sin\phi}{1-\sin\phi}\sigma_3 + \dfrac{2c\cos\phi}{1-\sin\phi}\right), & \sigma_1 < \sigma_{ps} \\ \alpha_1, & \sigma_1 = \sigma_{ps} \end{cases} \tag{6.9}$$

式中:F_{1s} 为长期安全系数;ϕ 为围岩的内摩擦角;c 为围岩的黏聚力;σ_1 为第一主应力;σ_3 为第三主应力;α_1 为围岩的长期强度系数,对于大多数岩石,$\alpha_1 = 0.4 \sim 0.6$;对坚硬岩石,$\alpha_1 = 0.7 \sim 0.8$;σ_{ps} 为瞬时峰值强度,与应力状态有关,即

$$\sigma_{ps} = \dfrac{1+\sin\phi}{1-\sin\phi}\sigma_3 + \dfrac{2c\cos\phi}{1-\sin\phi} \tag{6.10}$$

(3) 永久锚杆间距和时机的设计均需采用数值模拟方法,通过计算不同间距和时机下的支护效果(塑性区深度和变形的变化),采用 5.3.2.4 条目所建议的优化方法进行永久锚杆间距和时机的优化设计。

5.3.5.6　其他支护类型设计

(1) 其他支护类型指钢拱架、锚杆垫板等非主要防岩爆支护单元。

(2) 钢拱架一般在强烈和极强岩爆洞段使用,间距为 0.5~1.0m,一般设置在初次支护之后,不作为即时支护。

(3) 锚杆垫板要求厚度至少为 12mm,边长 20~30cm。

5.4　地下工程开挖过程中岩爆孕育过程的动态调控优化设计

5.4.1　动态调控设计为以岩爆孕育机制为指导,采用主动防控"三步走"的总体思想,即减小能量集中(第一步)→预释放、转移能量(第二步)→吸收能量(第三步)。

5.4.2　动态调控设计以微震监测给出的岩爆孕育过程为基本依据,以开挖前设计方案及开挖后揭露出的实际情况或现场监测和测试成果为基础,进行岩爆风险分析评估,并据此进行开挖与支护设计参数的选择或调整。

5.4.3　动态调控设计内容总体上应包括:

(1) 当前开挖步所揭示信息的反馈分析与岩爆风险评估与预警及时调整。

(2) 下一开挖步的地质预测、岩爆风险估计与预警、开挖与支护优化设计。

(3) 分析成果反馈三部分内容。

其中,所涉及的详细分析方法参见第 5 章,此处仅给出内容提纲,分别见 5.4.3.1~5.4.3.3 条目。

5.4.3.1　当前开挖步的分析

(1) 现场开挖揭露情况调查,包括开挖断面形状、尺寸、步序、掘进速率、开挖

方法、地质条件(岩层条件、结构面发育程度和产状、围岩完整程度)、岩爆频率、发生时间、空间分布和烈度等级、实施的防岩爆支护参数及其支护效果、实施的防岩爆施工措施;现场监测和测试成果收集,包括声波、钻孔摄像、微震、声发射、锚杆应力、喷层压力等。

(2)开挖揭露实际地质条件与开挖前预测地质条件的对比、验证。

(3)根据岩爆发育空间部位和围岩脆性破坏发育部位、声波测试松动区分布、微震或声发射活跃区位置等信息综合复核、验证开挖前给出的地应力条件。

(4)对比开挖后该开挖步实际岩爆等级与开挖前评估结果,复核岩爆风险评估方法、等级评价标准等的合理性。

(5)根据岩爆处岩爆等级、实际实施的支护参数及岩爆后其完整性、支护监测结果、微震或声发射活动性实时监测结果评价防岩爆支护参数的合理性。

(6)根据岩爆处岩爆等级、实际实施的施工措施和微震或声发射活动性监测结果评价所采取施工措施的合理性。

(7)根据现场揭露实际围岩稳定情况和监测与测试结果综合分析开挖前数值预测分析中所采用的模拟方法、力学模型及参数等的合理性。

(8)根据上述(1)~(7)的反馈分析结果,确定是否需要进行地质条件、地应力条件、力学模型和参数的更新以及岩爆风险的重新评估与预警。若需要,则获取地质条件、地应力条件、力学模型和参数的更新数据,并进行微震实时监测信息的更新。

(9)采用(8)更新后的条件、微震实时监测信息,按本章4.5条目方法进行该开挖步洞段岩爆(区域、等级、爆坑深度和断面位置)风险的重新分析评估,据此按本章5.3.2~5.3.5条目进行本开挖步防岩爆开挖和支护方案的动态调整。

5.4.3.2 下一开挖步的预测分析、开挖与支护优化设计

(1)预测下一开挖步的地质条件、地应力条件等。

(2)根据预测的下一开挖步的地质条件、地应力条件等以及微震实时监测数据,进行下一开挖步的岩爆区域、等级、爆坑深度和断面位置的评估与预警。

(3)根据上述岩爆风险评估与预警结果,按照第5章给出的岩爆防治指南表5.1选择开挖和支护方案,根据本章5.3.2~5.3.5条目给出的开挖和支护设计优化方法进行开挖和支护参数优化。

5.4.3.3 分析成果反馈。将当前开挖步岩爆区域和等级重新评估的结果和下一开挖步预测的岩爆区域与等级、当前开挖步和下一开挖步的岩爆防治开挖和支护措施反馈给设计方、业主等部门。

5.4.4 开挖方案的动态调整

5.4.4.1 在以下两种情况下需进行开挖方案的动态调整:

(1)当前洞段开挖过程中,由于地质条件、地应力条件、微震活跃性等的变化导致岩爆区域、等级、类型相对于先前评估结果发生明显变化时,则需要根据重新评估

的结果和第 5 章岩爆防治措施指南表 5.1 重新选择与评估等级对应的开挖方案。

（2）当前洞段开挖过程中，地质和地应力条件保持不变，预测的岩爆区域、等级和类型也未发生变化，但根据第 5 章岩爆防治措施指南表 5.1 选择并采用相应开挖方案后，微震监测结果和现场岩爆发育程度评估均表明其未达到所要求的效果，则需根据微震监测和数值分析结果对各开挖方案的参数进行不断调整，以优化获得适合该工程洞段使用的开挖参数。

5.4.4.2　各种开挖方案优化仍采用本章 5.3.2 条目给出的方法实施。

5.4.5　应力释放孔等的动态设计

5.4.5.1　以下两种情况下需进行应力释放孔等的动态设计：

（1）在当前洞段开挖过程中，地质条件、地应力条件、微震活跃性等的变化导致岩爆区域、等级、类型相对于先前评估结果发生明显变化时，则需要根据重新评估的结果和第 5 章岩爆防治措施指南表 5.1 决定是否使用应力释放孔。

（2）当前洞段开挖过程中，地质和地应力条件保持不变，预测的岩爆区域、等级和类型也未发生变化，但当前的应力释放孔实施参数下，微震或声发射监测结果和现场岩爆发育程度评估均表明其未达到所要求的效果，则需根据微震或声发射监测结果结合数值分析方法对应力释放孔的参数进行不断调整，以优化获得适合该工程洞段使用的参数。

5.4.5.2　应力释放孔动态设计优化方法，按本章 5.3.3 条目实施。

5.4.6　支护方案的动态调整

5.4.6.1　以下两种情况下需进行支护方案的动态调整：

（1）当前洞段开挖过程中，由于地质条件、地应力条件、微震活跃性等的变化导致岩爆区域、等级、类型相对于先前评估结果发生明显变化时，则需要根据重新评估的结果和第 5 章岩爆防治措施指南表 5.1 重新选择与评估等级对应的支护方案。

（2）当前洞段开挖过程中，地质和地应力条件保持不变，预测的岩爆区域、等级和类型也未发生变化，但在当前的支护实施参数下，微震或声发射监测结果和现场岩爆发育程度评估均表明其未达到所要求的效果，则需根据微震或声发射等监测和测试结果，结合数值分析方法对支护参数进行不断调整，以优化获得适合该工程洞段使用的参数。

5.4.6.2　支护参数优化，仍采用本章 5.3.5 条目给出的方法实施。

5.4.7　岩爆等级的确定

5.4.7.1　岩爆等级的目的和内容：用于评估岩爆破坏的剧烈程度。岩爆破坏广义上指地下洞室、矿山坑道、采场遭受岩爆时，岩体或矿体本身产生的直接破坏，以及诱发的工程区或矿区近区内支护结构、施工机械以及辅助工程结构等的间接破坏。

（1）岩爆等级的判定是选取合理岩爆防治方法、正确制定岩爆防治策略和支护设计的基础和前提，在制定合理工程设计决策前必须先明确岩爆事件的烈度等级问题。不同岩爆等级的岩爆采取不同的岩爆防治策略(如尺寸优化减少能量集中、先导洞或应力解除等消耗转移能量和吸能支护结构吸收能量等),可参见第4章4.2节的岩爆调控对策。

(2)岩爆等级的判定是岩爆风险评估方法标定岩爆等级的标准。岩爆风险评估过程最终要确定岩爆等级,统一的岩爆等级标准使不同评估方法得到一致的评估结果。

(3)岩爆等级是决定是否有必要采用微震监测等先进技术的依据。对于存在强烈和极强岩爆的深部工程,实施微震监测技术的可达到岩爆预测预警的目的,提高岩爆风险评估的精度。

5.4.7.2 岩爆等级确定:是岩爆灾害发生后,确定岩爆破坏烈度的级别。

5.4.7.3 岩爆等级确定的方法:根据已掌握的信息,可以选择下列方法之一进行。

(1)《中国水力发电工程地质勘察规范》(GB 50287—2006)的岩爆等级划分方法:根据岩爆发生的影响深度、围岩弹射情况、声响特征和持续时间等进行定性划分,如表6.7所示。

表6.7 《中国水力发电工程地质勘察规范》(GB 50287—2006)岩爆等级分级

岩爆分级	主要现象	岩爆判别	
		临界埋深/m	岩石强度应力比 R_b/σ_m
轻微岩爆	围岩表层有爆裂脱落、剥离现象,内部有噼啪、撕裂声,人耳偶然可听到,无弹射现象;主要表现为洞顶的劈裂-松脱破坏和侧壁的劈裂-松胀、隆起等。岩爆零星间断发生,影响深度小于0.5m;对施工影响较小		$4\sim7$
中等岩爆	围岩爆裂脱落、剥离现象较严重,有少量弹射,破坏范围明显。有似雷管爆破的清脆爆裂声,人耳常可听到围岩内的岩石的撕裂声;有一定持续时间,影响深度0.5~1m;对施工有一定影响	$H>H_{cr}$	$2\sim4$
强烈岩爆	围岩大片爆裂脱落,出现强烈弹射,发生岩块的抛射及岩粉喷射现象;有似爆破的爆裂声,声响强烈,持续时间长,并向围岩深度发展,破坏范围和块度大,影响深度1~3m;对施工影响大		$1\sim2$
极强岩爆	围岩大片严重爆裂,大块岩片出现剧烈弹射,震动强烈,有似炮弹、闷雷声,声响剧烈;迅速向围岩深部发展,破坏范围和块度大,影响深度大于3m;严重影响工程施工		<1

注:表中 H 为地下洞室埋深,m;H_{cr} 临界埋深,即发生岩爆的最小埋深,m,计算公式参见《中国水力发电工程地质勘察规范》(GB 50287—2006);R_b 为岩石饱和单轴抗压强度,MPa;σ_m 为最大主应力,MPa。

(2)基于微震能量的岩爆等级划分方法:依据岩爆发生时微震监测到的释放能,通过表4.15获得。

（3）基于宏观特征的岩爆等级划分方法：根据岩爆发生时声响特征（或动力性特征）、围岩破裂特征、岩体破坏程度和支护破坏程度综合打分而得，具体见第 4 章 4.2.1 节。

5.4.7.4　因数据信息的偏差可能导致烈度等级不一致现象，应采用如下方法进行综合判定：

（1）当两种方法烈度等级结果相差一个等级时，如根据宏观特征判定为中等岩爆，而微震能量方法判定为强烈岩爆，需根据岩爆事件的评分值和能量值距相应判定区间的阈值的接近程度重新校核判定结果，获得一致的等级。

（2）当两种方法烈度等级结果相差两个或两个以上等级时，需重新核实用于判定基础信息的准确性；如所用数据信息均无问题时，应以岩爆宏观特征为主要判定依据进行定级。

5.4.7.5　岩爆等级划分的数据信息要求

（1）采用宏观特征岩爆等级划分法时，需要收集岩爆事件宏观破坏特征数据，主要包括岩爆声响信息（岩爆发生前后围岩破裂及岩块抛射瞬间的震动声响等）、动力特征信息（岩块平均初速度或震动能量）、爆坑区岩体破裂信息（破坏区域大小、爆坑形态及尺寸、破裂块体形态及块度、结构面信息及性质和岩爆频次等）和支护破坏特征（支护结构类型、支护施工过程和效果、支护结构变形破坏类型和程度等）。

（2）采用微震能量岩爆等级划分法时，需要微震系统获得岩爆发生时的微震能量信息。

（3）为了保证岩爆等级的准确判定，相关数据信息应当依据岩爆事件现场调查实际情况收集并记录翔实，建议采用如表 6.3 所示形式的信息表格逐项进行收集和整理，描述信息配合数字图像和视频，必要时对现场进行地质素描和绘制地质剖面图，必要时根据具体工程需要对表 6.3 所示进行修改以满足特定要求。

5.4.7.6　特定洞段岩爆等级定级原则

（1）高岩爆风险局部洞段岩爆等级的确定应依据所揭露岩爆事件的最高等级来确定所研究区段的岩爆等级，以避免随后的支护设计不满足实际岩体条件要求。

（2）对于岩爆总体洞段（如隧洞沿线长范围内）岩爆等级应先依据本章 5.4.7.3～5.4.7.4 条目中岩爆等级划分方法确定开挖过程中揭露岩爆事件的等级，再统计分析各等级在所研究洞段内的所占比重，按照比重大小来综合判定洞段内总体岩爆等级或所研究洞段内岩爆等级的总体分布特征。

6　岩爆实例数据库

将岩爆实例数据按表 6.8 格式进行存储，建立岩爆实例数据库。

表6.8 岩爆实例数据记录表格

工程名称＿＿＿　岩爆编号＿＿＿　岩爆时间＿＿＿
岩爆桩号＿＿＿　记录时间＿＿＿　记录人员＿＿＿

1. 岩爆特征

岩爆等级	岩爆范围	滞后时间及距离	岩爆类型	工程断面尺寸	岩爆断面部位	运动特征	爆坑形态	破裂面特征	岩爆石块特征	岩爆等级	岩爆发生于	弹射平均距离	岩爆照片
轻微□	长：		即时型□			松脱□剥落□	V形坑□	光滑□	片状□	轻微□	支护前□		
中等□	高：		时滞型□				窝状□	粗糙□	板状□	中等□	支护时□		
强烈□	深：		应变型□			弹射□	底板隆起 隆起长深高：	擦痕□	碎裂状□	强烈□	支护后□		
极强□			应变-结构型□			抛掷□	地板开裂 裂缝长深高：	阶梯状□	块状□	极强□	爆破前□		
			断裂滑移型□				其他□		最大厚度：		爆破后□		

2. 地层岩性及岩石(体)力学性质

地层名称	岩性	矿物非均质性因子	晶粒尺寸因子	单轴抗压强度/MPa	单轴抗拉强度/MPa	弹性模量/GPa	泊松比
黏聚力峰值/MPa	黏聚力残余值/MPa	黏聚力临界塑性应变/%	摩擦角初始值/(°)	摩擦角峰值/(°)	摩擦角临界塑性应变/%	剪胀角/(°)	

3. 原岩应力条件

区域地质构造	σ_1 大小/MPa	σ_1 方向	σ_2 大小/MPa	σ_2 方向	σ_3 大小/MPa	σ_3 方向	垂向应力/MPa	最大切向应力/MPa	埋深/m	垂向应力偏转角/(°)	侧压系数

4. 围岩条件

结构面	产状	结构面间距	结构面与洞轴线夹角/(°)	结构面出露位置	结构面性质	结构面状态	地下水特征	地下水带与岩爆段距离	围岩类别	岩体完整性	岩体结构	岩体刚度因子	地质构造因子
第1组□					坚硬□ 软弱□	张开□ 闭合□	干燥□		I □	I □	整体结构□		
第2组□					坚硬□ 软弱□	张开□ 闭合□	潮湿□		II □	II □	块体结构□		
第3组□					坚硬□ 软弱□	张开□ 闭合□	渗滴水□		III □	III □	次块体结构□		
第4组□					坚硬□ 软弱□	张开□ 闭合□	涌水□		IV □		层状结构□		

5. 开挖支护及防治措施

日期(月-日)	开挖方法	开挖方式	掌子面桩号(当日开始桩号)	混凝土型号及参数	钢筋网参数	锚杆类型、长度、直径及间距	钢拱架参数	支护强度评价(较低/一般/较高/很高)	支护破坏情况及其他损失
第1天的日期[1]									
第2天的日期									
……									
岩爆当天日期									

1) 第1天的日期是指开挖开始扰动岩爆区域的日期,以实际日期记录。

6. 微震信息

日期(月-日)	事件数/个	能量/J	视体积/m³	能量指数与累积视体积随时间演化曲线	累积微震事件空间分布图	累积视体积云图	能量指数云图
第 1 天的日期[1]							
第 2 天的日期							
……							
岩爆当天日期							

1) 第 1 天的日期是指岩爆区域开始出现微震事件的日期,以实际日期记录。

7. 岩爆风险预警及岩爆原因分析

日期(月-日)	RVI 指标的岩爆爆爆坑深动态深度评估	基于工程实例神经网络类比的岩爆坑深深度和等级动态估计	基于数值分析的岩爆风险发生断面位置动态评估	基于微震实时监测信息的岩爆等级及其概率动态预警	基于微震信息神经网络络类比的岩爆坑深深度和等级动态预警	综合预警	岩爆原因分析
第 1 天的日期[1]							
第 2 天的日期							
……							
岩爆当天日期							

1) 第 1 天的日期是指岩爆开挖开始扰动岩爆区域的日期,以实际日期记录。

参 考 文 献

白明洲,王连俊,许兆义.2002.岩爆危险性预测的神经网络模型及应用研究.中国安全科学学报,12(4):65－69.

布霍依诺 G.1985.矿山压力和冲击地压.李玉生译.北京:煤炭工业出版社.

蔡美峰.2000.地应力测量原理和技术.北京:科学出版社.

蔡美峰.2002.岩石力学与工程.北京:科学出版社.

曹安业.2009.采动煤岩冲击破裂的震动效应及其应用研究[博士学位论文].徐州:中国矿业大学.

曹安业,窦林名,秦玉红,等.2007.高应力区微震监测信号特征分析.采矿与安全工程学报,24(2):146－150.

陈炳瑞,冯夏庭,黄书岭,等.2007.基于快速拉格朗日分析-并行粒子群算法的黏弹塑性参数反演及应用.岩石力学与工程学报,26(12):2517－2525.

陈炳瑞,冯夏庭,李庶林,等.2009.基于粒子群算法的岩体微震源分层定位方法.岩石力学与工程学报,28(4):740－749.

陈炳瑞,冯夏庭,明华军,等.2012.深埋隧洞岩爆孕育规律与机制:时滞型岩爆.岩石力学与工程学报,31(3):433－444.

陈炳瑞,冯夏庭,肖亚勋,等.2010.深埋隧洞 TBM 施工过程围岩损伤演化声发射试验.岩石力学与工程学报,29(8):1562－1570.

陈炳瑞,冯夏庭,曾雄辉,等.2011.深埋隧洞 TBM 掘进微震实时监测与特征分析.岩石力学与工程学报,30(2):275－283.

陈国庆,冯夏庭,张传庆,等.2008.深埋硬岩隧洞开挖诱发破坏的防治对策研究.岩石力学与工程学报,27(10):2064－2071.

陈海军,郦能惠,聂德新,等.2002.岩爆预测的人工神经网络模型.岩土工程学报,24(2):229－232.

陈景涛,冯夏庭.2007.高地应力下硬岩本构模型研究.岩石力学与工程学报,28(11):2271－2278.

陈培善.1995.地震矩张量及其反演.地震地磁观测与研究.16(5):19－53.

陈运泰,顾浩鼎.1990.震源理论.北京:高等教育出版社.

董方庭,宋宏伟,郭志宏,等.1994.巷道围岩松动圈支护理论.煤炭学报,19(1):21－32.

冯涛,谢学斌,王文星,等.2000.岩石脆性及描述岩爆倾向的脆性系数.矿冶工程,20(12):18－19.

冯夏庭.1994.地下峒室岩爆预报的自适应模式识别方法.东北大学学报,(5):471－475.

冯夏庭.2000.智能岩石力学导论.北京:科学出版社.

冯夏庭,王泳嘉.1998.深部开采诱发的岩爆及其防治策略的研究进展.中国矿业,(5):42－45.

冯夏庭,赵洪波.2002.岩爆预测的支持向量机.东北大学学报,(1):57—59.

冯夏庭,陈炳瑞,明华军,等.2012.深埋隧洞岩爆孕育规律与机制:即时型岩爆.岩石力学与工程学报,31(3):561—569.

冯夏庭,江权,向天兵,等.2011.大型洞室群智能动态设计方法及其实践.岩石力学与工程学报,30(3):443—458.

冯夏庭,王泳嘉,奥兹贝ＭＵ,等.1998.深部开采诱发的岩爆及其防治策略——综合集成智能系统研究.中国矿业,(6):44—47.

冯夏庭,张传庆,陈炳瑞,等.2012.岩爆孕育过程的动态调控.岩石力学与工程学报,31(10):1983—1997.

高红,郑颖人,冯夏庭.2007.岩土材料能量屈服准则研究.岩石力学与工程学报,26(12):2437—2443.

高玮,冯夏庭.2003.基于进化神经网络的冲击地压非线性动力系统建模.岩土力学,24(S2):48—52.

葛启发,冯夏庭.2008.基于AdaBoost组合学习方法的岩爆分类预测研究.岩土力学,29(4):943—948.

葛修润,刘建武.1988.加锚节理面抗剪性能研究.岩土工程学报,10(1):8—19.

巩思园,窦林名,马小平,等.2012.提高煤矿微震定位精度的台网优化布置算法.岩石力学与工程学报,31(1):8—17.

谷德振.1983.岩体工程地质力学基础.北京:科学出版社.

谷明成,何发亮,陈成宗.2002.秦岭隧道岩爆的研究.岩石力学与工程学报,21(9):1324—1329.

关宝树.2003.隧道工程设计要点集.北京:人民交通出版社.

郭贵安,冯锐.1992.新丰江水库三维速度结构和震源参数的联合反演.地球物理学报,35(3):331—341.

郭立,吴爱祥,马东霞.2004.基于RES理论的岩爆倾向性预测方法.中南大学学报,2:81—87.

郭然.2003.有岩爆倾向硬岩矿床采矿理论与技术.北京:冶金工业出版社.

何德平.1993.对太平驿引水隧洞施工中岩爆问题的浅见.水利水电技术,3:31—33.

何满潮,苗金丽,李德建,等.2007.深部花岗岩试样岩爆过程实验研究.岩石力学与工程学报,26(5):865—876.

何满潮,钱七虎.2010.深部岩体力学基础.北京:科学出版社.

侯哲生,龚秋明,孙卓恒.2011.锦屏二级水电站深埋完整大理岩基本破坏方式及其发生机制.岩石力学与工程学报,30(4):727—732.

胡斌,冯夏庭,黄小华,等.2005.龙滩水电站左岸高边坡区初始地应力场反演回归分析.岩石力学与工程学报,24(22):4055—4064.

黄润秋,苟定才,屈科,等.2001.圆梁山特长隧道施工地质灾害问题预测.成都理工学院学报,28(2):111—115.

黄润秋,王贤能,唐胜传,等.1997.深埋长隧道工程开挖的主要地质灾害问题研究.地质灾害与环境保护,18(1):50—69.

黄书岭,冯夏庭,张传庆.2008a.脆性岩石广义多轴应变能准则及其试验验证.岩石力学与工程学报,27(1):124-134.

黄书岭,冯夏庭,张传庆.2008b.岩体力学参数的敏感性综合评价分析方法研究.岩石力学与工程学报,27(增1):2624-2630.

江权,冯夏庭,陈国庆.2008.考虑高地应力下围岩劣化的硬岩本构模型研究.岩石力学与工程学报,27(1):144-152.

江权,冯夏庭,陈建林,等.2008.锦屏二级水电站厂址区域三维地应力场非线性反演.岩土力学,29(11):3003-3010.

姜彤,黄志全,赵彦彦.2004.动态权重灰色归类模型在南水北调西线工程岩爆风险评估中的应用.岩石力学与工程学报,7:97-102

金丰年,浦奎英.1996.破坏接近度的定义及其应用.工程力学,(增刊):626-630.

金解放,赵奎,王晓军,等.2007.岩石声发射信号处理小波基选择的研究.矿业研究与开发,27(2):12-15.

李春杰,李洪奇.1999.秦岭隧道岩爆特征与施工处理.世界隧道,5(1):36-41.

李广平.1997.岩体的压剪损伤机理及其在岩爆分析中的应用.岩土工程学报,18(6):49-55.

李俊平,周创兵.2004.岩体的声发射特征试验研究.岩土力学,25(3):374-378.

李邵军,冯夏庭,张春生,等.2010.深埋隧洞TBM开挖损伤区形成与演化过程的数字钻孔摄像观测与分析.岩石力学与工程学报,29(6):1106-1112.

李世愚,和泰名,尹祥础.2010.岩石断裂力学导论.合肥:中国科学技术大学出版社.

李庶林,冯夏庭.1998.深井硬岩岩爆倾向性的多指标自适应模式判别.矿业研究与开发,(6):3-5.

李庶林,冯夏庭,王泳嘉,等.2001.深井硬岩爆倾向性评价.东北大学学报,(1):60-63.

李庶林,尹贤刚,郑文达,等.2005.凡口铅锌矿多通道微震监测系统及其应用研究.岩石力学与工程学报,24(12):2048-2053.

李志华,窦林名,牟宗龙,等.2008.断层对顶板型冲击矿压的影响.采矿与安全工程学报,25(2):155-163.

李忠,刘志刚,曲力群.2004.岩爆防治在大伙房引水隧道中的应用.辽宁工程技术大学学报,23(2):197-199.

李忠,杨腾峰.2005.福建九华山隧道岩爆工程地质特征分析与防治措施研究.地质与勘探,41(2):81-84.

刘福田.1984.震源位置和速度结构的联合反演(Ⅰ)——理论和方法.地球物理学报,27(2):167-175.

刘小明,侯发亮.1996.拉西瓦花岗岩断口粗糙度分形分析.岩石力学与工程学报,15(S1):440-445.

刘佑荣,唐辉明.1999.岩体力学.武汉:中国地质大学出版社.

陆菜平,窦林名,吴兴荣,等.2005.岩体微震监测的频谱分析与信号识别.岩土工程学报,27(7):772-775.

马宏生,张国民,周龙泉,等.2008.川滇地区中小震重新定位与速度结构的联合反演研究.地震,28(2):29-38.

马平波,冯夏庭,张治强,等.2000.基于数据挖掘的深部采场岩爆知识的自动获取.东北大学学报,(6):630—633.

潘鹏志,冯夏庭,邱士利,等.2011.多轴应力对深埋硬岩破裂行为的影响研究.岩石力学与工程学报,30(6):1116—1125.

彭苏萍,孟召平,李玉林.2001.断层对顶板稳定性影响相似模拟试验研究.煤田地质与勘探,29(3):1—4.

邱士利,冯夏庭,张传庆,等.2010.不同卸围压速率下深埋大理岩卸荷力学特性试验研究.岩石力学与工程学报,29(9):1807—1817.

邱士利,冯夏庭,张传庆,等.2011.深埋硬岩隧洞岩爆倾向性指标 RVI 的建立及验证.岩石力学与工程学报,30(6):1126—1141.

苏国韶,冯夏庭,江权,等.2006.高地应力下地下工程稳定性分析与优化的局部能量释放率新指标研究.岩石力学与工程学报,25(12):2453—2460.

苏生瑞,黄润秋,王士天.2002.断裂构造对地应力场的影响及其工程应用.北京:科学出版社.

孙广忠.1988.岩体结构力学.北京:科学出版社.

谭以安.1989.岩爆形成机理研究.水文地质工程地质,(1):34—38.

谭以安.1991.岩爆特征及岩体结构效应.中国科学(B 辑),(9):985—991.

谭以安.1992.岩爆等级分级问题.地质评论,38(5):439—443.

唐礼忠,潘长良,杨承祥,等.2006.冬瓜山铜矿微震监测系统及其应用研究.金属矿山,(10):41—45.

唐义彬.2009.浙江苍岭隧道岩爆工程地质特征分析与防治措施研究.铁道建筑技术,5:57—64.

陶振宇.1987.高地应力区的岩爆及其判别.人民长江,5:25—33.

万姜林,洪开荣.1995.太平驿水电站引水隧洞的岩爆及其防治.西部探矿工程,7(1):87—89.

汪琦,唐义彬,李忠.2006.浙江苍岭隧道岩爆工程地质特征分析与防治措施研究.工程地质学报,14(2):276—280.

汪泽斌.1994.天生桥二极水电站隧洞岩爆规律及预测方法的探索.人民珠江,(3):11—13.

王川婴,葛修润,白世伟.2002.数字式全景钻孔摄像系统研究.岩石力学与工程学报,21(3):398—403.

王继,陈九辉,刘启元,等.2006.流动地震台阵观测初至震相的自动检测.地震学报,28(1):42—51.

王兰生,李天斌,徐进,等.1999.二郎山公路隧道岩爆及岩爆烈度分级.公路,(2):41—45.

王思敬,杨志法,刘竹华.1984.地下工程岩体稳定分析.北京:科学出版社.

王献.2006.秦岭终南山特长公路隧道岩爆的治理.铁路建筑,(10):50—51.

王元汉,李卧东,李启光,等.1998.岩爆预测的模糊数学综合评判方法.岩石力学与工程学报,17(5):493—501.

吴德兴,杨健.2005.苍岭特长公路隧道岩爆预测和工程对策.岩石力学与工程学报,24(21):3965—3971.

吴开统.1990.地震序列概论.北京:北京大学出版社.

吴文平,冯夏庭,张传庆,等.2011.深埋硬岩隧洞围岩的破坏模式分类与调控策略.岩石力学与工程学报,30(9):1782－1802.

吴勇.2006.福堂水电站引水隧洞防治岩爆的施工技术.水电站设计,(1):68－71.

肖亚勋,冯夏庭,陈炳瑞,等.2011.深埋隧洞极强岩爆段隧道掘进机半导洞掘进岩爆风险研究.岩土力学,32(10):3111－3118.

谢富仁,祝景忠,梁海庆.1993.中国西南地区现代构造应力场基本特征.地震学报,15(4):407－417.

谢和平.1996.分形-岩石力学导论.北京:科学出版社.

谢和平,鞠杨,黎立云.2005.基于能量耗散与释放原理的岩石强度与整体破坏准则.岩石力学与工程学报,24(17):3003－3010.

许东俊,章光,李廷芥,等.2000.岩爆应力状态研究.岩石力学与工程学报,19(2):169－172.

徐宏斌,李庶林,陈际经.2012.基于小波变换的大尺度岩体结构微震监测信号去噪方法研究.地震学报,34(1):85－96

徐林生.1999.川藏公路二郎山隧道高地应力与岩爆问题研究.成都:成都理工学院.

徐林生.2004.二郎山公路隧道岩爆特征与防治措施的研究.土木工程学报,37(1):61－64.

徐林生.2005.地下工程岩爆发生条件研究.重庆交通学院学报,24(3):31－34.

徐林生.2006.通渝隧道岩爆防治工程措施研究.重庆交通学院学报,25(4):1－3.

徐林生,王兰生.1999.二郎山公路隧道岩爆发生规律与岩爆预测研究.岩土工程学报,21(5):569－572.

徐林生,王兰生.2000.岩爆类型划分研究.地质灾害与环境保护,11(3):245－247.

徐林生,王兰生,孙宗远,等.2003.二郎山公路隧道地应力测试研究.岩石力学与工程学报,22(4):611－614.

徐士良,朱合华.2011.公路隧道通风竖井岩爆机制颗粒流模拟研究.岩土力学,32(3):885－890.

许迎年,徐文胜,王元汉,等.2002.岩爆模拟试验及岩爆机理研究.岩石力学与工程学报,20(10):1462－1466.

《岩土工程手册》编写组.1994.岩土工程手册.北京:中国建筑工业出版社.

杨健,王连俊.2005.岩爆机理声发射试验研究.岩石力学与工程学报,24(20):198－204.

杨润海,许昭永,赵晋明,等.1998.微破裂成核过程和应力(场)关系的实验研究.地震研究,21(2):128－133.

杨涛,沈培良.2004.基于人工神经网络的岩爆烈度预测研究.公路交通科技,21(7):30－32,38.

杨莹春,诸静.2001.物元模型及其在岩爆分级预报中的应用.系统工程理论与实践,21(8):125－129.

杨志国,于润沧,郭然,等.2008.微震监测技术在深井矿山中的应用.岩石力学与工程学报,27(5):1066－1073.

袁子清,唐礼忠.2008.岩爆倾向岩石的声发射特征试验研究.地下空间与工程学报,4(1):94－98.

尤明庆.2005.两种晶粒大理岩的力学性质研究.岩土力学,26(1):91－106.

尤明庆.2009.岩石指数型强度准则在主应力空间的特征.岩石力学与工程学报,28(8):1541－

1551.

于学馥,郑颖人,刘怀恒,等.1983.地下工程围岩稳定分析.北京:煤炭工业出版社.

张传庆.2006.基于破坏接近度的岩石工程安全性评价方法的研究(博士学位论文).北京:中国科学院研究生院.

张传庆,冯夏庭,周辉,等.2009.隧洞围岩收敛损失位移的求取方法及应用.岩土力学,30(4):997-1012.

张传庆,冯夏庭,周辉,等.2010.深部试验隧洞围岩脆性破坏及数值模拟.岩石力学与工程学报,29(10):2063-2068.

张传庆,周辉,冯夏庭.2007.基于破坏接近度的岩土工程稳定性评价.岩土力学,28(5):888-894.

张传庆,周辉,冯夏庭,等.2008.局域地应力场获取的插值平衡方法.岩土力学,29(8):2016-2024.

张国民,傅征祥,桂燮泰,等.2001.地震预报引论.北京:科学出版社.

张杰,董祥丽.2007.终南山公路隧道岩爆特征与处理措施.山西建筑,33(31):317-318.

张镜剑,傅冰骏.2008.岩爆及其判据和防治.岩石力学与工程学报,27(10):2034-2042.

张茹,谢和平,刘建峰,等.2006.单轴多级加载岩石破坏声发射特性试验研究.岩石力学与工程学报,25(12):2584-2588.

赵仲和.1983.多重模型地震定位程序及其在北京台网的应用.地震学报,5(2):242-254.

郑颖人,沈珠江,龚晓南.2002.岩土塑性力学原理.北京:中国建筑工业出版社.

中华人民共和国国家标准编写组.1994.工程岩体分级标准(GB 50218-94).北京:中国计划出版社.

中华人民共和国国家标准编写组.2008.水力发电工程地质勘察规范(GB 50287-2006).北京:中国计划出版社.

中国地震局.1998.地震现场工作大纲和技术指南.北京:地震出版社.

中国科协学会学术部.2011.岩爆机理探索.北京:中国科学技术出版社.

中国水电工程顾问集团华东勘测设计研究院.2005.雅砻江锦屏二级水电站可行性研究报告——工程地质专题(9):引水隧洞高地应力、高外水压力条件下岩体特性及围岩稳定性研究专题报告.

中国水电工程顾问集团华东勘测设计研究院.2010.2#引水隧洞引(2)11+023桩号岩爆情况及后续措施和建议.PPT报告.

周春宏,曹强,姜方龙,等.2006.雅砻江锦屏二级水电站工程引水隧洞地质条件说明.杭州:中国水电顾问集团华东勘测设计研究院.

周德培.1995.太平驿隧洞岩爆特征及防治措施.岩石力学与工程学报,14(2):171-178.

周辉,张传庆,冯夏庭,等.2005.隧道及地下工程围岩的屈服接近度分析.岩石力学与工程学报,24(17):3083-3087.

周济芳.2011.锦屏二级水电站深埋长大隧洞岩爆发生机理、预测预警和防治措施研究[博士学位论文].武汉:武汉大学.

左兆荣,张国民,吴建平.1996.1976年云南龙陵7.4级地震序列分析.地球物理学报,39(5):

653—659.

Gibowciz S J,Kijko A. 修济刚,徐平,杨心平译. 1998. 矿山地震学引论,北京：地震出版社.

Hoek E,Brown E T. 1986. 岩石地下工程. 连志升,田良灿,王维德等译. 北京：冶金工业出版社.

Akaike H. 1973. Information theory and an extension of the maximum likehood principle // Petrov B N and Csaki F eds. The 2nd International Symposium on Inrformation Theory,Budapest：Akademiai Kiado.

Aki K. 1966. Generation and propagation of G waves from the Niigata earthquake of June 16, 1964,part 2：Estimation of earthquake moment,released energy,and stress-strain drop from the G wave spectrum. Bulletin of the Earthquake Research Institute,44：73—88.

Aki K,Lee W H K. 1976. Determination of three-dimensional velocity anomalies under a seismic array using first P arrival times from local earthquakes,part 1：A homogeneous initial model. Journal of Geophysical Research,81(23)：4381—4399.

Aki K,Richards P G. 1980. Quantitative Seismology：Theory and Methods. San Francisco：W. H. Freeman.

Aki K,Richards P G. 2002. Quantitative Seismology. 2nd ed. Sausalito,CA：University Science Books.

Allen R V. 1978. Automatic earthquake recognition and timing from single traces. Bulletin of the Seismological Society of America,68(5)：1521—1532.

Ambuter B P,Solomon S C. 1974. An event-recording system for monitoring small earthquakes. Bulletin of the Seismological Society of America,64：1181—1188.

Amidzic D. 2005. Energy-moment relation and its application // Potvin Y,Hudyma M ed. Controlling Seismic Risk. Proceedings of the Sixth International Symposium on Rockburst and Seismicity in Mines. Nedlands：Australian Centre for Geomechanics；509—513.

Anderson K R. 1978. Automatic processing of local earthquake data(PhD Thesis). Cambridge, Massachusetts：Massachusetts Institute of Technology.

Andrews D J. 1986. Objective determination of source parameters and similarity of earthquakes of different sizes // Earthquake Source Mechanics. Washington DC：American Geophysical Union Monograph,37：259—269.

Barton N,Lien R,Lunde J. 1974. Engineering classification of rock masses for the design of tunnel support. Rock Mechanics,6：189—236.

Bass J D. 1995. Elasticity of minerals,glasses and melts // Ahrens T J,ed. Mineral Physics and Crystallography：A handbook of Physical Constants. AGU,Washington DC：45—63.

Beck D A,Brady B H G. 2002. Evaluation and application of controlling parameters for seismic events in hard-rock mines. International Journal of Rock Mechanics and Mining Sciences,39 (5)：633—642.

Bell J S. 2003. Practical methods for estimating in situ stresses for borehole stability applications in sedimentary basins. Journal of Petroleum Science and Engineering,38：111—119.

Bieniawski Z T. 1967. Mechanism of brittle rock fracture Part I：Theory of the fracture process.

International Journal of Rock Mechanics and Mining Sciences,4(4):395—406.

Board M P. 1994. Numerical examination of mining-induced seismicity[PhD Thesis]. Michigan: University of Minnesota.

Boatwright J,Fletcher J B. 1984. The partition of radiated energy between P-wave and S-wave. Bulletin of the Seismological Society of America,74(2):361—376.

Bobet A. 2006. A simple method for analysis of point anchored rockbolts in circular tunnels in elastic ground. Rock Mechanics and Rock Engineering,39(4):315—338.

Bolstad D D. 1990. Rockburst control research by the US Bureau of Mine. Rockbursts and Seismicity in Mines,Balkema:371—375.

Brink A V Z. 1990. Application of a microseismic at Western Deep Levels//Fairhurst C ed. Proceedings of the Second International Symposium on Rockburst and Seismicity in Mines. Rotterdam:A. A. Balkema:355—361.

Brune J N. 1970. Tectonic stress and the spectra of seismic shear waves from earthquakes. Journal of Geophysical Research,75(26):4997—5009.

Bukowska M. 2006. The probability of rockburst occurrence in the Upper Silesian Coal Basin Area dependent on natural mining conditions. Journal of Mining Science,42(6):570—577.

Cai M,Kaiser P K,Martin C D. 1998. A tensile model for the interpretation of microseismic events near underground openings. Pure and Applied Geophysics,153(1):67—92.

Cai M,Kaiser P K,Morioka H,et al. 2007. FLAC/PFC coupled numerical simulation of AE in large-scale underground excavations. International Journal of Rock Mechanics and Mining Sciences,44(4):550—564.

Cai M,Kaiser P K,Tasaka Y,et al. 2004. Generalized crack initiation and crack damage stress thresholds of brittle rock masses near underground excavations. International Journal of Rock Mechanics and Mining Sciences,41(5):833—847.

Cales L L. 1984. Random noise reduction//The 54th Meeting of SEG,Atlanta,21:35—40.

Cook N G W. 1965. The failure of rock. International Journal of Rock Mechanics and Mining Sciences and Geomechanics Abstracts,2(4):389—403.

Cook N G W,Hoek E,Pretorius J P G,et al. 1966. Rock mechanics applied to the study of rockbursts. Journal of the South African Institute of Mining and Metallurgy,66(10):435—528.

Crosson R S. 1976. Crustal structure modeling of earthquake data,1,simultaneous least squares estimation of hypocenter and velocity parameters. Journal of Geophysical Research,81(17):3036—3046.

Crouch S L,Fairhurst C. 1973. The Mechanics of coal mine bumps,and the interaction between coal pillars,mine roof and floor. Open File Report,vol. 53-73,United States Bureau of Mines.

Diederichs M S. 1999. Instability of hard rock masses:The role of tensile damage and relaxation [PhD Thesis]. Canada Ontario:University of Waterloo.

Donoho D L,Johostone L. 1994. Ideal spatial adaptation via wavelet shrinkage. Biometrika,12

(81):425—455.

Angus D A. 1998. Applicability of moment tensor inversion to mine-induced microseismic data [MS Thesis]. Kingston:Queen's University.

Dowding C H,Andersson C A. 1986. Potential for rock bursting and slabbing in deep caverns. Engineering Geology,22(3):265—279.

Durrheim R J,Roberts M K C,Haile A T,et al. 1997. Factors influencing the severity of rockburst damage in South African gold mines//Gurtunca R G and Hagan T O eds. Proceedings of SARES 97—The 1st Southern African Rock Engineering Symposium,Johannesburg,17—24.

Earle P S,Shearer,P M. 1994. Characterization of global seismograms using an automatic-picking algorithm. Bulletin of the Seismological Society of America,84(2):366—376.

Essrich F. 1997. Quantitative rockburst hazard assessment at Elandsrand Gold Mine. The Journal of the South African Institute of Mining and Metallurgy,319—342.

Falls S D,Young R P. 1998. Acoustic Emission and ultrasonic-velocity methods used to characterise the excavation disturbance associated with deep tunnels in hard rock. Tectonophysics,289:1—15.

Feignier B,Young R P. 1992. Moment tensor inversion of induced microseismic events:Evidence of non-shear failures in the moment magnitude range. Geophysical Research Letters,19(14):1503—1506.

Feng X T. 1994. Rockburst prediction based on neural network. Transactions Nonferrous Metals Society of China,4(1):9—14.

Feng X T,Hudson J A. 2004. The ways ahead for rock engineering design methodologies. International Journal of Rock Mechanics and Mining Sciences,41(2):255—273.

Feng X T,Hudson J A. 2010. Specifying the information required for rock mechanics modelling and rock engineering design. International Journal of Rock Mechanics and Mining Sciences,47(2):179—194.

Feng X T,Hudson J. 2011. Rock Engineering Design. Boca Raton:CRC Press.

Feng X T,Seto M. 1998. Neural network dynamic modeling on rock microfracturing sequences under triaxial compressive stress condition. Tectonophysics,292:293—309.

Feng X T,Seto M. 1999a. Fractal structure of the time distribution of microfracturing in rocks. Geophysical Journal International,136:275—285.

Feng X T,Seto M. 1999b. A new method of modeling the rock-microfracturing process in double torsion experiments using neural networks. International Journal of Analytical and Numerical Methods in Geomechanics,23:905—923.

Feng X T,Seto M,Katsuyama K,1997. On Rock stress in rockburst risk assessment in deep gold mines//Proceedings of the International Symposium on Rock Stress,Japan.

Feng X T,Webber S J,Ozbay M U,et al. 1996. An expert system on assessing rockburst risks for South African deep gold mines. Journal of Coal Science and Engineering (China),(2):23—

32.

Feng X T,Webber S J,Ozbay M U. 1997. Applicability of artificial intelligence techniques for assessing rockburst risks in deep gold mines//Proceedings of the 1st Southern Africa Symposium on Rock Engineering (ISRM Regional Conference),South Africa.

Feng X T,Webber S J,Ozbay M U. 1998. Neural network modeling on assessing rockburst risks for South African deep gold mines. Transactions Nonferrous Metals Society of China,(2): 1—7.

Franklin J A,Benet A G. 2007. Suggested methods for monitoring rock movements using inclinometers and tiltmeters//Ulusay R,Hudson J A,eds. The Complete ISRM Suggested Methods for Rock Characterization,Testing and Monitoring:1974—2006. Ankara,Turkey:ISRM Turkish National Group:573—587.

Ge M C. 2005. Efficient mine microseismic monitoring. International Journal of Coal Geology,64 (1-2):44—56.

Geiger L. 1912. Probability method for the determination of earthquake epicenters from arrival time only. Bulletin of Saint Louis University,8:60—71.

Gibowicz S J,Kijko A. 1994. An Introduction to Mining Seismology. San Diego:Academic Press.

Gibowicz S J,Young R P,Talebi S,et al. 1991. Source parameters of seismic events at the underground research laboratory in Manitoba,Canada-scaling relations for events with moment magnitude smaller than-2. Bulletin of the Seismological Society of America. 81(4):1157—1182.

Gilbert F. 1971. Excitation of the normal modes of the Earth by earthquake sources. Geophysical Journal of the Royal Astronomical Society,22(2):223—226.

Gill D E,Aubertin M,Simon R. 1993. A practical engineering approach to the evaluation of rockburst potential//Rockbursts and Seismicity in Mines,Rotterdam.

Goodman R E. 1963. Subaudible noise during compression of rocks. Geological Society of American Bulletin,74:487—490.

Goodman R E. 1980. Introduction to Rock Mechanics. New York:Wiley & Sons.

Gross C U,Ohtsu M. 2008. Acoustic Emission Testing. New York:Springer.

Hadjigeorgiou J,Ghanmi A,Paraszczak J. 1998. 3-D numerical modelling of radial-axial rock splitting. Geotechnical and Geological Engineering,16:45—57.

Hazzard J F,Young R P. 2002. Moment tensors and micromechanical models. Tectonophysics, 356(1-3):181—197.

Hazzard J F,Young R P. 2004. Dynamic modelling of induced seismicity. International Journal of Rock Mechanics and Mining Sciences,41(8):1365—1376.

He M C,Miao J L,Feng J L. 2010. Rock burst process of limestone and its acoustic emission characteristics under true-triaxial unloading conditions. International Journal of Rock Mechanics and Mining Sciences,47(2):286—298.

Heal D,Potvin Y,Hudyma M. 2006. Evaluating rockburst damage potential in underground mining// Proceedings of the 41st US Symposium on Rock Mechanics, Golden.

Hirata A, Kameoka Y, Hirano T. 2007. Safety management based on detection of possible rock bursts by AE monitoring during tunnel excavation. Rock Mechanics and Rock Engineering, 40(6):563—576.

Hoek E, Brown E T. 1990. Underground Excavations in Rock. Abingdon: Taylor & Francis.

Hoek E, Marinos P G. 2010. Tunnelling in overstressed rock// Vrkljan, ed. Rock Engineering in Difficult Ground Conditions-Soft Rocks and Karst. London: Taylor & Francis.

Hudson J A, Cornet F H, Christiansson R. 2003. ISRM suggested methods for rock stress estimation—Part 1: Strategy for rock stress estimation. International Journal of Rock Mechanics and Mining Sciences, 40:991—998.

Hudson J A, Feng X T. 2007. Updated flowcharts for rock mechanics modelling and rock engineering design. International Journal of Rock Mechanics and Mining Sciences, 44(2):174—195.

Hudson J A, Harrison J P. 1997. Engineering Rock Mechanics: Part 1: An Introduction to the Principles. Amsterdam: Elsevier Science Ltd.

Jager J C, Cook N G W. 1996. Fundamentals of Rock Mechanics. 2nd ed. London: Chapman & Hall.

Jiang Q, Feng X T, Xiang T B, et al. 2010. Rockburst characteristics and numerical simulation based on a new energy index: A case study of a tunnel at 2500m depth. Bulletin of Engineering Geology and the Environment, 69(3):381—388.

Jones I F, Levy S. 1987. Signal-to-noise ratio enhancement in multichannel seismic data via the Karhunen-Loeve transform. Geophysical Prospecting, 35:12—32.

Kaga N, Matsuki K, Sakaguchi K. 2003. The in situ stress states associated with core discing estimated by analysis of principal tensile stress. International Journal of Rock Mechanics and Mining Sciences, 40:653—665.

Kagan Y Y, Knopoff L. 1981. Stochastic synthesis of earthquake catalogs. Journal of Geophysical Research, 86:2853—2862.

Kaiser P K, McCreath D R, Tannant D D. 1996. Canadian Rockburst Support Handbook. Sudbury: Geomechanics Research Centre, Laurentian University.

Kaiser P K, Tannant D D, McCreath D R, et al. 1992. Rockburst damage assessment procedure// Kaiser and McCreath eds. Rock Support in Mining and Underground Construction. Balkema, Rotterdam:639—647.

Kaiser P K, Yazici S, Maloney S. 2001. Mining-induced stress change and consequences of stress path on excavation stability—A case study. International Journal of Rock Mechanics and Mining Sciences, 38,167—180.

Kennedy J, Eberhart R C. 1995. Particle swarm optimization. International Conference on Neural Networks. New Jersey: IEEE Service Center:1942—1948.

Ketchen D J J, Shook C L. 1996. The application of cluster analysis in strategic management research：An analysis and critique. Strategic Management Journal，17：441—458.

Kidybinski A Q. 1981. Bursting liability indices of coal. Journal of Rock Mechanics and Mining Sciences，18(4)：295—304.

Kijko A. 1977. An algorithm for the optimum distribution of a regional seismic network—II：An analysis of the accuracy of location of local earthquakes depending on the number of seismic stations. Pageoph，115(4)：1011—1021.

Lama R D，Vutukuri V S，Lama R D，et al. 1978. Handbook on Mechanical Properties of Rocks. Vol. IV—Testing Techniques and Results. Switzerland：Trans Tech Publications.

Lavrov A. 2003. The Kaiser effect in rocks：Principles and stress estimation techniques. International Journal of Rock Mechanics and Mining Sciences，40：151—171.

Li C C. 2010. A new energy-absorbing bolt for rock support in high stress rock masses. International Journal of Rock Mechanics and Mining Sciences，47(3)：396—404.

Li S J，Feng X T，Li Z H，et al. 2011. In situ experiments on width and evolution characteristics of excavation damaged zone in deeply buried tunnels. Science China，Technological Sciences，54 (S1)：167—174.

Li S J，Feng X T，Li Z H，et al. 2012. In situ monitoring of rockburst nucleation and evolution in the deeply buried tunnels of Jinping Ⅱ hydropower station. Engineering Geology，137-138：85—96.

Li T，Cai M F，Cai M. 2007. A review of mining-induced seismicity in China. International Journal of Rock Mechanics and Mining Sciences，44(8)：1149—1171.

Lienert B R，Berg E，Frazer L N. 1986. Hypocenter：An earthquake location method using centered，scaled，and adaptively damped least squares. Bulletin of the Seismological Society of America，76(3)：771—783.

Lockner D A，Byerlee J D，Kuksenko V，et al. 1992. Observations of quasistatic fault growth from acoustic emissions // Evans B，Wong T F. Fault Mechanics and Transport Properties of Rocks. London：Academic Press.

Lynch R，Malovichko D. 2006. Seismology and slope stability in open pit mines // International Symposium on Stability of Rock Slopes.

Lynch R，Mendecki A J. 2001. High-resolution seismic monitoring in mines // van Aswgen G，Durrheim R J，Ortlepp W D. Rockbursts and Seismicity in Mines-RaSiM5. Johannesburg，South Africa：19—24.

Lynch R，Wuite B S，Cichowicz A. 2005. Micro-seismic monitoring of open pit slopes // Rochbursts and Seismicity in Mines，Perth.

Madariaga R. 1976. Dynamics of an expanding circular fault. Bulletin of the Seismological Society of America，66(3)：639—666.

Malan D F. 2002. Simulating the time-dependent behaviour of excavations in hard rock. Rock Mechanics and Rock Engineering，35(4)：225—254.

Mallet S. 1999. A Wavelet Tour of Signal Processing. 2nd ed. Boston：Academic Press.

Martin C D. 1997. Seventeenth Canadian Geotechnical Colloquium:The effect of cohesion loss and stress path on brittle rock strength. Canadian Geotechnical Journal,34(5):698—725.

McComb W D. 1990. The Physics of Fluid Turbulence. Oxford:Clarendon Press.

McEvilly T V,Majer E L. 1982. An automated seismic processor for microearthquake networks. Bulletin of the Seismological Society of America,72:303—325.

Mendecki A J. 1993. Real-time quantitative seismology in mines//Young R P ed. Proceedings of the 3rd International Symposium on Rockbursts and Seismicity in Mines. Rotterdam:A. A. Balkema:261—266.

Mendecki A J. 1997. Seismic Monitoring in Mines. London:Chapman and Hall.

Mendecki A J. 2001. Data-driven understanding of seismic rock mass response to mining//Proceedings of the 5th International Symposium on Rockbursts and Seismicity in Mines (RaSiM5). Johannesburg,South Africa:1—9.

Milev A M,Spottiswoode S M,Rorke A J,et al. 2001. Seismic monitoring of a simulated rockburst on a wall of an underground tunnel. Journal of the South African Institute of Mining and Metallurgy,101:253—260.

Mogi K. 1962. On the time distribution of aftershocks accompanying the recent major earthquakes. In and near Japan. Bulletin of Earthquake Research Institute,40:107—124.

Mogi K. 1983. Earthquake Prediction. Tokyo:Academic Press.

Nadai A. 1950. Theory of Flow and Fracture of Solids (Vol. 1). New York:McGraw-Hill.

Nelson G D,Vidale J E. 1990. Earthquake locations by 3-D finite difference travel times. Bulletin of the Seismological Society of America,80(2):395—410.

Ohtsu M. 1991. Simplified moment tensor analysis and unified decomposition of acoustic emission source:Application to in situ hydrofracturing test. Journal of Geophysical Research,96(B4):6211—6221.

Ortlepp W D. 1993. High ground displacement velocities associated with rockburst damage//Young R P ed. Rockbursts and Seismicity in Mines 93:Proceedings of the 3rd International Symposium on Rockbursts and Seismicity in Mines. London and New York:Taylor & Francis:101—106.

Ortlepp W D. 1994. Grouted rock-studs as rockburst support—A simple design approach and an effective test procedure. Journal of the South African Institute of Mining and Metallurgy,94(2):47—63.

Ortlepp W D,Bornman J J,Erasmus P N. 2001. The Durabar—A yieldable support tendon-design rationale and laboratory results//Rockbursts and Seismicity in Mines-RaSiM5,South African Institute of Mining and Metallurgy,Johannesburg:263—266.

Ouyang C,Landis E,Shah S P. 1991. Damage assessment in concrete using quantitative acoustic emission. Journal of Engineering Mechanics,117(11):2861—2698.

Pan P Z,Feng X T,Hudson J A. 2009. Study of failure and scale effects in rocks under uniaxial compression using 3D cellular automata. International Journal of Rock Mechanics and Mining

Sciences,46(4):674—685.

Pan X D,Hudson J A. 1988. A simplified three-dimensional Hoek-Brown yield criterion//Romana ed. Rock Mechanics and Power Plants. Rotterdam:A. A. Balkema:95—103.

Pavlis G,Booker J R. 1980. The mixed discrete-continuous inverse problem:Application of the simultaneous determination of earthquake hypocenters and velocity structure. Journal of Geophysical Research,85(B9):4801—4810.

Prugger A F,Gendzwill D J. 1988. Microearthquake location:A nonlinear approach that makes use of a simplex stepping procedure. Bulletin of the Seismological Society of America,78(2):799—815.

Rabinowitz N,Steinberg D M. 1990. Optimal configuration of a seismographic network:A statistical approach. Bulletin of the Seismological Society of America,80(1):187—196.

Read R S. 2004. 20 years of excavation response studies at AECL's Underground Research Laboratory. International Journal of Rock Mechanics and Mining Sciences,41:1251—1275.

Reddy N,Spottiswoode S M. The influence of geology on a simulated rockburst. The Journal of the South African Institute of Mining and Metallurgy,2001,267—272.

Roberts M,Brummer R K. 1988. Support requirements in rockburst conditions. Journal of the South African Institute of Mining and Metallurgy,88(3):97—104.

Roscoe K H,Schofield A N,Thurairajah A. 1963. Yielding of clay in states wetter than critical. Geotechnique,13:221—240.

Russnes B F. 1974. Analyses of rockburst in tunnels in valley sides[MS Thesis]. Trondheim:Norwegian Institute of Technology,247—247.

Ryder J A. 1988. Excess shear-stress in the assessment of geologically hazardous situations. Journal of the South African Institute of Mining and Metallurgy,88(1):27—39.

Sadovskiy M A,Golubeva T V,Pisarenko V F,et al. 1984. Characteristic dimensions of rock and hierarchical properties of seismicity. Physics of the Solid Earth,20:87—96.

Salamon M D G. 1993. Keynote address:Some applications of geomechanical modeling in rockburst and related research//Young R P ed. Rockbursts and Seismicity in Mines. Rotterdam:A. A. Balkema,93:297—309.

Sato T,Kikuchi T,Sugihara K. 2000. In-situ experiments on an excavation disturbed zone induced by mechanical excavation in Neogene sedimentary rock at Tono mine,central Japan. Engineering Geology,56:97—108.

Scholz C. 1968. The frequence-magnitude relation of microfracturing in rock and its relation to earthquakes. Bulletin of the Seismological Society of America,58:399—415.

Shearer P M. 2009. Introduction to Seismology. 2nd ed. Cambridge:Cambridge University Press.

Soni A. 2000. Analysis of Swellex bolt performance and a standardized rockbolt pull test:Datasheet and database[MS Thesis]. Canada:University of Toronto.

Stacey T R,Ortlepp W D,Kirsten H. 1995. Energy-absorbing capacity of reinforced shotcrete,with reference to the containment of rockburst damage. Journal of The South African Institute of Mining and Metallurgy, 95(3):137—140.

Stacey T R, Ortlepp W D. 2001. Tunnel surface support-capacities of various types of wire mesh and shotcrete under dynamic loading. Journal of the South African Institute of Mining And Metallurgy, 101(7):337—342.

Strelitz R A. 1978. Moment tensor inversions and source models. Geophysical Journal of the Royal Astronomical Society, 52(2):359—364.

Suorineni E T, Chinnasane D R, Kaiser P K. A procedure for determining rock-type specific Hoek-Brown brittle parameters. Rock Mechanics and Rock Engineering, 2009, 42:849—881.

Swindell W H, Snell N S. 1977. Station processor automatic signal detection system. Phase I: Final Report, Station Processor Software Development, Texas Instruments Incorporated, Dallas.

Tang B Y. 2000. Rockburst control using distress blasting(PhD Thesis). Montreal: McGill University.

Tang C A, Wang J M, Zhang J J. 2011. Preliminary engineering application of microseismic monitoring technique to rockburst prediction in tunneling of Jinping II project. Journal of Rock Mechanics and Geotechnical Engineering, 2(3):193—208.

Tezuka K, Niitsuma H. 2000. Stress estimated using microseismic clusters and its relationship to the fracture system of the Hijiori hot dry rock reservoir. Engineering Geology, 56(1-2):47—62.

Urbancic T I, Trifu C I. 2000. Recent advances in seismic monitoring technology at Canadian mines. Journal of Applied Geophysics, 45(4):225—237.

Urbancic T I, Trifu C I, Mercer R A, et al. 1996. Automatic time-domain calculation of source parameters for the analysis of induced seismicity. Bulletin of the Seismological Society of America, 86(5):1627—1633.

van Aswegan G, Mendecki A J. 1999. Mines layout, geological features and seismic hazard. SIM-RAC Final Project Report, GAP303, Department of Minerals and Energy, South Africa.

Wang C Y, Law T K, Ge X R. 2002. Borehole camera technology and its application in the three gorges project//Proceedings of the 55th Canadian Geotechnical and the 3rd Joint IAH-CNC and CGS groundwater specialty conferences, Niagara Falls, Ontario:601—618.

Wong I G. 1992. Recent development in rockburst and mine seismicity//The 33th US Symposium on Rock Mechanics, Santa Fe, US.

Wu S Y, Shen M B, Wang J. 2010. Jinping hydropower project: Main technical issues on engineering geology and rock mechanics. Bulletin of Engineering Geology and the Environment, 69:325—332.

Xie H. 1992. Fractals in Rock Mechanics. Rotterdam: A. A. Balkema.

Xie H, Pariseau W G. 1993. Fractal character and mechanism of rock bursts. International Journal of Rock Mechanics and Mining Science and Geomechanics Abstract, 30:343—350.

Xu Y, Weaver J B, Healy D M, et al. 1994. Wavelet transform domain filters: A spatially selective noise filtration technique. IEEE Transactions on Image Processing,3(6):747—758.

Young R P,Collins D S. 2001. Seismic studies of rock fracture at the underground research laboratory,Canada. International Journal of Rock Mechanics and Mining Sciences,38 (4):787—799.

Yu H C,Liu H N,Lu X S,et al. 2009. Prediction method of rockburst proneness based on rough set and genetic algorithm. Journal of Coal Science and Engineering(China),15(4):367—373.

Zhang C Q,Feng X T,Zhou H. 2012. A top pilot tunnel preconditioning method for the prevention of extremely intense rockbursts in deep tunnels excavated by TBMs. Rock Mechanics and Rock Engineering,45(3):289—309.

Zhang C Q,Zhou H,Feng X T. 2011. An index for estimating the stability of brittle surrounding rock mass—FAI and its engineering application. Rock Mechanics and Rock Engineering,44:401—414.

Zhang H J,Thurber C,Rowe C. 2003. Automatic P-wave arrival detection and picking with multi-scale wavelet analysis for single-component recording. Bulletin of the Seismological Society of America,93(5):1904—1912.

Zoback M D,Barton C A,Brudy M,et al. 2003. Determination of stress orientation and magnitude in deep wells. International Journal of Rock Mechanics and Mining Sciences,40:1049—1076.

图 1.8 辅助洞 B 最大埋深处的极强岩爆

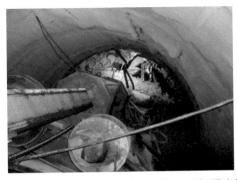
图 1.9 施工排水洞 2009 年 11 月 28 日极强岩爆

（a）设备及设备防护箱

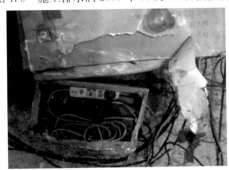
（b）设备箱及设备被撞坏

（c）数据线被岩爆砸断

（d）设备箱及设备被撞坏

（e）设备箱进水设备被撞坏

图 2.1 某深埋隧洞微震监测设备及线路损坏照片

（a）电缆线云梯渡顶

（b）人梯搭线

（c）现场巡视

（d）凌晨2:00设备检修与调试

图 2.49　现场工作场景

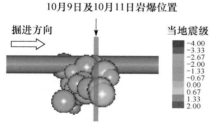

10月3~7日（加强支护前）

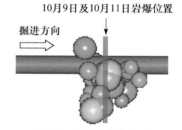

10月8~16日（加强支护后）

（a）事件平面投影

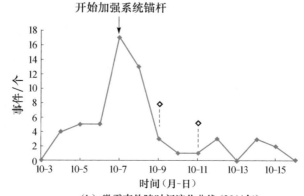

（b）微震事件随时间演化曲线（2011年）

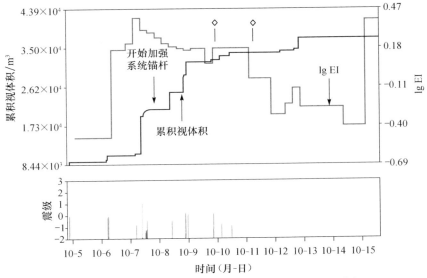

（c）事件累积视体积和能量指数随时间演化关系（2011年）

（d）掌子面附近现场支护照片

图 3.61　引(3)8＋892～8＋919钻爆法施工过程

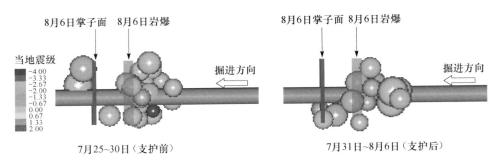

（a）事件平面投影

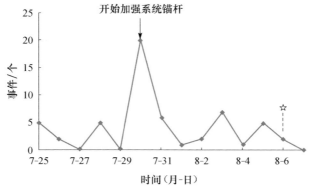

（b）微震事件随时间演化曲线（2011年）

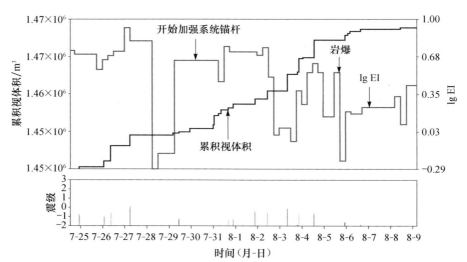

（c）事件累积视体积和能量指数随时间演化关系（2011年）

（d）掌子面附近现场支护照片

图 3.62　引(4)5＋547～5＋500 钻爆法施工过程

（a）绕行洞R0+0770+122

（b）2011年11月4日引(4)8+237~8+220

（c）2011年4月22日引(4)5+997~5+993

（d）2010年12月13日引(1)7+915

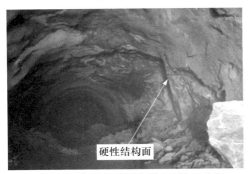

（e）2010年11月10日引(3)9+721−9+710

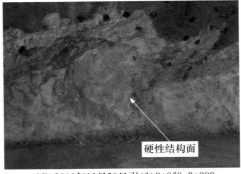

（f）2011年11月20日引(3)8+950~8+990

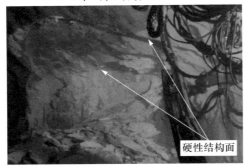

（g）2010年12月7日 引(4)10+420~10+405

（h）2011年3月24日引(4)6+081~6+100

（i）2011年6月20日排水洞SK5+143～5+138

（j）2010年8月18日引（3）10+350

图3.69　受一条或一组结构面控制的典型岩爆实例

（a）2011年5月16日引（4）7+463～7+469

（b）2011年1月13日引（2）8+875

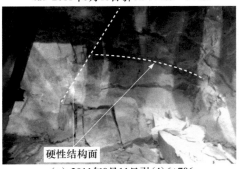

（c）2011年8月11日引（4）6+786

（d）2011年1月3日引（2）8+050~8+060

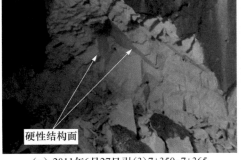

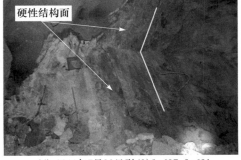

（e）2011年6月27日引（3）7+350～7+365

（f）2011年7月29日引（3）8+697~8+691

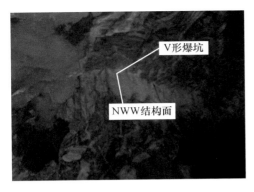

（g）2010年2月4日引（2）11+023~11+060　　　（h）2011年7月9日引（3）8+625~8+628

图 3.70　受二条不同方位角结构面或二组结构面控制的典型岩爆实例

（a）2010年12月1日引（1）8+940~8+943　　　（b）2011年10月15日引（2）9+895~9+850

图 3.71　受短小节理或微裂隙控制的典型岩爆实例

（a）群震型

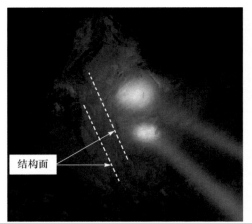
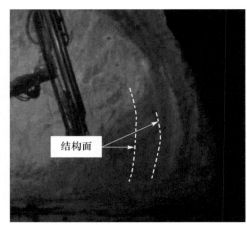

（b）前震-主震型

（c）突发型

（d）前震-主震-无震型

图 3.74　岩爆实例的照片

图 3.94　岩爆造成岩体宏观破坏情况

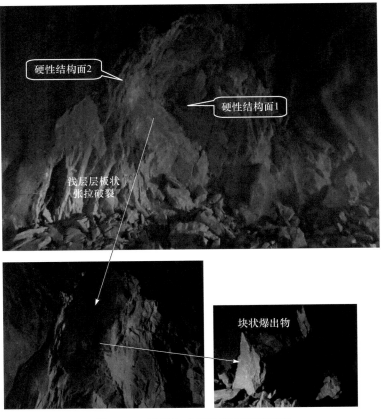

图 3.99　岩爆造成岩体宏观破坏情况

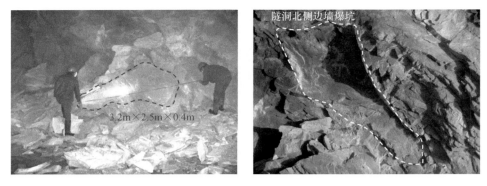

图 3.135　试验洞 F 北侧边墙发生的岩爆现场及爆坑

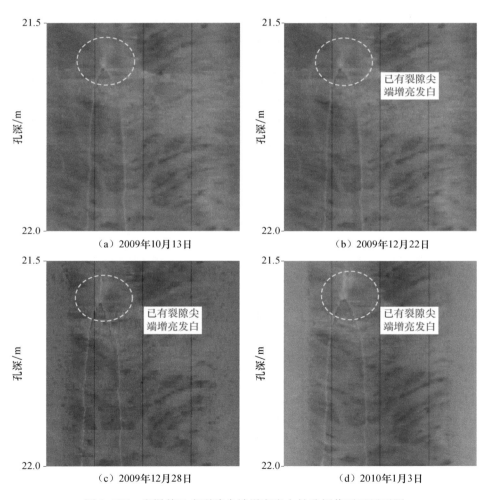

图 3.137　岩爆前已有裂隙尖端增亮发白钻孔摄像平面展开图

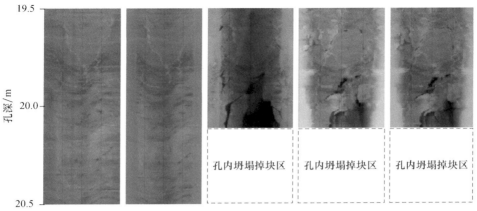

（a）2009年10月13日 （b）2010年1月3日 （c）2010年1月4日 （d）2010年1月7日 （e）2010年1月11日

图 3.138　围岩裂隙萌生扩展演化特征钻孔摄像平面展开图

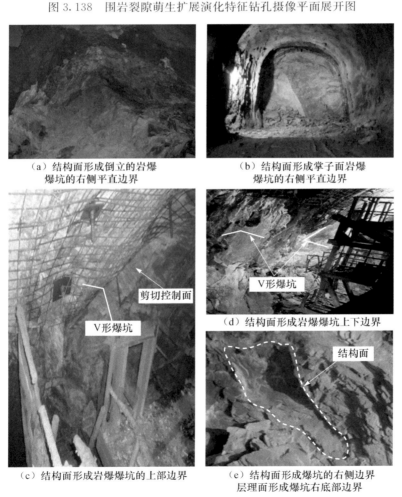

（a）结构面形成倒立的岩爆　　　　　　（b）结构面形成掌子面岩爆
　　　爆坑的右侧平直边界　　　　　　　　　爆坑的右侧平直边界

（c）结构面形成岩爆爆坑的上部边界　　（d）结构面形成岩爆爆坑上下边界

（e）结构面形成爆坑的右侧边界
层理面形成爆坑右底部边界

图 3.148　某深埋隧洞多次发生的即时性应变-结构面滑移型岩爆

（a）2011-1-11　　　　　　（b）2011-8-10　　　　　　（c）2010-11-6

图 3.156　岩爆现场特征

（a）对应于图3.183　　　　　　　　（b）对应于图3.184

图 3.185　不同岩爆的爆坑

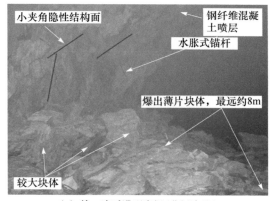 

（a）第一次时滞型岩爆（北侧边墙）　　　　（b）第二次时滞型岩爆（南侧边墙）

图 3.194　某典型时滞型岩爆破坏形态

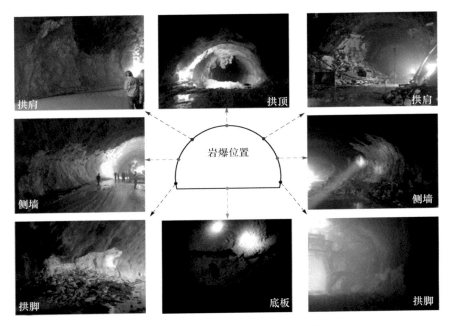

图 4.1 隧道断面上岩爆可能发生的位置

（a）"浅窝"形   （b）V形

（c）"底板开裂"形   （d）"底板隆起开裂"形

（e）"底板隆起"形

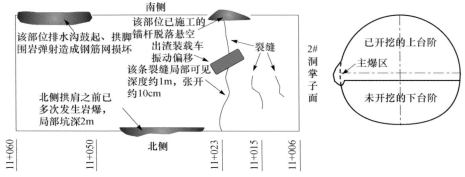

南侧

该部位已施工的
该部位排水沟鼓起、拱脚锚杆脱落悬空
围岩弹射造成钢筋网损坏　　出渣装载车
　　　　　　　　　　　　振动偏移　　　　　裂缝
　　　　　　　　　　该条裂缝局部可见
　　　　　　　　　　深度约1m，张开
　　　　　　　　　　约10cm

北侧拱肩之前已
多次发生岩爆，
局部坑深2m

北侧

2#洞掌子面

已开挖的上台阶

主爆区

未开挖的下台阶

11+060　11+050　11+023　11+015　11+006

（f）与（d）中"底板隆起开裂"形对应的裂缝位置示意图

图4.2　岩爆爆坑的不同形态（中国水电工程顾问集团华东勘测设计研究院，2010）

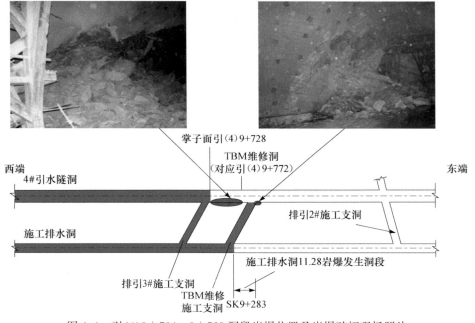

掌子面引（4）9+728

TBM维修洞
（对应引（4）9+772）

西端　　　　　　　　　　　　　　　　　　　　　　　　　　　　　　　东端

4#引水隧洞

施工排水洞

排引2#施工支洞

排引3#施工支洞

施工排水洞11.28岩爆发生洞段

TBM维修
施工支洞　SK9+283

图4.4　引（4）9+734～9+728洞段岩爆位置及岩爆破坏现场照片

⬭ 岩爆；▬ 未开挖；⊏﹣﹣﹣﹣⊐ 已开挖

图 4.5　引(3)8＋700～8＋728 岩爆现场照片(2011 年 8 月 10 日)

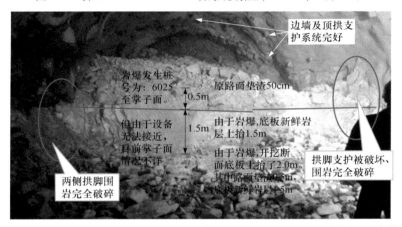

图 4.12　2011 年 4 月 16 日 3-4-W 洞段引(4)6＋010～6＋030 底板极强岩爆

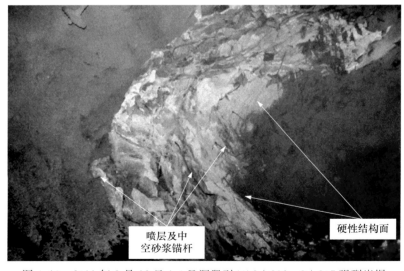

图 4.13　2011 年 8 月 12 日 1-4-E 洞段引(4)8＋812～8＋837 强烈岩爆

图 4.14　2011 年 6 月 20 日 SK5＋138～5＋143 岩爆图

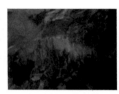

（a）破坏断面形态　　（b）南侧拱脚支护破坏　　（c）结构面发育情况　　（d）底板裂缝形态

图 4.16　典型岩爆案例数据信息构成(图(a)～(d)部分)

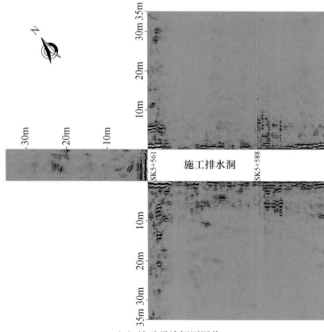

（a）地质雷达探测图像

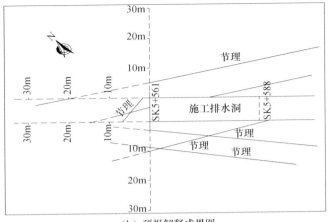

（b）预报解释成果图

图 4.27　施工排水洞 SK5+561～5+531 段超前地质预报结果

（中国水电工程顾问集团华东勘测设计研究院，2005）

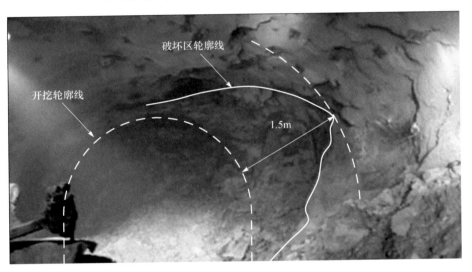

图 4.29　排水洞 SK8+866～8+872 洞段岩爆现场

（a）引（1）8+940~8+948 洞段中等岩爆　　　　（b）引（2）8+310 轻微岩爆

（c）引(2)9+184~9+188洞段中等岩爆　　　　　　（d）引(3)5+809强烈岩爆

（e）引(2)7+650轻微岩爆　　　　　　　　（f）引(4)6+075~6+105中等岩爆

（g）引(4)8+827~8+818中等岩爆　　　　　　　（h）排水洞SK5+051中等岩爆

图 4.49　风险估计样本现场岩爆情况

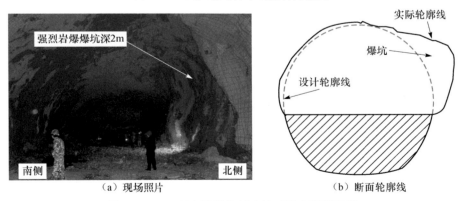

（a）现场照片　　　　　　　　　　　　（b）断面轮廓线

图 4.54　2#引水隧洞北侧边墙至拱肩强烈岩爆

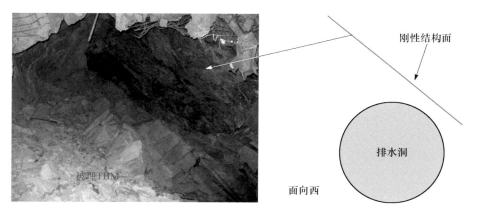

图 4.57　施工排水洞"11-28"极强应变-结构面滑移型岩爆的结构面

图 4.80　3-3-W 洞段 2011 年 4 月 5 日
引(3)6＋160～6＋156 强烈岩爆

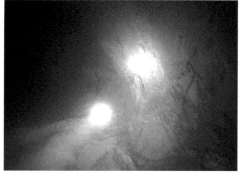

图 4.83　2011 年 7 月 26 日 2-3-E 中
引(3)7＋802～7＋806 洞段中等岩爆

图 4.86　2010 年 12 月 11 日 2-1-E 中引(1)7＋906 洞段轻微岩爆

(a) 排水洞SK8+718(掌子面)强烈岩爆　　　　(b) 引(4)5+978~6+010强烈岩爆

(c) 引(4)8+827~8+818中等岩爆　　　　(d) 引(3)7+802~7+806中等岩爆

(e) 引(3)6+160~6+152中等岩爆　　　　(f) 引(2)8+348轻微岩爆

(g) 引(4)8+269轻微岩爆　　　　(h) 引(1)7+817~7+857无岩爆

图4.100　岩爆风险估计样本现场岩爆情况

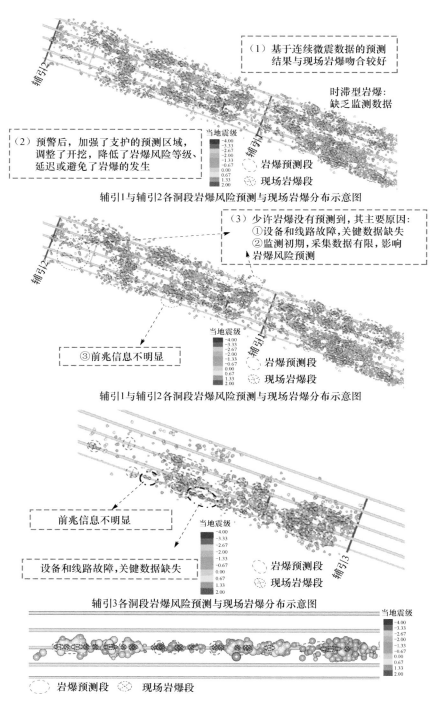

（1）基于连续微震数据的预测结果与现场岩爆吻合较好

时滞型岩爆：缺乏监测数据

（2）预警后，加强了支护的预测区域，调整了开挖，降低了岩爆风险等级、延迟或避免了岩爆的发生

当地震级

岩爆预测段
现场岩爆段

辅引1与辅引2各洞段岩爆风险预测与现场岩爆分布示意图

（3）少许岩爆没有预测到，其主要原因：
①设备和线路故障，关键数据缺失
②监测初期，采集数据有限，影响岩爆风险预测

③前兆信息不明显

当地震级

岩爆预测段
现场岩爆段

辅引1与辅引2各洞段岩爆风险预测与现场岩爆分布示意图

前兆信息不明显

设备和线路故障，关键数据缺失

当地震级

岩爆预测段
现场岩爆段

辅引3各洞段岩爆风险预测与现场岩爆分布示意图

当地震级

岩爆预测段　现场岩爆段

图 4.102　岩爆预警与实际发生情况对比图

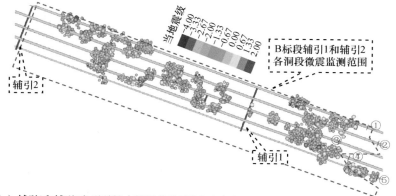

（a）辅引1和辅引2各引（排）水隧洞落底开挖存在高岩爆风险的洞段及其微震事件分布图

（①A、B标段微震监测1#引水隧洞实际分界线，桩号引（1）9+138；②A、B标段微震监测2#引水隧洞实际分界线，桩号引（2）9+201；③A、B标段微震监测3#引水隧洞实际分界线，桩号引（3）9+003；④A、B标段微震监测4#引水隧洞实际分界线，桩号引（4）9+062；⑤A、B标段微震监测排水洞实际分界线，桩号SK8+757）

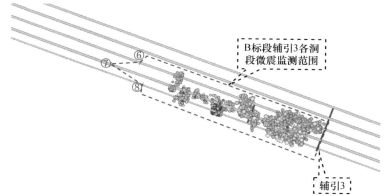

（b）辅引3各引（排）水隧洞存在高岩爆风险的洞段及其微震事件分布图

（⑥A、B标段微震监测3#引水隧洞实际分界线，桩号引（3）5+243；⑦A、B标段微震监测4#引水隧洞实际分界线，桩号引（4）5+097；⑧A、B标段微震监测排水洞实际分界线，桩号SK4+810）

图 4.103　引水隧洞微震监测洞段落底开挖和排水洞开挖完成后存在高岩爆
风险洞段及其微震事件分布图

（a）有效的支护系统

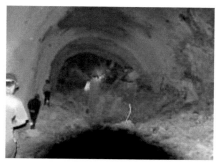

（b）无效的支护系统

图 5.45　支护系统控制岩爆灾害

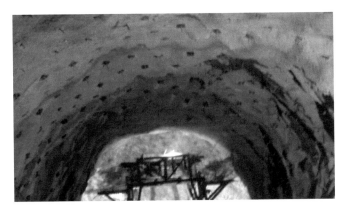

图 5.53　2#引水隧洞顶拱隧洞支护

（a）辅助洞 B 洞 BK9+512.8 掌子面岩爆

（b）辅助洞 A 洞 AK9+648 掌子面岩爆

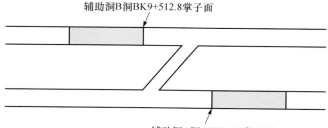

辅助洞B洞BK9+512.8掌子面

辅助洞A洞AK9+648掌子面

（c）（a）和（b）两掌子面的位置

图 5.73　辅助洞 A 和 B 贯通之前掌子面发生的高等级的岩爆

（a）传感器与排气管

（b）传感器放置孔底

（c）密封孔口

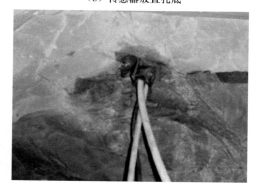

（d）安装完毕

图 6.7　传感器永久性安装